ELEMENTOS DE MÁQUINAS

Blucher

Julio Cézar de Almeida

Key Fonseca de Lima

Renato Barbieri

ELEMENTOS DE MÁQUINAS

Projeto de sistemas mecânicos

2ª edição

Elementos de máquinas: projeto de sistemas mecânicos

1ª edição - 2017, GEN LTC
2ª edição - 2022, Editora Blucher

Publisher Edgard Blücher
Editor Eduardo Blücher
Coordenação editorial Jonatas Eliakim
Produção editorial Luana Negraes
Diagramação Joyce Rosa
Capa Leandro Cunha
Imagem da capa iStockphoto

Blucher

Rua Pedroso Alvarenga, 1245, 4º andar
04531-934 - São Paulo - SP - Brasil
Tel.: 55 11 3078-5366
contato@blucher.com.br
www.blucher.com.br

Segundo o Novo Acordo Ortográfico, conforme 5. ed. do *Vocabulário Ortográfico da Língua Portuguesa*, Academia Brasileira de Letras, março de 2009.

Dados Internacionais de Catalogação na publicação (CIP) Angélica Ilacqua - CRB-8/7057

Almeida, Julio Cézar de

Elementos de máquinas : projeto de sistemas mecânicos / Julio Cézar de Almeida, Key Fonseca de Lima, Renato Barbieri. - 2. ed. - São Paulo : Blucher, 2022.

692 p. : il., color.

Bibliografia

ISBN 978-65-5506-497-1 (impresso)
ISBN 978-65-5506-493-3 (eletrônico)

1. Engenharia mecânica 2. Máquinas I. Título. II. Lima, Key Fonseca de. III. Barbieri, Renato.

22-2041 CDD 621.8

Índice para catálogo sistemático
1. Engenharia mecânica

APRESENTAÇÃO

Esse livro foi concebido como uma proposta alternativa para as disciplinas de Elementos de Máquinas, Componentes de Máquinas e Projetos Mecânicos, em cursos de Graduação em Engenharia Mecânica, Engenharia de Produção e Engenharia Mecatrônica, entre outras. O livro **aborda** conteúdos tradicionais da área, enfocando critérios de seleção e projeto dos principais componentes mecânicos presentes na maioria dos sistemas e dispositivos mecânicos de maior porte.

Nesse contexto, a independência quase que total dos capítulos é uma das principais características do livro, possibilitando ao leitor o estudo dos princípios fundamentais do projeto de Elementos de Máquinas a partir da compilação de uma grande variedade de fontes e normas sobre o assunto.

Além de fornecer a base teórica necessária, o texto traz exemplos de problemas resolvidos, figuras ilustrativas, além de tabelas e ábacos de seleção necessários para o dimensionamento **completo** desses componentes. Como pré-requisito desejável, para uma melhor utilização do livro, sugere-se ao leitor familiaridade com os conceitos de Mecânica Geral e Resistência dos Materiais, disciplinas essas normalmente presentes nas grades iniciais dos cursos tradicionais de Engenharia.

No site da Editora, dispõem-se também de códigos computacionais parciais desenvolvidos em linguagem Matlab sobre os principais temas abordados no livro, possibilitando ao leitor realizar estudos complementares, simulações e verificações acerca dos diversos problemas resolvidos e propostos.

DEDICATÓRIA

Aos alunos dos últimos vinte e poucos anos, pelas dúvidas e questionamentos, as quais somente vieram a contribuir para um melhor entendimento e aprimoramento dos conceitos envolvidos, como também a todos que buscam o conhecimento técnico e fontes de referência para sua vida acadêmica e profissional.

CURRÍCULOS RESUMIDOS

Julio Cézar de Almeida é professor do Departamento de Engenharia Mecânica, Ex-Professor Colaborador do Programa de Pós-Graduação em Engenharia Mecânica (PGMEC) da UFPR, e Professor do Programa de Pós-Graduação em Métodos Numéricos em Engenharia (PPGMNE) também da UFPR, com Especialização pela PUCPR, Mestrado pela UFSC e Doutorado pela PUCPR. Profissionalmente, tem experiência anterior de 23 anos, como Gerente de Engenharia e Gerente de Operações da Companhia Paranaense de Gás - COMPAGAS, empresa estatal responsável pela distribuição de Gás Natural no Estado do Paraná.

Key Fonseca de Lima é professor do Departamento de Engenharia Mecânica e do Programa de Pós-Graduação em Engenharia Mecânica da PUCPR, sendo o 1º mestre em Engenharia Mecânica formado dentro do estado do Paraná - PUCPR (2001) e Doutorado pela UFSC concluído em 2008. Tem experiência de mais de 20 anos na área de projetos mecânicos, mecanismos, vibrações mecânicas, otimização, controle de ruído e acústica linear.

Renato Barbieri possui graduação em Engenharia Mecânica pela Universidade Estadual Paulista Júlio de Mesquita Filho (1982), mestrado (1984) e doutorado (1992) em Engenharia Mecânica pela Universidade Federal de Santa Catarina. Foi professor da disciplina Elementos de Máquinas na PUCPr por 20 anos e também por 30 anos na Universidade do Estado de Santa Catarina. Tem experiência na área de Engenharia Mecânica atuando principalmente em projetos de máquinas, análise de tensões experimentais, análises numéricas com o Método de Elementos Finitos, otimização, acústica linear, dinâmica de estruturas e fadiga experimental.

CONTEÚDO

17. MANCAIS DE DESLIZAMENTO 657

18. APÊNDICE 689

CAPÍTULO 1
Introdução

1.1. A FILOSOFIA DE PROJETAR

Estratégias para o desenvolvimento ou para a criação de novos dispositivos ou equipamentos, ou ainda, o aprimoramento de equipamentos existentes, visando atender sempre uma demanda de mercado, exemplificam, em termos da linguagem de engenharia, a filosofia de projetar.

Segundo o Aurélio, o termo "projetar" apresenta diversos significados, sendo que o melhor que se encaixa no contexto aqui descrito seria: **traçar a representação de um corpo num plano segundo certas regras geométricas**. Evidente que tal definição além de muito subjetiva é totalmente incompleta na engenharia, dado que as tarefas de projeto são bastante abrangentes e podem ser abordadas das mais diversas maneiras.

Devido à grande quantidade de exigências a serem atendidas e cumpridas no desenvolvimento de um novo projeto, torna-se cada vez mais imprescindível desenvolver as atividades em equipes de trabalho diversificadas. O engenheiro mecânico será, assim, apenas um dos componentes dessa equipe multidisciplinar, tendo em vista que especialistas das áreas de marketing, vendas, assistência técnica, fabricação, compras, ergonomia, segurança saúde e meio ambiente, além de engenheiros de outras áreas, por exemplo, civil e elétrica, poderão fazer parte desse grupo.

1.2. AS ETAPAS DO PROJETO

Metodologias consagradas de projeto apresentam propostas interessantes no contexto das etapas ou fases a serem seguidas para se chegar à concepção final de um certo dispositivo ou equipamento. Nessas circunstâncias, uma das primeiras etapas do trabalho, a partir de determinada demanda, corresponde ao **levantamento das necessidades** dos clientes envolvidos (entende-se aqui não apenas o cliente ou usuário final do produto em estudo, mas, sim, a totalidade de pessoas envolvidas desde a etapa de fabricação até a assistência técnica do item considerado). Questionários específicos podem assim ser elaborados visando contemplar a manifestação da quase totalidade dos clientes considerados. De posse da tabulação dessas respostas, poderá a equipe de projetos multidisciplinar, priorizar ou ranquear os "desejos" pontuados como os mais relevantes pelos entrevistados, eliminando-se ainda as propostas supostamente inviáveis. Isso permitirá um direcionamento mais específico no desenvolvimento ou aprimoramento do dispositivo em estudo. Evidente que a consulta a dispositivos ou equipamentos similares disponíveis no mercado também será uma boa alternativa de análise, dado que eventuais pontos fracos desses concorrentes poderão ser considerados, como também, propostas consagradas de soluções serem otimizadas.

A segunda fase das etapas de projeto corresponde à criação de soluções alternativas para os itens priorizados na fase anterior. Isso se traduz na passagem dos desejos, normalmente de natureza subjetiva, para a linguagem de engenharia. O desejo para que determinado item tenha menor peso, por exemplo, pode ser traduzido pela substituição do material utilizado, pela redução da secção transversal do componente ou até mesmo pela eventual eliminação da sua função junto ao dispositivo principal. Essa etapa do projeto normalmente é designada como **projeto conceitual**.

Observar que a etapa do projeto conceitual envolve apenas as concepções de solução propostas, não se considerando assim qualquer detalhamento mais específico em termos dimensionais, de tolerâncias ou até mesmo de fabricação. A etapa subsequente do projeto envolve o chamado **projeto preliminar**, fase na qual se assumem o dimensional preliminar, a escolha dos materiais a serem considerados, a verificação das condições de resistência e deformações envolvidas, as condições de fabricação, a eventual padronização de determinados itens e o levantamento dos custos envolvidos. Segundo os autores consagrados nessas metodologias, a etapa do projeto preliminar é ainda bastante flexível, dado que todo e qualquer ajuste ou alteração da proposta obtida torna-se totalmente factível. Tal condição é decorrente da não aquisição, preparação ou recebimento de qualquer item em termos de linhas de produção, adaptações, usinagem ou qualquer atividade desta natureza.

Feitos todos os ajustes que se façam necessários, a partir das etapas anteriores, parte-se para fase final do projeto ou, mais especificamente, o **projeto detalhado**. O projeto detalhado deverá contemplar, evidentemente, a memória de cálculo necessária, a definição das tolerâncias a serem consideradas, a definição e especificação dos materiais contemplados, os eventuais manuais de montagem, segurança e descarte, além de todos os demais aspectos necessários para definir por completo o projeto desenvolvido. Eventuais alterações detectadas nessa fase, apesar de possíveis, devem ser evitadas, uma vez que provavelmente viriam a ocasionar impactos bem mais significativos em todo o fluxo do processo de projeto.

A Figura 1.1 tem por objetivo mapear de forma simplificada essas etapas de projeto descritas.

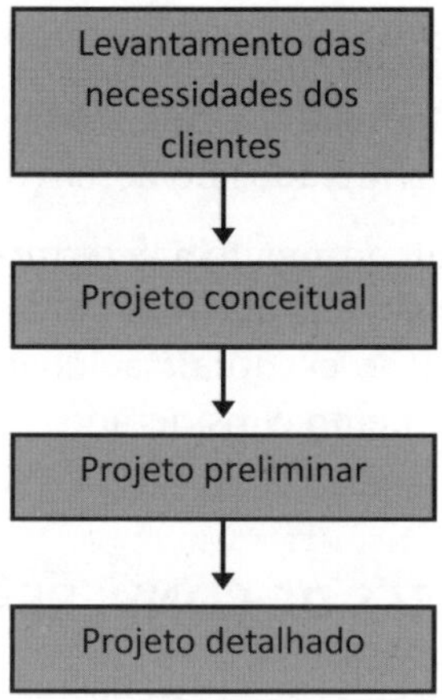

Figura 1.1 – Etapas de projeto sugeridas segundo metodologias de projeto consagradas.

Evidente que um estudo mais aprofundado dessas metodologias de projeto permitirá ao leitor vislumbrar etapas adicionais no processo de projeto em análise. Testes, elaboração de protótipos e simulações numéricas são exemplos de fases ou etapas adicionais que podem fazer parte de todo o processo de projeto desenvolvido.

1.3. CÓDIGOS E NORMAS

Apesar da criatividade ser uma característica de fundamental importância para toda a equipe de projetos, o conhecimento e aplicação dos diversos códigos e normas disponíveis para determinados assuntos são de extrema relevância para o desenvolvimento em análise. Tal condição torna-se obrigatória no contexto de assegurar que as exigências e os aspectos legais serão devidamente contempladas no transcorrer do desenvolvimento do dispositivo ou componente a ser divulgado para o mercado. Nesse contexto, códigos como:

- NFPA – National Fire Protection Association
- ISO – International Organization for Standardization
- ANSI – American National Standards Institute
- ASME – American Society of Mechanical Engineers
- ASTM – American Society for Testing and Materials
- AGMA – American Gear Manufacturers Association
- AISI – American Iron and Steel Institute
- OSHA – Occupational Safety and Health Administration

- ABNT – Associação Brasileira de Normas Técnicas

Entre outros, são consagrados e devem ser avaliados criteriosamente para cada condição específica.

Determinadas situações contemplam, ainda, códigos específicos e locais, que devem também ser avaliados e contemplados no desenvolvimento do projeto em pauta.

Deve-se observar que o não atendimento a determinado requisito normativo legal poderá trazer consequências graves e problemas para o profissional responsável pelo projeto, principalmente no caso de eventuais acidentes ou sinistros que venham a envolver o dispositivo ou equipamento considerado.

1.4. UNIDADES – FATORES DE CONVERSÃO

Neste livro se prioriza o uso do Sistema Internacional de Unidades - SI - apesar de situações específicas contemplarem grandezas associadas principalmente ao sistema Americano de Unidades. O Sistema Internacional de Unidades contempla a massa, o comprimento e o tempo como dimensões primárias, ficando a força como dimensão secundária. As unidades básicas são assim: o quilograma (kg), o metro (m) e o segundo (s).

Já o sistema Americano contempla a força, a massa, o comprimento e o tempo como dimensões primárias, tendo como unidades básicas a libra-força (lbf), a libra-massa (lb), o pé (ft) e o segundo (s).

Por opção não se faz qualquer detalhamento específico e adicional sobre os sistemas de unidades aqui descritos, visto considerar que o leitor está familiarizado com essa situação. Dessa forma, faz-se apenas a compilação de alguns dos principais fatores de conversão mais aplicáveis em relação aos assuntos contemplados nesta obra (Tabela 1.1).

Tabela 1.1 – Principais fatores de conversão

Unidades de força	1 lbf = 4,448 N 1 kgf = 9,81 N
Unidades de pressão	1 psi = 6895 Pa 1 bar = 105 Pa 1 kgf/cm^2 = 98066,5 Pa
Unidades de potência	1 hp = 745,7 W 1 CV = 735,5 W
Unidades de viscosidade	1 cP = 0,001 Pa.s 1 reyn = 6890 Pa.s

Unidades de comprimento	1 in = 0,0254 m 1 ft = 0,3048 m
Unidades de massa	1 slug = 14,59 kg 1 lb = 0,454 kg

1.5. TÓPICOS ABORDADOS NA OBRA

Neste livro apresentam-se os principais e mais tradicionais componentes ou elementos de máquinas presentes na quase totalidade ou maioria dos casos de dispositivos, mecanismos, equipamentos ou máquinas disponíveis nos lares, comércios, lojas e indústrias em geral. Torna-se pouco provável haver algum tipo de equipamento ou dispositivo que não tenha um parafuso, um rolamento, uma ponta de eixo, uma pequena mola ou qualquer outro elemento discutido ao longo dos capítulos que fazem parte desta obra.

Evidentemente que nessas circunstâncias parte-se da premissa que o leitor (ainda como aluno ou já como profissional) detenha conhecimentos anteriores que lhe permitam acompanhar e entender, sem grandes dificuldades, os tópicos apresentados ao longo dos capítulos correspondentes. Torna-se fundamental nesse instante, o domínio razoável sobre condições de equilíbrio, forças, momentos, sistemas de unidades, propriedades dos materiais e até mesmo Resistência dos Materiais (ou Mecânica dos Sólidos), para melhor compreensão dos conceitos e equacionamentos matemáticos apresentados.

O Capítulo 2 tem por objetivo apresentar uma revisão sucinta e geral dos principais conceitos de Resistência dos Materiais, contemplando os principais tipos de esforços existentes, as características dos materiais e, até mesmo, as propriedades geométricas correspondentes das secções transversais envolvidas.

Nos Capítulos 3 e 4 faz-se um detalhamento dos principais tipos de uniões presentes na maioria dos casos de fixação entre componentes mecânicos. Parafusos e soldas são ainda, com certeza, os principais tipos de uniões consideradas para fixação e junção de peças e componentes mecânicos em geral. Como consequência e contemplando o aspecto das roscas, tem-se no Capítulo 5 os parâmetros correspondentes aos parafusos de potência ou mais especificamente os parafusos transmissores de força e de movimento, como o "macaco" dos automóveis, por exemplo.

Molas e cabos de aço são apresentados nos Capítulos 6 e 7, respectivamente. Dentre os diversos tipos de molas disponíveis no mercado, faz-se um detalhamento voltado para as molas helicoidais de compressão e tração, enquanto para os cabos de aço se discutem, entre outros aspectos, a composição típica dos principais cabos de aço utilizados comercialmente.

O Capítulo 8 discute freios e embreagens. Você sabe a principal diferença entre esses dois dispositivos? Ambos estão presentes costumeiramente em equipamentos dotados de movimento de rotação que necessitam ter um controle ou variação dessa velocidade ao longo do tempo.

Nos Capítulos 9 a 15 discute-se, de uma forma geral, os dispositivos normalmente associados aos sistemas de transmissão de potência. Primeiramente trata-se dos elementos flexíveis (correias e correntes de rolos) nos Capítulos 9 e 10, para na sequência trabalhar-se com as engrenagens em geral (Capítulos 11 a 14), e enfim enfocar os eixos de transmissão no Capítulo 15. A ferramenta dos elementos finitos é, ainda, apresentada como solução alternativa e complementar juntamente ao capítulo de eixos de transmissão.

Para fechar os capítulos desta obra, discutem-se nos Capítulos 16 e 17, os mancais de rolamento e deslizamento, respectivamente. Tais elementos tornam-se fundamentais na sustentação de eixos e dispositivos em geral presentes nos sistemas de transmissão de potência.

1.6. CONCEITUAÇÃO DOS CAPÍTULOS

Procurou-se apresentar por meio desta obra, os principais componentes e elementos mecânicos presentes na quase totalidade dos dispositivos e equipamentos de maior porte e capacidade. Dessa forma, a experiência dos autores para com os assuntos tratados foi fator fundamental quando da decisão em se propor o referido trabalho. Evidente que determinados conceitos e equacionamentos matemáticos são consagrados e foram, assim, reproduzidos de forma clara e objetiva ao longo dos capítulos correspondentes. Tentou-se ainda, e dentro das possibilidades, mesclar, a parte conceitual com as informações técnicas disponíveis no mercado, efetivando-se contato com os principais fabricantes e representantes de diversos dos componentes apresentados ao longo dos capítulos deste livro. Nessas circunstâncias, além das autorizações necessárias, obteve-se também informações e dados complementares que vieram a contribuir de forma decisiva para a finalização desta proposta.

No site da Editora dispõem-se também de códigos computacionais complementares, desenvolvidos em ambiente Matlab, que permitem auxiliar no desenvolvimento de cálculos, análises e comparações para uma grande parte dos capítulos que contemplam a referida obra.

Espera-se, dessa forma, que o leitor obtenha, após determinado estudo ou avaliação, informações necessárias e suficientes para sua tomada de decisão final, seja no fechamento dos seus cálculos ou até mesmo na concepção final do projeto considerado.

CAPÍTULO 2
Resistência dos Materiais: Revisão e Conceitos

2.1. INTRODUÇÃO

Neste capítulo é apresentado uma breve revisão das definições e equações básicas para resolução de problemas de Resistência dos Materiais. Equações estas que são a base para o dimensionamento de quaisquer elementos de máquinas e fundamentais na resolução de problemas de engenharia. O leitor pode, se considerar necessário, aprofundar-se nos temas abordados neste capítulo consultando os livros clássicos de Resistência dos Materiais e de Mecânica dos Sólidos.

No projeto de qualquer máquina ou estrutura é fundamental conhecer os esforços atuantes e, em consequência disto, assegurar que sua resistência seja maior que as tensões provenientes dos carregamentos ao qual está submetido. Para resumir, de acordo com Shigley (1989) "o problema fundamental do engenheiro é utilizar os testes de tração e relacioná-los com a resistência da peça, qualquer que seja o estado de tensão ou a situação de carregamento".

Neste capítulo também são revisados os critérios de falha para peças submetidas a carregamentos estáticos e apresentados os conceitos e equações para se prevenir as falhas decorrentes de carregamentos cíclicos.

2.2. TENSÕES

Existem dois tipos de tensões que devem ser avaliadas pelo engenheiro no estudo da resistência de qualquer peça, a tensão normal "σ" e a tensão tangencial ou de cisalhamento "τ". Esses dois tipos de tensões podem estar presentes em um elemento infinitesimal agindo de forma isolada ou de forma combinada, de maneira que forneçam um conjunto de tensões principais e de tensões de cisalhamento máximas. Além disso, o mais importante, tais tensões precisam ser calculadas corretamente, independentemente da fonte do carregamento, para determinar a segurança e confiabilidade do projeto em análise.

Em uma peça os carregamentos provocam o surgimento de tensões normais provenientes de forças normais, momentos feitores e forças compressivas de esmagamento. Os momentos fletores geram, ainda, tensões de tração e compressão em eixos e vigas; as forças normais causam as tensões de tração ou compressão; e as forças compressivas de esmagamento geram tensões de compressão superficial em rebites, pinos e buchas. Além disso, se o carregamento for de compressão direta pode ocorrer o fenômeno da flambagem (flexão lateral oriunda de um carregamento de compressão) para o caso específico de colunas.

As tensões de cisalhamento são provenientes de esforços cortantes puros, carregamentos transversais e momentos torcedores. Os esforços cortantes tendem a "cortar" elementos de fixação como rebites, pinos e chavetas, os quais permitem a transmissão de potência entre um eixo e um cubo como, por exemplo, numa engrenagem acoplada a um eixo de transmissão. Os carregamentos transversais causam o surgimento de esforços cortantes aplicados sobre vigas e eixos e os momentos torcedores, atuantes normalmente em eixos de transmissão, também causam o surgimento de tensões de cisalhamento.

As Figuras 2.1 a 2.5 mostram exemplos de carregamentos que geram tensões de tração, compressão e cisalhamento, enquanto que a Tabela 2.1 apresenta as equações fundamentais para avaliação das tensões citadas nos dois últimos parágrafos.

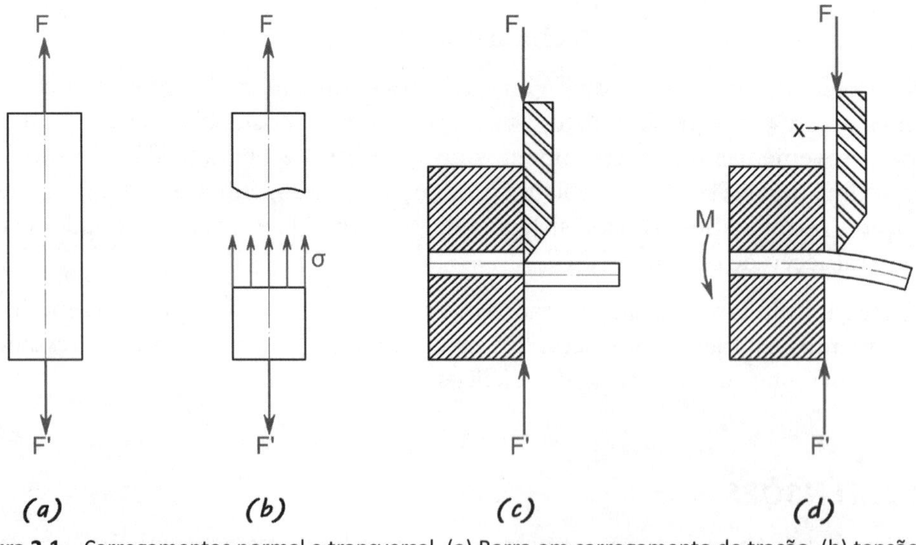

Figura 2.1 – Carregamentos normal e transversal. (a) Barra em carregamento de tração, (b) tensão normal de tração na barra, (c) pino sob carregamento de cisalhamento puro, (d) pino sob carregamento transversal de cisalhamento com flexão. Adaptado a partir de Norton, 2013.

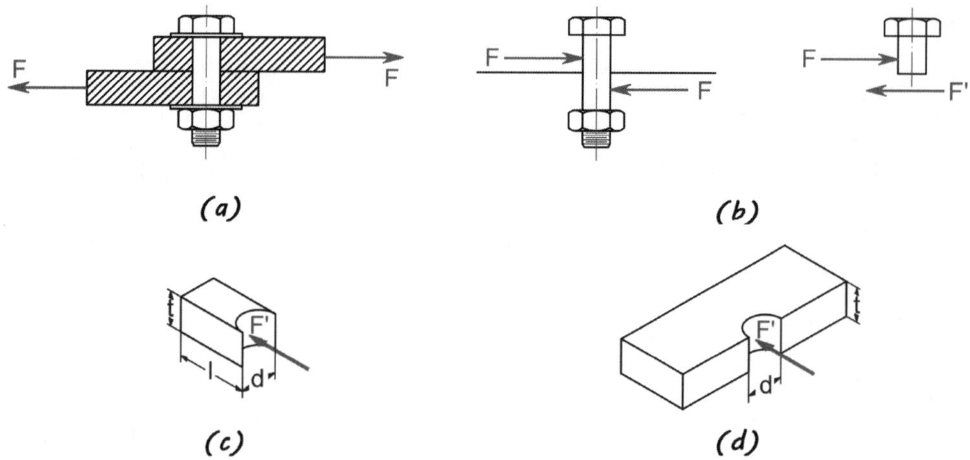

Figura 2.2 – Parafuso sob ação de uma carga transversal. (a) Parafuso sob cisalhamento simples, (b) carga de cisalhamento atuante no parafuso, (c) cisalhamento lateral da chapa, (d) esmagamento resultante na chapa. Adaptado a partir de Beer & Johnston, 2013.

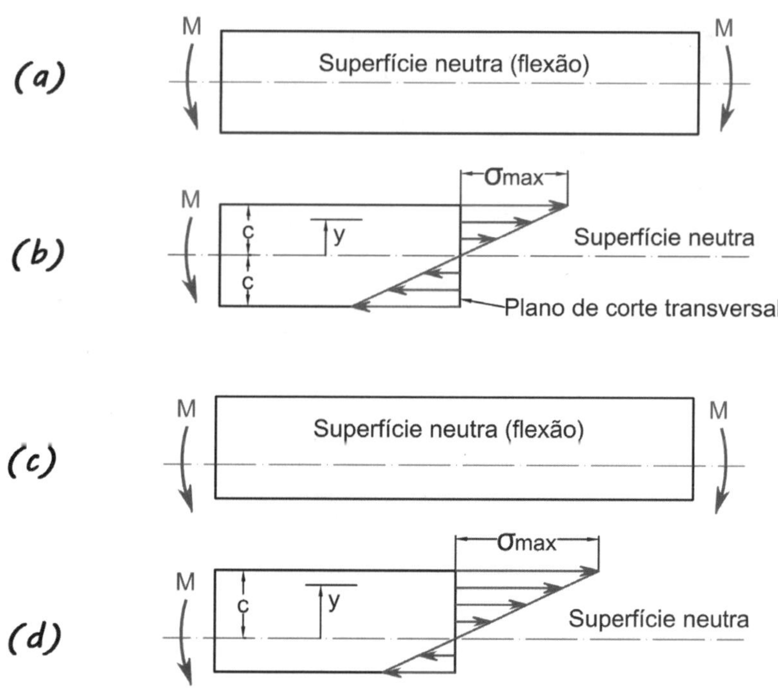

Figura 2.3 – Viga sob flexão pura. (a) Viga simétrica sob flexão pura, (b) distribuição de tensões normais na viga simétrica, (c) viga assimétrica sob flexão pura, (d) distribuição de tensões normais na viga assimétrica. Adaptado a partir de Juvinall, 2016.

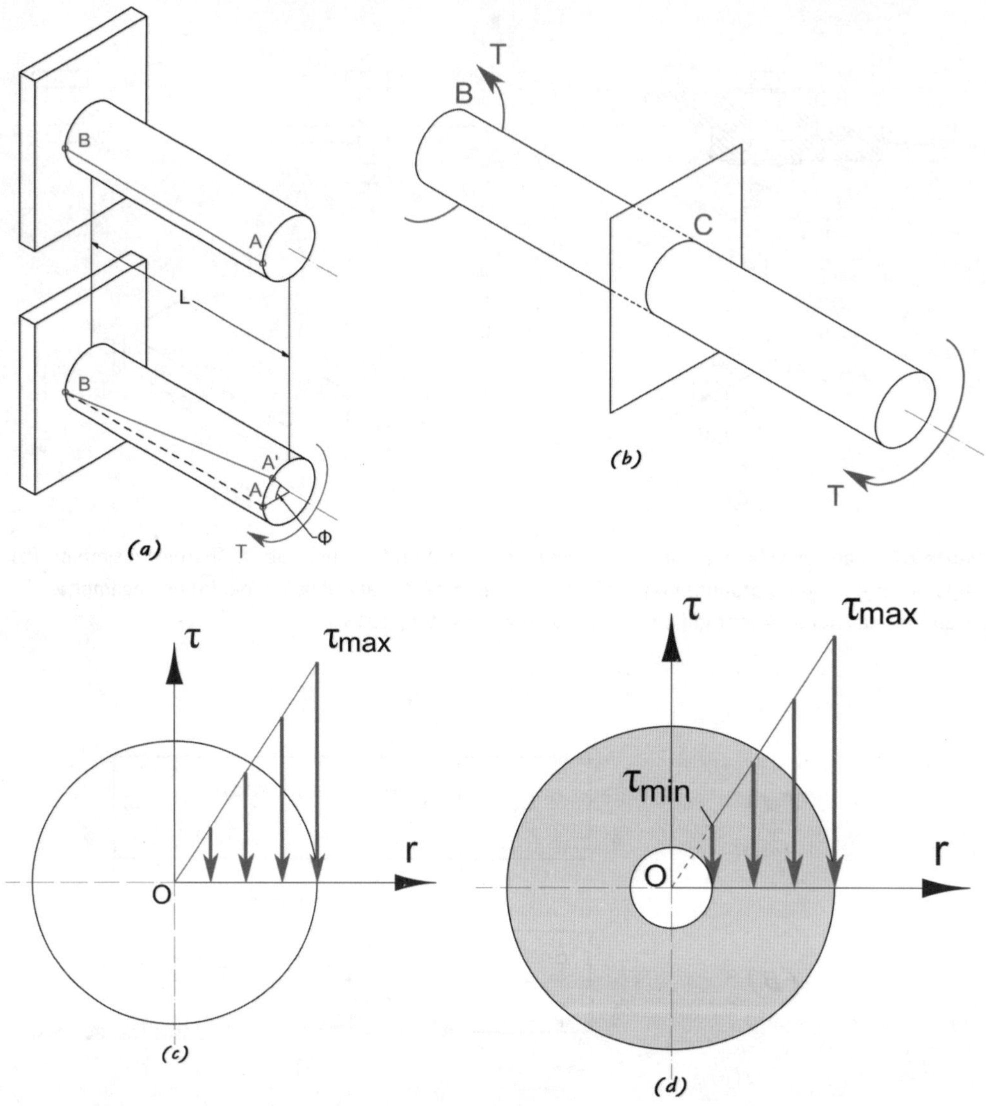

Figura 2.4 – Eixo sob torção. (a) Eixo circular sob torção, (b) plano representativo de corte, (c) tensões de cisalhamento numa secção circular maciça, (d) tensões de cisalhamento numa secção circular vazada. Adaptado a partir de Beer & Johnston, 2013.

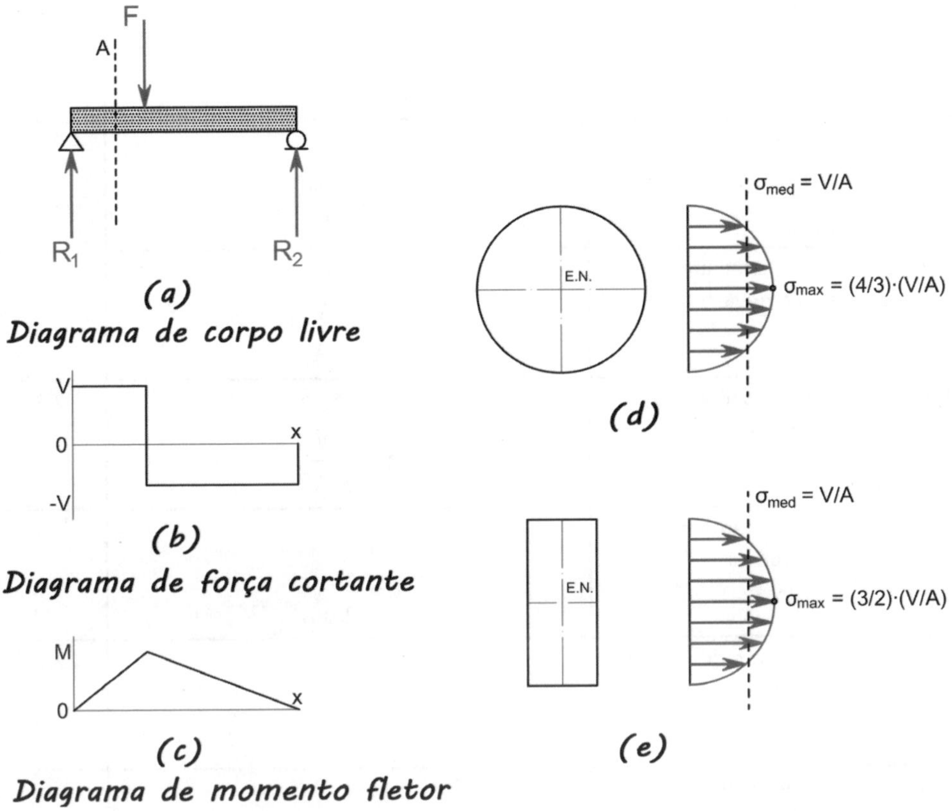

Figura 2.5 – Viga sob ação de uma carga transversal. (a) Diagrama de corpo livre, (b) diagrama de força cortante, (c) diagrama de momento fletor, (d) distribuição das tensões de cisalhamento numa viga de secção circular, (e) distribuição das tensões de cisalhamento numa viga de secção retangular. Adaptado a partir de Norton, 2013.

Tabela 2.1 – Tensões e deformações - equações fundamentais (Adaptado a partir de Norton, 2013).

Tensões e Deformações	Equação	(nº)
Tensões normais	$\sigma = \frac{F}{A}$	2.1
Deformações longitudinais	$\delta = \frac{FL}{AE}$	2.2
Tensões de esmagamento (compressão superficial)	$\sigma = \frac{F}{A_{esmag}}$	2.3

Cisalhamento puro	$\tau = \frac{F}{A_{cis}}$	2.4
Tensões de flexão	$\sigma = \frac{Mc}{I}$	2.5
Tensão máxima de cisalhamento (secção retangular)	$\tau = \frac{3}{2}\frac{V}{A}$	2.6
Tensão máxima de cisalhamento (secção circular)	$\tau = \frac{4}{3}\frac{V}{A}$	2.7
Tensão máxima de cisalhamento (vigas padronizadas)	$\tau = \frac{V}{A_{alma}}$	2.8
Tensão de cisalhamento devido ao momento torcedor (secções circulares)	$\tau = \frac{Tr}{J}$	2.9
Ângulo de torção devido ao momento torcedor (secções circulares)	$\theta = \frac{TL}{JG}$	2.10

2.3. CÍRCULO DE MOHR

No dimensionamento de uma peça ou componente, o grande desafio está em se relacionar as diversas tensões atuantes decorrentes dos carregamentos a que ela está sendo submetida com um único valor de resistência. O diagrama do Círculo de Mohr é um método gráfico utilizado para determinar as diversas relações entre as tensões no estado plano de tensões (estado biaxial de tensões). Com base nas relações geométricas do Círculo de Mohr podem-se obter as tensões principais e a tensão de cisalhamento máxima para um determinado estado plano de tensões. A Figura 2.6 traduz essas informações, ou seja:

$$\sigma_1, \sigma_2 = \frac{\sigma_x + \sigma_y}{2} \pm \sqrt{(\frac{\sigma_x - \sigma_y}{2})^2 + \tau_{xy}^2} \qquad (2.11)$$

$$\tau = \sqrt{\left(\frac{\sigma_x - \sigma_y}{2}\right)^2 + \tau_{xy}^2} \tag{2.12}$$

$$\tan 2\phi_p = \frac{2\tau_{xy}}{\sigma_x - \sigma_y} \tag{2.13}$$

Onde o primeiro termo e o segundo termo da Equação (2.11) correspondem ao centro e ao raio do Círculo de Mohr, respectivamente.

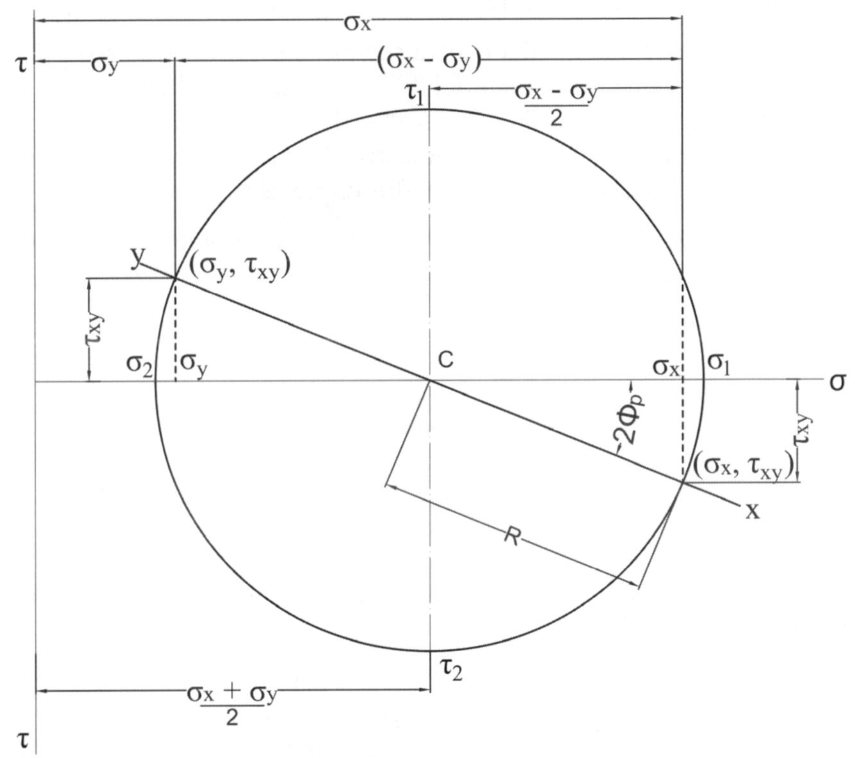

Figura 2.6 – Representação gráfica do Círculo de Mohr. Adaptado a partir de Budynas, 2011.

2.4. TEORIAS DE FALHAS ESTÁTICAS

Como pontuado na introdução do presente capítulo, no dimensionamento de uma peça, cabe ao engenheiro conhecer todos os esforços aos quais a peça estará submetida e correlacionar as tensões provenientes destes esforços com sua resistência, de maneira que sejam garantidas sua segurança e integridade. Em geral, materiais dúcteis e isotrópicos quando submetidos a carregamentos estáticos, possuem integridades avaliadas pelas tensões de cisalhamento, enquanto os materiais frágeis são avaliados pelas tensões normais.

Para garantir que as peças não falhem, existem diversas teorias que relacionam as tensões com a integridade da peça. Para materiais dúcteis e isotrópicos podem-se utilizar os seguintes critérios de falha estática: Teoria da Tensão Normal Máxima, Teoria da Tensão Cisalhante Máxima e a Teoria da Energia de Distorção. Enquanto que para materiais frágeis, pode-se utilizar a Teoria de Coulomb-Mohr e a Teoria de Coulomb-Mohr Modificada.

2.4.1. TEORIA DE TENSÃO NORMAL MÁXIMA

Esta teoria estabelece que a falha ocorra sempre que a maior tensão principal se iguale ao limite de escoamento do material (S_{esc}) para materiais dúcteis ou ao limite de resistência à ruptura do material (S_{ut}) para materiais frágeis. Esta somente é recomendada para fins de comparação ou como indicativo inicial no dimensionamento, uma vez que suas previsões podem levar a resultados imprecisos.

Para o estado triaxial de tensões, sempre que o valor absoluto da tensão principal "σ_1" for a maior das três tensões principais, a teoria de tensão normal máxima pode ser representada pelas Equações (2.14) e (2.15), respectivamente:

$$\sigma_1 = S_{esct} \quad \text{ou} \quad \sigma_1 = -S_{escc} \tag{2.14}$$

$$\sigma_1 = S_{utt} \quad \text{ou} \quad \sigma_1 = -S_{utc} \tag{2.15}$$

onde os subíndices finais "t" e "c" representam os esforços de tração e compressão, respectivamente.

No nível de projeto, define-se a falha de projeto como uma "subestimação" dos limites de resistência com a adição de uma margem de segurança visando à integridade da peça ou do componente na fase de projeto. Essa margem é incorporada às teorias de falha através da implementação do coeficiente de segurança "n" nas formulações correspondentes. Desta forma, as equações (2.14) e (2.15) podem ser reescritas como:

$$\sigma_1 = \frac{S_{esct}}{n} \quad \text{ou} \quad \sigma_1 = -\frac{S_{escc}}{n} \tag{2.16}$$

$$\sigma_1 = \frac{S_{utt}}{n} \quad \text{ou} \quad \sigma_1 = -\frac{S_{utc}}{n} \tag{2.17}$$

2.4.2. TEORIA DA TENSÃO CISALHANTE MÁXIMA

A teoria da Tensão Cisalhante Máxima estabelece que o escoamento comece sempre que a tensão cisalhante máxima se torna igual à tensão cisalhante máxima de um corpo de prova de mesmo material submetido a um ensaio de tração uniaxial, quando este inicia o escoamento. Essa teoria é considerada mais conservadora porque está sempre na região segura dos resultados. Para o estado tri ou biaxial de tensões, a mesma é representada pelas equações (notar que: $\sigma_1 > \sigma_2 > \sigma_3$):

$$\tau = \frac{\sigma_1 - \sigma_2}{2} = \frac{S_{esc}}{2} \qquad (2.18)$$

ou

$$\tau = \frac{\sigma_1 - \sigma_3}{2} = \frac{S_{esc}}{2} \qquad (2.19)$$

Para torção pura: $\sigma_2 = -\sigma_1$ e $\tau = -\sigma_1$, motivo pelo qual a Equação (2.12) pode ser simplificada para:

$$S_{Sesc} = 0,5S_{esc} \qquad (2.20)$$

onde "S_{Sesc}" é o limite de resistência ao escoamento por cisalhamento do material.

2.4.3. TEORIA DA ENERGIA DE DISTORÇÃO

Esta teoria também é conhecida como teoria de Von Mises-Henky. Ela prevê que o escoamento ocorre quando a energia de deformação por distorção exceda a energia de deformação correspondente ao escoamento sob tração ou compressão do mesmo material. As Equações 2.21 a 2.24 apresentam a teoria da energia de distorção em função do tensor tridimensional de tensões para os estados tri e biaxial de tensões. Nesta teoria, o escoamento ocorre quando $\sigma' = S_{esc}$ ou considerando a falha de projeto por: $\sigma' = S_{esc}/n$.

$$\sigma' = \frac{1}{\sqrt{2}}[(\sigma_x - \sigma_y)^2 + (\sigma_y - \sigma_z)^2 + (\sigma_z - \sigma_x)^2 + 6\left(\tau_{xy}^2 + \tau_{yz}^2 + \tau_{xz}^2\right)]^{1/2} \qquad (2.21)$$

ou

$$\sigma' = \frac{1}{\sqrt{2}}[(\sigma_1 - \sigma_2)^2 + (\sigma_2 - \sigma_3)^2 + (\sigma_3 - \sigma_1)^2]^{1/2} \qquad (2.22)$$

e, para o estado plano de tensões:

$$\sigma' = (\sigma_x^2 - \sigma_x\sigma_y + \sigma_y^2 + 3\tau_{xy}^2)^{1/2} \tag{2.23}$$

ou

$$\sigma' = (\sigma_A^2 - \sigma_A\sigma_B + \sigma_B^2)^{1/2} \tag{2.24}$$

onde σ' é conhecida como a tensão equivalente de Von Mises e σ_A e σ_B são as tensões principais não nulas.

Na Figura 2.7 resumem-se os resultados dessas três teorias para materiais dúcteis, em função das suas tensões principais, considerando um estado biaxial de tensões. As linhas representam o limite de segurança para as três teorias. Para materiais frágeis pode-se ainda aplicar a teoria da tensão máxima normal trocando-se as tensões de escoamento pelas tensões de ruptura, como mostram as Equações (2.15) e (2.17).

Pode-se ainda observar a partir da mesma Figura 2.7 que a teoria da tensão cisalhante máxima é considerada mais conservadora, porque está sempre na região segura dos resultados quando comparada com as demais teorias. Além disso, a teoria da energia de distorção prediz o escoamento com mais precisão nos quatro quadrantes considerados.

Nessa teoria, a torção pura seria representada no 4º quadrante com: $\sigma_2 = -\sigma_1$ e $\tau = -\sigma_1$, e a Equação (2.20) pode ser reescrita como:

$$S_{Sesc} = 0{,}5S_{esc} \tag{2.25}$$

2.4.4. TEORIA DE COULOMB-MOHR

A teoria de Coulomb-Mohr para materiais frágeis é uma adaptação de teoria da Tensão Normal Máxima. Esta teoria é a mais recomendada para prever a falha de materiais frágeis e considera que nem todos os materiais apresentam os limites de resistência a compressão e tração iguais entre si. A Figura 2.8 mostra duas representações gráficas da teoria de Coulomb-Mohr. Para o estado triaxial de tensões com tensões principais: $\sigma_1 > \sigma_2 > \sigma_3$, a falha do material ocorrerá se:

$$\frac{\sigma_1}{S_{utt}} + \frac{\sigma_3}{S_{utc}} = 1 \tag{2.26}$$

e a falha de projeto por:

$$\frac{\sigma_1}{S_{utt}} + \frac{\sigma_3}{S_{utc}} = \frac{1}{n} \tag{2.27}$$

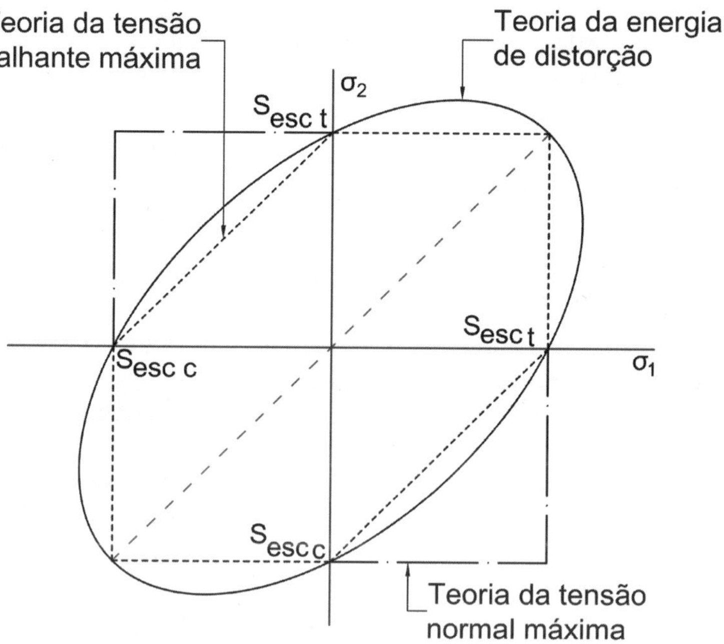

Figura 2.7 – Comparação das três teorias de falha para materiais dúcteis. Adaptado a partir de Shigley, 1984.

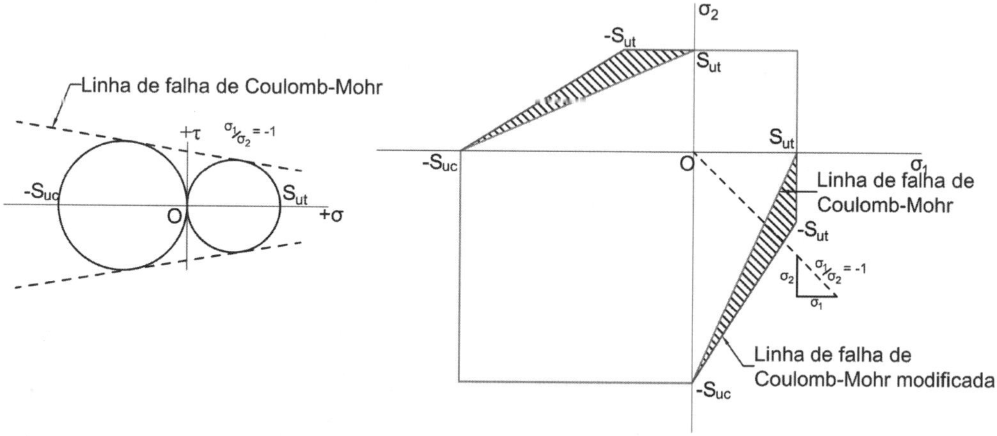

Figura 2.8 – Teorias de Coulomb-Mohr e Coulomb-Mohr Modificada para materiais frágeis. Adaptado a partir de Budynas, 2011 e Juvinall, 2016.

2.4.5. TEORIA DE COULOMB-MOHR MODIFICADA

A teoria de Coulomb-Mohr Modificada apresenta uma alteração no segundo e quarto quadrantes, representada pela área hachurada, Figura 2.8(b). Essa alteração foi implementada à teoria de Coulomb-Mohr por Grassi e Cornet em 1949 no estudo de fraturas de tubos de ferro fundido cinzento sob tensões biaxiais.

Uma peça submetida a um carregamento de torção pura com $\sigma_1 = -\sigma_2$, pode ser representado por uma linha traço ponto no gráfico da Figura 2.8(b) de inclinação igual à $\sigma_2/\sigma_1 = -1$. Nesse caso a teoria Coulomb-Mohr é mais conservadora assumindo que já ocorreu a falha. Entretanto, a teoria de Coulomb-Mohr Modificada prevê com melhor precisão quando realmente ocorrerá essa falha.

2.5. FALHA POR FADIGA

Considere um eixo suportado por dois mancais em suas extremidades e com uma polia acoplada no seu centro. Tal condição faz com que o eixo suporte um carregamento constante de torção decorrente dos esforços atuantes sobre a polia. O eixo, por sua vez, é um elemento rotativo e a cada rotação, devido ao carregamento de flexão imposta pela polia, fica submetido alternadamente a esforços de tração e compressão. A falha por fadiga pode ocorrer quando as tensões se alternam, variam ou flutuam entre determinados valores, os quais podem estar inclusive bem abaixo do limite de escoamento do material.

A falha por fadiga inicia-se normalmente por uma pequena trinca superficial e imperceptível a olho nu. Ela progride durante o funcionamento da peça, porque o efeito da concentração de tensões aumenta com a propagação da trinca e como consequência, a área sob tensão diminui de tamanho. A partir dessa condição as tensões aumentam exageradamente até que a peça falhe abruptamente. Associado a essa condição, a falha por fadiga não apresenta deformação perceptível antes da sua ruptura, o que torna esse fenômeno muito perigoso.

2.5.1. LIMITE DE RESISTÊNCIA À FADIGA

De acordo com Mishke (1987), o limite de resistência à fadiga (Se') está relacionado com as tensões de tração do material. Se' é proveniente de ensaios realizados em corpos de prova sob flexão rotativa, sendo que para o caso de aços carbono, essa relação é fornecida por:

$$S_e'=0{,}504\,S_{ut} \rightarrow S_{ut}\leq 1460 \text{ MPa} \quad (2.28)$$

$$S_e'=740 \text{ MPa} \rightarrow S_{ut}>1460 \text{ MPa} \quad (2.29)$$

O limite de resistência à fadiga para várias classes de ferros fundidos pode ser obtido a partir de tabelas específicas, assim como para diversas ligas de alumínio (apesar destas não possuírem um limite de resistência à fadiga definido), pode-se obter esse limite na condição de tensão alternada, normalmente em 5.10^8 ciclos.

2.5.2. RESISTÊNCIA À FADIGA PARA VIDA FINITA (S_f)

O limite de resistência à fadiga para peças submetidas a fadiga de baixo ciclo (até 10^3 ciclos) é ligeiramente menor que o limite de resistência a tração. A fadiga de alto ciclo para aços carbono, estende-se de 10^3 a 10^6 ciclos. A Figura 2.9 mostra um diagrama S-N típico para o caso de aços carbono.

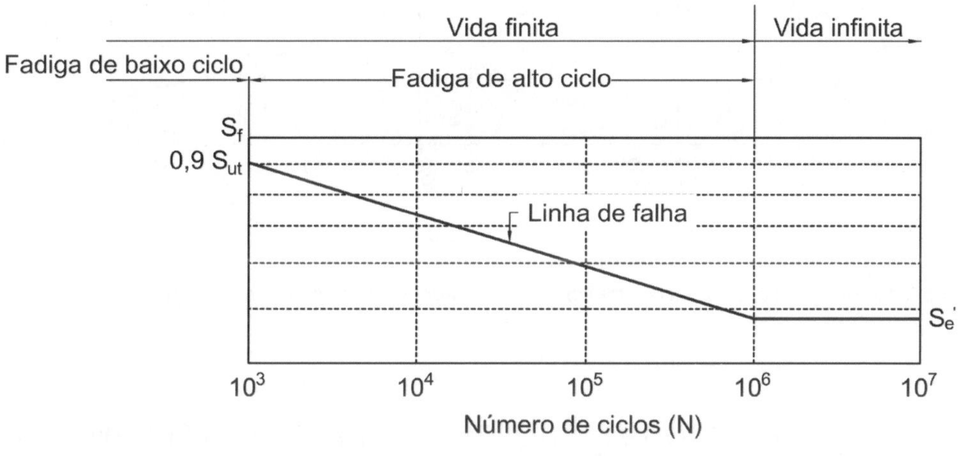

Figura 2.9 – Diagrama S-N para aços. Adaptado a partir de Shigley, 1984.

Empiricamente, conforme Budynas (2011), o limite de resistência a fadiga para vida finita com "N" ciclos pode ser escrito como:

$$S_f = aN^b \tag{2.30}$$

onde

$$a = \frac{(f \cdot S_{ut})^2}{S_e} \tag{2.31}$$

e

$$b = -\frac{1}{3}\log\left[\frac{f \cdot S_{ut}}{S_e}\right] \tag{2.32}$$

O parâmetro "f" é conhecido como fração da resistência à fadiga à 10^3 ciclos caso $S_e' = 0{,}504\ S_{ut}$, podendo ser obtido a partir da Figura 2.10. Quando $S_{ut} < 490$ MPa, considerar f = 0,9.

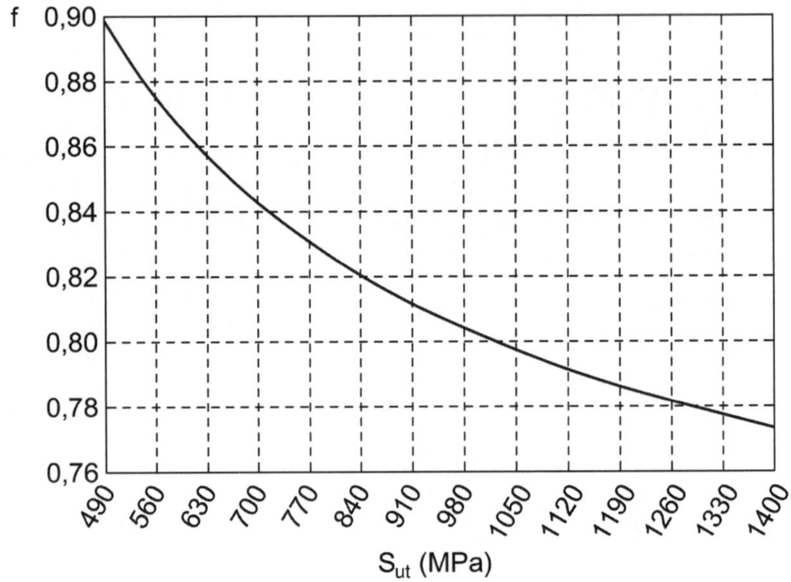

Figura 2.10 – Fração da resistência a fadiga "f". Adaptado a partir de Budynas, 2001.

2.5.3. FATORES MODIFICADORES DO LIMITE DE RESISTÊNCIA À FADIGA

O limite de resistência a fadiga verdadeiro (S_e) é consideravelmente menor que o limite de resistência a fadiga para vida infinita (S_e') obtida em laboratório. Marin, em 1962, quantificou fatores que influenciavam nos valores de "S_e'" de acordo com a equação:

$$S_e = k_a\ k_b\ k_c\ k_d\ k_e\ S_e' \tag{2.33}$$

onde

k_a = fator de modificação de condição de superfície;

k_b = fator de modificação de tamanho;

k_c = fator de modificação de carga;

k_d = fator de modificação de temperatura;

k_e = fator de confiabilidade.

2.5.3.1. Fator de superfície k_a

Este fator depende da qualidade do acabamento da superfície da peça e da resistência a tração do material, podendo ser determinado através da relação empírica:

$$k_a = aS^b_{ut} \tag{2.34}$$

onde a constante "a" e o expoente "b" são fornecidas pela Tabela 2.2.

Tabela 2.2 – Parâmetros para o fator de superfície (Adaptado de Budynas, 2011)

Acabamento Superficial	a (S_{ut} em MPa)	b
Retificado	1,58	-0,085
Usinado ou laminado a frio	4,51	-0,265
Laminado a quente	57,5	-0,718
Forjado	272,0	-0,995

2.5.3.2. Fator de tamanho k_b

O fator de tamanho para carregamentos de flexão e torção pode ser obtido de acordo com Mischke (1987), por:

$$k_b = \begin{cases} 1,24d^{-0,107} \Rightarrow 2,79 \leq d < 51\,\text{mm} \\ 1,51d^{-0,157} \Rightarrow 51 < d \leq 254\,\text{mm} \end{cases} \tag{2.35}$$

Para carregamentos axiais não há efeito de tamanho, ou seja, $k_b = 1$. Para sólidos não rotativos deve-se, ainda, substituir o diâmetro "d" pelo diâmetro efetivo "d_e" na equação anterior. Esse diâmetro efetivo corresponde a:

- secções circulares → d_e=0,370d (2.36)
- secções retangulares → d_e=0,808$(hb)^{1/2}$ (2.37)

2.5.3.3. Fator de carga k_c

O limite de resistência à fadiga também depende da natureza do carregamento. O fator k_c pode ser obtido através Tabela 2.3.

Tabela 2.3 – Fator de carga (Adaptado de Budynas, 2011)

Tipo de Carregamento	k_c
Flexão	1
Axial	0,85
Torção	0,59
Torção combinada	1

2.5.3.4. Fator de temperatura k_d

Este fator leva em consideração o efeito da temperatura sobre o limite de resistência à tração de um material. O fator "k_d" é fornecido pela Tabela 2.4, em função da temperatura de trabalho na qual a peça esteja submetida.

Tabela 2.4 – Fator de temperatura (Adaptado de Brandes, 1983)

Temperatura de trabalho (ºC)	k_d
20	1,000
50	1,010
100	1,020
150	1,025
200	1,020
250	1,000
300	0,975
350	0,943
400	0,900
450	0,843
500	0,768
550	0,672
600	0,549

Observar ainda que, para peças trabalhando em temperaturas abaixo da temperatura ambiente, surge a possibilidade da falha ser provocada por uma fratura frágil.

2.5.3.5. Fator de confiabilidade k_e

O fator de confiabilidade é fornecido de acordo com a Tabela 2.5. Esse fator foi determinado por Haugen e Wirching, no ano de 1975.

Tabela 2.5 – Fator de confiabilidade (Adaptado a partir de Haugen e Wirching, 1975).

Confiabilidade (%)	k_e
50	1,000
90	0,897
95	0,868
99	0,814
99,9	0,753
99,99	0,702
99,999	0,659
99,9999	0,620

2.6. TENSÕES FLUTUANTES

Os componentes mecânicos com muita frequência estão submetidos às tensões alternadas que obedecem, quase sempre, um padrão senoidal de variação. A Figura 2.11 mostra três tipos de relações tensão-tempo que podem ocorrer em consequência de um carregamento cíclico.

As seguintes relações são evidentes a partir da Figura 2.11:

$$\sigma_m = \frac{\sigma_{max} + \sigma_{min}}{2} \quad \rightarrow \quad \text{componente média de tensão} \tag{2.38}$$

$$\sigma_a = \left| \frac{\sigma_{max} - \sigma_{min}}{2} \right| \quad \rightarrow \quad \text{componente alternada de tensão} \tag{2.39}$$

$$\sigma_r = \sigma_{max} - \sigma_{min} \quad \rightarrow \quad \text{faixa de variação da tensão} \tag{2.40}$$

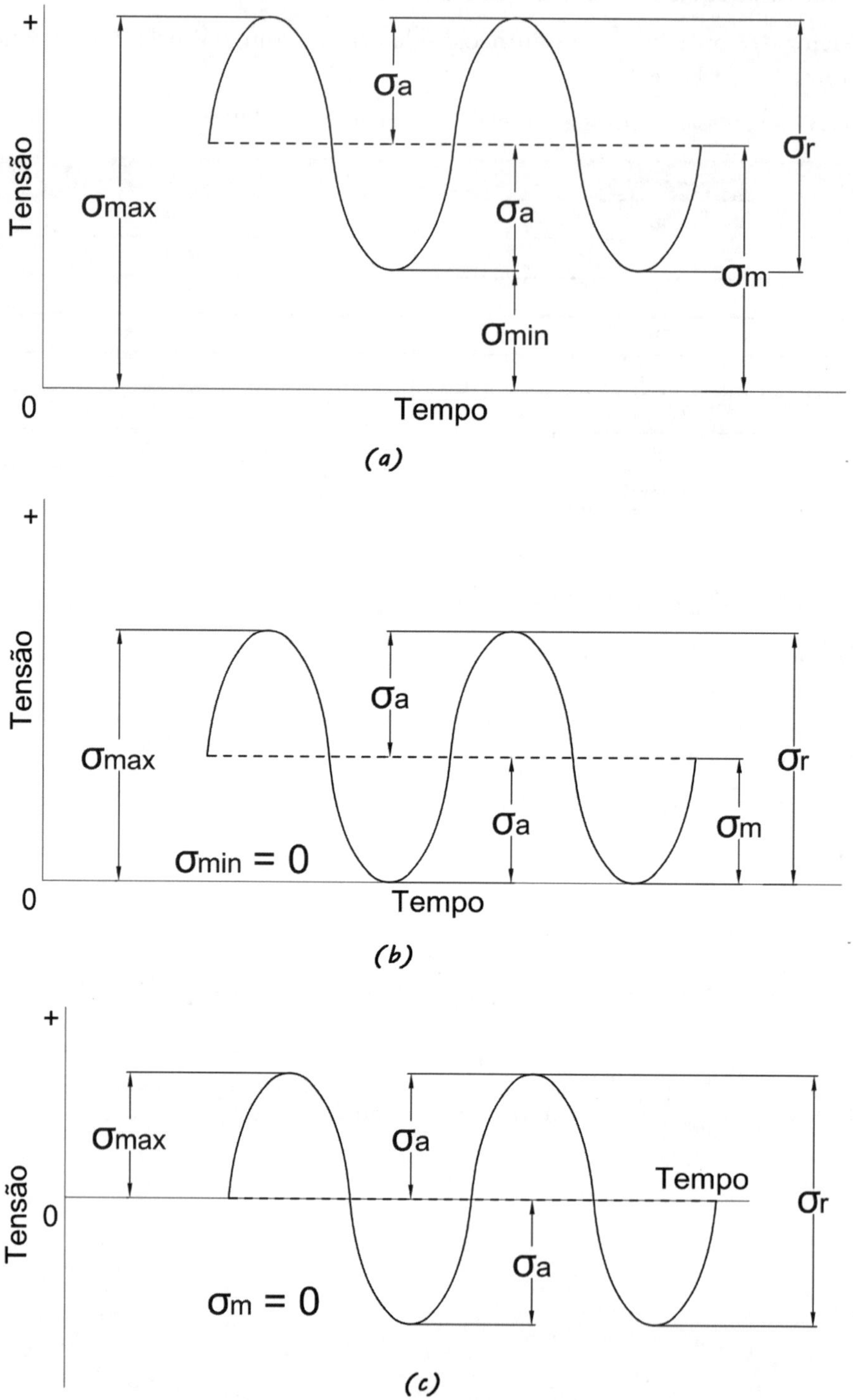

Figura 2.11 – Tipos de tensão de fadiga. (a) Tensão flutuante, (b) tensão repetida, (c) tensão totalmente alternada. Adaptado a partir de Budynas, 2011.

As relações fornecidas pelas equações (2.38) a (2.40) e a determinação do tipo de comportamento da variação dessas tensões em relação ao tempo, são de grande importância no dimensionamento de peças no que se refere à fadiga. Isto ajudará ao projetista a definir as hipóteses e formulações a serem utilizadas no estudo desse fenômeno. No capítulo correspondente aos eixos de transmissão você pode encontrar melhor detalhamento desses conceitos.

2.7. CONCENTRAÇÃO DE TENSÃO

As equações básicas para avaliar as tensões de tração, compressão e cisalhamento decorrentes de forças normais, esforços cortantes, momentos fletores e torcedores, apresentadas nas seções anteriores, consideram que o peça ou componente mecânico sob avaliação não possui irregularidades e nem descontinuidades geométricas, sendo assim totalmente homogêneo. Entretanto, não é isto que ocorre na grande maioria dos casos, dado que as peças apresentam descontinuidades diversas, tais como: mudanças de secção transversal, furos, reentrâncias ou entalhes, entre outros. Essas descontinuidades aumentam consideravelmente as tensões teóricas em suas adjacências. Esse aumento pode ser incorporado às tensões nominais "σ_o" e "τ_o" atuantes no componente em análise através do chamado fator de concentração de tensão "K_t" ou fator de concentração de tensão em fadiga "K_f". O fator "K_t" é utilizado no caso de carregamentos estáticos, ao passo que o fator "K_f" para a condição de fadiga (carregamentos cíclicos). Dessa forma, é possível calcular as tensões máximas atuantes por:

$$\sigma_{max}=K_t\,\sigma_o \quad \text{ou} \quad \tau_{max}=K_{ts}\,\tau_o \tag{2.41}$$

$$\sigma_{max}=K_f\,\sigma_o \quad \text{ou} \quad \tau_{max}=K_{fs}\,\tau_o \tag{2.42}$$

onde o subíndice "s" representa que o fator de concentração de tensões é aplicado para a condição de tensões de cisalhamento.

O fator "K_t" é determinado em função da geometria da peça, tipo de descontinuidade e do tipo de carregamento. A Figura 2.12 mostra um exemplo de gráfico para obtenção do fator referido. As curvas para determinação desse fator podem ser encontradas nos livros clássicos de Resistência do Materiais e de Elementos de Máquinas. No capítulo de eixos de transmissão são também reproduzidas algumas curvas de "K_t" para o dimensionamento desses dispositivos.

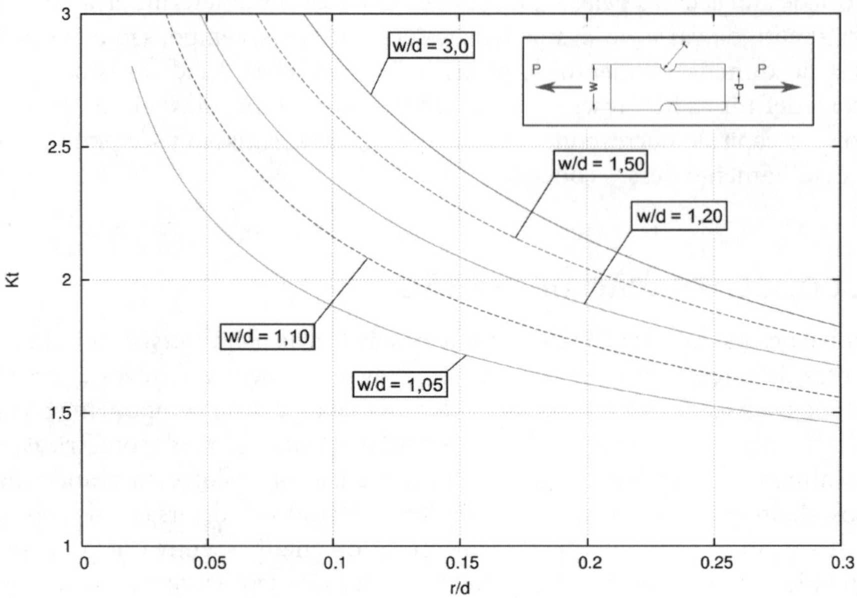

Figura 2.12 – Fator "K_t" para uma barra entalhada sob tração ou compressão simples.

O fator "K_f" pode ser obtido em função de "K_t" e da sensibilidade ao entalhe "q" pelas seguintes equações:

$$K_f = 1 + q(K_t - 1) \tag{2.43}$$

e

$$K_{fs} = 1 + q_s\,(K_{ts} - 1) \tag{2.44}$$

O fator de sensibilidade ao entalhe para aços carbono e alumínios pode ser obtido através dos gráficos das Figuras 2.13 e 2.14, sendo quantificado entre 0 e 1. Avaliando as equações (2.43) e (2.44) pode-se ainda concluir que:

a) se $q = 0$ então $K_f = 1 \rightarrow$ o material não apresenta sensibilidade à entalhes;

b) se $q = 1$ então $K_f = K_t \rightarrow$ o material tem completa sensibilidade ao entalhe.

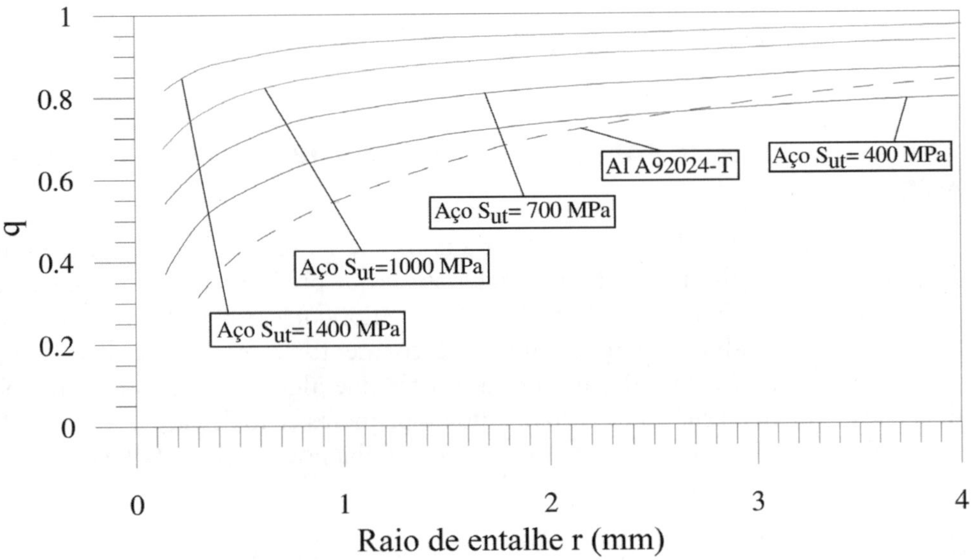

Figura 2.13 – Curvas de sensibilidade ao entalhe para aços carbono e ligas de alumínio submetidas a flexão alternada ou a cargas axiais reversas. Adaptado a partir de Sines e Waisman, 1969.

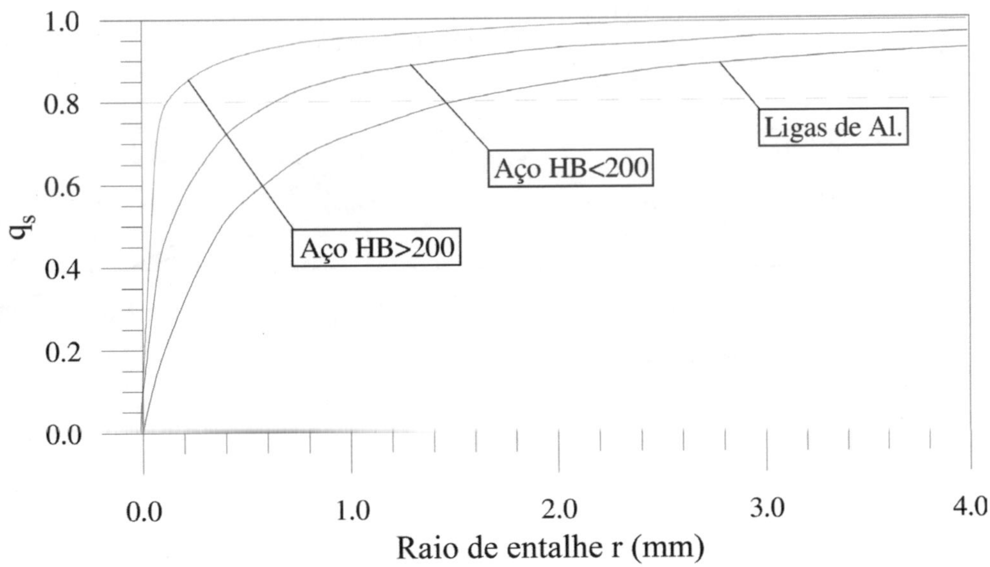

Figura 2.14 – Curvas de sensibilidade ao entalhe para materiais sob torção alternada. Adaptado a partir de Sines e Waisman, 1969.

Nas Figuras 2.13 e 2.14, para raios maiores que 4 mm utilizar o valor de "q" correspondente a r = 4 mm. Shigley, Mischke e Budynas (2005) recomendam que quando houver dúvida sobre o valor do fator sensibilidade ao entalhe deve-se utilizar $K_f = K_t$, enquanto que para todos os graus de ferros fundidos, utilizar q = 0,2 uma vez que suas sensibilidades ao entalhe são muito pequenas.

2.8. CRITÉRIOS DE FALHA POR FADIGA SOB TENSÕES FLUTUANTES

Existem muitos métodos para predizer a falha sob tensões flutuantes. Na Figura 2.15 estão ilustradas algumas curvas características que preveem falha por fadiga (Soderberg, Goodman Modificado, Gerber e ASME-Elíptico), como também a curva de Langer que prevê a falha do componente por escoamento no primeiro ciclo de carga. A região destacada (hachurada) na figura mostra que alguns critérios de falha por fadiga não atendem o critério de escoamento no primeiro ciclo de carga. A Tabela 2.6 apresenta as equações que definem os critérios de falha por fadiga e a falha de projeto acrescentando o coeficiente de segurança "n".

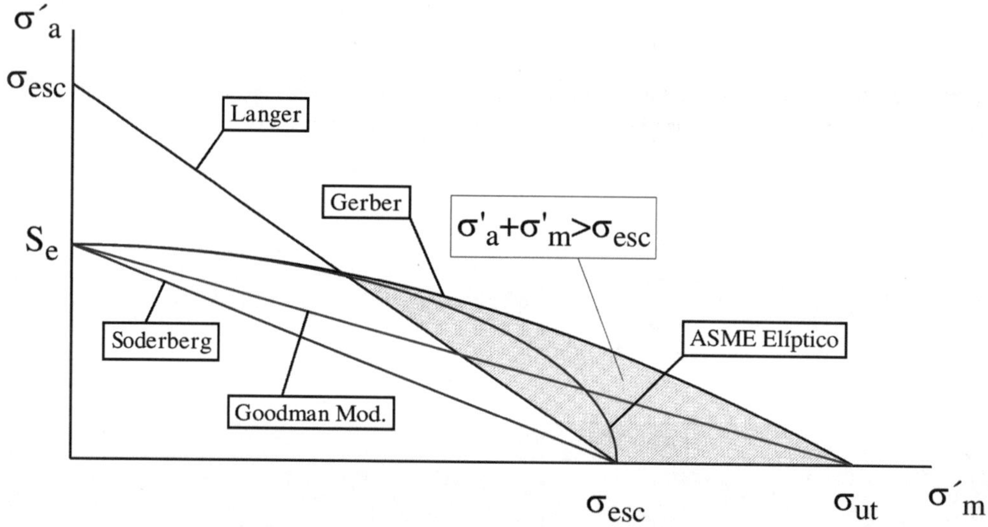

Figura 2.15 – Curvas de falha por fadiga.

Tabela 2.6 – Curva de falha e regiões de projeto (Adaptado a partir de Shigley, Miscke e Budynas, 2005)

Critério	Curva de Falha	Região de Projeto	(nº)
Soderberg	$\frac{\sigma'_a}{S_e}+\frac{\sigma'_m}{S_{esc}}=1$	$\frac{\sigma'_a}{S_e/n}+\frac{\sigma'_m}{S_{esc}/n}\leq 1$	2.45
Goodman Modificado	$\frac{\sigma'_a}{S_e}+\frac{\sigma'_m}{S_{ut}}=1$	$\frac{\sigma'_a}{S_e/n}+\frac{\sigma'_m}{S_{ut}/n}\leq 1$	2.46
Gerber	$\frac{\sigma'_a}{S_e}+\left(\frac{\sigma'_m}{S_{ut}}\right)^2=1$	$\frac{\sigma'_a}{S_e/n}+\left(\frac{\sigma'_m}{S_{ut}/n}\right)^2\leq 1$	2.47
ASME Elíptico	$\left(\frac{\sigma'_a}{S_e}\right)^2+\left(\frac{\sigma'_m}{S_{esc}}\right)^2=1$	$\left(\frac{\sigma'_a}{S_e/n}\right)^2+\left(\frac{\sigma'_m}{S_{esc}/n}\right)^2\leq 1$	2.48

2.9. PROBLEMAS RESOLVIDOS

9.1 – A barra mostrada abaixo possui diâmetro 20 mm e é feita de aço 1020 (S_{ut} = 380 MPa e S_{esc} = 210 MPa). Determine os coeficientes de segurança aplicados à barra segundo os seguintes critérios de falha: a) Tensão Máxima de Cisalhamento e b) Teoria da Energia de Distorção.

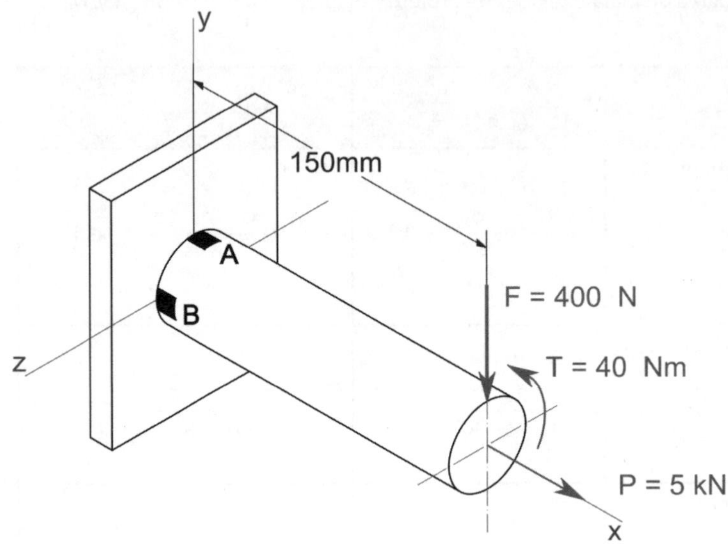

Figura 2.16 – Problema Resolvido 9.1. Adaptado a partir de Shigley, 1984.

Solução

a) Dados fornecido pelo problema:

$S_{esc} = 210$ MPa $\qquad S_{ut} = 380$ MPa $\qquad d = 20$ mm

b) Resolução

1) Determinação das tensões atuantes no ponto "A":

$$A = \frac{\pi}{4} 0,02^2 = 3,14 \cdot 10^{-4}\ m^2$$

Momento de inércia → $I = \frac{\pi}{64} d^4 = \frac{\pi}{64} 0,02^4 = 7,85 \cdot 10^{-9}\ m^2$

Momento polar de inércia → $J = \frac{\pi}{32} d^4 = \frac{\pi}{32} 0,02^4 = 1,57 \cdot 10^{-8}\ m^2$

Cálculo do momento fletor em relação ao eixo "z" causado pela força F →

$$Mz = -F \cdot 0,15 = 400 \cdot 0,15 = -60\ N.m$$

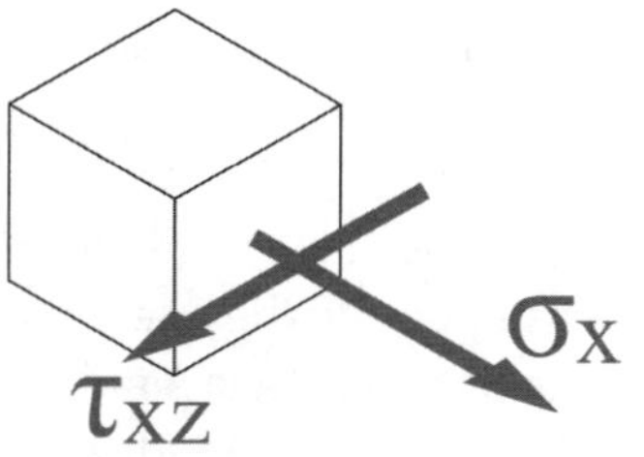

$$\sigma_x = \frac{M_z c}{I} + \frac{P}{A} = \frac{60 \cdot 0,01}{7,85 \cdot 10^{-9}} + \frac{5000}{3,14 \cdot 10^{-4}} = 92,4\,\text{MPa}$$

$$\tau_{xz} = \frac{Tr}{J} = \frac{40 \cdot 0,01}{1,57 \cdot 10^{-8}} = 25,5\,\text{MPa}$$

2) Determinação das tensões atuantes no ponto "B":

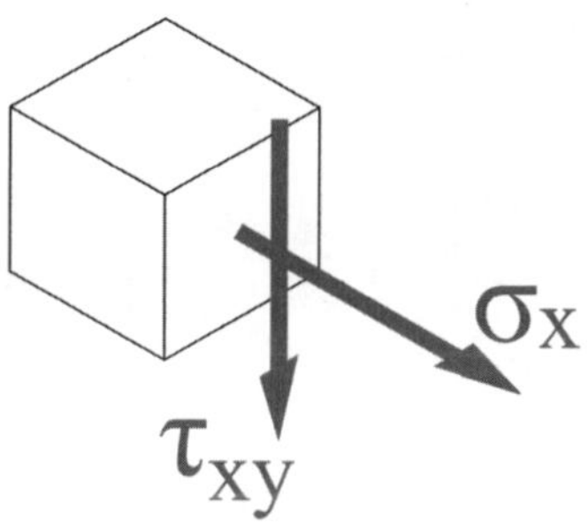

$$\sigma_x = \frac{P}{A} = \frac{5000}{3,14 \cdot 10^{-4}} = 15,9\,\text{MPa}$$

$$\tau_{xy} = \frac{Tr}{J} = \frac{40 \cdot 0,01}{1,57 \cdot 10^{-8}} = 25,5\,\text{MPa}$$

3) Determinação das tensões principais no ponto "A" – notar que esse ponto corresponde à condição de maior solicitação:

$$\sigma_1, \sigma_2 = \frac{\sigma_x + \sigma_z}{2} \pm \sqrt{(\frac{\sigma_x - \sigma_z}{2})^2 + \tau_{xz}^2} = \frac{92,4+0}{2} \pm \sqrt{(\frac{92,4-0}{2})^2 + 25,5^2} \quad \text{Equação 2.13}$$

$$\sigma_1, \sigma_2 = 46,2 \pm \sqrt{2784,69} = \begin{cases} \sigma_1 = 99\,\text{MPa} \\ \sigma_2 = -6,6\,\text{MPa} \end{cases} \quad \text{Equação 2.14}$$

4) Aplicando o critério de falha da Tensão Cisalhante Máxima:

$$\tau = \frac{S_{esc}}{2} \Rightarrow 52,7 = \frac{210}{2n} \Rightarrow n_{TCM} = 1,99 \quad \text{Equação 2.21}$$

5) Aplicando o critério de falha da Energia de Distorção

$$\sigma' = (\sigma_1^2 - \sigma_1\sigma_2 + \sigma_3^2)^{1/2} = (99^2 - 99(-6,6) + 6,6^2)^{1/2} = 102,6\text{ MPa}$$

Equação 2.26

$$\sigma' = S_{esc}/n \rightarrow 102{,}5 = 210/n \rightarrow n_{ED} = 2{,}05$$

9.2 – Um aço 1045 LQ tem uma resistência à tração de 570 MPa e uma resistência ao escoamento de 310 MPa. Determine: a) o limite de resistência à fadiga de um corpo de prova de viga rotativa para 10^6 ciclos; b) estime o limite de resistência à fadiga para uma viga rotativa polida que atinge a $8{,}5.10^4$ ciclos na falha e c) estime a vida esperada se for aplicada uma tensão alternada de 400 MPa ao corpo de prova.

Solução

a) Dados fornecido pelo problema:

$S_{esc} = 310$ MPa $\qquad S_{ut} = 570$ MPa

b) Resolução

1) S_e' para 10^6 ciclos → $S_e' = 0{,}504\ S_{ut}$ → $S_{ut} \leq 1460$ MPa

Equação 2.30

$$S_e' = 0{,}504 \cdot 570 = 287{,}3 \text{ MPa}$$

2) S_f para $8{,}5 \cdot 10^4$ ciclos → $S_f = aN^b$ Equação 2.32

$f = 0{,}875$ → Figura 2.10

$$a = \frac{(f \cdot S_{ut})^2}{S_e'} = \frac{(0{,}875 \cdot 570)^2}{287{,}3} = 865{,}82 \qquad \text{Equação 2.33}$$

$$b = -\frac{1}{3}\log\left[\frac{f \cdot S_{ut}}{S_e'}\right] = -\frac{1}{3}\log\left[\frac{0{,}875 \cdot 570}{287{,}3}\right] = -0{,}07985 \qquad \text{Equação 2.34}$$

$$S_f = aN^b = 865{,}82 \cdot (8{,}5 \cdot 10^4)^{-0{,}07985} = 349{,}8\,\text{MPa}$$

3) $S_f = aN^b \rightarrow 400 = 865{,}82 \cdot (N)^{-0{,}07985} \rightarrow N = 15848$ ciclos

9.3 – Determine o limite de resistência à fadiga com confiabilidade de 99,9% para uma barra redonda torneada de 30,0 mm de diâmetro de aço AISI 1040. Sabe-se que essa barra foi temperada e revenida para uma dureza aproximada de 240 HB. Além disso, a barra irá trabalhar sob flexão alternada à temperatura ambiente e que seus limites de resistência a ruptura e ao escoamento são de 758 MPa e 552 MPa, respectivamente.

Solução

a) Dados fornecido pelo problema:

$S_{esc} = 552$ MPa $S_{ut} = 758$ MPa $d = 30$ mm

Confiabilidade = 99,9%

b) Resolução

1) Limite de resistência à fadiga de um corpo de prova sob flexão rotativa

$$S_e' = 0{,}504 S_{ut} \rightarrow S_{ut} \leq 1460 \text{ MPa} \qquad \text{Equação 2.30}$$
$$S_e' = 0{,}504 \cdot 758 = 382 \text{ MPa}$$

2) Fator de superfície -usinada

$$a = 4{,}51 \text{ e } b = -0{,}265 \qquad \text{Tabela 2.2}$$
$$k_a = aS^b{}_{ut} = 4{,}51 \cdot 758^{-0{,}265} = 0{,}778 \qquad \text{Equação 2.36}$$

3) Fator de tamanho - d = 30mm

$$k_b = 1{,}24 d^{-0{,}107} \rightarrow 2{,}79 \leq d < 51 \text{ mm} \qquad \text{Equação 2.37}$$
$$k_b = 1{,}24 \cdot 30^{-0{,}107} = 0{,}862$$

4) Fator de carga - flexão alternada – $k_c = 1$ Tabela 2.3

5) Fator de temperatura - temperatura ambiente - $k_d = 1$ Tabela 2.4

6) Fator de confiabilidade - 99,9% - $k_e = 0{,}753$ Tabela 2.5

7) Cálculo do limite de resistência à fadiga

$$S_e = k_a\, k_b\, k_c\, k_d\, k_e\, S_e' = 0{,}778 \cdot 0{,}862 \cdot 1 \cdot 1 \cdot 0{,}753 \cdot 382 \qquad \text{Equação 2.35}$$
$$S_e = 192{,}9 \text{ MPa}$$

9.4 – Uma barra de aço AISI 1020 ($S_{ut} = 470$ MPa e $S_{esc} = 390$ MPa) laminada à frio, de secção retangular e com dimensões de 300 x 25 x 3 (mm) está submetida a um carregamento axial reverso de compressão e tração. Determine para a barra: a) o fator de concentração de tensões para fadiga, b) a máxima tensão média atuante e c) a máxima tensão alternada a qual a barra está submetida.

Solução

a) Dados fornecidos pelo problema:

w = 25 mm t = 3 mm F = 4,5 N S_{ut} = 470 MPa

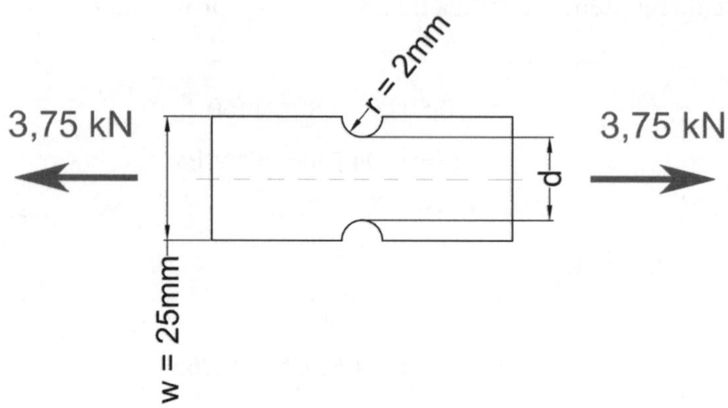

Figura 2.17– Problema Resolvido 9.4.

b) Resolução

1) Fator de concentração de tensões

$$\left.\begin{array}{ll} \frac{r}{d}=\frac{2}{21}=0,095 & \frac{r}{d}=\frac{2}{21}=0,095 \\ \frac{w}{d}=\frac{25}{21}=1,19 & \frac{w}{d}=\frac{25}{21}=1,19 \end{array}\right\} K_t=2,35$$

2) Sensibilidade ao entalhe

$$\left.\begin{array}{r} r=2,0\,\text{mm} \\ S_{ut}=470\,\text{MPa} \end{array}\right\} q=0,77 \qquad \text{Figura 2.13}$$

3) Cálculo de K_f

$$K_f=1+q(K_t-1)=1+0,77(2,35-1)=2,04 \qquad \text{Equação 2.45}$$

4) Cálculo da máxima tensão média e alternada.

O carregamento axial reverso possui o comportamento tensão-tempo da Figura 2.11(c). Logo, $\sigma_m=0$

e $$\sigma_{max} = K_t \sigma_o = 2{,}04 \frac{3750}{21(3)} = 121{,}4\,\text{MPa}$$ Equação 2.41

9.5 - Uma barra de aço estirada a frio de 38 mm de diâmetro tem as seguintes propriedades: S_{ut} = 500 MPa, S_{esc} = 410 MPa e S_e = 260 MPa. Esta peça deve aguentar uma tração flutuante variando entre 0 e 70 kN. Devido a sua geometria, a barra possui um fator de concentração de tensões para fida infinita de 1,8. Determine o coeficiente de segurança aplicado à barra com relação aos seguintes critérios de falha por fadiga: a) Soderberg, b) Goodman modificado, c) Gerber, d) ASME-Elíptico

Solução

a) Dados fornecido pelo problema:

S_{esc} = 410 MPa S_{ut} = 500 MPa S_e = 260 MPa

d = 38 mm Tração flutuante variando entre 0 e 70 kN

b) Resolução

1) Determinação do comportamento da variação tensão-tempo para uma tração flutuante entre 0 e 70 kN.

Da Figura 2.11(b) conclui-se que F_a = 35 kN e F_m = 35 kN.

2) Determinação das tensões nominais alternada e média

$$\sigma_{a0} = \frac{F_a}{A} = \frac{F_a}{\frac{\pi}{4}d^2} = \frac{35.10^3}{\frac{\pi}{4}0{,}038^2} = 30{,}7\,\text{MPa}$$

$$\sigma_{m0} = \frac{F_m}{A} = \sigma_{a0} = 30{,}7\,\text{MPa}$$

3) Cálculo das tensões máximas atuantes

$\sigma_{amax}=K_t\,\sigma_{ao}$=1,8(30,7)=55,5 MPa Equação 2.44 (adaptada)

$\sigma_{mmax}=K_t\,\sigma_{mo}$=55,5 MPa Equação 2.44 (adaptada)

4) Aplicação dos critérios de falha por fadiga - Tabela 2.6

a) Soderberg

$$\frac{\sigma'_{amax}}{S_e / n_S} + \frac{\sigma'_{mmax}}{S_{esc} / n_S} = 1 \Rightarrow \frac{55,5}{260 / n_S} + \frac{55,5}{410 / n_S} \Rightarrow n_S = 2,9 \quad \text{Equação 2.47}$$

b) Goodman modificado

$$\frac{\sigma'_{amax}}{S_e / n_{GM}} + \frac{\sigma'_{mmax}}{S_{ut} / n_{GM}} = 1 \Rightarrow \frac{55,5}{260 / n_{GM}} + \frac{55,5}{500 / n_{GM}} = 1 \Rightarrow n_{GM} = 3,08 \quad \text{Equação 2.48}$$

c) Gerber

$$\frac{\sigma'_{amax}}{S_e / n_G} + \left(\frac{\sigma'_{mmax}}{S_{ut} / n_G}\right)^2 = 1 \Rightarrow \frac{55,5}{260 / n_G} + \left(\frac{55,5}{500 / n_G}\right)^2 = 1 \Rightarrow n_G = 3,85 \quad \text{Equação 2.49}$$

d) ASME elíptico

$$\left(\frac{\sigma'_{amax}}{S_e / n_A}\right)^2 + \left(\frac{\sigma'_{mmax}}{S_{esc} / n_A}\right)^2 = 1 \Rightarrow \left(\frac{55,5}{260 / n_A}\right)^2 + \left(\frac{55,5}{500 / n_A}\right)^2 = 1 \Rightarrow n_A = 4,16$$

Equação 2.50

Como esperado o critério de Soderberg é o mais conservador.

2.10. PROBLEMAS PROPOSTOS

10.1 - Uma peça de aço AISI 1045 possui o limite resistência a tração de 630 MPa e o limite de resistência ao escoamento de 530 MPa. As tensões atuantes na região de maior solicitação são: σ_x = 150 MPa, σ_y = -65 MPa e τ_{xy} = 88 MPa. Para esse estado de tensões, determine o fator de segurança para as três teorias de falha estática.

Resp.

a) n_{TNM} = 2,92

b) n_{TCM} = 1,91

c) n_{TED} = 2,17

10.2 – Uma barra de ferro fundido ASTM nº20 possui limite de resistência a tração de 151,6 MPa e a compressão de 571,9 MPa. Essa barra possui uma secção transversal retangular de 50 x 6 mm e está submetida a um carregamento compressivo de 20 kN, combinado com uma carga cisalhante transversal de 7,5 kN atuante de forma perpendicular à dimensão de 50 mm. Nessas condições, calcular o fator de segurança para as três teorias de falha estática para materiais frágeis.

Resp.

a) $n_{TNM} = 7{,}6$

b) $n_{TCM} = 5{,}37$

c) $n_{TCMM} = 5{,}29$

10.3 – Uma peça de aço AISI 1020 possui o limite de resistência ao escoamento de 380 MPa. Determine o fator de segurança para as três teorias de falha estática para materiais dúcteis, considerando os seguintes estados de tensão:

a) $\sigma_x = 100$ MPa e $\tau_{xy} = 62$ MPa;

b) $\sigma_x = 100$ MPa e $\sigma_y = -52$ MPa;

c) $\sigma_x = 100$ MPa, $\sigma_y = -52$ MPa e $\tau_{xy} = 62$ MPa.

Resp.

a) $n_{TNM} = 2{,}93$, $n_{TCM} = 2{,}39$ e $n_{TED} = 2{,}59$

b) $n_{TNM} = 3{,}8$, $n_{TCM} = 2{,}50$ e $n_{TED} = 2{,}84$

c) $n_{TNM} = 3{,}11$, $n_{TCM} = 1{,}94$ e $n_{TED} = 2{,}21$

10.4 – No eixo da figura estão acopladas duas polias com os carregamentos indicados. Além disso, sabe-se que o eixo foi fabricado de aço AISI 1020 com limite de resistência ao escoamento de 380 MPa. Para a secção de maior solicitação do eixo, determine o fator de segurança aplicado contra falhas estáticas para os critérios da tensão cisalhante máxima e para o critério da máxima energia de distorção.

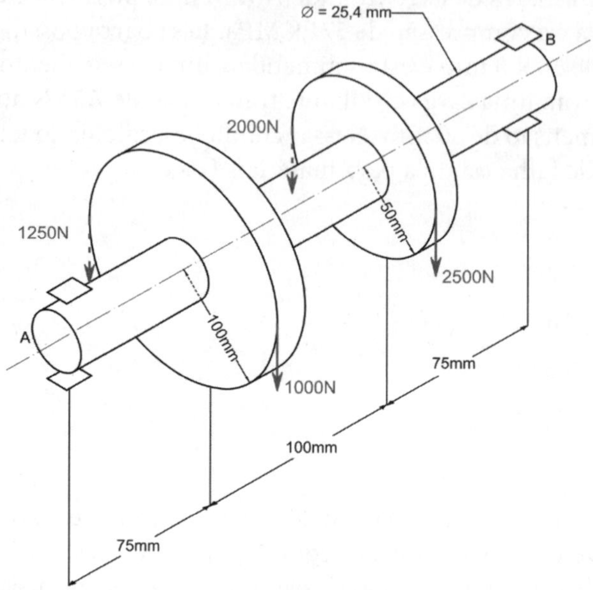

Resp. $n_{TCM} = 1{,}61$ e $n_{TED} = 1{,}70$

10.5 – A barra da figura é fabricada de aço com limite de resistência ao escoamento de 340 MPa. Para a região de maior solicitação, determine o fator de segurança aplicado contra falhas estáticas para os critérios da tensão cisalhante máxima e para o critério da máxima energia de distorção.

Resp. $n_{TCM} = 1{,}35$ e $n_{TED} = 1{,}42$

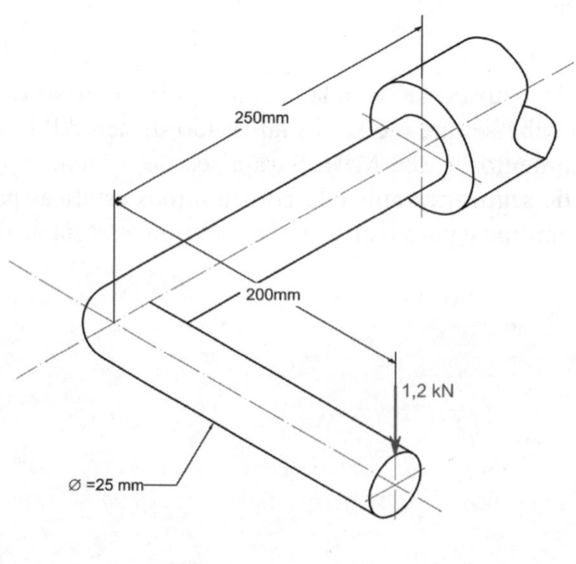

10.6 – Determine os fatores de segurança contra falha estática para um pino de aço 1045 trefilado à quente de 6,35 mm de diâmetro, quando o mesmo estiver submetido a um carregamento axial de tração de 4,0 kN e uma torção de 8 N.m. Para os carregamentos aplicados, calcule o fator de segurança para as três teorias de falha estática para materiais dúcteis. As propriedades do pino são: S_{ut} = 570 MPa e S_{esc} = 310 MPa.

Resp. n_{TNM} = 2,32, n_{TCM} = 0,9 e n_{TED} = 1,02

10.7 – Um eixo de aço 1045 temperado e revenido possui S_{ut} = 725 MPa e dureza de 225 HB. Pede-se: a) estime o limite de resistência à fadiga para um corpo de prova de uma viga rotativa polida para 10^6 ciclos; b) estime o limite de resistência à fadiga para uma viga rotativa polida que atinge, ao romper-se, 10^5 ciclos; c) estime a vida esperada se for aplicada uma tensão alternada de 530 MPa ao corpo de prova.

Resp.

a) S_e' = 365 MPa;

b) S_f = 431,6 MPa;

c) N = 13680 ciclos.

10.8 – Determine o limite de resistência a fadiga para vida infinita considerando uma confiabilidade de 99% para uma peça de aço 4340 retificada de 32 mm de diâmetro sob torção pura. As propriedades do aço são: dureza de 243 HB e limite de resistência a tração de 825 MPa.

Resp. S_e = 152,6 MPa

10.9 – Estime a vida de um eixo torneado de 1 polegada de diâmetro sob uma flexão alternada de 250 MPa considerando uma confiabilidade de 90%. O eixo é fabricado com aço carbono 1045 temperado e revenido com limite de resistência a tração igual a 700 MPa e possui um entalhe, o qual fornece um fator de concentração de tensões de 0,8.

Resp. S_e = 176,5 MPa e N = $1,43.10^5$ ciclos

10.10 – Determine o limite de resistência à fadiga, desejando uma confiabilidade de 95%, de uma barra retangular de aço 1020 laminada à frio sob carregamento axial totalmente reverso. A barra possui secção transversal de 25,4 x 4,2 mm, S_{ut} = 380 MPa e S_{esc} = 210 MPa. Sabe-se que a barra possui um furo de diâmetro 4,0 mm na sua metade e que sua temperatura é de 50°C durante a aplicação do carregamento reverso.

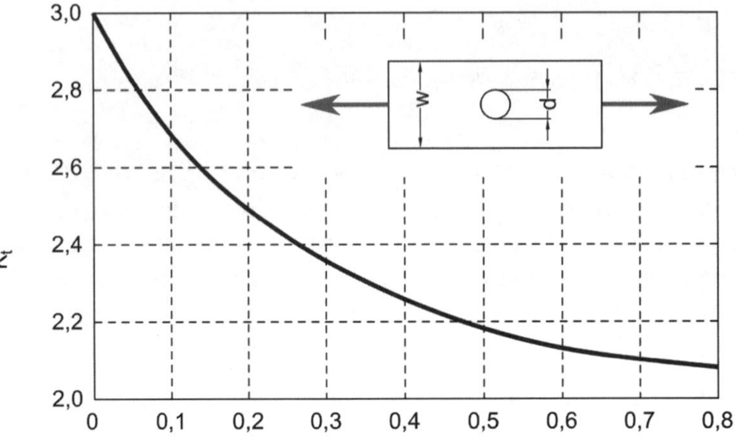

Resp. S_e = 63 MPa

10.11 - O eixo da figura está sob flexão alternada de 50 MPa. Determine a tensão máxima atuante sob o mesmo sabendo que seu S_{ut} = 550 MPa.

Resp. σ_{max} = 74 MPa

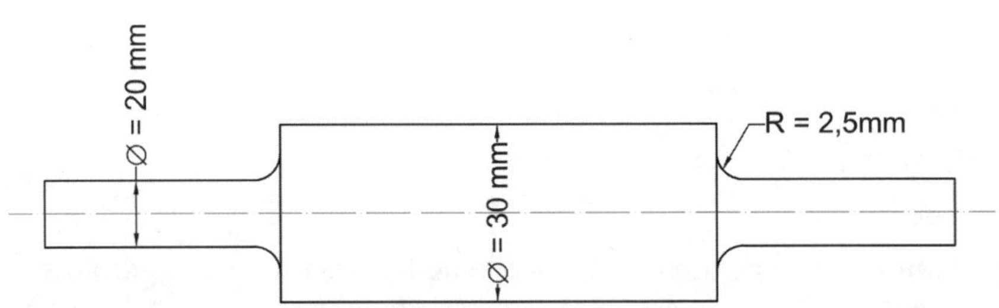

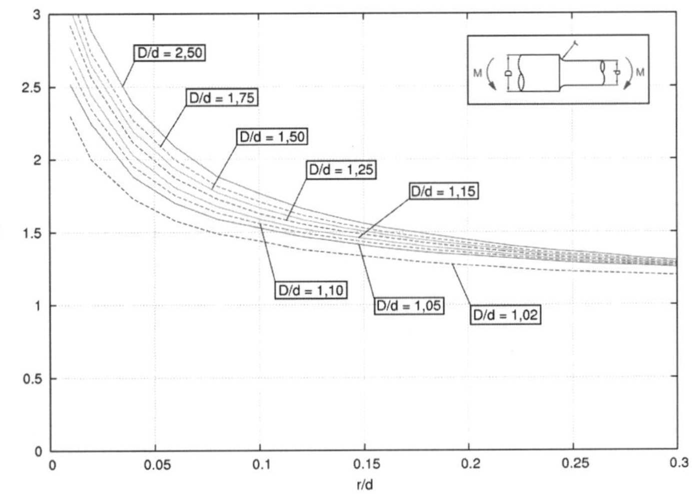

10.12 – Uma barra retangular de ferro fundido cinzento ASTM nº20 (S_{ut} = 152 MPa e S_{uc} = 572 MPa) está submetida a um carregamento axial totalmente alternado de 50 MPa. Determine a máxima tensão atuante na barra sabendo tem dimensões de 100 x 25 mm e que no meio da mesma existe um furo de 25 mm de diâmetro.

Resp. σ_{max} = 64,2 MPa

10.13 – Uma barra de aço de 25 mm de diâmetro possui as seguintes propriedades: S_{ut} = 360 MPa e S_{esc} = 162 MPa. Essa barra deve suportar um carregamento flutuante que varia entre -10 e 50 kN. Determine o fator de segurança utilizando o critério de falha de Soderberg aplicado no dimensionamento da barra, sabendo que sobre a mesma existe um entalhe que produz um fator de concentração de tensões de 1,75.

Resp. n_S = 1,16

10.14 – Uma barra retangular é fabricada de aço com S_{ut} = 400 MPa e S_{esc} = 320 MPa e possui as seguintes dimensões: largura de 25 mm e espessura de 4 mm. A barra é laminada a frio e suporta as tensões indicadas em figura. Para uma confiabilidade de 90%, determine o fator de segurança aplicado a barra de acordo com o critério de falha de Soderberg.

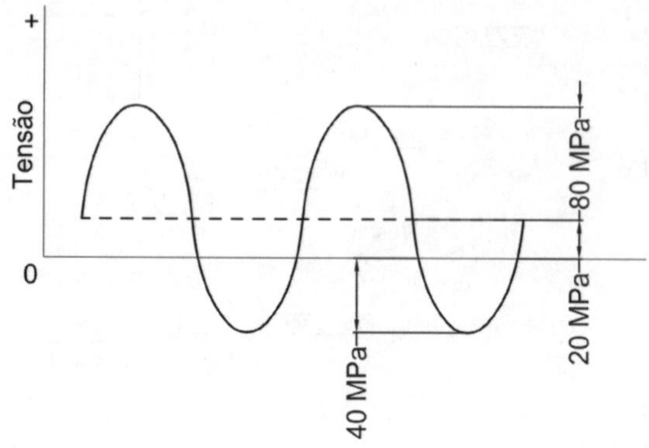

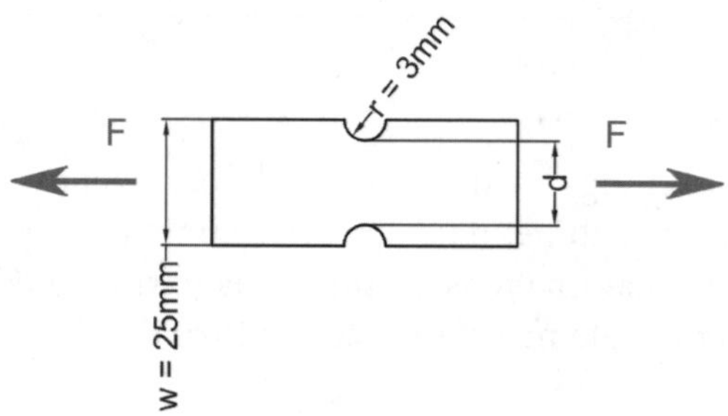

Resp. $n_S = 1,1$

10.15 - Um eixo de aço carbono está sob torção totalmente reverso de acordo com o gráfico da sequência. Para esse eixo deve ser aplicado um fator de concentração de tensões corrigido para vida infinita de 1,6. Determine o diâmetro necessário para que o mesmo suporte o carregamento mostrado aplicando um fator de segurança de 1,75. As propriedades do aço são: $S_{ut} = 780$ MPa, $S_{esc} = 690$ MPa e $S_e = 200$ MPa.

Resp. d = 17,5 mm.

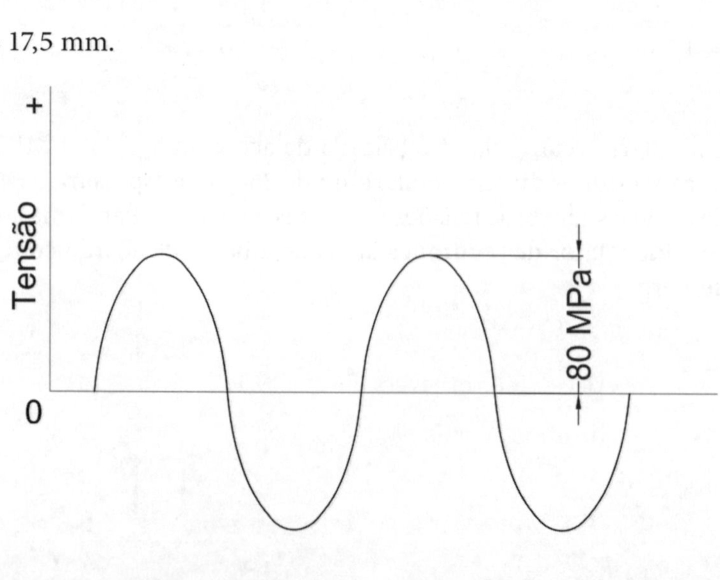

10.16 – Uma barra de secção circular com diâmetro de 38,1 mm está sendo solicitada por um carregamento de flexão flutuante que varia entre 40 e 130 kN.m. A barra é feita de aço laminado à frio com S_{ut} = 470 MPa e S_{esc} = 390 MPa. Determine os fatores de segurança contra falha por fadiga para uma confiabilidade de 99% através dos seguintes critérios: Soderberg, Goodman Modificado, Gerber e ASME Elíptico.

Resp. n_S = 2,27, n_{GM} = 2,45, n_G = 3,07 e n_A = 3,19.

NOMENCLATURA

δ	deformação longitudinal
ϕ_p	direção principal
σ	tensão normal
σ'	tensão equivalente de Mises
$\sigma_{1,2,3}$	tensão principal 1, 2 ou 3
σ_a	tensão normal alternada
σ_m	tensão normal média
σ_{max}	tensão normal máxima
σ_{min}	tensão normal mínima
σ_o	tensão normal nominal
σ_r	faixa de variação de tensão
$\sigma_{x,y,z}$	tensão normal na direção x, y ou z
τ	tensão tangencial ou de cisalhamento
$\tau_{1,2}$	tensão tangencial máxima e mínima
τ_o	tensão tangencial nominal
τ_{max}	tensão tangencial máxima
τ_{min}	tensão tangencial mínima
$\tau_{xy,yz,xz}$	tensão tangencial nos planos xy, yz ou xz
a	coeficiente do limite de resistência à fadiga para vida finita ou coeficiente do fator de superfície
A	área de secção transversal
A_{alma}	área da alma (perfis padronizados)

A_{cis} área de cisalhamento

A_{esmag} área de esmagamento

b expoente do limite de resistência à fadiga para vida finita ou expoente do fator de superfície

c dimensão medida a partir da linha neutra (peças em flexão)

d diâmetro do pino, do eixo ou da barra em análise

E módulo de elasticidade longitudinal

f fração de resistência à fadiga

F força ou carregamento

G módulo de elasticidade transversal

h altura de secção transversal

I momento de inércia da secção transversal

J momento polar de inércia da secção transversal

k_a fator de modificação de condição de superfície

k_b fator de modificação de tamanho

k_c fator de modificação de carga

k_d fator de modificação de temperatura

k_e fator de confiabilidade

K_f fator de concentração de tensões em fadiga

K_t fator teórico de concentração de tensões

K_{fs} fator de concentração de tensões em fadiga para cisalhamento

K_{ts} fator teórico de concentração de tensões para cisalhamento

L comprimento da barra ou do elemento em análise

M momento fletor

n coeficiente de segurança

N número de ciclos

q sensibilidade ao entalhe

r raio da secção transversal

S_e resistência à fadiga do componente

S_e' resistência à fadiga do corpo de prova

S_f resistência à fadiga para vida finita

S_{esc} limite de resistência ao escoamento

S_{escc}	limite de resistência ao escoamento em compressão
S_{esct}	limite de resistência ao escoamento em tração
S_{Sesc}	limite de resistência ao escoamento por cisalhamento
S_{ut}	limite de resistência à ruptura
S_{utc}	limite de resistência à ruptura em compressão
S_{utt}	limite de resistência à ruptura em tração
T	momento torcedor (torque)
V	força cortante
y	distância vertical

REFERÊNCIAS BIBLIOGRÁFICAS

Beer, F. P., Johnston Jr., E. R., De Wolf, J. T., Mazarek, D. F., Estática e Mecânica dos Materiais, Porto Alegre, 1ª ed., Ed. AMGH Editora Ltda., 2013.

Brandes, E. A., Smithells Metal Reference Book, 6ª ed., Butterworth, London, 1983.

Budynas, R.G., Nisbett, J.K. Elementos de Máquinas de Shigley – Projeto de Engenharia Mecânica, Bookman Companhia Editora, 8ª ed., São Paulo, 2011.

Deutschman, A. D., Michels, W. J., Wilson, C. E., Machine Design Theory and Pratice, Ed Macmillan, 1st ed., New York, 1975.

Hamrock, B. J., Schmid, S. R., Jacobson, B. O. Fundamental of Machine Elements, Ed. Mc Graw Hill, 2nd ed., New York, 2005.

Haugen, E. B., Wirsching, P. H., Probabilistic Design, vol. 47 (12), 1975.

Juvinall, R. C., Marshek, K. M., Fundamentos do Projeto de Componentes de Máquinas, LTC, 5ª ed., Rio de Janeiro, 2016.

Marin, J., Mechanical Behavior of Engineering Materials, 4th ed., Prentice Hall, Englewood Cliffs, New Jersey, 1962.

Mott, R. L., Machine Elements in Mechanical Design, 3rd ed., New Jersey, 1999.

Norton, R. L., Projeto de Máquinas – Uma abordagem Integrada, 4ª ed., Ed. Bookman, Porto Alegre, 2013.

Peterson, R. E., Design Factors for Stress Concentration, Machine Design, 1951.

Shigley, J. E. Elemento de Máquinas Vol. 1, 3ª ed., Editora LTC, Rio de Janeiro, 1984.

Shigley, J. E., Mischke, C. R., McGrall-Hill, 5th ed., New York, 1989.

Shigley, J. E, Mischke, C. R., Budynas, R. G., Projeto de Engenharia Mecânica, Ed. Bookman, 7ª ed., Porto Alegre, 2005.

Sines, D. G., Waismann, J. L., Metal Fatigue, McGraw-Hill, New York, 1969.

Spotts, M. F., Shoup, T. E., Hornberger, L. E., Machine Elements, 8th ed., Ed. Pearson Prentice Hall, New Jersey, 2003.

CAPÍTULO 3
Uniões Parafusadas

3.1. INTRODUÇÃO

O assunto parafusos pode ser divido em três grandes tópicos: a análise e o projeto de uniões parafusadas com carregamentos de tração, a análise das uniões parafusadas com carregamentos excêntricos e a análise dos parafusos de potência. Os dois primeiros tópicos fazem parte do presente capítulo, no entanto, por uma questão didática, o tema parafusos de potência será discutido em um capítulo específico.

Como existe uma variedade muito grande de parafusos e porcas disponíveis comercialmente, nossos estudos para as uniões parafusadas serão focados nos parafusos com rosca unificada e rosca métrica, porém o desenvolvimento aplicado para as uniões com esses parafusos também pode ser estendido para os outros tipos de parafusos sem perda de generalidade.

3.2. PARAFUSOS COM ROSCA MÉTRICA E ROSCA UNIFICADA

A Figura 3.1(a) mostra algumas características geométricas de um parafuso com rosca na extremidade. O passo "p" é a distância medida na direção do eixo axial do parafuso entre dois filetes de rosca adjacentes. O diâmetro nominal, "d", o diâmetro primitivo (ou diâmetro do passo), "d_p", o diâmetro de raiz,"d_r", e o ângulo da rosca (equivalente a 60°) podem ser melhor visualizados na Figura 3.1(b).

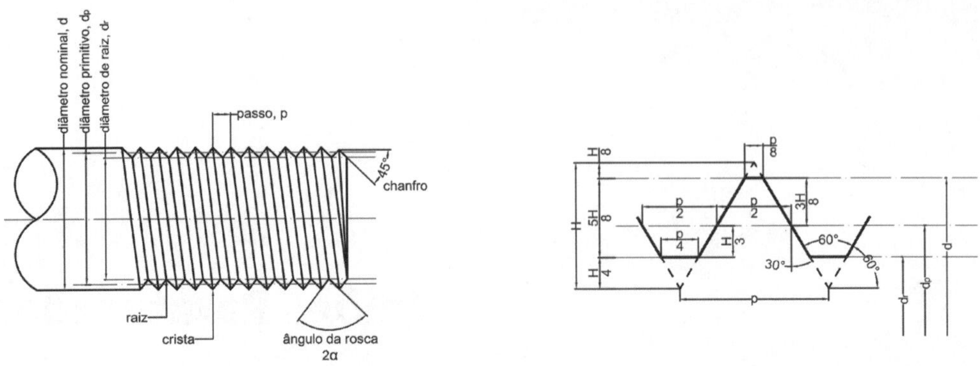

a) Designações Principais b) Rosca Métrica

Figura 3.1 – Características geométricas para rosca métrica. Adaptado a partir de Shigley e Mischke, 2001.

Os parafusos com rosca unificada (sistema inglês) também possuem ângulo da rosca igual a 60° e são especificados pelo seu diâmetro nominal e o número de filetes de rosca por polegada. Por exemplo, um parafuso 3/4"-10UNC possui diâmetro nominal igual a 3/4" e 10 filetes de rosca por polegada. UNC indica rosca unificada de passo grosso. O parafuso 3/4"-16UNF possui 16 filetes de rosca por polegada e, nesse caso, UNF indica rosca com passo fino. Existe também a denominação UNR, que indica uma rosca com menor concentração de tensões do que a rosca UN e, portanto, com melhores propriedades para carregamentos em fadiga. Dados característicos para a rosca unificada são mostrados na Tabela 3.1.

Tabela 3.1 – Dados para rosca UNC e UNF (Adaptado a partir de Norton, 2013).

		UNC			UNF		
Designação	d (in)	N_f	A_t (in²)	A_r (in²)	N_f	A_t (in²)	A_r (in²)
0	0,0600				80	0,00180	0,00151
1	0,0730	64	0,00263	0,00218	72	0,00278	0,00237
2	0,0860	56	0,00370	0,00310	64	0,00394	0,00339
3	0,0990	48	0,00487	0,00406	56	0,00523	0,00451
4	0,1120	40	0,00604	0,00496	48	0,00661	0,00566
5	0,1250	40	0,00796	0,00672	44	0,00880	0,00716
6	0,1380	32	0,00909	0,00745	40	0,01015	0,00874
8	0,1640	32	0,01400	0,01196	36	0,01474	0,01285
10	0,1900	24	0,01750	0,01450	32	0,02000	0,01750
12	0,2160	24	0,02420	0,02060	28	0,02580	0,02260
1/4	0,2500	20	0,03180	0,02690	28	0,03640	0,03260
5/16	0,3125	18	0,05240	0,04540	24	0,05800	0,05240
3/8	0,3750	16	0,07750	0,06780	24	0,08780	0,08090
7/16	0,4375	14	0,10630	0,09330	20	0,11870	0,10900
1/2	0.5000	13	0,14190	0.12570	20	0,15990	0,14860
9/16	0,5625	12	0,18200	0,16200	18	0,20300	0,18900
5/8	0,6250	11	0,22600	0,20200	18	0,25600	0,24000
3/4	0,7500	10	0,33400	0,30200	16	0,37300	0,35100
7/8	0,8750	9	0,46200	0,41900	14	0,50900	0,48000
1	1,0000	8	0,60600	0,55100	12	0,66300	0,62500
1 1/4	1,2500	7	0,96900	0,89000	12	1,07300	1,02400
1 1/2	1,5000	6	1,40500	1,29400	12	1,58100	1,52100

A especificação de parafusos com rosca métrica é um pouco diferente. Por exemplo, o parafuso M16x1,5 indica que o seu diâmetro nominal é 16 mm e o passo da rosca é 1,5 mm (passo fino). Existe também o parafuso M16x2, o qual corresponde a um parafuso com passo de 2,0 mm (passo grosso). Dados característicos para a rosca métrica são mostrados na Tabela 3.2.

Nas Tabelas 3.1 e 3.2 aparece também o termo "área de tração", "A_t" calculada tomando por referência o diâmetro médio do parafuso. Esse diâmetro é obtido pela média entre os diâmetros primitivo e de raiz do parafuso, servindo de referência para os cálculos das tensões atuantes.

Para completar a designação dos parafusos ainda faltam duas indicações: o tipo de material e o seu comprimento. As Figuras 3.2, 3.3 e 3.4 mostram as marcações na cabeça de parafusos sextavados, convencionalmente utilizadas para identificar rapidamente o tipo de material do parafuso.

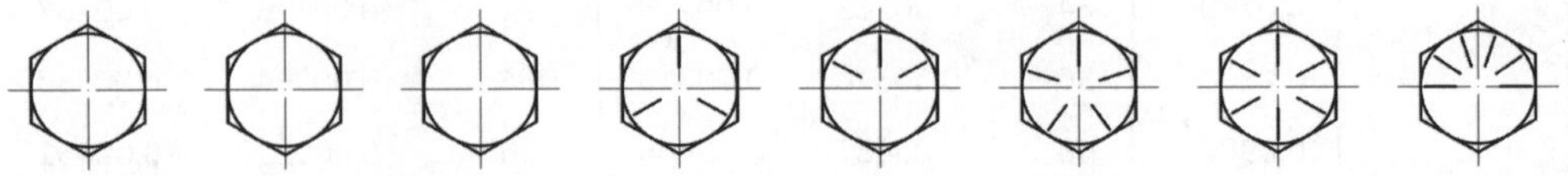

Figura 3.2 – Marcação na cabeça do parafuso segundo a SAE. Adaptado a partir de Norton, 2013.

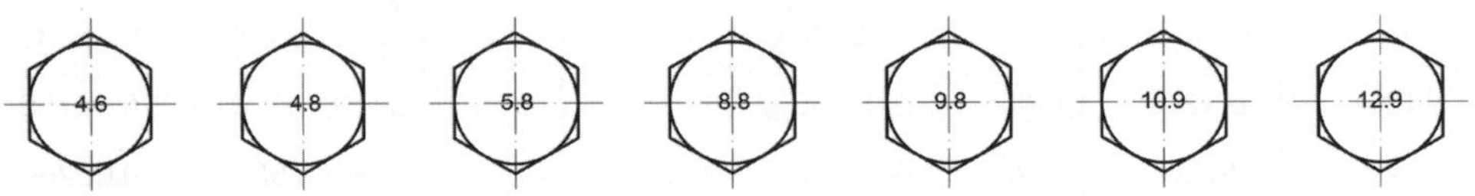

Figura 3.3 – Padrão de marcação na cabeça de parafusos com rosca métrica. Adaptado a partir de Norton, 2013.

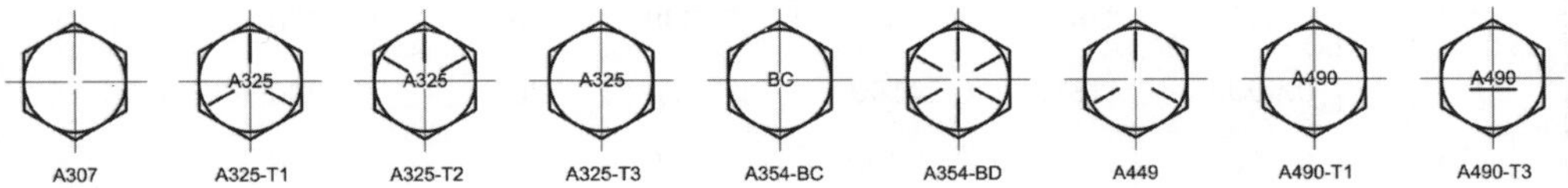

Figura 3.4 – Padrão de marcação na cabeça de parafusos segundo a ASTM. Adaptado a partir de Norton, 2013.

Tabela 3.2 – Dados para rosca métrica (Adaptado a partir de Budynas e Nisbett, 2006).

Passo grosso				Passo fino		
d(mm)	p(mm)	A_t(mm²)	A_r(mm²)	p(mm)	A_t(mm²)	A_r(mm²)
1,60	0,35	1,27	1,07			
2,00	0,40	2,07	1,79			
2,50	0,45	3,39	2,98			
3,00	0,50	5,03	4,47			
3,50	0,60	6,78	6,00			
4,00	0,70	8,78	7,75			
5,00	0,80	14,20	12,70			
6,00	1,00	20,10	17,90			
8,00	1,25	36,60	32,80	1,00	39,20	36,00
10,00	1,50	58,00	52,30	1,25	61,20	56,30
12,00	1,75	84,30	76,30	1,25	92,10	86,00
14,00	2,00	115,00	104,00	1,50	125,00	116,00
16,00	2,00	157,00	144,00	1,50	167,00	157,00
20,00	2,50	245,00	225,00	1,50	272,00	259,00
24,00	3,00	353,00	324,00	2,00	384,00	365,00
30,00	3,50	561,00	519,00	2,00	621,00	596,00
36,00	4,00	817,00	759,00	2,00	915,00	884,00
42,00	4,50	1120,00	1050,00	2,00	1260,00	1230,00
48,00	5,00	1470,00	1380,00	2,00	1670,00	1630,00
56,00	5,50	2030,00	1910,00	2,00	2300,00	2250,00
64,00	6,00	2680,00	2520,00	2,00	3030,00	2980,00
72,00	6,00	3460,00	3280,00	2,00	3860,00	3800,00
80,00	6,00	4340,00	4140,00	1,50	4850,00	4800,00
90,00	6,00	5590,00	5360,00	2,00	6100,00	6020,00
100,00	6,00	6990,00	6740,00	2,00	7560,00	7470,00
110,00				2,00	9180,00	9080,00

A seleção do material é baseada nas características de resistência desejada para o parafuso, estando os valores mínimos, esperados para cada material, disponível nas Tabelas 3.3, 3.4 e 3.5.

Tabela 3.3 – Valores mínimos de resistência das roscas métricas (Adaptado a partir de Shigley e Mischke, 2001).

Classe	(a)d[mm]	σ_{prova} [MPa]	σ_{esc} [MPa]	σ_{rup} [MPa]	Material
4.6	M5-M36	225	240	400	aço baixo ou médio carbono
4.8	M1,6-16	310	340	420	aço baixo ou médio carbono
5.8	M5-M24	380	420	520	aço baixo ou médio carbono
8.8	M3-M36	600	660	830	aço médio carbono – temperado e revenido
9.8	M1,6-16	650	720	900	aço médio carbono – tempera do e revenido
10.9	M5-M36	830	940	1040	aço baixo carbono – martensítico temperado e revenido
12.9	M1,6-36	970	1100	1220	aço liga - temperado e revenido

(a) faixa de diâmetros preferenciais por série

Tabela 3.4 – Valores mínimos de resistência segundo a SAE (Adaptado a partir de Shigley e Mischke, 2001).

Classe	(a)d[in]	σ_{prova} [kpsi]	σ_{esc} [kpsi]	σ_{rup} [kpsi]	Material
1	0,25-1,5	33	36	60	aço baixo ou médio carbono
2	0,25-0,75	55	57	74	aço baixo ou médio carbono
2	0,875-1,5	33	36	60	aço baixo ou médio carbono
4	0,25-1,5	65	100	115	aço médio carbono estirado a frio
5	0,25-1,0	85	92	120	aço médio carbono – temperado e revenido
5	1,125-1,5	74	81	105	aço médio carbono – temperado e revenido
5.2	0,25-1,0	85	92	120	aço baixo carbono – martensítico temperado e revenido
7	0,25-1,5	105	115	133	aço liga médio – temperado e revenido
8	0,25-1,5	120	130	150	aço liga médio – temperado e revenido
8.2	0,25-1,0	120	130	150	aço baixo carbono martensítico temperado e revenido

(a) faixa de diâmetros preferenciais por série

Nessas tabelas aparece o termo "tensão de prova". O valor da tensão de prova é um valor menor do que a tensão de escoamento do material do parafuso (cerca de 90%) e o seu valor é tomado como referência para especificar a pré-tensão nas uniões parafusadas ou, ainda, o torque de aperto do parafuso.

Tabela 3.5 – Valores mínimos de resistência segundo a ASTM (Adaptado a partir de Shigley e Mischke, 2001).

Série	(a) d[in]	σ_{prova} [kpsi]	σ_{esc} [kpsi]	σ_{rup} [kpsi]	Material
A307	1/4 - 1 1/2	33	36	60	aço baixo carbono
A325-T1	1/2 -1	85	92	120	aço médio carbono –
	1 1/8 – 1 1/2	74	81	105	temperado e revenido
A325-T2	1/2 -1	85	92	120	aço baixo carbono martensítico
	1 1/8 – 1 1/2	74	81	105	temperado e revenido
A325-T3	1/2 -1	85	92	120	aço resistente à corrosão –
	1 1/8 – 1 1/2	74	81	105	temperado e revenido
A354-BC	1/4 - 2 ½	105	109	125	aço liga – temperado e
	2 3/4 - 4	95	99	105	revenido
A354-BD	1/2 - 4	120	130	150	aço liga – temperado e revenido
A449	1/4 – 1	85	92	120	aço médio carbono –
	1 1/8 – 1 1/2	74	81	105	temperado e revenido
	1 3/4 - 3	55	58	90	
A490-T1	1/4 - 1	120	130	150	aço liga – temperado e revenido
A490-T3	1/2 - 1 1/2	120	130	150	aço resistente à corrosão – temperado e revenido

(a) faixa de diâmetros preferenciais por série

3.3. O COMPRIMENTO DO PARAFUSO E O COMPRIMENTO COM ROSCA

A Figura 3.5(a) ilustra dois componentes com espessuras "L_1" e "L_2" unidos com um parafuso sextavado com rosca parcial.

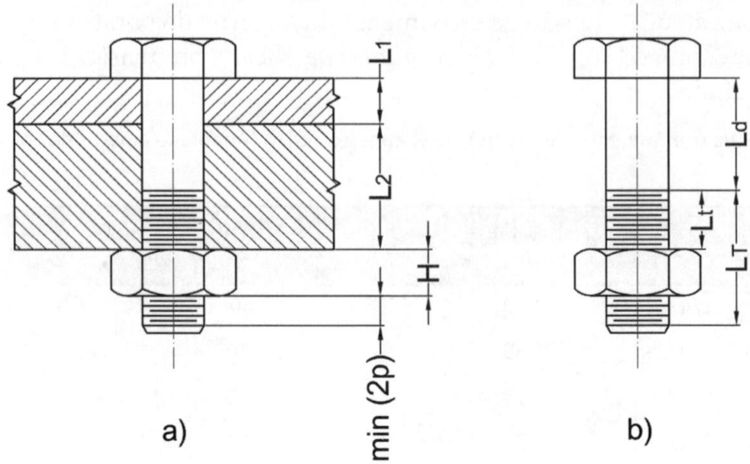

Figura 3.5 – União parafusada e detalhe de parafuso sextavado: (a) União parafusada, b) parafuso.

O comprimento com rosca para parafusos sextavados com **rosca unificada** é dado por:

$$L_T = \begin{cases} 2d + \dfrac{1}{4} & L \leq 6" \\ 2d + \dfrac{1}{2} & L > 6" \end{cases} \tag{3.1}$$

e para os parafusos com **rosca métrica**:

$$L_T = \begin{cases} 2d + 6 & L \leq 125mm \quad d \leq 48mm \\ 2d + 12 & 125mm < L \leq 200mm \\ 2d + 25 & L > 200mm \end{cases} \tag{3.2}$$

sendo que "L" indica o comprimento do parafuso. O comprimento adequado do parafuso é obtido com pelo menos dois filetes de rosca sem tração (após a porca) - Figura 3.5(a) - e é dado por (H = altura da porca, vide Tabela 3.8 ao final do capítulo):

$$L > L_1 + L_2 + H + 2p \tag{3.3}$$

Após esse cálculo o comprimento do parafuso deve ser ajustado de acordo com os comprimentos padrões do fornecedor ou, ainda, normalizados.

Na Figura 3.5(b) estão indicados o comprimento do corpo do parafuso sem rosca, "L_d", o comprimento total com rosca, "L_T", e o comprimento com rosca tracionado, "L_t". O leitor poderá observar mais adiante que esses valores serão necessários para avaliar a constante de rigidez do parafuso.

3.4. O MECANISMO DE DISTRIBUIÇÃO DE CARGA NAS UNIÕES PARAFUSADAS

A Figura 3.6 ilustra uma união parafusada já com o aperto inicial. Essa união é composta por duas chapas (também chamadas de membros) que podem ser tanto de materiais como de espessuras diferentes.

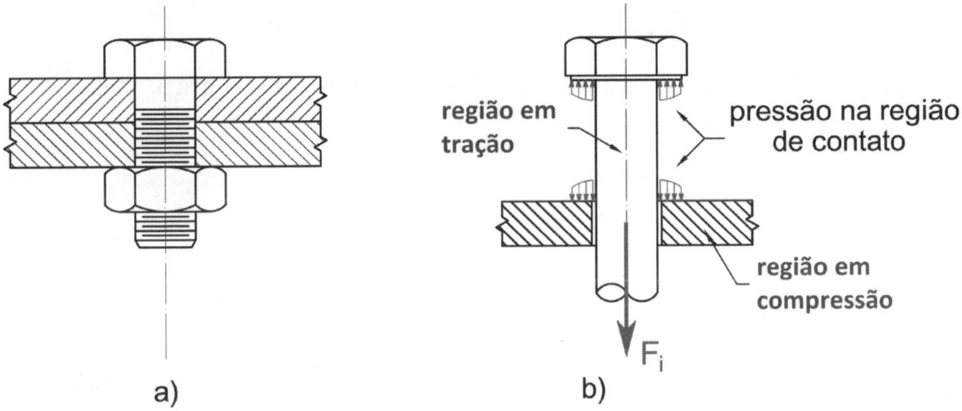

Figura 3.6 – União parafusada com esforço de pré-tensão. (a) União parafusada, b) pré-tensão.

Após o aperto inicial o parafuso fica tracionado com uma força resultante denominada "F_i" e as chapas ficam, simultaneamente, comprimidas com força de igual magnitude. O valor da carga "F_i" esta relacionado com o torque de aperto (T) do parafuso e pode ser definida por meio da seguinte expressão:

$$T \cong 0,2dF_i \tag{3.4}$$

Quando uma carga "P" externa é aplicada nesta união uma parcela da mesma será transferida para os membros e a outra para o parafuso. Para avaliar essa distribuição de carga, cada um dos componentes da união é tratado como sendo uma mola (que apresenta relação linear entre a força aplicada e o deslocamento). Essa situação está ilustrada na Figura 3.7.

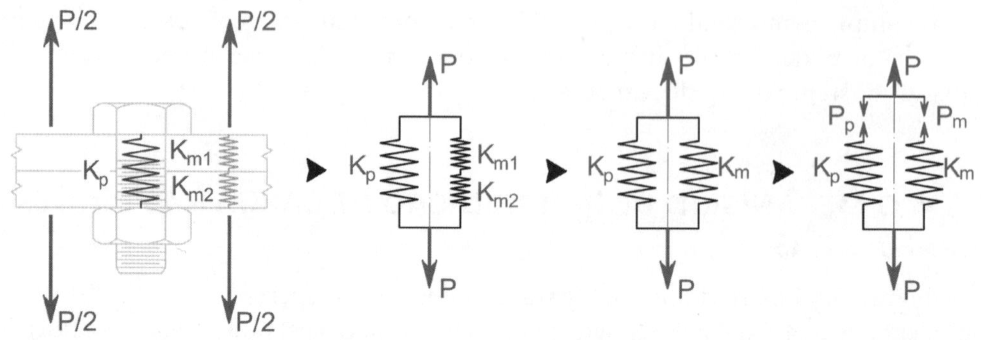

Figura 3.7 – Sistema de molas equivalentes para a análise da distribuição de forças nas uniões parafusadas.

Considerando apenas a força externa "P" e o diagrama da Figura 3.7, tem-se:

$$P=P_p+P_m \tag{3.5}$$

ou ainda,

$$P=K_p\,\Delta+K_m\,\Delta \tag{3.6}$$

Com isso, o deslocamento entre as extremidades tracionadas do parafuso será igual a:

$$\Delta=\frac{P}{K_p+K_m} \tag{3.7}$$

A força resultante no parafuso é composta por duas parcelas: a força que surge no aperto inicial e a parcela da carga externa. O seu valor é dado por:

$$F_p=F_i+K_p\Delta=F_i+\frac{K_p}{K_p+K_m}P=F_i+CP \tag{3.8}$$

De maneira análoga, a força resultante nas chapas terá a parcela da compressão inicial (parcela negativa nesse caso) e a parcela complementar do carregamento externo, resultando em:

$$F_m=-F_i+K_m\Delta=-F_i+\frac{K_m}{K_p+K_m}P=-F_i+(1-C)P \tag{3.9}$$

As curvas de carregamento do parafuso e dos membros são ilustradas na Figura 3.8. Note que enquanto existe compressão nos membros, a parcela, da carga externa, que é destinada ao parafuso, é proporcional ao termo "CP"; "C" depende dos valores de "K_p" e "K_m". Portanto, controlando esses parâmetros, o projetista poderá avaliar a distribuição da carga na união parafusada e com isso trabalhar na redução das tensões do carregamento externo no parafuso. Quando a carga "P" tende ao valor de "F_i/(1-C)" a força "F_m" tende ao valor nulo e toda a força externa passa a ser transferida para o parafuso (o que justifica o ângulo de 45° que aparece na Figura 3.8). Notar ainda que a inclinação das duas curvas é diferenciada em decorrência da rigidez também diferenciada entre parafuso e membros.

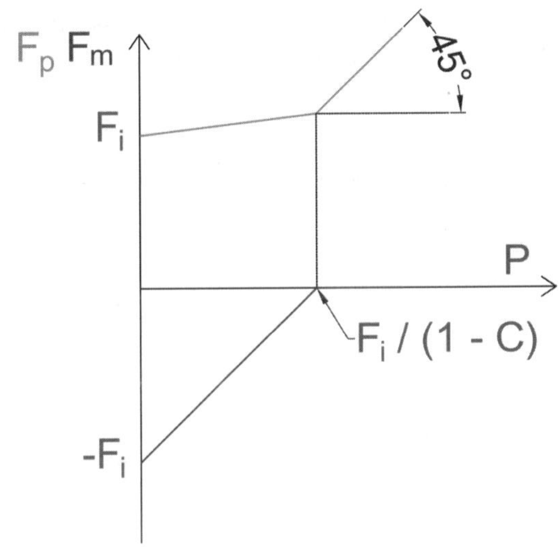

Figura 3.8 – Curva de carga do parafuso e dos membros.

3.5. AS ANÁLISES DE TENSÃO E OS CRITÉRIOS DE PROJETO

O coeficiente de segurança para as uniões parafusadas deve ser entendido como sendo a margem de segurança que pode ser aplicada ao carregamento externo, para que não ocorra a falha da união. Para utilizar esse conceito admite-se, porém, que não ocorre a falha do parafuso durante o aperto inicial.

As expressões para "F_p" e "F_m" foram obtidas utilizando a hipótese de que não existe a perda de compressão das chapas durante a aplicação da carga externa. Portanto, este é o primeiro critério de projeto que deve ser sempre satisfeito (tanto para cargas estáticas como dinâmicas). Assim:

$$F_{m(max)}=-F_i+n_m\,(1-C)P_{max} \tag{3.10}$$

"n_m" indica o coeficiente de segurança para esse critério.

A falha estática ou falha no primeiro ciclo de carga no parafuso pode ser escrita da seguinte maneira:

$$\sigma_{max} = \frac{F_{p(max)}}{A_t} = \frac{F_i}{A_t} + \frac{n_p C P_{max}}{A_t} \leq \sigma_{adm} \tag{3.11}$$

"σ_{adm}" denota a tensão admissível de projeto e "n_p" o coeficiente de segurança do parafuso.

Para carregamento externo variando no tempo (cargas dinâmicas), as tensões média e alternada no parafuso podem ainda ser relacionadas por:

$$\sigma_m = \frac{F_i}{A_t} + \frac{n_f C\left(P_{max} + P_{min}\right)}{2A_t} \tag{3.12}$$

e

$$\sigma_a = \frac{n_f C\left(P_{max} - P_{min}\right)}{2A_t} \tag{3.13}$$

nessas circunstâncias, "n_f" indica o coeficiente de segurança com relação à falha do parafuso por fadiga.

Para os carregamentos de fadiga o valor da pré-tensão deve ser estabelecido com mais cuidado. Na Figura 3.9 é ilustrada a situação típica de um parafuso com pré-tensão "σ_i" e com carregamento externo flutuante entre 0 e "P_{max}". Quando o valor da pré-tensão é próximo da tensão de escoamento do material, a margem de segurança do projeto pode se tornar pequena, isto é, o valor de "P_{max}" deve ser pequeno. Portanto, é recomendado que o projetista tome cuidado com o valor de "F_i" e também com o valor da constante "C", parâmetros esses que determinam a quantidade da carga externa que será suportada pelo parafuso.

Analisando esses critérios de projeto fica claro que o valor de "F_i" é extremamente importante para as uniões parafusadas. Pequenos valores para "F_i" podem provocar a perda da compressão nos membros durante o carregamento externo da união parafusada, enquanto que valores muito elevados aproximam as tensões no parafuso dos seus valores limites.

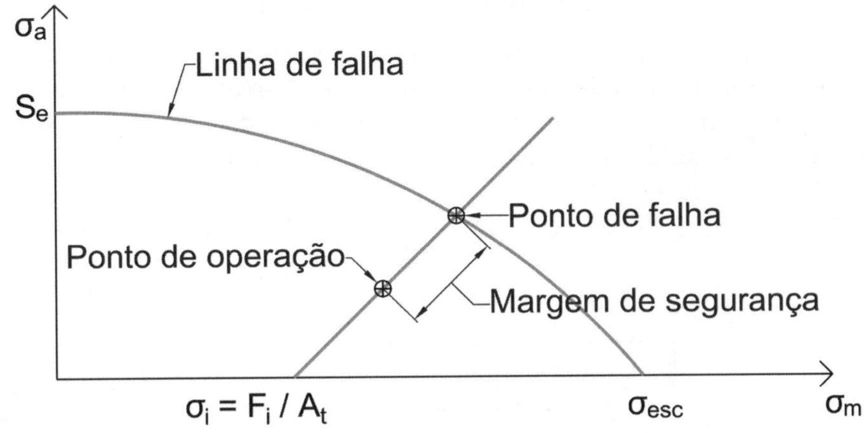

Figura 3.9 – Margem de segurança para projetos de fadiga.

Para os carregamentos estáticos o valor sugerido por Budynas e Nisbett (2006) para "F_i" fica na faixa de: "$0{,}6\ F_{prova} < F_i < 0{,}9\ F_{prova}$". Essa faixa é recomendada para uniões com pequena parcela da carga externa destinada para os parafusos ("C" pequeno) e é baseada no fato de que durante o aperto inicial existem tensões de cisalhamento devido ao torque e tensões normais oriundas da força de pré-tensão. Após a remoção do torque permanece no parafuso apenas a pré-tensão.

3.6. A CONSTANTE DE MOLA DO PARAFUSO

Durante o carregamento assume-se que o parafuso é solicitado com carregamentos de tração e o deslocamento da região tracionada será dado por:

$$\Delta = \Delta_d + \Delta_t = \frac{P}{E}\left[\frac{L_d}{A_d} + \frac{L_t}{A_t}\right] = \frac{P}{E}\left[\frac{L_d A_t + L_t A_d}{A_d A_t}\right] \tag{3.14}$$

os termos (A_d, L_d) indicam a área e o comprimento do corpo do parafuso sem rosca e (A_t, L_t) indicam a área e o comprimento do parafuso com rosca que está tracionado, conforme Figura 3.5(b).

Com isso o valor da constante de mola do parafuso é dado por:

$$K_p = \frac{P}{\Delta} = \frac{E A_d A_t}{L_d A_t + L_t A_d} \tag{3.15}$$

3.7. A CONSTANTE DE MOLA DOS MEMBROS EM COMPRESSÃO

A Figura 3.10 ilustra o padrão das deformações nos membros da união parafusada. Essas deformações são oriundas do aperto inicial (pré-carga) e somente estarão presentes enquanto as chapas permanecem comprimidas. As deformações possuem formato de cones com ângulo "2 α", conforme detalhes na Figura 3.10(b).

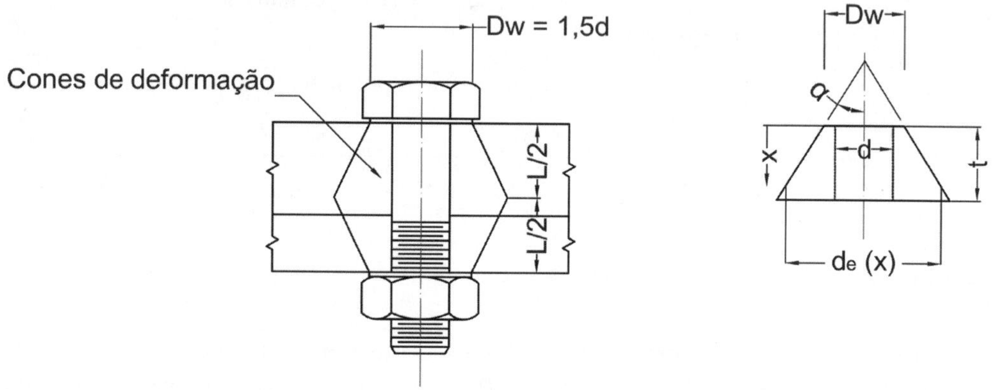

Figura 3.10 – Deformação nos membros parafusados. (a) Cones de deformação, (b) detalhe do cone. Adaptado a partir Shigley e Mitchell, 1983.

o valor da constante de mola para o cone da Figura 3.10(b) é obtido com o cálculo do deslocamento da sua extremidade livre. Utilizando o Teorema de Castigliano para esse cálculo tem-se:

$$\Delta = \int_0^t \frac{P}{EA(x)} dx = \frac{P}{E\pi} \int_0^t \frac{4}{d_e^2 - d^2} dx = \frac{P}{E\pi} \int_0^t \frac{4}{[D_w + 2xtg(\alpha)]^2 - d^2} dx \qquad (3.16)$$

Esta integral também pode ser escrita na seguinte forma:

$$\Delta = \frac{4P}{E\pi} \int_0^t \frac{1}{(2xtg\alpha + D_w - d)(2xtg\alpha + D_w + d)} dx \qquad (3.17)$$

A solução analítica desta integral é facilmente encontrada nos livros de cálculo e após a substituição dos limites de integração resulta em:

$$\Delta = \frac{P}{E\pi} \frac{1}{dtg\alpha} \ln\left[\frac{2(t)tg\alpha + D_w - d}{2(t)tg\alpha + D_w + d} \times \frac{D_w + d}{D_w - d} \right] \qquad (3.18)$$

Com isso o valor da constante de mola para o cone ilustrado na Figura 3.10(b) é igual a:

$$k = \frac{P}{\Delta} = \frac{E\pi d tg\alpha}{\ln\left[\frac{2(t)tg\alpha + D_w - d}{2(t)tg\alpha + D_w + d} \times \frac{D_w + d}{D_w - d}\right]} \quad (3.19)$$

Ainda existem muitos estudos com o método de elementos finitos para determinar o valor adequado para o ângulo "α" de uniões parafusadas, mas na prática recomenda-se um valor correspondente a $\alpha = 30^0$. Utilizando tal valor pode-se chegar a:

$$k \cong \frac{0,57735E\pi d}{\ln\left[\frac{1,1547t + D_w - d}{1,1547t + D_w + d} \times \frac{D_w + d}{D_w - d}\right]} \quad (3.20)$$

Para os parafusos sextavados padronizados o valor de "D_w" é igual a "1,5d". Dessa forma, torna-se possível estimar o valor da constante de mola para o cone em contato com a superfície da cabeça do parafuso utilizando a seguinte expressão:

$$k \cong \frac{0,57735E\pi d}{\ln\left[5x\frac{1,1547t + 0,5d}{1,1547t + 2,5d}\right]} \quad (3.21)$$

A Equação (3.20) é válida para cada um dos cones que compõem as deformações nos membros; "D_w" indica o **menor diâmetro** do cone e "E" denota o módulo de elasticidade do material do cone em análise.

O valor de "K_m", ou seja, a constante de mola equivalente é obtida da associação em série das molas dos cones de deformação. O Problema Resolvido 12.1 apresenta essa situação.

3.8. UNIÕES COM GAXETAS

A Figura 3.11 ilustra uniões parafusadas com gaxetas e os seus respectivos cones de deformação. Para as gaxetas confinadas, Figura 3.11(b), a rigidez dos membros não é afetada por sua presença. Para a situação ilustrada na Figura 3.11(a), entretanto, a gaxeta pode ser tratada como sendo um membro da conexão e a sua rigidez é calculada normalmente empregando a Equação (3.20).

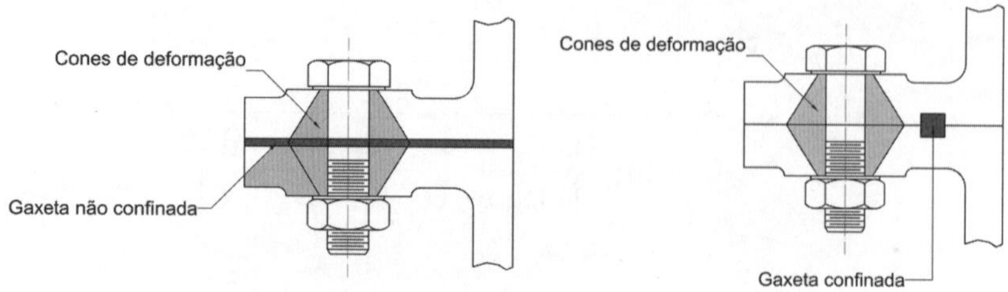

Figura 3.11 – Uniões parafusadas com gaxetas. (a) Gaxeta não confinada, (b) gaxeta confinada. Adaptado a partir de Schmid, 2013.

Quando as gaxetas estão presentes na união deve-se tomar cuidado no sentido de garantir a pressão mínima de vedação, o que pode ser definido pela relação:

$$p_G = \frac{F_i + (1-C)P_{max}}{A_{gaxeta}} \geq p_{min} \tag{3.22}$$

"A_{gaxeta}" indica a área da gaxeta em contato com a união e "p_{min}" indica a pressão mínima para vedação.

Por fim, quando existem vários parafusos na união, o espaçamento entre eles não deve ser muito pequeno para garantir espaço suficiente para a sua montagem/desmontagem e, ao mesmo tempo, não deve ser muito grande para garantir a distribuição de pressão uniforme sobre a gaxeta. Para espaçar parafusos ao redor de um círculo Budynas e Nisbett (2006) sugerem a seguinte regra:

$$3 \leq \frac{\pi D_c}{nd} \leq 6 \tag{3.23}$$

"D_c" indica o diâmetro do círculo e "n" é o número de parafusos.

3.9. AS FALHAS CARACTERÍSTICAS EM PARAFUSOS

A Figura 3.12 ilustra o percentual das falhas que ocorrem nos parafusos conhecidos como Tellep (cabeça circular com sextavado interno). Esses dados foram obtidos no catálogo do fabricante e indicam que no primeiro filete de rosca em contato com a porca é onde ocorre o maior número de falhas. Segundo Shigley e Mitchell (1983), estes mesmos dados foram citados anteriormente por Peterson (1984), para parafusos em geral.

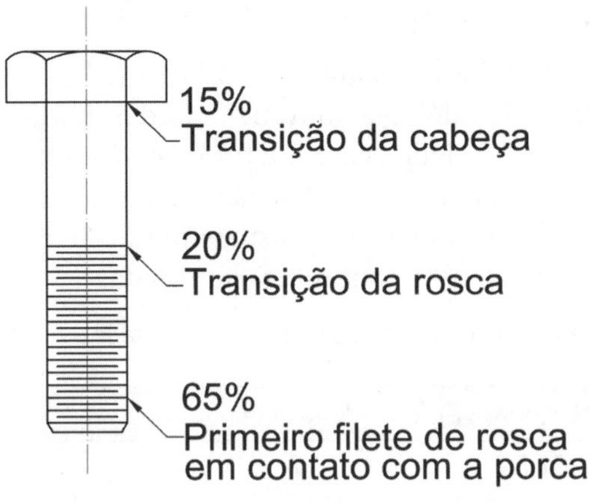

Figura 3.12 – Falhas típicas em parafusos com sextavado interno. Adaptado a partir de Tellep.

Na Figura 3.13 são mostradas as distribuições de tensões nos filetes de uma rosca métrica e de uma rosca Spiralock (rosca métrica com modificações). Os resultados ilustrados nessa figura foram obtidos com uso da fotoelasticidade e indicam que o primeiro filete da rosca métrica, em contato com a porca, é o mais solicitado com cerca de 64% da carga total, portanto, o filete com maior probabilidade de falha. Para a rosca do tipo Spiralock a distribuição de carga é, entretanto, mais homogênea e os esforços são aproximadamente iguais em todos os filetes da rosca do parafuso em contato com a porca.

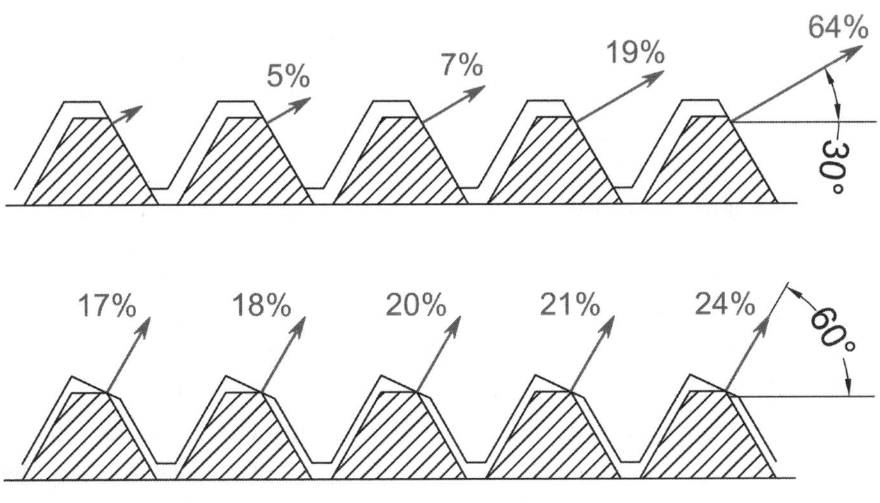

Figura 3.13 – Distribuição de carga nos filetes de rosca. Adaptado a partir de Stanley, 2016.

3.10. O LIMITE DE FADIGA DE PARAFUSOS

Quando não fornecido pelos fabricantes, o limite de fadiga para parafusos pode ser calculado empregando a metodologia convencional das análises de fadiga. A Tabela 3.6 mostra os valores recomendados para o fator de concentração de tensões para fadiga, já corrigidos com relação ao fator de sensibilidade ao entalhe e acabamento superficial; já a Tabela 3.7 indica os valores usuais para o limite de fadiga (incluindo todas as correções) para parafusos com roscas laminadas.

Tabela 3.6 – Fator de concentração de tensões para roscas (Adaptado a partir de Hamrock, 2013).

Classe SAE	Classe métrica	Rosca laminada	Rosca usinada	Filete
0 a 2	3.6 a 5.8	2,2	2,8	2,1
4 a 8	6.6 a 10.9	3,0	3,8	2,3

Tabela 3.7 – Limite de fadiga (incluindo todas as correções) para parafusos com roscas laminadas e com carregamentos repetidos (Adaptado a partir de Shigley e Mischke, 2001).

Designação	Faixa de diâmetros	Limite de fadiga
SAE 5	1/4 a 1 in	18,6 kpsi
	1 1/8 a 1 1/2 in	16,3 kpsi
SAE 7	1/4 a 1 ½ in	20,7 kpsi
SAE 8	1/4 a 1 ½ in	23,2 kpsi
ISO 8.8	M1,6 a M36	129 MPa
ISO 9.8	M1,6 a M16	140 MPa
ISO 10.9	M5 a M36	162 MPa
ISO 12.9	M1,6 a M36	190 MPa

Os dados da Tabela 3.7 são valores médios, já incluindo todos os fatores de correção para roscas laminadas com carregamentos axiais. Para roscas usinadas, o método convencional para avaliar o limite de fadiga deve ser aplicado. Durante carregamentos cíclicos pode ocorrer a perda de torque (ou perda da pré-tensão) no parafuso, o que acarreta significativa mudança no carregamento do mesmo. Shigley e Mischke (2001) sugerem o uso de 60% da força de prova como carregamento inicial para minimizar o efeito dessa perda eventual de carga.

Outra abordagem para o problema da análise de tensões em parafusos é a apresentada por Norton (2013). O referido autor corrige as tensões alternadas e médias com os seus respectivos fatores de concentração de tensões na forma:

$$\sigma_a = K_{fa} \frac{F_a}{A_t} \qquad \sigma_m = K_{fm} \frac{F_m}{A_t} \tag{3.24}$$

"F_a" "F_m" indicam as forças alternadas e médias, respectivamente, e "K_{fa}" corresponde ao fator de concentração de tensões para fadiga em parafusos, o qual é dado por:

$$K_{fa}=5{,}7+0{,}02682d \rightarrow d(mm) \qquad (3.25)$$

A expressão para avaliação do valor de "K_{fa}" foi obtida a partir do ajuste de dados experimentais realizados por Kephart (1997) em roscas cortadas e roscas laminadas, enquanto "K_{fm}" é o fator de concentração para as tensões médias e o seu valor é normalmente considerado igual à unidade.

A análise de tensões nos filetes de rosca ainda é um problema complexo e o valor do fator de concentração de tensões depende também das pré-tensões e do fenômeno de encruamento do material, originados no processo de fabricação da rosca. Atualmente é comum analisar as tensões nas uniões com rosca utilizando o método dos elementos finitos. Zahavi e Barlam (2001) utilizaram esse método para avaliar o valor do fator de concentração de tensões em parafusos e mostraram que o valor deste fator varia muito quando consideram-se análises lineares e não-lineares. Para a situação onde ocorre o escoamento do parafuso no pé da rosca, o fator de concentração de tensões passa a depender também do nível de tensões e não apenas da geometria da rosca.

3.11. UNIÃO PARAFUSADA COM CARREGAMENTO EXCÊNTRICO

A Figura 3.14 ilustra um grupo de 4 parafusos utilizados para fixar um componente com carregamento deslocado em relação ao centroide do grupo de parafusos (carregamento excêntrico). Esse tipo de carga transmite força e momento ao centroide do conjunto de parafusos e os mesmos ficam solicitados com carregamento cisalhante.

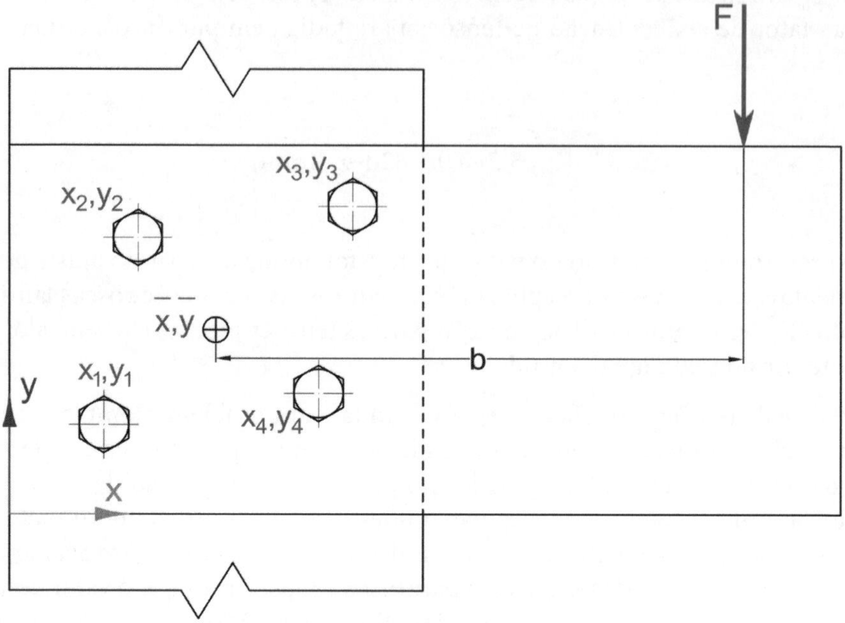

Figura 3.14 – União parafusada com carga excêntrica.

3.11.1. O CENTROIDE DO GRUPO DE "N" PARAFUSOS

A primeira etapa realizada para a análise dos esforços em um grupo de parafusos com carregamento excêntrico é localizar o centroide do conjunto (caso a união não seja simétrica). O sistema de referência "xy" deve ser posicionada de forma conveniente para obter as coordenadas do centro dos furos de cada parafuso, as quais são designadas por (x_i,y_i). As coordenadas do centroide serão:

$$\bar{x} = \sum_{i=1}^{n} x_i A_i / A \qquad (3.26)$$

$$\bar{y} = \sum_{i=1}^{n} y_i A_i / A \qquad (3.27)$$

"n" indica o número de parafusos do grupo e "A" denota a área de todos os furos, isto é, $A=\sum^{n}_{i=1} A_i$

3.11.2. A FORÇA PRIMÁRIA NOS PARAFUSOS

A força primária em cada parafuso é denotada por "(F')". Essa força possui mesma direção da força externa e o seu valor, calculado a partir do equilíbrio de forças, vale:

$$F' = \frac{F}{n} \tag{3.28}$$

3.11.3. A FORÇA SECUNDÁRIA NOS PARAFUSOS

A força secundária no parafuso "j" é denotada por "(F''_j)" Essa força atua na direção perpendicular ao raio que liga o centroide do grupo de parafusos até o parafuso em análise, sendo o seu valor calculado a partir do equilíbrio de momentos ao redor do centroide do grupo de parafusos e a partir da hipótese de que "(F''_j / r_j")" é constante para qualquer parafuso considerado. Desse equilíbrio tem-se:

$$M = \Sigma^{n}_{i=1} F''_i \, r_i^2 \tag{3.29}$$

considerando ainda que: $F''_1/r_1 = F''_2/r_2 = ... = F''_n/r_n$ = cte, nesta última equação, obtêm-se o valor para "(F''_j)":

$$F''_j = \frac{M \times r_j}{\sum_{i=1}^{n} r_i^2} \; j = 1, 2, ..., n \tag{3.30}$$

Note que a parcela do momento total que é transmitida pelo parafuso "j" é dada por

$$M_j = F''_j \times r_j = \frac{F''_j}{r_j} \times r_j^2 = cte \times r_j^2 \, j = 1, 2, ..., n \tag{3.31}$$

Observe que quando a distância "r_j" é pequena, essa parcela também será pequena. Portanto, os parafusos próximos ao centroide transmitem pouca parcela do momento total.

3.11.4. A TENSÃO CISALHANTE MÉDIA NOS PARAFUSOS

A tensão cisalhante média em cada parafuso é calculada utilizando a força resultante no parafuso. Essas forças podem ser visualizadas na Figura 3.15 e o valor da tensão cisalhante é igual a:

$$\tau_j = \frac{F_{Rj}}{A_j} \qquad j = 1, 2, ..., n \tag{3.32}$$

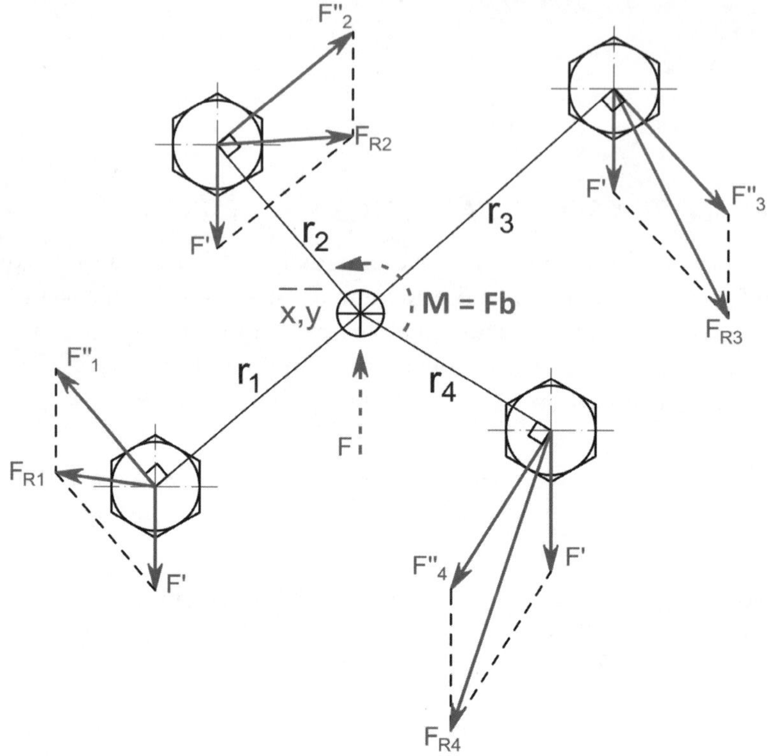

Figura 3.15 – Força resultante nos parafusos.

Tabela 3.8 – Alturas padronizadas de porcas sextavadas.

Diâmetro nominal (in)	Altura da porca (in)	Diâmetro nominal (mm)	Altura da porca (mm)
1/4	7/32	M5	4,7
5/16	17/64	M6	5,2
3/8	21/64	M8	6,8
7/16	3/8	M10	8,4
1/2	7/16	M12	10,8
9/16	31/64	M14	12,8
5/8	35/64	M16	14,8
3/4	41/64	M20	18,0
7/8	3/4	M24	21,5
1	55/64	M30	25,6
1 1/8	31/32	M36	31,0
1 1/4	1 1/16		
1 3/8	1 11/64		

3.12. PROBLEMAS RESOLVIDOS

12.1 - A figura ilustra uma conexão parafusada com pré-tensão de 50% da tensão de prova do parafuso. Durante a aplicação da carga externa as duas partes não devem perder a compressão. Supor parafuso M20x2,5 - classe 8.8 e H = 18 mm. $E_{aço}$ = 210 GPa, E_{al} = 71 GPa.

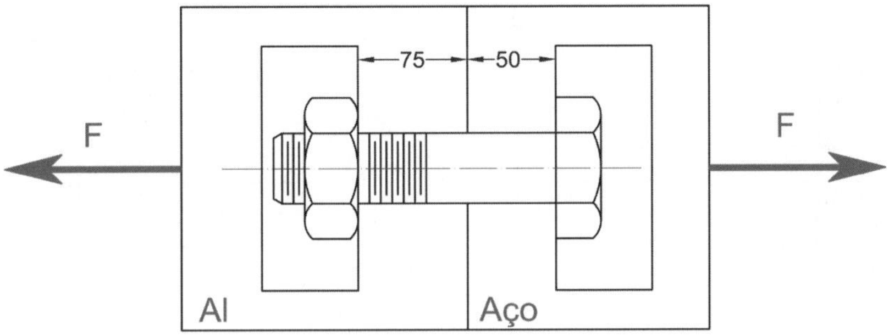

Figura 3.16 – União parafusada – Problema 12.1.

a) Estime a máxima carga externa que pode ser aplicada no parafuso tomando como referência o valor da tensão de escoamento e utilizando um coeficiente de segurança de 2;

b) Estime a máxima carga flutuante (0 até F_{max}) que pode ser aplicada no parafuso tomando como referência o critério de Gerber para vida infinita e utilizando um coeficiente de segurança de 2.

Solução

- Dados das dimensões do parafuso:

$L > L_1+L_2+H+2p = 50+75+18+2x2,5 = 148$ mm

L = 150 mm (padronizado)

$L_T = 2d+12 = 2x20+12 = 52$ mm

$L_d = L-L_T = 150-52 = 98$ mm

$L_t =(L_1+L_2)- L_d = 50+75-98 = 27$ mm

$A_d = \pi\, d^2/4 = \pi\, x20^2/4 = 314,16\ mm^2$

$A_t = 245\ mm^2$ (Tabela 3.2)

- Limites de resistência para classe 8.8 (Tabela 3.3):

$\sigma_{prova} = 600$ MPa, $\sigma_{esc} = 660$ MPa e $\sigma_{rup} = 830$ MPa

- Constante de mola do parafuso:

$$K_p = \frac{EA_d A_t}{L_d A_t + L_t A_d} = \frac{210 \times 10^3 \times 314{,}16 \times 245}{98 \times 245 + 27 \times 314{,}16} = 497456{,}99\,\text{N}/\text{mm}$$

- Constantes de mola para os cones de deformação:

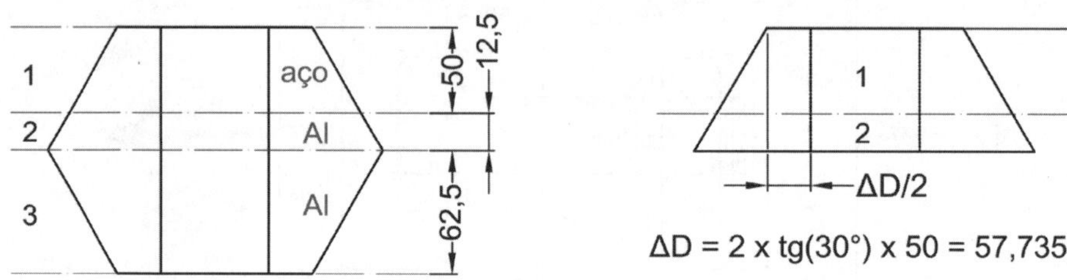

Figura 3.17 – Cones de deformação.

cone	D(mm)	t (mm)	E (N/mm²)	K (N/mm)
1	1,5x20 = 30	50	$210\text{x}10^3$	$6{,}651\text{x}10^6$
2	30+2xtg(30º)x50 = 87,74	12,5	$71\text{x}10^3$	$3{,}818\text{x}10^7$
3	1,5x20 = 30	62,5	$71\text{x}10^3$	$2{,}124\text{x}10^6$

- Constante de mola K_m, C e F_i:

$$K_m = \left(\frac{1}{K_1} + \frac{1}{K_2} + \frac{1}{K_3} \right)^{-1} = 1{,}545\left(10^6\right)\text{N}/\text{mm}$$

$$C = \frac{K_p}{K_p + K_m} = \frac{4{,}975 \times 10^5}{4{,}975 \times 10^5 + 1{,}545 \times 10^6} = 0{,}2436$$

$$F_i = 0{,}5 \times \sigma_{prova} \times A_t = 0{,}5 \times 600 \times 245 = 73500\text{N}$$

- Critérios de falha:

a) Verificando a perda de compressão nos membros

$$F_m = -F_i + (1 - C) \times n \times F_{max}$$

$$F_{max} < \frac{73500}{(1 - 0{,}2436) \times 2} = 48585{,}4\,\text{N}$$

b) Verificando a falha no primeiro ciclo de carga

$$\frac{F_p}{A_t} = \frac{F_i}{A_t} + \frac{C \times n \times F_{max}}{A_t} < \sigma_{adm} = \sigma_{esc}$$

$$F_{max} < \frac{660 \times 245 - 73500}{0,2436 \times 2} = 181034,5\,N$$

c) Verificando a falha por fadiga do parafuso

$$\sigma_m = \frac{F_i}{A_t} + \frac{C \times n \times F_{max}}{2A_t} = \frac{73500}{245} + \frac{C \times n \times F_{max}}{2A_t} = 300 + \frac{0,2436 \times F_{max}}{245}$$

$$\sigma_a = \frac{C \times n \times F_{max}}{2A_t} = \frac{0,2436 \times F_{max}}{245}$$

$$\sigma_m = 300 + \sigma_a$$

- Critério de Gerber

$$\frac{\sigma_a}{S_e} + \left(\frac{\sigma_m}{\sigma_{ut}}\right)^2 = \frac{\sigma_a}{129} + \left(\frac{300 + \sigma_a}{830}\right)^2 \leq 1$$

$$\sigma_a \leq 99,20\,N/mm^2$$

Com isso, a estimativa para o valor da força máxima para a falha por fadiga do parafuso é:

$$F_{max} \leq 99,20\left(\frac{245}{0,2436}\right) = 99770,1\,N$$

- Conclusão sobre a força máxima: os três critérios de falha (falha do parafuso por escoamento no primeiro ciclo de carga, falha por fadiga do parafuso e perda de compressão nos membros) serão satisfeitos para "F_{max}" igual a 48585,4 N. Para este valor o coeficiente de segurança da união parafusada será igual a 2, porém a margem de segurança do parafuso será bem maior.

12.2 - A Figura 3.18 ilustra um grupo com 4 parafusos iguais e de classe ISO 8.8. Estime o diâmetro dos parafusos utilizando um fator de segurança 2. Os parafusos são montados com baixa pré-tensão e o carregamento pode ser considerado como estático. Considerar a Teoria da Máxima Tensão Cisalhante.

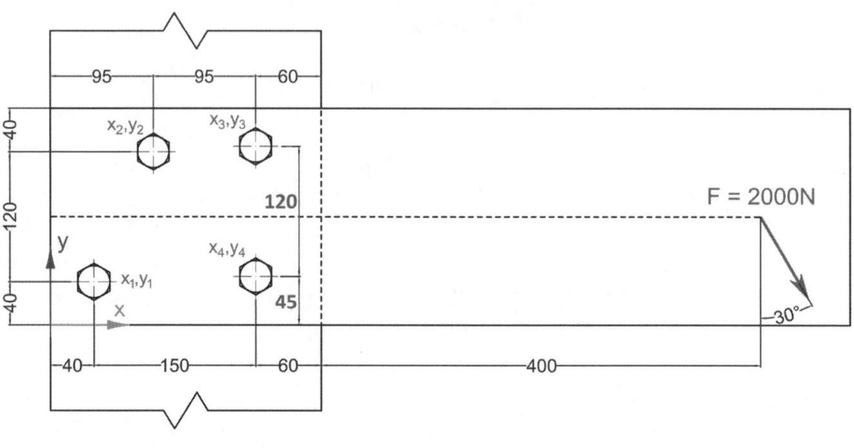

Figura 3.18 – União parafusada – Problema 13.2.

Solução

- Determinando a posição do centroide

Parafuso	x_i	y_i	$\Delta x=x_i-x_c$	$\Delta y=y_i-y_c$	r_i
1	40	40	-88,75	-62,5	108,55
2	95	160	-33,75	57,5	66,67
3	190	165	61,25	62,5	87,51
4	190	45	61,25	-57,5	84,01
Σ	515	410	-	-	-

Após obter o valor de Σx_i e Σy_i as coordenadas do centroide do grupo de parafusos são determinadas dividindo esses valores pelo número de parafusos e são iguais a:

$x_c = 515/4 = 128,75$ mm e $y_c = 410/4 = 102,50$ mm.

- Análise das forças nos parafusos

o momento da força "F" no centroide dos parafusos é igual a:

M = -17320,51x(650-128,75)+10000x(102,50-100,00)

M = -9003310,6 Nmm

Para avaliar o valor da força resultante é necessário o valor das componentes de força "(F''_j)". Essas componentes são dadas por:

$$F''_j = (F''_x, F''_y)_j = \frac{M}{\sum_{i=1}^{n} r_i^2}\left(-\Delta y_j, \Delta x_j\right) \qquad j = 1, 2, \ldots, n$$

$$F''_j = (F''_x, F''_y)_j = \frac{-9003310,6}{30943,67}\left(-\Delta y_j, \Delta x_j\right) \qquad j = 1, 2, \ldots, n$$

Forças nos Parafusos

Parafuso	F''_x	F''_y	F'_x	F'_y	F_R (N)
1	-18184,87	25822,53	2500,00	-4307,62	26625,30
2	16730,09	9819,83	2500,00	-4307,62	20004,52
3	18184,87	-17821,18	2500,00	-4307,62	30291,05
4	-16730,09	-17821,18	2500,00	-4307,62	26309,30

Os valores tabulados mostram que o parafuso 3 é o mais solicitado. As forças primárias (F'_x e F'_y), bem como, a força resultante secundária atuantes em cada parafuso estão ilustradas na Figura 3.19:

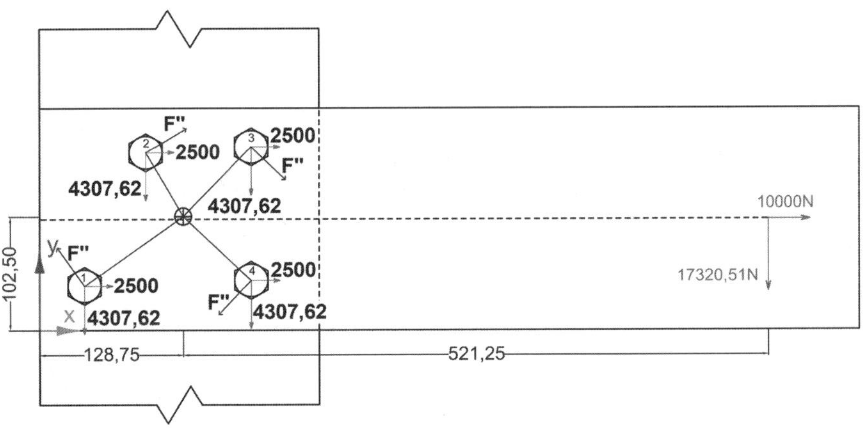

Figura 3.19 – Forças resultantes nos parafusos – Problema 12.2.

Para a classe 8.8 o limite de escoamento é igual a 660 N/mm². Utilizando o critério da máxima tensão cisalhante obtêm-se a expressão para cálculo do diametro:

$$\tau = \frac{4F_R}{\pi d^2} \leq \frac{\sigma_{esc}}{2n} \qquad d \geq \sqrt{\frac{4F_R \times 2n}{\pi \sigma_{esc}}}$$

Efetuando este cálculo com a força resultante no parafuso 3 obtém-se $d \geq 15{,}29$ mm. Logo, d = 16 mm.

12.3 - Os parafusos (classe 8.8) do vaso de pressão ilustrado em figura devem ser projetados para trabalhar com pressão estática de 8 MPa. A gaxeta possui espessura de 3 mm, E = 150 MPa e a vedação é garantida com pressão mínima de 15 MPa. Determine o diâmetro e o número de parafusos adequados para esta aplicação, levando em consideração o espaçamento entre os parafusos e a tensão de prova com coeficiente de segurança mínimo de 3 para a falha do parafuso. Peças e parafusos com E = 210 GPa.

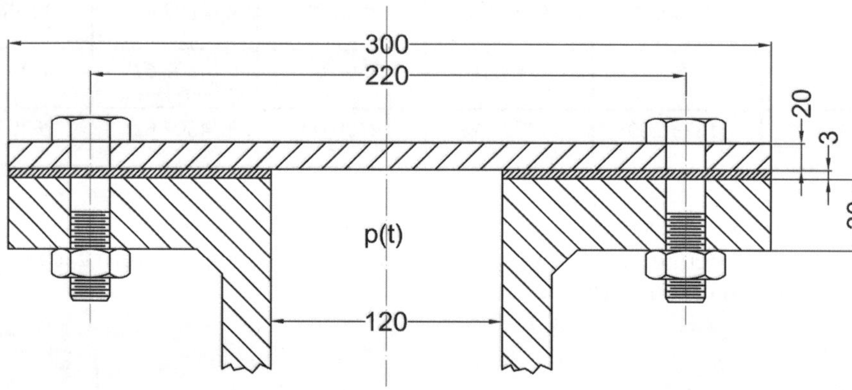

Figura 3.20 – Problema 12.3.

Solução

Como o valor do diâmetro do parafuso é desconhecido a solução do problema será iterativa, pois todas as constantes do problema dependem deste valor.

- a constante de mola do parafuso:

$L > 53+H+2p$

$L_T = 2d+12$

$L_d = L-L_T$

$L_t = 53-L_d$

- propriedades do parafuso - para classe 8.8 (Tabela 3.3), tem-se:

$\sigma_{prova} = 600$ MPa, $\sigma_{esc} = 660$ MPa e $\sigma_{rup} = 830$ MPa.

- as constantes de mola dos cones de deformação

$$\frac{1}{K_m} = \frac{1}{K_1} + \frac{1}{K_2} + \frac{1}{K_3} + \frac{1}{K_4} \qquad C = \frac{K_p}{K_p + K_m}$$

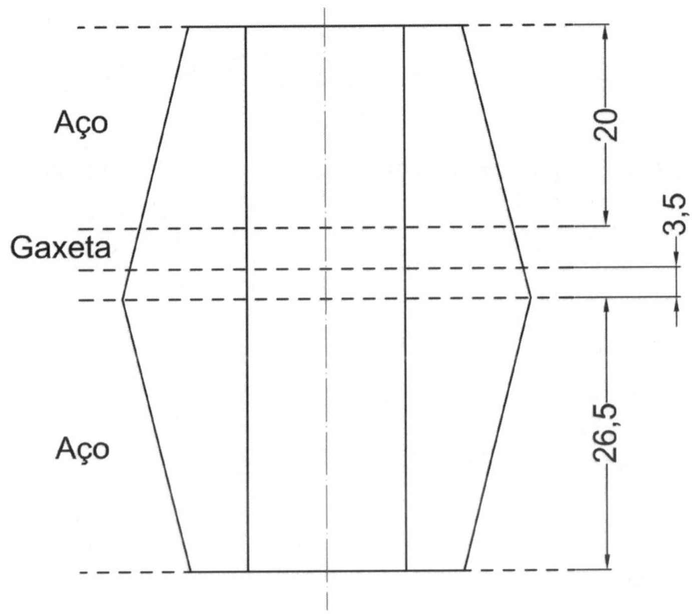

Figura 3.21 – Cones de deformação – Problema 12.3.

Cone	D (mm)	t (mm)	E (N/mm²)	K (N/mm)
1	1,5xd	20	210x10³	K_1
2	1,5xd+23,094	3	150	K_2
3	1,5xd+26,558	3,5	210x10³	K_3
4	1,5xd	26,5	210x10³	K_4

- o número de parafusos (espaçamento) - para este tipo de problema a regra recomendada é:

$$\frac{\pi D_c}{3d} \geq N \rightarrow \frac{\pi \times 220}{3d} = \frac{230,38}{d} \geq N$$

e

$$\frac{\pi D_c}{6d} \leq N \rightarrow 6\frac{\pi \times 220}{3d} = \frac{115,19}{d} \leq N$$

- compressão na gaxeta - a parcela da área da gaxeta para cada parafuso é:

$$A_g = \frac{\pi}{4N}\left(300^2 - 120^2\right) - \frac{\pi d^2}{4} = \frac{59376,10}{N} - 0,7854d^2$$

A força máxima de separação do conjunto por parafuso é dada por:

$$P_{max} = p_{max}\frac{\pi}{4N}(120)^2 = 8\frac{\pi}{4N}(120)^2 = \frac{90478,08}{N}$$

Com isso, a pressão que atua na gaxeta para a pressão máxima será igual a:

$$\frac{-F_i + (1-C)P_{max}}{A_g} \leq -15 \rightarrow F_i \geq 15A_{gaxeta} + (1-C)P_{max}$$

A perda de compressão nos membros já é automaticamente satisfeita com a restrição da pressão na gaxeta.

- a falha do parafuso:

$$\frac{F_i + CnP_{max}}{A_t} \leq \sigma_{prova} \rightarrow F_i \leq A_t \times \sigma_{prova} - 3CP_{max}$$

- Processo Iterativo

Variável	Símbolo	Iteração 1	Iteração 2
diâmetro [mm]	d	16,00	20,00
passo [mm]	p	2,00	2,50
altura da porca [mm]	H	10,32	12,88
comprimento parafuso[mm]	L ≥	67,32	70,88
valor normalizado [mm]	L	80,00	80,00
comprimento rosca [mm]	L_T	38,00	46,00

comprimento sem rosca [mm]	L_d	42,00	34,00
comprimento tracionado com rosca [mm]	L_t	11,00	19,00
área sem rosca [mm²]	A_d	201,06	314,16
área de tração [mm²]	A_t	157,00	245,00
constante do parafuso [N/mm]	K_p	$0,753\text{x}10^6$	$0,113\text{x}10^7$
cone 1 [N/mm]	K_1	$0,675\text{x}10^7$	$0,932\text{x}10^7$
cone 2 [N/mm]	K_2	$0,834\text{x}10^5$	$0,102\text{x}10^6$
cone 3 [N/mm]	K_3	$0,118\text{x}10^9$	$0,143\text{x}10^9$
cone 4 [N/mm]	K_4	$0,6060\text{x}10^7$	$0,825\text{x}10^7$
constante dos membros [N/mm]	K_m	$0,8124\text{x}10^5$	$0,998\text{x}10^5$
constante C	C	0,903	0,919
espaçamento máximo [parafusos]	N ≥	7	6
espaçamento mínimo [parafusos]	N ≤	14	12
número de parafusos	N	10	8
área da gaxeta/ parafuso [mm²/ parafuso]	A_g	5736,55	7107,85
critério de falha da gaxeta [N/parafuso]	Fi ≥	86929,27	107535,08
critério de falha do parafuso [N/parafuso]	Fi ≤	69700,45	115822,68
verificação do projeto	-	Falha	Passa

3.13. PROBLEMAS PROPOSTOS

13.1 - Pesquise nos endereços a seguir sobre os principais tipos de parafusos, porcas e arruelas. A nomenclatura utilizada, os tipos de materiais e a especificação dos parafusos, porcas e arruelas.

www.ciser.com.br

www.metalac.com.br

www.inoxpar.com.br

www.normadinparafusos.com.br

www.metalbo.com.br

www.fusopar.com.br

13.2 - Compare as áreas de tração para os parafusos: M24x3 e M24x2. Avalie o torque de aperto para esses parafusos para obter a mesma força inicial e o valor da pretensão.

Resp.

Rosca M24x3: $A_t = 353\ mm^2$

Rosca M24x2: $A_t = 384\ mm^2$ (cerca de 8,8% maior).

Torque: o torque é o mesmo para os dois parafusos

Tensão para o parafuso M24x3: $\sigma = F_i/A_t = 0{,}002832F_i$

Tensão para o parafuso M24x2: $\sigma = F_i/A_t = 0{,}002604Fi$ (cerca de 8,8% menor).

13.3 - Estime o valor do torque de aperto utilizando a equação do torque de elevação do capítulo correspondente a parafusos de potência e compare com o valor obtido com a partir da Equação (3.4). Utilize nos cálculos f = 0,15, parafuso M24x3, $d_c = 30$ mm e $D_w = 1{,}5d$.

Resp.

$d_m = 22{,}15$ mm, L = 3 mm, $\alpha = 30^o$, $D_w = 36$ mm.

$$T \cong F\left[\frac{22{,}15}{2}\left[\frac{3+\pi\times 0{,}15\times 22{,}15\times \sec(30)}{\pi\times 22{,}15-0{,}15\times 3\times \sec(30)}\right]+\frac{0{,}15\times 30}{2}\right]$$

$$T \cong F[2{,}413+2{,}25] = 4{,}66F$$

Valor recomendado:

$T \approx 0{,}2d \times F = 4{,}80F$.

13.4 - Os parafusos do vaso de pressão de aço carbono ilustrado em figura devem ser projetados para trabalhar com pressão variando de 0 a 8 N/mm². O diâmetro efetivo de vedação para a gaxeta confinada é igual a 160 mm. Oito parafusos M12x1,75 classe ISO 8.8 são utilizados nessa união com uma pré-tensão de 60% da força de prova. Nessas condições, verifique a margem de segurança do projeto utilizando o critério de Gerber para os cálculos.

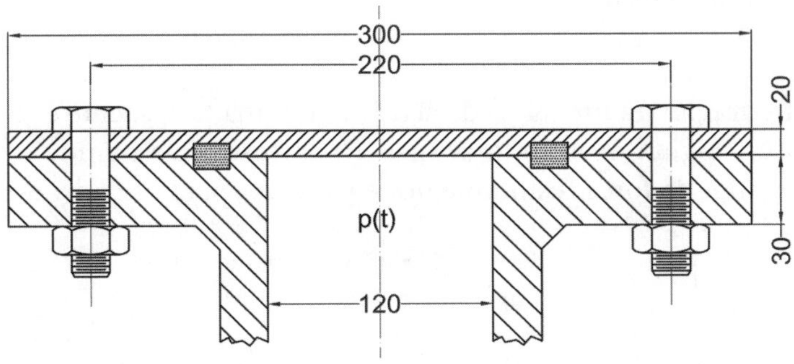

Resp. Modo de falha crítico: compressão dos membros (n < 1,82).

13.5 - Resolva o Problema Proposto 13.4 introduzindo uma gaxeta não confinada entre a tampa e o corpo do vaso de pressão com espessura de 3 mm. O material da gaxeta possui E = 150 MPa. Em caso de falha indique uma correção para o projeto.

Resp.

Atende a todos os critérios. Modo de falha crítico: fadiga do parafuso.

13.6 - A figura ilustra a extremidade de um flange unido com parafusos de rosca unificada de passo fino (UNF) classe SAE 5 e pré-tensionados com 60% da força de prova. Nos dois lados da união são inseridas arruelas de aço carbono com espessura de 0,134". A carga externa correspondente a cada parafuso flutua entre 2000 lbf e 5000 lbf. Nessas condições, verifique as condições de segurança da junta utilizando os critérios de compressão dos membros, falha no primeiro ciclo de carga e fadiga por Gerber para vida infinita e com margem de segurança em torno de 3. Supor parafusos com diâmetro 3/4"-15UNF.

Dado: os membros possuem E = 18 Mpsi.

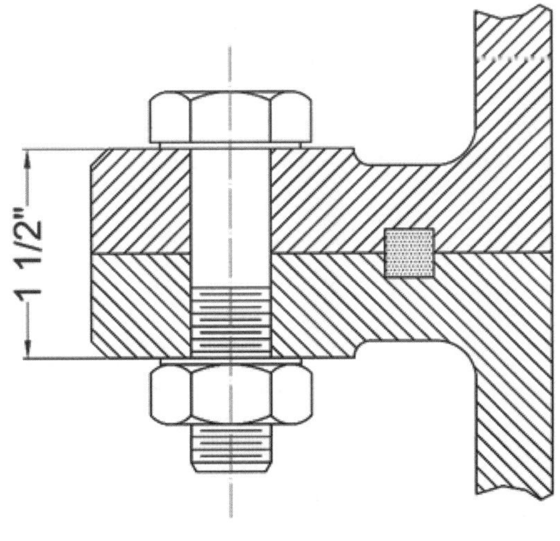

Resp. Atende a todos os critérios.

13.7 - A figura ilustra uma viga de aço 1018 laminado a quente que deve ser unida à uma estrutura rígida utilizando apenas 4 parafusos. Determine o parafuso mais solicitado e o valor da força resultante neste parafuso para os padrões a) e b).

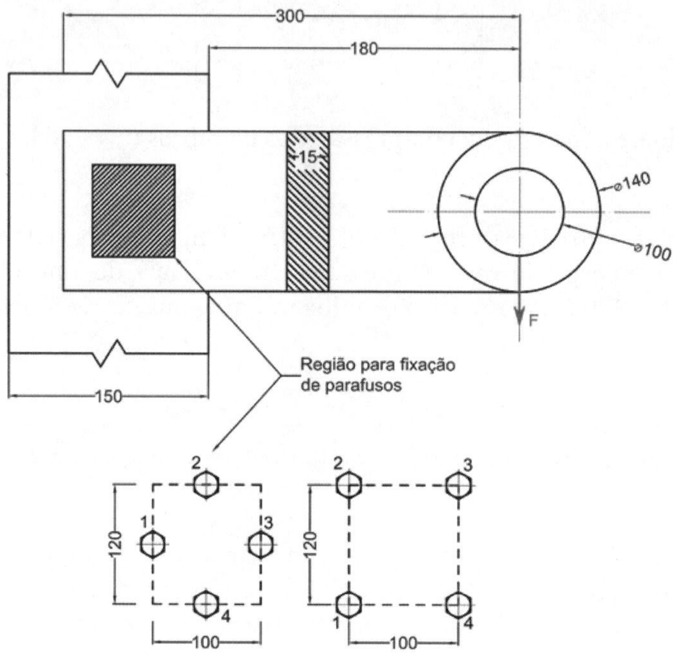

Resp.

Padrão a)

Os parafusos 2 e 4 são os mais solicitados. $F_R \approx 1{,}279\ F$

Padrão b)

Os parafusos 2 e 4 são os mais solicitados. $F_R \approx 0{,}910\ F$

13.8 - Resolva o Problema Proposto 13.7 considerando apenas 3 parafusos e os padrões a), b) e c).

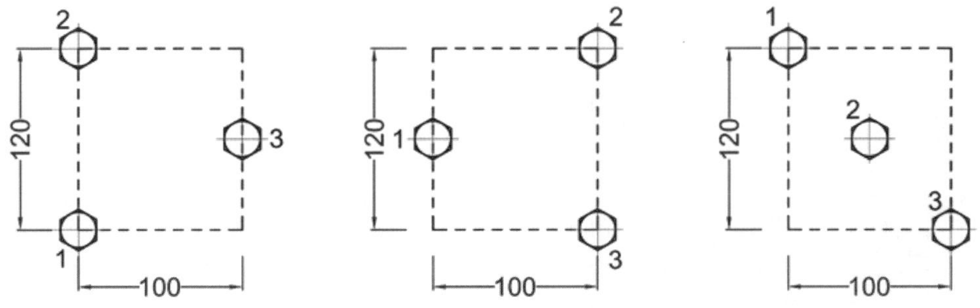

(a) (b) (c)

Resp.

Padrão a) O parafuso 3 é o mais solicitado. $F_R \approx 1{,}639$ F

Padrão b) Os parafusos 2 e 3 são os mais solicitados. $F_R \approx 1{,}373$ F

Padrão c) O parafuso 3 é o mais solicitado. $F_R \approx 1{,}864$ F

13.9 - Duas placas de aço carbono são unidas por parafusos e a força de compressão inicial, depois do torque de aperto do parafuso, é de 4000 lbf. A rigidez das placas equivale a seis vezes a rigidez do parafuso. Nessas condições pede-se:

a) qual deve ser a força externa para provocar uma diminuição de 2000 lbf na força de compressão entre as placas ?

b) se a força de separação do item (a) for aplicada e depois removida repetidamente, quais são os valores da tração máxima e mínima que atuam no parafuso?

c) selecione um parafuso da classe SAE 5 para esta aplicação utilizando o critério de Gerber para vida infinita com coeficiente de segurança em torno de 4.

Resp.

a) C = 0,14285

Membros: F_m = -2000 lbf F_{ext} = 2333,31 lbf

b) Mínima = 4000 lbf

Máxima $F_b = F_i + CP$ = 4333,31 lbf

c) At > 0,0607 in^2 Parafuso: 3/8"-16UNC A_t = 0,0775 in^2.

13.10 - Estime o diâmetro dos parafusos em "A" e "O" para obter margem de segurança maior ou igual a 3. Os parafusos são da classe 5.8, submetidos à condição de corte duplo, e o carregamento "F" é estático. O furo em "O" é "oblongo", havendo reação neste ponto apenas na direção "x".

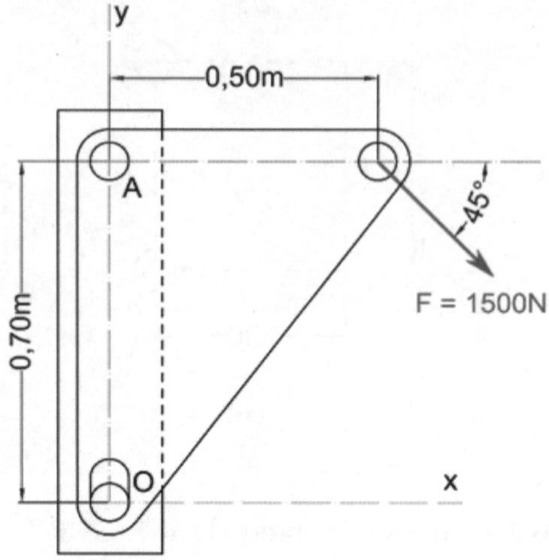

Resp.

Parafuso A: F_R = 2105,02 N – d = 8 mm (padronizado).

Parafuso O: F_R = 757,61 N – d = 5 mm (padronizado).

13.11 - Estime a força externa necessária para a separação da união parafusada ilustrada em figura. A pré-tensão de montagem é de 50% da força de prova e o tubo de alumínio possui espessura de parede de 4 mm.

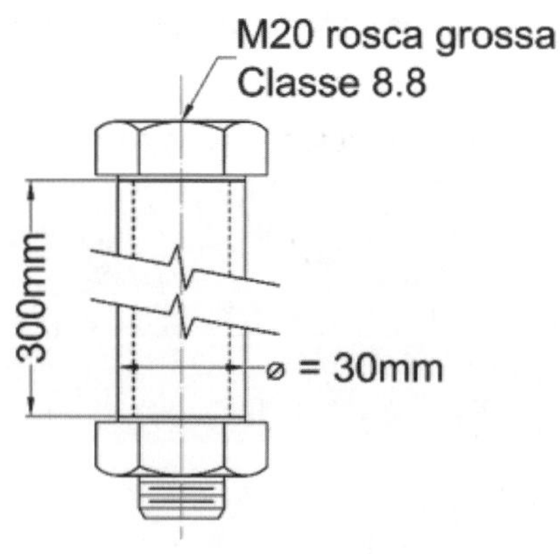

Resp. P > 246149 N.

13.12 - Uma união parafusada foi projetada utilizando parafuso 1"-UNF SAE 5.0 com $K_b = K_m$. Nessas condições estime:

a) a carga externa necessária para a separação dos membros quando a pré-tensão no parafuso é igual a 10000 lbf;

b) a tensão no parafuso quando é aplicada uma força externa de 12000 lbf; e

c) as tensões no parafuso quando a carga externa flutua entre 0 e 21000 lbf.

Resp.

a) F > 20000 lbf

b) $\sigma_b = 24132{,}7\ \text{lbf/in}^2$

c) Mínima: $\sigma_b = 15082{,}93\ \text{lbf/in}^2$

Máxima: $\sigma_b = 30920{,}05\ \text{lbf/in}^2$

13.13 - A figura mostra uma conexão utilizando 3 parafusos 7/16 in-14UNC classe SAE 5 e membros fabricados em aço carbono 1018 laminado a frio (tensão de escoamento de 54 kpsi). A força de tração nas juntas é estática e igual a 6000 lbf. Nessas condições, determine o coeficiente de segurança para os principais modos de falha da união.

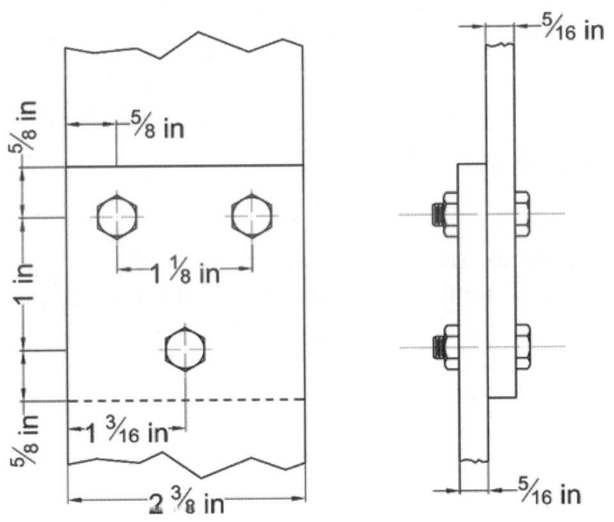

Resp.

Dados do parafuso: $A_t = 0{,}1063\ \text{in}^2$ $d = 0{,}4375$ in $\sigma_p = 85$ kpsi e $\sigma_{esc} = 92$ kpsi.

Modo de falha: tração nas placas ($k_t \approx 2{,}5$) → n < 2,18

Modo de falha: rasgamento das placas → n < 8,98

Modo de falha: compressão nas chapas → n < 6,28

Modo de falha: cisalhamento do parafuso → n < 3,45

Modo de falha: flexão dos parafusos → n < 2,42

13.14 - Determine a força resultante em cada parafuso da conexão ilustrada em figura.

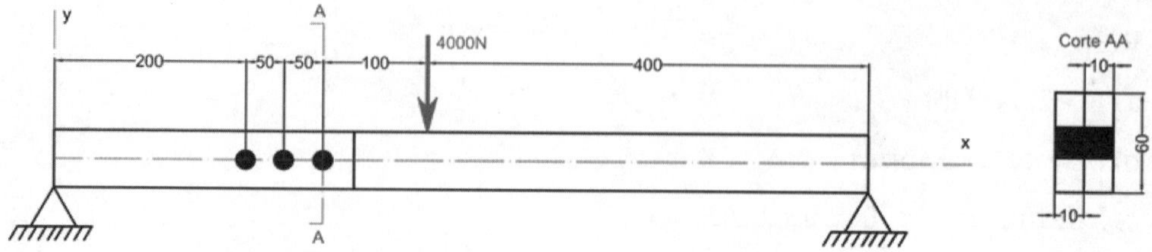

Resp.

Parafuso da esquerda: $F_R = 1{,}4166F = 5666{,}66$ N

Parafuso central: $F_R = 0{,}166F = 666{,}66$ N

Parafuso da direita: $F_R = 1{,}0833F = 4333{,}33$ N

13.15 - Estime o diametro do parafuso mais solicitado da conexão do Problema Proposto 13-14 utilizando margem de segurança de 2. Deseja-se selecionar parafuso da classe 8.8 com pré-tensão de 20% da tensão de prova.

Resp. d = 8 mm (padronizado).

13.16 - Selecione parafusos (todos iguais) para a aplicação da figura que segue. Deseja-se parafusos da classe 8.8 com margem de segurança maior ou igual a 2.

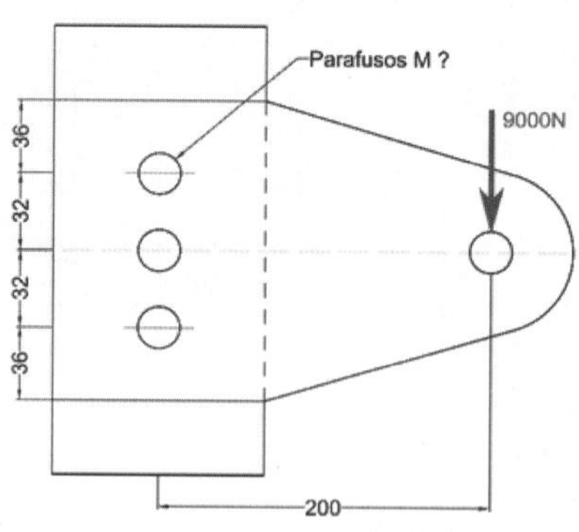

Resp. M20

NOMENCLATURA

α	semiângulo da rosca ou ângulo do cone de influência
Δ	deslocamento
σ_a	tensão alternada
σ_{adm}	tensão admissível
σ_{esc}	limite de resistência ao escoamento
σ_i	tensão de montagem
σ_m	tensão média
σ_{max}	tensão máxima
σ_{prova}	tensão de prova
σ_{rup}	limite de resistência à ruptura
A	área da secção transversal
A_d	área do parafuso sem rosca
A_{gaxeta}	área da gaxeta
A_i	área do enésimo elemento
A_r	área de raiz do parafuso
A_t	área do parafuso tracionado e com rosca (área de tração)
b	braço de alavanca
C	constante de junta
d	diâmetro nominal do parafuso
d_e	diâmetro equivalente
d_p	diâmetro primitivo ou de passo
d_r	diâmetro de raiz do parafuso
D_c	diâmetro do círculo
D_w	menor diâmetro do cone
E	módulo de elasticidade longitudinal
F'	força primária no parafuso
F''	força secundária no parafuso
F_a	força alternada no parafuso
F_i	pré-carga de montagem
F_m	força média no parafuso

F_{prova}	carga de prova
F_R	força resultante no parafuso
H	altura da porca
k	constante de molas
K_{fa}	fator de concentração de tensões para fadiga em parafusos
K_{fm}	fator de concentração de tensões para tensões médias
K_m	constante de rigidez das peças
K_p	constante de rigidez dos parafusos
L	comprimento do parafuso
L_1,L_2	espessura de chapas
L_d	comprimento do corpo do parafuso sem rosca
L_t	comprimento do parafuso tracionado com rosca
L_T	comprimento do corpo do parafuso com rosca
n	número de parafusos
n_f	coeficiente de segurança por fadiga
n_m	coeficiente de segurança da junta
n_p	coeficiente de segurança correspondente à falha no primeiro ciclo de carga
N	esforço normal
N_f	número de filetes por polegada
p	passo do parafuso
p_{min}	pressão mínima de vedação
P_p	parcela da carga externa atuante no parafuso
P_m	parcela da carga externa atuante nas peças
P_{max}	carga externa máxima
P_{min}	carga externa mínima
r_n	distância do enésimo elemento ao centroide
S_e	limite de fadiga
t	espessura do cone de influência
T	torque de montagem
x	coordenada do centroide
x_i	coordenada do centroide do enésimo elemento

y	coordenada do centroide
y_i	coordenada do centroide do enésimo elemento

REFERÊNCIAS BIBLIOGRÁFICAS

Budynas, R., Nisbett, J. K. Shigley´s Mechanical Engineering Design. 8ª Ed. McGraw--Hill Companies, Inc. 2006.

Kephart, A.R. Fatigue acceptance Test Limit Criterion for Larger Diameter Rolled Thread Fasteners. ASTM Workshop on Fatigue and Fracture of Fasteners, St. Louis, MO, 1997.

Norton, R.L. Projeto de Máquinas: Uma Abordagem Integrada. 4ª Ed., Bookman, 2013.

Peterson, R.E. Stress Concentration Factors. Wiley, NY, 1974.

Rothbart, H.A. Mechanical Design and Systems Handbook, 2ª Ed., McGraw-Hill, New York, 1985.

Schmid, S.R., Hamrock, B.J., Jacobson, B.O. Fundamentals of Machine Elements, Third Edition. CRC Press - Taylor and Francis Group, 2013.

Shigley, J.E., Mitchell, L.D. Mechanical Engineering Design, 4th Ed., McGraw-Hill International Book Company, 1983.

Shigley, J.E., Mischke, C.R. Mechanical Engineering Design, 6ª Ed., McGraw-Hill International Book Company, 2001.

Tellep – Catálogo geral de parafusos.

Zahavi, E., Barlam, D. Nonlinear problems in machine design. CRC Press LLC, 2001.

Sites

www.stanleyengineeredfastening.com

www.metalac.com.br

REFERÊNCIAS BIBLIOGRÁFICAS

CAPÍTULO 4

Uniões Soldadas

4.1. INTRODUÇÃO

Neste capítulo são discutidos alguns aspectos sobre a análise de tensões em uniões soldadas. Além da geometria, do tipo e da amplitude do carregamento existem outros aspectos que também influenciam nessas análises, como o tamanho da zona termicamente afetada (ZTA), as mudanças das propriedades do material nessa região e as tensões residuais oriundas do processo de soldagem. Na literatura não existem soluções analíticas para as tensões em filetes de solda e a maioria dos critérios de projeto regulamentados em normas utiliza como parâmetro de comparação o valor de uma tensão cisalhante equivalente no filete da solda.

4.2. UM MODELO SIMPLIFICADO PARA A ANÁLISE DE TENSÕES EM FILETES DE SOLDA E SUAS LIMITAÇÕES

Para a análise de tensões no filete de solda é utilizada a situação ilustrada na Figura 4.1. Esta é uma situação simplificada, pois a geometria da solda é idealizada como triangular, sem considerar a real configuração do cordão efetivamente realizado. Da mesma forma, o diagrama de corpo livre mostrado na Figura 4.2 ilustra as parcelas de força normal e tangencial que são utilizadas para avaliar a tensão normal e a tensão cisalhante em função do ângulo "θ" ($0 \leq \theta \leq \pi/2$) ao longo do cordão.

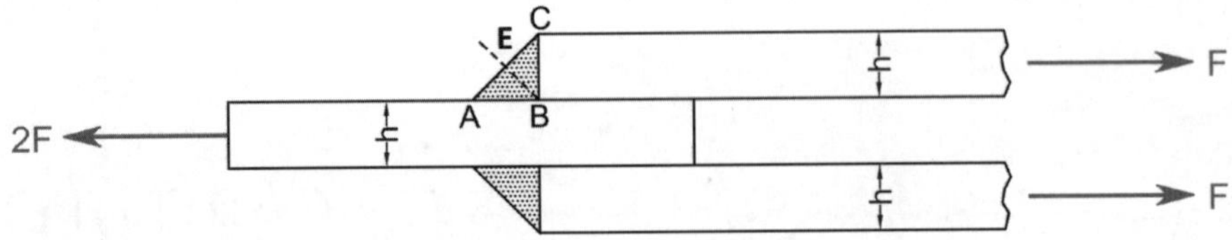

Figura 4.1 – Solda de filete típica. Adaptado de Shigley e Mitchell, 1983.

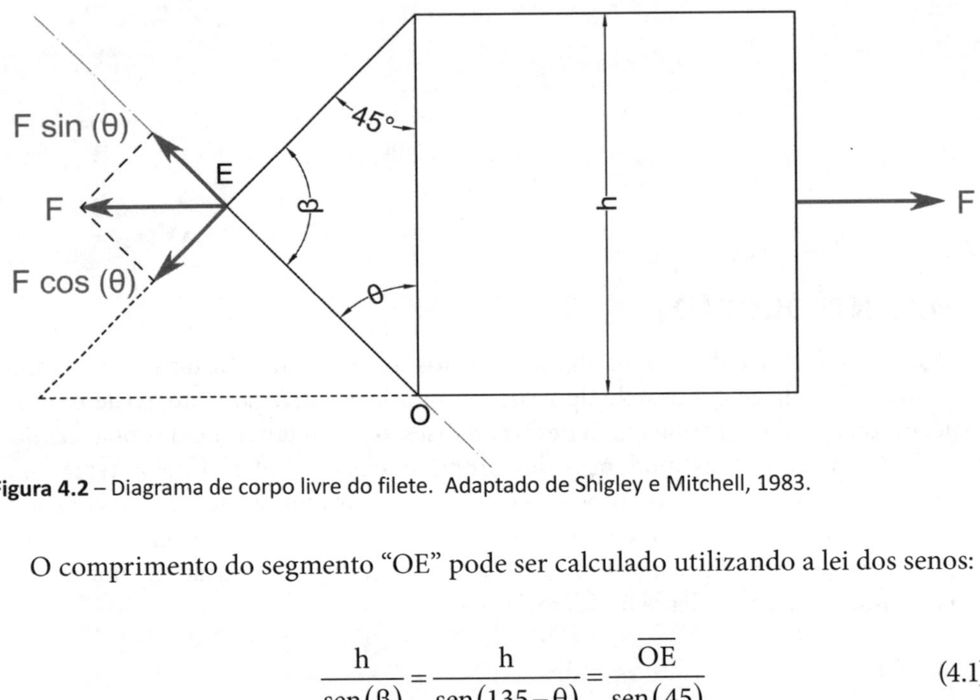

Figura 4.2 – Diagrama de corpo livre do filete. Adaptado de Shigley e Mitchell, 1983.

O comprimento do segmento "OE" pode ser calculado utilizando a lei dos senos:

$$\frac{h}{\text{sen}(\beta)} = \frac{h}{\text{sen}(135-\theta)} = \frac{\overline{OE}}{\text{sen}(45)} \tag{4.1}$$

e vale:

$$OE = \frac{h\text{sen}(45)}{\text{sen}(135-\theta)} = \frac{h\text{sen}(45)}{\text{sen}(135)\cos(\theta) - \cos(135)\text{sen}(\theta)} = \frac{h}{\cos(\theta) + \text{sen}(\theta)} \tag{4.2}$$

Portanto, a tensão cisalhante τ (θ) e a tensão normal σ(θ) serão dadas por (sendo "L" o comprimento do cordão em análise):

$$\tau(\theta)=\frac{F_T}{\overline{OE}\times L}=\frac{F\text{sen}(\theta)\times[\cos(\theta)+\text{sen}(\theta)]}{h\times L}=\frac{F}{h\times L}\left[\text{sen}(\theta)\cos(\theta)+\text{sen}^2(\theta)\right] \quad (4.3)$$

$$\sigma(\theta)=\frac{F_N}{\overline{OE}\times L}=\frac{F\cos(\theta)\times[\cos(\theta)+\text{sen}(\theta)]}{h\times L}=\frac{F}{h\times L}\left[\cos^2(\theta)+\text{sen}(\theta)\cos(\theta)\right] \quad (4.4)$$

As curvas para a tensão equivalente de von Mises, $\sigma_{eq}(\theta)=\sqrt{\sigma^2(\theta)+3\tau^2(\theta)}$ e para a tensão cisalhante, ambas em função do ângulo "θ", estão ilustradas na Figura 4.3. Nota-se que o valor máximo da tensão equivalente de von Mises ocorre em $\theta = 62{,}5^0$. Nesse ponto a tensão normal vale $\sigma(62{,}5^0) = 0{,}623F/hL$, enquanto a tensão cisalhante é igual a $\tau(62{,}5^0)= 1{,}196F/hL$, resultando ainda numa tensão de von Mises de: $\sigma_{eq}(62{,}5^0)= 2{,}16F/hL$.

Similarmente, a máxima tensão cisalhante ocorre em $\theta = 67{,}5^0$ e o seu valor corresponde a $\tau(67{,}5^0) = 1{,}207F/hL$. Para esse ângulo, tem-se ainda: $\sigma(67{,}5^0) = 0{,}5F/hL$ e $\sigma_{eq}(67{,}5^0) = 2{,}15F/hL$.

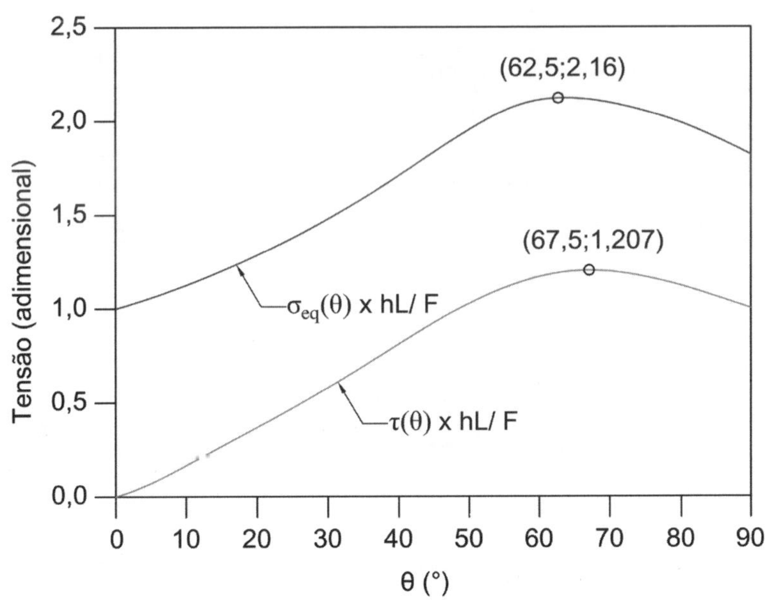

Figura 4.3 – Tensões (adimensionais) em função do ângulo "θ".

A análise de tensões na solda para a situação ilustrada na Figura 4.1 é um problema complexo. Budynas e Nisbett (2006) mencionam que não existe solução analítica para esse tipo de problema. Dessa forma, o modelo das Equações (4.3) e (4.4) é bastante simplificado, visto que foram ignorados diversos fatores importantes para a análise de tensões, entre os quais pode-se destacar:

- o efeito da flexão não foi considerado nos cálculos. Esse efeito pode ser visualizado nas Figuras 4.4(a) e 4.4(b), onde se identifica que essa tensão tende a comprimir a região próxima do ponto "B" e tracionar a região próxima ao ponto "A";

- as concentrações de tensão na extremidade da solda não foram consideradas nos cálculos. Os resultados da fotoelasticidade mostrados na Figura 4.4(b) ilustram a concentração de tensões nos vértices do filete de solda;

- próximo do ponto "B" existe uma região com contato deslizante entre as duas peças, Figura 4.4(c). Essa região pode ser considerada como sendo uma macro trinca com solicitações no modo II da mecânica da fratura elástica linear. Análises deste problema, empregando o método dos elementos finitos, mostram claramente o forte gradiente das tensões ao redor do ponto "B". Outro resultado que aponta para as concentrações de tensão ao redor desse mesmo ponto é o ilustrado na Figura 4.4(d). Nessa figura são mostrados resultados para as tensões principais ao longo da linha "EB" (garganta da solda), os quais foram obtidos por Salakian e citado por Shigley e Mitchell (1983).

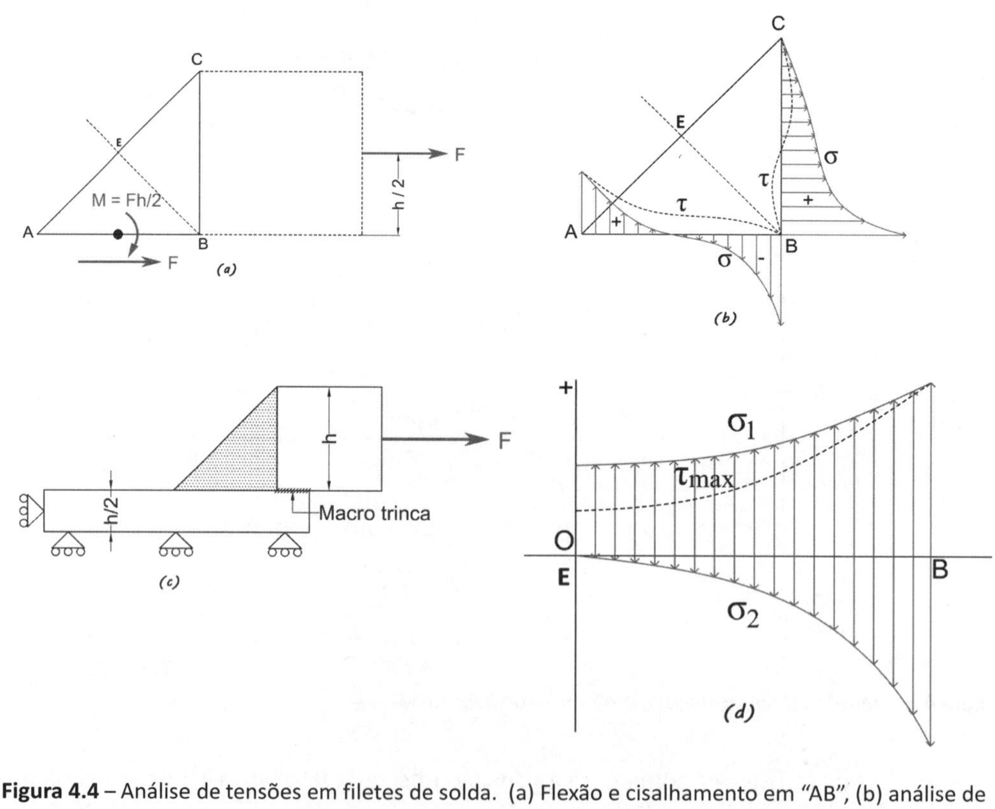

Figura 4.4 – Análise de tensões em filetes de solda. (a) Flexão e cisalhamento em "AB", (b) análise de tensões de Norris, (c) macro trinca do tipo II, (d) análise de tensões de Salakian e Claussen (adaptado a partir de Budynas e Nisbett, 2006).

4.2.1. ANÁLISE COM O MÉTODO DOS ELEMENTOS FINITOS

O método dos elementos finitos (MEF) é uma técnica que tem sido utilizada para a análise de tensões em uniões soldadas, motivo pelo qual diversos trabalhos são encontrados na literatura sobre o tema. Um exemplo desses trabalhos é o de Chattopadhyay (2011), no qual se aplica o MEF para a análise das tensões de fadiga em estruturas soldadas. No entanto, a construção de um modelo de elementos finitos adequado para as análises de tensões ainda é o ponto fraco para o uso do método nessas análises. As principais limitações são associadas à geometria da solda (Figura 4.5), às propriedades mecânicas dos materiais na região afetada pelo calor e à distribuição das tensões residuais para cada nó da malha.

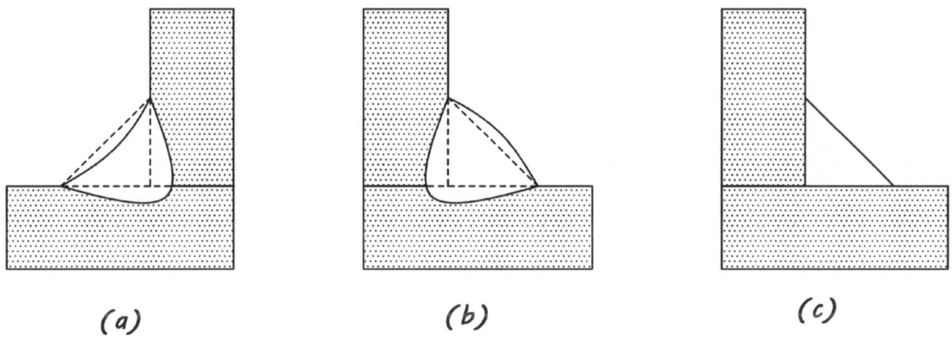

Figura 4.5 – Geometrias do filete de solda. (a) Real, (b) real, (c) idealizado.

O modelo de elementos finitos ilustrado na Figura 4.6(a) foi elaborado para avaliar as tensões no filete de solda e nos membros para a situação ilustrada na Figura 4.4(c). Esse modelo possui 37500 nós e 32400 elementos isoparamétricos lineares (também conhecidos na literatura como QUAD4). O detalhe da macro trinca é ilustrado na Figura 4.6(b) (distância de 0,05 mm entre os componentes soldados).

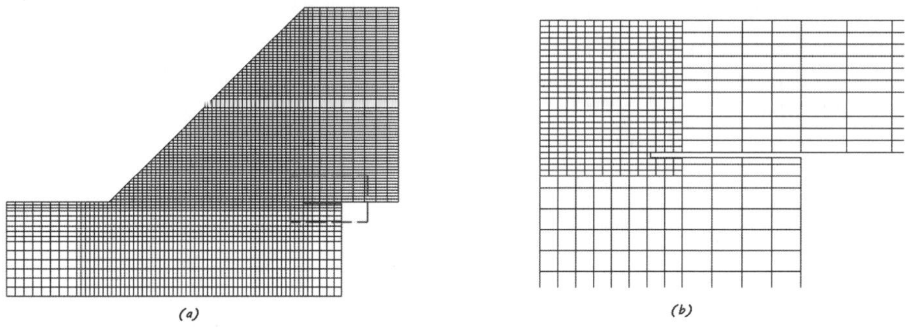

Figura 4.6 – Modelo de elementos finitos. (a) Malha de elementos finitos, (b) Detalhe da malha ao redor de "B".

Um carregamento de tração (força externa) foi prescrita para obter uma tensão $\sigma_0 = 1\ N/mm^2$ no membro tracionado e distante do cordão de solda. Os resultados das tensões "σ_{xx}" e "σ_{yy}" ilustrados na Figura 4.7 mostram semelhança com os apresentados por Norris ao longo do lado "AB". No lado "BC" esses resultados são diferentes e indicam alta concentração de tensão ao redor do ponto "B". Com isso e conforme mencionado, os resultados obtidos com o modelo simplificado das Equações (4.3) e (4.4) são realmente muito diferentes dos resultados obtidos com o método de elementos finitos e com os resultados da fotoelasticidade de Norris.

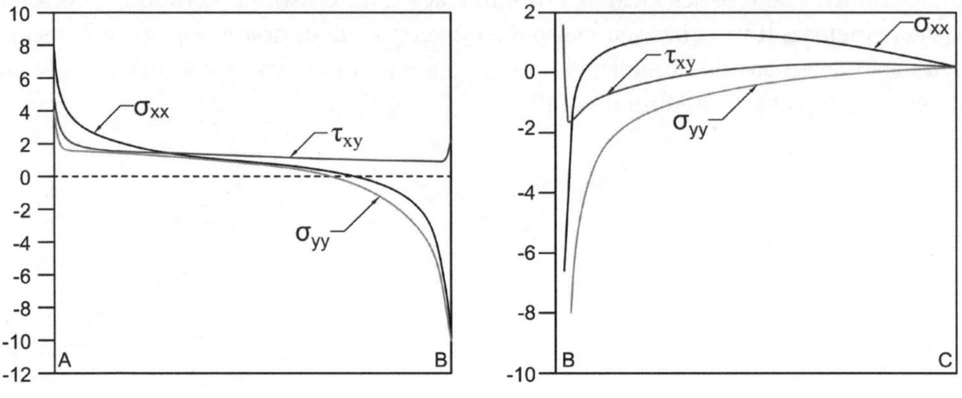

Figura 4.7 – Tensões ao longo dos lados "AB" e "BC" obtidas com o MEF.

4.2.2. TENSÕES RESIDUAIS

As soldas sempre apresentam altos valores de tensão residual e isto ocorre devido à diferença entre os coeficientes de dilatação térmica do material de adição e do material base. Norton (2013) sugere o uso de material de adição (solda) com resistência inferior à do material base para reduzir as tensões residuais. O autor também deixa claro que não é recomendado o uso de material de adição com resistência superior à do material base visando não obter um projeto conservador. Mapear e quantificar as tensões residuais em uniões soldadas também não são tarefas muito simples de serem executadas; além do que essas tensões nem sempre estão disponíveis para o projetista incluí-lás nos cálculos.

4.2.3. UMA REGRA SIMPLES PARA PROJETO

Diante da complexidade do problema de avaliar adequadamente as tensões nos filetes de solda, uma alternativa prática encontrada foi o uso de equações simplificadas, as quais também são utilizadas nas normas internacionais sobre o assunto. O uso dessas equações normalmente está associado a um coeficiente de segurança elevado devido às incertezas nos cálculos das tensões e também do processo de fabricação da solda. Uma dessas propostas é estudar os limites das tensões nos filetes de solda empregando o valor de uma "tensão cisalhante equivalente", a qual é calculada utilizando o comprimento da garganta da solda, isto é:

$$\tau = \frac{F}{0{,}707hL} = 1{,}414\frac{F}{hL} \tag{4.5}$$

O valor da tensão cisalhante equivalente obtida com essa equação é 1,414/1,207 = 1,17 vezes maior do que a tensão cisalhante máxima do modelo simplificado dado pela Equação (4.3). Nessa proposta todas as outras componentes de tensão foram negligenciadas.

4.3. INDICAÇÃO DA SOLDA

As soldas e a preparação das juntas são indicadas nos desenhos técnicos usando símbolos. A Figura 4.8 ilustra o símbolo mais comum para especificar as soldas; a ponta da seta indica o local da solda e o símbolo básico indicado no desenho define o tipo de solda (neste capítulo é dada ênfase para as soldas de filete e de tôpo). Maiores detalhes e exemplos dessas indicações podem ser encontrados em diversas normas como a ABNT 7165/SB 121 e a AWS A2.4.

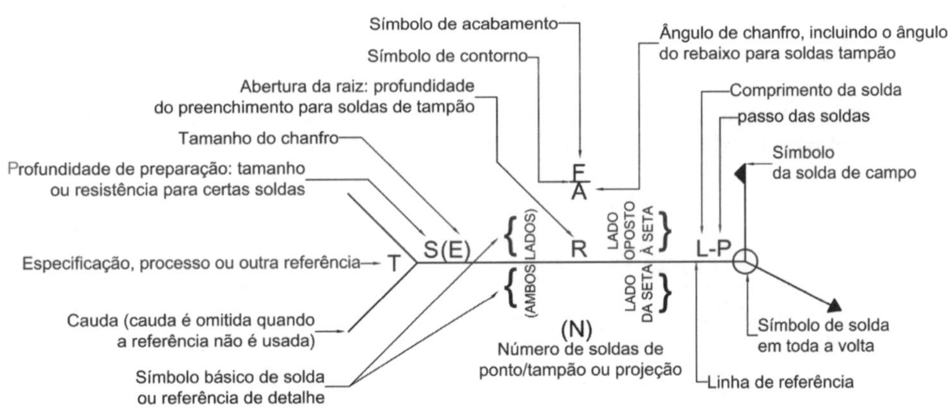

Símbolos básicos para solda									
Contra-solda	Filete	Tampão (furo ou ranhura)	Chanfro ou topo						
			V	Bisel	U	J	Superfície convexa contígua	Superfície convexa plana	

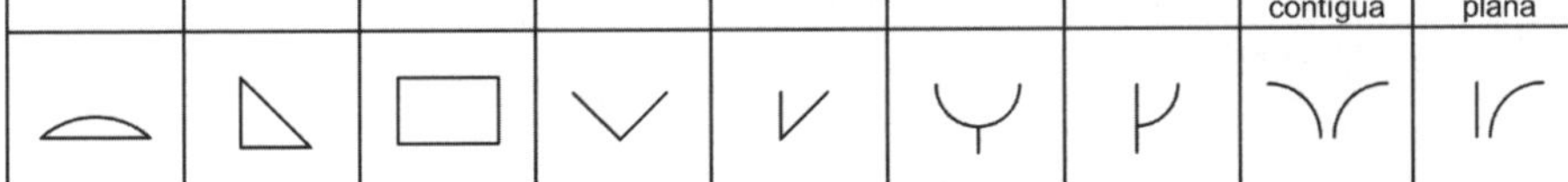

Símbolos de solda complementares					
Cobre-junta	Espaçador	Soldar todo o contorno	Campo de solda	Acabamento	
				Plano	Convexo

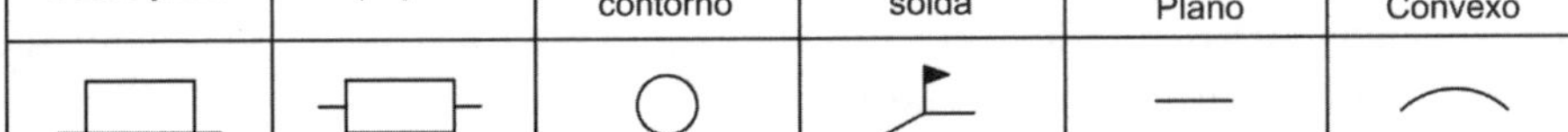

Figura 4.8 – Símbolo básico para especificar soldas. Adaptado a partir da norma ABNT 7165/SB 121.

4.4. SOLDAS DE TÔPO

A Figura 4.9 ilustra alguns tipos comuns de solda de tôpo com seus respectivos símbolos indicativos da solda. Na Figura 4.10 é mostrado o esquema de uma solda de tôpo e alguns dos seus detalhes: a região fundida, o reforço, a garganta da solda e as arestas onde existem concentrações de tensões.

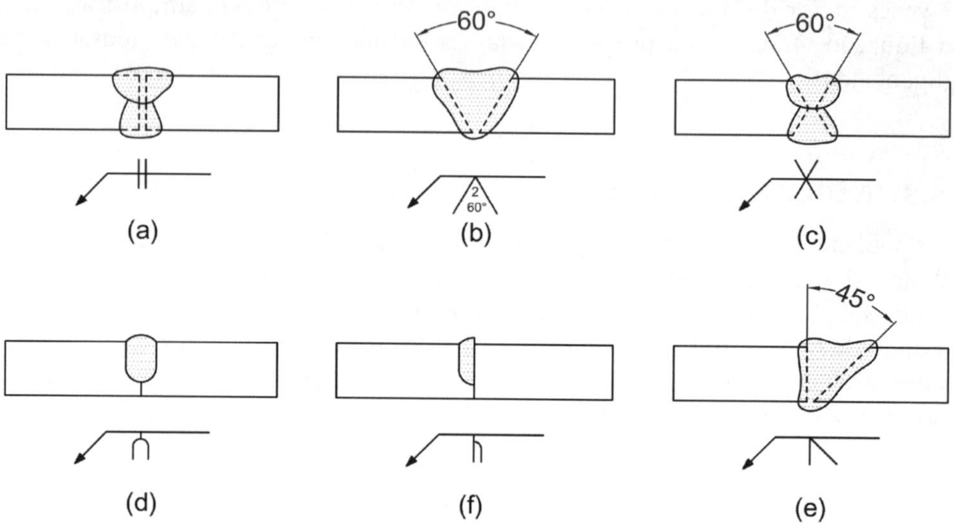

Figura 4.9 – Tipos comuns de solda de tôpo, sendo: (a) juntas paralelas, (b) chanfro em V, (c) chanfro duplo V, (d) chanfro em U, (e) chanfro em J, (f) chanfro em bisel. Adaptado a partir de Budynas e Nisbett, 2006.

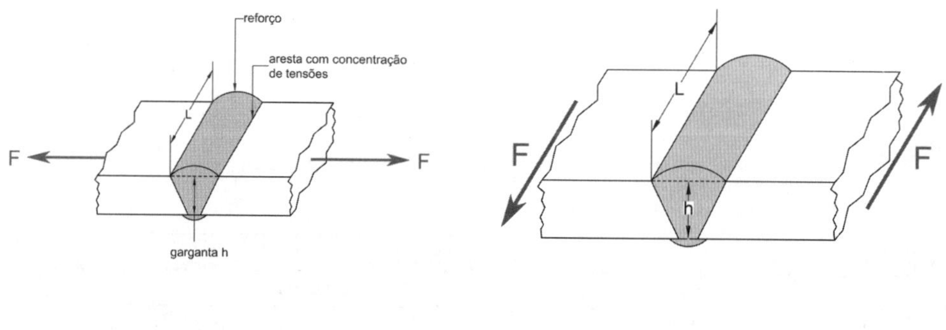

Figura 4.10 – Solicitações em solda de tôpo. (a) Carga axial, (b) carga de cisalhamento. Adaptado a partir de Budynas e Nisbett, 2006.

4.4.1. SOLICITAÇÃO AXIAL SOBRE O CORDÃO DE SOLDA

Para as solicitações de tração e compressão sobre o cordão de solda o valor médio da tensão normal que atua no material fundido é:

$$\sigma = \frac{F}{hL} \tag{4.6}$$

"h" designa a garganta da solda e "L" o comprimento do cordão de solda. Note que a dimensão "h" não contempla os eventuais reforços da solda. Embora o reforço seja desejável, ele também contribui para produzir concentração de tensões nas arestas indicadas na Figura 4.10. Por esse motivo, para carregamentos em fadiga deve-se melhorar a qualidade superficial dessas arestas ou até mesmo remover o reforço da solda.

4.4.2. SOLICITAÇÃO DE CISALHAMENTO SOBRE O CORDÃO DE SOLDA

Para as solicitações cisalhantes, o valor médio da tensão que atua no material da solda é:

$$\tau = \frac{F}{hL} \tag{4.7}$$

4.5. TENSÕES EQUIVALENTES EM FILETES DE SOLDA EM TORÇÃO

A Figura 4.11 ilustra a união de uma viga à uma estrutra rígida utilizando cordões de solda. Nessa figura, indicam as coordenadas do centroide da solda. Admite-se, ainda, que a dimensão "t" é muito menor do que a distância "l" de tal forma que o momento fletor "F x t" também é muito pequeno e pode ser desconsiderado na análise de tensões. Com isso, os esforços que atuam no centroide da solda são a força cortante (V = F) e o momento "M = Fl" (fletor na viga e torcedor no cordão de solda).

A "tensão cisalhante primária" na solda que é oriunda da força cortante vale:

$$\tau' = \frac{V}{A} = \frac{F}{A} = \frac{F}{0,707h \times A_u} \tag{4.8}$$

"A_u" denota a área unitária da solda, o termo "0,707h" é o comprimento da garganta do filete e a direção dessa tensão coincide com a direção da força cortante.

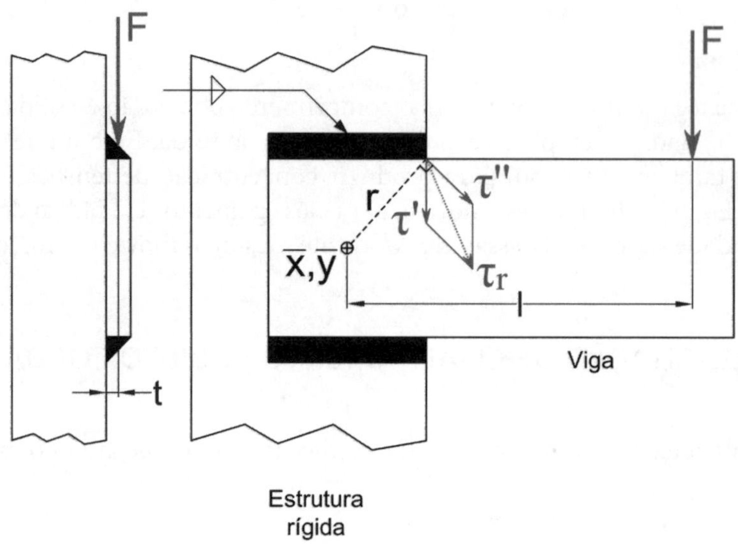

Figura 4.11 – União soldada em torção (solicitações na solda).

O momento torcedor irá gerar a "tensão cisalhante secundária" na solda, cujo valor é obtido empregando as mesmas equações da mecânica dos sólidos e é dado por:

$$\tau'' = \frac{Mr}{J} = \frac{Mr}{0,707h \times J_u} \tag{4.9}$$

"r" denota a distância do ponto do cordão de solda em análise até o centroide da solda e "J_u" designa o momento polar de inércia unitário calculado considerando o ponto como sendo o centro de torção da solda. A direção dessa componente de tensão coincide com a direção do momento torcedor e é perpendicular à linha que une o centroide ao ponto onde são avaliadas as tensões. Note que quanto maior o valor da distância "r" maior será o valor da tensão cisalhante secundária, motivo pelo qual os pontos mais afastados do centroide naturalmente deverão ser os primeiros pontos da união soldada a serem avalidos, visto que as tensões nesses pontos provavelmente serão as maiores na solda.

Na situação ilustrada na Figura 4.12 uma viga com perfil de secção transversal aberto (nesse caso um perfil em C) é solicitada com o carregamento excêntrico "F". Sabe-se que para esse tipo de perfil o centro de torção (CT) não coincide com o centroide da seção transversal da viga e, portanto, o CG também não é o centro de torção da solda. Nesses casos,a análise de tensões no filete de solda é mais complexa e é apropriado o uso de aplicativos de elementos finitos para avaliar o valor das tensões e localizar o ponto mais solicitado da solda. Além da torção, o carregamento "F" também provoca flexão na solda, que é o tema discutido na sequência desta obra.

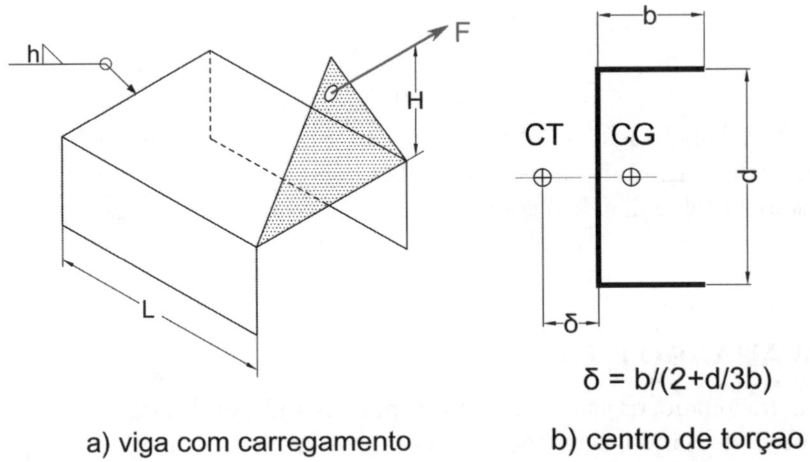

Figura 4.12 – Torção para vigas com perfil em C. (a) Viga com carregamento, (b) centro de torção.

4.6. TENSÕES EQUIVALENTES EM FILETES DE SOLDA EM FLEXÃO

A Figura 4.13 mostra a união de uma viga com uma estrutura rígida mediante cordões de solda.

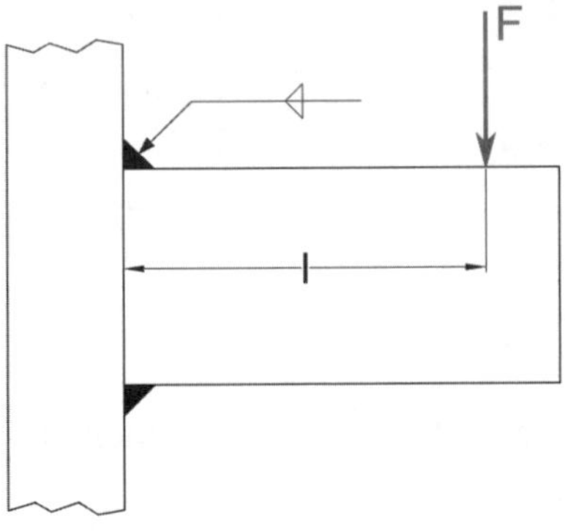

Figura 4.13 – Solda com carregamento de flexão.

Nessa situação, porém, as solicitações na solda são oriundas da força cortante "V = F" e do momento fletor "M = Fl". Como no caso anterior, a força cortante gera cisalhamento primário e a "tensão cisalhante equivalente", originada pelo momento fletor, será dada por:

$$\tau = \frac{Mc}{I} = \frac{Mc}{0,707h \times I_u} \quad (4.10)$$

"c" denota a distancia até a linha neutra e "I_u" é o momento de inércia unitário da solda (o leitor deve lembrar que estamos utilizando uma regra simplificada para avaliar as tensões na solda devido à complexidade dessas análises e da geometria do filete de solda).

4.7. AVALIANDO I_U E J_U

Como mencionado, os valores utilizados para as análises das tensões em filetes de solda são obtidos usando as tensões cisalhantes equivalentes devido à complexidade do problema. As Equações (4.9) e (4.10) foram obtidas empregando analogias com as equações clássicas da mecânica dos sólidos, porém os cálculos do momento de inércia e do momento polar de inércia são realizados considerando a espessura unitária para o cordão de solda. O procedimento para avaliar os valores de "I" e "J" é mostrado na sequência.

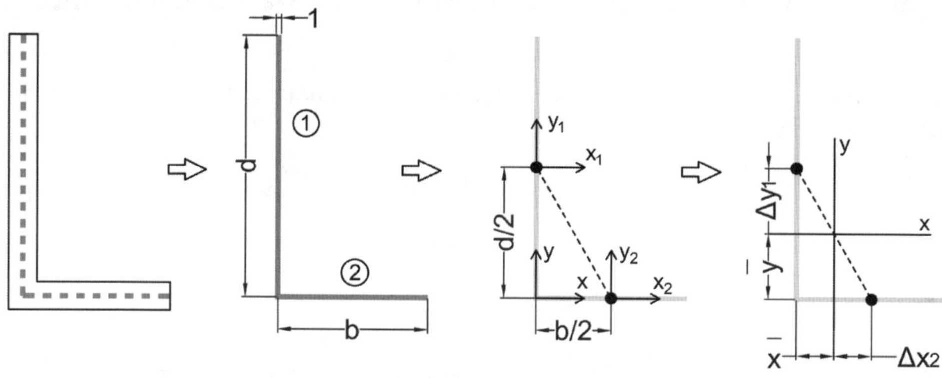

Figura 4.14 - Solda típica e sistema de coordenadas.

A Figura 4.14 ilustra uma solda típica e as coordenadas do seu centroide são dadas por:

$$\bar{x} = \frac{A_1 \bar{x}_1 + A_2 \bar{x}_2}{A_1 + A_2} = \frac{d \times 0 + b \times b/2}{b+d} = \frac{b^2}{2(b+d)} \quad (4.11)$$

$$\bar{y} = \frac{A_1 \bar{y}_1 + A_2 \bar{y}_2}{A_1 + A_2} = \frac{d \times d/2 + b \times 0}{b+d} = \frac{d^2}{2(b+d)} \quad (4.12)$$

Os momentos de inércia unitários ao redor do eixo (x_1, y_1) para a perna vertical da solda são dados por:

$$I_{ux1x1} = \int_{-d/2}^{d/2} y_1^2 dA_1 = \int_{-d/2}^{d/2} y_1^2 dy_1 = \left.\frac{y_1^3}{3}\right|_{-d/2}^{d/2} = \frac{d^3}{12} \tag{4.13}$$

$$I_{uy1y1} = \int_{-1/2}^{1/2} x_1^2 dA_1 = \int_{-1/2}^{1/2} x_1^2 d dx_1 = d\left.\frac{x_1^3}{3}\right|_{-1/2}^{1/2} = \frac{d}{12} \tag{4.14}$$

Repetindo esse procedimento para o filete horizontal tem-se:

$$I_{ux2x2} = \int_{-1/2}^{1/2} y_2^2 dA_2 = \int_{-1/2}^{1/2} y_2^2 b dy_2 = b\left.\frac{y_2^3}{3}\right|_{-1/2}^{1/2} = \frac{b}{12} \tag{4.15}$$

$$I_{uy2y2} = \int_{-b/2}^{b/2} x_2^2 dA_2 = \int_{-b/2}^{b/2} x_2^2 d dx_2 = \left.\frac{x_2^3}{3}\right|_{-b/2}^{b/2} = \frac{b^3}{12} \tag{4.16}$$

Os momentos de inércia unitários ao redor dos eixos do centroide são obtidos utilizando o Teorema dos Eixos paralelos e suas expressões correspondem a:

$$I_{uxx} = I_{ux1x1} + A_{u1}(\Delta y_1)^2 + I_{ux2x2} + A_{u2}(\Delta y_2)^2 = \frac{d^3}{12} + d \times (\frac{d}{2} - \bar{y})^2 + \frac{b}{12} + b \times \bar{y}^2 \tag{4.17}$$

$$I_{uyy} = I_{uy1y1} + A_{u1}(\Delta x_1)^2 + I_{uy2y2} + A_{u2}(\Delta x_2)^2 = \frac{d}{12} + d \times \bar{x}^2 + \frac{b^3}{12} + b \times (\frac{b}{2} - \bar{x})^2 \tag{4.18}$$

por fim, o momento polar de inércia unitário é dado por:

$$J_u = \int_A r^2 dA_u = \int_A \left(x^2 + y^2\right) dA_u = I_{uxx} + I_{uyy} \tag{4.19}$$

Alguns valores para "I_u" e "J_u" são mostrados na Tabela 4.1.

Tabela 4.1 – Valores unitários para geometria comuns de soldas (Adaptado a partir de Budynas e Nisbett, 2006).

Geometria da solda	Localização do centroide e área unitária do cordão	I_u (eixo horizontal) J_u (centroide)
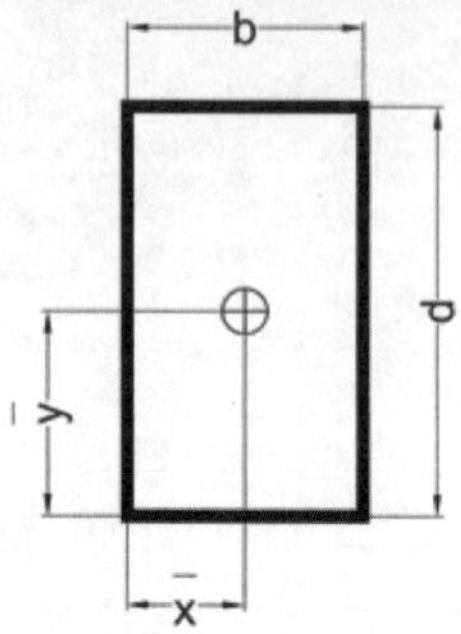	$\bar{x} = b/2$ $\bar{y} = d/2$ $A_u = 2b + 2d$	$I_u = \frac{d^2(3b+d)}{6}$ $J_u = \frac{(b+d)^3}{6}$
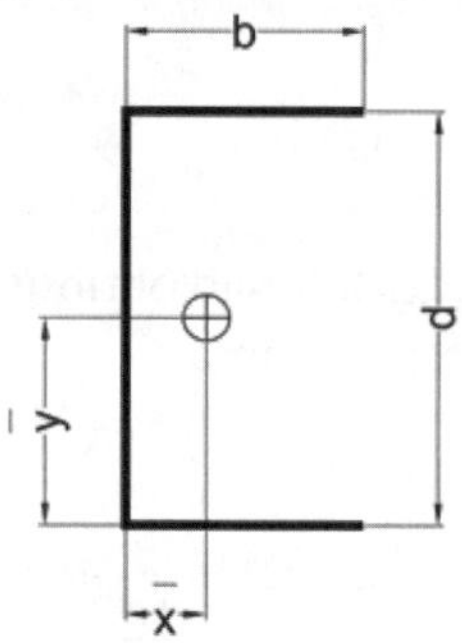	$\bar{x} = \frac{b^2}{2b+d}$ $\bar{y} = d/2$ $A_u = 2b + d$	$I_u = \frac{d^2(6b+d)}{12}$ $J_u = \frac{8b^3 + 6bd^2 + d^3}{12} - \frac{b^4}{2b+d}$
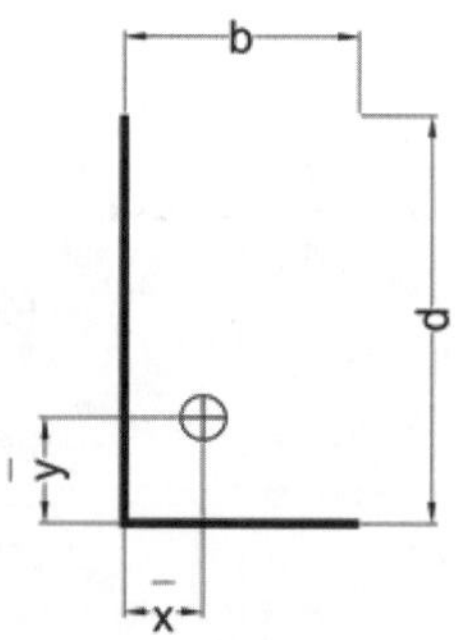	$\bar{x} = \frac{b^2}{2(b+d)}$ $\bar{y} = \frac{d^2}{2(b+d)}$ $A_u = b + d$	$J_u = \frac{(b+d)^4 - 6b^2d^2}{12(b+d)}$
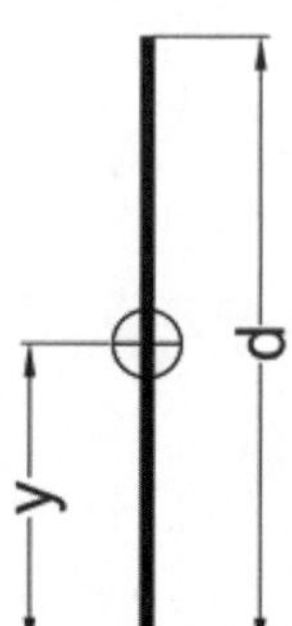	$\bar{x} = 0$ $\bar{y} = d/2$ $A_u = d$	$I_u = \frac{d^3}{12}$ $J_u = \frac{d^3}{12}$

<table>
<tr>
<td>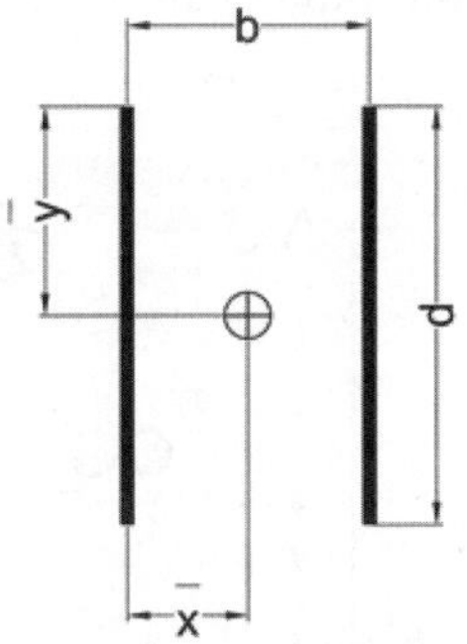
</td>
<td>$\bar{x} = b/2$
$\bar{y} = d/2$
$A_u = 2d$</td>
<td>$I_u = \frac{d^3}{6}$
$J_u = \frac{d\left(3b^2 + d^2\right)}{6}$</td>
</tr>
<tr>
<td>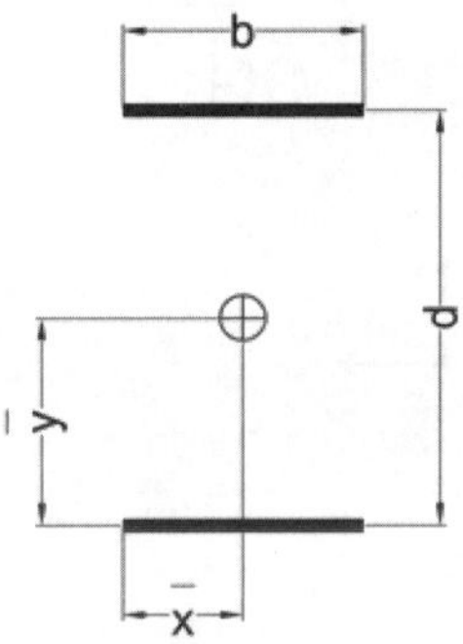
</td>
<td>$\bar{x} = b/2$
$\bar{y} = d/2$
$A_u = 2b$</td>
<td>$I_u = \frac{bd^2}{2}$
$J_u = \frac{(b+d)^3 - d\left(3b^2 + d^2\right)}{6}$</td>
</tr>
<tr>
<td>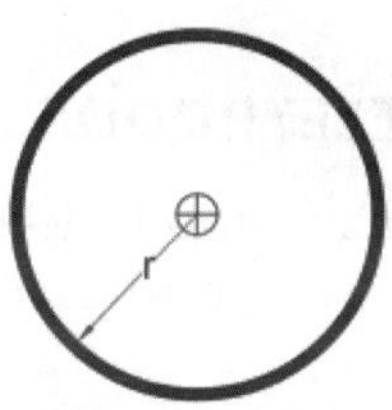
</td>
<td>$A_u = 2\pi r$</td>
<td>$I_u = \pi r^3$
$J_u = 2\pi r^3$</td>
</tr>
</table>

4.7.1. OPERAÇÕES BOOLEANAS

É possível obter o valor de "I_u" e "J_u" para soldas com geometrias mais complexas fazendo operações Booleanas com as geometrias mostradas na Tabela 4.1 e utilizando o Teorema dos Eixos Paralelos. Por exemplo, a solda ilustrada na Figura 4.15(a) pode ser obtida como sendo a soma de duas soldas conhecidas e os valores para "I_u" e "J_u" são iguais a:

$$I_u = \underbrace{I_{u1} + A_{u1}(\Delta y_1)^2}_{solda1} + \underbrace{I_{u2} + A_{u2}(\Delta y_2)^2}_{solda2} \tag{4.20}$$

$$J_u = \underbrace{J_{u1} + A_{u1}\left(\Delta x_1^2 + \Delta y_1^2\right)}_{solda1} + \underbrace{J_{u2} + A_{u2}\left(\Delta x_2^2 + \Delta y_2^2\right)}_{solda2} \tag{4.21}$$

$(\Delta x_1, \Delta y_1)$ indicam a distância do centroide CG_1 (centroide da solda 1) até o centroide da solda CG. Interpretação análoga é dada para $(\Delta x_2, \Delta y_2)$.

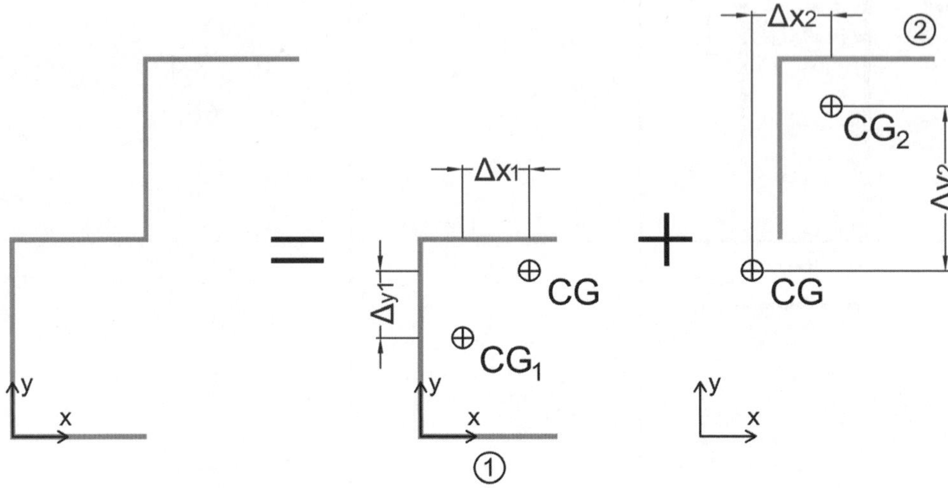

Figura 4.15 – Operação Booleana para cálculo de "I_u" e "J_u" em soldas.

4.8. AS PROPRIEDADES DE RESISTÊNCIA DOS ELETRODOS

A recomendação básica para a seleção dos eletrodos é que a resistência deles (tensão máxima) seja menor ou igual à resistência do material base. As propriedades mínimas de alguns eletrodos estão listadas na Tabela 4.2.

Tabela 4.2 – Propriedades mínimas para eletrodos – AWS (Adaptado a partir da AWS).

Eletrodo AWS	σ_{ut} (N/mm²) (kpsi)	σ_{esc} (N/mm²) (kpsi)	Alongamento %
E60xx	427 (62)	345 (50)	17-25
E70xx	482 (70)	393 (57)	22
E80xx	551 (80)	462 (67)	19
E90xx	620 (90)	531 (77)	14-17
E100xx	689 (100)	600 (87)	13-16
E120xx	827 (120)	737 (107)	14

4.8.1. TENSÕES ADMISSÍVEIS PARA CARGAS ESTÁTICAS DE PROJETO

O código da American Institute of Steel Construction (AISC) prescreve as tensões admissíveis em soldas de acordo com a Tabela 4.3. Além da solda, o código referido também limita o valor da tensão cisalhante no metal base, o qual não deve exceder 40% do seu limite de escoamento.

Tabela 4.3 – Tensões admissíveis em soldas – AISC (Adaptado a partir do código AISC).

Tipo de carregamento	Tipo de solda	Tensão permitida	"n"
Tração	topo	0,60 σ_{esc}	1,67
Escora	topo	0,90 σ_{esc}	1,11
Flexão	topo	0,60-0,66 σ_{esc}	1,52-1,67
Compressão simples	topo	0,60 σ_{esc}	1,67
Cisalhante	topo ou filete	0,30 σ_{ut}	

O coeficiente de segurança "n" é calculado, nesse caso, a partir do critério da máxima energia de distorção.

Além destas recomendações, a AWS D1.1 Structural Welding Code também define o tamanho mínimo de filetes de solda em função da espessura do metal base para assegurar boa fusão durante o processo. Alguns valores estão listados na Tabela 4.4.

Tabela 4.4 – Tamanho mínimo para filetes de solda (Adaptado a partir de Structural Welding Code).

Dimensões em polegadas		Dimensões em mm	
Espessura do metal base "T"	Tamanho mínimo da solda "h"	Espessura do metal base "T"	Tamanho mínimo da solda "h"
$T \leq 1/4$	$h \geq 1/8$	$T \leq 6$	$h \geq 3$
$1/4 < T \leq 1/2$	$h \geq 3/16$	$6 < T \leq 12$	$h \geq 5$
$1/2 < T \leq 3/4$	$h \geq 1/4$	$12 < T \leq 20$	$h \geq 6$
$3/4 < T$	$h \geq 5/16$	$20 < T$	$h \geq 8$

4.9. CARREGAMENTOS DE FADIGA

É comum encontrar nas normas técnicas pertinentes (AISC, AWS, etc.) recomendações do valor da tensão máxima admissível para carregamentos de fadiga. Para as situações previstas nessas normas, o projetista deve obedecer a tais recomendações e outros critérios eventuais. Para outras situações gerais não encontradas em normas, o enfoque desta obra será o uso das análises convencionais de fadiga com uso do critério de Gerber.

Os fatores de concentração de tensões, listados na Tabela 4.5, são citados por vários autores e foram sugeridos por Jennings e devem também ser utilizados para os cálculos dos esforços no metal base.

Tabela 4.5 – Fatores de concentração de tensões para fadiga (Adaptado a partir de Jennings, 1936).

Tipo da Solda	K_f
Solda de Topo com reforço em tração	1,2
Base do filete de solda com carga transversal ao filete	1,5
Extremidade do filete de solda com carga paralela ao filete	2,7
Junta em T com quinas vivas e carga de tração	2,0

4.10. PROBLEMAS RESOLVIDOS

10.1 - Estime o valor da força admissível "F" (estática) para solda ilustrada em figura utilizando o critério da norma AISC. O eletrodo utilizado na solda é o AWS E60xx. Dimensões: [mm]

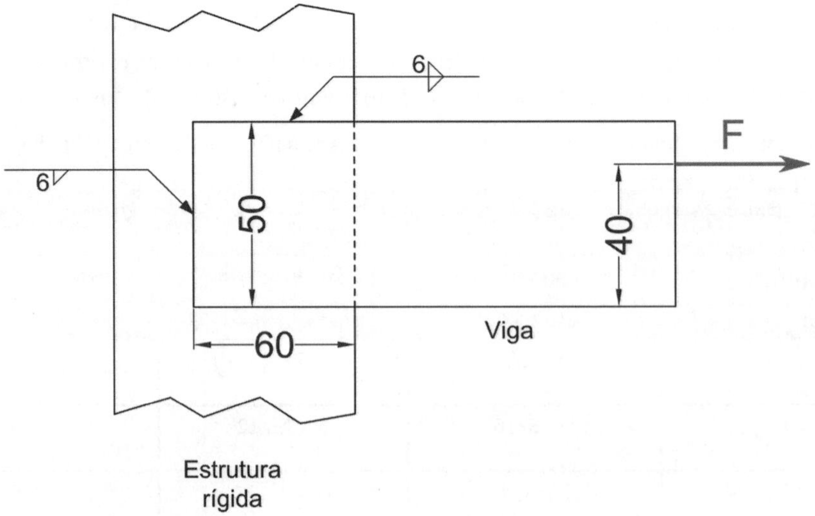

Figura 4.16 – Problema 10.1.

Solução:

Parâmetros da solda

A área e o momento polar de inércia da solda são calculados utilizando os dados da Tabela 4.1, com b = 60 mm e d = 50 mm e seus valores resultam em:

$$A_u = 0{,}707h(2b + d) = 721{,}14\,mm^2$$

$$J = 0{,}707hJ_u = 0{,}707h\left[\frac{8b^3 + 6bd^2 + d^3}{12} - \frac{b^4}{2b + d}\right] = 649795{,}39\,mm^4$$

Tomando como origem do sistema de coordenadas o ponto D (ver Figura 4.17), as coordenadas do centroide são dadas por:

$$\bar{x} = \frac{b^2}{2b + d} = 21{,}176\,mm \quad \bar{y} = \frac{d}{2} = 25\,mm$$

Análise dos esforços

Normalmente, em algum ponto extremo do cordão de solda é que ocorre a tensão cisalhante máxima, dado o fato desses pontos estarem mais afastados do centroide do conjunto de soldas. Utilizando essa hipótese estão identificados, na tabela a seguir, os valores das tensões cisalhantes equivalentes para os pontos A, B, C e D da solda (Figura 4.17). O sinal das tensões secundárias é determinado pelo sentido do momento torcedor - M = 15F.

Esforços nos pontos críticos da solda

Ponto	$\lvert\Delta x\rvert$	$\lvert\Delta y\rvert$	$\tau'_x = F/A$	$\tau''_x = M\lvert\Delta y\rvert/J$	$\tau''_y = M\lvert\Delta x\rvert/J$
A	21,176	25	$1{,}387 \times 10^{-3}$ F	$5{,}771 \times 10^{-4}$ F	$4{,}889 \times 10^{-4}$ F
B	38,824	25	$1{,}387 \times 10^{-3}$ F	$5{,}771 \times 10^{-4}$ F	$-8{,}963 \times 10^{-4}$ F
C	38,824	25	$1{,}387 \times 10^{-3}$ F	$-5{,}771 \times 10^{-4}$ F	$-8{,}963 \times 10^{-4}$ F
D	21,176	25	$1{,}387 \times 10^{-3}$ F	$-5{,}771 \times 10^{-4}$ F	$4{,}889 \times 10^{-4}$ F

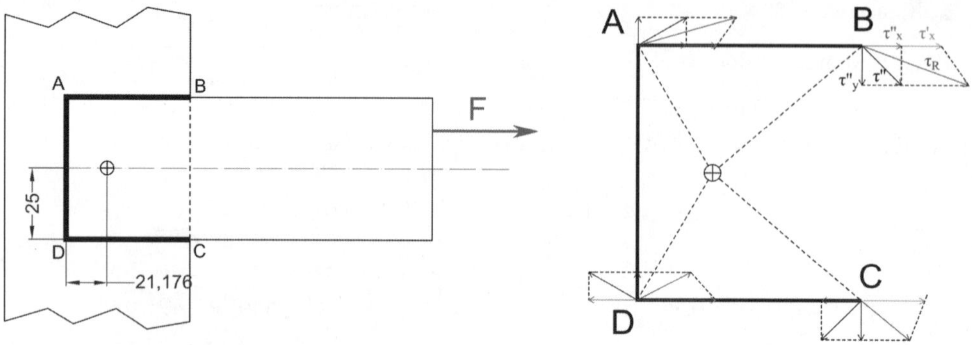

Figura 4.17 – Análise das tensões na solda: (a) centroide, (b) esforços.

A Figura 4.17(b) ilustra as componentes da tensão cisalhante equivalente para os pontos da solda, sendo o ponto "B" o mais solicitado com:

$$\tau_R = \sqrt{(\tau'_x + \tau''_x)^2 + \tau''^2_y} = 2{,}159 \times 10^{-3}\,F$$

De acordo com o código da AISC a tensão cisalhante admissível na solda vale 0,3 σ_{ut}. Então, o valor da força admissível será igual a:

$$F \leq \frac{0{,}3 \times 427}{2{,}159 \times 10^{-3}} = 59333{,}02\,N$$

10.2 - Especificar a solda para unir o bloco ilustrado na Figura 4.18 com uma estrutura rígida. O carregamento externo P(t) é aplicado em um dos vértices da extremidade livre do bloco na direção vertical e varia repetidamente entre 0 e 3000 N. Utilize nos cálculos um coeficiente de segurança igual a 3. Para estimar o valor do fator de tamanho empregado para avaliar o limite de fadiga da solda considerar um diâmetro equivalente da região da solda no valor de: $d_{eq} = 37{,}462h^{1/2}$. Considerar ainda uma confiabilidade estimada de 99%.

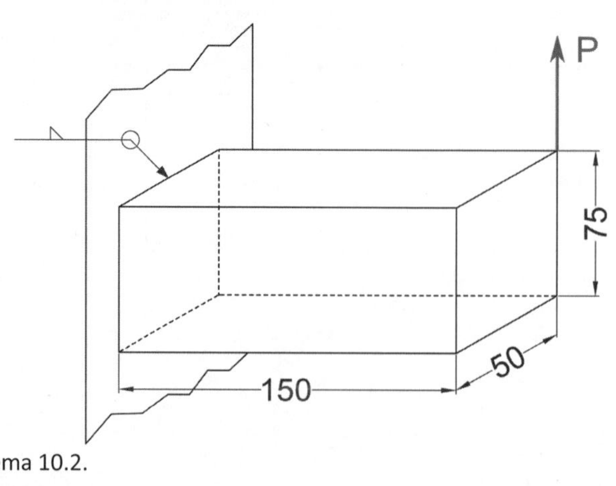

Figura 4.18 – Problema 10.2.

Solução:

Parâmetros da solda

A área e o momento polar de inércia da solda são calculados utilizando os dados da Tabela 4.1, com b = 50 mm e d = 75 mm e seus valores são:

$$A = 0,707h(2b + 2d) = 176,75h\,mm^2$$

$$J = 0,707hJ_u = 0,707h\frac{(b+d)^3}{6} = 230143,23h\,mm^4$$

$$I = 0,707hI_u = 0,707h\frac{d^2(3b+d)}{6} = 149132,81h\,mm^4$$

Análise dos esforços

Os esforços no centroide da solda serão a força cortante (V = P), o momento fletor (M = 150P) e o momento torcedor (T = 25P). Utilizando esses dados para avaliar as tensões nos pontos A, B, C e D ilustrados na Figura 4.19 obtém-se os valores tabulados a seguir:

Esforços nos pontos críticos da solda

Ponto	$\|\Delta x\|$	$\|\Delta y\|$	$\tau'_y = V/A$	$\tau''_x = T\|\Delta y\|/J$	$\tau''_y = T\|\Delta x\|/J$	$\tau_z = M\|\Delta y\|/I$
A	-25	37,5	$5,6577 \times 10^{-3}$ P/h	$4,0736 \times 10^{-3}$ P/h	$2,7157 \times 10^{-3}$ P/h	$37,7181 \times 10^{-3}$ P/h
B	25	37,5	$5,6577 \times 10^{-3}$ P/h	$4,0736 \times 10^{-3}$ P/h	$2,7157 \times 10^{-3}$ P/h	$37,7181 \times 10^{-3}$ P/h
C	25	-37,5	$5,6577 \times 10^{-3}$ P/h	$4,0736 \times 10^{-3}$ P/h	$2,7157 \times 10^{-3}$ P/h	$37,7181 \times 10^{-3}$ P/h
D	-25	-37,5	$5,6577 \times 10^{-3}$ P/h	$4,0736 \times 10^{-3}$ P/h	$2,7157 \times 10^{-3}$ P/h	$37,7181 \times 10^{-3}$ P/h

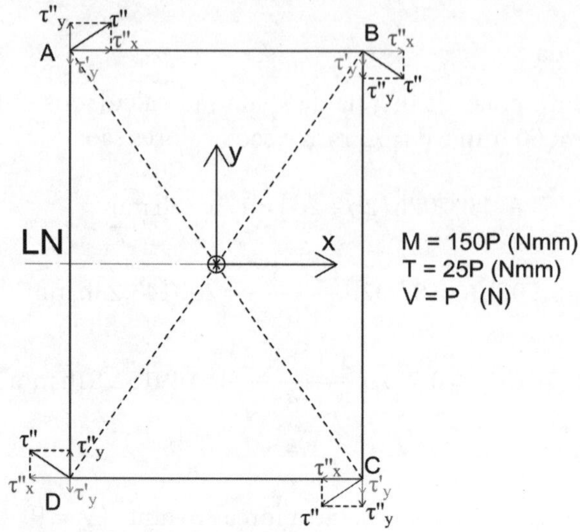

Figura 4.19 – Análise de tensões na solda para P > 0.

Os pontos "B" e "C" são os mais solicitados da solda e os valores máximos ocorrem, evidentemente, quando P = 3000 N. A tensão cisalhante equivalente máxima para esses pontos vale:

$$\tau_{Rmax} = \sqrt{\tau''^2_x + (\tau'_y + \tau''_y)^2 + \tau^2_z}$$

$$\tau_{Rmax} = \sqrt{\quad^2 + \quad + \quad^2 + \quad^2} = \quad (\quad^{-3})\frac{P_{max}}{h}$$

e a tensão resultante mínima será nula (quando P = 0).

O limite de fadiga para a solda é dado por:

$$S_e = S'_e\, k_a\, k_b\, k_c\, k_d\, k_e / K_f$$

O fator "k_a" é estimado como se o acabamento superficial da solda fosse "forjado a quente". Seu valor será igual a $k_a = 272\sigma_{ut}^{-0,995}$ com "σ_{ut}" em MPa.

O valor do fator "k_b" é obtido com as expressões convencionais da flexão rotativa, isto é:

$$k_b = \begin{cases} (d_{eq}/7,62)^{-0,107} & 2,79 \le d_{eq} \le 51\,\text{mm} \\ 1,51 d_{eq}^{-0,157} & 51 < d_{eq} \le 254\,\text{mm} \end{cases}$$

O fator $k_c = 0{,}59$ (cisalhamento puro), $k_d = 1$ (temperatura ambiente) e $k_e = 0{,}814$ (99% confiabilidade nos cálculos). O fator "K_f" é obtido na Tabela 4.5 e o seu valor é 2,7 (extremidade de cordão). Portanto, o limite de fadiga será dado por:

$S_e = 0{,}504\sigma_{ut}xk_axk_bx0{,}59x1x0{,}814/2{,}7 = 0{,}088937\sigma_{ut}xk_axk_b$ N/mm^2

Note que "S^e" depende, assim, apenas de "σ_{ut}" e de "h". Observar, também, que nessas circunstâncias optou-se por incluir o fator de concentração de tensões "K_f" na equação do limite de fadiga ao invés de considerá-lo na equação nominal da tensão atuante sobre o cordão de solda.

Critério de Gerber

Como a tensão mínima é nula, as tensões médias e alternadas são iguais e valem:

$$\tau_{Rm} = \tau_{Ra} = 38{,}8505\times10^{-3}\frac{3000}{2h} = \frac{58{,}276}{h}\text{N/mm}^2$$

Neste caso, a região de projeto associada ao critério de Gerber fica sendo:

$$\frac{\tau_{Ra}}{S_e/n} + \left(\frac{\tau_{Ra}}{\tau_{ut}/n}\right)^2 \leq 1$$

E o valor de "h" pode ser calculado resolvendo essa última equação. A solução mostrada em tabela é iterativa, sendo que o valor de "k_b" foi o parâmetro utilizado no critério de convergência da solução e $\tau_{ut} \approx 0{,}67\ \sigma_{ut}$.

Processo iterativo de cálculo:

Eletrodo	σ_{ut} N/mm^2	k_a	k_b estimado	S_e (N/mm$^{2)}$	$\tau_a \leq$ (N/mm$^{2)}$	h ≥ (mm)	h = (mm)	d_{eq} (mm)	k_b calculado
E60xx	427	0,657	1	24,935	12,34	4,72	5,0	83,77	0,7534
			0,7534	18,7861	9,30	6,3	7,0	99,115	0,7338
			0,7338	18,2976	9,06	6,4	7,0	-	-

10.3 - O suporte mostrado na figura que segue sustenta um carregamento estático de 2500 N. Estime o valor de "h" para a solda indicada na figura com um fator de segurança da ordem de 3 e eletrodo E60xx.

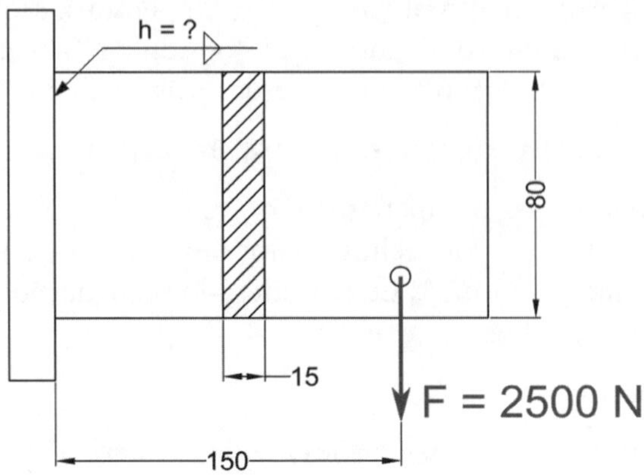

Figura 4.20 – Problema 10.3.

Solução:

Parâmetros da solda

Na Figura 4.20 são mostrados a geometria da solda e a posição do seu centroide. A área e o momento de inércia da solda valem:

A_u = 0,707h(80+80)=113,12h mm^2

I = 0,707h(d^3/6)=0,707h(80^3/6)=60330,67 mm^4

Análise dos esforços

Os esforços no centroide da solda serão a força cortante (V = 2500 N) e o momento fletor (M = 2500x150 = 375000 Nmm). A tensão cisalhante equivalente máxima ocorre nas extremidades dos filetes e vale:

$$\tau_{Rmax} = \sqrt{\left(\frac{2500}{113,12h}\right)^2 + \left(\frac{375000 \times 40}{60330,67h}\right)^2} = \frac{249,61}{h}\ N/mm^2$$

Para fator de segurança da ordem de 3 e eletrodo E60xx (σ_{esc} = 345 N/mm^2) tem-se:

$$\tau_{Rmax} = \frac{249,61}{h} = \frac{345}{2(3)}$$

resultando em h ≥ 4,34 mm.

4.11. PROBLEMAS PROPOSTOS

11.1 - Estime o valor da carga estática "F" (em N) que pode ser aplicada na união soldada ilustrada para que não ocorra o escoamento do material da solda. Utilize nos cálculos o critério da máxima tensão cisalhante. Dimensões em mm.

Dados: eletrodo AWS E60XX.

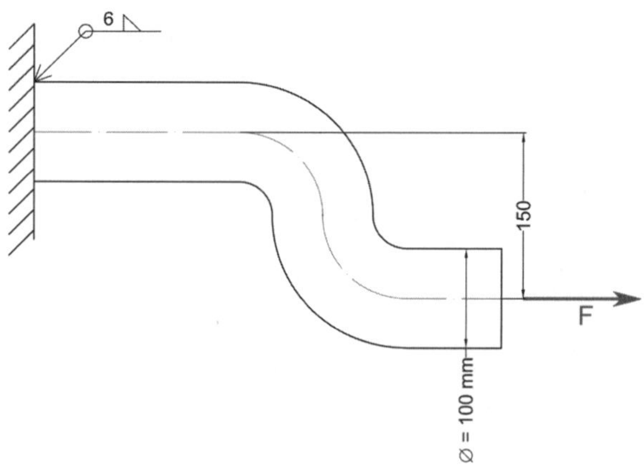

Resp. F < 32840,63 N.

11.2 – Considerando os dados do Problema Proposto 11-1, estime o valor da força máxima quando F(t) varia entre 0 e F_{max}. Utilize o critério de Goodman nos cálculos e uma margem de segurança de 2. Considerar uma confiabilidade de 99%, um fator de concentração de tensões em fadiga de 1,5 e um diâmetro equivalente (para o fator de tamanho) de 43,61 mm.

Resp. F < 6320,84 N

11.3 – Estime o valor da máxima força estática para a viga ilustrada em figura, considerando apenas a falha da solda. O eletrodo utilizado foi o AWS E60XX e todas as dimensões indicadas estão em mm.

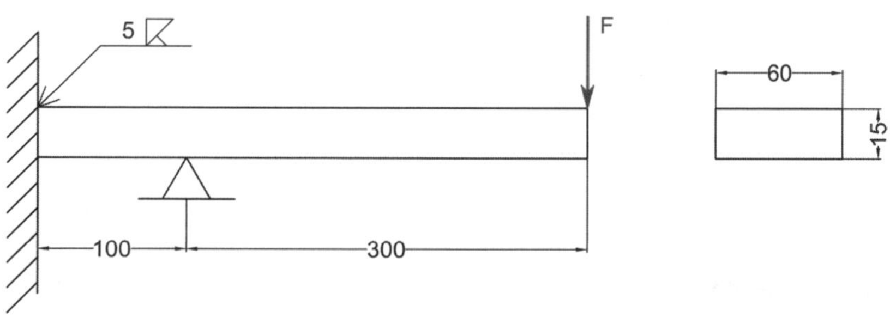

Resp. F < 3962,87 N

11.4 - Especifique a solda no engaste "A" para obter coeficiente de segurança na ordem de 3. A força externa, "F", é estática e seu valor é de 600 N. Adote o critério da máxima tensão cisalhante para projeto e eletrodo AWS E60xx.

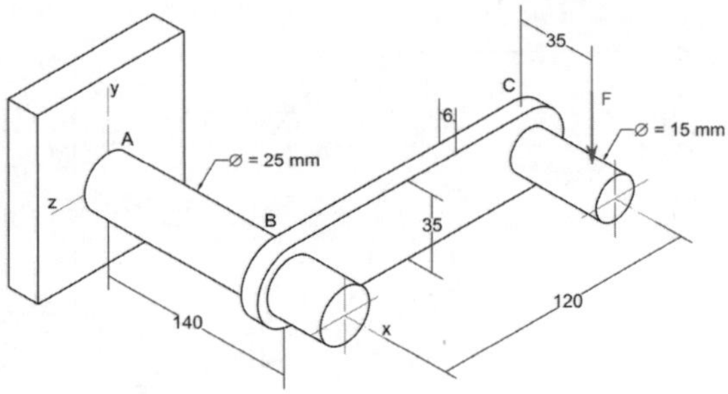

Resp. Solda em toda a volta com h > 5,57 mm.

11.5 - Estime o valor da força "F" (estática) que pode ser aplicada sem provocar a falha da solda para a situação ilustrada em figura. Utilize nos cálculos o critério da máxima tensão cisalhante e a utilização de um eletrodo AWS E60XX.

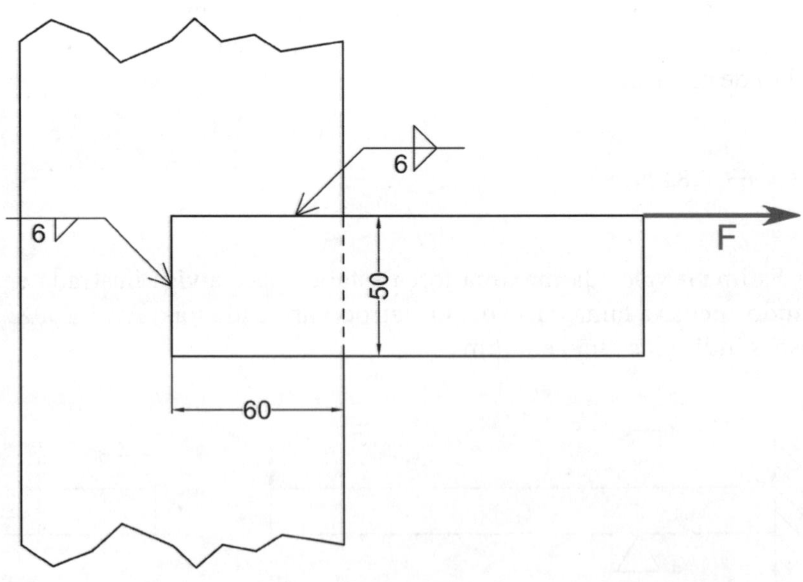

Resp. F < 76014,63 N

11.6 – Estime o valor da força máxima para "F" variando no tempo entre 0 e P_{max} que provoca a falha por fadiga para o Problema Proposto 11-5. Utilize nos cálculos o critério de Goodman com confiabilidade de 99% e um diâmetro equivalente (para o fator de tamanho) de 29,60 mm.

Resp. F < 8910,24 N.

11.7 – A figura ilustra um tubo soldado em uma placa metálica que deve ser fixada em uma estrutura rígida mediante um cordão de solda. Determine o valor de "h" para a solda utilizando margem de segurança superior a 2. O torque externo é de 3000 Nm. Supor eletrodo AWS E60XX.

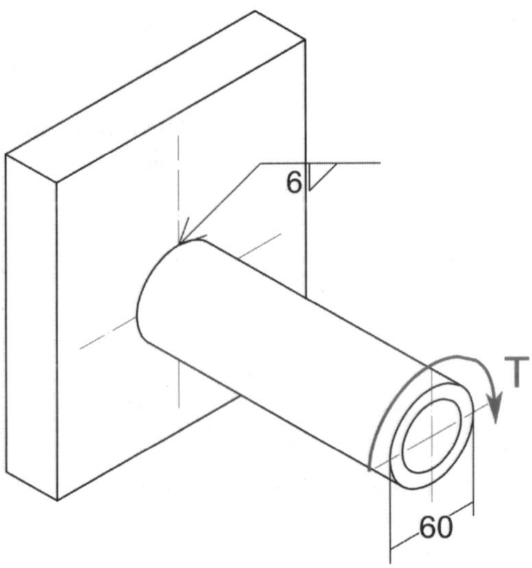

Resp. h > 4,35 mm.

11.8 – Estime o valor de "h" para "T" variando no tempo entre 0 e 1000 Nm para o Problema Proposto 11-7. Utilize nos cálculos o critério de Gerber com margem de segurança de 2. Eletrodo AWS E60XX. Considerar um fator de tamanho (k_b) de 0,8183 e uma confiabilidade estimada de 99%.

Resp. h > 6,86 mm.

11.9 – Estime o valor da força máxima para a solda ilustrada em figura. O eletrodo é o AWS E6010 e deseja-se margem de segurança acima de 2 na análise.

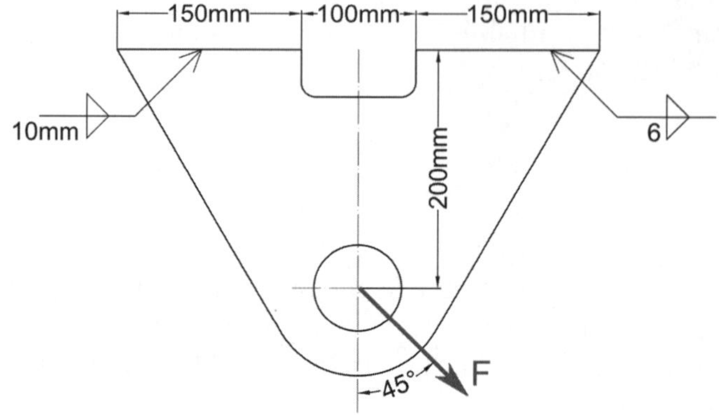

Resp. F < 142699,83 N

11.10 – Estime o valor máximo para "F" que varia no tempo entre 0 e F_{max} para o Problema Proposto 11-9. Utilize nos cálculos o critério de Goodman com margem de segurança de 2. Considerar um limite de fadiga corrigido de 21,211 N/mm².

Resp. F < 32671,35 N.

11.11 – Determine o valor máximo da carga estática "F" utilizando o código de projeto da AISC. O eletrodo da solda é o AWS E6010 e os componentes são de aço 1018 estirado a frio. Dados: h = 6 mm e L = 15 mm (largura).

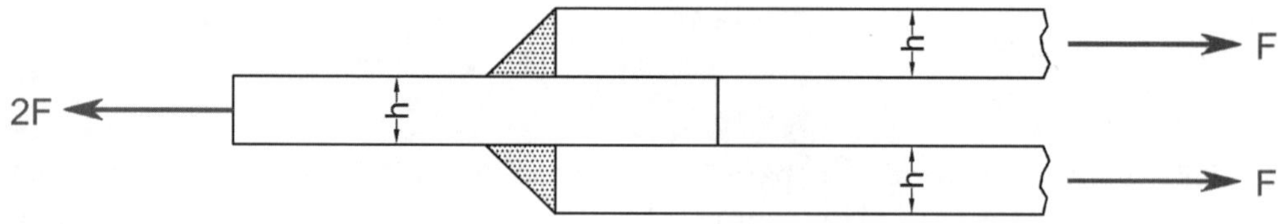

Resp. F < 8151 N.

11.12 – Especifique a solda para unir o bloco ilustrado em figura com a estrutura rígida. A carga P = 30000 N é estática e atua no vértice da extremidade livre do bloco na direção horizontal. Utilize os critérios da AISC para o projeto. Dimensões: [mm]

Resp. h > 2,939 mm.

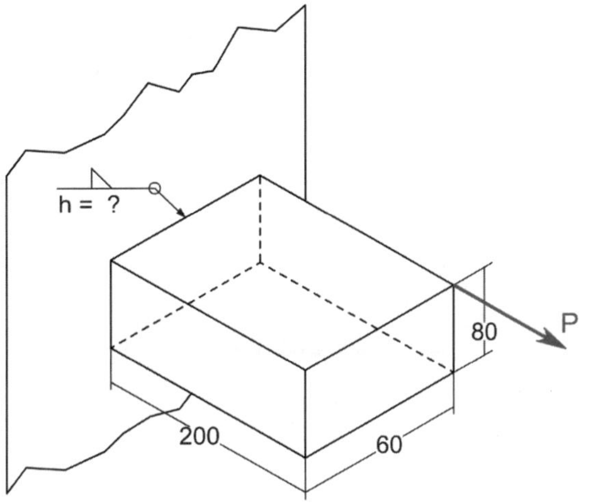

11.13 - Especifique a solda para a aplicação em figura. Considere carregamento estático e utilize o critério da máxima tensão cisalhante com margem de segurança de 3. Eletrodo AWS E60XX.

Resp. Solda em toda volta com h > 4,83 mm.

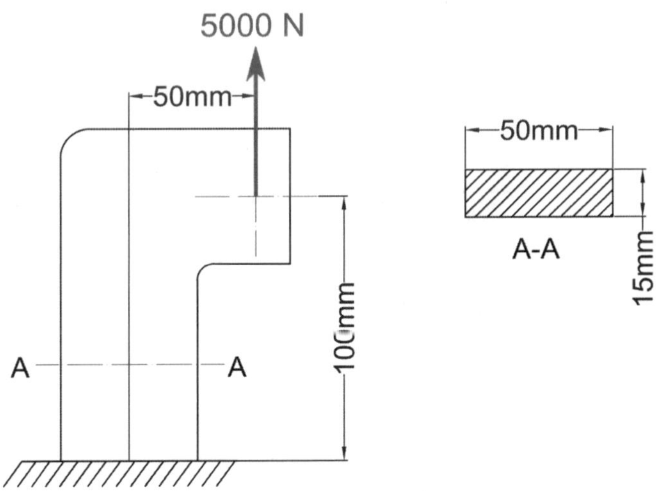

11.14 - Deduza as expressões para "I_u" e "J_u" para o perfil da solda ilustrado em figura.

Resp. Tabela 4.1 do livro texto.

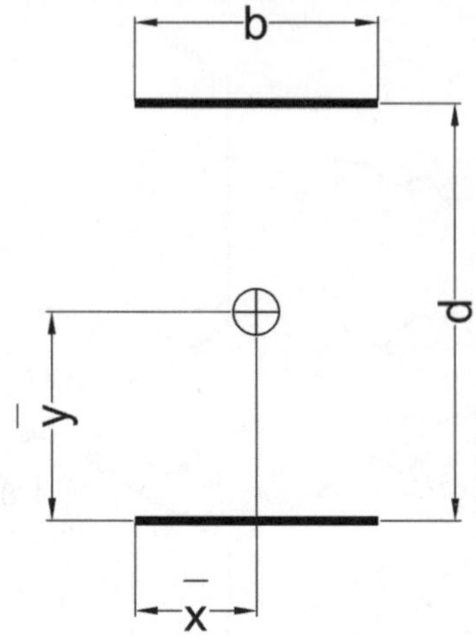

11.15 - Especifique a solda para a aplicação da figura ilustrada. Considere carregamento estático e utilize o critério da máxima tensão cisalhante com margem de segurança de 3. Eletrodo E60xx.

Resp. Solda em toda volta com h > 7,36 mm.

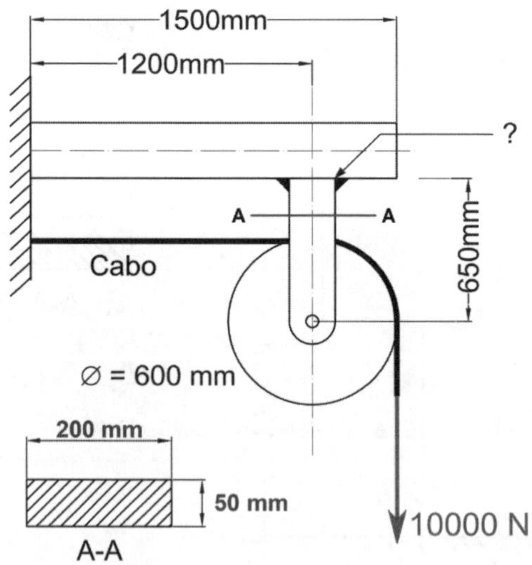

11.16 - A figura ilustra uma chapa de aço que deve ser fixada a um perfil por intermédio de dois cordões de solda com altura de filete de 5 mm. Para uma força externa de 12000 N, determine a tensão resultante atuante no ponto de coordenadas: x = 0, y = 40 mm. Supor uma tensão admissível ao cisalhamento de 140 MPa.

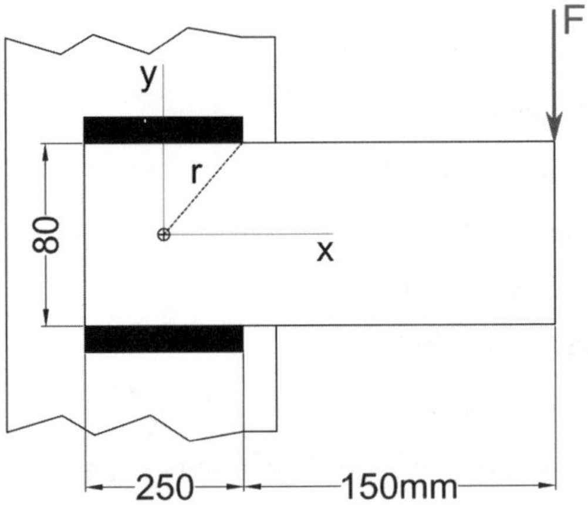

Resp. 12,458 MPa.

NOMENCLATURA

$(\Delta_{xj},\Delta_{yj})$	coordenadas do ponto "j" em relação ao centroide da solda
$\sigma(\theta)$	tensão normal
$\sigma_{eq}(\theta)$	tensão equivalente de Mises
σ_{esc}	limite de resistência ao escoamento
σ_{ut}	tensão máxima de ruptura
σ_{xx}	componentes do tensor tensão
σ_{yy}	componentes do tensor tensão
σ_1,σ_2	tensões principais
$\tau(\theta)$	tensão cisalhante
τ_{max}	tensão cisalhante máxima
τ_{xy}	componentes do tensor tensão
τ'	tensão cisalhante primária
τ''	tensão cisalhante secundária
A_u	área unitária do cordão
b	dimensão do cordão de solda
c	distância até a linha neutra
d	dimensão do cordão de solda

F	esforço sobre o cordão de solda
F_N	força normal
F_T	força tangencial
h	dimensão do filete de solda
I	momento de inércia
I_u	momento de inércia unitário
J	momento polar de inércia
J_u	momento polar de inércia unitário
K_f	fator de concentração de tensão em fadiga
l	braço de alavanca
L	comprimento do cordão de solda
M	momento fletor ou momento torcedor
n	coeficiente de segurança
r	distância ao centroide da solda
t	dimensão ou cota
T	espessura do metal base
V	força cortante
(x,y)	centroide do cordão de solda

REFERÊNCIAS BIBLIOGRÁFICAS

ABNT NBR 7165/SB 121 - 1982. Símbolos gráficos de solda para construção naval e ferroviária.

AWS A24 - 2007. Standard Symbols for Welding Brazing and Nondestructive Examination.

AWS D1.1/D1.1M-2010. Structural Welding Code - Steel. Standard by American Welding Society.

Budynas, R., Nisbett, K. Shigley's Mechanical Engineering Design, Eighth Edition. McGraw-Hill Company, 2006.

Chattopadhyay, A., Glinka, G., El-Zein, M. Stress Analysis and Fatigue of welded structures. Welding in the World Vol.55; pg.2-21, 2011.

Jennings, C.H. Welding Design, Trans. ASME, 58:497-509, 1936.

Norris, C.H.Photoelastic Investigation of Stress distribution in Transverse Fillet Welds. Welding J., vol.24, pg.557, 1945.

Norton, R. L. Projeto de Máquinas: Uma abordagem Integrada. Ed. Bookman, 2013.

Salakian, A.G., Claussen, G.E. Stress Distribution in Fillet Welds: A Review of the Literature. Welding J., vol.16, pp.1-24,, 1937.

Shigley, J. E., Mitchell, L. D. Mechanical Engineering Design. International Student Edition. McGraw-Hill International Book Company, 1983.

CAPÍTULO 5
Parafusos de Potência

5.1. INTRODUÇÃO

Complementando os tópicos apresentados no capítulo 3, sobre uniões parafusadas, neste capítulo são realizadas considerações acerca dos chamados parafusos de potência, ou mais especificamente, dispositivos que possibilitam a transformação de movimentos angulares em movimentos lineares. Tais dispositivos são normalmente utilizados para a movimentação de cargas com velocidades relativamente baixas, sendo ainda caracterizados pelo baixo rendimento energético apresentado devido ao atrito presente nos filetes de rosca.

Morsas de bancada, fusos de tornos, grampos para fixação de componentes, "macacos" de automóvel, atuadores lineares, prensas mecânicas, entre outros, são exemplos práticos da aplicação dos parafusos de potência.

5.2. ROSCA QUADRADA E ROSCA TRAPEZOIDAL

A Figura 5.1 ilustra os dois principais tipos de rosca utilizados nos parafusos de potência: a rosca quadrada e a rosca trapezoidal (ACME). A figura referida mostra ainda algumas características geométricas desses dois tipos de rosca: o passo "p" como a distância medida na direção do eixo axial do parafuso entre dois filetes de rosca adjacentes, o diâmetro nominal (ou externo) "d", o diâmetro de raiz "d_r", e o ângulo da rosca (29°) para o caso da rosca trapezoidal (para a rosca trapezoidal métrica o referido ângulo vale 60°, mantendo-se porém, as demais características geométricas correspondentes).

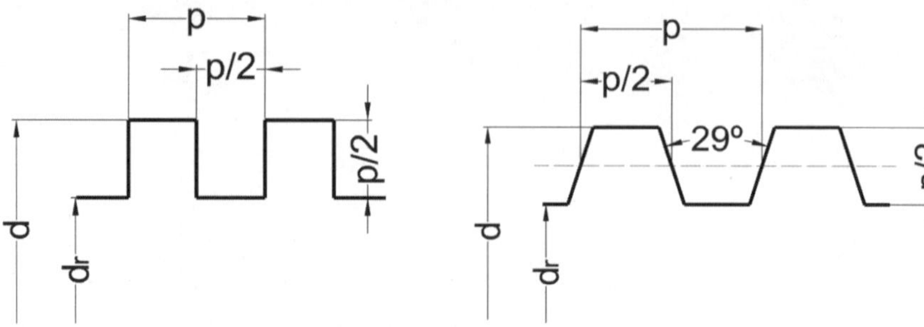

Figura 5.1 – Rosca: (a) Quadrada, (b) trapezoidal (ACME). Adaptado a partir de Juvinall, 2007.

Os valores preferenciais para o diâmetro nominal e para o número de filetes de rosca por polegada desses tipos de rosca são mostrados na Tabela 5.1.

Tabela 5.1 – Valores preferenciais para diâmetro e número de filetes (Adaptado a partir Shigley e Mischke, 2001 e DIN 103).

	ACME	Quadrada	Trapezoidal	Métrica
d (in)	N_{ACME}	$N_{quadrada}$	d(mm)	p(mm)
1/4	16	10	8,00	1,50
5/16	14	-	10,00	2,00
3/8	12	8	12,00	3,00
1/2	10	6,5	14,00	3,00
5/8	8	5,5	16,00	3,00
3/4	6	5	20,00	4,00
7/8	6	4,5	22,00	5,00
1	5	4	24,00	5,00
1 1/4	5	3,5	28,00	5,00
1 1/2	4	3	30,00	6,00
1 3/4	4	2,5	36,00	6,00
2	4	2,25	40,00	7,00
2 1/2	3	2	50,00	8,00
3	2	1,75	60,00	9,00
3 1/2	2	1,625	70,00	10,00
4	2	1,50	80,00	10,00
4 1/2	2	-	90,00	12,00
5	2	-	100,00	12,00

A Figura 5.2 ilustra parafusos de potência com uma, duas e três entradas. Nessa figura, além do passo da rosca, "L" indica o avanço do parafuso por volta. O ângulo de avanço da rosca é dado por ("d_m" é o diâmetro médio do parafuso):

$$tg\lambda = \frac{L}{\pi d_m} \tag{5.1}$$

"L" é calculado a partir do passo "p" e do número de entradas da rosca, "n_e", e vale:

$$L = n_e p \tag{5.2}$$

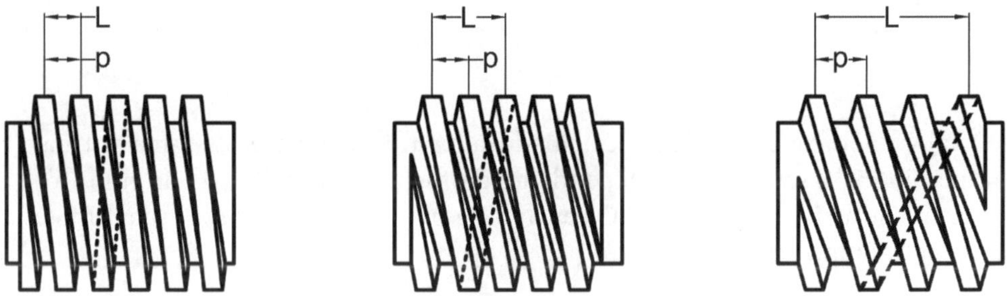

Figura 5.2 - Avanço por volta para parafusos de potência com múltiplas entradas. Adaptado a partir de Schmid, Hamrock e Jacobson, 2013.

5.3. A ANÁLISE DE TORQUE PARA ROSCA QUADRADA

A Figura 5.3(a) ilustra o modelo utilizado para realizar a análise de torque para a situação na qual se deseja movimentar a carga para cima (elevar a carga), ou ainda, o torque necessário contra o carregamento externo. A Figura 5.3(b) ilustra a situação do descarregamento, isto é, movimentando a carga para baixo (abaixar a carga), ou ainda, o torque necessário a favor da carga.

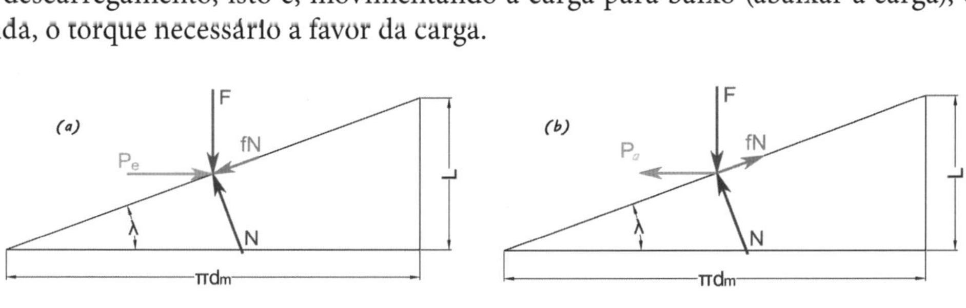

Figura 5.3 – Forças no dente da rosca. (a) Carregamento, (b) descarregamento. Adaptado a partir de Shigley e Mischke, 2001.

Quando a carga "F" é movida para "cima" (ou de forma contrária ao corregamento) as componentes horizontais da força de atrito e da força normal não se anulam. Portanto, para que o equilíbrio seja satisfeito é necessário que exista uma força externa "P_e" atuando na rosca. Esta força vem do torque da fonte de acionamento do parafuso.

O valor da força normal é determinado com o equilíbrio das forças na vertical e o seu valor é:

$$N = \frac{F}{-f\text{sen}\lambda + \cos\lambda} \tag{5.3}$$

Do equilíbrio das forças na direção horizontal tem-se:

$$P_e = N\left(f\cos\lambda + \text{sen}\lambda\right) \tag{5.4}$$

O valor da força "P_e" pode ser calculado substituindo o valor da força normal "N" na Equação (5.3), sendo assim dependente da força externa "F", do ângulo "λ" e do coeficiente de atrito na rosca "f". O seu valor é (notar que essa força atua, hipoteticamente, no raio médio do parafuso):

$$P_e = F\frac{f\cos\lambda + \text{sen}\lambda}{\cos\lambda - f\text{sen}\lambda} = F\frac{f + \text{tg}\lambda}{1 - f\text{tg}\lambda} \tag{5.4.a}$$

e o valor do torque necessário para movimentar a força para "cima" (elevar a carga) será igual a:

$$T_e = P_e\frac{d_m}{2} = F\frac{d_m}{2}\frac{f + \text{tg}\lambda}{1 - f\text{tg}\lambda} \tag{5.5}$$

e que também pode escrito na seguinte forma:

$$T_e = F\frac{d_m}{2}\frac{f + \dfrac{L}{\pi d_m}}{1 - f\dfrac{L}{\pi d_m}} = F\frac{d_m}{2}\frac{f\pi d_m + L}{\pi d_m - fL} \tag{5.6}$$

O torque para **abaixar** a carga (a favor da carga) é obtido de maneira análoga com as forças da Figura 5.3(b), sendo o seu valor:

$$T_a = P_a \frac{d_m}{2} = F\frac{d_m}{2}\frac{f - tg\lambda}{1 + ftg\lambda} = F\frac{d_m}{2}\frac{f\pi d_m - L}{\pi d_m + fL} \quad (5.7)$$

Quando o valor do torque "T_a" é maior do que zero (positivo), a rosca é dita **autobloqueante** (ou autoblocante) e significa que a carga "F" não se movimentará para baixo (descarregará) sem a atuação de um torque externo. Portanto, a condição para obter a condição de **autobloqueio** é:

$$tg\lambda < f \quad (5.8)$$

A eficiência de um parafuso de rosca quadrada corresponde à relação entre os torques de elevação de um parafuso ideal (atrito nulo) e um parafuso real; podendo ser avaliada com a seguinte expressão:

$$e = \frac{T(f = 0)}{T(f \neq 0)} = \frac{1 - ftg\lambda}{1 + f\cot\lambda} = tg\lambda\frac{1 - ftg\lambda}{tg\lambda + f} \quad (5.9)$$

onde se observa que a eficiência do parafuso com rosca quadrada depende basicamente do coeficiente de atrito na rosca e do ângulo de avanço.

A Figura 5.4 mostra três curvas da eficiencia de parafusos em função do coeficiente de atrito e do ângulo de avanço "λ" para rosca quadrada. O ângulo limite para a condição autoblocante é calculado com a equação (5.8) e indicado na figura por "λ_a". Analisando essas curvas observa-se que para obter o efeito autoblocante, a eficiência da rosca é pequena e grande quantidade de energia (cerca de 50% para as 3 curvas do gráfico) é dissipada na forma de calor (atrito na rosca). Ainda, os valores pequenos para o ângulo de avanço também limitam a velocidade de movimentação da carga, pois o avanço por volta é pequeno.

5.4. EXPRESSÕES PARA A ROSCA ACME

Os parafusos com rosca ACME não são tão eficientes quanto os parafusos de rosca quadrada devido à inclinação dos dentes, porém às vezes são preferidos em razão da facilidade de usinagem da rosca. A Figura 5.5 mostra que a força axial que atua no dente é agora equivalente a "F/cosα", como decorrência da inclinação dos dentes.

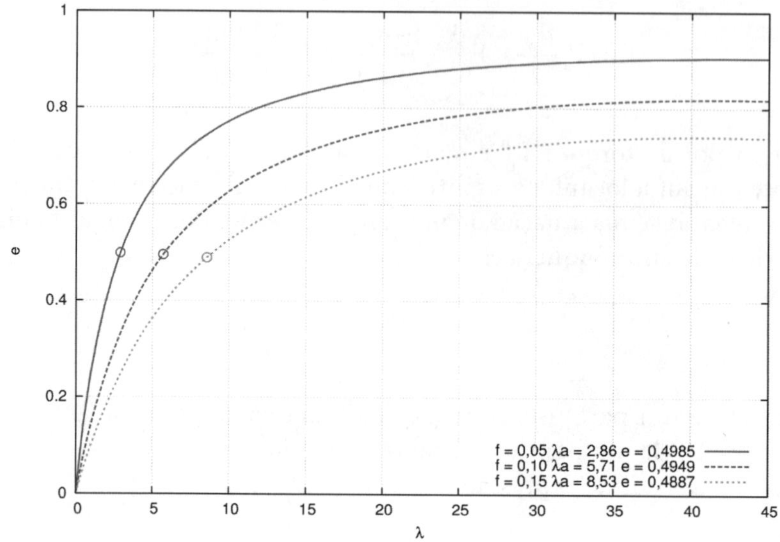

Figura 5.4 – Curvas de eficiência para rosca quadrada.

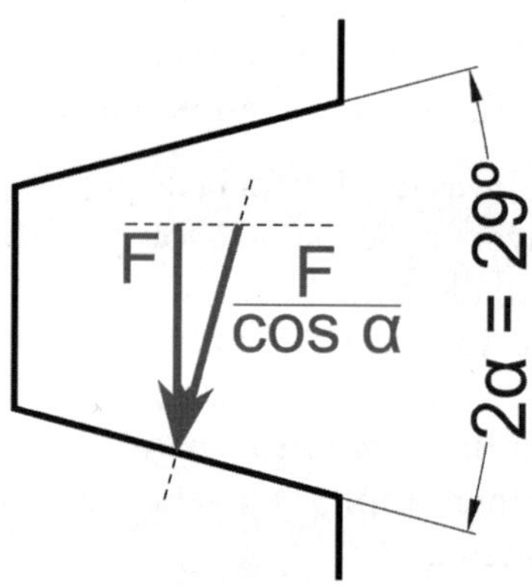

Figura 5.5 – Força normal no dente da rosca ACME. Adaptado a partir de Shigley e Mischke, 2001.

Feito procedimento semelhante ao realizado na análise de torque para a rosca quadrada, chega-se às seguintes expressões para o torque nas roscas do tipo ACME:

$$T_e = F\frac{d_m}{2}\frac{f\pi d_m \sec\alpha + L}{\pi d_m - fL\sec\alpha} \tag{5.10}$$

$$T_a = F\frac{d_m}{2}\frac{f\pi d_m \sec\alpha - L}{\pi d_m + fL\sec\alpha} \tag{5.11}$$

"T_e" e "T_a" indicam o torque para elevar e abaixar a carga (a favor e contra a carga, respectivamente).

5.5. OS PARAFUSOS DE POTÊNCIA COM COLAR

A Figura 5.6(a) ilustra a extremidade de um parafuso de potência com um colar. Essa configuração é muito semelhante a um freio a disco e também irá dissipar potência na forma de atrito, pois a estrutura é fixa e o colar é rotativo. Uma alternativa para praticamente minimizar essa perda de potência é incluir na montagem um rolamento (radial e axial), reduzindo o diâmetro externo do colar para apoiar no anel interno rotativo do rolamento, como indicado na Figura 5.6(b), visando o acoplamento do parafuso à estrutura fixa. No entanto, o uso do colar pode auxiliar quando é desejada a condição autoblocante do conjunto.

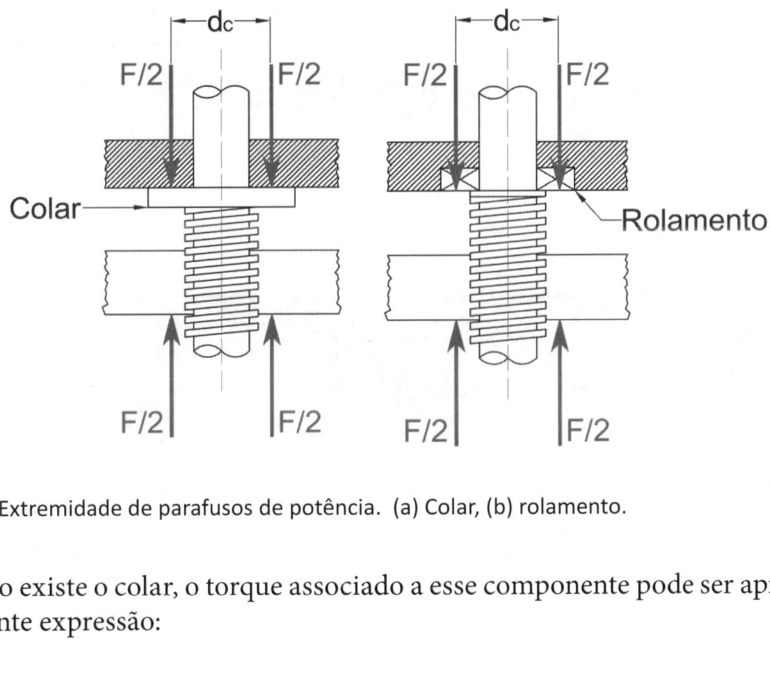

Figura 5.6 – Extremidade de parafusos de potência. (a) Colar, (b) rolamento.

Quando existe o colar, o torque associado a esse componente pode ser aproximado pela seguinte expressão:

$$T_c = f_c F \frac{d_c}{2} \tag{5.12}$$

"f_c" indica o coeficiente de atrito entre o colar do parafuso e a estrutura fixa.

5.5.1. O TORQUE DE ACIONAMENTO DO PARAFUSO

O torque total para elevação da carga pode ser escrito como:

$$T_e = F\left[\frac{d_m}{2}\frac{f\pi d_m \sec\alpha + L}{\pi d_m - fL\sec\alpha} + f_c\frac{d_c}{2}\right] \tag{5.13}$$

com "α = 0°" para rosca quadrada, "α = 14,5°" para rosca ACME e "α = 30°" para roscas métrica e unificada.

O torque total para abaixar da carga é dado por:

$$T_a = F\left[\frac{d_m}{2}\frac{f\pi d_m \sec\alpha - L}{\pi d_m + fL\sec\alpha} + f_c\frac{d_c}{2}\right] \tag{5.14}$$

5.5.2. COEFICIENTES DE ATRITO TÍPICOS

Os valores típicos para o coeficiente de atrito na rosca e no colar são mostrados nas Tabelas 5.2 e 5.3.

Tabela 5.2 – Coeficiente de atrito na rosca (Adaptado a partir de Rothbart, 1985).

Material do parafuso	Material da porca (bucha)			
	aço	bronze	latão	ferro fundido
aço (sem lubrificação)	0,15-0,25	0,15-0,23	0,15-0,19	0,15-0,25
aço (óleo de máquina)	0,11-0,17	0,10-0,16	0,10-0,15	0,11-0,17
bronze	0,08-0,12	0,04-0,06	-	0,06-0,09

Tabela 5.3 – Coeficiente de atrito no colar (Adaptado a partir de Rothbart, 1985).

Par acoplado	em funcionamento	na partida
aço mole - ferro fundido	0,12	0,17
aço duro - ferro fundido	0,09	0,15
aço mole - bronze	0,08	0,10
aço duro - bronze	0,06	0,08

5.6. OS FUSOS COM ESFERAS RECIRCULANTES

Outra opção para reduzir a perda de potência devido ao atrito corresponde à utilização dos fusos com esferas recirculantes, conforme exemplo ilustrado na Figura 5.7. Estima-se que esse tipo de dispositivo reduza a perda por atrito em até 90%, porém novamente com prejuízo da perda do efeito autoblocante.

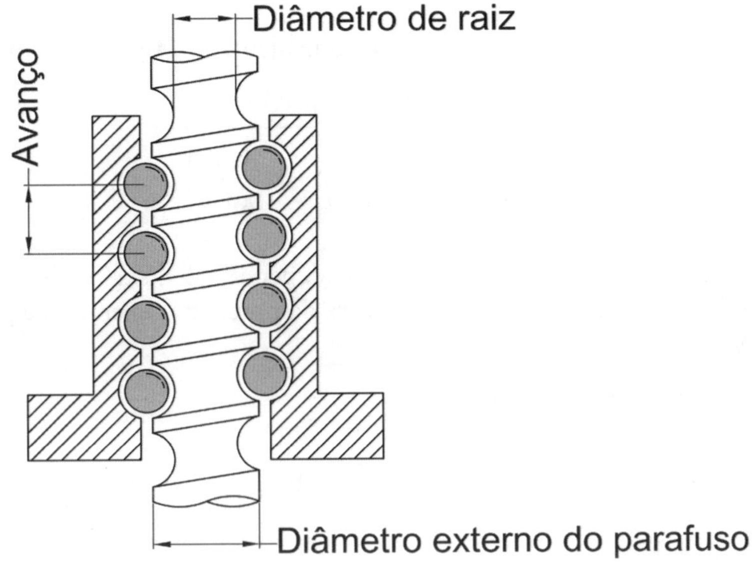

Figura 5.7 – Fuso de esferas recirculantes. Adaptado a partir de Juvinall, 2007.

5.7. O DIMENSIONAMENTO MECÂNICO DO PARAFUSO DE POTÊNCIA

Como qualquer outro dispositivo ou componente mecânico, um parafuso de potência deve também ser dimensionado e avaliado quanto às tensões desenvolvidas nos seus filetes de rosca quando em funcionamento efetivo. Solicitações de compressão, torção, esmagamento na rosca e até mesmo flambagem podem vir a se desenvolver em níveis acima do esperado e com isso comprometer o adequado funcionamento do sistema.

Para tanto um critério de projeto adequado (Mises, por exemplo) deve ser considerado no contexto da verificação das tensões atuantes.

A tensão nominal de cisalhamento e a tensão normal atuantes na secção transversal do parafuso podem ser aproximadas por:

$$\tau = \frac{16T}{\pi d_r^3} \tag{5.15a}$$

$$\sigma = \frac{4F}{\pi d_r^2} \tag{5.15b}$$

possibilitando a definição da tensão equivalente de Mises na forma:

$$\sigma' = \sqrt{\left(\frac{4F}{\pi d_r^2}\right)^2 + 3\left(\frac{16T}{\pi d_r^3}\right)^2} \tag{5.16}$$

A tensão nominal de flexão na rosca depende do número de filetes envolvidos (h/p) ao longo da região de contato (altura da porca, por exemplo) e pode ser aproximada por:

$$\sigma_f = \frac{F}{A_{proj}} = \frac{4F}{\pi\left(d^2 - d_r^2\right)}\left(\frac{p}{h}\right) \tag{5.17}$$

5.8. PROBLEMAS RESOLVIDOS

8.1 - Um parafuso de potência padronizado com d = 1 ¾", rosca quadrada de 2 entradas, é utilizado para movimentar uma carga de 3000 lbf à velocidade de 12 ft/min. Na rosca o coeficiente de atrito é estimado em 0,12 e no colar em 0,15. O diâmetro médio do colar é de 3". Estime a potência de acionamento desse parafuso e o seu rendimento. Verificar também se o conjunto é autoblocante.

Solução

- Características geométricas da rosca:

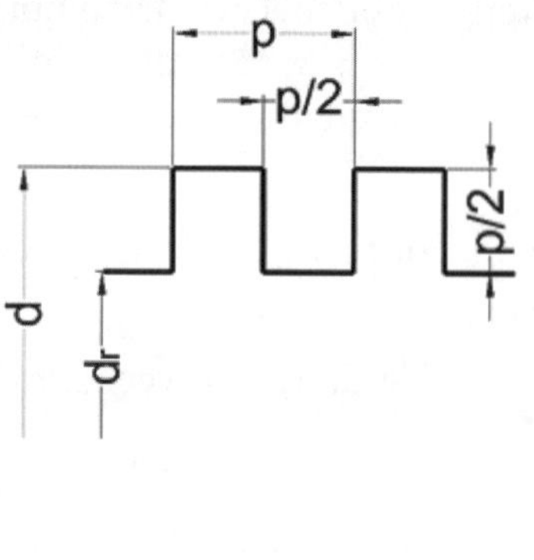

$d = 1{,}75"$

$N = 2{,}5$

$p = 1/2{,}5" = 0{,}40"$

$d_r = d - p = 1{,}75 - 0{,}40 = 1{,}35"$

$d_m = 0{,}5(1{,}75 + 1{,}35) = 1{,}55"$

$L = n_e \times p = 2 \times 0{,}40 = 0{,}80"$

$tg\,\lambda = L/\pi d_m = 0{,}1643$

$\lambda = 9{,}33^0$

- Torque para elevar a carga:

$$T_e = F\left[\frac{d_m}{2}\frac{f\pi d_m \sec\alpha + L}{\pi d_m - fL\sec\alpha} + f_c\frac{d_c}{2}\right]$$

$$T_e = 3000\times\frac{1,55}{2}\left[\frac{0,12\times\pi\times1,55+0,80}{\pi\times1,55-0,12\times0,80}\right]+3000\times0,15\times\frac{3}{2}$$

$$T_e = \underbrace{648,18}_{\text{rosca}}+\underbrace{675,00}_{\text{colar}} = 1323,18\,\text{lbf.in} = 149,56\,\text{Nm}$$

- Rotação e potência de acionamento do parafuso: a velocidade desejada para movimentação da carga é de 12 ft/min o que equivalente a 12x12 = 144 in/min. Como L = 0,80" por volta, serão necessárias 180 rotações por minuto para alcançar a velocidade desejada. Logo, a velocidade angular do parafuso será: ω=(180/60)x2π = 18,85 rad/s, enquanto que a potência de acionamento vale:

$$H = T_e\omega = 149,56(18,85) = 2819,20\,\text{W} \cong 3,78\,\text{hp}$$

- Eficiência e efeito autoblocante: a eficiência do conjunto é calculada utilizando a Equação (5.9). O torque para atrito nulo será dado por:

$$T_e(f=0, f_c=0) = 3000\times\frac{1}{2}\left[\frac{0,80}{\pi}\right] = 381,97\,\text{lbf.in}$$

e a eficiencia:

$$e = \frac{T(f=0)}{T(f\neq0)} = \frac{381,97}{1323,18} = 0,2886$$

Para analisar se a rosca é autoblocante é suficiente calcular o valor do torque para abaixar a carga e verificar o seu sinal. Para esse problema o torque para abaixar a carga vale:

$$T_a = F\left[\frac{d_m}{2}\frac{f\pi d_m \sec\alpha - L}{\pi d_m + fL\sec\alpha} + f_c\frac{d_c}{2}\right]$$

$$T_a = 3000\times\frac{1,55}{2}\left[\frac{0,12\times\pi\times1,55-0,80}{\pi\times1,55+0,12\times0,80}\right]+3000\times0,15\times\frac{3}{2}$$

$$T_a = -100,98+675 = 574,02\,\text{lbf.in}$$

e como $T_a > 0$ o conjunto é autoblocante.

8.2 - Um parafuso de potência de uma única entrada e rosca quadrada é utilizado para levantar uma carga de 50 kN. O parafuso tem diâmetro nominal de 34 mm e passo de 6 mm, com coeficiente de atrito na rosca e no mancal de escora de 0,15 e 0,10, respectivamente. Para um diâmetro de colar de 100 mm e uma rotação de 1 rps, determine:

a) a potência necessária para o acionamento do parafuso

b) a eficiência combinada do sistema (parafuso e mancal de escora)

Solução

- Características geométricas da rosca:

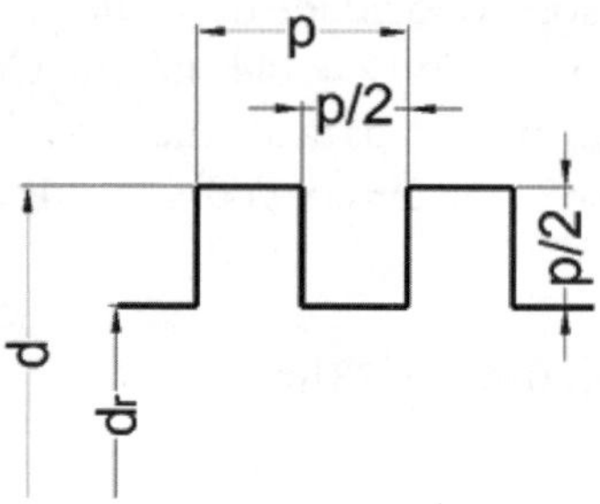

$d = 34$ mm

$p = 6$ mm

$d_r = d\text{-}p = 34\text{-}6 = 28$ mm

$d_m = 0{,}5(34+28) = 31$ mm

$L = n_e \text{x} p = 1\text{x}6 = 6$ mm

- Torque para elevar a carga:

$$T_e = F\left[\frac{d_m}{2}\frac{f\pi d_m + L}{\pi d_m - fL} + f_c\frac{d_c}{2}\right]$$

$$T_e = 50000\left[\frac{0{,}031}{2}\frac{0{,}15\times\pi\times 0{,}031 + 0{,}006}{\pi\times 0{,}031 - 0{,}15\times 0{,}006} + 0{,}1\left(\frac{0{,}1}{2}\right)\right]$$

$$T_e \cong 416\,\text{Nm}$$

a) Potência de acionamento do parafuso:

$$H = T_e(\omega) = 416(2\pi)1 = 2613{,}8\,\text{W}$$

b) Eficiência combinada do sistema: a eficiência do conjunto é calculada utilizando a Equação (5.9). O torque para atrito nulo será dado por:

$$T_e(f = 0, f_c = 0) = 50000\times\frac{1}{2}\left[\frac{0{,}006}{\pi}\right] = 47{,}75\,\text{Nm}$$

e a eficiencia vale:

$$e = \frac{T(f=0)}{T(f \neq 0)} = \frac{47,75}{416} = 0,115$$

8.3 - Um parafuso de potência de dupla entrada tem diâmetro externo de 40 mm e passo de 6 mm. O coeficiente de atrito da rosca e do colar valem 0,08 e 0,10, respectivamente. O colar tem diâmetro de 45 mm e a carga externa no parafuso pode atingir 8 kN. Para condição de rosca quadrada, determine:

a) o avanço, diâmetro médio e diâmetro de raiz do parafuso

b) o torque necessário para abaixar a carga

c) a eficiência isolada do parafuso (desconsiderando o mancal de escora)

Solução

a) Características geométricas da rosca

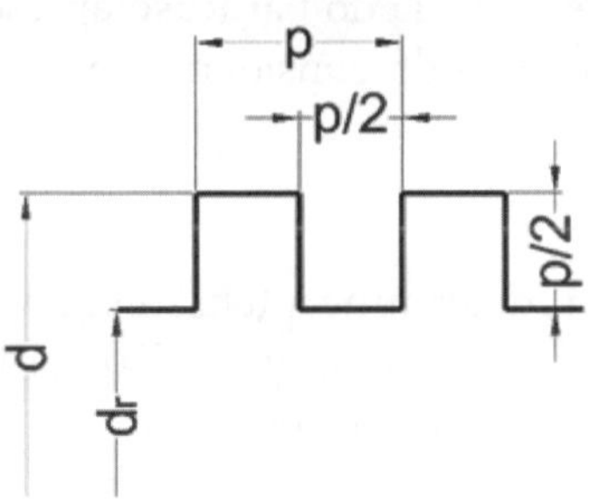

d = 40 mm

p = 6 mm

d_r = d-p = 40-6 = 34 mm

d_m = 0,5(40+34)= 37 mm

$L = n_e$ x p = 2x6 = 12 mm

b) Torque para abaixar a carga:

$$T_e = F\left[\frac{d_m}{2}\frac{f\pi d_m - L}{\pi d_m + fL} + f_c\frac{d_c}{2}\right]$$

$$T_e = 8000\left[\frac{0,037}{2}\frac{0,08\times\pi\times0,037-0,012}{\pi\times0,037+0,08\times0,012} + 0,1\left(\frac{0,045}{2}\right)\right]$$

$$T_e \cong 14,59\,\text{Nm}$$

c) Eficiência isolada do parafuso: a eficiência do parafuso, de forma isolada, pode também ser calculada utilizando a Equação (5.9), desde que o cálculo do torque de elevação não contemple o mancal de escora. O torque para atrito nulo será dado por:

$$T_e(f=0, f_c=0) = 8000\times\frac{1}{2}\left[\frac{0,012}{\pi}\right] = 15,28\text{ Nm}$$

O torque para elevar a carga (nesse caso, sem a parcela do mancal de escora) será:

$$T_e = F\left[\frac{d_m}{2}\frac{f\pi d_m + L}{\pi d_m - fL}\right]$$

$$T_e = 8000\left[\frac{0,037}{2}\frac{0,08\times\pi\times 0,037+0,012}{\pi\times 0,037-0,08\times 0,012}\right]$$

$$T_e = 27,34\,\text{Nm}$$

Resultando numa eficiencia de:

$$e = \frac{T(f=0)}{T(f\neq 0)} = \frac{15,28}{27,34} = 0,559$$

Observar, nessas circunstâncias, que o valor da eficiência do parafuso apresentou um valor significativamente maior, dado a condição de se desconsiderar nos cálculos a presença do mancal de escora correspondente.

8.4 – Para o parafuso do Problema Resolvido 8.1, determine a tensão equivalente de Mises e a tensão de flexão atuante nos filetes da rosca. Supor que o dispositivo de contato do parafuso (similar a uma porca) tenha uma altura "h" de 18 mm.

Solução

- do Problema Resolvido 8.1:

d = 1,75" = 44,45 mm

p = 1/2,5" = 0,40" = 10,16 mm

d_r = d-p = 1,75-0,40 = 1,35" = 34,29 mm

F = 3000 lbf = 13345 N

T_e = 149,56 Nm

- Tensão equivalente de Mises:

$$\sigma' = \sqrt{\left(\frac{4F}{\pi d_r^{\,2}}\right)^2 + 3\left(\frac{16T}{\pi d_r^{\,3}}\right)^2}$$

$$\sigma' = \sqrt{\left(\frac{4(13345)}{\pi(0,03429)^2}\right)^2 + 3\left(\frac{16(149,56)}{\pi(0,03429)^3}\right)^2} = 35,77\,\text{MPa}$$

- Tensão de flexão na rosca:

$$\sigma_f = \frac{4F}{\pi\left(d^2 - d_r^{\,2}\right)}\left(\frac{p}{h}\right)$$

$$\sigma_f = \frac{4(13345)}{\pi\left(44,45^2 - 34,29^2\right)}\left(\frac{10,16}{18}\right) = 11,99\,\text{MPa}$$

5.9. PROBLEMAS PROPOSTOS

9.1 - Pesquise nos endereços relacionados na sequência (existem muitos outros) sobre os parafusos de potência de rosca quadrada, rosca trapezoidal, parafusos com esferas recirculantes e sistemas de movimentação linear.

www.LK.ind.br

www.thk.com

www.nsk.com.br

www.thomsonlinear.com

www.boschrexroth.com

www.barnesballscrew.com

9.2 - A figura ilustra o esquema de um grampo utilizado para a fixação de peças. O parafuso utilizado nesse grampo possui rosca métrica M24 x 3 - classe 8.8. O diâmetro médio do colar é estimado em 40 mm. O atrito na rosca vale 0,15 e no colar é igual a 0,11. O torque no parafuso tem origem a partir da força do operador, cujo valor é de 120 N. Nessas condições avalie:

a) a força de fixação

b) a eficiência do conjunto

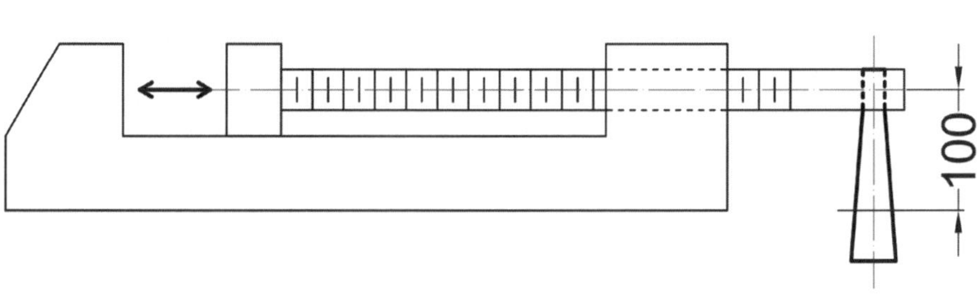

Resp. T_{ext} = 12000 Nmm a) F ≈ 2600,44 N b) e = 0,1035

9.3 - A figura ilustra o esquema de um grampo C utilizado para a fixação de peças. O parafuso utilizado nesse grampo é o 1"- 8UNC classe SAE 5 e o diâmetro médio do colar é estimado em 1,75". O atrito na rosca e no colar valem 0,15. O torque no parafuso é provocado pela força do operador que vale 25 lbf e é aplicada no centro da alavanca de aperto. Nessas condições avalie:

a) a força de fixação

b) a eficiência do conjunto

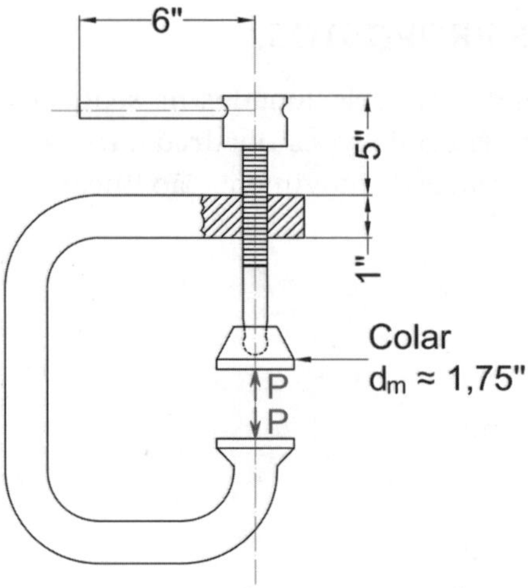

Resp. T_{ext} = 75 lbf.in a) F = 323,47 lbf b) e = 0,0858

9.4 - Resolva o Problema Proposto 9.3 utilizando o parafuso com rosca 1"- 12UNF.

Considerando a carga aplicada no centro da alavanca tem-se:

Resp. F ≈ 330,18 N e = 0,0584

9.5 - Resolva o Problema Proposto 9.3 utilizando o parafuso com rosca quadrada com d = 1".

Resp. F ≈ 314,97 N e = 0,1671

9.6 - Resolva o Problema Proposto 9.3 utilizando o parafuso com rosca ACME com d = 1".

Resp. $F \approx 323{,}69$ N $e = 0{,}1360$

9.7 - Compare os resultados dos exercícios anteriores e aponte a solução mais adequada no contexto do esforço aplicado e da eficiência.

Resp. Maior força: rosca 1"-12UNF, porém com a pior eficiência.

Maior eficiência: rosca quadrada, porém com a menor força.

9.8 - Um parafuso ACME com rosca dupla e diâmetro de 2" é utilizado para fazer a movimentação de uma carga com F = 5000 lbf. Na sua extremidade existe um colar com diâmetro médio de 4" e os coeficiente de atrito na rosca e no colar valem 0,11 e 0,15, respectivamente.

a) determine o passo, o avanço por volta, a profundidade da rosca, o diâmetro médio e o ângulo de hélice (avanço) do parafuso;

b) estime o torque de partida para elevar e remover o carregamento;

c) determine a rotação do parafuso (rpm) para movimentação da carga com velocidade constante igual a 0,5 m/min. Determine a eficiência energética do conjunto e a potência necessária para realizar essas operações;

d) se o colar fosse trocado por outro tipo de apoio (rolamento, por exemplo) com atrito nulo o conjunto seria autobloqueante? Justifique essa resposta com cálculos.

Resp.

a) $p = 1/4 = 0{,}25$ in, $L = 2xp = 0{,}5$ in/volta; prof = $p/2$, $d_m = 1{,}875$ in e $\lambda = 4{,}85^o$.

b) $T_R = 2439{,}54$ lbf.in; $T_a = 1633{,}41$ lbf.in

c) $n = 39{,}37$ rpm, $e = 0{,}1631$ e potência estimada em 1136,83 W = 1,524 hp

d) a rosca é autoblocante. Nessas condições T_a é positivo.

9.9 - Resolva o Problema Proposto 9.8 utilizando a mesma rosca, porém com uma única entrada.

Resp.

a) $p = 1/4 = 0{,}25$ in, $L = p = 0{,}25$ in/volta; prof = $p/2$, $d_m = 1{,}875$ in e $\lambda = 2{,}43^o$.

b) $T_r = 2179{,}49$ lbf.in; $T_a = 1854{,}18$ lbf.in

c) $n = 78{,}74$ rpm, $e = 0{,}0913$ e potência estimada de 2031,29 W = 2,72 hp

d) a rosca é autoblocante. Nessas condições T_a é positivo.

9.10 - Resolva o Problema Proposto 9.8 utilizando a mesma rosca, mas com entrada tripla. Compare os resultados com os resultados dos Problemas Propostos 9.8 e 9.9.

Resp.

a) p = 1/4 = 0,25 in, L=3xp = 0,75 in/volta; prof = p/2, d_m = 1,875 in e λ = 7,26°.

b) T_r = 2646 lbf.in; T_a = 1436,67 lbf.in

c) n = 26,25 rpm, e = 0,2255 e potência estimada de 822,13 W = 1,10 hp

d) a rosca não é autoblocante. Nessas condições T_a é negativo. O conjunto, porém, é autoblocante devido ao atrito no colar.

9.11 - Um parafuso de rosca quadrada tripla de diâmetro de 2" é utilizado para fazer a movimentação de cargas. Na sua extremidade existe um colar com diâmetro médio de 4" e os coeficiente de atrito na rosca e no colar valem 0,11 e 0,15, respectivamente.

a) determine o passo, o avanço por volta, a profundidade da rosca, o diâmetro médio e o ângulo de hélice (avanço) do parafuso;

b) estime o torque de partida para elevar e remover o um carregamento de 5000 lbf;

c) se o parafuso desloca a carga com velocidade de 0,5 m/min, qual é a rotação do parafuso em rpm? Qual é a eficiência do conjunto? Qual é a potência máxima do motor de acionamento?

d) se o colar fosse trocado por um outro tipo de apoio com atrito nulo o conjunto seria autobloqueante? Justifique com cálculos.

Resp.

a) p = 1/2,25 = 0,444 in; L = 3 x p = 1,333 in/volta, prof da rosca = p/2; d_m = 1,778 in, λ = 13,43°.

b) T_e = 3091,50 lbf.in e T_a = 872,98 lbf.in

c) n = 14,77 rpm; e = 0,3431 e potência estimada de 540,36 W = 0,724 hp

d) a rosca não é autoblocante. O conjunto, porém, é autoblocante devido ao atrito no colar.

9.12 - Resolva o Problema Proposto 9.11 utilizando a mesma rosca, mas com entrada dupla.

Resp.

a) $p = 1/2{,}25 = 0{,}444$ in; $L = 2xp = 0{,}888$ in/volta, prof da rosca = $p/2$; $d_m = 1{,}778$ in, $\lambda = 9{,}04°$.

b) $T_e = 2717{,}60$ lbf.in e $T_a = 1285{,}34$ lbf.in

c) $n = 22{,}15$ rpm; $e = 0{,}2603$ e potência estimada de 712,33 W = 0,955 hp

d) a rosca não é autoblocante. O conjunto, porém, é autoblocante devido ao atrito no colar.

9.13 - Resolva o Problema Proposto 9.11 utilizando a mesma rosca com entrada simples. Compare os resultados dos Problemas Propostos 9.11, 9.12 e 9.13.

Resp.

a) $p = 1/2{,}25 = 0{,}444$ in; $L = p = 0{,}444$ in/volta, prof da rosca = $p/2$; $d_m = 1{,}778$ in, $\lambda = 4{,}55°$.

b) $T_R = 2350{,}06$ lbf.in e $T_a = 1634{,}10$ lbf.in

c) $n = 44{,}29$ rpm; $e = 0{,}1505$ e potência estimada de 1232 W = 1,65 hp

d) a rosca é autoblocante. O conjunto também é autoblocante.

9.14 - Analise a condição autoblocante, em termos do ângulo de avanço e do coeficiente de atrito na rosca, para parafusos de rosca métrica e ACME. Compare essas soluções com a condição autoblocante do parafuso de rosca quadrada.

Resp.

Rosca métrica: $tg(\lambda) < 1{,}155xf$

Rosca ACME: $tg(\lambda) < 1{,}033xf$

Rosca quadrada: $tg(\lambda) < f$

9.15 - A figura ilustra um macaco tipo sanfona utilizado para elevar a carga "P". A rosca do parafuso de acionamento é trapezoidal métrica com d = 24 mm, p = 5 mm e entrada simples. Avalie o torque externo para elevar e abaixar a carga de 10000 N, considerando o atrito na rosca igual a 0,15. Dados: rosca métrica trapezoidal - $2\alpha = 60°$, $d_m = 21{,}5$ mm; rosca simples e f = 0.15.

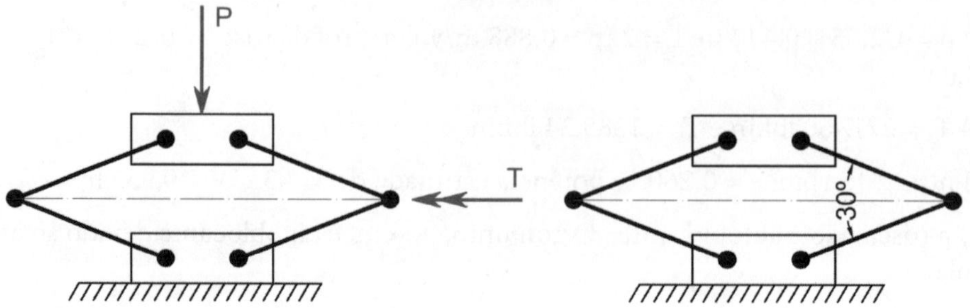

Resp.

Força externa no parafuso ≈ 37320,5 N

T_e = 93070,56 N.mm

T_a = 32232,71 N.mm

e = 0,319

9.16 - A figura ilustra a posição de elevação máxima de um macaco tipo sanfona utilizado para elevar a carga "P". A rosca do parafuso de acionamento é trapezoidal métrica com d = 24 mm, p = 5 mm e entrada simples. Avalie o torque externo para elevar e abaixar a carga de 10000 N considerando o atrito na rosca igual a 0,15.

Resp.

Força externa no parafuso ≈ 2679,5 N

T_e = 6682,16 Nmm

T_a = 2314,20 Nmm

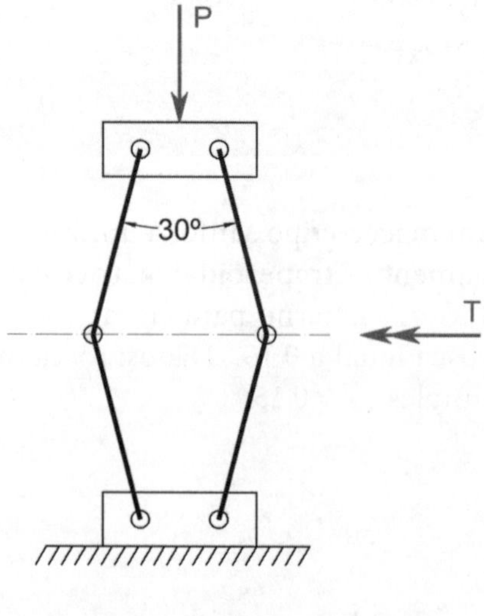

NOMENCLATURA

α	semiângulo da rosca trapezoidal (= 14,5°)
λ	ângulo de avanço da rosca
σ'	tensão equivalente de Mises
σ_f	tensão de flexão na rosca
ω	velocidade angular (rad/s)
A_{proj}	área projetada da rosca
d	diâmetro nominal do parafuso
d_c	diâmetro médio do colar
d_m	diâmetro médio do parafuso
d_r	diâmetro de raiz do parafuso
e	eficiência do parafuso
f	coeficiente de atrito na rosca
f_c	coeficiente de atrito do colar
F_N	força de atrito
F	carregamento externo
H	potência de acionamento
L	avanço do parafuso
n_e	número de entradas do parafuso
N	esforço normal
N_{ACME}	número de filetes da rosca ACME
$N_{quadrada}$	número de filetes da rosca quadrada
p	passo do parafuso
P_a	força externa para abaixamento
P_e	força externa para elevação
T	torque
T_a	torque de abaixamento
T_c	torque no colar
T_e	torque de elevação

REFERÊNCIAS BIBLIOGRÁFICAS

Budynas, R., Nisbett, J. K. Shigley´s Mechanical Engineering Design. 8ª Ed. McGraw-Hill Companies, Inc. 2006.

DIN 103, 1972. ISO Metric Trapezoidal Screw Threads; Limiting sizes for nut threads from 105 to 300 mm nominal diameter.

Juvinall, R.C. and Mrshek, K.M., 2007. Fundamentos do Projeto de Componentes de Máquinas, Livros Técnicos e Científicos – LTC, Rio de Janeiro, RJ.

Norton, R.L. Projeto de Máquinas: Uma Abordagem Integrada. 4ª Ed., Bookman, 2013.

Rothbart, H.A. Mechanical Design and Systems Handbook, 2ª Ed., McGraw-Hill, New York, 1985.

Schmid, S.R., Hamrock, B.J., Jacobson, B.O. Fundamentals of Machine Elements, Third Edition. CRC Press - Taylor and Francis Group, 2013.

Shigley, J.E., Mitchell, L.D. Mechanical Engineering Design, 4th Ed., McGraw-Hill International Book Company, 1983.

Shigley, J.E., Mischke, C.R. Mechanical Engineering Design, 6ª Ed., McGraw-Hill International Book Company, 2001.

Shigley, J.E., Mischke, C.R., Brow, T.H. Standard Handbook of Machine Design, 3ª Ed., McGraw-Hill International Book Company, 2004.

CAPÍTULO 6
Molas Helicoidais

6.1. INTRODUÇÃO

Molas são componentes utilizados em sistemas mecânicos em geral, objetivando exercer forças, proporcionar flexibilidade ou, ainda, armazenar e/ou absorver energia. A princípio, qualquer componente mecânico, metálico ou não, pode ser considerado como uma mola, visto que em última análise, todos os componentes mecânicos apresentam alguma elasticidade ou respondem elasticamente, pelo menos em um pequeno intervalo de solicitação. Uma viga estrutural, porém, sofre deflexão sob dado carregamento, no entanto, não é considerada como uma mola, pois sua função é permanecer rígida. Evidentemente que essa resposta elástica depende da secção transversal do elemento, do material considerado e do tipo de solicitação existente. Molas de todos os tipos, respondendo mais ou menos, somente elásticas ou com esforços acima do limite de escoamento, podem ser construídas. O limite é a engenhosidade do projetista na solução de seu problema.

As molas helicoidais podem ser classificadas em três grandes grupos: as molas de compressão, as molas de tração e as molas de torção. Mesmo considerando apenas esses três tipos de mola, existe uma variedade muito grande para o formato das molas, entre as quais se pode destacar: molas cilíndricas com passo constante ou passo variável, molas cônicas, bicônicas (forma de barril), molas de tração com gancho completo ou com gancho estendido, molas de torção com diversos tipos de extremidade, etc. Entretanto, na região linear de funcionamento as molas de compressão e de tração apresentam a conhecida relação entre o deslocamento "Δ" e a força aplicada "F", na forma:

$$F=K\Delta \tag{6.1}$$

sendo que "K" indica a constante da mola. Para as molas de torção uma equação semelhante é escrita para relacionar o momento de torção "M" com o deslocamento angular da mola "θ", na forma:

$$M = K_t \theta \tag{6.2}$$

"K_t", nessas circunstâncias, corresponde a constante da mola de torção.

As expressões para o cálculo das constantes de mola são deduzidas ao longo deste capítulo utilizando o Teorema de Castigliano e algumas simplificações complementares. Aspectos com relação ao projeto e análise desses componentes para cargas estáticas e de fadiga também são pontuados no presente capítulo.

6.2. MOLAS HELICOIDAIS DE COMPRESSÃO

A Figura 6.1(a) mostra uma mola helicoidal de compressão com carregamento perfeitamente centrado e seus parâmetros geométricos: "d" indica o diâmetro do fio, "D" é o diâmetro médio das espiras e "p" é o passo da mola. Os esforços no fio da mola em uma espira aleatória do corpo da mola podem ser vistos na Figura 6.1(b).

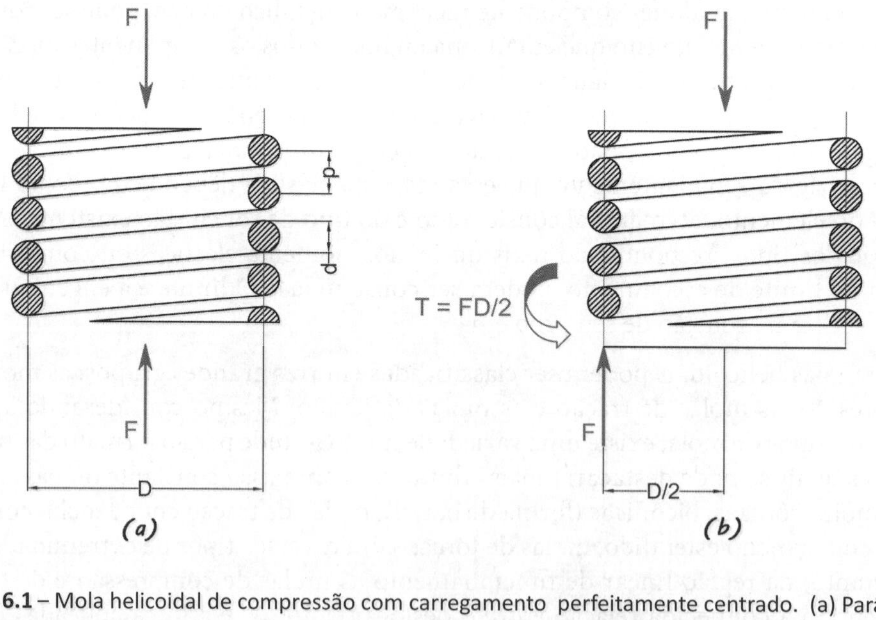

Figura 6.1 – Mola helicoidal de compressão com carregamento perfeitamente centrado. (a) Parâmetros geométricos, (b) esforços na espira. Adaptado a partir de Shigley e Mitchell, 1978.

6.2.1. ANÁLISE DE TENSÕES

O diagrama de corpo livre da Figura 6.1(b) mostra que quando a carga externa "F" é deslocada para o centro da espira em análise existem duas componentes de cisalhamento no fio: o cisalhamento transversal e o cisalhamento em torção. Quando somadas as tensões cisalhantes desses esforços, elas resultam em:

$$\tau = \frac{4F}{\pi d^2} + \frac{16T}{\pi d^3} = \frac{8FD}{\pi d^3}\left[\frac{d}{2D} + 1\right] \tag{6.3}$$

A razão (D/d) é conhecida como índice da mola, sendo representada pela letra "C" na forma (C = D/d). Sua substituição na equação anterior resulta em:

$$\tau = \frac{8FD}{\pi d^3}\left[1/(2C) + 1\right] = K_s \frac{8FD}{\pi d^3} \tag{6.4}$$

o termo ($K_s = 1/(2C) + 1$) é conhecido como fator de correção da tensão cisalhante (ou simplesmente fator de cisalhamento).

A tensão cisalhante dada pela Equação (6.3) foi definida a partir da tensão média no fio, considerando apenas o carregamento transversal correspondente. Não se considerou assim, a curvatura e a inclinação do arame, motivo pelo qual é de se esperar que os resultados obtidos a partir da equação referida não sejam totalmente precisos. Alguns autores estudaram com mais rigor esse problema e dois resultados foram obtidos no contexto da correção do valor da tensão cisalhante máxima correspondente. São eles:

$$\tau = \left[\frac{4C-1}{4C-4} + \frac{0.615}{C}\right]\frac{8FD}{\pi d^3} = K_W \frac{8FD}{\pi d^3} \tag{6.5}$$

e

$$\tau = \left[\frac{4C+2}{4C-3}\right]\frac{8FD}{\pi d^3} = K_B \frac{8FD}{\pi d^3} \tag{6.6}$$

Nessas equações "K_W" é conhecido como fator de Wahl e "K_B" é o fator de Bergstrasser. A faixa ($4 \leq C \leq 12$) é comum e recomendada nos projetos de molas sendo que nesse intervalo a diferença entre "K_W" e "K_B" é muito pequena, de tal forma que qualquer uma dessas equações pode ser utilizada nos cálculos da tensão cisalhante máxima no fio. Além disso, tais equações já incluem a concentração de tensões devido à curvatura do fio. Ainda, como pode ser visto através da Figura 6.2, o ponto de maior solicitação do fio da mola ocorre na parte interna da espira, dado a condição de sobreposição dos esforços.

6.2.2. A CONSTANTE DE RIGIDEZ PARA MOLAS DE COMPRESSÃO

A relação entre o deslocamento do ponto de aplicação da força "F" e a própria força pode ser obtida utilizando o Teorema de Castigliano. Novamente, desconsiderando a curvatura e a inclinação do fio tem-se:

$$\Delta = \frac{\partial U}{\partial F} = \int_0^{L_{mola}} \left[\frac{T}{GJ}\frac{\partial T}{\partial F} + \frac{\beta V}{GA}\frac{\partial V}{\partial F} \right] dL_{mola} \tag{6.7}$$

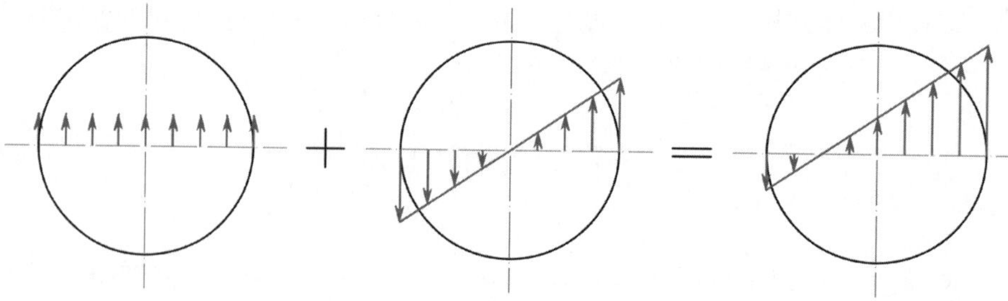

Figura 6.2 – Tensões de cisalhamento idealizada para as tensões no fio da mola (sem o efeito da curvatura).

sendo que "G" denota o módulo de cisalhamento, "J" é o momento polar de inércia, "V" é a força cortante, "β" é o fator de forma de correção da energia devido ao cisalhamento transversal e "L_{mola}" é o comprimento da mola.

O comprimento de uma espira, conforme Figura 6.3, pode, ainda ser estimado com uso da seguinte expressão:

$$L_{espira} = \sqrt{(\pi D)^2 + p^2} = \pi D \sqrt{1 + (p / \pi D)^2} \tag{6.8}$$

e para $p \ll \pi D$ essa relação pode ser aproximada por $L_{espira} \approx \pi D$.

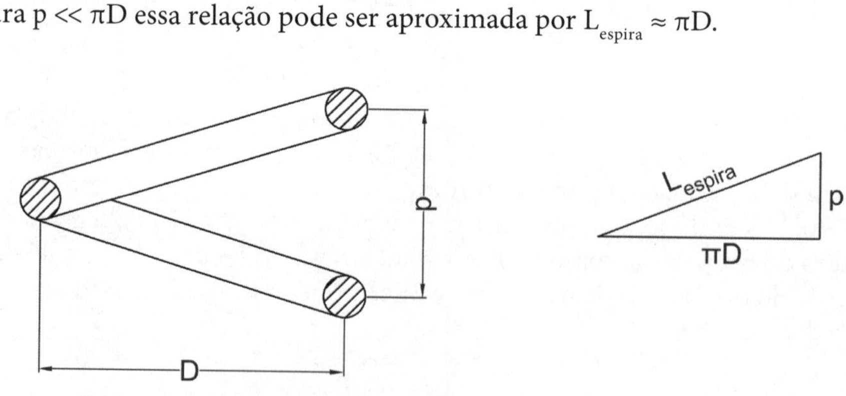

Figura 6.3 – Comprimento de uma espira.

Substituindo os valores de "V" e "T" na Equação (6.7) resulta:

$$\Delta = \int_0^{L_{mola}} \left[\frac{FD}{2GJ}\frac{D}{2} + \frac{\beta F}{GA} 1 \right] dL_{mola} = \left[\frac{FD}{2GJ}\frac{D}{2} + \frac{\beta F}{GA} \right] L_{mola} \tag{6.9}$$

Deve-se considerar que na extremidade da mola existem ainda algumas espiras (ou parcelas) que não se movimentam porque estão em contato com a parte fixa. Essas espiras são chamadas de espiras "inativas", ou seja, não são consideradas no cálculo do deslocamento. Logo,

$$\Delta = \left[\frac{FD}{2GJ}\frac{D}{2} + \frac{\beta F}{GA} \right] \pi D N_a \tag{6.10}$$

sendo que "N_a" denota no número de espiras ativas (as espiras que efetivamente se movimentam durante a aplicação da carga).

Essa expressão para o deslocamento também pode ser escrita na seguinte forma:

$$\Delta = \frac{8FD^3N_a}{Gd^4}\left[1 + \frac{\beta}{2C^2} \right] \tag{6.11}$$

A constante "β" para secções circulares vale (1,11) e a parcela ($2\beta/C^2$), que é oriunda do cisalhamento transversal, é muito menor do que a unidade para valores de "C" elevados. Assumindo-se essa hipótese tem-se:

$$\Delta \cong \frac{8D^3N_a}{Gd^4} F \tag{6.12}$$

onde se identifica a constante de rigidez da mola na forma:

$$K \cong \frac{Gd^4}{8D^3N_a} = \frac{Gd}{8C^3N_a} \tag{6.13}$$

6.2.3. ESPIRAS INATIVAS

O número de espiras inativas (também chamadas de espiras de extremidade) é determinado em função do tipo de corte e da geometria da superfície de contato da mola. De maneira geral, pode-se considerar apenas os quatro tipos de extremidades ilustrados na Figura 6.4. A denominação para a condição de extremidade plana é válida para situações em que a última espira é uma continuidade da hélice da mola, enquanto que a extremidade esquadrada (ou fechada) ocorre quando a última espira é deformada formando ângulo de hélice de zero grau.

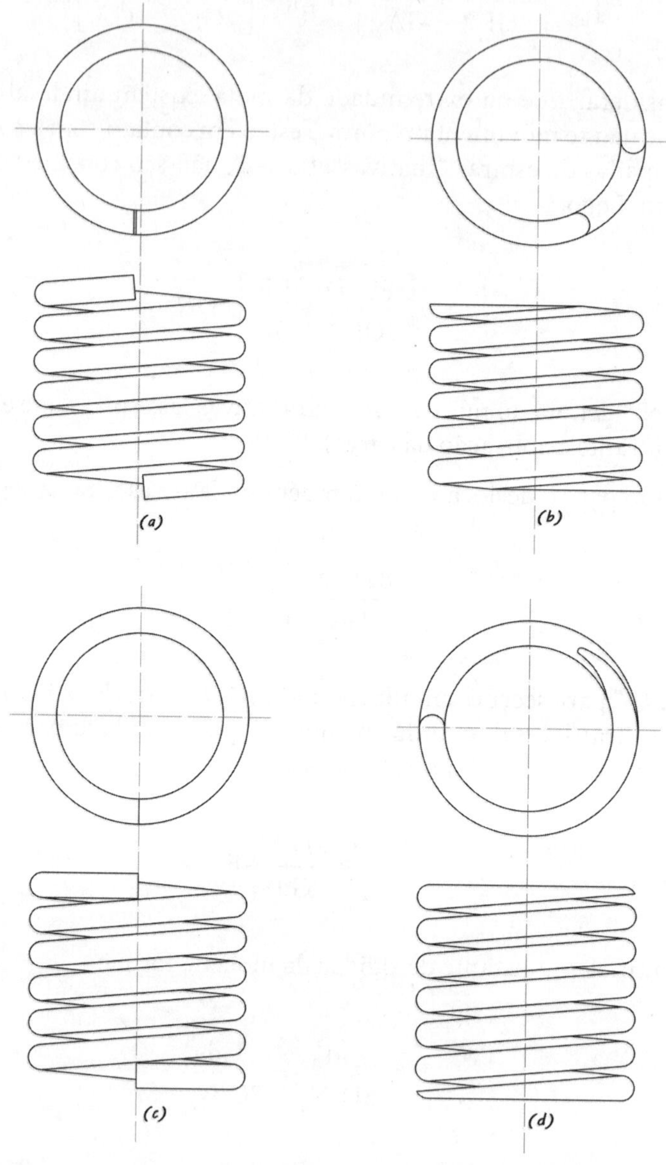

Figura 6.4 – Tipos de extremidades para molas helicoidais de compressão. (a) Plana, (b) plana e esmerilhada, (c) esquadrada, (d) esquadrada e esmerilhada. Adaptado a partir de Allen, 1961.

Na Tabela 6.1 são mostrados os valores do número de espiras inativas para cada tipo de extremidade disponível. Para aplicações de maior responsabilidade é recomendado que as extremidades sejam esquadradas e esmerilhadas.

Tabela 6.1 – Número de espiras em função do tipo de extremidade (Adaptado a partir de Shigley e Mischke, 2001).

Tipo de extremidade				
	Plana	Plana e esmerilhada	Esquadrada	Esquadrada e esmerilhada
N_e	0	1	2	2
N_a	N_t	N_t-1	N_t-2	N_t-2
L_0	pN_a+d	$p(N_a+1)$	pN_a+3d	pN_a+2d
L_{solido}	$d(N_t+1)$	dN_t	$d(N_t+1)$	dN_t

6.2.4. COMPRIMENTO SÓLIDO

O comprimento sólido da mola corresponde à altura da mesma quando todas as suas espiras estão em contato direto. Seu valor pode ser definido de acordo com as equações disponíveis na Tabela 6.1.

Durante a fase de projeto, entretanto, deve-se prever uma folga entre o deslocamento máximo e o comprimento sólido da mola, pois quando as espiras estiverem todas em contato direto haverá mudança na rigidez da mola. A ilustração da Figura 6.5(a) mostra a situação onde ocorre o escoamento do fio da mola antes dela atingir o seu comprimento sólido, ao passo que na Figura 6.5(b) apresenta-se situação semelhante, porém sem a presença desse escoamento. Observar que em ambas as situações haverá um aumento significativo da rigidez da mola quando ela atingir o seu comprimento sólido.

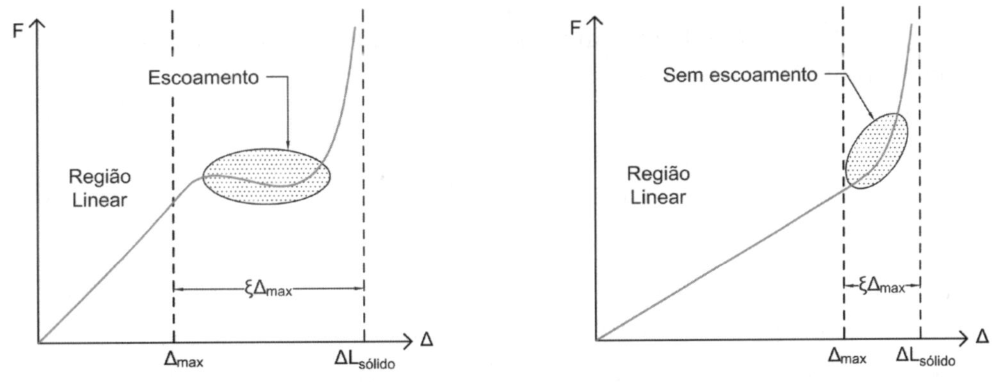

Figura 6.5 – Comportamento das molas próximas ao seu comprimento sólido, sendo (a) com escoamento, (b) sem escoamento.

A folga entre o deslocamento máximo e o comprimento sólido da mola pode ser escrita como uma parcela do deslocamento máximo, $\xi\Delta_{max}$; alguns autores recomendam utilizar $\xi \geq 0{,}15$ para o projeto de molas de compressão.

6.2.5. FLAMBAGEM PARA MOLAS DE COMPRESSÃO

Assim como as colunas, as molas em compressão também estão sujeitas ao fenômeno da flambagem. Na Figura 6.6 são mostradas as curvas de instabilidade (flambagem) para molas com as duas extremidades apoiadas em superfícies planas e para molas com uma das extremidades com apoio simples e a outra apoiada em superfície plana. A estabilidade absoluta ocorre quando o deslocamento das molas não ultrapassar os valores mínimos dessas curvas.

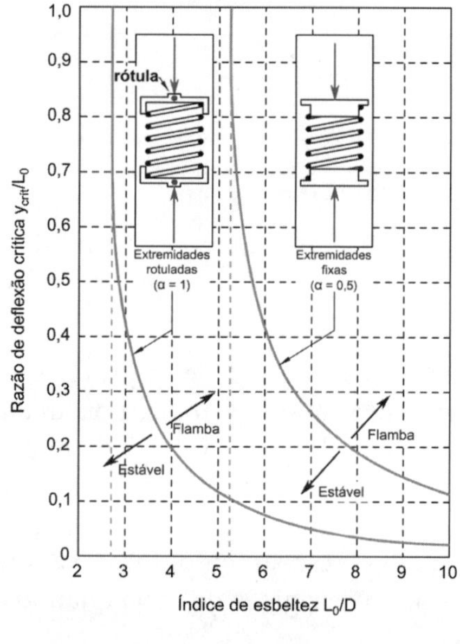

Figura 6.6 – Curva de estabilidade para molas. Adaptado a partir de Collins, 2006.

Shigley e Mische (2001) utilizam a seguinte condição para obter a estabilidade absoluta das molas de compressão:

$$L_0 < \frac{\pi D}{\alpha}\left[\frac{2(E-G)}{2G+E}\right]^{1/2} \tag{6.14}$$

sendo que o valor da constante "α" depende das condições de apoio das extremidades da mola, conforme valores definidos a partir da Tabela 6.2.

Para os aços carbono o valor do coeficiente de Poisson é aproximadamente igual a $\upsilon = 0{,}3$ e a razão entre "G" e "E" é igual a $G = E/2(1+\upsilon)$. Logo, o comprimento crítico da mola pode ser aproximado por:

$$L_0 \leq \frac{2,63D}{\alpha} \tag{6.15}$$

Tabela 6.2 – Valor da constante de extremidade (Adaptado a partir de Shigley e Mischke, 2001).

Tipo de apoio das extremidades	α
Duas superfícies planas (extremidades fixas)	0,5
Uma extremidade pivotada e outra apoiada em superfície plana	0,707
Duas extremidades pivotadas	1
Uma extremidade livre e outra engastada	2

Obs. é recomendado o uso de extremidades esquadradas e esmerilhadas para o apoio em superfícies planas.

6.3. OS AÇOS MAIS COMUNS PARA MOLAS

Nesta obra serão mostrados alguns aços carbono destinados à fabricação de molas. Esses aços são denominados de aços mola e possuem alta resistência à tração, alta tensão de escoamento, baixa histerese e alta resistência à fadiga para as situações de carregamentos dinâmicos. Alguns desses aços são mostrados na Tabela 6.3 e para esses materiais a tensão máxima na tração é dependente do diâmetro do fio, podendo ser calculada utilizando uma função exponencial e empírica conforme:

$$\sigma_{ut} \approx A/d^m \tag{6.16}$$

sendo que "A" e "m" são constantes e variam com o tipo do aço. Alguns valores para essas duas constantes são mostrados na Tabela 6.4 e nota-se que para esses materiais, a tensão máxima de ruptura passa a ser diretamente dependente do diâmetro do arame da mola.

Tabela 6.3 – Aços comuns para molas (Adaptado a partir de Shigley e Mischke, 2001).

ASTM	SAE	Designação	Características	CR
A227	1066	Repuxado a frio (encruado)	Fio de mola mais barato e de uso geral. Não recomendado para cargas de fadiga ou impacto. Aplicável para 0 ≤ T ≤ 120°C.	1,0
A228	1085	Fio musical	Material tenaz e de uso geral para molas com pequenas espiras. Resis-tência elevada para tração e fadiga. Aplicável para 0 ≤ T ≤ 180°C.	2,6
A229	1065	Fio revenido em óleo	Uso geral. Aplicável para cargas estáticas. Não recomendado para cargas de fadiga e impacto. Aplicável para 0 ≤ T ≤ 180°C.	1,3
A230	1070	Fio revenido em óleo	Adequado para cargas de fadiga.	3,0
A232	6150	Cromo Vanádio	Aço liga mais popular para molas. Adequado para cargas de fadiga e boas qualidades para cargas de impacto. Temperaturas limitadas em 220°C. Fornecido na forma recozida e pré-revenido.	3,1
A313	30302	Aço inoxidável	Adequado para aplicações de fadiga.	7,0 a 11,0
A401	9254	Cromo Silício	Adequado para aplicações de fadiga. Temperaturas limitadas em 220°C.	4,0

Obs. CR = custo relativo

Tabela 6.4 – Coeficiente "A" e "m" para alguns aços mola (Adaptado a partir de Norton, 2004).

Faixa de diâmetros mais comum			Expoente	Constante A	
tipo de aço	d (mm)	d (in)	m	N/mm²	lbf/in²
A227	0,5-16	0,020-0,625	0,1822	1753,3	141040
A228	0,3-6	0,010-0,250	0,1625	2153,5	184649
A229	0,5-16	0,020-0,625	0,1833	1831,2	146780
A232	0,5-12	0,020-0,500	0,1453	1909,9	173128
A230	0,5-12	0,020-0,500	0,1453	1909,9	173128
A401	0,8-11	0,031-0,437	0,0934	2059,2	220779

O valor da tensão cisalhamente máxima, "τ_{ut}", utilizado nesta obra foi obtido com base em experimentos de diversos persquisadores e é dado por:

$$\tau_{ut} \approx 0{,}67\sigma_{ut} = 0{,}67A/d^{m} \qquad (6.17)$$

Observar, porém, que esse valor não é compatível com a teoria da máxima tensão cisalhante (0,50 σ_{ut}) e nem com o valor da teoria da máxima energia de distorção do material (0,577 σ_{ut}).

Valores típicos para o módulo de elasticidade longitudinal e o módulo de cisalhamento (rigidez) para os aços mola estão ilustrados na Tabela 6.5. Esses valores são necessários para o cálculo da constante de rigidez da mola.

Tabela 6.5 – Módulos de elasticidade e de cisalhamento (Adaptado a partir de Norton, 2004).

tipo de aço	d [mm]	E [N/mm²]	G [N/mm²]	E/G
A227	< 0,8	203400	82700	2,46
	0,8-1,6	200000	81700	2,45
	1,61-3,0	196500	81000	2,43
	> 3,0	193000	80000	2,41
A228	< 0,8	198600	80700	2,46
	0,8-1,6	197900	80000	2,47
	1,61-3,0	197200	79300	2,49
	> 3,0	196500	78600	2,50
A229	-	196500	77200	2,54
A230,A231,A232,A401	-	203400	77200	2,63
A313,A302,A304,A316	-	193000	69000	2,80

6.4. AS TENSÕES ADMISSÍVEIS PARA CARREGAMENTOS ESTÁTICOS

A tensão de escoamento para os aços mola mostrados nas tabelas anteriores não é bem definida. Quando necessário, pode-se estimar esse valor utilizando $\sigma_{esc} \approx 0{,}75\ \sigma_{ut}$. Para os projetos de molas com carregamentos estáticos recomenda-se assim o uso das tensões mostradas na Tabela 6.6.

6.4.1. O LIMITE DE FADIGA PARA A TORÇÃO EM MOLAS

Além do valor de "τ_{ut}" ou "τ_{esc}", a outra informação necessária para a construção dos diagramas de fadiga é o limite de fadiga para carregamento de torção, "S_{se}". Esse valor pode ser, porém, determinado indiretamente a partir dos dados fornecidos por Zimmerli. O pesquisador percebeu que quando o diâmetro de arame for inferior a 10 mm (d < 10 mm) os aços molas apresentam o mesmo limite de fadiga para condição de vida infinita, sendo esse valor independente da sua resistencia à tração. À partir de testes, Zimmerli determinou ainda os valores mostrados na Tabela 6.7 para as tensões cisalhante média, "S_{sm}", e alternada, "S_{sa}".

Tabela 6.6 – Tensões máximas admissíveis para molas helicoidais de compressão para aplicações estáticas (Adaptado a partir de Shigley, Mischke e Brown, 2004).

Material	Assentamento (a)	
	Sem remoção	Com remoção
Fio musical e aço carbono estirado a frio	0,45 σ_{ut}	(0,60-0,70) σ_{ut}
Aço carbono temperado e revenido e aço de baixa liga	0,50 σ_{ut}	(0,65-0,75) σ_{ut}
Aços austeníticos inoxidáveis	0,35 σ_{ut}	(0,55-0,65) σ_{ut}
Ligas não ferrosas	0,35 σ_{ut}	(0,55-0,65) σ_{ut}

Obs. as tensões devem ser calculadas incluindo K_W ou K_B.

(a) o assentamento é um processo utilizado para introduzir tensões/deformações residuais com a deformação plástica da mola. Após a remoção desse carregamento haverá o retorno elástico da mola, porém a mesma não voltará ao seu comprimento inicial por já ter atingido o escoamento da região externa do fio da mola. A capacidade de armazenamento de energia e as tensões admissíveis para as molas com assentamento são, evidentemente, maiores do que para as molas sem esse procedimento.

Tabela 6.7 – Valores de Zimmerli para fadiga de aços molas com d < 10mm (Adaptado a partir de Zimmerli, 1957).

Sem jateamento de granalhas	**Com** jateamento de granalhas
S_{sa} = 241 MPa	S_{sa} = 398 MPa
S_{sm} = 379 MPa	S_{sm} = 534 MPa

O jateamento com granalhas também é conhecido como **shot peening** e tem como objetivo principal introduzir tensões residuais de compressão na superfície do arame da mola, visando melhorar o seu comportamento em fadiga. O efeito desse tratamento pode ser visto nos dados da Tabela 6.7. Entretanto, para as molas com diâmetro do fio pequeno ou com passo pequeno o jateamento pode não ser efetivo.

Com os dados da Tabela 6.7 e o valor da tensão cisalhante máxima é possível, por exemplo, traçar o diagrama de Gerber, visto que o limite de fadiga para vida infinita, "S_{se}", pode ser determinado por:

$$S_{se} = \frac{S_{sa}}{1-(S_{sm} / \tau_{ut})^2} \tag{6.18}$$

Uma outra abordagem para a falha de molas é utilizando o Critério de Sines. Nesse critério são desconsideradas as tensões cisalhantes médias em decorrência de evidências experimentais encontradas na literatura, que mostram não existir influencia da componente média na falha por fadiga, quando não existem entalhes ou mudanças abruptas da seccão transversal em corpos de prova.

A falha característica para carregamentos de fadiga em molas ocorre com inclinação de 45° , tendo o seu início no lado interno da mola, o que corresponde à localização das maiores tensões. Entretanto, como mostra a Figura 6.7, falhas inesperadas em molas helicoidais também ocorrem na região acima de 10^7 ciclos, as quais estão normalmente associadas às imperfeições ou inclusões no material abaixo da superfície (região com tensões menores, porém com alta concentração de tensão).

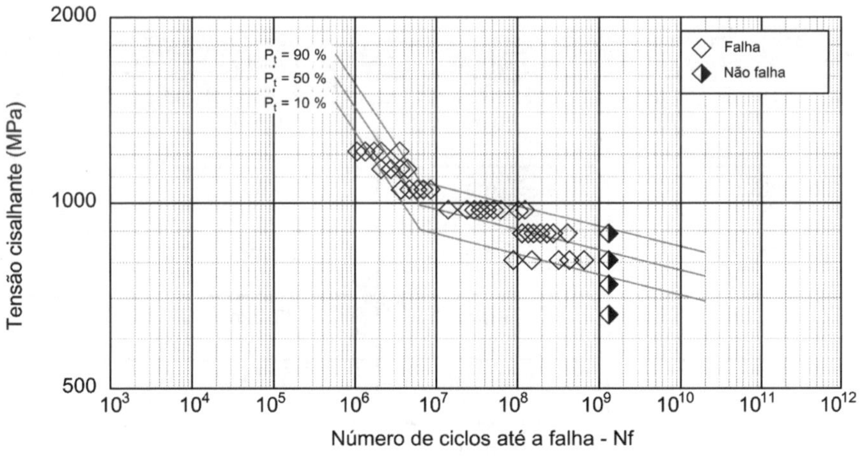

Figura 6.7 – Falhas típicas por fadiga em molas helicoidais jateadas fabricadas com aço liga SiCr com d = 2mm, ensaidas com R = 0,05 a 20 Hz. Adaptado a partir de Pyttel et all, 2011.

6.5. A ANÁLISE E O PROJETO DE MOLAS DE COMPRESSÃO

Normalmente, são encontradas diversas soluções para um mesmo projeto de molas. A Figura 6.8 ilustra, por exemplo, 3 soluções distintas para um mesmo problema (mesma constante de mola e as mesmas restrições de carregamento e geometria). A diferença dessas soluções encontra-se no diâmetro do fio, no número de espiras e no peso da mola (lembre que o custo é proporcional ao peso do material).

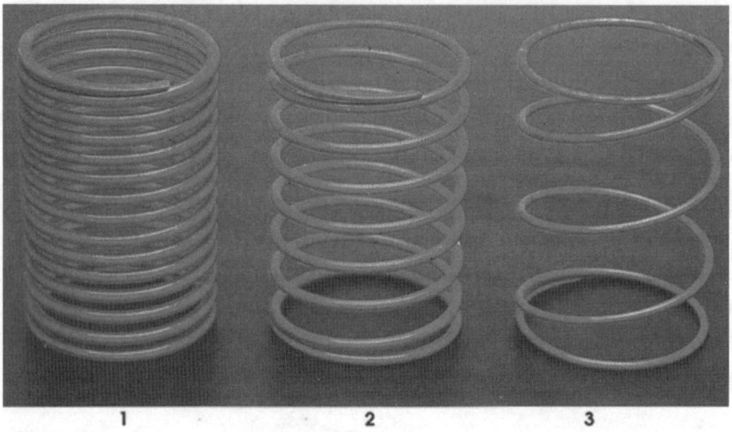

Figura 6.8 – Exemplo de projetos de mola para as mesmas solicitações e restrições. Adaptado a partir OGC Molas Industriais, 1996.

Parâmetros de projeto	Mola 1	Mola 2	Mola 3
Diâmetro do arame (d)	4,00 mm	3,40 mm	2,70 mm
Comprimento livre (L_o)	90 mm	90 mm	90 mm
Diâmetro externo (D_e)	60 mm	60 mm	60 mm
Comprimento de carga (L_1)	75 mm	75 mm	75 mm
Carga 1 (F_1)	1,733 kgf	1,733 kgf	1,733 kgf
Comprimento de carga (L_2)	65 mm	65 mm	65 mm
Carga 2 (F_2)	2,889 kgf	2,889 kgf	2,889 kgf
Constante de mola (K)	0,115 kgf/mm	0,115 kgf/mm	0,115 kgf/mm
Peso da mola	256 g	107 g	36 g

Shigley e Mischke (2001) recomendam elaborar o projeto de molas obedecendo às seguintes regras:

$$4 \leq C \leq 12 \tag{6.19}$$

$$3 \leq N_a \leq 15 \tag{6.20}$$

$$\xi \geq 0{,}15 \tag{6.21}$$

$$n_s \geq 1{,}20 \tag{6.22}$$

sendo que "n_s" denota o fator de segurança em relação ao escoamento quando a mola atinge o comprimento sólido, isto é, calculado com a carga correspondente ao fechamento da mola. No entanto, algumas vezes é possível encontrar molas que não foram projetadas obedecendo esses critérios. As três soluções mostradas na Figura 6.8 possuem, por exemplo, o índice da mola fora da faixa recomendada (C = 14, C = 16,65 e C = 21,22, respectivamente).

6.5.1. AS RESTRIÇÕES GEOMÉTRICAS DO PROJETO

A Figura 6.9 ilustra a situação de uma mola de compressão com carga externa variando desde 0 até o valor máximo (F_{max}). O projeto, nessas circunstâncias, deve ser executado prevendo a folga entre o deslocamento máximo e o comprimento sólido da mola, isto é:

$$L_0 \geq \Delta_{max} + \xi\Delta_{max} + L_{sólido} \tag{6.23}$$

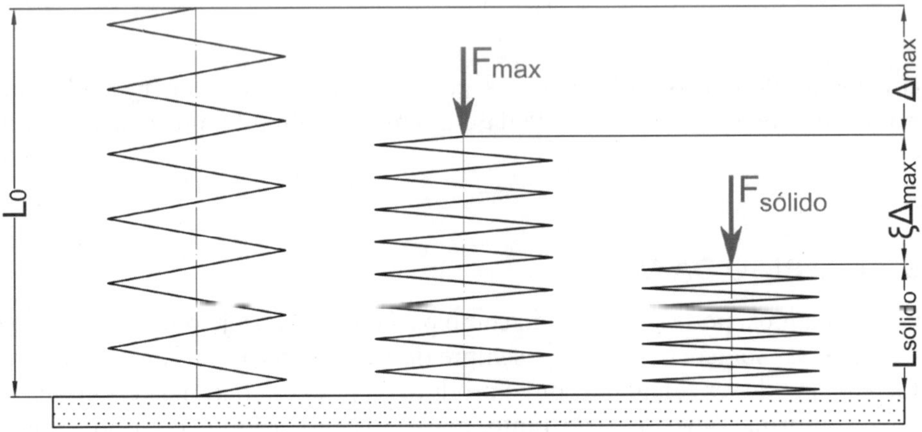

Figura 6.9 – Restrições geométricas de funcionamento.

Outras restrições geométricas adicionais podem também aparecer na fase de projeto da mola, quando, por exemplo é restringido o valor do diâmetro externo (montagens em furos) ou o valor do diâmetro interno da mola (montagem em pinos e eixos).

6.5.2. O NÚMERO DE ESPIRAS ATIVAS

O número de espiras ativas que, preferencialmente, deve obedecer a Equação (6.20) é obtido à partir da expressão da rigidez da mola. Sua expressão corresponde a:

$$N_a \cong \frac{Gd^4}{8D^3K} = \frac{Gd}{8C^3K} \tag{6.24}$$

6.5.3. ANÁLISE DE TENSÕES

A Equação (6.5) ou (6.6) será utilizada para os cálculos de tensões. Utilizando, por exemplo, a primeira dessas equações e os dados da Tabela 6.5 para projetos estáticos tem-se:

$$\tau_{max} = \left[\frac{4C-1}{4C-4} + \frac{0,615}{C}\right]\frac{8F_{max}D}{\pi d^3} = K_W \frac{8F_{max}D}{\pi d^3} \leq \tau_{adm} \tag{6.25}$$

As análises e projeto das molas helicoidais de compressão para os carregamentos de fadiga será realizada utilizando o critério de Gerber, isto é:

$$\frac{\tau_a}{S_{se}/n_f} + \left(\frac{\tau_m}{\tau_{ut}/n_f}\right)^2 \leq 1 \tag{6.26}$$

em que "n_f" designa o coeficiente de segurança em fadiga e o par (τ_m, τ_a) é utilizado para indicar a tensão cisalhante média e a tensão cisalhante alternada, respectivamente.

6.5.4. O PESO DA MOLA

O peso da mola pode ser utilizado como parâmetro de projeto na redução do custo. Das diversas soluções possíveis é sempre desejável determinar aquela com menor custo, o qual pode ser calculado com o produto do peso do material vezes o seu custo relativo, conforme Tabela 6.3. Portanto, mais uma restrição deve ser adicionada ao projeto. O custo pode ser estimado empregando a seguinte relação:

$$\text{custo} \cong \left(\frac{\pi d^2}{4} \times \pi D N_t \times \gamma\right) \times CR \tag{6.27}$$

sendo que "γ" denota o peso específico do material e "CR" designa o custo relativo do material, Tabela 6.3.

6.5.5. A FREQUÊNCIA NATURAL DA MOLA

Para as situações de carregamentos dinâmicos, uma preocupação adicional no projeto é a frequencia de aplicação da carga. Para que as equações de projetos utilizadas neste capítulo sejam válidas é necessário que a frequência de funcionamento seja muito menor do que a frequência natural (primeira) da mola, para evitar a amplificação dinâmica do deslocamento da mola. Recomenda-se, assim, que o projeto seja elaborado com frequência de trabalho inferior a 10 vezes o valor da frequência natural.

Shigley e Mitchell (1989) mostram a dedução da expressão para cálculo da frequência natural de molas helicoidais de compressão e o seu valor é dado por:

$$f_1 = c\sqrt{\frac{Kg}{W_a}} \quad (\text{Hz}) \tag{6.28}$$

c = 1/2 quando a mola estiver apoiada em duas superfícies planas e c = 1/4 quando uma extremidade estiver livre e outra apoiada em superfície plana. "W_a" indica o peso ativo da mola, isto é, o peso das espiras ativas e é igual a:

$$W_a = \frac{\pi d^2}{4} \times \pi D N_a \times \gamma \tag{6.29}$$

6.6. MOLAS HELICOIDAIS DE TRAÇÃO

A Figura 6.10 ilustra molas helicoidais de tração e alguns tipos mais comuns de extremidades. Note que praticamente não existe um padrão definido para o tipo de extremidade e normalmente nenhum espaço entre as espiras do corpo (essa situação é denominada de enrolamento fechado).

Figura 6.10 – Exemplo de molas helicoidais de tração e tipos de extremidades.

As molas com enrolamento fechado são fabricadas com alguma pré-tensão, com o objetivo de controlar melhor o seu comprimento livre. A faixa de valores dessa pré--tensão pode ser obtida a partir da seguinte expressão empírica:

$$\tau_i = \frac{231}{e^{0.105C}} \pm 6,9\left(4 - \frac{C-3}{6,5}\right) \text{ MPa} \tag{6.30}$$

sendo que "τ_i" deve ser avaliado sem nenhuma correção da curvatura (sem incluir "K_W" ou "K_B" nos cálculos).

Como existe uma força inicial, "F_i", então a relação entre a força externa e o deslocamento da mola será dada por:

$$F = F_i + k\Delta \tag{6.31}$$

O comprimento livre das molas helicoidais de tração é medido no lado interno dos ganchos das extremidades, conforme ilustrado na Figura 6.11, sendo o seu valor dado por:

$$L_0 = 2(D-d) + (N_b+1)d = (2C-1+N_b)d \tag{6.32}$$

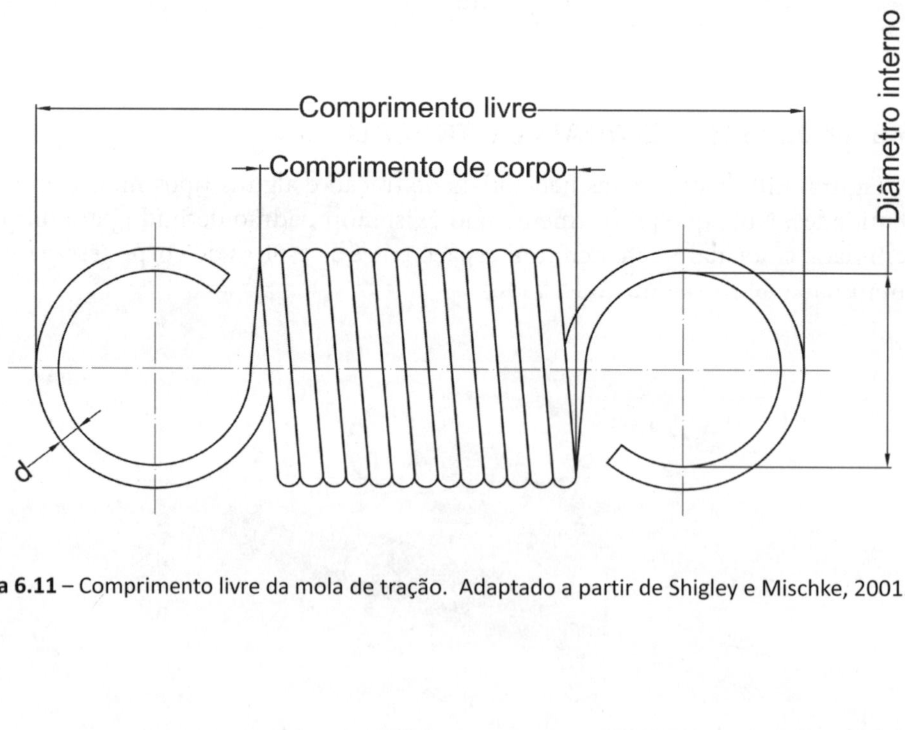

Figura 6.11 – Comprimento livre da mola de tração. Adaptado a partir de Shigley e Mischke, 2001.

6.6.1. O NÚMERO DE ESPIRAS ATIVAS

O deslocamento entre as extremidades (pontos de aplicação da força) pode ser calculado como sendo a soma da parcela correspondente ao deslocamento das espiras do corpo da mola mais duas vezes o deslocamento de cada meia volta das extremidades. Na Figura 6.12 é ilustrado o modelo utilizado para avaliar o deslocamento das espiras da extremidade da mola com o uso da teoria de vigas curvas. Segundo Shigley (2001), a expressão para o deslocamento de cada meia espira é dada por:

$$\Delta_{\text{meiavolta}} = \frac{\pi F R^2}{2EAe} - \frac{\pi F R}{2AE} + \frac{\pi \beta F R}{2AG} \tag{6.33}$$

sendo que "e" denota a distância do centroide até o eixo neutro de flexão e "β" é o fator de forma para o cisalhamento transversal.

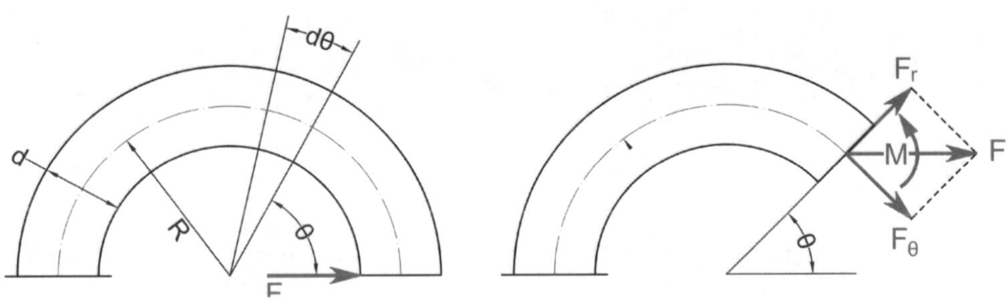

Figura 6.12 – Modelo utilizado para estimar o deslocamento de uma extremidade da mola. Adaptado a partir de Shigley e Mischke, 2001.

Essa expressão pode ser simplificada quando R/h = R/d >10. Nessas condições o deslocamento pode ser aproximado por:

$$\Delta_{\text{meiavolta}} \cong \frac{\pi F R^3}{2EI} \tag{6.34}$$

Portanto, considerando R = D/2 e R/d > 10, o deslocamento entre as extremidades da mola será igual a:

$$\Delta = 2 \times \underbrace{\frac{\pi F D^3}{16EI}}_{\substack{meia\\volta}} + \underbrace{\frac{8FD^3 N_b}{d^4 G}}_{\substack{espiras\\decorpo}} = \frac{8FD^3}{Gd^4} \underbrace{\left(N_b + \frac{G}{E} \right)}_{N_a} \tag{6.35}$$

Vale salientar que muitas molas de tração são fabricadas com razão R/d < 10 e, portanto, esta última expressão é apenas uma aproximação para o valor real de "Δ".

6.6.2. ANÁLISE DE TENSÕES

A análise de tensões mostrada na sequência é realizada para as extremidades ilustradas na Figura 6.13, podendo, porém, ser facilmente adaptada para outros tipos de extremidades

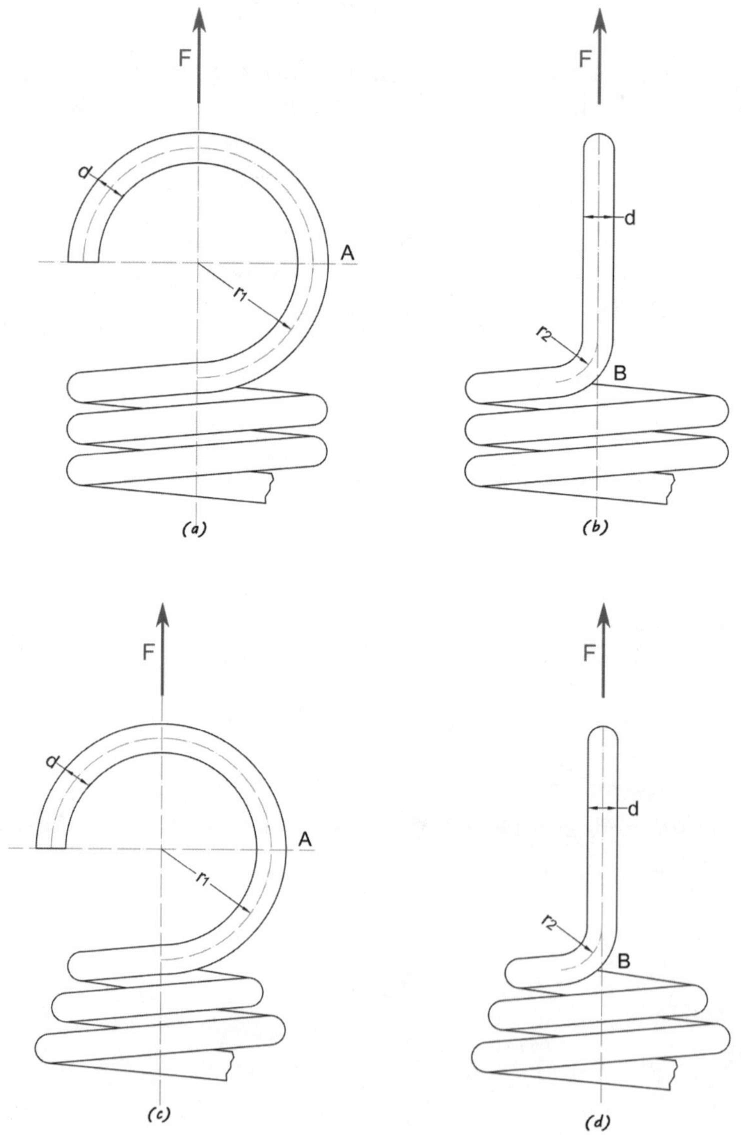

Figura 6.13 – Molas helicoidais de tração com gancho completo na extremidade. Adaptado a partir de Shigley e Mischke, 2001.

Nessas situações são três os pontos para a análise de tensões: na extremidade da mola as tensões que atuam no ponto "A" são de tração, no ponto "B" são tensões de torção e nas espiras do corpo da mola atuam também tensões de torção.

a) tensões no ponto "A"

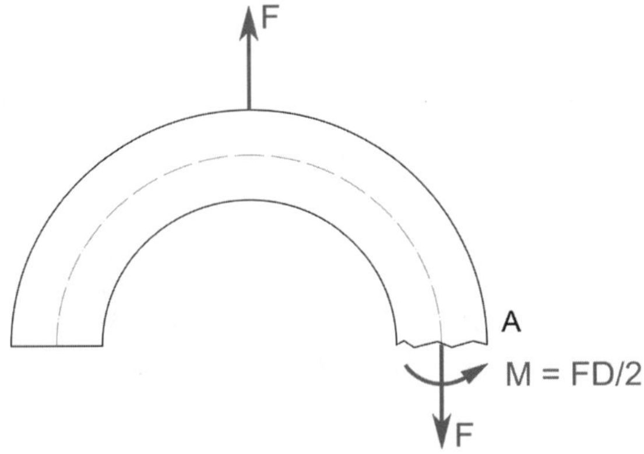

Figura 6.14 – Esforços no ponto "A".

A máxima tensão normal no ponto "A" é composta por uma parcela oriunda da força normal e outra parcela da flexão, similar a uma viga curva. Seu valor é dado por:

$$\sigma_A = F\left[K_A \frac{16(2r_1)}{\pi d^3} + \frac{4}{\pi d^2}\right] \tag{6.36}$$

sendo que "K_A" denota o fator de concentração de tensões para corrigir os efeitos da curvatura do fio e sua expressão vale:

$$K_A = \frac{4C_1^2 - C_1 - 1}{4C_1(C_1 - 1)} \text{ com } C_1 = \frac{2r_1}{d} \tag{6.37}$$

b) tensões no ponto "B"

A máxima tensão de torção no ponto "B" é dada por:

$$\tau_B = K_B \frac{8F(2r_1)}{\pi d^3} \tag{6.38}$$

sendo que nessa expressão "K_B" denota o fator de concentração de tensões para o ponto "B" e sua expressão vale:

$$K_B = \frac{4C_2 - 1}{4C_2 - 4} \text{ com } C_2 = \frac{2r_2}{d} \quad (6.39)$$

c) tensões nas espiras do corpo da mola

As tensões de torção nas espiras do corpo da mola são calculadas utilizando as mesmas expressões deduzidas para o caso das molas de compressão.

6.6.3. AS TENSÕES ADMISSÍVEIS

As tensões admissíveis para cargas estáticas e de fadiga de molas de tração estão mostradas nas Tabelas 6.8 e 6.9, respectivamente. Os dados da Tabela 6.9 são para R = 0 ($R = \sigma_{min}/\sigma_{max}$); sendo que para situações onde $R \neq 0$, o diagrama de fadiga deve ser elaborado de maneira semelhante ao mostrado para as molas de compressão.

Tabela 6.8 – Tensões máximas recomendadas para o projeto de molas de extensão com carga estática (Adaptado a partir de Spring-Barnes Group, 1987).

	Em torção		Em tração
Material da mola	**Corpo da mola**	**Extremidade**	**Extremidade**
Aço patenteado, Aço carbono estirado a frio ou temperado e revenido em óleo e aços de baixa liga	0,45-0,50 τ_{ut}	0,40 τ_{ut}	0,75 σ_{ut}
Aço inoxidável austenítico e ligas não ferrosas	0,35 τ_{ut}	0,30 τ_{ut}	0,55 σ_{ut}

Tabela 6.9 – Tensões máximas recomendadas para o projeto de molas de extensão em função do número de ciclos (A228 e aço inoxidável do tipo 302) (Adaptado a partir de Spring-Barnes Group, 1987).

	Em torção		Em tração
Vida	Corpo	Extremidade	Extremidade
10^5	0,36 τ_{ut}	0,34 τ_{ut}	0,51 σ_{ut}
10^6	0,33 τ_{ut}	0,30 τ_{ut}	0,47 σ_{ut}
10^7	0,30 τ_{ut}	0,28 τ_{ut}	0,45 σ_{ut}

Obs. sem jateamento (shot-peening).

6.7. PROBLEMAS RESOLVIDOS

7.1 - A came ilustrada em figura está acoplada ao eixo que gira com rotação de 600 rpm. A força na mola helicoidal, que mantém o contato entre as superfícies varia entre 300 N quando a came esta no ponto superior e 100 N para o ponto morto inferior. O deslocamento total do seguidor durante o trabalho é de 20 mm. Projete uma mola para essas condições de trabalho. Supor extremidades esquadradas e esmerilhadas, bem como, o fator de correção de Bergstrasser.

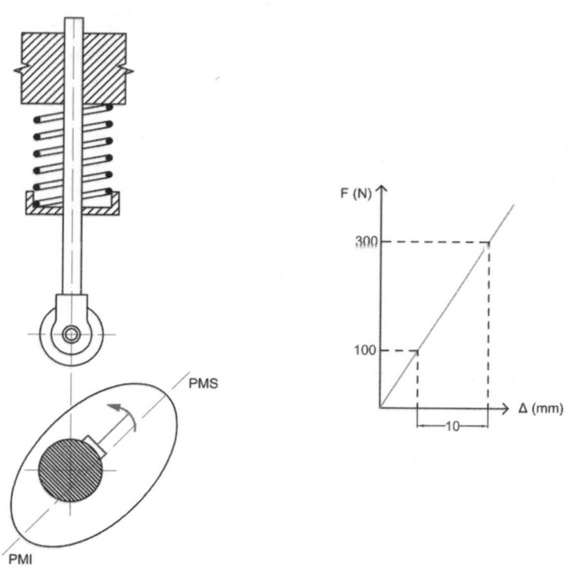

Figura 6.15 – Diagrama força x deslocamento para a mola durante operação.

Solução

Seleciona-se para o projeto o aço mola A228 sem jateamento. Trata-se de um fio musical, o qual é indicado para as situações de carregamento de fadiga. Esse material possui m = 0,1625, A = 2153,5 MPa, e um módulo de rigidez variável com o diâmetro do fio. O material sem jateamento possui: $S_{sa} = 241\ N/mm^2$ e $S_{sm} = 379\ N/mm^2$.

Com esses dados é possível obter as expressões para a tensão máxima cisalhante e o limite de fadiga em função somente da variável "d". Essas expressões correspondem a:

$$\tau_{ut} = 0,67\frac{A}{d^m} = 0,67\frac{2153,5}{d^{0.1625}} = \frac{1442,85}{d^{0.1625}}$$

$$S_{se} = \frac{S_{sa}}{1-\left(S_{sm}/\tau_{ut}\right)^2} = \frac{241}{1-\left(379/\tau_{ut}\right)^2}$$

A constante de mola é determinada dividindo-se a variação da carga pela variação do deslocamento durante o ciclo da came, isto é:

$$k = \frac{\Delta F}{\Delta x} = \frac{200-100}{20} = 5\,N/mm$$

Para o número de espiras ativas resulta:

$$N_a \cong \frac{Gd^4}{8D^3k} = \frac{Gd}{8\times 5C^3} = \frac{Gd}{40C^3}$$

Para o caso de extremidades esquadradas e esmerilhadas, o número de espiras inativas vale 2.

O deslocamento máximo da mola é Δ_{max} = 40,0mm (F_{max}/k = 200/5). Portanto, considerando folga de 0,15 Δ_{max},a restrição para o comprimento "L_0" será dada por:

$$L_0 \geq (1+0,15)40,0+(N_a+2)d = 46,0+(N_a+2)d$$

Da análise de flambagem escreve-se outra restrição para o projeto da mola considerando o apoio em superfícies planas (α = 0,5):

$$L_0 \leq 5,26D = 5,26Cd$$

As tensões são calculadas da seguinte maneira:

$$\tau_{max} = \frac{8F_{max}C}{\pi d^2}\left(\frac{4C+2}{4C-3}\right) = \frac{8\times 200C}{\pi d^2}\left(\frac{4C+2}{4C-3}\right) = 509,29\frac{C}{d^2}\left(\frac{4C+2}{4C-3}\right)$$

$$\tau_m = \frac{8F_mC}{\pi d^2}\left(\frac{4C+2}{4C-3}\right) = \frac{8\times 150C}{\pi d^2}\left(\frac{4C+2}{4C-3}\right) = 381,97\frac{C}{d^2}\left(\frac{4C+2}{4C-3}\right)$$

$$\tau_a = \frac{8F_aC}{\pi d^2}\left(\frac{4C+2}{4C-3}\right) = \frac{8\times 50C}{\pi d^2}\left(\frac{4C+2}{4C-3}\right) = 127,32\frac{C}{d^2}\left(\frac{4C+2}{4C-3}\right)$$

As tensões máximas devem ser limitadas em 0,5 σ_{ut} (Tabela 6.5) e para esse problema $\tau_m = 3\tau_a$. Então, a região de projeto para o critério de Gerber é definida com:

$$\frac{\tau_a}{S_{se}/n_f} + \left(\frac{3\tau_a}{\tau_{ut}/n_f}\right)^2 \le 1$$

Para um coeficiente de segurança de 1,2:

$$\left(\frac{3,60}{\tau_{ut}}\right)^2 \tau_a^2 + \frac{1.20\tau_a}{S_{se}} - 1 \le 0$$

Finalmente, a última restrição para o projeto dessa mola é o valor da sua frequência crítica que deve ser pelo menos 10 vezes maior do que a frequência do carregamento (velocidade angular do eixo). O peso ativo da mola calculado com a Equação (6.29) vale:

$$W_a = \frac{\pi d^2}{4} \times \pi D N_a \times 76500 = 188756,18 d^3 C N_a$$

substituindo essa expressão na Equação (6.28) resulta:

$$f_1 = \frac{1}{2}\sqrt{\frac{5000\times 10}{188756,18 d^3 C N_a}} = \frac{1}{2}\sqrt{\frac{0.264892}{d^3 C N_a}} \ge 10\times 600/60 = 100,00\text{Hz}$$

sendo que nessa equação o valor de "d" deve ser expresso em metros, pois os valores para "g" e "K" já foram convertidos para essa unidade.

Note que todas as equações elaboradas para a solução do problema foram escritas em função de duas variáveis: "C" e "d". Esse conjunto de equações não lineares admite inúmeras soluções. A solução mostrada na sequência é iterativa; sendo que no início dos cálculos é arbitrado o valor para "C" dentro da faixa recomendada (4 a 12).

Após essa etapa, varia-se valor de "d" a partir de diâmetros padrões (comerciais) para os fios de mola visando verificar a falha por fadiga e a tensão máxima no fio da mola.

Após a análise de tensões, o número de espiras ativas e as outras restrições do projeto também são avaliadas utilizando as soluções viáveis da etapa anterior. Esses cálculos são mostrados na Tabela 6.11.

Na quarta tentativa de cálculo, a partir de C = 8 (valor médio entre 4 e 12), obteve-se um diâmetro do arame de 4 mm, valor a partir do qual houve convergencia satisfatória para fadiga e para tensão máxima.

Tabela 6.10 – Procedimento iterativo para as análises de tensões do projeto de molas (todas as tensões dadas em N/mm²)

Análise de fadiga							Análise da tensão máxima		
C	d [mm]	τ_{ut}	S_{se}	τ_a	τ_m	Região Projeto	$0{,}5\sigma_{ut}$	τ_{max}	n_s
8	2,00	1289,15	263,80	597,10	1791,32	5,49 x	-	-	-
	3,00	1206,95	265,38	265,38	796,14	1,82 x	900,71	1061,52	0,85 x
	3,50	1177,09	268,87	194,97	584,92	1,22 ✓	878,43	779,89	1,13 ✓
	4,00	1151,82	270,26	149,28	447,83	0,88 ✓	859,57	597,10	1,44 ✓
7	3,00	1206,95	265,38	237,67	713,30	1,57 ✓	900,71	950,68	0,95 x
	3,50	1177,09	268,87	174,61	523,85	1,06 ✓	878,43	698,46	1,26 ✓
	4,00	1151,82	270,26	133,69	401,07	0,76 ✓	859,57	534,76	1,61 ✓
8,5	4,00	1151,82	270,26	157,10	471,30	0,93 ✓	859,57	628,41	1,37 ✓

Tabela 6.11 – Espiras ativas e verificação das outras restrições do projeto

		Espiras ativas		Comprimento Inicial	Flambagem	Frequência
C	d = [mm]	G [N/mm²]	Na	$L_0 \geq$ [mm]	$L_0 \leq$ [mm]	f_1 [Hz]
8	4,00	78600	15,35	115,40	168,32	91,79 x
7	4,00	78600	22,91	145,64	147,28	80,32 x
8,5	4,00	78600	12,80	105,20	178,84	119,67 ✓

7.2 - A figura ilustra uma mola cônica que foi manufaturada utilizando aço A227 repuxado a frio. Estime o valor da constante da mola e o valor da força de compressão que provoca o contato entre as espiras.

Solução

Considerando as espiras apoiadas nas superfícies planas como espiras inativas tem-se $N_i = 0,5 + 0,5 = 1$, restando como espiras ativas $N_a = 3,5$.

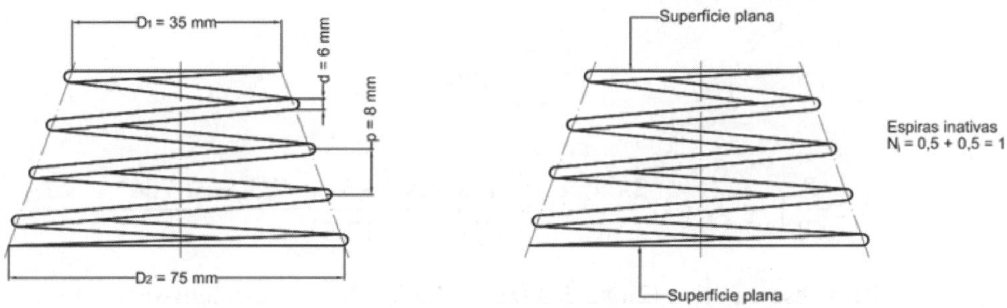

Figura 6.16 – Mola cônica.

O raio médio da mola para qualquer posição θ, $0 \le \theta \le 2\pi N_a$, é dado por:

$$R(\theta) = R_1 + \frac{\Delta R}{2\pi N_a}\theta$$

Utilizando o Teorema de Castigliano (desconsiderando a curvatura do fio e a contribuição das forças normal e cisalhante) tem-se:

$$\Delta \cong \int_0^{\theta_{max}} \frac{T(\theta)}{GJ}\frac{\partial T(\theta)}{\partial F}R(\theta)d\theta$$

e como $T(\theta) = FR(\theta)$, então:

$$\Delta \cong \int_0^{\theta_{max}} \frac{FR(\theta)}{GJ}R(\theta)R(\theta)d\theta = \frac{F}{GJ}\int_0^{\theta_{max}} R^3(\theta)d\theta$$

Finalmente, fatorando essa relação resulta:

$$\Delta \cong \frac{2\pi N_a F}{GJ}\frac{(R_2+R_1)(R_2^2+R_1^2)}{4} = \frac{16 N_a F}{Gd^4}(R_2+R_1)(R_2^2+R_1^2)$$

Portanto, o valor da constante de mola equivalente vale:

$$k \cong \frac{Gd^4}{16N_a\left(R_2+R_1\right)\left(R_2^2+R_1^2\right)}$$

Para a primeira espira da mola ($0 \leq \theta \leq 2\,\pi$) com R_1 = 17,5 mm e R_2 = 17,5+(37,5-17,5)/3,5 = 23,215 mm, o deslocamento será igual a:

$$\Delta \cong \frac{F}{GJ}54060,62$$

$$\Delta \cong \frac{F}{GJ}\int_{31,786}^{37,5} R^3\left(\theta\right)\frac{2\pi N_a}{\Delta R}dR = \frac{F}{GJ}\frac{2\pi \times 3,5}{\left(37,5-17,5\right)}\frac{37,5^4-31,786^4}{4}$$

Para a última espira ativa (2π x2,5 $\leq \theta \leq 2\pi$ x3,5). Nesse caso tem-se:

$$\Delta \cong \frac{F}{GJ}\int_{31,786}^{37,5} R^3\left(\theta\right)\frac{2\pi N_a}{\Delta R}dR = \frac{F}{GJ}\frac{2\pi \times 3,5}{\left(37,5-17,5\right)}\frac{37,5^4-31,786^4}{4}$$

Portanto, a última espira desloca mais do que a primeira. Limitando o seu deslocamento em 8 mm (passo) obtém-se, enfim, a força desejada:

$$F = \frac{8 \times 80000 \times \pi \times 6^4}{32 \times 262995,54} = 309,62N$$

7.3 - Uma mola de tração deve ser utilizada para carga estática com valor máximo de 150 N. A mola deve ser enrolada com 50 N de pretensão e possuir rigidez de 15,0 kN/m. Obtenha um pré-projeto para essa mola. Supor um aço A227 e uma geometria de extremidade com ganchos completos.

Solução

Para o aço A227 tem-se: m = 0,1822 e A = 1753,3 MPa, com diâmetros de arame comerciais disponíveis na faixa de 0,65 até 16,00 mm (ver apêndice A) com um CR = 1,0. Com esses dados se torna possível determinar "σ_{ut}" em função do diâmetro do fio,

$$\sigma_{ut} \cong A / d^m = \frac{1753,3}{d^{0.1822}} N/mm^2$$

Para uma geometria com extremidades com ganchos completos, tem-se como principais variáveis de projeto: "D", "d" e "N_b".

Análise de tensões nos ganchos das extremidades e ponto "A":

Para a geometria selecionada $2r_1 = D$ e a expressão da tensão para o ponto "A" pode ser reescrita como sendo:

$$\sigma_A = \frac{4F}{\pi d^2}\left[4CK_A + 1\right]$$

o seu valor limite é de 0,75 σ_{ut} (Tabela 6.8). Logo, utilizando $n_s = 1{,}2$:

$$\sigma_A = \frac{4\times 150}{\pi d^2}\left[4CK_A + 1\right] \le \frac{0{,}75}{n_s}\frac{1753{,}3}{d^{0.1822}}$$

ou ainda,

$$\sigma_A = \frac{1{,}2\times 4\times 150}{\pi\times 0{,}75\times 1753{,}3}\left[4CK_A + 1\right] \le d^{(2-0.1822)}$$

Essa expressão simplificada fica sendo igual a:

$$0{,}174287\times\left[4C\frac{4C-C-1}{4C(C-1)}+1\right] \le d^{1{,}8178}$$

Análise de tensões nos ganchos das extremidades e ponto "B":

As tensões no ponto "B" são dadas pela Equação (6.38) e devem ser limitadas em 0,40 σ_{ut}/n_s de acordo com a Tabela 6.8. Assim:

$$K_B\frac{1{,}2\times 8\times 150C}{\pi\times 0{,}40\times 1753{,}3} \le d^{1{,}8178}$$

$$K_B\frac{1{,}2\times 8\times 150C}{\pi\times 0{,}40\times 1753{,}3} \le d^{1{,}8178}$$

Essa expressão simplificada fica sendo igual a:

$$0{,}6535\left[\frac{4C-1}{4C-4}\right]C \le d^{1{,}8178}$$

Análise de tensões nas espiras do corpo da mola:

As tensões nas espiras do corpo da mola são calculadas com a Equação (6.6) e devem ser limitadas em 0,45 σ_{ut}/n_s de acordo com a Tabela 6.8. Assim,

$$\tau_b = \left[\frac{4C+2}{4C-3}\right]\frac{8FC}{\pi d^2} \le \frac{0,45}{1,2}\frac{1753,3}{d^{0,1822}}$$

$$\left[\frac{4C+2}{4C-3}\right]\frac{1,2\times 8\times 150C}{\pi\times 0,45\times 1753,3} \le d^{1,8178}$$

Essa expressão simplificada fica sendo igual a:

$$0,580956\left[\frac{4C+2}{4C-3}\right]C \le d^{1,8178}$$

As espiras do corpo da mola:

Como o valor da constante de mola é fornecido no enunciado, o número de espiras do corpo da mola é calculado utilizando a Equação (6.35) de onde tem-se:

$$k = \frac{Gd}{8C^3\left(N_b + G/E\right)} = \frac{Gd}{8C^3N_a}$$

Para esse material os valores de "G" e "E" dependem do diâmetro do fio (Tabela 6.5) e o número de espiras do corpo não pode ser obtido sem antes determinar o valor deste parâmetro. Com isso, veja a Tabela 6.12.

Tabela 6.12- Padrão das soluções

	Ponto A	Ponto B	Corpo da mola	Padrão	Espiras do corpo
C	d ≥ [mm]	d ≥ [mm]	d ≥ [mm]	d = [mm]	$N_b = N_a$-G/E
4	2,02	1,92	1,80	2,20	23,20
5	2,22	2,11	1,98	2,50	13,50
6	2,41	2,29	2,15	2,50	7,71
7	2,59	2,46	2,31	2,80	5,51
8	2,76	2,63	2,46	2,80	3,69

6.8. PROBLEMAS PROPOSTOS

8.1 - Pesquise nos endereços listados na sequência sobre molas helicoidais de tração, compressão e torção. Indique os tipos de materiais das molas e a sua especificação.

http://www.molas.com.br

http://silvanamolas.com.br/

http://www.wasmol.com.br

http://www.asbg.com

http://smihq.org/public/publications/springsmagazine.html

8.2 - Pesquise nos endereços listados no exercício anterior sobre as molas de Belleville e molas planas. Indique os tipos de materiais das molas e suas características.

8.3 - Duas molas helicoidais montadas concentricamente (uma dentro da outra), possuem o mesmo comprimento livre e estão apoiadas em duas superfícies planas. As dimensões e características dessas molas estão mostradas na tabela que segue:

	Mola externa	Mola interna
D	4"	2 ½"
d	½"	½"
N_a	20	15
Material	A227 estirado a frio	A227 estirado a frio

Dados do material: $G = 12x10^6$ lbf/in², $E = 30x10^6$ lbf/in² e $\rho = 7800$ kg/m³

Pede-se estimar:

a) a constante equivalente das molas

b) a força externa que provoca deformação permanente no conjunto

Resp.

a) K_{eq} = 473,242 lbf/in

b) P = 1290,1 lbf.

8.4 - Duas molas helicoidais montadas concentricamente (uma dentro da outra), possuem o mesmo comprimento livre e estão apoiadas em duas superfícies planas. As dimensões e características dessas molas estão mostradas na tabela que segue:

	Mola externa	Mola interna
D	2,5"	1,75"
d	0,207"	0,162"
N_a	12	8
L_o	5"	3,5"
Material	A227 estirado a frio	A227 estirado a frio

Dados do material: G = 12×10^6 lbf/in², E = 30×10^6 lbf/in² e ρ = 7800 kg/m³

Determine a máxima carga externa que pode ser aplicada nesse conjunto obedecendo aos critérios de projetos indicados no Livro Texto.

Resp. F = 7,95 lbf.

8.5 - A força que atua na mola utilizada no dispositivo ilustrado em figura (regulador de Watt) é de 40 lbf quando as massas estão na posição ilustrada na figura (a). O deslocamento máximo do mecanismo é mostrado na figura (b) e a força na mola nessa posição vale 130 lbf. Estime o valor da constante da mola.

Resp. k = 74,12 lbf/in.

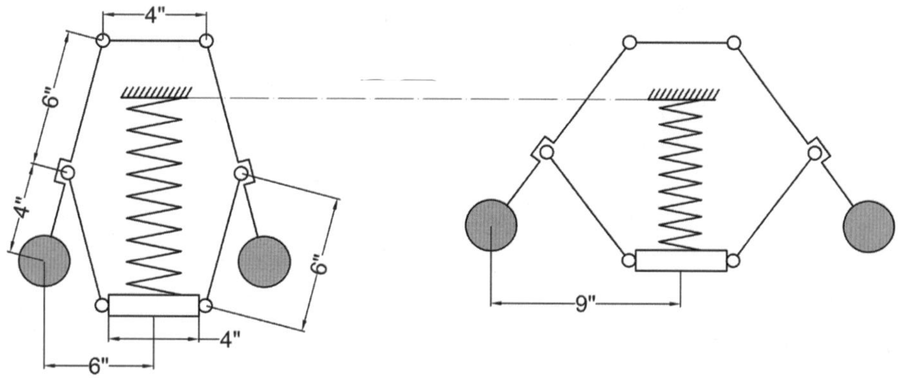

8.6 - Para o Problema Proposto 8.5 determine:

a) o diâmetro do fio da mola para tensão cisalhante máxima de 50 kpsi e índice da mola igual a 8,

b) o número de espiras ativas admitindo G = 11,6x10^6 psi;

c) o comprimento livre da mola sabendo que a mesma possui uma espira inativa em cada extremidade e na posição deformada ela possui comprimento igual a 110% do seu comprimento sólido.

Resp.

a) d ≥ 0,249"

b) N_a = 9,51

c) L_o = 4,91"

8.7 - Uma mola helicoidal de compressão deve ser projetada para uso genérico. A carga varia entre 10 e 30 lbf. A razão da mola deve ser de 15 lbf/in e o diâmetro externo da mola não deve ser superior a 2½ in. Use as recomendações de projeto do livro texto para projetar a mola, deixando claro todas as hipóteses adotadas para a solução do problema.

Resp. Existem inúmeros projetos para a mola. As soluções são encontradas aplicando a metodologia descrita no Problema Resolvido 7.1.

8.8 - Uma mola helicoidal sob compressão deve ser fabricada com um arame de diâmetro de 2 mm, diâmetro externo de 19 mm, 9 espiras ativas e 2 espiras inativas. O arame de aço mola deve ser o mais econômico possível.

a) estime a rigidez da mola

b) estime a carga estática máxima que pode ser aplicada na mola

c) estime os limites para o comprimento livre da mola utilizando os critérios de projeto descritos no Livro Texto.

Resp.

a) 3,66 N/mm

b) 110,66 N

c) $L_o \geq 56,73$ mm (restrição de deslocamento) e $L_o < 89,42$ mm (flambagem)

8.9 – Estime o valor da carga máxima recomendada para a mola do Problema Proposto 8.8, considerando que a mesma tenha variação entre 0 e F_{max}. Utilize nos cálculos o critério de Gerber-Zimmerli para vida infinita e as recomendações do Livro Texto.

Resp. $F < 69$ N.

8.10 - Uma mola de compressão será utilizada para carga variável quando a força máxima de compressão é igual a 4 vezes o valor da força mínima. Para os critérios de projeto recomendados no Livro Texto, determine o valor da carga máxima para a mola especificada abaixo.

Material: AISI 1065 temperado em óleo

Diâmetro médio das espiras = 2 in.

Diâmetro do fio: 0,394 in.

Espiras ativas: 14

Espiras inativas: 2 (1 em cada lado)

Comprimento livre: 9 in.

Resp.

Falha no primeiro ciclo de carga: $F < 730,19$ lbf

Falha por fadiga: $F < 709,02$ lbf

Restrição de deslocamento: $F < 784,76$ lbf

Flambagem: $L_o < 10,52$ in

8.11 - Estime a constante de mola para a extremidade de uma mola de tração ilustrada em figura. A mola foi fabricada com aço 1065 temperado em óleo com d = 0,162".

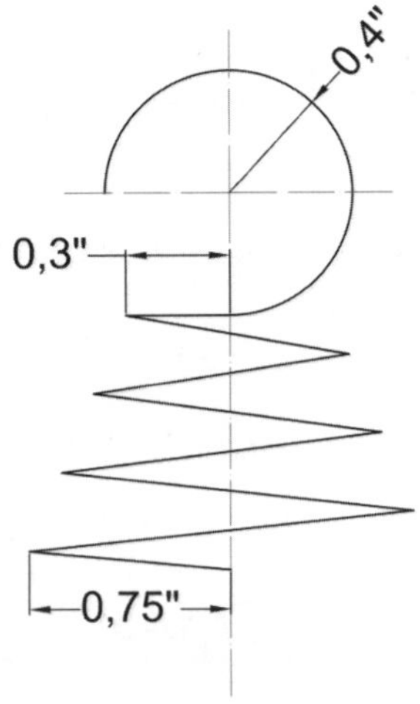

Resp. $\frac{1}{k} \cong \left[\frac{\pi R^3}{2EI} + \frac{16N_a(R_2 + R_1)(R_2^2 + R_1^2)}{d^4 G} \right]$

8.12 - Estime o valor da constante da mola de tração ilustrada em figura e que possui extremidades iguais à do Problema Proposto 8-11.

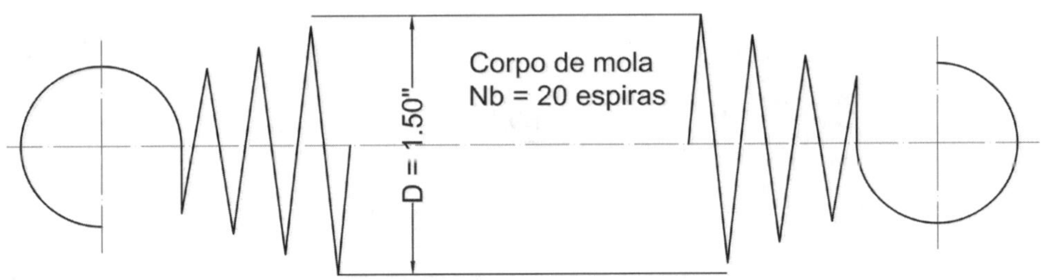

Resp.

K da mola:

$$\frac{1}{k} = \frac{2}{k_{extremidades}} + \frac{1}{k_{corpo}}$$

8.13 - Obtenha a constante de mola e o valor da tensão normal para a viga de espessura constante ilustrada em figura.

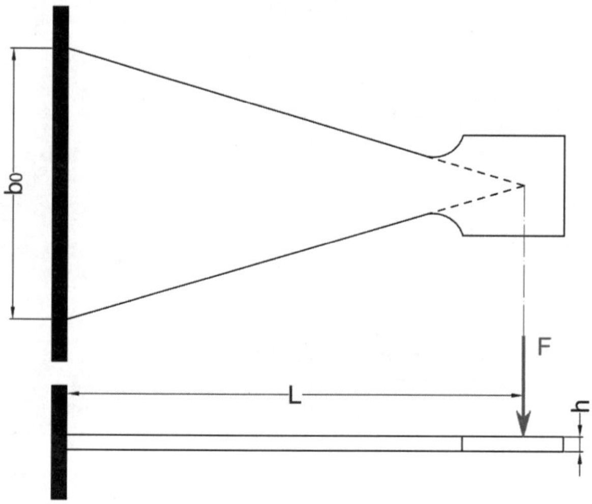

Resp.

$$k \cong \frac{Eb_0h^3}{6L^3}$$

$$\sigma = \frac{Mc}{I} = \frac{(Fx)(h/2)}{b_0(x/L)h^3/12} = \frac{6FL}{b_0h^2}$$

8.14 - Uma mola de tração deve ser projetada para ser utilizada como mola de retorno para o mecanismo ilustrado em figura. A mola precisa ser projetada com pré-tensão de 50 N (força na posição de deslocamento mínimo da came) e com k = 5,0 N/mm. Durante o ciclo da came a variação de comprimento da mola é de 30 mm. Projete uma mola para estas condições seguindo os critérios e orientações do Livro Texto.

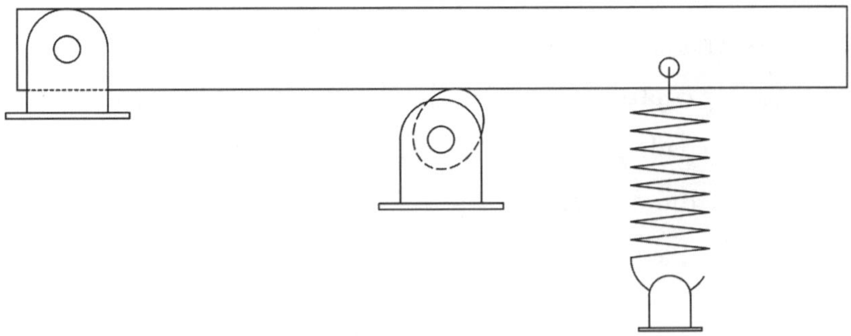

Resp.

Existem inúmeras soluções para o problema.

Uma delas seria:

Material - corda de piano

$D_{externo} = 32$ mm

d = 3,76 mm

$L_o = 125$ mm

Extremidades - gancho completo

8.15 – Uma mola helicoidal de compressão, de aço cromo vanádio ASTM A232, apresenta constante de mola de 2000 N/m, comprimento sólido de 0,072 m, comprimento livre de 0,25 m, arame de 4 mm e diâmetro externo de 46,96 mm, além de apresentar extremidades planas e esmerilhadas. A mesma deverá ser montada com uma pré-carga de 40 N e operará com um carregamento máximo de 180 N. Supor que a mola sofra jateamento por granalhas antes de ser colocada em operação.

Determine:

a) o índice da mola e o fator de Wahl

b) o número de espiras ativas

c) a força necessária para causar o fechamento da mola

d) a sua frequência crítica

Resp.

a) C = 10,74 e $K_W = 1,134$

b) 15,5 espiras

c) F = 356 N

d) f = 50,0 Hz

8.16 - Para o Problema Proposto 8.15 determine ainda:

a) as forças alternada e média atuantes sobre a mola

b) o seu limite de ruptura

c) as tensões alternada e média

d) o diâmetro médio da mola

Resp.

a) $F_a = 70$ N, $F_m = 110$ N

b) 1561,46 MPa

c) 134,62 MPa e 211,55 MPa

d) 42,96 mm

NOMENCLATURA

α	fator de flambagem
β	fator de forma para energia do cisalhamento transversal
Δ	deslocamento
Δ_{max}	deslocamento máximo
$\Delta\theta$	deslocamento angular
γ	peso específico do material
σ_{adm}	tensão admissível
σ_A	tensão normal no ponto A
σ_B	tensão normal no ponto B
σ_{esc}	limite de escoamento do material
σ_{ut}	limite de resistência do material
τ	limite cisalhante
τ_a	tensão cisalhante alternada
τ_{esc}	limite de escoamento em cisalhamento do material
τ_i	tensão cisalhante inicial em molas de tração
τ_m	tensão cisalhante média
τ_{ut}	limite de resistência em cisalhamento do material
υ	coeficiente de Poisson

ξ	percentual de folga da mola
A	área da secção transversal do fio ou constante de resistência da mola
c	coeficiente de frequência natural da mola
C	índice da mola
C_1,C_2	índices da mola em tração
CR	custo relativo do material
d	diâmetro do fio (arame) da mola
D	diâmetro médio da mola
e	distância do centroide até o eixo neutro
E	módulo de elasticidade longitudinal
f_1	frequência crítica da mola
F	força
F_i	força inicial em molas de tração
g	aceleração da gravidade (9,81 m/s^2)
G	módulo de elasticidade transversal
I	momento de inércia da secção
J	momento polar de inércia da secção
K	constante de mola (tração ou compressão)
K_A,K_B	fatores de correção para molas em tração
K_B	fator de Bergstrasser
K_s	fator de cisalhamento
K_t	constante de mola em torção
K_W	fator de Wahl
L_{espira}	comprimento de uma espira
L_{mola}	comprimento da mola
L_o	comprimento livre (sem carga)
L_{solido}	comprimento sólido da mola (mola fechada)
m	expoente da resistência da mola
M	momento angular ou de torção
n_f	coeficiente de segurança em fadiga
n_s	coeficiente de segurança estático

N_a	número de espiras ativas
N_b	número de espiras ativas (molas de tração)
N_e	número de espiras da extremidade (inativas)
N_t	número total de espiras
p	passo da mola
R	razão de carregamento ($\sigma_{min}/\sigma_{max}$)
S_{sa}	tensão alternada cisalhante de Zimmerli
S_{se}	limite de fadiga cisalhante
S_{sm}	tensão média cisalhante de Zimmerli
T	momento torcedor ou torque
U	energia de deformação elástica
V	força cortante
W_a	peso das espiras ativas

REFERÊNCIAS BIBLIOGRÁFICAS

Allen, S., Hall Jr.; Holowenko, A.R., e Laughlin, H.G. Schaum´s Outline of Theory and Problems of Machine Design. McGraw-Hill, Inc. 1961.

Collins, J.A. Projeto Mecânico de Elementos de Máquinas. LTC, 2006.

Norton, R. N., Projeto de Máquinas – Uma abordagem integrada,

Artmed Editora S.A., 2th ed., São Paulo, 2004.

OGC Molas Industriais. Revista Máquinas e Metais, novembro, 1996.

Pyttel, B., Schwerdt, D. e Berger, C. Very high cycle fatigue – Is there a fatigue limit?. International Journal of Fatigue 33, pg.49-58, 2011.

Shigley, J. E., Mischke, C. R., McGrall-Hill, 5th ed., New York, 1989.

Shigley, J.E. e Mischke, C.R. Mechanical Engineering Design, 6ª Ed., McGraw-Hill, 2001.

Shigley, J.E., Mischke, C.R. e Brown, T.H. Standard Handbook of Machine Design, 3 Ed., NY, McGrawHill, 2004.

Spring-Barnes Group Associated, Design Handbook, Bristol, Conn., 1987.

Zimmerli, F.P. 'Human Failures in Spring Applications', The Mainspring, no 17, Associated Spring Corporation, Bristol, Conn.,1957.

Apêndice A1 – Diâmetros padrão para fios de aço mola (Adaptado a partir de Norton, 2004).

U.S. (in)	A228	A229	A227	A232	A401	A313	SI (mm)
0.004	X						0,10
0.005	X						0,12
0.006	X						0,16
0.008	X						0,20
0.010	X						0,25
0.012	X						0,30
0.014	X					X	0,35
0.016	X					X	0,40
0.018	X					X	0,45
0.020	X	X				X	0,50
0.022	X	X				X	0,55
0.024	X	X				X	0,60
0.026	X	X	X			X	0,65
0.028	X	X	X			X	0,70
0.030	X	X	X	X		X	0,80
0.035	X	X	X	X		X	0,90
0.038	X	X	X	X		X	1,00
0.042	X	X	X	X		X	1,10
0.045	X	X	X	X		X	
0.048	X	X	X	X		X	1,20
0.051	X	X	X	X		X	
0.055	X	X	X	X		X	1,40
0.059	X	X	X	X		X	
0.063	X	X	X	X	X	X	
0.067	X	X	X	X	X	X	
0.072	X	X	X	X	X	X	1,80
0.076	X	X	X	X	X	X	
0.081	X	X	X	X	X	X	2,00
0.085	X	X	X	X	X	X	2,20
0.092	X	X	X	X	X	X	
0.098	X	X	X	X	X	X	2,50
0.105	X	X	X	X	X	X	
0.112	X	X	X	X	X	X	2,80
0.125	X	X	X	X	X	X	3,00
0.135	X	X	X	X	X	X	3,50
0.148	X	X	X	X	X	X	

0.162	X	X	X	X	X	X	4,00
0.177	X	X	X	X	X	X	4,50
0.192	X	X	X	X	X	X	5,00
0.207	X	X	X	X	X	X	5,50
0.225	X	X	X	X	X	X	6,00
0.250	X	X	X	X	X	X	6,50
0.281		X	X	X	X	X	7,00
0.312		X	X	X	X	X	8,00
0.343		X	X	X	X	X	9,00
0.362		X	X	X	X	X	
0.375		X	X	X		X	
0.406		X	X	X		X	10,00
0.437		X	X	X			11,00
0.469		X	X				12,00
0.500		X	X				13,00
0.531		X	X				14,00
0.562		X	X				15,00
0.625		X	X				16,00

CAPÍTULO 7
Cabos de Aço

7.1. INTRODUÇÃO

Graças ao engenheiro de minas Wilhelm Albert, em 1834 na Alemanha, houveram as primeiras aplicações dos precursores dos cabos de aço da atualidade. Albert propôs um processo de trefilação e torção de arames de aço visando substituir correntes até então utilizadas nas minas de carbono da época. Apesar da enorme evolução desses componentes ao longo do tempo, a sua concepção básica foi mantida, ou seja, um cabo de aço corresponde a um conjunto de arames estirados a frio, agrupados de forma helicoidal, formando uma secção transversal metálica capaz de resistir esforços, principalmente de tração, associados a adequadas condições de flexibilidade.

Embora os cabos de aço serem formados basicamente por 3 componentes distintos - arames, pernas e alma (núcleo) - conforme esquematizado pela Figura 7.1, pode-se destacar que existe uma grande variabilidade nas suas configurações finais, objetivando atender uma maior gama de aplicações práticas. Comercialmente, encontram-se cabos de aço destinados à construção civil, à mineração, à siderurgia, às aeronaves, aos elevadores, à pesca, à eletrificação, ao transporte e elevação de cargas, ao petróleo e gás, aos equipamentos em geral, à indústria automobilística, aos teleféricos, entre outros. O objetivo deste capítulo é apresentar conceitos e aspectos gerais dos cabos de aço convencionais (ou de uso comum), sugerindo, assim, consultas aos fornecedores finais para o caso de aplicações específicas.

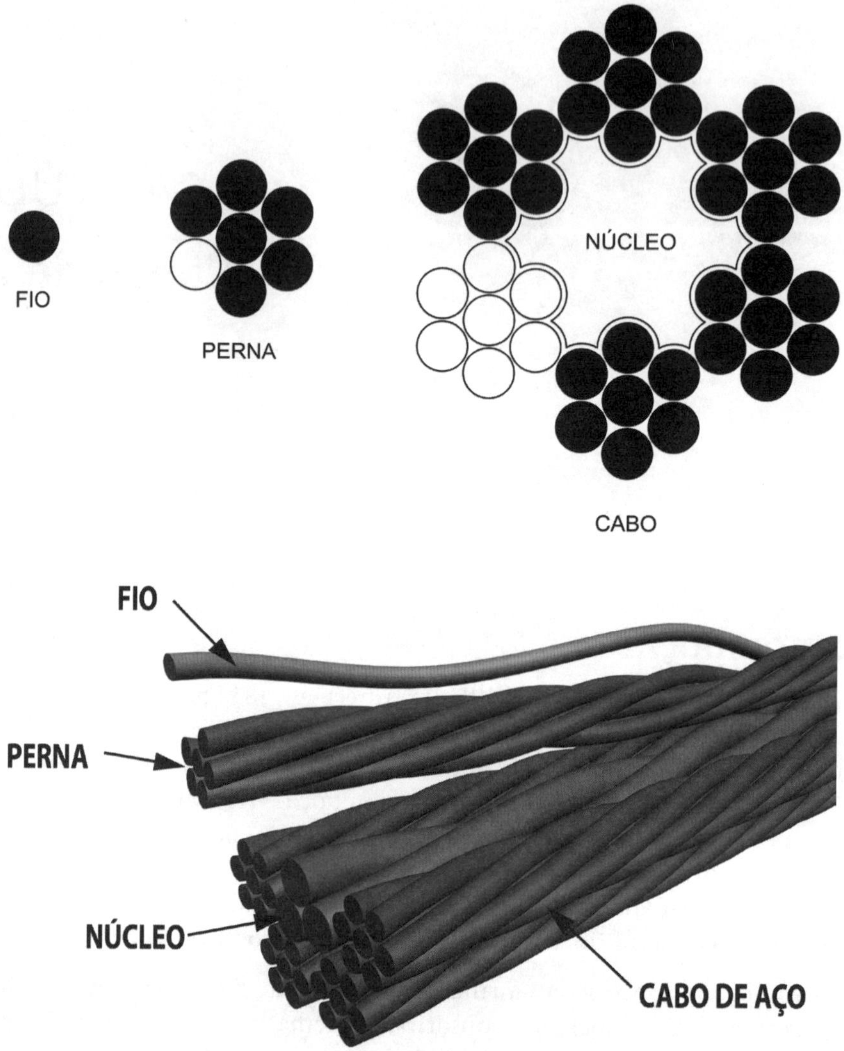

Figura 7.1 – Componentes básicos de um cabo de aço. Adaptado a partir de Nobles.

Os cabos podem ainda ser disponibilizados na forma galvanizada visando, mediante uma camada adicional de zinco, garantir proteção extra contra corrosão e proteção adicional contra abrasão, dado que o zinco diminui o atrito entre arames e as polias. Destaque deve ser dado, entretanto, quanto à similaridade dos testes e das características físicas dos cabos normais (ditos polidos ou claros) e dos cabos galvanizados, visto que a norma NBR 2408 não faz qualquer diferenciação nesse sentido. Dessa forma, não existe qualquer ganho em termos de resistência nessa escolha, exceto pela presença da camada de zinco realizada de forma antecipada ao próprio processo de trefilação do cabo (os arames são normalmente trefilados após a galvanização).

A maioria dos cabos é também fornecida com a concepção "pré-formada", ou seja, são disponibilizados mediante um processo adicional que visa garantir a condição na qual tanto pernas quanto os arames sejam torcidos de forma helicoidal durante o seu processo de fabricação. Esse procedimento garante menor nível de tensões internas no cabo, dado que não haverá tendência do mesmo para se desenrolar, o que caracterizaria maior esforço para que o cabo seja mantido na sua configuração enrolada. Essa diminuição das tensões internas é favorável tanto no contexto do manuseio, como na vida útil do cabo, dado que o atrito e a pressão interna entre os arames serão, evidentemente, menores.

7.2. COMPOSIÇÃO TÍPICA DE UM CABO DE AÇO

Conforme ilustrado na Figura 7.1, um cabo de aço típico é formado por arames, pernas e alma. Em uma concepção mais geral, pode-se definir o cabo como um conjunto de arames de aço reunidos num feixe helicoidal, constituindo uma corda de metal apta a resistir esforços de tração com razoável flexibilidade.

Os arames são, assim, as unidades básicas para a formação do cabo, dado que a partir da torção deles ao redor de um centro comum, em uma ou mais camadas, obtém-se as pernas, as quais por sua vez, são também torcidas ao redor de outro centro comum, que recebe a denominação de alma. Nesse sentido, a forma mais comum e simples de se representar um cabo de aço é pela sua secção transversal.

7.2.1. TIPOS DE PERNAS – CABOS CONVENCIONAIS

A configuração das pernas de um cabo de aço afeta diretamente as suas características funcionais. Um cabo constituído por pernas que contemplam uma pequena quantidade de arames de maior dimensão, por exemplo, apresenta maior resistência à abrasão e menor resistência à fadiga. Por outro lado, um cabo equivalente, porém constituído por pernas com arames muito pequenos, será menos resistente ao atrito e mais resistente à fadiga.

Tal condição é decisória, por parte do projetista, no momento de selecionar um ou outro tipo de cabo para a aplicação no seu projeto em específico. A seguir, faz-se a descrição das principais configurações de pernas utilizadas convencionalmente em cabos de aço de uso comum. A Figura 7.2 apresenta ainda tais configurações.

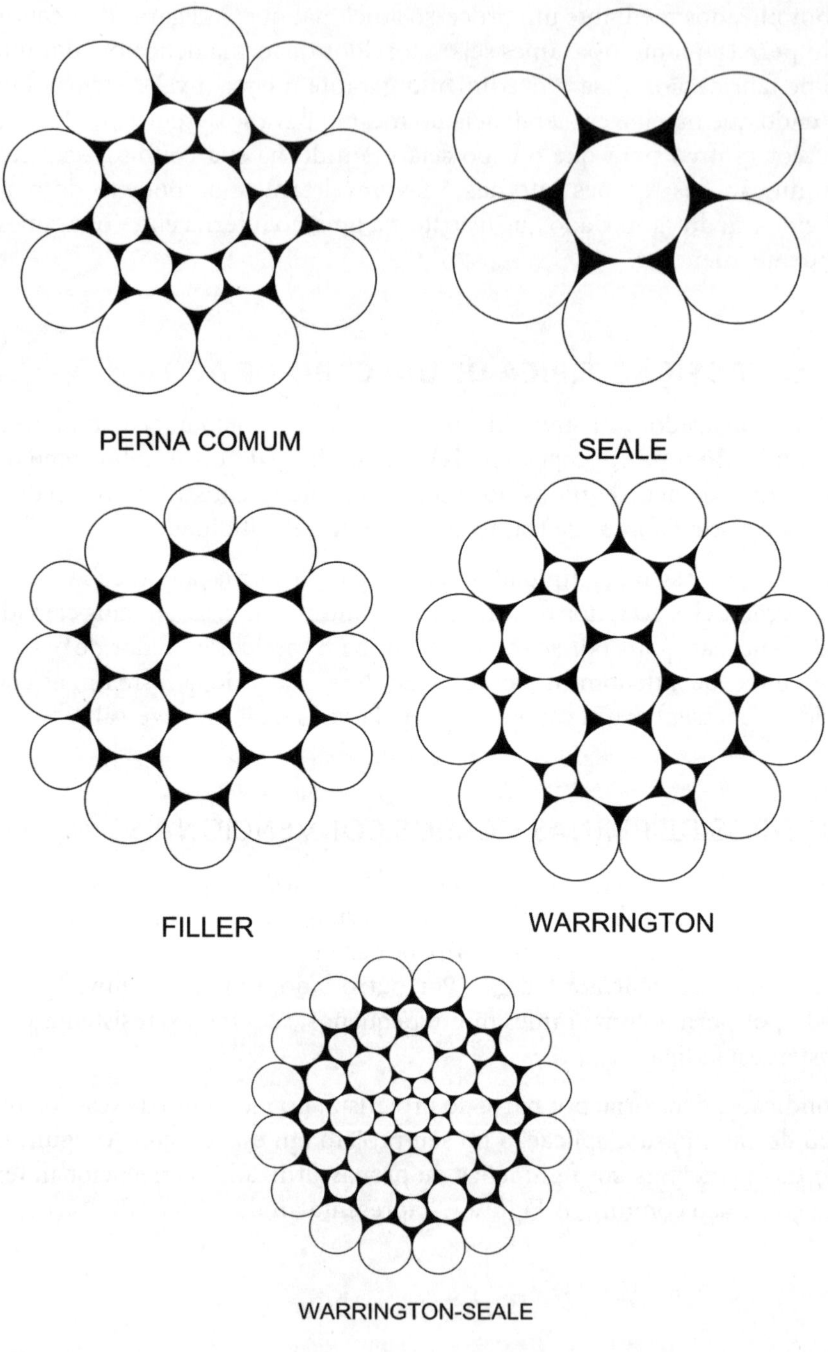

Figura 7.2 – Principais tipos de pernas dos cabos convencionais: (a) Perna comum, (b) SEALE, (c) FILLER, (d) WARRINGTON, (e) WARRINGTON-SEALE.

a) Perna comum de capa simples – composição mais simples disponível, na qual todos os arames possuem o mesmo diâmetro. A configuração mais comum dessa construção corresponde à perna com sete arames, na qual um arame central é contornado pelos demais arames de forma equidistante ao centro.

b) Perna SEALE – composição utilizada quando a resistência à abrasão é preponderante. Trata de uma composição que apresenta arames de grande diâmetro na sua última camada; sua configuração mais comum apresenta 19 arames (9 + 9 + 1).

c) Perna FILLER – composição que apresenta arames muito finos entre duas camadas, visando garantir maior área de contato e maior resistência ao esmagamento. O espaço vazio entre os arames reduz, ainda, o desgaste entre eles. Sua configuração mais comum apresenta 25 arames (12 + 6 + 6 + 1).

d) Perna WARRINGTON – composição indicada para resistência ao desgaste e à fadiga, caracteriza-se por uma camada exterior formada por arames de dois diâmetros diferentes e alternados. A configuração mais comum desta composição apresenta 19 arames (1 + 6 + 6 + 6).

e) Perna WARRINGTON-SEALE – composição oriunda das combinações individuais anteriores, conjugando as melhores características de ambas. Uma combinação de arames finos internamente garante maior flexibilidade, enquanto que arames grossos externamente garantem maior resistência à abrasão. A construção mais usual apresenta 36 arames (1 + 7 + 7 + 7 + 14).

Pelo exposto, pode-se concluir que a flexibilidade de um cabo de aço é inversamente proporcional ao diâmetro dos seus arames externos, tendo o projetista nesse contexto, duas opções de escolha: a) a escolha por uma composição com arames externos mais finos, prevalecendo um cabo com maior capacidade às solicitações de fadiga ou b) a escolha por uma composição com arames externos mais grossos, prevalecendo um cabo com maior resistência à abrasão. A Tabela 7.1 ilustra uma comparação direta entre a resistência à abrasão e a flexibilidade para algumas configurações de cabos de aço.

Tabela 7.1 – Flexibilidade x resistência à abrasão das principais configurações dos cabos de aço convencionais (reproduzido com autorização de Filho, 2009).

Tipo de configuração do cabo	Flexibilidade	Resistência à abrasão
6 x 7	MÁX.	MÁX.
6 x 19 - Seale	↓	↑
6 x 21 - Filler		
6 x 25 - Filler		
6 x 36 – Warrington-Seale		
6 x 37		
6 x 41 – Warrington-Seale		

7.2.2. TIPOS DE ALMAS – CABOS CONVENCIONAIS

Conforme descrito anteriormente, a alma de um cabo de aço corresponde a sua parte central, configurando, assim, um núcleo em torno do qual as pernas são torcidas e ficam dispostas em forma de hélice. As almas, têm a função principal de dar suporte às pernas e fazer com que o carregamento externo seja distribuído uniformemente ao longo do cabo, podendo ser confeccionadas em fibras ou em aço carbono.

Para o caso de almas têxteis ou de fibra, as quais garantem uma maior flexibilidade ao cabo, utilizam-se normalmente fibras sintéticas (em geral, polipropileno) ou fibras naturais (geralmente sisal ou cânhamo). As almas de fibra são ainda lubrificadas durante o processo de fabricação, visando contribuir no contexto da proteção anticorrosiva do cabo quando em operação. Como limitação ao uso de cabos com alma de fibra, pode-se destacar a condição de elevadas temperaturas ou, ainda, a condição na qual o cabo venha a ser submetido a pressões elevadas, fato esse que poderia ocasionar deformações por esmagamento.

Nessas circunstâncias, sugere-se o uso de almas de aço, as quais são disponíveis em dois tipos distintos: a alma de aço de único cordão e a alma de aço de cabo independente. A primeira é apenas utilizada em cabos de pequeno diâmetro (até 6,0mm, em média), enquanto que a segunda (mais convencional) contempla todas as demais dimensões de cabo disponíveis. As almas de aço, assim, além de suportarem temperaturas mais elevadas, apresentam maior resistência ao esmagamento e à tração, caracterizando também maior capacidade de carga correspondente. A Figura 7.3 ilustra exemplos de cabos com alma de fibra e alma de aço.

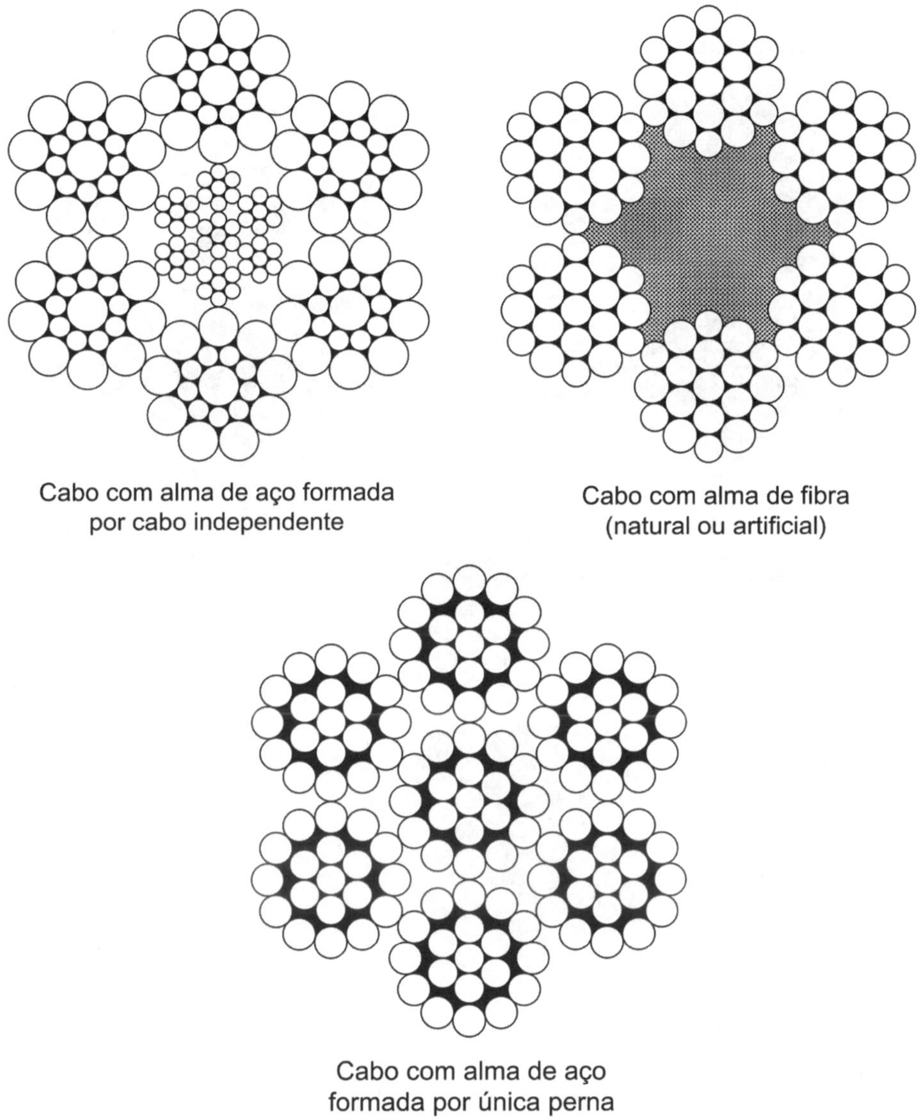

Figura 7.3 – Exemplos de almas de cabos de aço: (a) Cabo com alma de aço formada por cabo independente, (b) cabo com alma de fibra (natural ou artificial), (c) cabo com alma de aço formada por única perna. Adaptado a partir de CIMAF, 2012.

7.3. NOMENCLATURA BÁSICA DOS CABOS CONVENCIONAIS

Cabos de aço convencionais apresentam nomenclaturas padronizadas internacionalmente. Na prática, os cabos devem ser identificados em função da quantidade de pernas, da quantidade (exata ou nominal) de arames em cada perna, do descritivo (mediante letras) da sua configuração e do tipo de alma considerada. Por exemplo, considere a Figura 7.4, na qual se apresenta algumas configurações de cabos com suas respectivas nomenclaturas.

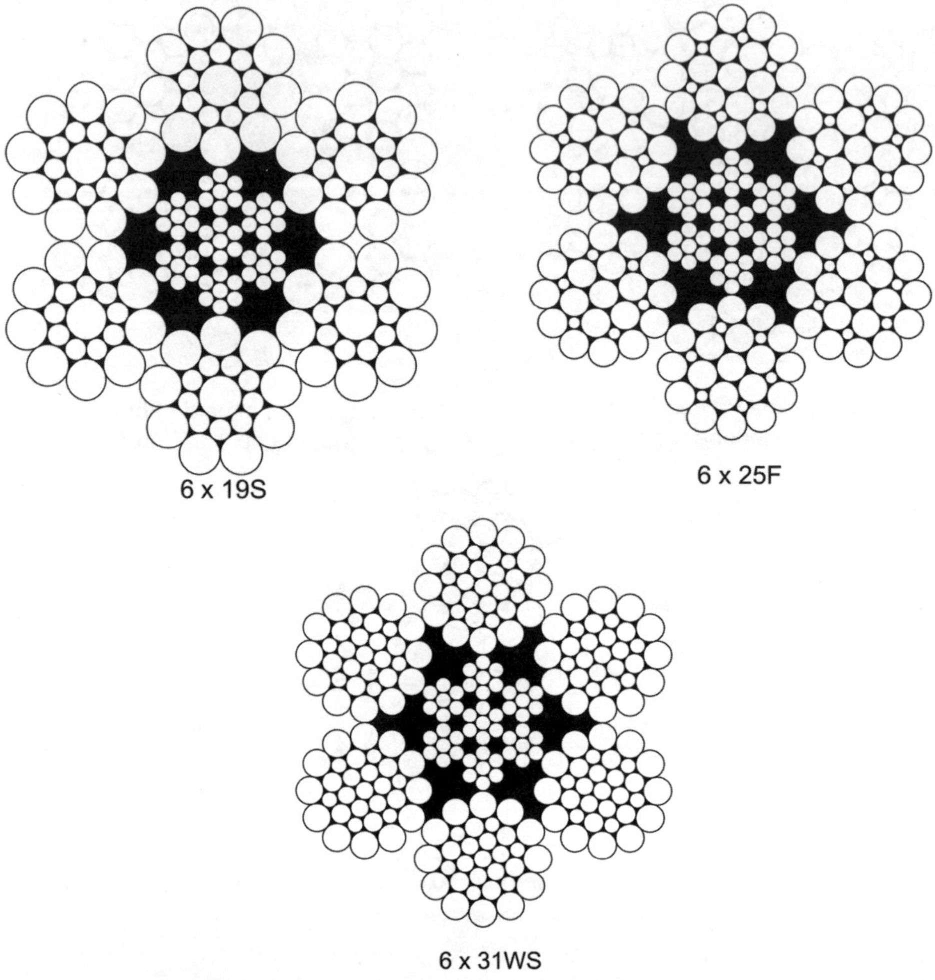

Figura 7.4 – Exemplos da designação de cabos de aço. (a) 6 X 19 S, (b) 6 x 25 F, (c) 6 x 31 WS.

Em termos das abreviaturas, pode-se destacar:

- AA – alma de aço

- AF – alma de fibra natural

- AFA – alma de fibra artificial

- AACI – alma de aço de cabo independente

- F - Filler

- S – Seale

- W – Warrington

- WS – Warrington-Seale

7.4. PROPRIEDADES DOS CABOS DE AÇO

7.4.1. DIÂMETRO NOMINAL/REAL DO CABO DE AÇO

O diâmetro nominal de um cabo de aço corresponde àquele designado nas tabelas dos fabricantes e de referência, com a sua tolerância correspondente. O diâmetro real corresponde àquele medido pela circunferência que o circunscreve, conforme representação esquemática da Figura 7.5.

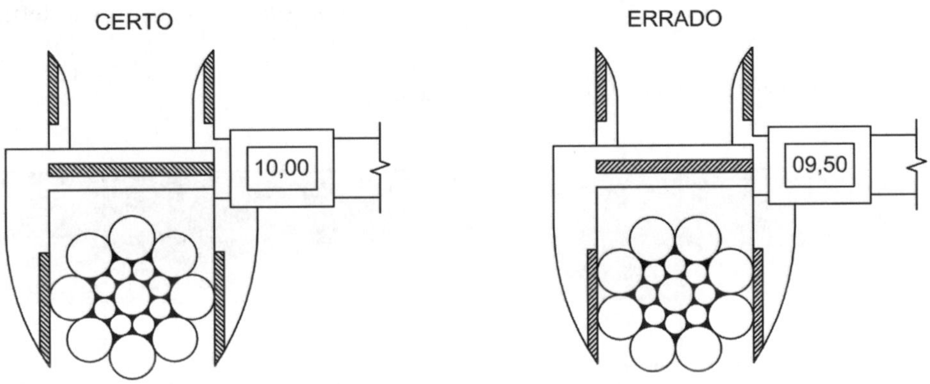

7.5 – Medição correta de um cabo de aço. Adaptado a partir de Drako, 2011.

7.4.2. DIÂMETRO DO ARAME

O arame de um cabo de aço corresponde ao resultado final do seu processo produtivo de trefilação. Tal processo envolve uma decapagem inicial (conjunto de banhos químicos aplicados à matéria-prima original), passando por uma trefilação grosseira (produzindo um diâmetro inicial também grosseiro) e, por fim, uma trefilação fina ou final, a qual apresenta uma rígida tolerância de saída para os arames trefilados.

Tais diâmetros podem ser relacionados com o diâmetro nominal do cabo de aço mediante uma constante, conforme a equação:

$$d_W = Kd \tag{7.1}$$

sendo o fator K definido na Tabela 7.2.

7.4.3. ÁREA METÁLICA DE UM CABO DE AÇO

Pelo fato da secção transversal de um cabo não ser uniforme, mas, sim, dependente da sua configuração final, deve-se considerar nos cálculos da secção transversal um valor correspondente ao somatório aproximado das secções transversais dos arames individuais que o compõem. Tal procedimento é designado como área metálica do cabo, podendo ser definido pela relação:

$$A_m = K_1 d^2 \qquad (7.2)$$

sendo a constante K_1, conhecida como fator de empacotamento, também definida na Tabela 7.2.

Tabela 7.2 – Parâmetros gerais dos cabos de aço mais comuns.

TIPO DE CABO	K_1 (1)	Diâmetro da polia ou tambor (4)		K (2)	E_c (GPa) (1)	K_2 (3)
		mínimo	ideal			
6 x 7 AF	0,38	42 x d	72 x d	0,111	89,6	0,332
6 x 7 AA	0,44	42 x d	72 x d	0,111	103,4	0,359
6 x 19 AF	0,40	34 x d	51 x d	0,0689	82,7	0,330
6 x 19 AA	0,45	34 x d	41 x d	0,0689	96,5	0,356
6 x 37 AF	0,41	18 x d	27 x d	0,0454	75,8	0,295
6 x 37 AA	0,47	18 x d	27 x d	0,0454	89,6	0,319
8 x 19 AF	0,35	24 x d	36 x d	0,0588	62,0	0,330
8 x 19 AA	0,40	24 x d	36 x d	0,0588	75,8	0,356

(1) dados adaptados a partir de U.S.Navy, 1976;

(2) dados reproduzidos com autorização de Filho, 2009;

(3) dados adaptados a partir da norma NBR-2408, 2008;

(4) dados reproduzidos com autorização de Morsing

7.4.4. PESO POR UNIDADE DE COMPRIMENTO DO CABO

O peso de um cabo de aço, considerado nessas circunstâncias por unidade de comprimento, corresponde a importante fator no dimensionamento desses dispositivos, dado a condição deles serem utilizados com comprimentos razoáveis na grande maioria das aplicações práticas. Novamente, por se tratar de elemento que apresenta secção transversal não uniforme, torna-se conveniente relacionar esse peso como função do diâmetro nominal do cabo, mediante a relação aproximada:

$$w = \frac{K_1 d^2}{100} \tag{7.3}$$

7.4.5. MÓDULO DE ELASTICIDADE DO CABO

Os módulos de elasticidade dos cabos de aço apresentam variações nos seus valores numéricos, decorrentes da acomodação existente entre os seus diversos componentes internos. Essas variações dependem da configuração do cabo, da intensidade das cargas aplicadas e das demais condições operacionais correspondentes e são compensadas mediante o uso do chamado módulo de elasticidade aparente do cabo, o qual corresponde a um valor único que resume os efeitos mecânicos que ocorrem interiormente ao cabo. Além disso, pode-se afirmar que o módulo de elasticidade é menor nos cabos novos do que nos cabos em uso.

Tais valores também são disponibilizados, para cada tipo de cabo, a partir da Tabela 7.2.

7.4.6. RELAÇÃO D/d

Os dispositivos e equipamentos que utilizam cabos de aço normalmente contemplam polias e tambores por meio dos quais os cabos são flexionados ou enrolados quando em uso. Designando o diâmetro desses dispositivos por "D", pode-se considerar que existem relações recomendadas e mínimas entre o diâmetro do tambor/polia e o diâmetro nominal do cabo de aço (D/d). Tais relações práticas são disponibilizadas normalmente pelos próprios fabricantes, como também, são facilmente identificadas nas bibliografias de referência sobre o assunto.

O motivo para se considerar tais relações no projeto de um sistema por cabos de aço está diretamente associado à expectativa de vida dele, dado que quanto menor for o diâmetro da polia/tambor maior será a tensão de flexão do cabo em torno desses dispositivos.

Os tambores podem, ainda, serem adotados com canais ou lisos. Os tambores com canais podem ser usados com cabos de alma de fibra ou alma de aço, enquanto os tambores lisos devem ser evitados para o caso de cabos com alma de fibra.

A Tabela 7.2 traduz essas relações, e a Figura 7.6 apresenta exemplos de polias e tambores utilizados com cabos de aço.

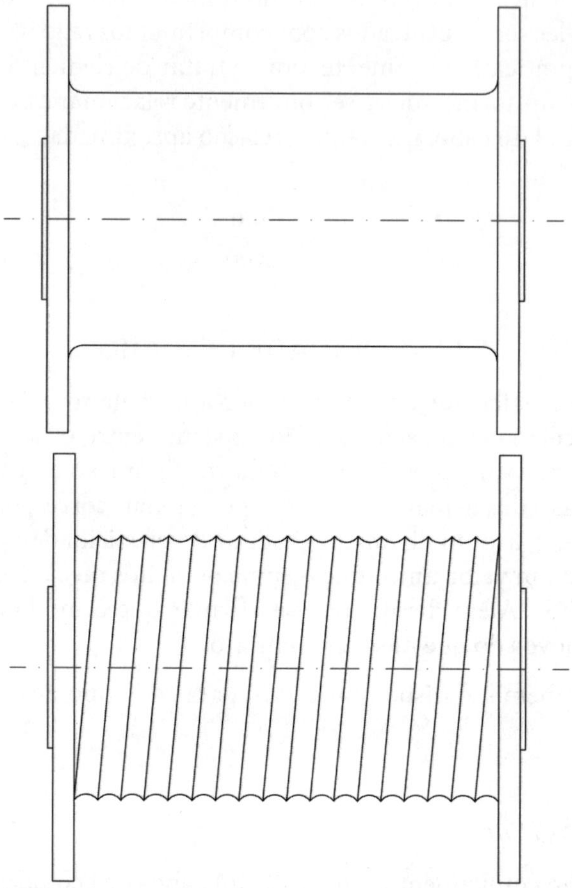

Figura 7.6 – Exemplos de polias e tambores utilizados com cabos de aço.

7.5. RESISTÊNCIA DOS CABOS DE AÇO

A escolha da matéria-prima a ser utilizada para o processo de fabricação de arames dos cabos de aço define a chamada resistência específica. Tratam-se de aços com alto teor de carbono e elevadas tensões de ruptura correspondentes, para os quais existem valores padronizados por diferentes entidades de normalização. As siglas PS, IPS, EIPS e EEIPS, decorrentes da denominação americana, referem-se às categorias de resistência à tração de arames oriundas dos primeiros estágios do desenvolvimento dos cabos e são utilizadas, em algumas circunstâncias, até a presente data. Seus valores de referência são resumidos na Tabela 7.3.

Tabela 7.3 – Categorias de resistência à tração de arames (reproduzido com autorização de Morsing).

Sigla	Faixas de resistência do aço (MPa)	RT (MPa)
PS (Plow Steel)	1370 - 1770	1570
IPS (Improved Plow Steel)	1570 - 1960	1770
EIPS (Extra Improved Plow Steel)	1770 - 2160	1960
EEIPS (Extra Improved Plow Steel)	1960 - 2160	2160

RT = resistência à tração nominal

7.5.1. CARGA DE RUPTURA MÍNIMA DO CABO

Associado à resistência do cabo de aço, pode-se definir a chamada carga de ruptura mínima. Tal parâmetro, expresso nessas circunstâncias em kN, é definido segundo a norma NBR 2408 conforme a seguinte equação:

$$F_{min} = \frac{d^2 (RT) K_2}{1000} \tag{7.4}$$

Nessas circunstâncias, o diâmetro do cabo deve ser considerado em milímetros, a resistência à tração em MPa e a constante K_2 obtida a partir da Tabela 7.2.

Comercialmente esses valores são, costumeiramente, disponibilizados diretamente nas tabelas dos respectivos fabricantes de cabos de aço. A Tabela 7.4 fornece esses valores de carga para os principais cabos de aço comerciais considerados neste trabalho.

7.6. TORÇÃO E PRÉ-FORMAÇÃO DOS CABOS DE AÇO

Durante o processo produtivo dos cabos de aço, pode-se optar por dois tipos específicos de torção: a torção regular ou a torção Lang. Cabos com torção regular apresentam a concepção construtiva na qual os arames seguem a direção oposta ao que as pernas são torcidas, favorecendo, assim, menor desgaste interno e maior resistência à torção, além de apresentarem maior estabilidade (visto não haver tendência ao desenrolamento). A Figura 7.7 ilustra, de forma esquemática, essa condição.

Figura 7.7 – Torção regular esquematizada. Adaptado a partir de Diepa, 2005.

Para a torção Lang, trabalha-se com uma mesma direção de torção (direita ou esquerda) para os arames e para as pernas. Essa configuração garante maior resistência à abrasão, maior flexibilidade e maior resistência à fadiga.

Como, porém, os cabos com torção Lang apresentam uma série de desvantagens (tendência a se desenrolar, trabalhos apenas com cargas guiadas visando garantir que o cabo não gire, entre outras), pode-se afirmar que os cabos com torção regular correspondem ao padrão convencional adotado universalmente.

Tabela 7.4 – Cargas de ruptura mínima dos principais cabos de aço convencionais em relação a uma RT de 1770 MPa (reproduzido com autorização da Morsing).

Diâmetro do cabo (mm)	Especificação /Carga de ruptura mínima(kN)					
	6 x 7 AF	6 x 7 AA	6 x 19 W AA	6 x 19 S AA	6 x 37 AF	8 x 19 S AF
3	5,29	5,72	--	--	--	--
4	9,40	10,20	--	--	--	--
5	14,70	15,90	--	--	13,10	--
6	21,20	22,90	22,70	22,70	18,80	--
7	28,80	31,10	30,90	30,90	25,60	--
8	37,60	40,70	40,30	40,30	33,40	40,30
9	47,60	51,50	51,00	51,00	42,30	51,00
10	58,80	63,50	63,00	63,00	52,20	63,00
11	71,10	76,90	76,20	76,20	63,20	76,20
12	84,60	91,50	90,70	90,70	75,20	90,70
13	99,30	107,0	106,0	106,0	--	106,0
14	115,0	125,0	124,0	124,0	--	124,0
16	150,0	163,0	161,0	161,0	--	161,0
18	190,0	206,0	204,0	204,0	--	204,0
20	235,0	254,0	252,0	252,0	--	252,0
22	284,0	308,0	305,0	305,0	--	305,0
24	338,0	366,0	363,0	363,0	--	363,0
26	397,0	430,0	426,0	426,0	--	426,0
28	461,0	498,0	494,0	494,0	--	494,0
32	602,0	651,0	645,0	645,0	--	645,0
36	762,0	824,0	817,0	817,0	--	817,0
40	940,0	1020	1010	1010	--	1010
44	--	--	1220	1220	--	1220
48	--	--	1450	1450	--	1450
52	--	--	1700	1700	--	1700
56	--	--	1980	1980	--	1980
60	--	--	2270	2270	--	2270

7.7. SOLICITAÇÕES SOBRE UM CABO DE AÇO

Um cabo de aço em funcionamento normalmente fica submetido a um conjunto de solicitações distintas, as quais devem, evidentemente, ser consideradas no projeto ou na seleção desses dispositivos. A solicitação axial de tração é a mais comum, dado que o objetivo principal de um cabo de aço é sustentar, suspender ou transportar cargas axiais, as quais podem, ainda, ser consideradas como estáticas ou dinâmicas. Um segundo grupo de solicitação corresponde à flexão do cabo em torno de polias e tambores normalmente presentes nos dispositivos e equipamentos que utilizam cabos de aço. Evidentemente, ainda que quando o número de ciclos ou repetições que o cabo passar em torno desses dispositivos for acentuado, pode-se caracterizar o fenômeno da fadiga, o qual é relacionado diretamente com a pressão de contato entre as camadas inferiores do cabo e as polias ou tambores utilizados. A seguir faz-se uma avaliação mais detalhada dessas situações de carregamento.

7.7.1. CARREGAMENTO AXIAL DE TRAÇÃO

A carga axial total que atua num cabo de aço corresponde à carga externa que o mesmo será submetido, ao peso dele e às eventuais parcelas dinâmicas presentes. O somatório desses carregamentos corresponde à carga total que o cabo será submetido, caracterizando um esforço de tração na forma:

$$F_T = P + W + F_A \tag{7.5}$$

$$W = wl \tag{7.6}$$

$$F_A = (P + W)\frac{a}{g} \tag{7.7}$$

7.7.2. CARREGAMENTO DEVIDO À FLEXÃO

Da teoria da flexão, tem-se que a deformação longitudinal em um elemento flexionado pode ser obtida pela relação:

$$\varepsilon_{max} = \frac{y}{\rho} = \frac{\left(\frac{d_W}{2}\right)}{\left(\frac{D+d}{2}\right)} = \frac{d_W}{D+d} \tag{7.8}$$

Pela Lei de Hooke, no regime das deformações elásticas, tem-se ainda:

$$\sigma_{max} = E\varepsilon_{max} = E_c\left(\frac{d_W}{D+d}\right) \approx \frac{E_c d_W}{D} \tag{7.9}$$

a simplificação final da Equação 7.9 foi realizada mediante o fato do diâmetro do cabo (d) ser bastante inferior ao diâmetro do tambor considerado.

Com a mesma equação pode-se concluir que quanto maior for a relação (D/d_W), menor será a tensão de flexão resultante, confirmando-se com isso a necessidade de trabalhar com os diâmetros mínimos recomendados para as polias e tambores.

A tensão de flexão, por fim, permite determinar a chamada carga de flexão (F_b) definida na forma:

$$\sigma = \frac{F}{A} \Rightarrow F_b = \sigma_b A_m \tag{7.10}$$

7.7.3. FADIGA DE FLEXÃO EM CABOS DE AÇO

Em boa parte das aplicações com cabos de aço, ocorre a passagem dele em torno de polias, roldanas ou tambores. Quando o cabo for flexionado repetidamente em torno desses dispositivos, poderá ocorrer uma falha por fadiga de flexão, mesmo que as tensões atuantes não venham a exceder a tensão de escoamento dos arames.

Nessas circunstâncias, uma importante solicitação que influencia a vida em fadiga nos cabos de aço é a pressão de esmagamento (ou de contato) sofrida quando em contato direto com roldanas ou polias presentes no dispositivo considerado. Essa solicitação é decorrente da pressão exercida pelo cabo de aço à medida que ele passa em torno de uma roldana ou polia.

Drucker (1945) encontrou forte correlação entre a pressão de contato e a tensão última dos arames, na forma:

$$p = \frac{2F_T}{(d)D} \Rightarrow \left(\frac{p}{Su}\right) = \frac{2F_T}{Su(d)D} \tag{7.11}$$

Testes de laboratório, realizados em várias classes de cabos por Drucker, resultaram em curvas bem definidas que se referem à relação entre a pressão de contato e a tensão última dos arames com o número de ciclos (flexões) do cabo até a condição de falha, conforme esquematizado pela Figura 7.8. Cabos de diferentes diâmetros e configurações seguem um padrão semelhante, como pode ser observado pela Figura 7.9.

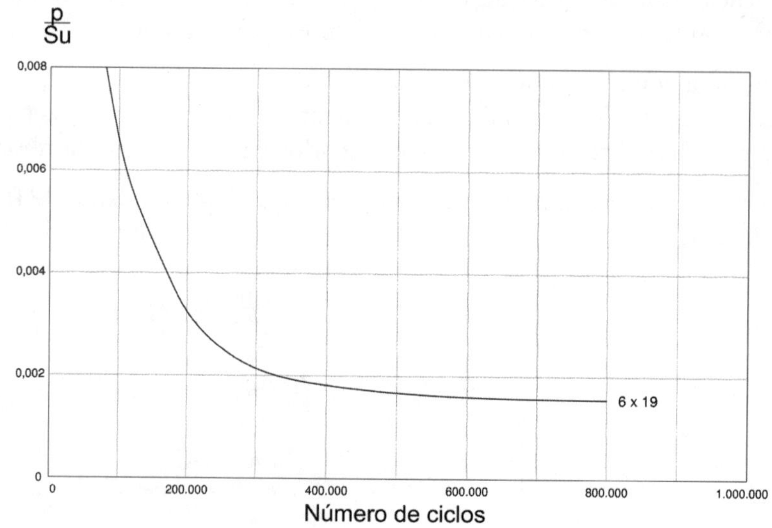

Figura 7.8 – Curva esquemática da expectativa de vida de um cabo 6 x 19.

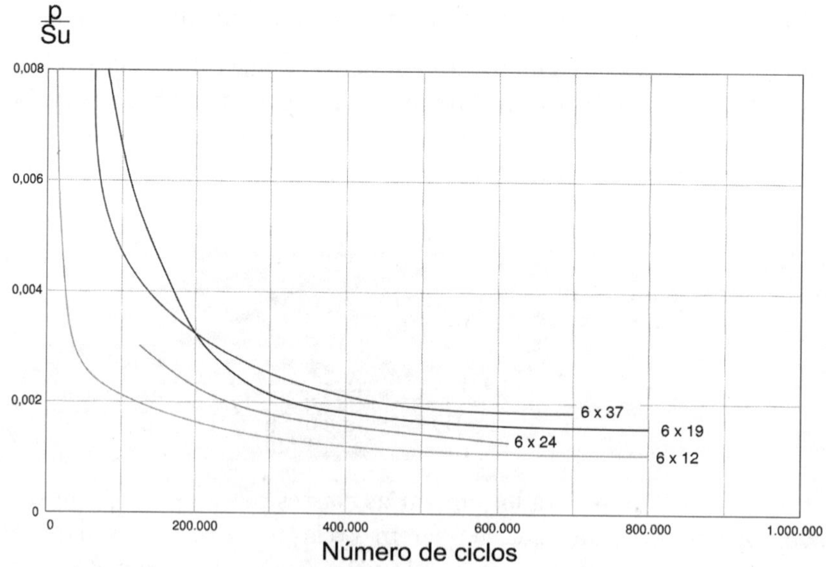

Figura 7.9 – Curvas da expectativa de vida de algumas configurações de cabos de aço. Adaptado a partir de Budynas.

A pressão de contato ao qual um cabo é submetido em trabalho encontra-se representada de forma esquemática, na Figura 7.10, na passagem dele em torno de uma polia.

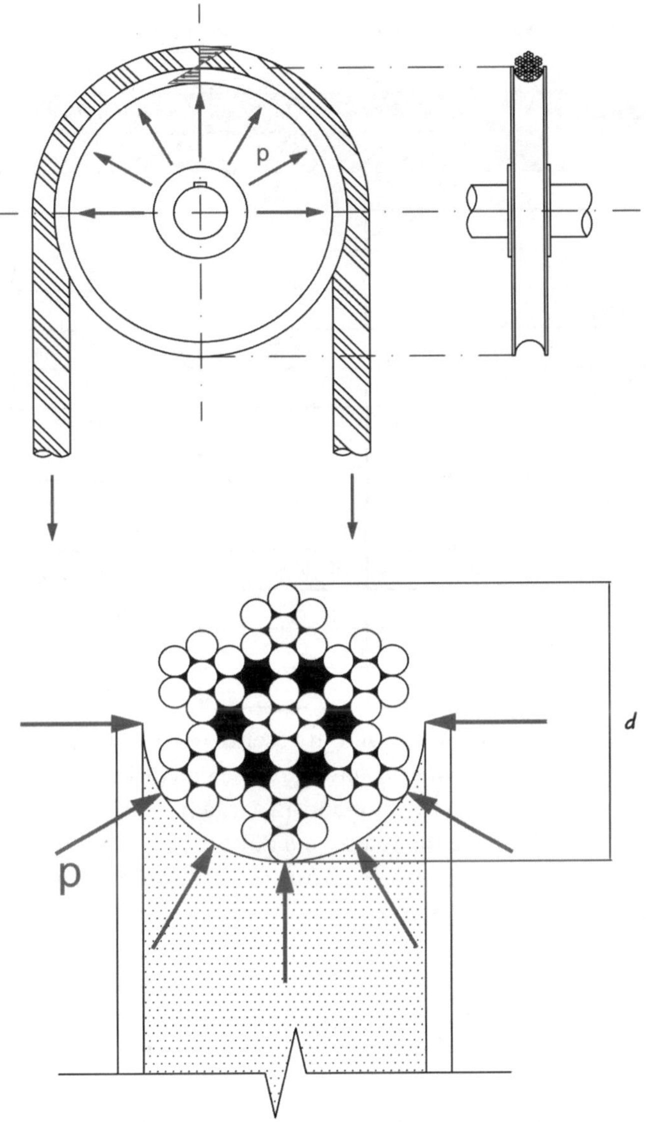

Figura 7.10 – Pressão de esmagamento (ou de contato) sobre o cabo quando da sua passagem em torno de polia. Reproduzido com autorização de Filho, 2009.

A Tabela 7.5 fornece, ainda, valores para as pressões limites ou admissíveis para os principais cabos convencionais em contato com polias ou roldanas de alguns dos principais materiais normalmente utilizados na confecção desses dispositivos.

Tabela 7.5 – Pressões de esmagamento limites ou admissíveis para cabos de aço convencionais em relação a polias e roldanas – valores em **MPa**. Adaptado a partir de U.S. Navy, 1976.

Configuração do cabo	Material da roldana/polia/tambor			
	Ferro fundido	Borracha	Aço fundido	Aço ao manganês
6 x 7 regular	2,04	2,34	3,79	10,34
6 x 7 Lang	2,34	2,59	4,24	11,58
6 x 19 SEALE - regular	2,62	3,10	4,96	13,79
6 x 19 SEALE - Lang	2,93	3,45	5,52	15,17
6 x 19 FILLER - regular	3,45	3,86	6,20	17,24
6 x 19 FILLER - Lang	3,90	4,24	7,03	19,44
6 x 19 WARRINGTON - regular	3,45	3,86	6,20	17,24
6 x 19 WARRINGTON - Lang	3,90	4,24	7,03	19,44
6 x 37 regular	4,10	4,62	7,41	20,68
6 x 37 Lang	4,69	5,10	8,41	23,44
8 x 19 regular	4,14	--	7,41	20,68
8 x 19 Lang	4,83	--	8,62	24,13

Para que determinado cabo de aço apresente, assim, uma expectativa de vida compatível com a sua condição de projeto, deve-se garantir que o carregamento total atuante sobre o mesmo (F_T) seja inferior a uma carga limite de fadiga (F_f). A definição desse carregamento pode ser realizada para a condição correspondente a uma expectativa de vida do cabo tendendo para o infinito. Isso pode ser observado pela manipulação da Equação 7.11 na forma:

$$\left(\frac{p}{Su}\right) = \frac{2F_f}{Su(d)D} \Rightarrow F_f = \frac{(p/Su)Su(d)D}{2} \tag{7.12}$$

Pelo gráfico da Figura 7.9, é possível também verificar que o cabo em análise tenderá para a condição de vida infinita, quando ele trabalhar com a relação (p/Su) limitada ao valor de 0,001 na escala do eixo vertical. Assumindo-se, assim, esse valor de referência na Equação 7.12, chega-se a:

$$F_f = \frac{(p/Su)Su(d)D}{2} = \frac{(0{,}001)Su(d)D}{2} \Rightarrow F_f = \frac{Su(d)D}{2000} \tag{7.13}$$

Observar ainda que a Equação 7.12 deve ser considerada em situações de vida finita, enquanto que a Equação 7.13 foi adaptada para a condição de vida infinita.

7.8. COEFICIENTES DE SEGURANÇA

Para o caso do projeto e seleção de cabos de aço, alguns coeficientes de segurança distintos podem ser avaliados. O primeiro, vinculado diretamente ao tipo de aplicação que o cabo será submetido, depende de diversos fatores externos entre os quais: o tipo de solicitação sobre o cabo (carregamento estático ou dinâmico), a frequência de uso do cabo, o tipo de ambiente (normal ou agressivo), o envolvimento de fatores humanos, entre outros. Tal coeficiente está diretamente associado à experiência dos fabricantes envolvidos e são, normalmente, disponibilizados nas bibliografias de referência dos fabricantes de cabos em geral. A Tabela 7.6 apresenta informações acerca desta condição.

Tabela 7.6 – Coeficientes de segurança (CS) sugeridos ou de referência. Reproduzido com autorização de Morsing.

Aplicações	CS
Cabos e cordoalhas estáticas	3 - 4
Cabos para tração na horizontal	4 - 5
Guinchos	5
Pás, guindastes e escavadeiras	5
Pontes rolantes	6 - 8
Talhas em geral	7
Derricks (*)	6 - 8
Laços em geral	5 - 6
Elevadores de carga	8 - 10
Elevadores de passageiros	10 - 12

(*) guindaste para grandes cargas, mastro de carga ou vigamento em forma de torre para manuseio de cargas sobre poços em geral.

Os demais coeficientes de segurança podem ser vinculados diretamente às condições de projeto correspondentes. Nesse contexto, têm-se os coeficientes de segurança classificados como estáticos e dinâmicos. Entende-se o termo estático como aquele ao qual o componente em análise não sofre grandes variações no carregamento com o passar do tempo.

Para os coeficientes de segurança estáticos considerar as relações:

$$CS = \frac{F_u}{F_T} \qquad CS_b = \frac{F_u - F_b}{F_T} \qquad (7.14/7.15)$$

A segunda relação contempla, evidentemente, a parcela da carga de flexão que o cabo estará supostamente submetido.

Por fim, tratando-se de solicitações dinâmicas ou de fadiga, torna-se possível definir o chamado coeficiente de segurança dinâmico por meio de:

$$CS_f = \frac{F_f - F_b}{F_T} \tag{7.16}$$

Nesse momento, pode estar o leitor se perguntando: mas qual coeficiente de segurança deve ser utilizado num determinado projeto? A resposta é abrangente, ou seja, todos, exceto em circunstâncias nas quais o cabo não esteja sendo submetido a determinada solicitação em específico. O Problema Resolvido 7.1 ilustra essa condição.

7.9. INDICATIVOS DE FALHA

Ao manusear um cabo de aço depois de determinado período de uso torna-se possível, em algumas circunstâncias, evidenciar problemas decorrentes de falhas localizadas que correspondem a um indicativo da eventual necessidade da substituição do cabo.

Dessa forma, qualquer cabo deverá ser descartado quando apresentar qualquer dos seguintes sinais:

- corrosão severa;

- desgastes localizados;

- deformação lateral igual ou superior a um terço do diâmetro nominal do cabo (ver Figura 7.11);

- acessórios terminais danificados;

- distorções;

- “gaiola de passarinho”;

- fios quebrados.

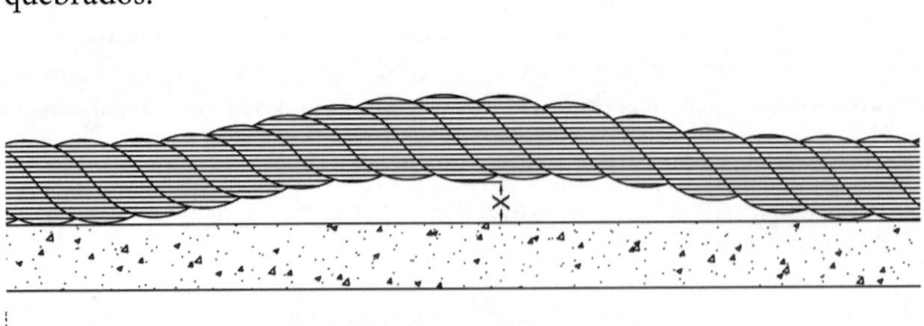

Figura 7.11 – Deformação lateral do cabo de aço. Adaptado a partir de Diepa, 2005.

7.10. ACESSÓRIOS DOS CABOS DE AÇO

Em geral, utilizados conjuntamente aos cabos de aço com finalidades específicas de fixação, enrolamento, esticamento ou elevação de cargas. Cada projeto ou aplicação específica pode exigir a presença de alguns desses dispositivos, os quais em contexto geral, têm por função principal melhorar o funcionamento e a expectativa de vida do sistema.

7.10.1. DISPOSITIVOS DE ESTICAMENTO

A Figura 7.12 ilustra alguns exemplos de esticadores convencionalmente utilizados com cabos de aço. Tais dispositivos possibilitam a fixação das extremidades do cabo, além de permitirem um controle no esticamento do cabo durante o período de operação e vida útil dele. O tipo de extremidade de cada esticador depende ainda da aplicação destinada ao cabo de aço.

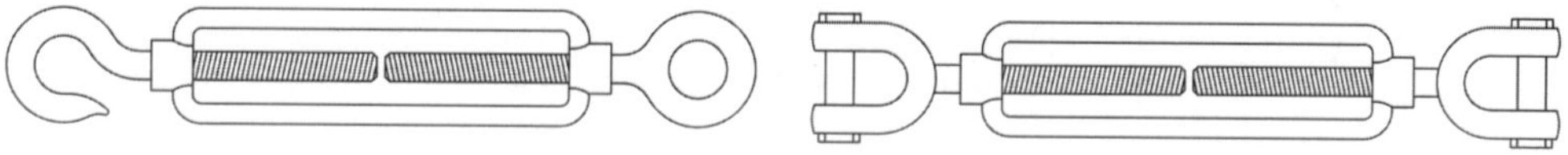

Figura 7.12 – Exemplos de dispositivos de esticamento – esticadores. Adaptado a partir de Acrocabo, 2016.

7.10.2. DISPOSITIVOS PARA MOVIMENTAÇÃO, ELEVAÇÃO E AMARRAÇÃO DE CARGAS

A maior variabilidade dos acessórios comerciais disponíveis para uso com cabos de aço encontra-se nesse grupo, dado que os mesmos contemplam a maioria das aplicações com cabos de aço. Ganchos, olhais, manilhas, anéis de carga e mosquetes, entre outros, são exemplos desses acessórios, cujos exemplos de alguns modelos podem ser observados na Figura 7.13.

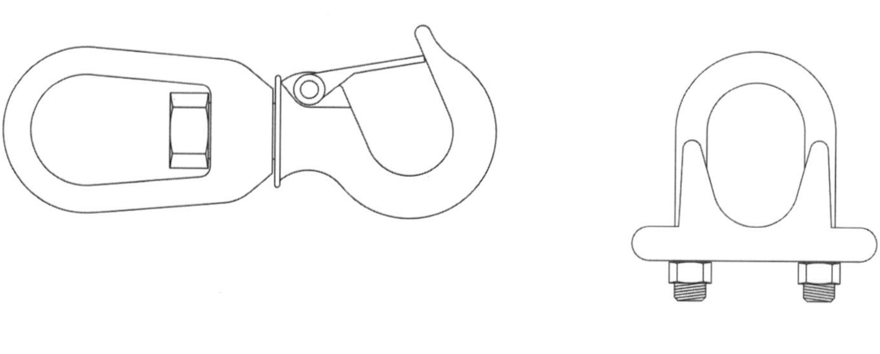

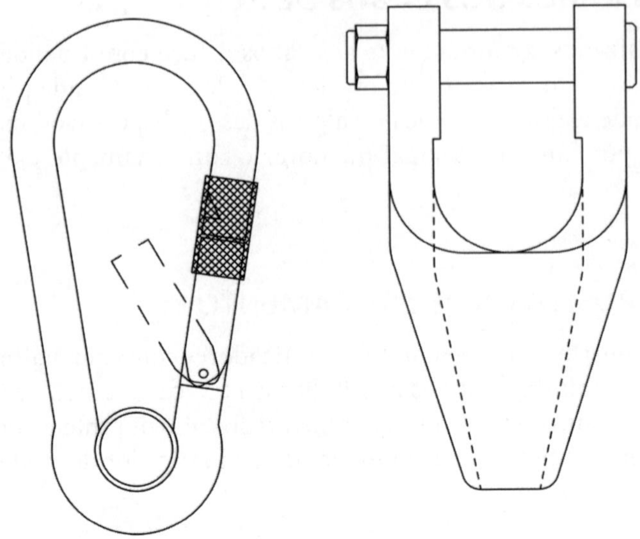

Figura 7.13 – Exemplos de dispositivos para movimentação, elevação e amarração de cargas. Adaptado a partir de Acrocabo, 2016.

7.11. PROBLEMAS RESOLVIDOS

11.1 - Um elevador de cargas transporta uma carga limite de 5 tf ao longo da distância máxima de 720 m. O peso do elevador e acessórios é de 0,8 tf e a aceleração do sistema pode atingir 0,75 m/s^2. Opta-se pela utilização de um cabo 6 x 19 AA, com torção regular para a referida aplicação. Determinar: a) o diâmetro mínimo necessário para o cabo e b) a máxima tensão de flexão correspondente.

Suponha a utilização de tambores com diâmetros compatíveis à recomendação dos fabricantes e um coeficiente de segurança de 5, especificamente para o caso de fadiga.

Solução:

a) inicia-se o problema pela definição dos parâmetros tabelados. Assim, para um cabo especificação 6 x 19 AA:

Tabela 7.2: $K_1 = 0{,}45$ $D = 41d$ $K = 0{,}0689$ $E_c = 96{,}5$ GPa

Tabela 7.6: CS = 9 (média dos valores propostos para um elevador de cargas)

Tabela 7.4: RT = Su = 1770 MPa (os valores de carga tabelados correspondem a uma resistência de tração nominal de 1770 MPa).

Tanto a área metálica do cabo, como o seu peso por unidade de comprimento e o diâmetro do arame, ficarão como função do diâmetro do cabo, na forma (Equações 7.1 a 7.3):

$$A_m = K_1 d^2 = 0,45 d^2$$
$$d_W = Kd = 0,0689d$$

$$w = \frac{K_1 d^2}{100} = 0,0045\, d^2$$

Em termos das cargas atuantes, tem-se:

$$\sigma_b = \frac{E_c d_W}{D} = \frac{96,5.10^9 (0,0689) d}{41d} = 162,17 \text{MPa} \qquad \text{(Equação 7.9)}$$

$$F_b = \sigma_b A_m = 162,17 (0,45) d^2 = 72,98 d^2 \qquad \text{(Equação 7.10)}$$

$$F_T = P + W + F_A = (5000 + 800) + 0,0045 d^2 (720) + \left[(5000 + 800) + 0,0045 d^2 (720) \right] \frac{0,75}{9,81}$$

$$F_T = 6243,43 + 3,49 d^2 \qquad \text{(Equação 7.5)}$$

Para coeficientes de segurança propostos para cargas estáticas e dinâmicas, obtêm-se como cargas mínimas necessárias em função do diâmetro do cabo (Equações 7.14 a 7.16):

$$CS = \frac{F_u}{F_T} \Rightarrow 9 = \frac{F_u}{6243,43 + 3,49 d^2} \Rightarrow F_u = 56190,87 + 31,41 d^2$$

$$CS_b = \frac{F_u - F_b}{F_T} \Rightarrow 9 = \frac{F_u - 72,98 d^2}{6243,43 + 3,49 d^2} \Rightarrow F_u = 56190,87 + 104,39 d^2$$

$$CS_f = \frac{F_f - F_b}{F_T} \Rightarrow 5 = \frac{F_f - 72,98 d^2}{6243,43 + 3,49 d^2} \Rightarrow F_f = 31217,15 + 90,43 d^2$$

De forma tabulada e por estimativas chega-se a:

Carga a ser definida em função do diâmetro do cabo (kN)	Diâmetro do cabo (mm) / Carga calculada (kN)			
	6	8	10	11
Fu = 56190,87+31,41d²	57,32	58,20	59,33	60,00
Fu = 56190,87+104,39d²	59,95	62,87	66,63	68,82
Ff = 31217,15+90,43d²	34,47	37,00	40,26	42,16

Pelos valores obtidos observa-se que os diâmetros de 6, 8 e 10 mm não atendem às condições do problema, visto que as respectivas cargas de ruptura (conforme Tabela 7.6) ficam abaixo dos valores calculados. Para o caso do diâmetro de 11 mm, entretanto, observa-se que a carga de ruptura mínima tabelada (76,2 kN) atende às condições do problema.

b) como tensão de flexão atuante sobre o cabo tem-se:

$$\sigma_b = \frac{E_c d_W}{D} = \frac{96{,}5.10^9\,(0{,}0689)d}{41d} = 162{,}17\text{MPa}$$

Conclusão: um cabo com diâmetro de 11 mm atende às condições de segurança do problema.

11.2 - O carrinho de mina ilustrado será utilizado para transportar uma carga vertical máxima de 25000 N (aplicada no ponto G do sistema) ao longo de uma pista inclinada com 150 m de extensão. Dimensionar o diâmetro mínimo necessário para o cabo de aço de sustentação considerando que o mesmo seja especificado como 6 x 37 AF. Por questões de segurança, o coeficiente de segurança estático não pode ser inferior a 12 e o coeficiente de segurança para fadiga não pode ser inferior a 2,5 para uma expectativa de vida de 4.10^5 ciclos. O tambor a ser utilizado (não representado no desenho) deverá apresentar um diâmetro de 40 vezes o diâmetro do cabo. Em situação de carga máxima, o carrinho pode atingir ainda uma aceleração da ordem de 0,9 m/s^2.

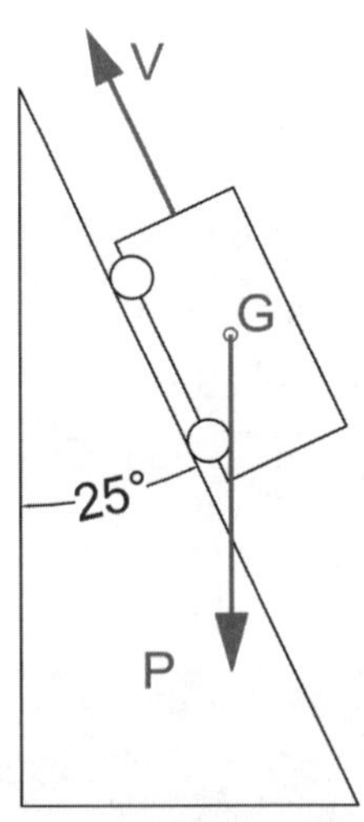

Figura 7.14 – Problema 11.2.

Solução:

a) inicia-se o problema pela definição dos parâmetros tabelados. Assim, para um cabo especificação 6 x 37 AF:

Tabela 7.2: - $K_1 = 0{,}41$ $K = 0{,}0454$ $E_c = 75{,}8$ GPa

Figura 7.9: (p/Su) = (1,9/1000)

Tabela 7.4: RT = Su = 1770 MPa (os valores de carga tabelados correspondem a uma resistência de tração nominal de 1770 MPa).

Tanto a área metálica do cabo, como o seu peso por unidade de comprimento e o diâmetro do arame, ficarão como função do diâmetro do cabo, na forma (Equações 7.1 a 7.3):

$$A_m = K_1 d^2 = 0{,}41 d^2$$

$$d_W = Kd = 0{,}0454d$$

$$w = \frac{K_1 d^2}{100} = 0{,}0041 d^2$$

Em termos das cargas atuantes, tem-se:

$$\sigma_b = \frac{E_c d_W}{D} = \frac{75{,}8.10^9 (0{,}0454) d}{40d} = 86{,}03\,\text{MPa} \qquad \text{(Equação 7.9)}$$

$$F_b = \sigma_b A_m = 86{,}03.(0{,}41) d^2 = 35{,}27 d^2 \qquad \text{(Equação 7.10)}$$

$$F_T = P + W + F_A$$

$$F_T = 25000 \cos 25^\circ + 0{,}0041\, d^2 (150) + \left[25000 \cos 25^\circ + 0{,}0041\, d^2 (150)\right] \frac{0{,}90}{9{,}81}$$

$$F_T = 24736{,}38 + 0{,}6714 d^2 \qquad \text{(Equação 7.5)}$$

$$\left(\frac{p}{Su}\right) = \frac{2F_f}{Su(d)D} \Rightarrow F_f = \frac{(1{,}9/1000)1770(d)40(d)}{2} = 67{,}26 d^2 \quad \text{(Equação 7.12)}$$

Para a condição de cargas dinâmicas, chega-se facilmente a (Equação 7.16):

$$CS_f = \frac{F_f - F_b}{F_T} \Rightarrow 2{,}5 = \frac{67{,}26 d^2 - 35{,}27 d^2}{24736{,}38 + 0{,}6714 d^2} \Rightarrow d = 45{,}16\,\text{mm}$$

- Tabela 7.4, para o cabo especificado, chega-se a um diâmetro de 48 mm com uma carga limite de 1450 kN.

Deve-se agora verificar se o diâmetro previamente escolhido por fadiga atende as condições de segurança para cargas estáticas (Equações 7.14 e 7.15). Assim:

$$CS = \frac{F_u}{F_T} = \frac{1450.10^3}{24736,38 + 0,6714(48)^2} \approx 55,2$$

$$CS_b = \frac{F_u - F_b}{F_T} \frac{1450.10^3 - 35,27(48)^2}{24736,38 + 0,6714(48)^2} \approx 52$$

Conclusão: um cabo com diâmetro de 48 mm será necessário para atender às condições de segurança do problema. Observar que nessas circunstâncias, os coeficientes de segurança por cargas estáticas ficaram bem acima do previsto em projeto.

11.3 - Um cabo de aço 6 x 7 AF (carga de ruptura limite de 270 kN), diâmetro de ¾" é confeccionado com uma resistência à tração mínima de 1930 MPa e deve ser utilizado numa aplicação para a qual se espera uma expectativa de vida de 0,5 milhões de flexões. Para coeficientes de segurança de 2,4 e 10, por fadiga e cargas estáticas, respectivamente, determinar o máximo carregamento ao qual o cabo poderá ser submetido. Suponha um comprimento de cabo de 72 m, uma relação $(D/d_W) = 600$, um tambor de ferro fundido.

Solução:

a) por envolver um cabo com especificação diferenciada da Tabela 7.4, deve-se trabalhar apenas com os dados disponíveis nas Tabelas 7.2 e 7.5 e na Figura 7.9, obtendo-se:

$K_1 = 0{,}38$ $K = 0{,}111$ $E_c = 89{,}6$ GPa $p_{adm} = 2{,}04$ MPa

$(p/Su) = (1{,}6/1000)$

b) cálculo dos parâmetros do cabo (Equações 7.1 a 7.3) -

$$A_m = K_1 d^2 = 0,38(19,05)^2 = 137,9\,mm^2$$

$$d_W = Kd = 0,111(19,05) = 2,11\,mm$$

$$w = \frac{K_1 d^2}{100} = 0,0038(19,05)^2 = 1,38\,N/m$$

c) cargas atuantes sobre o cabo:

$$\sigma_b = \frac{E_c d_W}{D} = \frac{89,6.10^9 (2,11)}{600(2,11)} = 149,33\,MPa \qquad \text{(Equação 7.9)}$$

$$F_b = \sigma_b A_m = 149,33(137,9) = 20593,07\,\text{N} \qquad \text{(Equação 7.10)}$$

$$F_T = P + W + F_A = P + 1,38(72) + 0 = P + 99,36 \qquad \text{(Equação 7.5)}$$

$$\left(\frac{p}{Su}\right) = \frac{2F_f}{Su(d)D} \Rightarrow F_f = \frac{(1,6/1000)1930(19,05)600(2,11)}{2} = 37237,11\,\text{N}$$

(Equação 7.12)

- a pressão de contato ou de esmagamento atuante sobre o cabo corresponde a:

$$p = \frac{2F_T}{(d)D} = \frac{2(P + 99,36)}{19,05(600)(2,11)} = \frac{P}{12058,06} + 8,24.10^{-3} \qquad \text{(Equação 7.11)}$$

d) cargas externas correspondentes (Equações 7.14 a 7.16):

$$CS_f = \frac{F_f - F_b}{F_T} \Rightarrow 2,4 = \frac{37237,11 - 20593,07}{P + 99,36} \Rightarrow P = 6835,66\,\text{N}$$

$$CS = \frac{F_u}{F_T} \Rightarrow 10 = \frac{270.10^3}{P + 99,36} \Rightarrow P = 26900,64\,\text{N}$$

$$CS_b = \frac{F_u - F_b}{F_T} \Rightarrow 10 = \frac{270.10^3 - 20593,07}{P + 99,36} \Rightarrow P = 24841,33\,\text{N}$$

$$p = p_{adm} \Rightarrow \frac{P}{12058,06} + 8,24.10^{-3} = 2,04 \Rightarrow P = 24500\,\text{N}$$

(Equação 7.11 – adaptada)

Conclusão: de todas as cargas externas calculadas prevalece como resposta do problema evidentemente e, a favor da segurança, a carga de 6835,66 N.

Observar que os dados do problema estão associados a um cabo de aço com especificação diferenciada da referência adotada no presente capítulo, o que, entretanto, não impossibilita a solução do problema.

11.4 – Um cabo de aço 6 x 19 AF, de diâmetro de 12 mm deverá apresentar quando em uso, um coeficiente de segurança por cargas estáticas sem flexão igual a 4 vezes o coeficiente de segurança em fadiga. Para essa condição, determinar o número de ciclos aproximado ao qual o cabo poderá ser submetido. O cabo apresenta uma carga limite de 84,2 kN. Adotar (D/d) = 40.

Solução: como o único dado concreto do problema corresponde à relação entre os coeficientes de segurança estático e por fadiga, sugere-se iniciar o problema por esse dado. Assim:

$$CS = 4\left(CS_f\right) \Rightarrow \frac{Fu}{F_T} = 4\left(\frac{F_f - F_b}{F_T}\right) \Rightarrow Fu = 4F_f - 4F_b$$

Como dados tabelados, tem-se:

Tabela 7.2: - $K_1 = 0{,}40$ $K = 0{,}0689$ $E_c = 82{,}7$ GPa

Tabela 7.4: RT = Su = 1770 MPa (os valores de carga tabelados correspondem a uma resistência de tração nominal de 1770 MPa).

A carga de flexão será de:

$$\sigma_b = \frac{E_c d_W}{D} = \frac{82{,}7.10^9\left(0{,}0689d\right)}{40\left(d\right)} = 142{,}45\,\text{MPa} \qquad \text{(Equação 7.9)}$$

$$F_b = \sigma_b A_m = 142{,}45\left(0{,}40\right)\left(12\right)^2 = 8205{,}12\,\text{N} \qquad \text{(Equação 7.10)}$$

Caracterizando uma carga de fadiga limite de:

$$Fu = 4F_f - 4F_b \Rightarrow 84{,}2.10^3 = 4F_f - 4\left(8205{,}16\right) \Rightarrow F_f = 12844{,}84\,\text{N}$$

Para se chegar à expectativa de vida do cabo, aplica-se:

$$\left(\frac{p}{Su}\right) = \frac{2F_f}{Su\left(d\right)D} = \frac{2\left(12844{,}84\right)}{1770\left(12\right)\left(40\right)\left(12\right)} = 0{,}0025 \qquad \text{(Equação 7.12)}$$

caracterizando, a partir da Figura 7.9, uma expectativa de vida da ordem de 0,23 milhões de ciclos.

7.12. PROBLEMAS PROPOSTOS

12.1 – Um sistema de transporte de cargas utilizando cabos de aço opera com um tambor de 1,65 m de diâmetro utilizando um cabo de aço 6 x 19 AA. A carga externa e o dispositivo de transporte pesam conjuntamente 44 kN, atingindo uma aceleração máxima de 0,75 m/s^2. Avalie como se dá a variação do coeficiente de segurança estático com flexão para cabos de diâmetro 10, 12, 14 e 16 mm, supondo uma resistência (RT) de 1770 MPa e um comprimento total de cabo de 280 m.

Resp.

d = 10 mm; CS = 1,29

d = 12 mm; CS = 1,84

d = 14 mm; CS = 2,50

d = 16 mm; CS = 3,22

12.2 – Para o Problema Proposto 12.1, avaliar como se dá a variação do coeficiente de segurança em fadiga para uma relação (p/Su) = 0,002 e cabos com diâmetro de 16, 18 e 20 mm. Considerar as demais condições originais do problema.

Resp.

d = 16 mm; C_{Sf} = 0,82 (não atende)

d = 18 mm; C_{Sf} = 0,88 (não atende)

d = 20 mm; C_{Sf} = 0,92 (não atende)

12.3 – Suponha um cabo de aço com diâmetro de 10 mm e resistência (RT) 1770 MPa. Suponha também que o mesmo deverá ser utilizado numa aplicação quase estática (a = 0) suportando uma carga máxima de 17200 N. Para um comprimento de 85 m de cabo e especificações: 6 x 7 AF, 6 x 37 AF e 8 x 19 AF, calcule, comparativamente, os resultados em termos do coeficiente de segurança estático desprezando a parcela de flexão do cabo.

Resp.

6 x 7 AF; CS = 3,41

6 x 37 AF; CS = 3,03

8 x 19 AF; CS = 3,66 – condição mais favorável

12.4 – Um cabo de aço 6 x 7 AA (com carga de ruptura limite de 312 kN) de diâmetro 22 mm, é confeccionado com uma resistência à tração mínima de 1930 MPa e deve ser utilizado numa aplicação quase estática (a = 0) para a qual se espera um coeficiente de segurança mínimo de 11,2. Determinar o máximo carregamento ao qual o cabo poderá ser submetido para um comprimento de 105 m, $(D/d_W) = 625$ e tambor de ferro fundido.

Resp.

$P_{max} = 24487,8$ N

p = 1,47 MPa (valor compatível com a condição de tambor de ferro fundido)

12.5 – Para um cabo 6 x 37 AF, com diâmetro de 25 mm, determine: a) a área metálica; b) o diâmetro do arame; c) o diâmetro de tambor mínimo recomendado; d) o diâmetro de tambor supostamente ideal; e) o peso por unidade de comprimento de cabo.

Resp.

a) $A_m = 256,25$ mm²

b) $d_W = 1,135$ mm

c) $D_{min} = 450$ mm

d) $D_{ideal} = 675$ mm

e) w = 2,562 N/m

12.6 – Determinar a máxima carga de fadiga para um cabo de aço com diâmetro 12 mm - 6 x 37 AA, com RT = 1770 MPa trabalhar na condição de 200000 ciclos, 400000 ciclos e 600000 ciclos de carga. Adotar um diâmetro de tambor considerado ideal.

Resp.

200000 ciclos – P = 10666,73 N

400000 ciclos – P = 7225,85 N

600000 ciclos – P = 6194 N

12.7 – Considerando exclusivamente a pressão de contato ou de esmagamento atuante sobre um cabo de aço de diâmetro 6 mm - 6 x 7 AF regular, efetivar uma avaliação do máximo carregamento admitido supondo o uso de tambores confeccionados em: ferro fundido, aço fundido e borracha. Adotar $(D/d_W) = 525$.

Resp.

ferro fundido – P = 2140 N

aço fundido – P = 3975,5 N

borracha – P = 2454,5 N

12.8 – Um cabo de aço 6 x 37 AF regular será utilizado numa mina para transporte de uma carga máxima de 4,8 kN atingindo uma aceleração máxima de 0,75 m/s^2. Desprezado o efeito da flexão sobre o cabo, determinar o diâmetro mínimo necessário para o mesmo supondo: um comprimento de cabo de 80 m, um coeficiente de segurança estático de 10, um coeficiente de segurança em fadiga de 1,5, uma resistência à tração mínima de 1770 MPa e uma expectativa de vida de 4.10^5 ciclos. O tambor a ser considerado, confeccionado em aço fundido, deve atender a relação (D/d) = 42.

Resp.

Cabo de diâmetro 10 mm, a partir de: P = 4818,5 N; F_T = 5220 N; W = 32,8 N; F_f = 7805,7 N; p = 2,48 MPa (< p_{adm}) e CS_f = 1,5

12.9 – Um cabo de aço 6 x 7 AF, diâmetro 22 mm e resistência à tração mínima de 1770 MPa deve ser utilizado numa aplicação de cargas verticais. Nessas circunstâncias e supondo um coeficiente de segurança mínimo de 8,9 por cargas estáticas, determinar o máximo carregamento externo que poderá ser aplicado sobre o cabo. Supor ainda um comprimento de cabo de 65 m, uma relação (D/d) = 40 e uma aceleração máxima de 0,95 m/s^2. Ao final para o valor da carga definida, estimar a expectativa de vida desse cabo em ciclos (considerar, para esse caso, a curva do cabo 6 x 12 na Figura 7.9 do Livro texto).

Resp.

a)P_{max} = 24285 N a partir dos valores parciais: A_m = 183,92 mm^2; W = 119,55 N; F_b = 45730 N e F_T = 26772 N.

b) = 30000 ciclos a partir de (p/Su) = 0,0042 e F_f= 72501,64 N.

12.10 – Um cabo de aço 6 x 19 AF, de diâmetro 6,35 mm, confeccionado em aço com resistência mínima de 1930 kN deve apresentar um coeficiente de segurança em fadiga de no mínimo 3,5. Para essa condição e num comprimento de cabo de 75 m, determinar o número de ciclos máximo ao qual o referido cabo poderá ser submetido ao suportar uma carga externa de 12,2 kN. Considerar, nessas circunstâncias, que o cabo estará adequadamente dimensionado para a condição de cargas estáticas.

Dados: diâmetro do tambor = 40d, aceleração máxima do sistema = 0,75 m/s^2.

Resp.

O referido cabo não apresenta resistência compatível com a condição de cargas dinâmicas (fadiga) dado que a relação (p/Su) resulta na faixa de 0,031. Os demais valores parciais são: F_f = 48307,67 N; A_m = 16,13 mm^2; W = 12,1 N; F_b = 2297,58 N e F_T = 13145,74 N.

12.11 - Avaliar um cabo de aço 6 x 19 AA, de diâmetro 16 mm, na condição de vida infinita, supondo que o mesmo venha a ser confeccionado em aço PS, IPS, EIPS e EEIPS. Considerar que o sistema venha a utilizar um tambor na condição do diâmetro mínimo recomendado.

Resp.

diâmetro do tambor (na condição de D_{min}) = 544 mm

PS → F_f = 6832,4 N

IPS → F_f = 7703 N

EIPS → F_f = 8530 N

EEIPS → F_f = 9400,32 N

12.12 - Um sistema de elevação de cargas utiliza dois cabos de aço - 6 x 19 AF - de diâmetro 20 mm em paralelo e com um tambor de ferro fundido de 2,02 m de diâmetro. A carga externa corresponde a 27,2 kN, atingindo uma aceleração máxima de 1,0 m/s^2. Determine os coeficientes de segurança estático e dinâmico do sistema, supondo uma resistência (RT) de 1770 MPa, vida infinita e um comprimento total de cabo de 112 m. Avalie também a condição da pressão de esmagamento correspondente. A carga de ruptura do cabo vale 240 kN.

Resp.

A_m = 160 mm^2; d_W = 1,378 mm; W = 179,2 N; F_b = 9026,58 N; F_T = 15183,80 N; p = 0,75 MPa (verifica); F_f = 35754 N; CS_b = 15,2; CS_f = 1,76

12.13 - Reavalie o Problema Resolvido 12.12, mantendo-se as condições originais do enunciado, mas alterando o diâmetro do tambor para 1600 mm.

Resp.

W = 179,2 N; F_b = 11396,06 N; F_T = 15184,8 N; p = 0,95 MPa (verifica); F_f = 28320 N; CS_b = 15,06; CS_f = 1,11. Para cargas estáticas a variação é pouco significativa, enquanto que para cargas dinâmicas, porém, os resultados se demonstram mais significativos.

12.14 - Avalie a carga de ruptura mínima de um cabo de aço - 6 x 19 AA - de acordo com a norma NBR 2408. Considere uma resistência mínima de 1770 kN e compare os valores calculados, para os diâmetros de 10, 12, 14 e 16 mm, com os valores apresentados na correspondente tabela.

Resp.

d = 10 mm; F_{min} = 63,01 kN; F_{tab} = 63 kN

d = 12 mm; F_{min} = 90,74 kN; F_{tab} = 90,7 kN

d = 14 mm; F_{min} = 123,5 kN; F_{tab} = 124 kN

d = 16 mm; F_{min} = 161,3 kN; F_{tab} = 161 kN

12.15 – Determinar o diâmetro mínimo necessário para um cabo de aço com resistência (RT) 1770 MPa e especificação 6 x 7 AF, suportar numa aplicação quase estática (a = 0), um carregamento da ordem de 27200 N. Considere um comprimento de 50 m de cabo e um tambor que atenda a relação (D/d) = 38. Um fator de segurança da ordem de 10 deve ser adotado no projeto.

Resp. d = 24 mm

12.16 – Qual seria o coeficiente de segurança do Problema Proposto 12.15 caso o diâmetro adotado para o cabo fosse de 12 mm? Considerar todas as demais premissas originais do problema.

Resp. W = 27,36 N; F_b = 14321,6 N; F_T = 27227,4 N; CS_b = 2,58

NOMENCLATURA

ε	deformação longitudinal específica
σ	tensão normal
σ_b	tensão de flexão
ρ	raio de curvatura
a	aceleração (m/s^2)
A_m	área metálica do cabo
CS	coeficiente de segurança por cargas estáticas
CS_b	coeficiente de segurança por cargas estáticas considerando flexão
CS_f	coeficiente de segurança em fadiga
d	diâmetro do cabo
d_W	diâmetro do arame

D	diâmetro do tambor, polia ou roldana
E	módulo de elasticidade longitudinal
E_c	módulo de elasticidade aparente do cabo
F_A	carga dinâmica
F_b	carga de flexão
F_f	carga de fadiga
F_{min}	carga de ruptura mínima (kN)
F_T	carga total
g	aceleração da gravidade (9,81 m/s^2)
K	fator de proporção do diâmetro do arame
K_1	fator de empacotamento
K_2	fator de carga de ruptura
l	comprimento do cabo
p	pressão de esmagamento ou de contato
p_{adm}	pressão de esmagamento admissível (MPa)
P	carga externa
RT	resistência à tração nominal (MPa)
Su	resistência à tração nominal (MPa)
y	distância medida a partir da linha neutra
w	peso do cabo por unidade de comprimento
W	peso do cabo

REFERÊNCIAS BIBLIOGRÁFICAS

Budynas, R.G. and Nisbett, J.K., 2008. Shigley's – Mechanical Engineering Design, 8ª ed., McGraw Hill.

Budynas, R.G. and Nisbett, J.K., 2011. Elementos de Máquinas de Shigley, Bookman Companhia Editora, São Paulo, SP.

CarlStahl, S. I. I., 2006. Design Guide for Cable Solutions, Riverdale, USA.

CIMAF, 2012. Manual Técnico de Cabos, Osasco, SP.

Collins, J.A., 2006. Projeto Mecânico de Elementos de Máquinas, Livros Técnicos e Científicos – LTC, Rio de Janeiro, RJ.

Diepa, 2005. The Diepa Rope – Answers to the most frequently asked questions,

Neustadt bei Coburg.

Drako, P., 2011. Steel wire ropes in elevators, Muelheim and Der Ruhr, Germany.

Drucker, D.C. and Tachau, H., 1945. A New Design Criteria for Wire Rope, Journal of Applied Mechanics.

Faires, V.M., 1984. Elementos Orgânicos de Máquinas, Livros Técnicos e Científicos – LTC, Rio de Janeiro, RJ.

Feyrer, K., 2007. Wire Ropes – Tension, Endurance, Reliability, Springer, Stuttgart, Germany.

Filho, F.M., 2009. Elementos de Transmissão Flexíveis, Departamento de Engenharia Mecânica, POLI-UFRJ.

IPH Saicf, 2011. Cables de acero para uso general, Buenos Aires, Argentina.

Juvinall, R.C. and Marshek, K.M., 2007. Fundamentos do Projeto de Componentes de Máquinas, Livros Técnicos e Científicos – LTC, Rio de Janeiro, RJ.

NBR 2408, 2008. Cabos de aço para uso geral – Requisitos mínimos, ABNT, Rio de Janeiro, RJ.

Niemann, G., 2000. Elementos de Máquinas – Vol. III, Editora Edgard Blucher Ltda., São Paulo, SP.

Nobles, A. Wire Rope & Strand, Vol. 2.

Rheieinberger, S. J., 1992. Selecting wire rope design factors in cable yarding a review and proposal, Master of Forestry in Forest Engineering, Oregon State University.

Union, 2014. Wire rope user's handbook, Kansas City.

U.S.NAVY, DTI, 1976. Wire-rope Handbook, Vol. I, Design and Engineering of wire--rope systems, Washington, D.C.

WireRope, I.Industrial Catalogue, Quebec, Canada.

Sites:

www.acrocabo.com.br

www.carlstahl.com.br

www.cimafbrasil.com.br

www.drako.de

www.iph.com.ar

www.nobles.com.au

www.saoraphael.com.br

www.savacable.com

www.unionrope.com

www.wirerope.com

CAPÍTULO 8
Freios e Embreagens

8.1. INTRODUÇÃO

Neste capítulo são discutidos dois elementos de máquinas muito similares. O primeiro elemento é denominado freio, cuja função, de maneira simplificada, é absorver energia cinética de corpos em movimento por meio de um mecanismo que se utiliza do atrito. O segundo, denominado embreagem, cuja função principal é transmitir potência intermitentemente entre corpos e controlar seus respectivos movimentos, através do controle do atrito entre eles.

A maioria dos freios utiliza o atrito entre duas superfícies pressionadas uma contra a outra para converter a energia cinética do sistema em movimento e calor, embora outros métodos de conversão de energia possam ser empregados. Nas aplicações mais simples, as embreagens conectam e desconectam, de forma suave e contínua, dois eixos de transmissão em movimento de rotação. Nesses dispositivos, uma árvore é normalmente ligada a um motor ou a uma unidade de potência, enquanto o outro eixo fornece potência de saída para realizar o trabalho mecânico. Neste capítulo serão estudados os tipos mais comuns de freios e embreagens, conforme exemplos demonstrados na Figura 8.1.

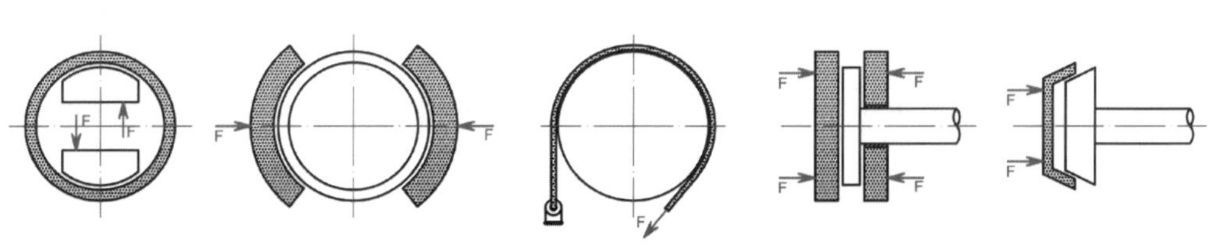

Figura 8.1 – Principais tipos de freios e embreagens. a) sapatas internas expansíveis, b) sapatas externas contráteis, c) banda ou cinta, d) disco, prato ou axial, e) cônica. Adaptado a partir de Collins e Hamrock.

8.2. EMBREAGENS

As embreagens mais comuns podem ser classificadas como as de contato positivo (Figura 8.2) ou por atrito. Nas embreagens de contato positivo a potência é transmitida a partir de um eixo de acionamento, motriz ou motor, a um eixo movido por meio de um acoplamento dentado. A vantagem desse tipo de embreagem é que não ocorre escorregamento entre os eixos, além dos acoplamentos gerarem apenas uma pequena quantidade de calor, visto que não dependem do atrito para seu funcionamento. Além disso, possuem menor custo de fabricação e são mais leves quando comparadas às embreagens por atrito com capacidade similar de transmissão de potência. A desvantagem é decorrente delas não poderem ser acopladas em velocidades elevadas e com cargas, visto haver choque entre dentes no momento do acoplamento em qualquer velocidade.

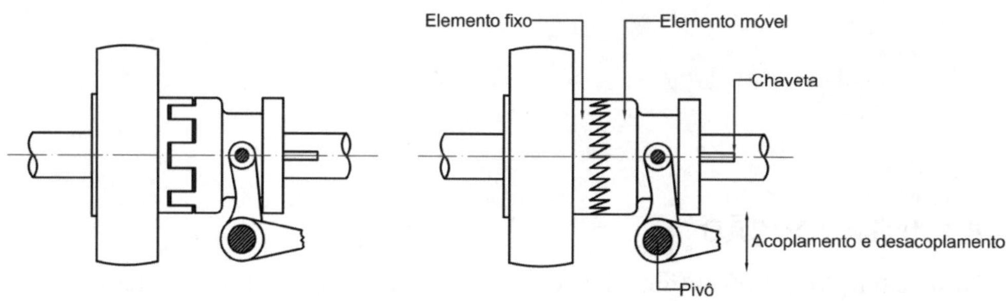

Figura 8.2 – Embreagens de contato positivo. a) Mandíbulas de dentes quadrados, b) mandíbulas de dentes em espiral.

Algum dispositivo, como por exemplo uma mola, é necessário para manter as duas metades da embreagem em contato axial. No que diz respeito à análise de tensão nos dentes do acoplamento, a força atuante sobre eles produz tensões de esmagamento e cisalhamento que dependem da potência a ser transmitida e da velocidade que se deseja transmitir. A Equação (8.1) pode ser utilizada para determinar o torque atuante sobre a embreagem.

$$T = \frac{P_d}{\omega} \tag{8.1}$$

onde "ω " é a velocidade angular do eixo motor.

A força média de acionamento efetiva no centro de cada acoplamento pode ser determinada por:

$$F = \frac{2T}{n_d\left(r_o + r_i\right)} \tag{8.2}$$

onde "n_d" é o número de dentes, "r_o" é o raio externo e "r_i" é raio interno do acoplamento. As tensões de cisalhamento atuantes no acoplamento podem ser avaliadas pela Equação (8.3):

$$\tau = \frac{F}{\frac{2\pi(r_o + r_i)}{2} \times \frac{\varphi(t)}{360}} \tag{8.3}$$

"t" é a espessura do dente e "φ" o comprimento angular na direção circunferencial de um dente, conforme Figura 8.3. Observar que a primeira fração do denominador representa o perímetro médio da circunferência do acoplamento da embreagem.

As tensões de esmagamento no dente podem, ainda, ser avaliadas por:

$$\sigma_b = \frac{F}{(r_o - r_i)t} \tag{8.4}$$

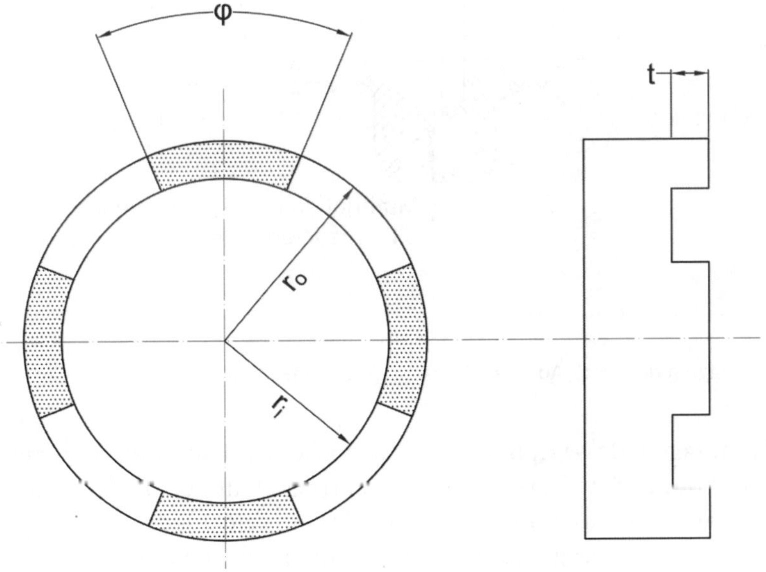

Figura 8.3 – Embreagem de contato positivo de dentes quadrados. Adaptado a partir de Deutschman, 1975.

8.3. EMBREAGENS DE DISCO

As embreagens de disco também são conhecidas como embreagens axiais ou de prato e são consideradas como embreagens de contato por atrito, Figura 8.4. São muito utilizadas em veículos automotores e na indústria em geral. Esse tipo de embreagem tem a capacidade de transmitir torque de um eixo de entrada para um eixo de saída, em decorrência das forças de atrito desenvolvidas entre os dois discos manterem os eixos acoplados. O torque transmitido dependerá da força de atrito desenvolvida na embreagem, que, por sua vez depende da força axial de acionamento que realiza a união dos discos. A força axial pode ser aplicada de diversas maneiras, por exemplo, por meio de molas, alavancas, sistemas hidráulicos ou pneumáticos ou até mesmo mediante comandos eletromagnéticos.

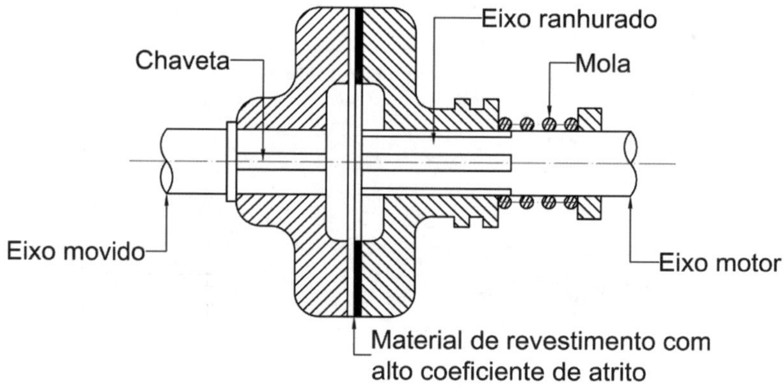

Figura 8.4 - Embreagem de disco. Adaptado a partir de Juvinall, 2016.

A grande vantagem desse tipo de embreagem é que possui um acoplamento suave, quase livre de choques devido ao pequeno escorregamento ocorrido durante a união dos discos. Além disso, elas podem ser acopladas em velocidades elevadas. A desvantagem desse tipo de embreagem está na necessidade da substituição do material de revestimento do disco quando existe um desgaste excessivo dele, em decorrência do escorregamento relativo entre os discos. Além disso, em muitas aplicações devido ao calor excessivo gerado pelo atrito de acoplamento, esse tipo de embreagem necessita de refrigeração externa.

Para proceder à análise desse tipo de embreagem é necessário considerar duas situações físicas que ocorrem quando os discos estão em contato e transmitem potência:

a) se os discos da embreagem são relativamente flexíveis permitindo contato relativo com **pressão uniforme** entre as superfícies dos discos;

b) ou se discos são relativamente rígidos, provocando um **desgaste uniforme** da superfície de atrito entre eles.

O disco de acoplamento tem o eixo de rotação perpendicular às superfícies de contato, conforme pode ser observado na Figura 8.4. O procedimento de dimensionamento consiste na obtenção de uma força axial de acionamento necessária o suficiente para produzir determinado torque, que resulte em determinada pressão de contato e certa profundidade de desgaste (δ). O elemento de área submetido à pressão uniforme na superfície do revestimento do disco pode ser determinado por:

$$dA = (rd\theta)dr \tag{8.5}$$

Para o elemento de área considerado, o diferencial da força axial de acionamento entre os discos e o torque transmitido podem ser expressos na forma:

$$dF = pdA = p(rd\theta)dr = p(2\pi rdr) \tag{8.6}$$

$$dT = \mu rdF = \mu rp(2\pi rdr) \tag{8.7}$$

onde "θ " é o ângulo de contato e "μ" é o coeficiente de atrito entra as superfícies dos discos. Como descrito, nessa situação dois modelos de análise podem ser utilizados.

8.3.1. MODELO DE PRESSÃO UNIFORME

Para embreagens novas, planas e com discos perfeitamente alinhados, a pressão será uniforme em qualquer parte da superfície da embreagem ($p = p_o$). Considerando essa hipótese nas Equações (8.6) e (8.7), obtém-se:

$$F_p = \int_{r_i}^{r_o} p_o 2\pi rdr = \pi p_o \left(r_o^2 - r_i^2\right) \tag{8.8}$$

$$T_p = \int_{r_i}^{r_o} \mu rp_o 2\pi rdr = \frac{2}{3}\pi\mu p_o \left(r_o^3 - r_i^3\right) \tag{8.9}$$

sendo que o subíndice "p" refere-se ao modelo de pressão uniforme.

Com o objetivo de descrever o torque de acionamento como função da força de acionamento da embreagem, manipulam-se as Equações (8.8) e (8.9), ou seja:

$$T_p = \frac{2}{3}\frac{\mu F_p\left(r_o^3 - r_i^3\right)}{\left(r_o^2 - r_i^2\right)} \tag{8.10}$$

onde "F_p" é a força de acionamento axial de ambos os discos.

8.3.2. MODELO DE DESGASTE UNIFORME

Acoplando dois discos perfeitamente rígidos, pode-se assumir que o desgaste entre as superfícies deles ocorrerá de forma uniforme. Essa hipótese torna-se real somente após algum tempo de funcionamento, ou seja, após um desgaste inicial dos discos da embreagem. Consequentemente, para o disco mostrado na Figura 8.4, o desgaste é constante sobre a área da superfície compreendida entre "r_i" e "r_o" ao longo da circunferência do disco. A taxa de desgaste é proporcional a taxa de conversão da energia cinética em trabalho decorrente do atrito no acoplamento. Nessas condições, a potência transmitida pela embreagem em função do atrito no acoplamento pode ser escrita na forma:

$$P_d = F_a v = \mu F v = \mu p A\ v \tag{8.11}$$

onde "F_a" é o força de atrito, "v" é a velocidade tangencial do disco e "A" é a área da superfície de acoplamento do disco.

Embreagens novas possuem um desgaste maior na região de raio externo dado o fato da velocidade tangencial ser maior. Além disso, onde ocorre maior desgaste haverá consequentemente, a diminuição da pressão de contato. Portanto, a multiplicação da pressão de contato pela velocidade do disco, produz um trabalho mecânico de atrito (ou conversão de energia de forma constante), podendo se considerar que o desgaste será uniforme para qualquer raio "r". Com isso, o produto "μpAv" permanece constante e se, "μA" é constante, a pressão será inversamente proporcional ao termo "Av", sendo possível afirmar que:

$$p = \frac{C}{r} \tag{8.12}$$

onde "C" é uma constante. Substituindo a Equação (8.12) na Equação (8.6), com a posterior integração, obtém-se:

$$F = \int_{r_i}^{r_o} 2\pi C dr = 2\pi C\left(r_o - r_i\right) \tag{8.13}$$

como a pressão será máxima para "r = r_i", então a Equação (8.12) pode ser escrita na forma:

$$C = p_{max}(r_i) \tag{8.14}$$

cuja substituição na Equação (8.13) resulta ao final em:

$$F_d = 2\pi p_{max} r_i (r_o - r_i) \tag{8.15}$$

o subíndice "d" refere-se agora ao modelo de desgaste uniforme.

De forma análoga, substituindo as Equações (8.12) e (8.14) na Equação (8.7) chega--se a:

$$T_d = \int_{r_i}^{r_o} \mu\, rp(2\pi r dr) = \pi\mu p_{max} r_i (r_o^2 - r_i^2) \tag{8.16}$$

e por fim:

$$T_d = \frac{\mu F_d (r_o + r_i)}{2} \tag{8.17}$$

Os valores de coeficientes de atrito e de pressões admissíveis para diversos materiais de revestimentos utilizados normalmente nas superfícies de atrito das embreagens podem ser obtidos através das Tabelas 8.1 e 8.2.

Tabela 8.1 - Características dos materiais para freios e embreagens operando secos. Adaptado a partir de Budynas, 2011.

Material de revestimento (a)	Coeficiente de atrito dinâmico (μ)	Pressão máxima admissível (kPa)	Temperatura máxima de operação (ºC)
Metal sinterizado	0,15-0,45	1030-2070	232-677
Cortiça	0,30-0,50	55-95	82
Madeira	0,20-0,30	345-620	93
Couro	0,30-0,40	103-275	65-93
Asbesto moldado	0,20-0,50	350-1000	260
Asbesto trançado	0,30-0,60	350-700	175-260
Algodão trançado	0,47	690	170
Ferro fundido e aço de alta dureza	0,15-0,25	690-1720	260

(a) quando atritado contra ferro fundido ou aço de superfícies lisas.

Tabela 8.2 - Características dos materiais para freios e embreagens operando em óleo. Adaptado a partir de Budynas, 2011.

Material de revestimento (a)	Coeficiente de atrito dinâmico (μ)
Metal sinterizado	0,05-0,08
Cortiça	0,15-0,25
Madeira	0,12-0,16
Couro	0,12
Algodão	0,08-0,10
Polimérico	0,11
Grafítico	0,12
Asbesto moldado	0,08-0,12
Asbesto trançado	0,1-0,2
Ferro fundido e aço de alta dureza	0,03-0,16

(a) quando atritado contra ferro fundido ou aço de superficies lisas.

O torque transmitido nas Equações (8.10) e (8.17) pode também ser expresso de forma adimensional para os modelos de pressão uniforme e desgaste uniforme. Portanto, reescreve-se tais equações:

$$T_p = \frac{T}{2\mu F} = \frac{\frac{\left(r_o^3 - r_i^3\right)}{r_o^3}}{\frac{3\left(r_o^2 - r_i^2\right)}{r_o^3}} = \frac{1 - B^3}{\frac{3\left(1 - B^2\right)}{r_o}} \Rightarrow T_p = \frac{T}{2\mu F r_o} = \frac{1 - B^3}{3\left(1 - B^2\right)} \tag{8.18}$$

$$T_d = \frac{T}{\mu F} = \frac{\frac{\left(r_o + r_i\right)}{r_o}}{\frac{2}{r_o}} = \frac{1 + B}{\frac{2}{r_o}} \Rightarrow T_d = \frac{T}{2\mu F r_o} = \frac{1 + B}{4} \tag{8.19}$$

onde “B” é a razão de raios e vale “r_i/r_o”.

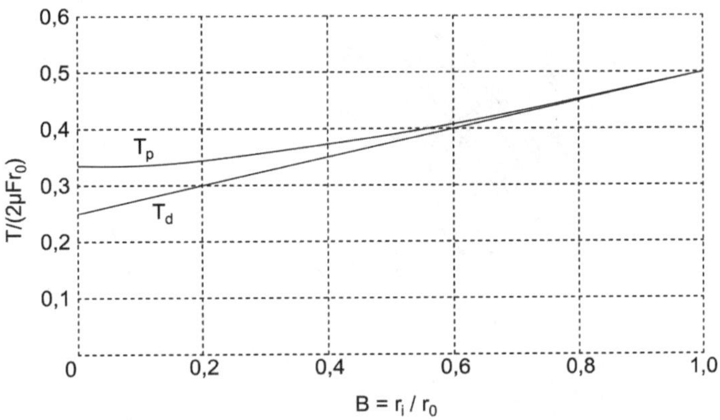

Figura 8.5 - Capacidade de transmissão de torque dos modelos de pressão uniforme e desgaste uniforme. Adaptado a partir de Hamrock e Budynas.

A Figura 8.5 mostra o efeito do torque adimensionalizado para os dois modelos em função da razão de raios "B". Como se pode observar a maior e menor diferença entre os modelos ocorrem quando "B = 0" e "B = 1", respectivamente. Além disso, para o mesmo torque adimensionalizado, o modelo de desgaste uniforme necessita de maior razão de raios para ter a mesma eficiência do modelo de pressão uniforme. Isto significa que há necessidade de maior área de contato entre os discos. De uma outra forma, durante o funcionamento de uma embreagem o desgaste do material de revestimento ocorre na direção do raio "r_o", o que desloca o centro de pressão em direção à região mais interna, fornecendo um braço de momento menor e, consequentemente, um torque menor. Com isso, pode-se dizer que as embreagens são dimensionadas com base no modelo de desgaste uniforme, o que assegura uma capacidade de transmissão de potência extra quando novas.

8.4. FREIO A DISCO

A Figura 8.6 mostra um freio a disco com pinças. As Equações (8.15) e (8.17), deduzidas para o caso de embreagens de disco, podem ser adaptadas para o freio a disco se um dos componentes rígidos for substituído por um componente fixo. As equações correspondentes devem ser adaptadas para a pastilha de freio, de forma que ela atue somente em uma fração da circunferência do disco do freio. Uma análise detalhada do freio a disco, fornece equações que resultam em valor de torque um pouco maior quando comparado ao cálculo das embreagens. As forças atuantes no disco devem ainda ser balanceadas por pastilhas localizadas em ambos os lados do disco. O problema resolvido 12.2 apresenta um exemplo dessa situação.

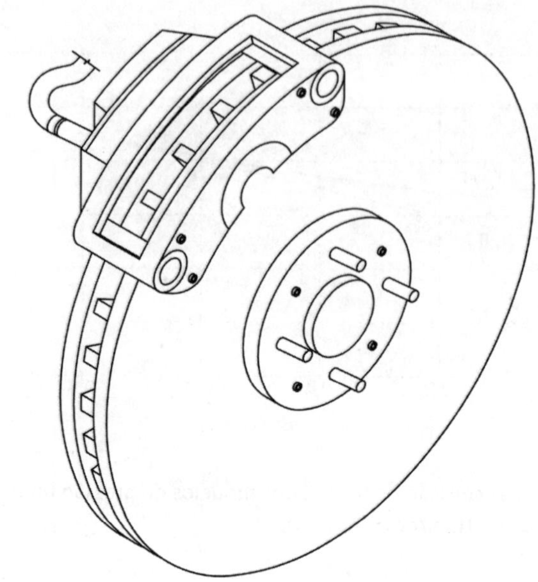

Figura 8.6 – Freio a disco de pinça.

8.5. EMBREAGENS E FREIOS CÔNICOS

A embreagem cônica mostrada esquematicamente na Figura 8.7(a) utiliza o efeito "cunha" de seus componentes cônicos para aumentar a força normal sobre o revestimento da embreagem e, consequentemente, aumentar a força de atrito tangencial e o torque transmitido resultante. Esse tipo de embreagem tem a capacidade de transmitir torques elevados quando comparados às embreagens de disco com o mesmo diâmetro externo. Além disso, a embreagem por sua configuração construtiva, necessita de mancais que suportem uma carga axial equivalente à força de acionamento.

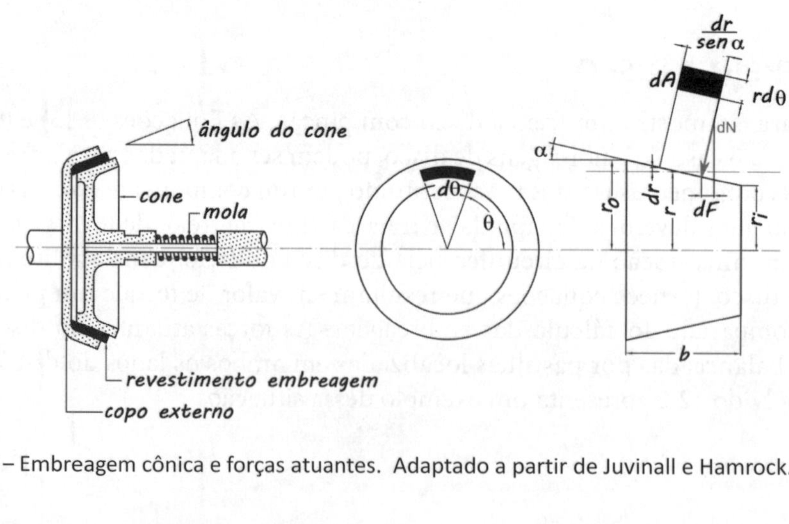

Figura 8.7 – Embreagem cônica e forças atuantes. Adaptado a partir de Juvinall e Hamrock.

A Figura 8.7(b) mostra um elemento de área na superfície cônica da embreagem. A área do elemento e a força normal "N" sobre este elemento valem:

$$dA = (rd\theta)\frac{dr}{sen\alpha} \tag{8.20}$$

e

$$dN = pdA \tag{8.21}$$

onde "α" é a metade do ângulo do cone da embreagem. A força de acionamento atuante no componente que exerce a pressão sobre a embreagem e o torque transmitido podem ser escritos como:

$$dF = dNsen\alpha = pdAsen\alpha = prdrd\theta = p(2\pi rdr) \tag{8.22}$$

e

$$dT = \mu rdN = \mu rpdA = \frac{\mu pr^2 drd\theta}{sen\alpha} = \frac{2\pi\mu pr^2 dr}{sen\alpha} \tag{8.23}$$

A Equação (8.22) é exatamente igual a Equação (8.6) para freio a disco. Então, conclui-se que força de acionamento para embreagens cônicas e a disco são calculadas de formas idênticas. Entretanto, o torque transmitido pela Equação (8.23) é "1/senα" maior do que o calculado para embreagens a disco. Aplicando-se os dois modelos de dimensionamento de embreagens à Equação (8.23), tem-se:

$$T_p = \frac{2}{3}\frac{\pi\mu p_o\left(r_o^3 - r_i^3\right)}{sen\alpha} \tag{8.24}$$

ou

$$T_p = \frac{2}{3}\frac{\mu F_p\left(r_o^3 - r_i^3\right)}{sen\alpha\left(r_o^2 - r_i^2\right)} \tag{8.25}$$

e

$$T_d = \frac{\pi\mu p_{max} r_i\left(r_o^2 - r_i^2\right)}{sen\alpha} \tag{8.26}$$

ou

$$T_d = \frac{\mu F_d\left(r_o + r_i\right)}{2sen\alpha} \tag{8.27}$$

Com base nas Equações (8.25) e (8.27) conclui-se que quanto menor for o ângulo "α", menor será a força de acionamento necessária. Na prática, porém, caso esse ângulo seja inferior a 8°, a embreagem cônica tende a cravar o cone no copo externo. Geralmente, no dimensionamento desse tipo de embreagem, "α" deve ficar compreendido entre 8° e 15° sendo considerado ótimo, de acordo com Juvinall, quando igual a 12°.

8.6. FREIO DE SAPATA CURTA EXTERNA

Um freio é denominado como um freio de sapata curta se a distribuição da pressão ao longo da sapata é constante. Isto ocorre quando a ângulo de contato "θ" entre a sapata e o tambor é suficientemente pequeno para que a pressão de frenagem seja constante. A Figura 8.8 mostra um desenho esquemático de um freio de sapara curta.

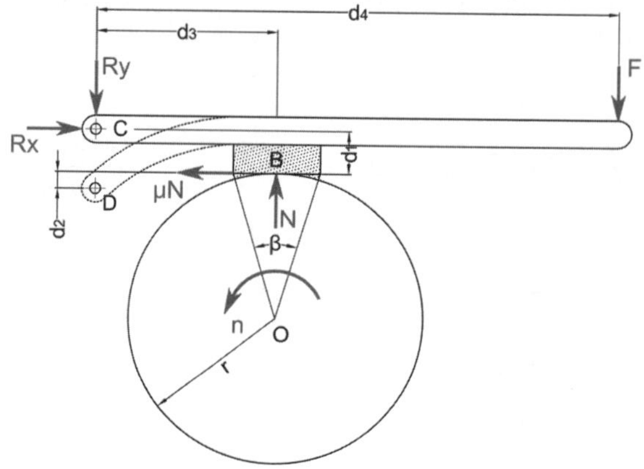

Figura 8.8 – Freio de sapata curta. Adaptado a partir de Hamrock, 2005.

Para a alavanca rotulada no ponto "C", a equação dos momentos para o equilíbrio estático fornece:

$$-Fd_4 + Nd_3 - \mu Nd_1 = 0 \tag{8.28}$$

Aplicando a equação dos momentos em relação ao centro O do tambor tem-se:

$$T - \mu Nr = 0 \tag{8.29}$$

Resolvendo as Equações (8.28) e (8.29) para a força normal e para o torque transmitido tem-se, respectivamente:

$$N = \frac{Fd_4}{d_3 - \mu d_1} \tag{8.30}$$

e

$$T = \frac{\mu F d_4 r}{d_3 - \mu d_1} \tag{8.31}$$

O freio na condição mostrada é denominado "auto energizante" porque a força de atrito auxilia a força de acionamento do freio, ou seja, as duas forças possuem o mesmo sinal na equação dos momentos (ver Equação 8.28). Caso, porém, o tambor venha a girar com rotação horária, a força de atrito irá se opor a força de acionamento, caracterizando a condição conhecida como "desenergizante". A dedução da força normal e do torque transmitido é análogo as Equações (8.30) e (8.31), ou seja:

$$N = \frac{Fd_4}{d_3 + \mu d_1} \tag{8.32}$$

e

$$T = \frac{\mu F d_4 r}{d_3 + \mu d_1} \tag{8.33}$$

Um freio é ainda considerado "autotravante" caso a sua força de acionamento seja nula ou negativa. Na condição auto energizante isso ocorre quando ($d_3 \leq \mu d_1$). No dimensionamento de um freio de sapata a condição auto energizante é desejável, enquanto que o efeito autotravante é geralmente indesejável. Nesses casos, de acordo com Deutschman, no dimensionamento do freio recomenda-se que a dimensão "d_3" seja no mínimo, 25 a 50% maior que o termo "μd_1".

8.7. FREIO DE SAPATA LONGA INTERNA

A Figura 8.9 mostra, esquematicamente, um freio de sapata longa interna expansível. A diferença entre o freio de sapata curta e o de sapata longa é que a pressão de contato entre a sapata e o tambor, nesse caso, não pode ser considerada constante. Em projetos desse tipo de freio, considera-se, ainda, que nenhuma pressão é aplicada no pino de articulação da sapata, portanto, a pressão no pino "A" é zero e aumenta na direção oposta. A pressão se distribui ao longo da sapata de forma "senoidal" com respeito ao ângulo central "θ" e, consequentemente, a pressão de contato "p" em termos da pressão máxima admissível pode ser escrita como:

$$p = p_{max} \frac{sen\theta}{sen\theta_{max}} \tag{8.34}$$

onde "θ_{max}" é o ângulo em que "$p = p_{max}$". Para sapatas consideradas como curtas ($\theta_2 < 90°$) a maior pressão de contato ocorre quando $\theta_{max} = \theta_2$ e para sapatas longas ($\theta_2 \geq 90°$), a maior pressão de contato ocorre quando $\theta = 90°$. A Figura 8.10 mostra as forças atuantes e as dimensões de um freio de sapata interna expansível.

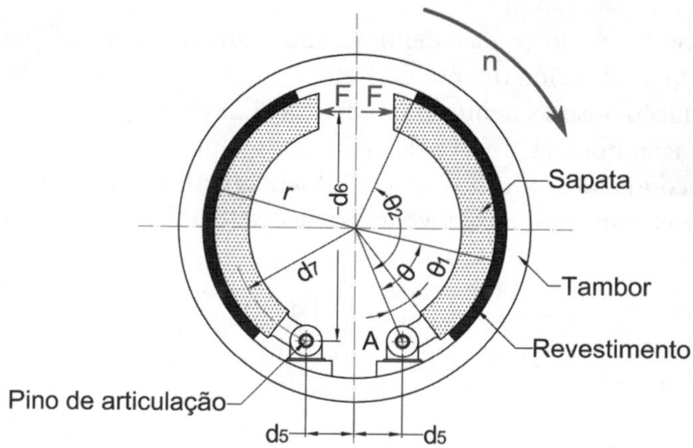

Figura 8.9 – Freio de sapatas longas internas expansíveis. Adaptado a partir de Hamrock, 2005.

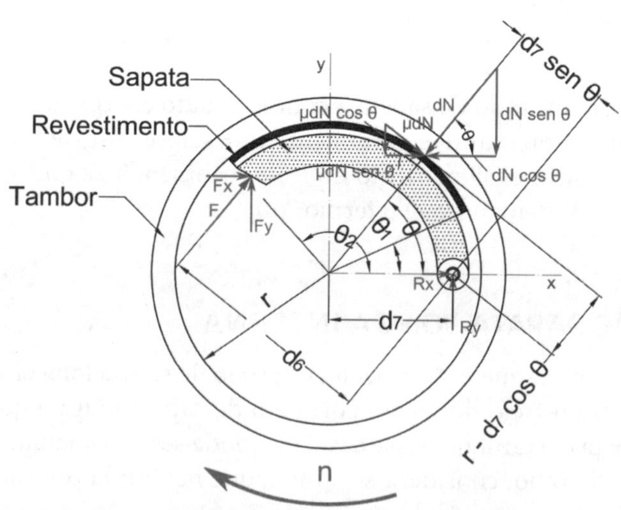

Figura 8.10 – Dimensões e forças atuantes em um freio de sapata longa interna expansível. Adaptado a partir de Budynas e Hamrock.

Nas Figuras 8.9 e 8.10, observar que cota "d_6" é sempre perpendicular à força atuante. Considerando especificamente a Figura 8.10, um diferencial de força normal "dN" atua em qualquer ângulo "θ" do revestimento da sapata de espessura "b", compreendido entre θ_1 e θ_2, ou seja:

$$dN = pbrd\theta \tag{8.35}$$

Substituindo a Equação (8.34) em (8.35), tem-se

$$dN = \frac{p_{max} brsen\theta d\theta}{sen\theta_{max}} \tag{8.36}$$

Os momentos da força normal "M_N" e da força de atrito da sapata do freio "M_F" ambos em relação ao pino de articulação da sapata, fornecem:

$$M_N = \int d_7 sen\theta dN = \frac{d_7 brp_{max}}{sen\theta_{max}} \int_{\theta_1}^{\theta_2} sen^2\theta d\theta$$

ou (8.37)

$$M_N = \frac{d_7 brp_{max}}{4sen\theta_{max}} \left[2(\theta_2 - \theta_1)\frac{\pi}{180^o} - sen2\theta_2 + sen2\theta_1 \right]$$

e

$$M_F = \int (r - d_7 \cos\theta) \mu dN = \frac{\mu brp_{max}}{sen\theta_{max}} \int_{\theta_1}^{\theta_2} (r - d_7 \cos\theta) sen\theta d\theta$$

ou (8.38)

$$M_F = \frac{\mu brp_{max}}{sen\theta_{max}} \left[-r(\cos\theta_2 - \cos\theta_1) + \frac{d_7}{4}(\cos 2\theta_2 - \cos 2\theta_1) \right]$$

assumindo a condição auto energizante na sapata, ou seja, os termos "F_x" e "μdN-senθ" com a mesma direção. Nessas circunstâncias, a força de acionamento "F", para balancear esses dois momentos pode ser obtida por meio de:

$$-Fd_6 - M_F + M_N = 0 \tag{8.39}$$

ou

$$F = \frac{M_N - M_F}{d_6} \tag{8.40}$$

O torque de frenagem pode ser obtido aplicando o equilíbrio estático do momento da força de atrito no tambor, ou seja:

$$-T + \mu r dN = 0$$

ou

$$T = \int_{\theta_1}^{\theta_2} r\mu dN = \int_{\theta_1}^{\theta_2} \mu \frac{p_{max} br^2 sen\theta d\theta}{sen\theta_{max}} = \frac{\mu p_{max} br^2}{sen\theta_{max}} \int_{\theta_1}^{\theta_2} sen\theta d\theta$$

ou

$$T = \frac{\mu p_{max} br^2}{sen\theta_{max}} (\cos\theta_1 - \cos\theta_2) \quad (8.41)$$

As forças de reação no pino de articulação podem, se necessário, serem calculadas aplicando as equações de equilíbrio estático para as translações nas direções "x" e "y". Essa demonstração não será, entretanto, apresentada na presente obra.

Na Figura 8.10, se a rotação do tambor for invertida passando a girar no sentido anti-horário, tem-se a condição designada como desenergizante, dada a condição da força de atrito atuar em sentido contrário. A força de acionamento para equilibrar os momentos da força normal e da força de atrito, nessa condição, é fornecida por:

$$-Fd_6 + M_F + M_N = 0 \quad (8.42)$$

ou

$$F = \frac{M_N + M_F}{d_6} \quad (8.43)$$

A avaliação dos momentos da força normal e da força de atrito, nessa condição, são as mesmas da condição auto energizante fornecido pelas Equações (8.37) e (8.38), com exceção da pressão máxima de contato, a qual pode ser definida, por exemplo, a partir da Tabela 8.1. Para a condição desenergizante, o valor da pressão máxima de contato é menor que esses valores, desde que a força de acionamento seja a mesma para ambos os casos.

8.8. FREIO DE SAPATA LONGA EXTERNA

A Figura 8.11 mostra um freio de sapata longa externa. Quando a sapata entra em contato com um tambor em um ângulo superior a $\beta > 45°$ (ver Figura 8.8), onde $\beta = \theta_2 - \theta_1$, podem surgir erros nas equações referentes ao dimensionamento da sapata curta. Nesta condição, a força de acionamento do freio pode ser expressa por:

$$Fd_6 - M_F - M_N = 0 \tag{8.44}$$

ou

$$F = \frac{M_N + M_F}{d_6} \tag{8.45}$$

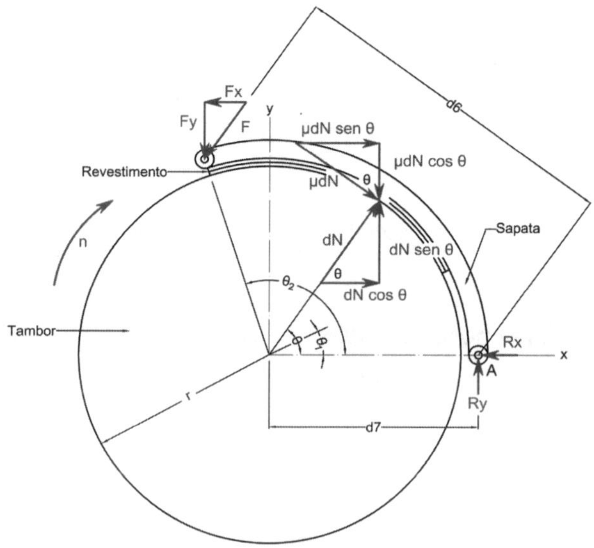

Figura 8.11 – Forças e dimensões do freio de sapatas externas. Adaptado a partir de Budynas e Hamrock.

O freio de sapatas externas da Figura 8.11 é desenergizante para o sentido horário, uma vez que os momentos da força acionadora e da força de atrito da Equação (8.44) possuem sentidos opostos. O mesmo freio será auto energizante, quando o tambor girar no sentido anti-horário. Assim, se pode observar através das Figuras 8.10 e 8.11, que o fator que determina se o freio é auto energizante ou desenergizante é o sentido de rotação do tambor, com o sentido correspondente da força de atrito atuante na sapata. Em outras palavras, se o freio de sapata externa for auto energizante, o freio de sapatas internas equivalente será desenergizante e vice-versa.

8.9. FREIO DE SAPATA SIMÉTRICA PIVOTADA

A Figura 8.12 mostra um freio de sapata simétrica pivotada. A maior pressão ocorre quando $\theta = 0°$, o que sugere que a pressão varia agora com relação ao cosseno do ângulo "θ". Com isso, a pressão de contato máximo sobre o revestimento pode ser fornecida por:

$$p = p_{max}\frac{\cos\theta}{\cos\theta_{max}} = p_{max}\frac{\cos\theta}{\cos 0°} = p_{max}\cos\theta \tag{8.46}$$

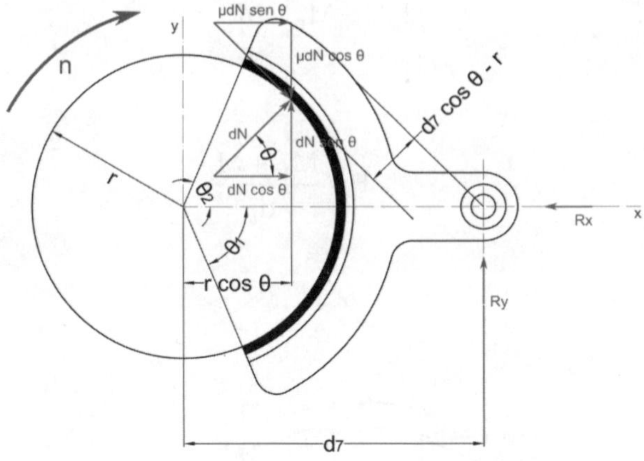

Figura 8.12 – Forças atuantes e dimensões do freio com sapata simétrica pivotada. Adaptado a partir de Hamrock e Budynas.

Um diferencial de força normal pode ser obtido para qualquer ângulo "θ" medido a partir do pivô, isto é:

$$dN = pbrd\theta = p_{max}brcos\theta d\theta \tag{8.47}$$

O momento da força de atrito "M_F" atuante na sapata será:

$$M_F = 2\int_0^{\theta_2} (d_7 \cos\theta - r)\mu dN \tag{8.48}$$

A substituição da Equação (8.47) na Equação (8.48) fornece:

$$M_F = 2\int_0^{\theta_2} p_{max} br\mu (d_7 \cos\theta - r)\cos\theta d\theta \tag{8.49}$$

Por fim, a distância "d_7" é escolhida de maneira que o momento da força de atrito "M_F" entre a sapata e o tambor, seja nula. Essa condição garante que a reação vertical esteja localizada no local correto para que o desgaste da sapata seja simétrico e, além disso, que a distribuição de pressão ao longo da sapata obedeça a relação "cossenoidal" originalmente proposta. Nessas condições, pode-se determinar a distância referida igualando a Equação (8.49) a zero:

$$M_F = 2\int_0^{\theta_2} p_{max} br\mu (d_7 \cos\theta - r)\cos\theta d\theta = 0$$

que se reduz a:

$$d_7 = \frac{4r\,\text{sen}\theta_2}{2\theta_2(\pi/180^\circ) + \text{sen}2\theta_2} \tag{8.50}$$

O torque de frenagem pode ser obtido por:

$$T = 2\int_0^{\theta_2} r\mu dN = 2\mu p_{max} b r^2 \int_0^{\theta_2} \cos\theta d\theta$$

ou

$$T = 2\mu p_{max} b r^2 \text{sen}\theta_2 \tag{8.51}$$

As reações horizontal e vertical, que atuam sobre o pivô, são calculadas aplicando a equação dos momentos em relação ao pivô, considerando o equilíbrio estático, isto é:

$$R_x = \frac{2p_{max} b r^2 \text{sen}\theta_2}{d_7} \tag{8.52}$$

e

$$R_y = \frac{2\mu p_{max} b r^2 \text{sen}\theta_2}{d_7} = \mu R_x \tag{8.53}$$

Além disso, pode-se reescrever o torque de frenagem mediante a combinação das Equações (8.51) e (8.52) resultando em:

$$T = \mu R_x d_7 \tag{8.54}$$

8.10. FREIO DE CINTA

A Figura 8.13 mostra o desenho esquemático de um freio de cinta, bem como, as forças atuantes sobre um elemento diferencial do mesmo.

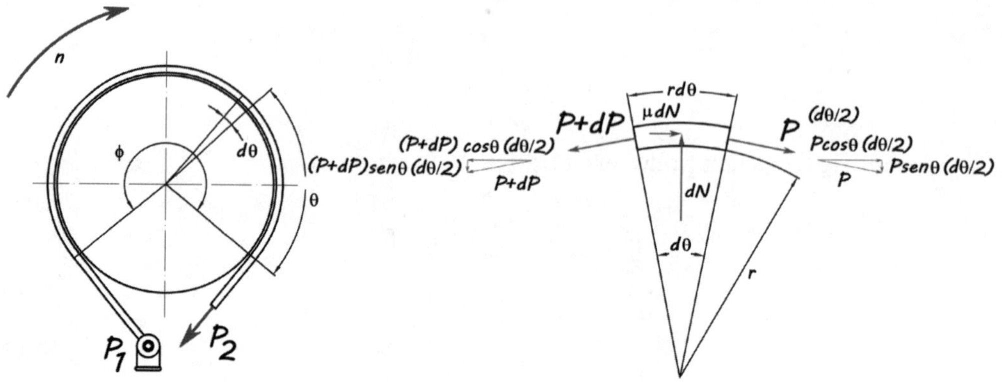

Figura 8.13 – Freio de cinta e forças atuantes. Adaptado a partir de Shigley e Deutschman.

Aplicando as condições de equilíbrio estático no diferencial de cinta nas direções vertical (radial) e horizontal (tangencial), chega-se a:

$$-(P+dP)\text{sen}(d\theta/2)-P\text{sen}(d\theta/2)+dN=0 \tag{8.55}$$

$$-(P+dP)\cos(d\theta/2)+P\cos(d\theta/2)+\mu dP=0 \tag{8.56}$$

Desde que dP << P, sen(dθ/2) = dθ/2 e cos(dθ/2) = 1, o que permite escrever as Equações (8.55) e (8.56) como:

$$dN=Pd\theta \tag{8.57}$$

e

$$dP-\mu dN=0 \tag{8.58}$$

cuja substituição de (8.57) em (8.58) fornece:

$$dP-\mu Pd\theta=0 \tag{8.59}$$

A integração da Equação (8.59) dará:

$$\int_{P_2}^{P_1}\frac{dP}{P}=\int_0^{\phi}\mu d\theta$$

ou

$$\ln\frac{P_1}{P_2}=\frac{\mu\phi\pi}{180°}\Rightarrow\frac{P_1}{P_2}=e^{\mu\phi\pi/180°} \tag{8.60}$$

onde "ϕ" é o ângulo de abraçamento da cinta no tambor, nesse caso em graus. Nessas condições, o torque de frenagem aplicado ao tambor será:

$$T = r\left(P_1 - P_2\right) \tag{8.61}$$

O diferencial da força normal "dN" atuando sobre o elemento de cinta da Figura 8.13(b), com largura "b" e comprimento "rdϕ" será:

$$dN = pbrd\theta \tag{8.62}$$

Substituindo ainda a Equação (8.62) na Equação (8.57):

$$pbrd\theta = Pd\theta \Rightarrow p = \frac{P}{br} \tag{8.63}$$

ou seja, a pressão de contato é diretamente proporcional a força de tração na cinta "P"; a máxima pressão ocorrerá sempre nas proximidades do pivô onde está a componente de esforço "P_1":

$$p_{max} = \frac{P_1}{br} \tag{8.64}$$

8.11. EFEITOS DA TEMPERATURA

Avaliar os efeitos da temperatura sobre a eficiência dos freios e embreagens é muito importante. Se o freio ou a embreagem opera em temperaturas muito altas podem ocorrer danos sobre seus componentes, comprometendo a eficiência e, consequentemente reduzindo a vida útil. Muitas vezes, sobrecarregam-se esses componentes ao extremo, de maneira que a temperatura do revestimento se torna suficientemente elevada, provocando a falha completa do dispositivo considerado. Um exemplo disso ocorre em frenagens realizadas em trechos de estradas em declive, onde tenta-se controlar a velocidade de descida do veículo somente com o freio.

No uso dos freios deve-se considerar a energia que deve ser absorvida e dissipada, por esses componentes. Para que eles atinjam temperaturas elevadas sem que ocorra falha, recomenda-se:

(i) aumentar as áreas das superfícies expostas mediante a utilização de palhetas, nervuras ou canais, objetivando o aumento da taxa de perda de calor por condução e convecção;

(ii) aumentar o fluxo de ar que passa pelas superfícies, propiciando uma melhor perda de calor por convecção para o meio circundante;

(iii) aumentar a massa e o calor específico dos materiais adjacentes em contato com o revestimento do freio, propiciando uma maior taxa de perda de calor por condução.

As fontes de energia a serem absorvidas e dissipadas nos freios são basicamente de três categorias:

(i) energia potencial gravitacional decorrente da movimentação de cargas ao longo de desníveis;

(ii) energia cinética de translação;

(iii) energia cinética de rotação.

As embreagens também absorvem energia e dissipam calor, porém em taxas bem inferiores. Ocorrem situações, entretanto, nas quais as embreagens aquecem muito acima do normal, como por exemplo, quando se tenta equilibrar (frear) um veículo em subidas com trânsito congestionado, somente com uso da embreagem e sem o acionamento dos freios. Nessas circunstâncias, porém, o dano da embreagem é provocado pelo uso inadequado dela e não por deficiência do projeto na dissipação do calor.

É difícil de predizer as interações da energia nos sistemas de freios e embreagens, porque eles funcionam variando constantemente as suas condições de operação. Pode-se, no entanto, por meio da primeira lei da termodinâmica, relacionar as interações de energia atuando sobre um freio ou uma embreagem. Por exemplo, considerando a frenagem de um veículo ao longo de uma estrada, do ponto "1" para o ponto "2", sendo o sistema de freio na roda o objeto de estudo, pode-se considerar:

$$U_{atrito}+\Delta E_{1\text{-}2}=Q_{1\text{-}2} \tag{8.65}$$

onde "U_{atrito}" é a energia térmica gerada pelo atrito das pastilhas no disco de freio, "$\Delta E_{1\text{-}2}$" a soma das variações das energias cinéticas e potencial do sistema de freio e "$Q_{1\text{-}2}$" a quantidade de energia transferida (absorvida ou perdida) no processo de frenagem. Reescrevendo a equação (8.65) de forma mais didática, tem-se:

$$mc\Delta T+\Delta E_{1\text{-}2}=-Q_{cond}-Q_{conv} \tag{8.66}$$

com "m" sendo a massa do conjunto, "c" o calor específico dos componentes dos freios, "Q_{cond}" o calor conduzido da região de atrito para as adjacências dos componentes e "Q_{conv}" o calor dissipado do sistema de freio para o meio circundante, sendo essas duas últimas parcelas negativas porque são formas de transferência que retiram energia do sistema, ou melhor, dissipam o calor gerado pelo processo de frenagem. Matematicamente, essas duas grandezas podem, ainda ser definidas por:

$$Q_{cond} = \kappa A_x \, \Delta T_x \tag{8.67}$$

e

$$Q_{conv} = hA_{conv}\left(T_{sup} - T_{viz}\right) \tag{8.68}$$

onde, "k" é a condutividade térmica do material do freio, "A_x" é a área do plano normal à direção de propagação do calor por condução, "ΔT_x" é o gradiente de temperatura na direção de propagação, "h" o coeficiente de transferência de calor por convecção, "A_{conv}" a área superficial de troca de calor, "T_{sup}" a temperatura média da superfície aquecida do freio e por fim "T_{viz}" a temperatura do ar nas circunvizinhanças das superfícies aquecidas.

8.12. PROBLEMAS RESOLVIDOS

12.1 – Uma embreagem cônica é projetada para transmitir um torque de 200 Nm. O coeficiente de atrito do revestimento da embreagem é de 0,34. Usando as hipóteses da pressão uniforme de contato e do desgaste uniforme, determine a força de acionamento da embreagem e a pressão de contato. Dimensões básicas da embreagem: diâmetro maior = 300 mm, diâmetro menor = 264 mm e largura da sapata de 48 mm.

Solução

Dados fornecidos pelo problema: $b = 48$ mm $\mu = 0{,}34$

$T = 200$ Nm $r_o = 150$ mm $r_i = 132$ mm

Calculando primeiramente a metade do ângulo do cone "α" da embreagem

$$\alpha = \tan^{-1}\left(\frac{r_o - r_i}{2b}\right) = \tan^{-1}\left(\frac{150-132}{2(48)}\right) = 10{,}6^\circ$$

- modelo de pressão uniforme:

$$T_p = \frac{2}{3}\frac{\mu F_p\left(r_o^3 - r_i^3\right)}{\operatorname{sen}\alpha\left(r_o^2 - r_i^2\right)} \qquad \text{Equação 8.25}$$

e

$$200 = \frac{2}{3}\frac{0{,}34F_p\left(0{,}150^3 - 0{,}132^3\right)}{\operatorname{sen}10{,}6^\circ\left(0{,}150^2 - 0{,}132^2\right)} \Rightarrow F_p = 766{,}4\text{N} \qquad \text{Equação 8.24}$$

$$200 = \frac{2}{3}\frac{\pi 0,34p_o\left(0,150^3 - 0,132^3\right)}{\text{sen}10,6^o} \Rightarrow p_o = 47,6\text{kPa}$$

- modelo de desgaste uniforme:

$$T_d = \frac{\mu F_d\left(r_o + r_i\right)}{2\text{sen}\alpha} \Rightarrow 200 = \frac{0,34F_d\left(0,15+0,132\right)}{2\text{sen}10,6^o} \Rightarrow F_d = 760,3\text{N} \quad \text{Equação 8.27}$$

$$T_d = \frac{\pi\mu p_{max} r_i\left(r_o^2 - r_i^2\right)}{\text{sen}\alpha} \quad \text{Equação 8.26}$$

$$200 = \frac{\pi 0,34p_{max}0,132\left(0,150^2 - 0,132^2\right)}{\text{sen}10,6^o} \Rightarrow p_{max} = 50,9\,\text{kPa}$$

12.2 - Um freio a disco é projetado conforme figura. Dois pistões hidráulicos atuam no freio e estão posicionados a uma distância "r" do centro do disco do freio. Calcule a força de acionamento "F" e o raio "r" para que o disco do freio pare em 4 segundos quando ele está girando a 980 rpm com uma energia cinética acumulada de 380 kJ. Dados: μ = 0,32; α = 30°; diâmetro externo do disco = 250 mm e diâmetro interno do disco = 130 mm.

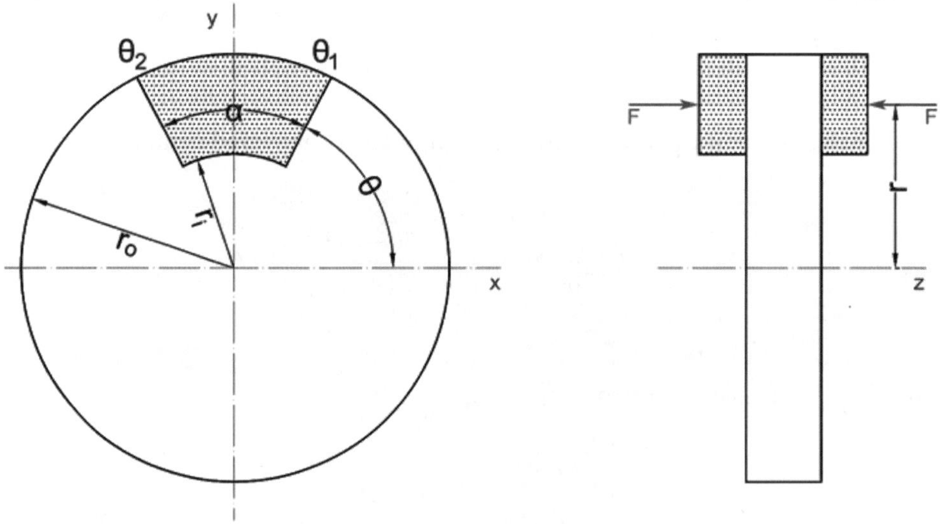

Figura 8.14 – Exercício 12.2.

Solução

Dados fornecido pelo problema: $\alpha = 30°$ $\mu = 0{,}32$ $E_c = 380$ kJ

$t = 4s$ $r_o = 125$ mm $r_i = 65$ mm

$$\omega = 2\pi 980/60 = 102{,}6 \text{rad/s}$$

A força e o torque de acionamento podem ser calculados por:

$$p = \frac{C}{r} \Rightarrow C = pr \qquad \text{Equação 8.12}$$

$$F = \int_{r_i}^{r_o}\int_0^{\alpha} C d\theta dr = C\alpha(r_o - r_i) \qquad \text{Equação 8.13 (adaptada)}$$

$$T = \int_{r_i}^{r_o}\int_0^{\alpha} \mu p r^2 d\theta dr = \mu\alpha C(r_o^2 - r_i^2) \qquad \text{Equação 8.16}$$

O momento de inércia de um volante (disco) em movimento circular uniforme pode ser obtido através da energia cinética acumulada na forma:

$$Ec = I\frac{\omega^2}{2} \Rightarrow 380000 = I\frac{102{,}6^2}{2} \Rightarrow I = 72{,}2 \text{kg} \cdot \text{m}^2$$

O torque de frenagem pode ser obtido pela equação do momento angular aplicada ao disco, ou seja:

$$T = I\frac{d\omega}{dt} \Rightarrow Tdt = Id\omega \Rightarrow \int_{t=4s}^{0} Tdt = I\int_{\omega=102{,}6}^{0} d\omega \Rightarrow T = 1851{,}8 \text{N.m}$$

substituindo o torque na Equação (8.16):

$$T = \mu\alpha C(r_o^2 - r_i^2) = 1851{,}8$$

$$1851{,}8 = 0{,}32(\pi/6)C(0{,}125^2 - 0{,}065^2) = 1851{,}8 \Rightarrow C = 9{,}69(10^5)\text{N/m}$$

A força de acionamento pode ser determinada a partir da Equação (8.13), ou seja:

$$F = C\alpha(r_o - r_i) = 9{,}69(10^5)(\pi/6)(0{,}125 - 0{,}065) = 30{,}5 \text{kN}$$

O raio de acionamento do freio "R" é calculado tomando-se o momento em relação ao eixo "x" do disco de freio, ou seja:

$$\sum Mx = -F(r) = \int_{r_i}^{r_o}\int_{\theta 1}^{\theta 2}(r\text{sen}\theta)pr d\theta dr = \int_{r_i}^{r_o}\int_{\theta 1}^{\theta 2}(r\text{sen}\theta)C d\theta dr$$

$$\sum Mx = -F(r) = (\cos\theta_2 - \cos\theta_1)C\frac{(r_o^2 - r_i^2)}{2}$$

$$r = \frac{(\cos\theta_1 - \cos\theta_2)C\frac{(r_o^2 - r_i^2)}{2}}{F} = \frac{(\cos 75^o - \cos 105^o)9,69(10^5)\frac{(0,125^2 - 0,065^2)}{2}}{30,5(10^3)}$$

$$r = 93,7\,\text{mm}$$

12.3 - Um freio de sapata longa interna expansível possui diâmetro interno do tambor de 280 mm. A largura do revestimento da sapata é de 34 mm e o coeficiente de atrito entre o revestimento e o tambor é de 0,30. Determine o torque de frenagem da sapata e a máxima pressão de contato entre a sapata e o tambor sabendo que a força de acionamento é de 980 N.

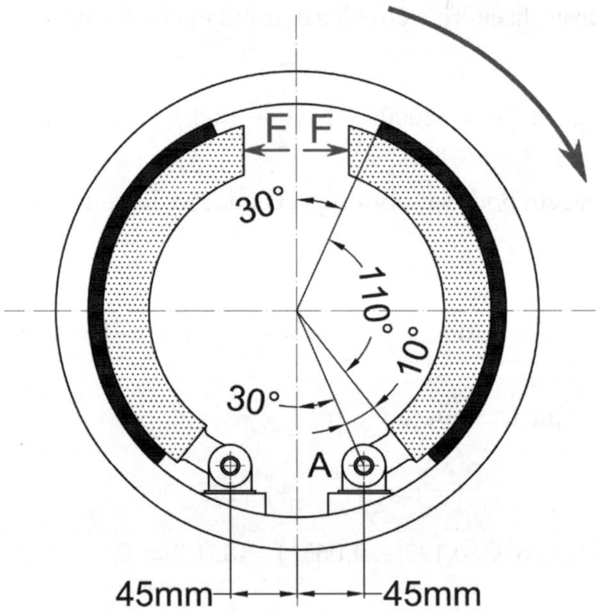

Solução

Dados fornecido pelo problema:

b = 34 mm F = 980 N $\mu = 0,30$ θ_1=10° θ_2=120°

como: $\theta_2 > 90° \rightarrow \theta_{max}$

Distância entre o centro do tambor e o pivô (d_7):

d_7= 45/sen30°=90 mm

Distância entre o centro do pivô e a força de acionamento:

$$d_6 = 2d_7 \cos 30° = 155,9\,\text{mm}$$

$$M_N = \frac{d_7 b r p_{max}}{4 \text{sen}\theta_{max}}\left[2(\theta_2 - \theta_1)\frac{\pi}{180°} - \text{sen}2\theta_2 + \text{sen}2\theta_1\right] \quad \text{Equação 8.37}$$

$$M_N = \frac{0,09(0,034)0,14p_{max}}{4(1)}\left[2(120° - 10°)\frac{\pi}{180°} - \text{sen}240° + \text{sen}20°\right]$$

$$= 6,34.10^{-4}\,p_{max}$$

$$M_F = \frac{\mu b r p_{max}}{\text{sen}\theta_{max}}\left[-r(\cos\theta_2 - \cos\theta_1) + \frac{d_7}{4}(\cos 2\theta_2 - \cos 2\theta_1)\right] \quad \text{Equação 8.38}$$

$$M_F = \frac{0,3(0,034)0,14p_{max}}{(1)}\left[-0,14(\cos 120° - \cos 10°) + \frac{0,09}{4}(\cos 240° - \cos 20°)\right] = 2,51.10^{-4}\,p_{max}$$

A pressão máxima ocorre na condição auto energizante e na sapata da direita, ou seja:

$$F = \frac{M_N - M_F}{d_6} \quad \text{Equação 8.40}$$

$$980 = \frac{6,34.10^{-4}\,p_{max} - 2,51.10^{-4}\,p_{max}}{0,1559} \Rightarrow p_{max} = 398\,\text{kPa}$$

O torque de frenagem pode ser calculado por:

$$T = \frac{\mu p_{max} b r^2}{\text{sen}\theta_{max}}(\cos\theta_1 - \cos\theta_2) \quad \text{Equação 8.41}$$

$$T = \frac{0,30 \cdot 398(10^3)0,034(0,140)^2}{(1)}(\cos 10° - \cos 120°) = 118,14\,\text{Nm}$$

12.4 – O freio de mão mostrado em figura possui uma sapata de largura igual a 40 mm e suporta um torque de frenagem de 200 Nm a 500 rpm. A sapata externa possui coeficiente de atrito médio igual a 0,35. Determine: a) a força de acionamento do freio, b) a força de acionamento se ocorrer inversão do sentido de rotação do tambor e c) a nova distância entre o pivô "A" e o tambor para que ocorra o auto travamento do freio.

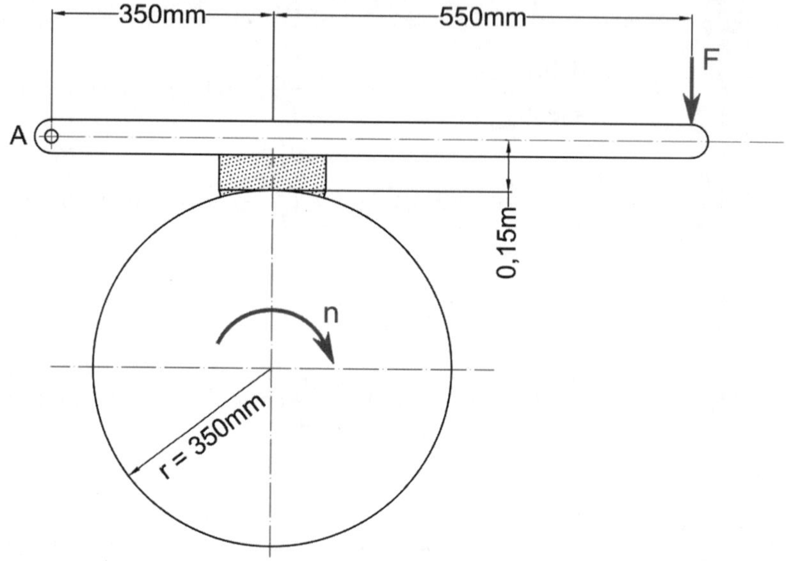

Figura 8.16 – Exercício 12.4. Adaptado a partir de Hamrock.

Solução

Dados fornecido pelo problema:

μ=0,35 $\quad$ $T = 200\text{Nm}$ $\quad$ $\omega = 2\pi 500/60 = 52,4\,\text{rad/s}$

Torque de frenagem

$$T = rF_{atrito} = r\mu N$$
$$T = r\mu N \Rightarrow 200 = 0,35 \cdot 0,35N \Rightarrow N = 1632,6\,N$$
$$F_{atrito} = \mu N = 0,35 \cdot 1632,6 = 571,43\,N$$

Para o sentido de rotação da figura (horário), o freio é considerado desenergizante e o momento da força de atrito tem sinal contrário ao momento da força "F". Aplicando o somatório dos momentos em relação ao pivô "A" tem-se:

$$\Sigma M_A = 0 \Rightarrow -F.0,9 + 0,15.F_{atrito} + 0,35.N = 0$$
$$F = 540,7\,N$$

Portanto, para o sentido anti-horário, o freio é considerado auto energizante e a somatória dos momentos em relação ao pivô “A” passa a valer:

$$\sum M_A = 0 \Rightarrow -F.0,9 - 0,15.F_{atrito} + 0,35.N = 0$$
$$F = 730,7\,N$$

Para que o freio seja considerado autotravante, a força de acionamento “F” deve ser nula, então:

$$-F.0,9 - (y).F_{atrito} + 0,35.N = 0 \Rightarrow F = 0$$

$$y = \frac{0,35N}{F_{atrito}} = \frac{0,35 \cdot 1632,6}{571,43} \Rightarrow y = 1,0\,m$$

Conclui-se, assim, pelas dimensões envolvidas que seria impossível ocorrer a condição de autotravamento do freio.

12.5 – Um freio de cinta é constituído por um tambor de aço carbono e por uma cinta de couro de 60 mm de largura. Determine a máxima força de acionamento “F_e” do freio e o torque de frenagem.

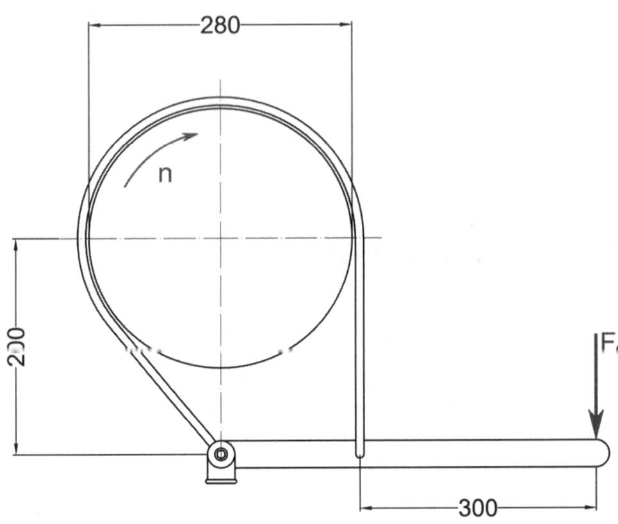

Figura 8.17 – Exercício 12.5. Adaptado a partir de Shigley, 1984.

Solução

a)Dados fornecido pelo problema:

b = 60 mm r = 140 mm

coeficiente de atrito entre aço e couro: μ=0,35 Tabela 8.1

pressão máxima admissível: $p_{máx}$=189 kPa Tabela 8.1

$$p_{max} = \frac{P_1}{b.r} \Rightarrow 189000 = \frac{P_1}{0,06(0,14)} \Rightarrow P_1 = 1,59\,kN$$ Equação 8.64

O ângulo de abraçamento da cinta no tambor pode ser determinado na forma:

$$\phi = 180° + sen^{-1}(140/200) = 224,4°$$

logo Equação 8.60

$$\frac{P_1}{P_2} = e^{\mu\phi\pi/180°} \Rightarrow \frac{1,59}{P_2} = e^{0,35 \cdot 224,4\pi/180°} \Rightarrow P_2 = 403\,N$$

Agora, calculando a força de acionamento "F" através do equilíbrio de momentos em relação ao pivô "A", chega-se a:

$$\sum M_A = 0 \Rightarrow 140P_2 - 440F = 0 \Rightarrow 140 \cdot 403 - 440F = 0 \Rightarrow F = 128,2\,N$$

O torque de frenagem pode ser obtido por:

$$T = r(P_1 - P_2) = 0,140(1590 - 403) = 166,2\,Nm$$ Equação 8.61

8.13. PROBLEMAS PROPOSTOS

13.1 – O tambor do freio de cinta da figura possui diâmetro de 120 mm. O ângulo de abraçamento da cinta de couro no tambor de aço é de 225°. O eixo ao qual o freio está acoplado possui massa de 200 kg e gira a uma rotação de 1500 rpm. Determine o torque de acionamento do freio e o tempo que o eixo demora para parar se a força de acionamento F for de 50 N.

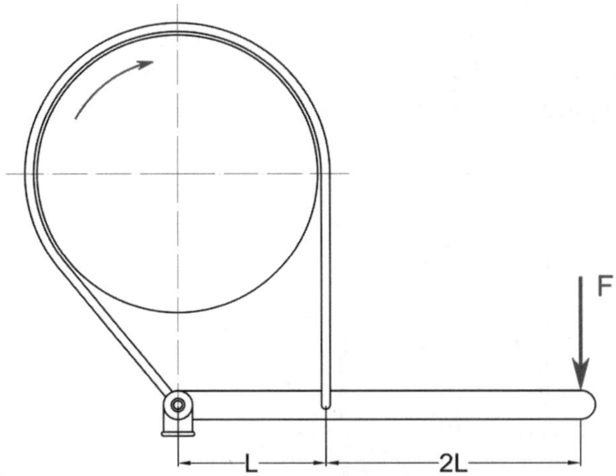

Resp. T = 26,58 N.m e t = 2,13s.

13.2 - A força de acionamento do freio de cinta da figura é de 260 N. O raio do tambor é de 500 mm e a cinta possui largura de 40 mm. Sabendo que o coeficiente de atrito entre a cinta e o tambor é de 0,38 e que o torque de acionamento do freio é de 100 N.m, determine: o ângulo de abraçamento da cinta e a pressão máxima exercida pela cinta no tambor.

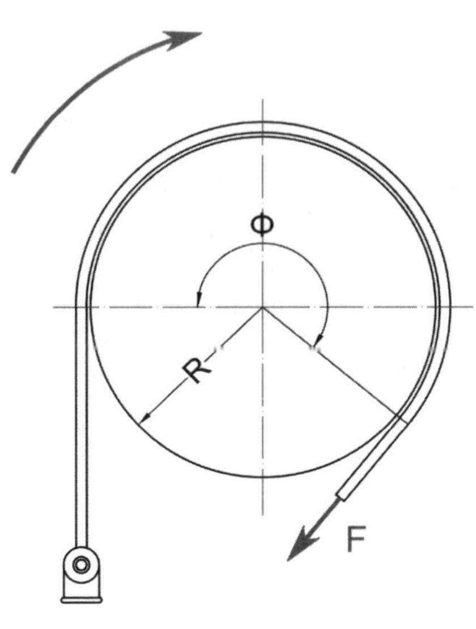

Resp. $\phi = 221{,}05^{o}$ e $p_{max} = 13$ kPa.

13.3 – O torque de frenagem devido ao acionamento do freio de cinta da figura é 80 N.m. O coeficiente de atrito entre a cinta e o tambor é 0,26 e a largura da cinta é de 60 mm. A pressão máxima admissível de contato no tambor é de 46 kPa. Determine a força F necessária para o acionamento do freio e o ângulo de abraçamento da cinta no tambor.

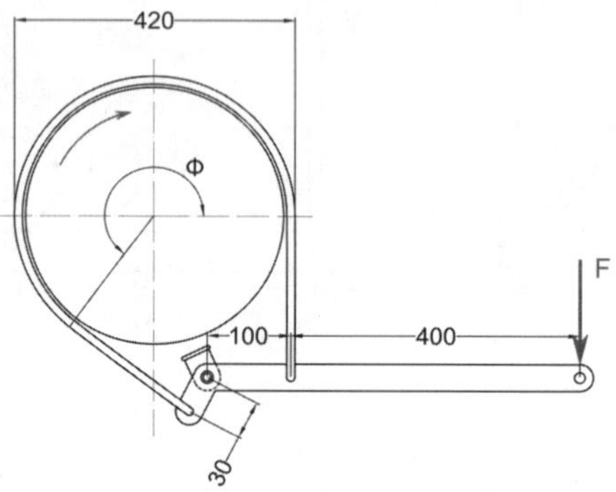

Resp. F = 4,94 N e ϕ = 236°.

13.4 – O freio de sapata externa mostrado na figura tem uma largura 50 mm. O material de revestimento da sapara suporta uma pressão máxima de 450 kPa com um coeficiente de atrito de 0,3. Para estas condições, determine a força necessária para o acionamento do freio e o torque de frenagem.

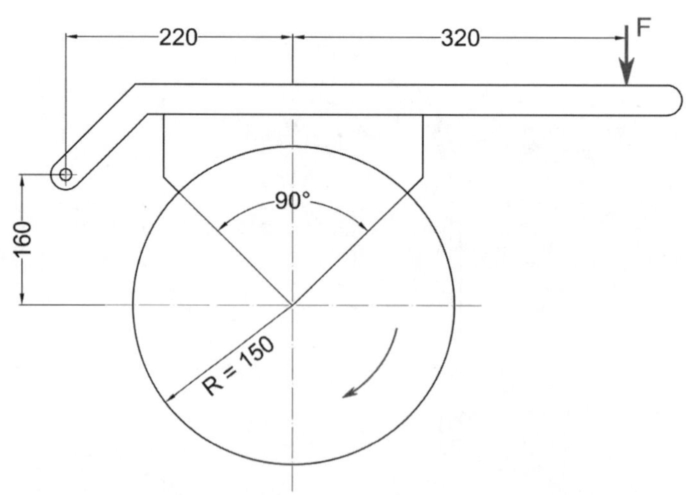

Resp. F = 1,519 kN e T = 173,76 N.m

13.5 – O freio de mão da figura suporta uma pressão máxima de 550 kPa sobre a sapata de 45 mm de largura. O tambor gira a 900 rpm e o coeficiente de atrito entre o tambor e o revestimento é de 0,26. Determine: a) a força de acionamento do freio se a = 120 mm; b) a dimensão "a" se o freio for projetado para ser autotravante e c) o torque de frenagem.

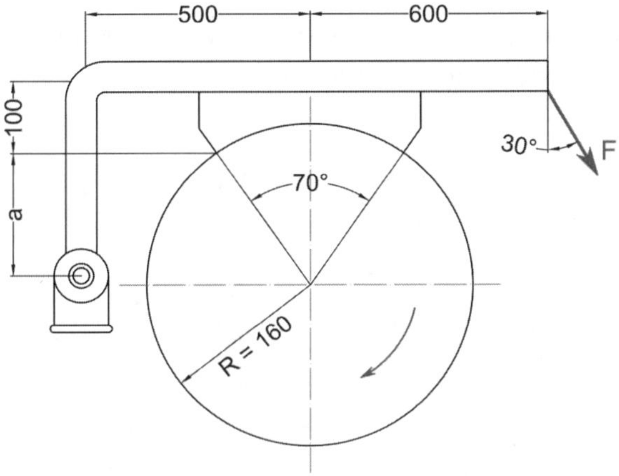

Resp. a) F = 2134,9 N, b) a = 1,923 m e c) T = 201,3 Nm

13.6 – O freio de sapata interna dupla da figura suporta uma pressão máxima de contato de 800 kPa. Sabendo que o coeficiente de atrito é de 0,28, determine: a força necessária para acionamento do freio (F) e o torque máximo de frenagem que o freio pode suportar. Largura da sapata = 60 mm.

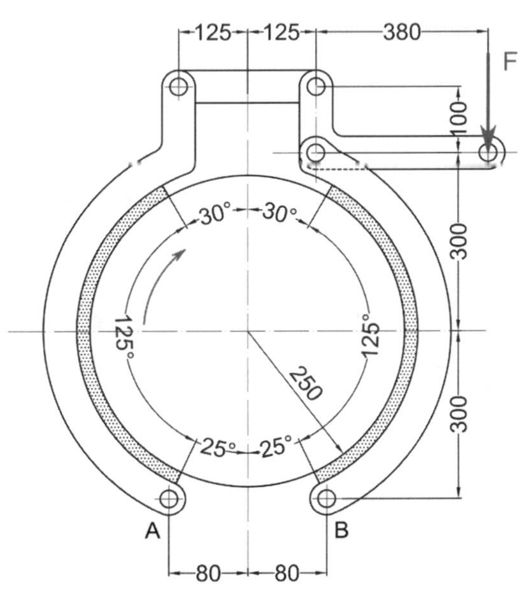

Resp. F = 1491,57 N e T = 2040,6 N.m

13.7 - A figura mostra um tambor de freio de 310 mm de diâmetro que gira no sentido horário e é acionado por uma força F de 3000 N. As sapatas possuem a largura das suas faces iguais a 50 mm. Sabendo que a dimensão "a" é igual a 65 mm e que o coeficiente de atrito entre as sapatas e o tambor vale 0,3, determine: a) a pressão máxima de contato e b) o torque máximo de acionamento.

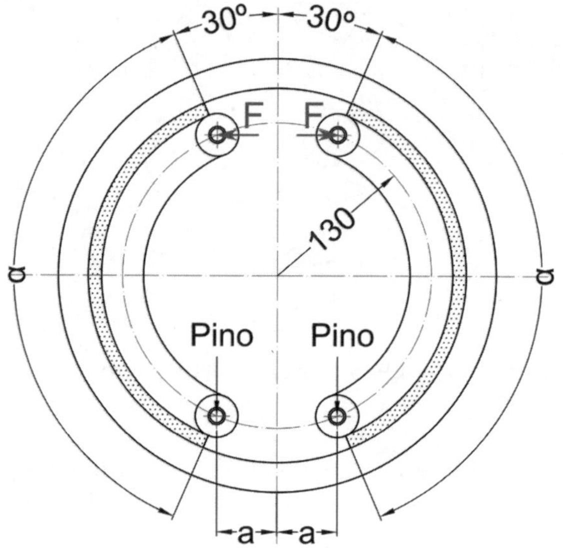

Resp. a) p_{max} = 801,28 kPa; b) T = 648,3 N.m

13.8 – Uma embreagem cônica tem diâmetro externo e interno iguais a 310 mm e 280 mm, respectivamente. O comprimento do cone da embreagem é de 60 mm e o coeficiente de atrito entre o revestimento da embreagem e o copo externo é igual a 0,28. Determine a força de acionamento e a pressão máxima de contato para os modelos desgaste e de pressão uniforme para se transmitir um torque de 180 N.m.

Resp. F_d = 1056 N e $P_{máxd}$ = 80 kPa

F_p = 1056 N e $P_{máxp}$ = 76 kPa

13.9 - Uma embreagem cônica possui as seguintes características: a) diâmetro externo de 260 mm; b) diâmetro interno de 240 mm; c) coeficiente de atrito de 0,25; d) força de acionamento de 4 kN e e) comprimento do cone de 50 mm. Determine as pressões atuantes na embreagem considerando os modelos de desgaste e de pressão uniforme.

Resp. p_d = 530,48 kPa e p_p = 509,30 kPa.

13.10 - Uma embreagem de axial de disco possui as seguintes características: a) diâmetro externo de 280 mm; b) diâmetro interno de 200 mm; c) coeficiente de atrito de 0,28 e d) força de acionamento de 3800 N. Determine a pressão máxima de contato e o torque de acionamento para os modelos de desgaste e de pressão uniforme.

Resp. p_{maxd} = 151,2 kPa e T_d = 127,68 N.m

p_{maxp} = 126 kPa e T_p = 128,86 N.m

13.11 – Um elevador de pessoas de 200 kg pode transportar até 6 pessoas ou 800 kg. A velocidade de descida é de 75 m/min de acordo com o fabricante do elevador. Um freio de sapata é acoplado ao tambor dos cabos de sustentação do elevador conforme figura. Determine a força de acionamento necessária e o torque de frenagem para parar o elevador sabendo que o coeficiente de atrito entre a sapata e o tambor do freio é de 0,3. Considere a massa do tambor de freio igual a 100 kg e que o elevador deverá parar em até no máximo 2 s após o acionamento do freio.

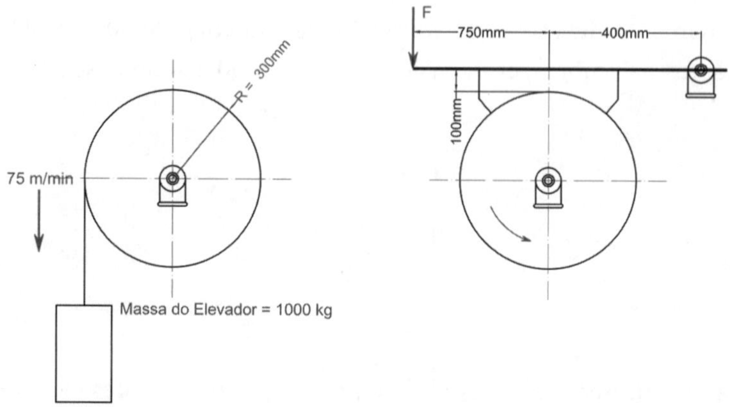

Resp. T = -196,9 N.m e F = 703,9 N

13.12 – Uma embreagem de disco é fabricada de ferro fundido e fornece um torque máximo de acoplamento de 250 N.m. O revestimento permite uma pressão máxima de contato admissível de 750 kPa e o coeficiente de atrito entre o revestimento da embreagem e o disco movido é de 0,2. Determine o diâmetro externo e interno dessa embreagem. Decorrente da limitação de espaço, as suas dimensões devem ser as menores possíveis. Considerar o modelo de desgaste uniforme.

Resp. D_{ext} = 222 mm e D_{int} = 128,4

13.13 – Uma embreagem de mandíbula foi projetada para transmitir 2 hp a 450 rpm. A embreagem tem diâmetro externo igual a 46 mm, diâmetro interno igual a 26 mm e a espessura do dente tem 10 mm de largura. O copo da embreagem está acoplado a um eixo de 20 mm de diâmetro. Sabendo que o comprimento angular do dente é de 45° e que a embreagem possui 2 dentes, encontre as tensões atuantes nos dentes da embreagem.

Resp σ = 31,66 MPa e τ = 22,4 MPa

13.14 – O sistema de freio da figura é acionado por um pistão hidráulico. O torque máximo de frenagem deste freio é de 1000 N.m e o diâmetro do tambor D é igual a 310 mm. Considerando que o coeficiente de atrito entre a sapata e o tambor seja de 0,3, determine a força de acionamento desse freio.

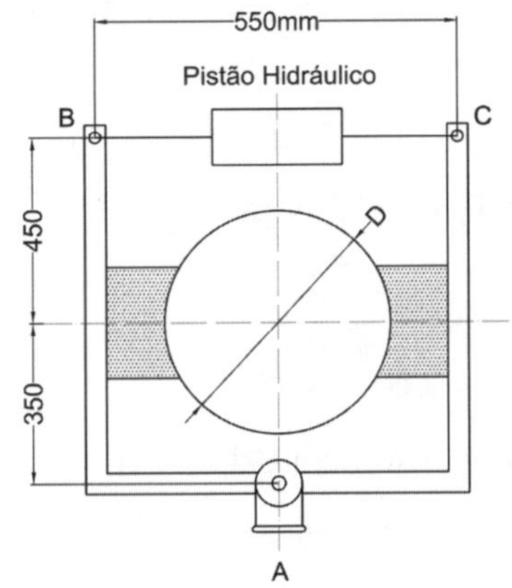

Resp. F = 4624,8 N

13.15 - O freio de sapata curta da figura é projetado para parar um tambor de diâmetro igual a 300 mm que gira a 1250 rpm. O torque de frenagem obtido com esse freio é de 100 N.m. Sabendo que o coeficiente de atrito da sapata com o tambor é de 0,28, determine a força de acionamento do freio considerando que o freio seja: a) auto energizante e b) desenergizante. Além disso, para o sentido de rotação do tambor mostrado na figura: c) a dimensão L para que o freio seja autotravante.

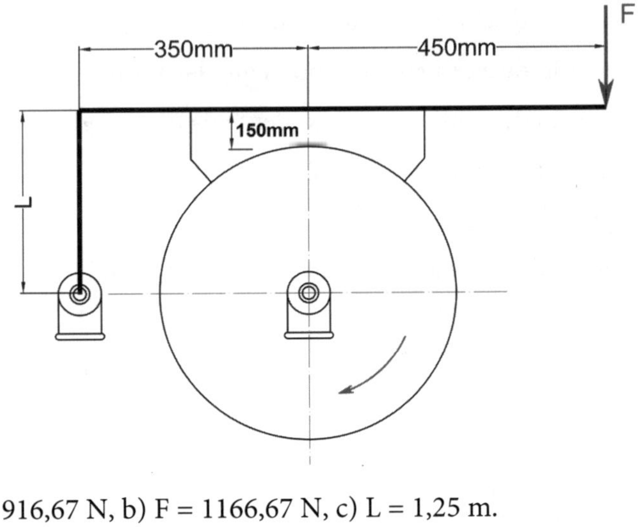

Resp. a) F = 916,67 N, b) F = 1166,67 N, c) L = 1,25 m.

13.16 - Uma embreagem de disco é montada sobre um eixo motor e outro movido. A embreagem é fabricada com dois discos idênticos de aço de elevada dureza. Os diâmetros interno e externo da embreagem são iguais a 120 mm e 260 mm, respectivamente. Qual é a capacidade de torque que pode ser transmitido com essa montagem considerando os modelos de desgaste e pressão uniforme?

Resp. T_p = 999,91 N.m e T_d = 604,2 N.m

NOMENCLATURA

α	metade do ângulo do cone da embreagem
β	comprimento angular da sapata
δ	profundidade de desgaste
$\Delta E_{1\text{-}2}$	soma das variações das energias cinéticas e potencial
ΔT	variação da temperatura do freio
ΔT_x	gradiente de temperatura na direção de propagação
ϕ	ângulo de abraçamento da cinta
φ	comprimento angular na direção circunferencial de um dente
k	condutividade térmica do material do freio
μ	coeficiente de atrito
θ	ângulo de contato
θ_{max}	ângulo de contato para condição ($p = p_{max}$)
σ_b	tensão de esmagamento no dente da embreagem
τ	tensão de cisalhamento no dente da embreagem
ω	velocidade angular (rad/s)
A	área da superfície de acionamento
A_x	área do plano normal a direção de propagação do calor por condução
A_{conv}	área superficial de troca de calor
b	largura da sapata, da cinta ou da embreagem
B	razão de raios entre o raio interno e o raio externo
c	calor específico dos componentes dos freios
C	constante

d_n	dimensões do freio (com "n" variando de 1 a 7)
F	força de acionamento
F_a	força de atrito
F_d	força de acionamento considerando o modelo de desgaste uniforme
F_p	força de acionamento considerando o modelo de pressão uniforme
$F_{x,y}$	componente horizontal ou vertical da força de acionamento
h	coeficiente de transferência de calor por convecção
I	momento de inércia de massa
m	massa do conjunto
M_F	momento da força de atrito da sapata do freio
M_N	momento da força normal
n	rotação (rpm)
n_d	número de dentes
N	força normal
p	pressão de contato
p_{max}	pressão máxima de contato
p_o	pressão uniforme aplicada na superfície do disco de embreagem
P_d	potência transmitida
P	força de tração na cinta
P_1	força de tração máxima na cinta
P_2	força de tração mínima na cinta
Q_{cond}	calor transferido por condução
Q_{conv}	calor transferido por convecção
Q_{1-2}	quantidade de energia transferida
r	raio genérico do disco/embreagem ou raio do tambor
r_i	raio interno
r_o	raio externo
R	força de reação no pino de articulação
$R_{x,y}$	componente horizontal ou vertical da força de reação no pino
t	espessura do dente
T	torque transmitido ou de frenagem

T_d	torque transmitido considerando o modelo de desgaste uniforme
T_p	torque transmitido considerando o modelo de pressão uniforme
T_{sup}	temperatura média da superfície aquecida
T_{viz}	temperatura do ar nas circunvizinhanças das superfícies aquecidas
U_{atrito}	energia gerada decorrente do atrito na sapata ou no disco
v	velocidade tangencial

REFERÊNCIAS BIBLIOGRÁFICAS

Moran, M. J., Shapiro, H. N. Fundamentos da Termodinâmica para Engenharia, 4ª Ed., Ed. LTC, Rio de Janeiro, 2002.

Hibbeler, R. C. Mecânica: dinâmica, 8ª ed., Editora LTC, Rio de Janeiro, 1999.

Hamrock, B. J., Schmid, S. R., Jacobson, B. O. Fundamental of Machine Elements, Ed. Mc Graw Hill, 2nd ed., New York, 2005.

Deutschman, A. D., Michels, W. J., Wilson, C. E., Machine Design Theory and Pratice, Ed Macmillan, 1st ed., New York, 1975.

Shigley, J. E, Mischke, C. R., Budynas, R. G., Projeto de Engenharia Mecânica, Ed. Bookman, 7ª ed., Porto Alegre, 2005.

Budynas, R.G., Nisbett, J.K. Elementos de Máquinas de Shigley – Projeto de Engenharia Mecânica, Bookman Companhia Editora, 8ª ed., São Paulo, 2011.

Juvinall, R. C., Marshek, K. M., Fundamentos do Projeto de Componentes de Máquinas, LTC, 5ª ed., Rio de Janeiro,2016.

Shigley, J. E., Mischke, C. R., McGrall-Hill, 5th ed., New York, 1989.

Shigley, J. E. Elemento de Máquinas, 3ª ed., Editora LTC, Rio de Janeiro, 1984.

Spotts, M. F., Shoup, T. E., Hornberger, L. E., Machine Elements, 8th ed., Ed. Pearson Prentice Hall, New Jersey, 2003.

Mott, R. L., Machine Elements in Mechanical Design, 3rd ed., New Jersey, 1999.

Site:

www.frum.com.br

CAPÍTULO 9
Correias de Transmissão

9.1. INTRODUÇÃO

A necessidade de transmissão de potência entre eixos distintos é uma constante nos sistemas e dispositivos mecânicos em geral. Em termos práticos, as transmissões mecânicas são realizadas convencionalmente por meio de correias, correntes ou algum dos principais tipos de engrenagens disponíveis, fazendo com que o projetista envolvido nessas circunstâncias tenha conhecimento das principais particularidades de cada um dos tipos de transmissão existentes para escolha.

As transmissões por correias, em geral, contemplam uma boa quantidade de vantagens: a) menor custo inicial; b) flexibilidade para grandes distâncias entre centros; c) funcionamento silencioso; d) capacidade para absorção de choques e sobrecargas; e) facilidade para montagem e manutenção; e f) rendimentos na faixa de 95% a 98%. E como desvantagens principais destacam-se: a) alongamento permanente da correia, o qual cresce com o tempo e com a carga, podendo vir a ocasionar o próprio escapamento da mesma da polia; b) variação do coeficiente de atrito com a poeira, detritos ou umidade; c) necessidade de controle periódico da tensão de montagem; e d) escorregamento existente na transmissão, caracterizando relações de velocidades não constantes (exceto para correias dentadas), conforme será discutido na sequência.

Em termos de classificação, as correias são normalmente relacionadas em função do tipo de secção transversal, havendo, para tanto, boa quantidade de modelos disponíveis no mercado, dentre os quais se pode destacar: a) as correias planas; b) as correias trapezoidais ou em V; c) as correias sincronizadoras ou dentadas; d) as correias redondas; e e) as correias hexagonais, entre outras, cujas ilustrações encontram-se destacadas na Figura 9.1.

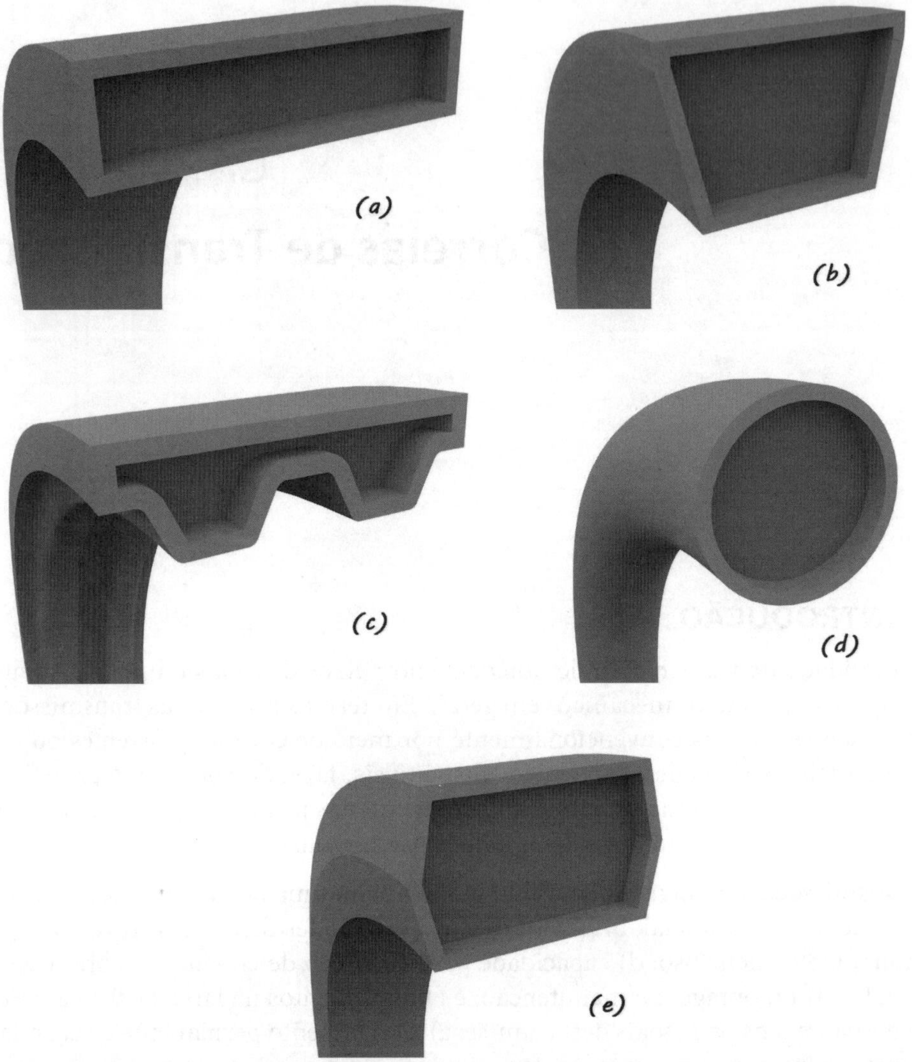

Figura 9.1 – Correias: a) plana, b) trapezoidal, c) sincronizadora, d) redonda, e) hexagonal.

No tocante à composição típica das correias, pode-se afirmar que praticamente todos os tipos disponíveis apresentam basicamente a mesma configuração, sendo compostas por:

a) cabos ou elementos de tração, confeccionados em tiras de poliamida ou poliéster, cordões de fibra de vidro ou cordões de aço, os quais são responsáveis diretamente pela sustentação dos esforços de tração, pelo qual as correias são submetidas quando em funcionamento;

b) elementos intermediários de preenchimento, confeccionados normalmente em algodão ou náilon impregnado com borracha, visando dar flexibilidade ao sistema; e

c) capa ou envelope externo, confeccionados tipicamente em borracha sintética, normalmente o neoprene, objetivando aumentar a resistência ao óleo, ao calor e às impurezas típicas da própria transmissão.

A Figura 9.2 ilustra essas composições para alguns dos tipos disponíveis de correias.

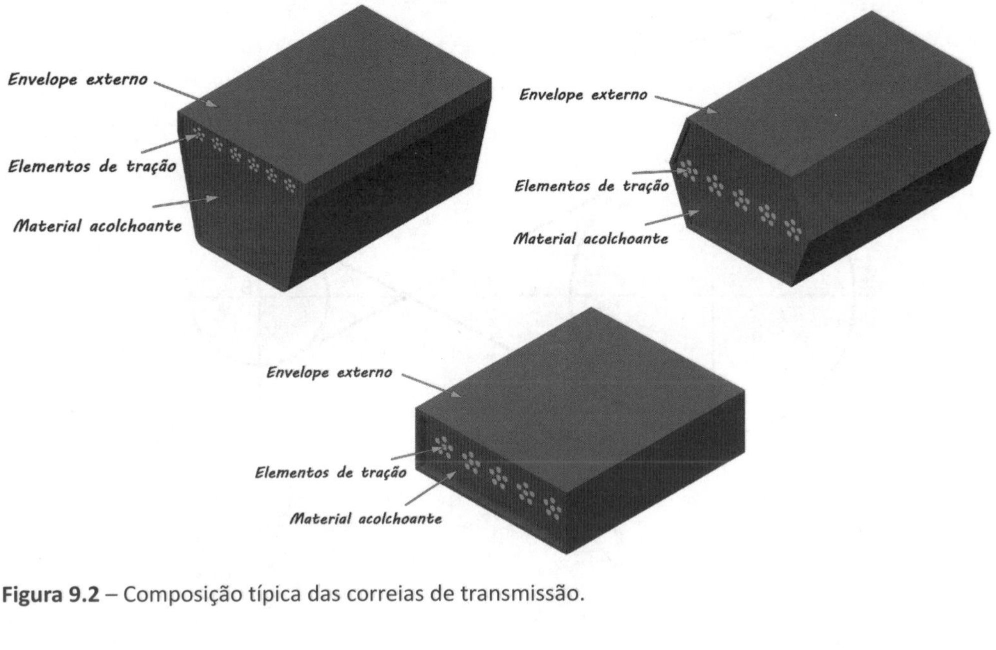

Figura 9.2 – Composição típica das correias de transmissão.

No contexto do projeto ou seleção de correias, este capítulo dá ênfase às correias planas, trapezoidais e sincronizadoras, visto que para os demais tipos, consultas a fabricantes especializados possibilitarão o fácil entendimento diante das similaridades existentes no contexto desse tipo de dimensionamento.

9.2. PARÂMETROS GERAIS DAS TRANSMISSÕES POR CORREIAS

Transmissões por correias, na sua concepção mais tradicional envolvem normalmente a utilização de eixos paralelos. Em outras circunstâncias, porém, disposições de eixos diferenciadas podem ser utilizadas em virtude da necessidade do projeto envolvida, como por exemplo, inverter o sentido de rotação da polia de saída mediante o uso de correias cruzadas. Essa variação na disposição dos eixos somente se torna possível em razão da própria flexibilidade da correia envolvida, fato esse que ocasiona significativa redução na expectativa de vida da mesma decorrente das tensões de estrangulamento presentes nessas circunstâncias. A Figura 9.3 ilustra algumas das disposições de eixos utilizadas costumeiramente em aplicações práticas, enquanto a Figura 9.4 ilustra esquematicamente as tensões de estrangulamento presentes em correias cruzadas e semicruzadas.

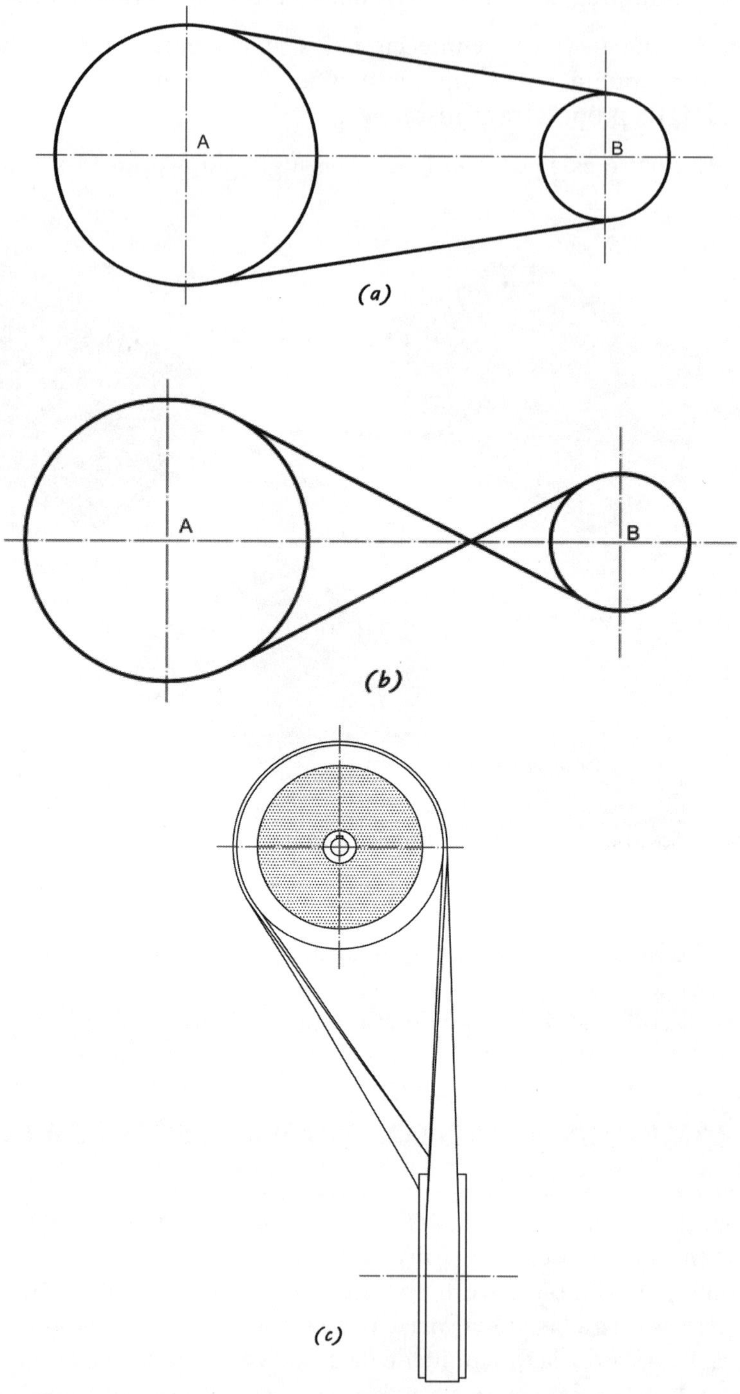

Figura 9.3 – Principais disposições dos eixos para transmissões por correias: a) aberta, b) cruzada, c) semicruzada.

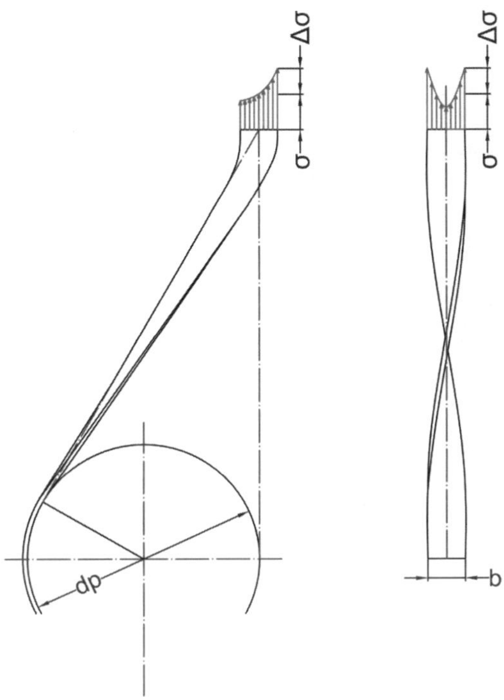

Figura 9.4 – Tensões de estrangulamento em correias semi-cruzadas e cruzadas. Adaptado a partir de Niemann, 2000.

9.2.1 – DISTÂNCIA ENTRE EIXOS

Também designada como distância entre centros, corresponde à distância mutuamente perpendicular aos centros das polias da transmissão, conforme ilustrado na Figura 9.5. Tal distância pode, a princípio, apresentar qualquer valor numérico correspondente, devendo, porém, ser compatível com as dimensões das polias envolvidas. Em situações, nas quais não se tenha informação ou dados a respeito dessa distância, poderá o projetista optar por trabalhar com recomendações práticas disponibilizadas por fabricantes a partir das seguintes relações:

$$a = dp_2 \quad \text{ou} \quad a = \frac{dp_2 + 3dp_1}{2} \tag{9.1}$$

Nessas circunstâncias, deve-se optar pelo maior valor numérico entre os dois calculados. Observar ainda que as relações definidas pela Equação 9.1 são válidas única e exclusivamente para a determinação de uma distância entre eixos a ser adotada em situações que não se disponha de qualquer informação ou dado preliminar, não permitindo assim, o uso dessas equações para se determinar, por exemplo, os diâmetros das polias envolvidas na transmissão.

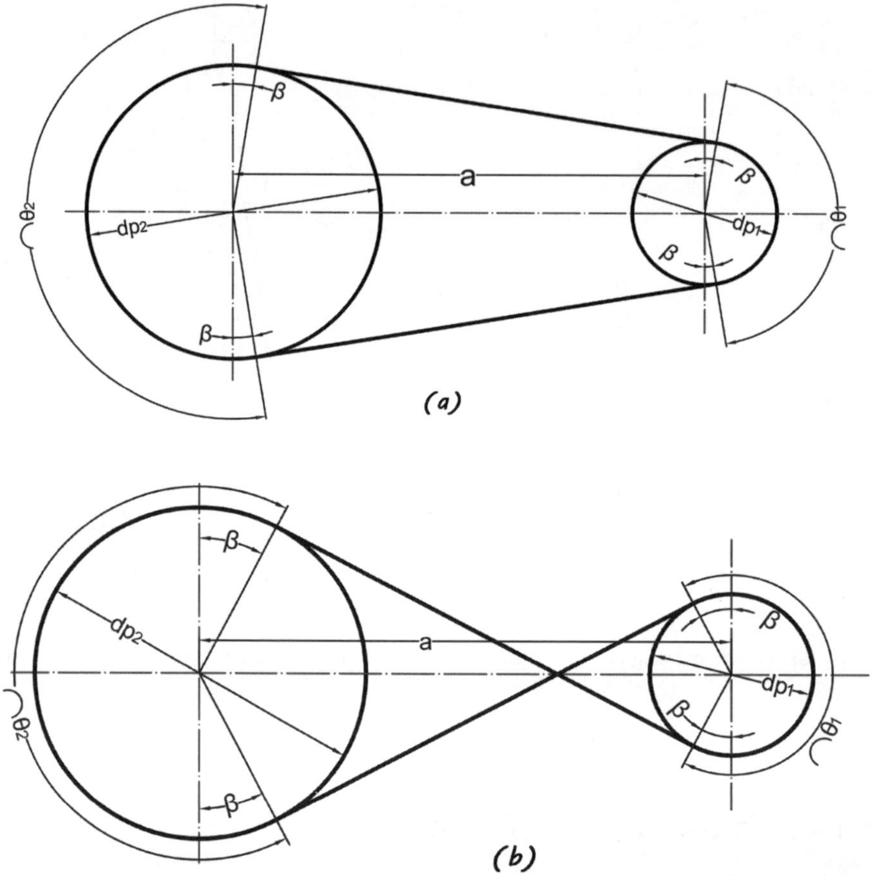

Figura 9.5 – Principais parâmetros envolvidos numa transmissão por correias: a) aberta, b) cruzada. Adaptado a partir de Budynas.

9.2.2. POLIAS E RELAÇÃO DE TRANSMISSÃO

Polias correspondem, de forma grosseiras, a dispositivos cilíndricos e vazados acoplados diretamente aos eixos de transmissão do sistema e que são responsáveis pelo contato direto com a correia considerada. Na quase totalidade dos casos, a polia menor corresponde à polia motora da transmissão enquanto que a polia maior à polia movida. Para o presente trabalho, **exceto se indicado em contrário**, a polia menor será a motora e a polia maior a movida, adotando-se o índice (1) para a primeira e o índice (2) para a segunda.

As polias apresentam variações construtivas que dependem basicamente do tipo da correia a ser utilizada na transmissão, podendo, assim, serem do tipo plana ou lisa, trapezoidal ou com canais, ou ainda próprias para correias redondas. A Figura 9.6 ilustra alguns exemplos de polias comerciais.

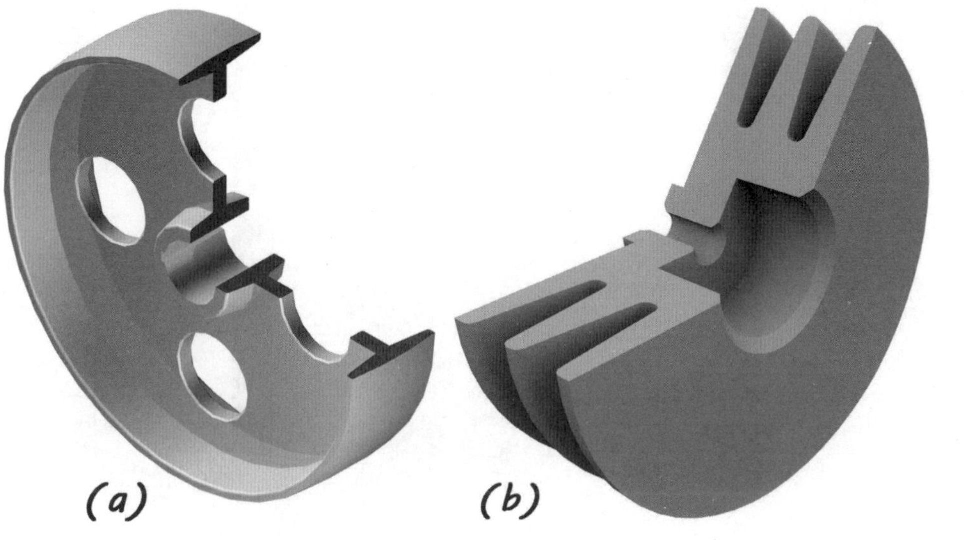

Figura 9.6 – Exemplos de polias: a) plana, b) trapezoidal.

Fabricantes em geral, por questões de projeto (conforme será discutido na sequência), fornecem indicações de diâmetros mínimos a serem adotados para a polia motora da transmissão, as quais devem, caso não se tenha outras informações iniciais de projeto, serem tomadas como referência para os cálculos que serão realizados. O diâmetro da polia movida, será, dessa forma, obtido automaticamente a partir da relação de transmissão do sistema.

Para a definição da relação de transmissão é possível utilizar os diâmetros ou raios das rodas, as rotações ou os torques transmitidos por cada polia. Observar, nessas circunstâncias, que o único parâmetro do "contra" corresponde às rotações dos eixos considerados. Da mesma forma, a ordem de descrição dos parâmetros é indiferente, desde que se mantenha coerência nos índices das rotações.

$$i = \frac{d_{p_1}}{d_{p_2}} = \frac{r_{p_1}}{r_{p_2}} = \frac{Mt_1}{Mt_2} = \frac{n_2}{n_1} \quad (9.2)$$

Outra alternativa prática utilizada para obtenção de variações na relação de transmissão, sem envolver a troca das polias ou ainda sem efetivar qualquer alteração na distância entre centros, corresponde à utilização de polias escalonadas ou polias cônicas, conforme pode ser observado na Figura 9.7.

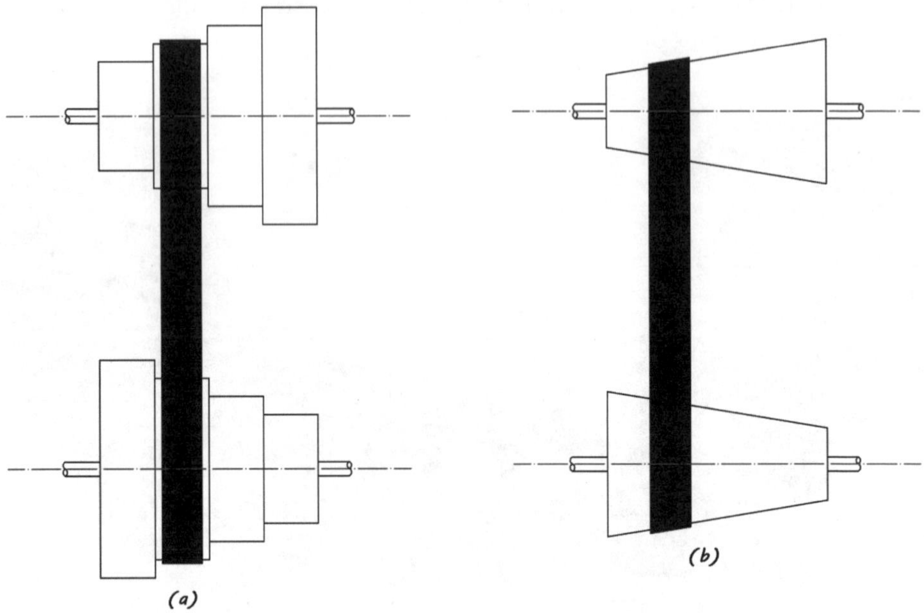

Figura 9.7 – Exemplos de polias: a) escalonada, b) cônica. Adaptado a partir de Budynas e Niemann.

9.2.3 – ÂNGULO DE ABRAÇAMENTO OU DE CONTATO

Na Figura 9.5 é possível observar também os chamados ângulos de abraçamento ou de contato, os quais podem ser obtidos a partir de relações trigonométricas básicas, resultando, para o caso de correias abertas, em:

$$\theta = \pi \pm 2\mathrm{arcsen}\left(\frac{dp_2 - dp_1}{2a}\right) \tag{9.3}$$

O sinal positivo da Equação (9.3) deve ser aplicado quando se deseja o ângulo de abraçamento da polia maior, enquanto que o sinal negativo é válido para o ângulo de abraçamento da polia menor.

Tais ângulos definem a posição exata para qual a correia mantém contato direto com a polia considerada. Como o princípio de funcionamento de transmissões por correias depende diretamente do atrito, conforme será apresentado na sequência, pode se considerar que quanto maior for esse ângulo melhor será a condição da transmissão.

Para o caso de correias cruzadas, devido à simetria existente na configuração do sistema, o ângulo de abraçamento será o mesmo para ambas as polias, podendo, assim, ser definido por:

$$\theta = \pi + 2\text{arcsen}\left(\frac{dp_2 + dp_1}{2a}\right) \tag{9.4}$$

9.2.4. COMPRIMENTO DA CORREIA

Relações trigonométricas obtidas a partir da configuração da transmissão (Figura 9.5) permitem determinar também o comprimento da correia a ser utilizada. Essa informação torna-se fundamental na aquisição da correia, a qual pode ocorrer em metros de correia ou a partir de comprimentos nominais padronizados.

Novamente, por opção, não se demonstram aqui as referidas deduções matemáticas correspondentes, mas são disponibilizas as equações finais para os respectivos cálculos. Assim:

a) correias abertas

$$L = 2a + 1{,}57(dp_2 + dp_1) + \frac{(dp_2 - dp_1)^2}{4a} \tag{9.5}$$

b) correias cruzadas

$$L = 2a + 1{,}57(dp_2 + dp_1) + \frac{(dp_2 + dp_1)^2}{4a} \tag{9.6}$$

9.3. FORÇAS ATUANTES SOBRE A CORREIA

Considerando uma transmissão por correia plana na sua configuração mais tradicional, pode-se afirmar que quando em funcionamento, existe a variação do esforço atuante sobre a correia na passagem dela sobre as polias de transmissão. A correia, por ser flexível, entra na polia motora de forma esticada (tensa) – F_1, e deixa a mesma polia de forma frouxa - F_2, devido a um pequeno movimento relativo que ocorre entre correia e polia. Esse fenômeno é normalmente definido nas bibliografias de referência como "**creep**", não havendo tradução específica para esse termo.

Além dessa variação de esforço, estão presentes a parcela de força centrífuga, o esforço normal e a força de atrito correspondente. A Figura 9.8 ilustra tais parcelas de esforços atuantes sobre um trecho de correia.

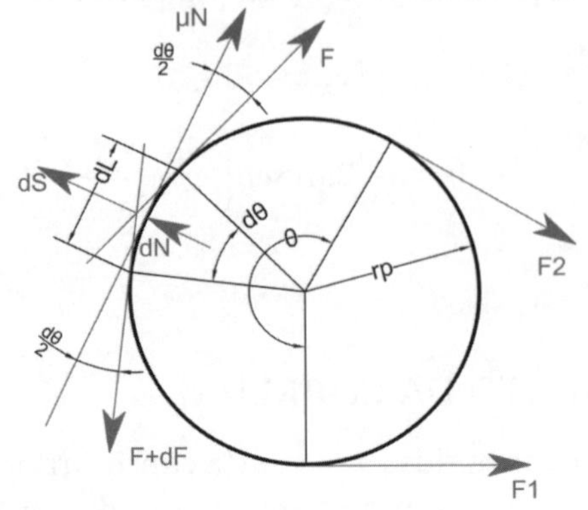

Figura 9.8 – Esforços atuantes numa correia. Adaptado a partir de Faires, 1984.

Objetivando, ainda, encontrar relação entre os esforços referidos, considere agora a Figura 9.9, na qual se faz uma ampliação do trecho elementar da correia considerado com as respectivas parcelas de esforços. Como a força aumenta gradualmente em torno da polia, na direção do tramo tenso do elemento, considera-se uma parcela diferencial de força na forma (F+dF).

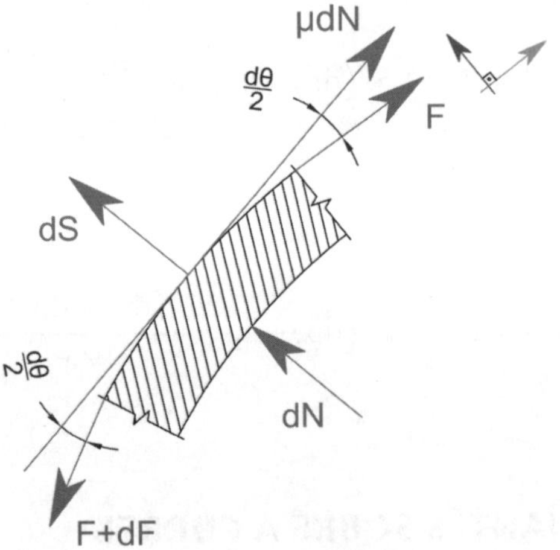

Figura 9.9 – Forças atuantes num elemento diferencial de correia.

Estando o sistema em equilíbrio dinâmico, pode-se supor que o somatório de todas as forças nas direções tangenciais e radiais deve ser nulo. Assim:

$$\sum F_t = 0 \Rightarrow \mu dN + F\cos\left(\frac{d\theta}{2}\right) - (F + dF)\cos\left(\frac{d\theta}{2}\right) = \mu dN - dF\cos\left(\frac{d\theta}{2}\right) = 0 \quad (9.7)$$

$$\sum F_r = 0 \Rightarrow dS + dN - F\mathrm{sen}\left(\frac{d\theta}{2}\right) - (F + dF)\mathrm{sen}\left(\frac{d\theta}{2}\right)$$

$$= dS + dN - 2F\mathrm{sen}\left(\frac{d\theta}{2}\right) - dF\mathrm{sen}\left(\frac{d\theta}{2}\right) = 0 \tag{9.8}$$

Para ângulos muito pequenos, a função seno pode ser aproximada para o próprio ângulo, enquanto que a função cosseno pode ser aproximada para a unidade. Paralelamente, eliminando os termos diferenciais de maior ordem, obtém-se para as Equações 9.7 e 9.8, respectivamente:

$$\mu dN - dF = 0 \tag{9.9}$$

$$dS + dN - Fd\theta = 0 \tag{9.10}$$

A substituição da Equação (9.10) em (9.9) permite escrever:

$$\mu(Fd\theta - dS) - dF = 0 \tag{9.11}$$

ou ainda, mediante um ajuste de variáveis:

$$\frac{dF}{d\theta} - \mu F = -\mu dS \tag{9.12}$$

Integrando a Equação (9.12) e aplicando condições de contorno na forma:

a) para $\theta = 0 \rightarrow F = F_2$

b) para $\theta = \theta_1 \rightarrow F = F_1$

chega-se finalmente a:

$$\frac{F_1 - S}{F_2 - S} = e^{\mu\theta_1} \tag{9.13}$$

A Equação (9.13) fornece uma relação direta entre as forças no lado tenso e no lado bambo da correia. Essa relação depende exclusivamente do ângulo de abraçamento da polia menor (medido em radianos, nesse caso) e do coeficiente de atrito entre polia e correia. Na prática, essa relação fica, em média, compreendida entre os valores de 2 a 8.

9.3.1. FORÇA CENTRÍFUGA

A parcela de força centrífuga resultante (S) presente na Equação (9.13) pode ser obtida, para o caso de uma correia plana com secção transversal (b x t), pela relação:

$$S = \gamma bt \frac{v^2}{g} \tag{9.14}$$

A força centrífuga, em aplicações gerais, nas quais a velocidade tangencial da correia seja inferior a 15 m/s, pode ser desprezada por sua pequena contribuição em relação aos resultados finais obtidos para F_1 e F_2 (ver o Problema Resolvido 9.1). Para velocidades superiores a essa condição, a força centrífuga torna-se importante não somente pela sua contribuição numérica, como também pela redução da pressão ocasionada entre correia e polia, gerando uma redução correspondente do ângulo de contato envolvido. Velocidades tangenciais elevadas para a correia sugerem ainda a utilização de polias de diâmetros maiores, visando a não flexionar a correia de forma excessiva em torno das polias.

A velocidade tangencial (em m/s) de uma correia pode ser definida por:

$$v = wr_p = \frac{\pi d_p n}{60} \tag{9.15}$$

em termos práticos, a mesma não deve ultrapassar, sempre que possível, a faixa dos 20 m/s.

9.3.2. FORÇA LÍQUIDA E PRÉ-CARGA SOBRE A CORREIA

A transmissão de potência por uma correia somente torna-se possível caso exista uma tração inicial sobre a mesma. Essa tração inicial, chamada de pré-carga, não deve apresentar valor muito elevado, dado que tal condição poderá vir a avariar a correia através de uma tensão excessiva, como também, vir a solicitar de forma exagerada os eixos e os mancais envolvidos. Ao contrário, ela também não pode ser muito baixa, visando não ocasionar o deslizamento excessivo e consequente "patinação" da correia sobre a polia.

Nesse momento, estará o leitor imaginando: qual seria, então, o valor da pré-carga adequada para determinada situação? Em paralelo, pode-se também questionar: quanto de potência seria possível transmitir por essa mesma correia?

Considere assim a Figura 9.10, na qual estão representadas as forças no lado tenso e no lado bambo de uma correia passando ao redor da polia motora. Observar que, por convenção, a força no lado tenso estará sempre associada à entrada da polia motora. A parcela tensa é obtida pelo somatório da força centrífuga, da pré-carga de montagem (F_i) e da parcela de força oriunda do torque transmitido. Similarmente, a parcela bamba é obtida pela soma da força centrífuga com a pré-carga de montagem, descontando a parcela correspondente de força oriunda do torque transmitido.

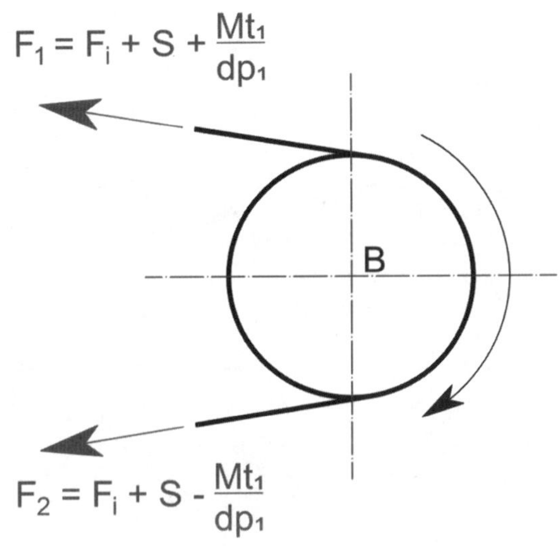

Figura 9.10 – Forças atuantes nos lados tenso e bambo de uma correia durante a sua passagem pela polia motora. Adaptado a partir de Budynas.

Efetivando assim, as operações de soma e subtração das parcelas F_1 e F_2, obtém-se:

$$F_1 + F_2 = 2F_i + 2S \Rightarrow F_i = \frac{F_1 + F_2}{2} - S \quad (9.16)$$

$$F_1 - F_2 = 2\frac{Mt}{d_p} = \frac{Mt}{r_p} \Rightarrow F_1 - F_2 = F_t \quad (9.17)$$

A Equação (9.16) fornece, dessa forma, a força recomendada para uma pré-carga inicial a ser aplicada em determinada correia durante a sua montagem, enquanto que a Equação (9.17) fornece a força líquida (ou tangencial) disponível para a correia. Essa força proporciona, evidentemente, uma relação direta com a potência a ser transmitida.

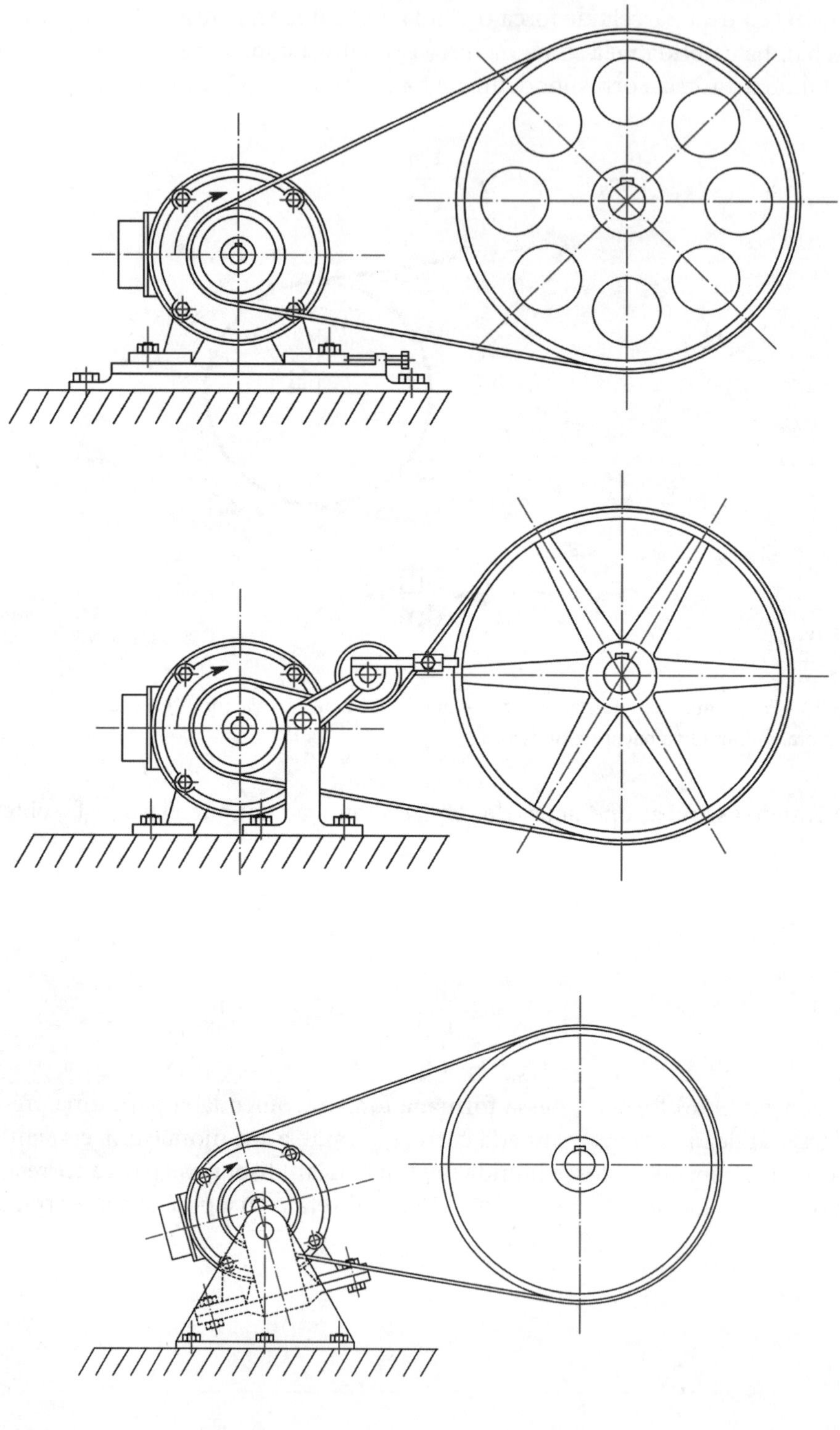

Figura 9.11 – Exemplos de dispositivos utilizados para garantir e manter a adequada força de esticamento sobre a correia. Adaptado a partir de Niemann, 2000.

Na prática, deve-se ainda garantir que a pré-carga inicial aplicada à correia não seja perdida, em decorrência do ligeiro alongamento ao qual ela é submetida ao longo do tempo. Dispositivos específicos adotados para manter o valor desse carregamento inicial são ilustrados na Figura 9.11.

9.3.3. VARIAÇÃO DOS ESFORÇOS ATUANTES SOBRE A CORREIA DURANTE UM CICLO COMPLETO

A Figura 9.12 ilustra uma correia em torno de um sistema de polias, contemplando 5 pontos específicos adequadamente identificados sobre o percurso da correia. A partir desses pontos se torna possível avaliar a variação dos esforços ocorridos sobre a correia durante um ciclo completo de funcionamento. Essa variação é ilustrada, de forma esquemática, na Figura 9.13.

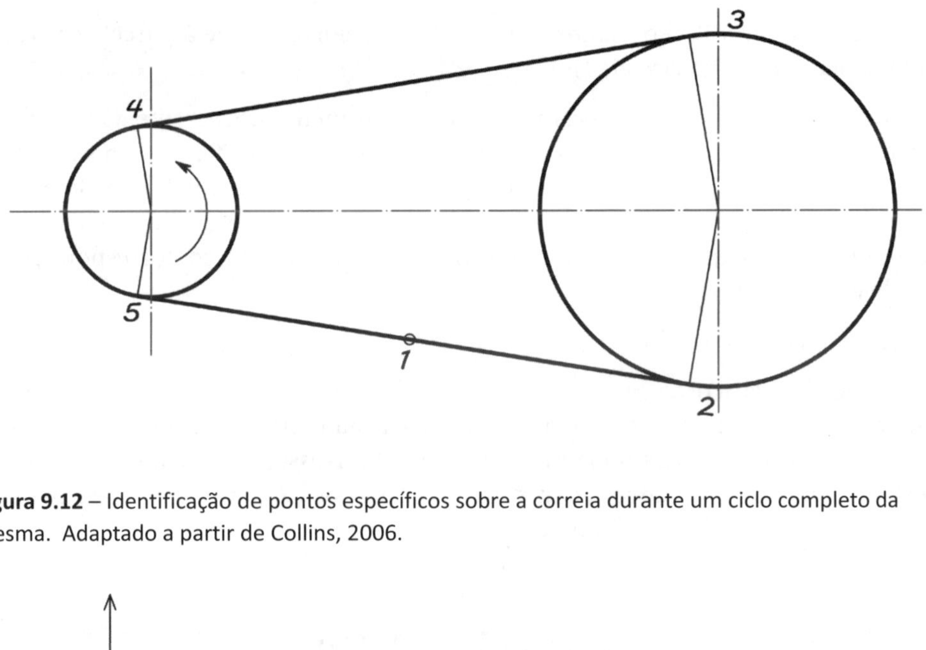

Figura 9.12 – Identificação de pontos específicos sobre a correia durante um ciclo completo da mesma. Adaptado a partir de Collins, 2006.

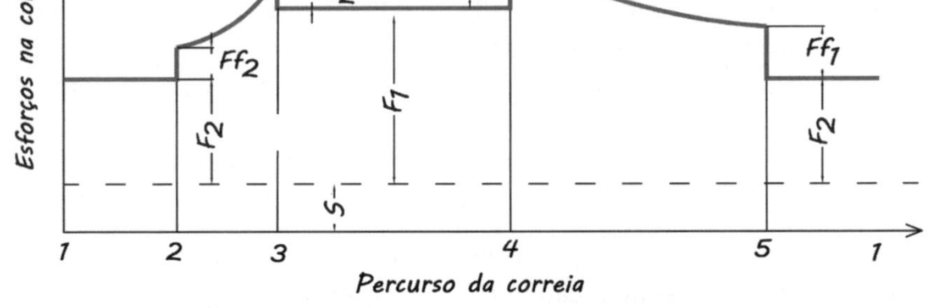

Figura 9.13 – Gráfico ilustrativo da variação dos esforços atuantes sobre a correia durante um ciclo completo. Adaptado a partir de Collins, 2006.

A variação dos esforços atuantes sobre a correia tem início a partir da força centrífuga (S) – linha tracejada inferior do eixo vertical - parcela essa considerada supostamente constante ao longo de todo o percurso da correia (lembrar que essa hipótese corresponde a uma simplificação, dado que devido ao fenômeno do "**creep**", o módulo da velocidade tangencial da correia pode variar de 1 a 3%, quando medido entre as duas polias da transmissão).

- trecho (1-2) – a partir do patamar da força centrífuga, o esforço mantém-se constante e corresponde à parcela de tração atuante no lado frouxo da correia (F_2);

- trecho (2-3) – o esforço sofre dois aumentos distintos. No ponto 2, o aumento é decorrente da parcela de flexão da correia quando da sua passagem ao redor da polia maior. Na sequência, o aumento é decorrente da passagem do esforço no lado frouxo da correia para o esforço no lado tenso da mesma (F_1). Notar ainda que, no ponto 3, a parcela de flexão é novamente reduzida, dada a condição da correia deixar a polia maior;

- trecho (3-4) – o esforço mantém-se constante e corresponde à parcela de tração atuante no lado tenso da correia (F_1);

- trecho (4-5) – no ponto 4, o esforço sofre um aumento decorrente da parcela de flexão da correia quando da sua passagem ao redor da polia menor. Na sequência, ocorre uma diminuição gradativa desse esforço, até se atingir o patamar de esforço correspondente à tração atuante no lado frouxo da correia. Ao deixar a polia menor (ponto 5) haverá, evidentemente, a redução da parcela de esforço correspondente à flexão da correia.

O ciclo é, assim, repetido.

Por meio do gráfico da Figura 9.13 pode-se ainda constatar e comprovar que o ponto de maior solicitação, ao qual a correia estará submetida, quando em funcionamento, ocorre na entrada da polia motora (ponto 4). Nessas circunstâncias, se a correia estiver dimensionada adequadamente para essa posição, também estará para todos os demais pontos de seu percurso.

9.4. FORÇAS ATUANTES SOBRE O EIXO DE TRANSMISSÃO

Ao dimensionar uma correia de transmissão deve-se ter em mente a necessidade do dimensionamento dos demais dispositivos da transmissão, tais como mancais de sustentação e eixos de transmissão. Para o caso dos eixos de transmissão, supõe-se que os mesmos sejam submetidos às cargas de flexão (além de outros eventuais carregamentos) decorrentes dos esforços atuantes na correia e que são transferidos diretamente para o eixo. Nessas circunstâncias, pode-se também considerar de forma adicional, se conveniente, o peso das polias na vertical do sistema de referência.

Tomando-se por referência a polia motora do sistema (por envolver a condição mais crítica em termos de solicitação), pode-se considerar (Figura 9.14):

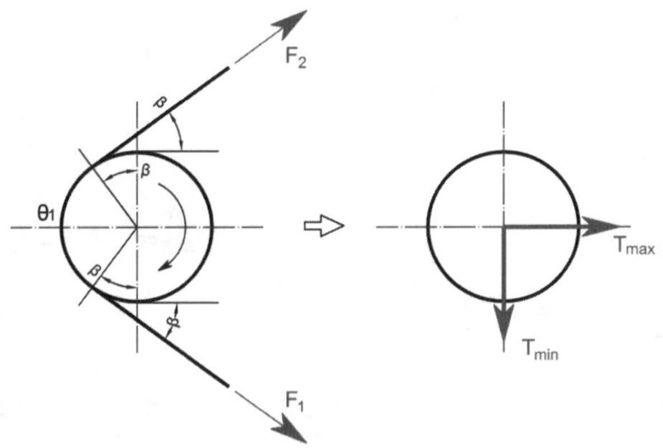

Figura 9.14 – Solicitações sobre o eixo de transmissão decorrentes de uma transmissão por correias.

Tanto F_1 quanto F_2 apresentam, devido à simetria, inclinações equivalentes em relação ao sistema de eixos horizontal e vertical de referência. Tais parcelas podem ser decompostas, para esse caso, tanto nos eixos horizontal e vertical, mediante as equações:

$$F_H = (F_1 + F_2)\cos\beta \Rightarrow T_{max} = (F_1 + F_2)\cos\beta$$

$$F_V = (F_1 - F_2)\text{sen}\beta \Rightarrow T_{min} = (F_1 - F_2)\text{sen}\beta \qquad (9.18)$$

O ângulo (β), designado nesse caso como ângulo complementar, é obtido facilmente a partir da relação com o ângulo de abraçamento da polia menor. Assim:

$$\theta_1 + 2\beta = 180^\circ \qquad (9.19)$$

Deve-se observar ainda que os esforços designados como máximo e mínimo, atuantes sobre o eixo em análise, podem variar em direção e sentido dependendo da posição relativa das polias. A parcela de esforço máximo estará sempre na direção em que F_1 e F_2 sejam paralelos, enquanto a parcela de esforço mínimo estará voltada para o lado do esforço tenso na correia (dado que $F_1 > F_2$). O Problema Resolvido 9.1 apresenta essas considerações.

9.5. TENSÕES ATUANTES SOBRE UMA CORREIA

Tomando novamente por referência a Figura 9.12, considere agora uma representação esquemática das tensões atuantes sobre a correia durante o seu percurso numa volta completa. A tensão devido à força centrífuga é mantida constante ao longo de todo o percurso da correia. As tensões de flexão atuam ao redor das polias, sendo maior (em módulo) para o caso da polia menor. Por fim, a tensão oriunda da força de tração na correia apresenta variação ao passar ao redor de ambas as polias, devido à passagem de F_1 para F_2 (Figura 9.15).

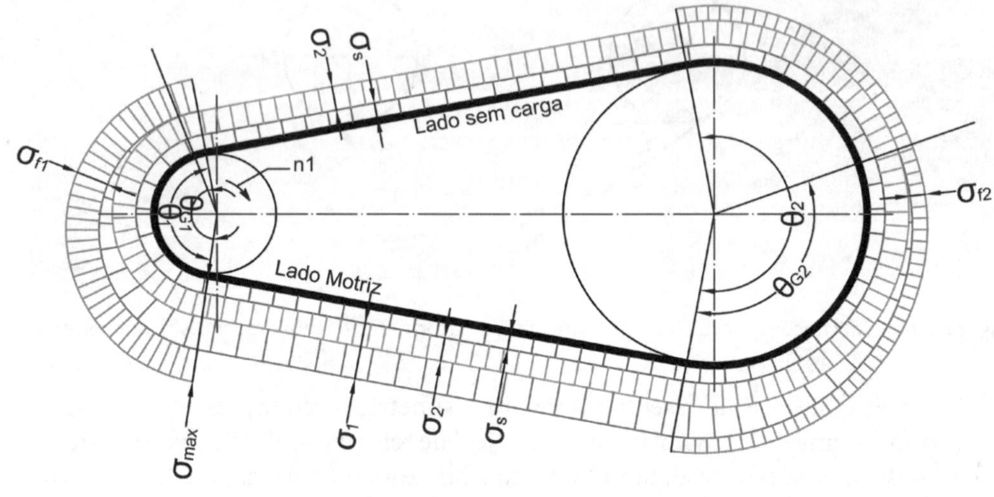

σ_s	Tensão devido à força centrífuga
σ_{f1}, σ_{f2}	Tensões de flexão em torno das polias
σ_1	Tensão devido à força no lado tenso da correia
σ_2	Tensão devido à força no lado bambo da correia

Figura 9.15 – Tensões atuantes sobre uma correia. Adaptado a partir de Niemann, 2000.

A passagem de F_1 para F_2 ocorre ao longo de um percurso específico sobre as polias, o qual é designado como ângulo de deslizamento (θ_G). O ângulo de deslizamento será sempre inferior ao ângulo de abraçamento de cada polia, de tal forma que o sistema mantenha condições de funcionamento adequadas. Caso o ângulo de deslizamento venha a se igualar ao ângulo de abraçamento, ocorrerá a condição chamada de "patinação" da correia.

Bibliografias mais antigas sobre o assunto apresentam equações específicas que permitem calcular todas essas parcelas de tensões, as quais, entretanto, têm pequena aplicabilidade na atualidade, dado que os fabricantes em geral, disponibilizam ábacos que fornecem relações diretas com a potência a ser transmitida, sem a necessidade dos cálculos dessas componentes.

9.6. CORREIAS PLANAS

Uma correia plana apresenta secção transversal retangular, com largura relativamente superior à espessura. Essa correia mantém-se plana sobre a polia quando em funcionamento (ver Figura 9.16) e corresponde à referência utilizada em todo o desenvolvimento matemático até então discutido neste capítulo. Para o dimensionamento de uma correia plana são necessárias informações acerca das características do material da correia, as quais são fornecidas normalmente na forma de uma carga por unidade de largura de correia, aqui designada como força periférica (F_p). Além desse parâmetro, a Tabela 9.1 traz informações gerais das principais propriedades de correias confeccionadas nos materiais: poliéster, poliamida e aramida, conforme dados do fabricante Habasit. Em paralelo, a Tabela 9.2, traz informações gerais sobre os fatores de serviço (ou sobrecarga) a serem utilizados nos projetos de transmissões de potência de forma geral.

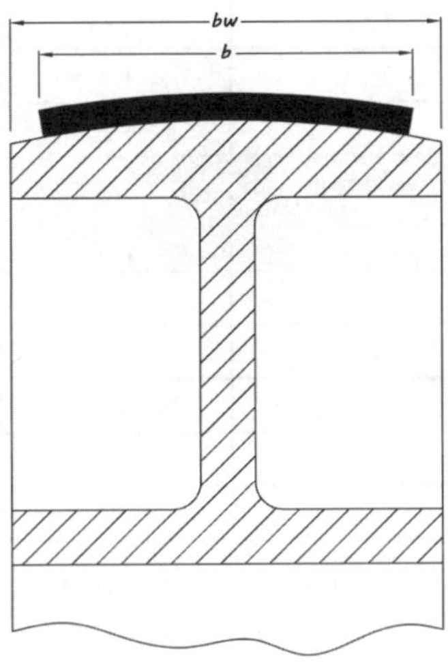

Figura 9.16 – Correia plana (em corte) sobre polia plana.

Tabela 9.1 – Propriedades gerais de correias planas confeccionadas em poliéster, poliamida e aramida, segundo o fabricante Habasit (Reproduzido com autorização da Habasit).

POLIESTER (1)	Espessura da correia (mm)	Diâmetro mínimo da polia (mm)	F_p (N/mm)	Massa (kg/m²)	Coef.de atrito (4)
TC-10EF	1,8	25	10	2,0	0,4
TC-20EF	2,0	25	21	2,2	0,4
TC-20/25EF	2,5	50	23	2,7	0,4
TC-35ER	2,5	50	38	2,6	0,4
TC-35/30ER	3,0	50	38	3,0	0,4
TC-35/35ER	3,5	70	38	3,7	0,4
TC-55ER	3,0	70	53	3,2	0,4

POLIAMIDA (2)	Espessura da correia (mm)	Diâmetro mínimo da polia (mm)	F_p (N/mm)	Massa (kg/m²)	Coef.de atrito (4)
S10/15	1,5	40	12	1,5	0,4
S18/20	2,0	63	22	2,15	0,4
S18/30	3,0	63	22	3,0	0,4
S33/40	4,0	125	37	4,3	0,4
S33/50	5,0	125	37	5,4	0,4
A-2	2,7	56	22	2,7	0,45
A-3	3,4	125	36	3,5	0,45
A-4	5,0	280	63	5,3	0,45
A-5	6,8	450	92	7,3	0,42
ARAMIDA (3)	**Espessura da correia (mm)**	**Diâmetro mínimo da polia (mm)**	**F_p (N/mm)**	**Massa (kg/m²)**	**Coef.de atrito (4)**
TF-10	1,7	25	10	1,75	0,4
TF-15	2	32	15	2,1	0,4
TF-22	2,4	63	22	2,7	0,4
TF-33	3	90	33	3,2	0,4
TF-50	3,9	140	50	4,1	0,4

(1) escolha inicial para usos gerais; faixa de temperatura: (-20°C/70°C). Material de tração = poliéster; material da capa externa = borracha NBR (borracha de acrilonitrilo butadieno);

(2) robusta e altamente resistente para sobrecargas e temperaturas elevadas; faixa de temperatura:(-20°C/100°C). Material de tração = poliamida; material da capa externa = borracha NBR;

(3) maior precisão para elevadas rotações e melhor aplicação com grandes comprimentos; faixa de temperatura: (-20°C/65°C). Material de tração = aramida; material da capa externa = borracha NBR;

(4) coeficiente de atrito dinâmico obtido experimentalmente com polia de aço SAE 1030, classe de rugosidade N7.

Tabela 9.2 – Fator de serviço - K_o

Características do equipamento	Tipo de acionamento		
	Motor elétrico ou turbina	Motor de combustão interna	
		com acionamento hidráulico	com acionamento mecânico
Constante (1)	1,0	1,0	1,2
Choques moderados ou meio impulsivo (2)	1,3	1,2	1,4
Choques pesados ou bastante impulsivo (3)	1,5	1,4	1,7

(1) transportadores com carga constante, agitadores de líquidos, misturadores, bombas centrífugas, alimentadores;

(2) transportadores com carga irregular, máquinas operatrizes em geral, compressores, fornos automáticos, secadores, esmagadores, máquinas para fabricação de papel e trefilados;

(3) equipamentos de elevação, prensas, britadores, perfuratrizes, laminadores, equipamentos para obras civis, minas em geral, trituradores para material duro.

A expressão geral de referência para correias planas vale:

$$\left(F_1\right)_{adm} = \frac{bF_p}{K_o} \tag{9.20}$$

Como tais correias são disponibilizadas com espessuras pré-definidas conforme cada fabricante, normalmente caberá ao projetista a definição de uma largura mínima de correia correspondente a determinada condição de projeto. Em termos práticos observar, ainda, que a largura da polia envolvida deve ser superior (1,05 a 1,10) à largura da correia selecionada, motivo pelo qual o projeto poderá sofrer ajustes no sentido da seleção de uma correia mais espessa, com diminuição consequente da largura calculada previamente.

9.7. CORREIAS TRAPEZOIDAIS

As correias trapezoidais ou em V são fabricadas em comprimentos padronizados e com as dimensões da secção transversal também padronizadas. A secção transversal apresenta lados inclinados em relação às laterais, objetivando o encaixe em polias com ranhuras também em V. Diferentemente do projeto de uma correia plana, na qual se trabalha com uma única correia, o projeto de correias trapezoidais envolve a definição do tipo do perfil mais adequado como também do número de correias a ser aplicado em determinada situação de projeto.

Os esforços atuantes numa correia trapezoidal são semelhantes aos que atuam nas correis planas, exceto pela posição relativa da força normal, a qual, nessas circunstâncias, atua de forma perpendicular aos flancos da polia, conforme apresentado na Figura 9.17.

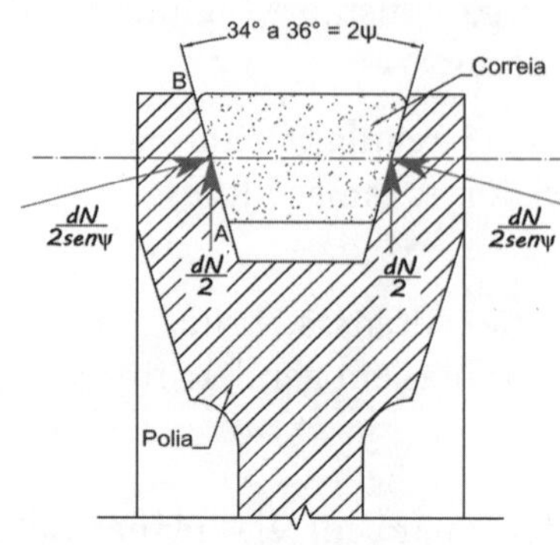

Figura 9.17 – Força normal atuante numa correia trapezoidal. Adaptado a partir de Juvinall, 2007.

A inclinação da força normal faz com que ocorra força de atrito maior, caracterizando, assim, maior capacidade de transmissão de potência do que seria obtido por meio de uma correia plana nas mesmas condições de projeto e de tração inicial. Isso decorre da comparação entre o esforço normal atuante em uma correia plana e em uma correia em V, na forma:

$$(dN)_{plana} \Leftrightarrow \frac{(dN)_V}{sen\psi} = \frac{(dN)_V}{sen18^o} \Rightarrow (dN)_V \approx 3{,}2(dN)_{plana} \quad (9.21)$$

ou, mais precisamente, para um ângulo $\Psi = 18^o$, o esforço normal na correia em V será equivalente a um esforço normal da ordem de 3,2 vezes maior do que em uma correia plana, na mesma condição de pré-carga. Em termos de projeto, tal consideração é feita mediante a utilização de um coeficiente de atrito efetivo ($\mu' = \mu/sen\ \Psi$), o qual pode ser facilmente encontrado a partir de dados dos fabricantes desse tipo de correia. A Gates Rubber Company, por exemplo, propõe: $\mu' = 0{,}5123$, ficando a Equação 9.13 ajustada na forma:

$$\frac{F_1 - S}{F_2 - S} = e^{0{,}5123\theta_1} \quad (9.22)$$

As considerações feitas sobre a força centrífuga permanecem válidas, tornando-se necessário, porém, um ajuste na equação correspondente, visto envolver uma secção transversal de correia diferenciada. Recomenda-se assim:

$$S = 2{,}3562\left(\frac{V}{2{,}4}\right)^2 \quad (9.23)$$

com a força centrífuga resultando, nessas circunstâncias, em Newtons (N). A constante (2,3562) adotada nessa relação permite a sua utilização de forma aproximada para qualquer perfil considerado.

Outro aspecto importante é que devido à resistência ao alongamento dos seus cabos internos e da sua própria configuração geométrica, as correias em V não requerem o frequente ajuste da pré-carga inicial.

9.7.1. SECÇÕES TRAPEZOIDAIS PADRONIZADAS

Uma rápida consulta aos fabricantes desse tipo de correia permite identificar uma razoável variabilidade de secções ou perfis padronizados, os quais normalmente são identificados através de números e letras. As secções designadas por letras, A, B, C, D e E, correspondem, entretanto, aos perfis comerciais convencionais e de aplicação geral. Para situações de carregamentos pesados propõem-se, por exemplo, a utilização de correias identificadas com as designações 3V, 5V e 8V. Em ambos os casos, um perfil difere do outro exclusivamente pelo tamanho, sendo que perfis maiores têm, evidentemente, maior capacidade de transmissão de potência. A Figura 9.18 ilustra esses perfis, com suas respectivas dimensões nominais.

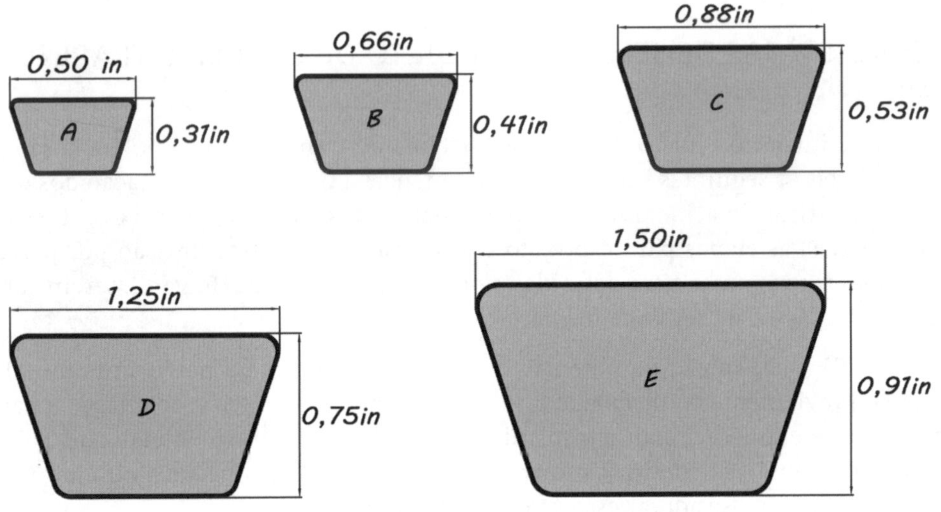

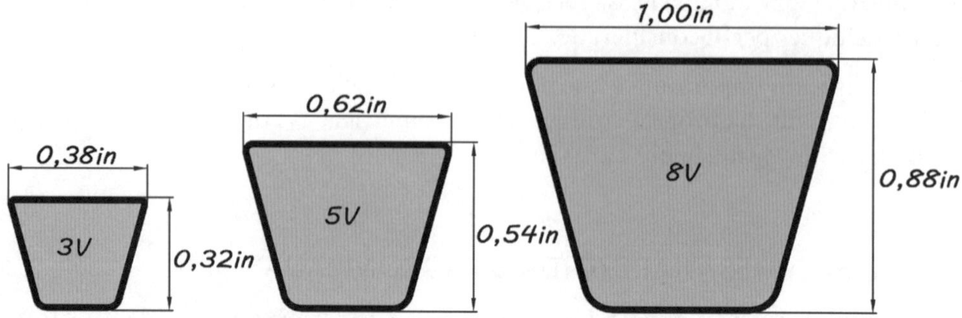

Figura 9.18 – Correias trapezoidais com: a) perfis - A,B,C,D e E, b) perfis – 3V, 5V e 8V. Adaptado a partir de Juvinall e Marshek, 2007.

Em um projeto real, poderá o projetista optar por uma ou por outra designação de perfil em específico (B ou C, por exemplo), visto que nessas circunstâncias a referida alteração ocasionaria apenas um número final na quantidade de correias a ser utilizado. Perfis menores sempre caracterizam maior quantidade de correias. Havendo, porém, necessidade de substituição de uma das correias do jogo, um novo conjunto completo sempre deverá ser instalado.

9.7.2. ETAPAS DE SELEÇÃO E PROJETO DE CORREIAS TRAPEZOIDAIS

Para se iniciar o projeto de qualquer sistema de transmissão de potência são imprescindíveis as seguintes informações: a) potência a transmitir, b) rotação dos eixos, c) características do acionamento, e d) estimativa da distância entre eixos. De posse desses dados, as etapas para o projeto e a seleção de uma transmissão por correias trapezoidais tornam-se bem definidas e podem, em um contexto geral, serem subdivididas em passos na seguinte forma:

Passo 01 – Definição da potência de projeto – a partir da potência nominal do sistema, previamente conhecida, considera-se a inclusão do fator de serviço visando compensar efeitos adicionais à transmissão (Tabela 9.2). Evidentemente que, para situações nas quais as condições operacionais não sejam conhecidas ou claramente identificadas, deve-se adotar esse valor igual à unidade.

$$P_p = K_o N_o \tag{9.24}$$

Passo 02 – Definição do perfil da correia – com a determinação da potência de projeto e com a rotação do eixo motor, torna-se possível definir, por meio do ábaco da Figura 9.19, o perfil mais recomendado para a correia em função dos dados de entrada do projeto. Recomenda-se ainda que, caso ocorra sobreposição de valores entre dois tipos de perfis distintos considerar, preferencialmente, o de maior secção transversal.

Passo 03 – Definição dos diâmetros das polias – não havendo informações de projeto acerca do diâmetro primitivo da polia motora, adotar o diâmetro mínimo recomendado para o perfil da correia selecionada (conforme Figura 9.19). A partir da relação de transmissão determina-se na sequência o diâmetro da polia movida.

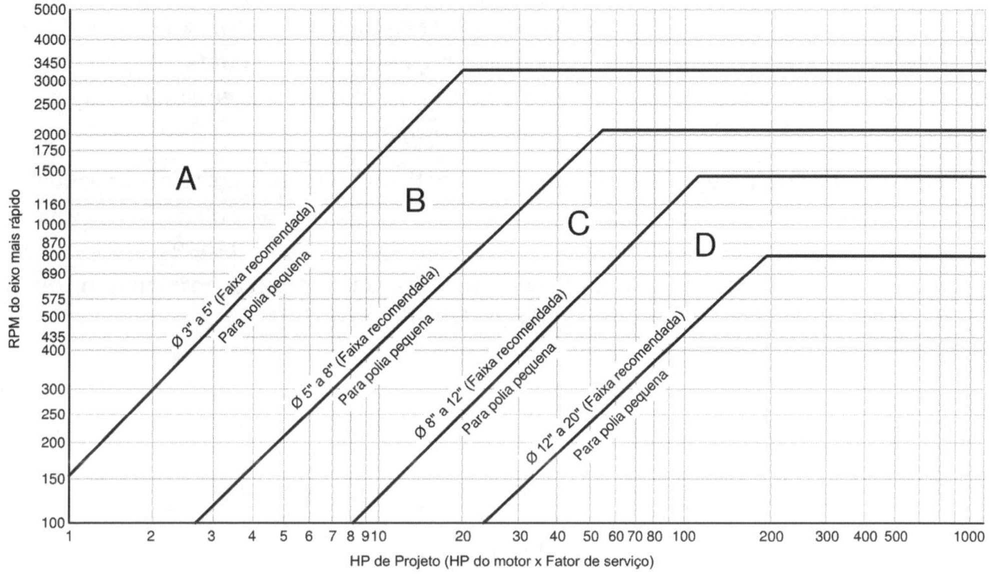

Figura 9.19 – Gráfico de seleção para correias trapezoidais. Reproduzido com autorização da Continental Contitech.

Passo 04 – Definição da velocidade tangencial da correia – com os dados de entrada do problema e dos diâmetros das polias definidos no passo anterior, chega-se à velocidade tangencial da correia (Equação 9.15).

Passo 05 – Definição do comprimento da correia e do ângulo de abraçamento da polia – com diâmetros das polias e distância entre centros definidos previamente calculam-se o comprimento da correia (Equação 9.5) e o ângulo de contato (Equação 9.3). Nesse momento, uma estimativa da distância entre centros pode ser necessária ainda, conforme as premissas definidas pela Equação 9.1.

Passo 06 – Definição do comprimento padronizado da correia e correção da distância entre centros – o valor calculado para o comprimento da correia deverá ser aproximado para um comprimento de correia disponível comercialmente. Mediante a Tabela 9.3, tal aproximação poderá ser realizada, procurando definir, sempre que possível, o valor mais próximo do calculado inicialmente. A eventual diferença entre os comprimentos calculado e tabelado exigirá a correção da distância entre eixos considerada originalmente. Assim:

$$a_{corr} = a - \left(\frac{L - L_{TAB}}{2} \right) \quad (9.25)$$

Passo 07 – Determinação dos fatores de correção – as correias padronizadas são definidas para algumas circunstâncias de ângulos de contato e comprimentos, para os quais se torna necessário efetivar pequenos ajustes a partir de fatores de correção específicos. Considerar, assim, os fatores de correção de arco de contato e de comprimento a partir das Tabelas 9.4 e 9.5, respectivamente. Havendo necessidade, sugere-se ainda a interpolação linear entre os valores disponíveis.

Passo 08 – Determinação do HP básico e do HP adicional por correia – cada designação de correia apresenta parâmetros específicos em termos de potência máxima ou limite a ser transmitida. Dessa forma, a partir das Tabelas 9.6 a 9.9 e 9.6A a 9.9A, deve-se obter os valores para as chamadas potência básica e potência adicional, os quais devem ainda serem somadas na forma da potência classificada.

$$HP_{class} = HP_{bas} + HP_{adic} \quad (9.26)$$

Nota – as tabelas de fabricantes em geral, como a Continental Contitech, por exemplo, reproduzidas neste capítulo, devem ser consideradas apenas para fins didáticos, dado que as potências tabeladas são atualizadas constantemente pelos fabricantes. Para projetos reais, sugere-se assim verificar sempre os dados atualizados.

Passo 09 – Determinação do HP efetivo e do número de correias – a multiplicação do HP classificado pelos fatores de correção de arco de contato e comprimento fornece o chamado HP efetivo. Posteriormente, a divisão da potência de projeto pelo HP efetivo fornece, enfim, o número de correias a ser utilizado no projeto. Evidente que, nesse momento, eventuais ajustes ou arredondamentos que se façam necessários devem ser realizados para o número inteiro imediatamente superior ao calculado.

$$HP_{efet} = HP_{class} . F_{AC} . F_{LP} \quad (9.27)$$

$$N^{O} correias = \frac{P_p}{HP_{efet}} \quad (9.28)$$

Tabela 9.3 – Comprimentos padronizados - correias trapezoidais. Reproduzido com autorização da Continental Contitech.

SEÇÃO A			SEÇÃO B			SEÇÃO C			SEÇÃO D		
Dimensões nominais: Larg. sup.: 1/2" - 13 mm Espessura: 5/16" - 8 mm Angulo: 40° ± 1°			Dimensões nominais: Larg. sup.: 21/32" - 17 mm Espessura: 13/32" - 11 mm Ângulo: 40° ± 1°			Dimensões nominais: Larg. sup.: 7/8" - 22 mm Espessura: 17/32" - 14 mm Ângulo: 40° ± 1°			Dimensões nominais: Larg. sup.: 1 1/4" - 32 mm Espessura: 3/4" - 19 mm Angulo: 40° -± 1°		
Nº de Série	COMPRIM. DATUM		Nº de Série	COMPRIM. DATUM		Nº de Série	COMPRIM. DATUM		Nº de Série	COMPRIM. DATUM	
Continental	pol.	mm	Continental	pol.	mm	Continental	pol.	mm	Continental	pol.	mm
A-22	23,3"	590	B-26	27,8"	705	C-47	49,9"	1265	D-120	123,3"	3130
23	24,3"	615	27	28,8"	730	50	52,9"	1345	124	127,3"	3235
24	25,3"	645	30	31,8"	810	51	53,9"	1370	128	131,3"	3335
25	26,3"	670	32	33,8"	860	53	55,9"	1420	130	133,3"	3385
26	27,3"	695	34	35,8"	910	54	56,9"	1445	132	135,3"	3435
27	28,3"	720	35	36,8"	935	55	57,9"	1470	136	139,3"	3540
28	29,3"	745	36	37,8"	960	56	58,9"	1495	144	147,3"	3740
29	30,3"	770	37	38,8"	985	57	59,9"	1520	158	161,3"	4095
30	31,3"	795	38	39,8"	1010	59	61,9"	1570	160	163,3"	4150
31	32,3"	820	39	40,8"	1035	60	62,9"	1600	162	165,3"	4200
32	33,3"	845	40	41,8"	1060	62	64,9"	1650	164	167,3"	4250
33	34,3"	870	41	42,8"	1085	63	65,9"	1675	167	170,3"	4325
34	35,3"	895	42	43,8"	1115	64	66,9"	1700	173	176,3"	4480
35	36,3"	920	43	44,8"	1140	67	69,9"	1775	180	183,3"	4655
36	37,3"	945	44	45,8"	1165	68	70,9"	1800	195	198,3"	5035
37	38,3"	975	45	46,8"	1190	70	72,9"	1850	210	213,3"	5420
38	39,3"	1000	46	47,8"	1215	71	73,9"	1875	220	220,8"	5610
39	40,3"	1025	47	48,8"	1240	72	74,9"	1900	225	225,8"	5735
40	41,3"	1050	48	49,8"	1265	73	75,9"	1930	240	240,8"	6115
41	42,3"	1075	49	50,8"	1290	74	76,9"	1955	250	250,8"	6370
42	43,3"	1100	50	51,8"	1315	75	77,9"	1980	260	260,8"	6625
43	44,3"	1125	51	52,8"	1340	76	78,9"	2005	268	268,8"	6830
44	45,3"	1150	52	53,8"	1365	77	79,9"	2030	270	270,8"	6880

Tabela 9.3 - continuação

SEÇÃO A			SEÇÃO B			SEÇÃO C			SEÇÃO D		
Dimensões nominais: Larg. sup.: 1/2" - 13 mm Espessura: 5/16" - 8 mm Angulo: 40° ± 1°			Dimensões nominais: Larg. sup.: 21/32" - 17 mm Espessura: 13/32" - 11 mm Ângulo: 40° ± 1°			Dimensões nominais: Larg. sup.: 7/8" - 22 mm Espessura: 17/32" - 14 mm Ângulo: 40° ± 1°			Dimensões nominais: Larg. sup.: 1 1/4" - 32 mm Espessura: 3/4" - 19 mm Angulo: 40° -± 1°		
Nº de Série	COMPRIM. DATUM		Nº de Série	COMPRIM. DATUM		Nº de Série	COMPRIM. DATUM		Nº de Série	COMPRIM. DATUM	
Continental	pol.	mm	Continental	pol.	mm	Continental	pol.	mm	Continental	pol.	mm
45	46,3"	1175	53	54,8"	1390	78	80,9"	2055	275	275,8"	7005
46	47,3"	1200	54	55,8"	1415	79	81,9"	2080	286	286,8"	7285
47	48,3"	1225	55	56,8"	1445	80	82,9"	2105	288	288,8"	7335
48	49,3"	1250	56	57,8"	1470	81	83,9"	2130	290	290,8"	7385
49	50,3"	1280	57	58,8"	1495	82	84,9"	2155	300	300,8"	7640
50	51,3"	1305	58	59,8"	1520	84	86,9"	2205	330	330,8"	8400
51	52,3"	1330	59	60,8"	1545	85	87,9"	2235	345	345,8"	8785
52	53,3"	1355	60	61,8"	1570	88	90,9"	2310	360	360,8"	9165
53	54,3"	1380	62	63,8"	1620	89	91,9"	2335	370	370,8"	9420
54	55,3"	1405	63	64,8"	1645	90	92,9"	2360	380	380,8"	9670
55	56,3"	1430	64	65,8"	1670	91	93,9"	2385	390	390,8"	9925
56	57,3"	1455	65	66,8"	1695	95	97,9"	2485	418	418,8"	10640
57	58,3"	1480	67	68,8"	1750	96	98,9"	2510	420	420,8"	10690
58	59,3"	1505	68	69,8"	1775	97	99,9"	2535	440	440,8"	11195
59	60,3"	1530	70	71,8"	1825	98	100,9"	2565	450	450,8"	11450
60	61,3"	1555	71	72,8"	1850	99	101,9"	2590	460	460,8"	11705
61	62,3"	1580	72	73,8"	1875	100	102,9"	2615	480	480,8"	12210
62	63,3"	1610	73	74,8"	1900	104	106,9"	2715	510	510,8"	12975
63	64,3"	1635	74	75,8"	1925	105	107,9"	2740			
64	65,3"	1660	75	76,8"	1950	111	113,9"	21895			
65	66,3"	1685	76	77,8"	1975	112	114,9"	2920			
66	67,3"	1710	77	78,8"	2000	119	121,9"	3095			
67	68,3"	1735	78	79,8"	2025	120	122,9"	3120			

Tabela 9.3 - continuação

SEÇÃO A			SEÇÃO B			SEÇÃO C			SEÇÃO D		
Dimensões nominais: Larg. sup.: 1/2" - 13 mm Espessura: 5/16" - 8 mm Angulo: 40° ± 1°			Dimensões nominais: Larg. sup.: 21/32" - 17 mm Espessura: 13/32" - 11 mm Ângulo: 40° ± 1°			Dimensões nominais: Larg. sup.: 7/8" - 22 mm Espessura: 17/32" - 14 mm Ângulo: 40° ± 1°			Dimensões nominais: Larg. sup.: 1 1/4" - 32 mm Espessura: 3/4" - 19 mm Angulo: 40° -± 1°		
Nº de Série	COMPRIM. DATUM		Nº de Série	COMPRIM. DATUM		Nº de Série	COMPRIM. DATUM		Nº de Série	COMPRIM. DATUM	
Continental	pol.	mm	Continental	pol.	mm	Continental	pol.	mm	Continental	pol.	mm
68	69,3"	1760	80	81,8"	2080	122	124,9"	3170			
69	70,3"	1785	81	82,8"	2105	126	128,9"	3275			
70	71,3"	1810	83	84,8"	2155	128	130,9"	3325			
71	72,3"	1835	84	85,8"	2180	129	131,9"	3350			
74	75,3"	1915	85	86,8"	2205	130	132,9"	3375			
75	76,3"	1940	88	89,8"	2280	131	133,9"	3400			
78	79,3"	2015	89	90,8"	2305	132	134,9"	3425			
79	80,3"	2040	90	91,8"	2330	134	136,9"	3475			
80	81,3"	2065	92	93,8"	2385	136	138,9"	3530			
82	83,3"	2115	93	94,8"	2410	138	140,9"	3580			
84	85,3"	2165	95	96,8"	2460	140	142,9"	3630			
85	86,3"	2190	96	97,8"	2485	142	144,9"	3680			
89	90,3"	2295	97	98,8"	2510	143	145,9"	3705			
90	91,3"	2320	100	101,8"	2585	144	146,9"	3730			
92	93,3"	2370	103	104,8"	2660	147	149,9"	3805			
95	96,3"	2445	105	106,8"	2715	148	150,9"	3835			
96	97,3"	2470	111	112,8"	2865	149	151,9"	3860			
104	105,3"	2675	112	113,8"	2890	150	152,9"	3885			
105	106,3"	2700	119	120,8"	3070	151	153,9"	3910			
111	112,3"	2850	120	121,8"	3095	156	158,9"	4035			
112	113,3"	2880	122	123,8"	3145	158	160,9"	4085			
119	120,3"	3055	123	124,8"	3170	160	162,9"	4140			
120	121,3"	3080	124	125,8"	3195	161	163,9"	4165			

Tabela 9.3 - continuação

SEÇÃO A			SEÇÃO B			SEÇÃO C			SEÇÃO D		
Dimensões nominais: Larg. sup.: 1/2" - 13 mm Espessura: 5/16" - 8 mm Angulo: 40° ± 1°			Dimensões nominais: Larg. sup.: 21/32" - 17 mm Espessura: 13/32" - 11 mm Ângulo: 40° ± 1°			Dimensões nominais: Larg. sup.: 7/8" - 22 mm Espessura: 17/32" - 14 mm Ângulo: 40° ± 1°			Dimensões nominais: Larg. sup.: 1 1/4" - 32 mm Espessura: 3/4" - 19 mm Angulo: 40° -± 1°		
Nº de Série	COMPRIM. DATUM		Nº de Série	COMPRIM. DATUM		Nº de Série	COMPRIM. DATUM		Nº de Série	COMPRIM. DATUM	
Continental	pol.	mm	Continental	pol.	mm	Continental	pol.	mm	Continental	pol.	mm
124	125,3"	3180	126	127,8"	3245	162	164,9"	4190			
126	127,3"	3235	128	129,8"	3285	163	165,9"	4215			
128	129,3"	3280	130	131,8"	3350	166	168,9"	4290			
136	137,3"	3485	131	132,8"	3375	169	171,9"	4365			
144	145,3"	3690	132	133,8"	3400	170	172,9"	4390			
158	159,3"	4045	133	134,8"	3425	172	174,9"	4440			
162	163,3"	4150	134	135,8"	3450	173	175,9"	4470			
173	174,3"	4425	136	137,8"	3500	175	177,9"	4520			
180	181,3"	4605	138	139,8"	3550	180	182,9"	4645			
			140	141,8"	3600	195	197,9"	5025			
			144	145,8"	3705	210	212,9"	5410			
			158	159,8"	4060	225	225,9"	5740			
			162	163,8"	4160	240	240,9"	6120			
			168	169,8"	4315	255	255,9"	6500			
			170	171,8"	4365	270	270,9"	6880			
			173	174,8"	4440	300	300,9"	7645			
			174	175,8"	4465	315	315,9"	8025			
			178	179,8"	4565	330	330,9"	8405			
			180	181,8"	4620	360	360,9"	9165			
			185	186,8"	4745	390	390,9"	9930			
			195	196,8"	5000	420	420,9"	10690			
			210	211,8"	5380						
			225	225,3"	5720						
			240	240,3"	6105						
			249	249,3"	6330						
			270	270,3"	6865						
			300	300,3"	7630						
			330	330,3"	8390						
			360	360,3"	9150						

Tabela 9.4 – Fator de correção do arco de contato para correias trapezoidais (Reproduzido com autorização da Continental Contitech).

Arco de contato (graus)	F_{AC}
180	1,00
177	0,99
174	0,985
171	0,98
169	0,97
166	0,965
163	0,96
160	0,95
157	0,94
154	0,935
151	0,93
148	0,92
145	0,91
142	0,90
139	0,89
136	0,88
133	0,87
130	0,86
127	0,85
123	0,83
120	0,82
113	0,80
106	0,77
99	0,73
91	0,70

Tabela 9.5 – Fator de correção de comprimento (Reproduzido com autorização da Continental Contitech).

Designação do tamanho	Perfil/F_{LD}			
	A	B	C	D
26	0,81			
31	0,84			
35	0,87	0,81		
38	0,88	0,83		
42	0,90	0,85		
46	0,92	0,87		
51	0,94	0,89	0,80	
55	0,96	0,90	-	
60	0,98	0,92	0,82	
68	1,00	0,95	0,85	
75	1,02	0,97	0,87	
80	1,04	-	-	
81	-	0,98	0,89	
85	1,05	0,99	0,90	
90	1,06	1,00	0,91	
96	1,08	-	0,92	
97	-	1,02	-	
105	1,10	1,04	0,94	
112	1,11	1,05	0,95	
120	1,13	1,07	0,97	0,86
128	1,14	1,08	0,98	0,87
144		1,11	1,00	0,90
158		1,13	1,02	0,92
173		1,15	1,04	0,93
180		1,16	1,05	0,94
195		1,18	1,07	0,96
210		1,19	1,08	0,98
240		1,22	1,11	1,00
270		1,25	1,14	1,03
300		1,27	1,16	1,05
330			1,19	1,07
360			1,21	1,09
390			1,23	1,11
420			1,24	1,12
480				1,16

9.7.3 – POLIA V-PLANA

Circunstâncias específicas de transmissão possibilitam, segundo informações dos fabricantes, optar pelo uso de polias movidas na concepção plana, mantendo-se, evidentemente, a polia motora com canais. Nessas circunstâncias, a polia motora manterá a condição de guia para as correias do sistema, enquanto que a polia movida poderá ser concebida como plana. Tal condição se justifica para o caso de polias de saída com dimensões elevadas, minimizando, assim, os custos de fabricação e facilitando as condições de usinagem correspondentes. Para tanto, faz-se necessário, o atendimento simultâneo das relações descritas na Equação 9.29, ou seja:

$$i \geq 3 \quad \text{e} \quad \frac{d_{p2} - d_{p1}}{a_{corr}} \geq 0{,}7 \tag{9.29}$$

Tabela 9.6 – HP por correia – Perfil A (Reproduzido com autorização da Continental Contitech).

HERTZ	RPM DO EIXO MAIS RÁPIDO	DIÂM. DATUM	3,00	3,20	3,40	3,60	3,80	4,00	4,20	4,40	4,60	4,80	5,00	5,20	5,40	5,60	5,80	6,00	6,20	6,40	6,60	7,00
		DIÂM. EXT. (REF.)	3,25	3,45	3,65	3,85	4,05	4,25	4,45	4,65	4,85	5,05	5,25	5,45	5,65	5,85	6,05	6,25	6,45	6,65	6,85	7,25
50	720		0,88	0,98	1,09	1,19	1,29	1,39	1,49	1,59	1,68	1,78	1,88	1,97	2,07	2,17	2,26	2,35	2,45	2,54	2,64	2,82
	960		1,11	1,24	1,37	1,50	1,63	1,76	1,88	2,01	2,13	2,26	2,38	2,51	2,63	2,75	2,87	2,99	3,11	3,23	3,34	3,58
	1440		1,51	1,69	1,88	2,06	2,24	2,42	2,60	2,77	2,95	3,12	3,29	3,46	3,62	3,79	3,95	4,12	4,28	4,43	4,59	4,90
	2880		2,38	2,70	3,00	3,30	3,59	3,88	4,15	4,42	4,68	4,93	5,17	5,40	5,63	5,84	6,05	6,24	6,43	6,60	6,77	7,06
60	690		0,85	0,95	1,05	1,15	1,24	1,34	1,44	1,53	1,62	1,72	1,81	1,90	2,00	2,09	2,18	2,27	2,36	2,45	2,54	2,72
	870		1,02	1,15	1,27	1,38	1,50	1,62	1,74	1,85	1,97	2,08	2,20	2,31	2,42	2,54	2,65	2,76	2,87	2,98	3,08	3,30
	1160		1,28	1,44	1,59	1,74	1,89	2,04	2,19	2,34	2,49	2,63	2,78	2,92	3,06	3,20	3,34	3,48	3,62	3,76	3,89	4,16
	1750		1,73	1,95	2,17	2,38	2,59	2,80	3,01	3,21	3,41	3,61	3,80	4,00	4,19	4,37	4,56	4,74	4,92	5,10	5,27	5,61
	3450		2,60	2,95	3,28	3,60	3,92	4,21	4,50	4,77	5,04	5,28	5,51	5,73	5,93	6,12	6,29	6,45	6,59	6,71	6,81	-6,97
	100		0,17	0,19	0,20	0,22	0,24	0,26	0,27	0,29	0,31	0,32	0,34	0,36	0,37	0,39	0,41	0,42	0,44	0,45	0,47	0,50
	200		0,31	0,34	0,37	0,40	0,44	0,47	0,50	0,53	0,56	0,59	0,62	0,66	0,69	0,72	0,75	0,78	0,81	0,84	0,87	0,93
	300		0,43	0,48	0,53	0,57	0,62	0,66	0,71	0,75	0,80	0,84	0,89	0,93	0,98	1,02	1,07	1,11	1,15	1,20	1,24	1,33
	400		0,55	0,61	0,67	0,73	0,79	0,85	0,91	0,97	1,02	1,08	1,14	1,20	1,25	1,31	1,37	1,43	1,48	1,54	1,59	1,71
	500		0,66	0,73	0,81	0,88	0,95	1,02	1,10	1,17	1,24	1,31	1,38	1,45	1,52	1,59	1,66	1,73	1,80	1,86	1,93	2,07
	600		0,76	0,85	0,94	1,02	1,11	1,19	1,28	1,36	1,44	1,53	1,61	1,69	1,77	1,86	1,94	2,02	2,10	2,18	2,26	2,42
	700		0,86	0,96	1,06	1,16	1,26	1,36	1,45	1,55	1,64	1,74	1,83	1,93	2,02	2,11	2,21	2,30	2,39	2,48	2,57	2,75
	800		0,96	1,07	1,18	1,29	1,40	1,51	1,62	1,73	1,84	1,94	2,05	2,16	2,26	2,36	2,47	2,57	2,67	2,78	2,88	3,08
	900		1,05	1,18	1,30	1,42	1,55	1,67	1,79	1,91	2,02	2,14	2,26	2,38	2,49	2,61	2,72	2,84	2,95	3,06	3,17	3,39
	1000		1,14	1,28	1,41	1,55	1,68	1,81	1,95	2,08	2,21	2,34	2,46	2,59	2,72	2,84	2,97	3,09	3,21	3,33	3,46	3,70
	1100		1,23	1,38	1,52	1,67	1,82	1,96	2,10	2,24	2,38	2,52	2,66	2,80	2,93	3,07	3,20	3,34	3,47	3,60	3,73	3,99
	1200		1,31	1,47	1,63	1,79	1,94	2,10	2,25	2,40	2,55	2,70	2,85	3,00	3,15	3,29	3,43	3,58	3,72	3,86	4,00	4,27
	1300		1,40	1,57	1,74	1,90	2,07	2,24	2,40	2,56	2,72	2,88	3,04	3,19	3,35	3,50	3,66	3,81	3,96	4,10	4,25	4,54
	1400		1,47	1,66	1,84	2,02	2,19	2,37	2,54	2,71	2,88	3,05	3,22	3,38	3,55	3,71	3,87	4,03	4,19	4,34	4,49	4,80
	1500		1,55	1,74	1,94	2,12	2,31	2,50	2,68	2,86	3,04	3,22	3,39	3,57	3,74	3,91	4,08	4,24	4,41	4,57	4,73	5,04
	1600		1,63	1,83	2,03	2,23	2,43	2,62	2,81	3,00	3,19	3,38	3,56	3,74	3,92	4,10	4,28	4,45	4,62	4,79	4,95	5,28
	1700		1,70	1,91	2,12	2,33	2,54	2,74	2,94	3,14	3,34	3,53	3,72	3,91	4,10	4,28	4,47	4,65	4,82	5,00	5,17	5,50
	1800		1,77	1,99	2,21	2,43	2,65	2,86	3,07	3,28	3,48	3,68	3,88	4,08	4,27	4,46	4,65	4,83	5,02	5,19	5,37	5,71
	1900		1,84	2,07	2,30	2,53	2,75	2,97	3,19	3,41	3,62	3,83	4,03	4,23	4,43	4,63	4,82	5,01	5,20	5,38	5,56	5,91
	2000		1,90	2,14	2,38	2,62	2,85	3,08	3,31	3,53	3,75	3,96	4,18	4,39	4,59	4,79	4,99	5,18	5,37	5,56	5,74	6,09
	2100		1,96	2,22	2,46	2,71	2,95	3,19	3,42	3,65	3,88	4,10	4,32	4,53	4,74	4,94	5,15	5,34	5,54	5,72	5,91	6,26

Tabela 9.6 - continuação

HERTZ	RPM DO EIXO MAIS RÁPIDO	DIÂM. DATUM	3,00	3,20	3,40	3,60	3,80	4,00	4,20	4,40	4,60	4,80	5,00	5,20	5,40	5,60	5,80	6,00	6,20	6,40	6,60	7,00
		DIÂM. EXT. (REF.)	3,25	3,45	3,65	3,85	4,05	4,25	4,45	4,65	4,85	5,05	5,25	5,45	5,65	5,85	6,05	6,25	6,45	6,65	6,85	7,25
	2100		1,96	2,22	2,46	2,71	2,95	3,19	3,42	3,65	3,88	4,10	4,32	4,53	4,74	4,94	5,15	5,34	5,54	5,72	5,91	6,26
	2200		2,03	2,29	2,54	2,80	3,04	3,29	3,53	3,77	4,00	4,23	4,45	4,67	4,88	5,09	5,29	5,49	5,69	5,88	6,06	6,42
	2300		2,08	2,35	2,62	2,88	3,14	3,39	3,63	3,88	4,11	4,35	4,57	4,80	5,01	5,23	5,43	5,64	5,83	6,02	6,21	6,56
	2400		2,14	2,42	2,69	2,96	3,22	3,48	3,73	3,98	4,22	4,46	4,69	4,92	5,14	5,35	5,56	5,77	5,96	6,15	6,34	6,68
	2500		2,20	2,48	2,76	3,04	3,31	3,57	3,83	4,08	4,33	4,57	4,81	5,04	5,26	5,47	5,68	5,89	6,08	6,27	6,45	6,79
	2600		2,25	2,54	2,83	3,11	3,39	3,66	3,92	4,18	4,43	4,67	4,91	5,14	5,37	5,58	5,79	6,00	6,19	6,38	6,55	6,89
	2700		2,30	2,60	2,89	3,18	3,46	3,74	4,01	4,27	4,52	4,77	5,01	5,24	5,47	5,68	5,89	6,09	6,29	6,47	6,64	6,96
	2800		2,35	2,65	2,96	3,25	3,54	3,82	4,09	4,35	4,61	4,86	5,10	5,34	5,56	5,78	5,98	6,18	6,37	6,55	6,72	7,02
	2900		2,39	2,71	3,01	3,31	3,61	3,89	4,17	4,44	4,69	4,95	5,19	5,42	5,64	5,86	6,06	6,26	6,44	6,61	6,78	7,07
	3000		2,43	2,76	3,07	3,37	3,67	3,96	4,24	4,51	4,77	5,02	5,26	5,50	5,72	5,93	6,13	6,32	6,50	6,66	6,82	7,09
	3100		2,48	2,80	3,12	3,43	3,73	4,02	4,31	4,58	4,84	5,09	5,33	5,56	5,78	5,99	6,19	6,37	6,54	6,70	6,85	7,10
	3200		2,51	2,85	3,17	3,49	3,79	4,08	4,37	4,64	4,90	5,16	5,40	5,62	5,84	6,04	6,23	6,41	6,57	6,72	6,86	7,09
	3300		2,55	2,89	3,22	3,54	3,84	4,14	4,43	4,70	4,96	5,21	5,45	5,67	5,88	6,08	6,27	6,44	6,59	6,73	6,85	7,05
	3400		2,58	2,93	3,26	3,58	3,89	4,19	4,48	4,75	5,01	5,26	5,49	5,71	5,92	6,11	6,29	6,45	6,59	6,72	6,83	7,00
	3500		2,62	2,96	3,30	3,63	3,94	4,24	4,52	4,80	5,06	5,30	5,53	5,75	5,95	6,13	6,30	6,45	6,58	6,70	6,79	6,93
	3600		2,64	3,00	3,34	3,66	3,98	4,28	4,56	4,84	5,09	5,33	5,56	5,77	5,96	6,14	6,29	6,43	6,55	6,65	6,73	6,84
	3700		2,67	3,03	3,37	3,70	4,01	4,32	4,60	4,87	5,12	5,36	5,58	5,78	5,97	6,13	6,28	6,40	6,51	6,59	6,66	6,72
	3800		2,69	3,05	3,40	3,73	4,05	4,35	4,63	4,90	5,15	5,38	5,59	5,79	5,96	6,11	6,25	6,36	6,45	6,52	6,56	6,58
	3900		2,72	3,08	3,43	3,76	4,07	4,37	4,65	4,92	5,16	5,39	5,59	5,78	5,94	6,08	6,20	6,30	6,38	6,43	6,45	6,42
	4000		2,74	3,10	3,45	3,78	4,10	4,39	4,67	4,93	5,17	5,39	5,59	5,76	5,91	6,04	6,15	6,23	6,28	6,31	6,32	6,24
	4100		2,75	3,12	3,47	3,80	4,12	4,41	4,68	4,94	5,17	5,38	5,57	5,73	5,87	5,99	6,08	6,14	6,18	6,18	6,16	6,03
	4200		2,77	3,13	3,49	3,82	4,13	4,42	4,69	4,94	5,16	5,37	5,54	5,69	5,82	5,92	5,99	6,04	6,05	6,04	5,99	5,80
	4300		2,78	3,15	3,50	3,83	4,14	4,43	4,69	4,93	5,15	5,34	5,51	5,65	5,76	5,84	5,89	5,92	5,91	5,87	5,80	5,55
	4400		2,78	3,16	3,51	3,84	4,14	4,43	4,68	4,92	5,13	5,31	5,46	5,58	5,68	5,74	5,78	5,78	5,75	5,68	5,58	5,27
	4500		2,79	3,16	3,51	3,84	4,14	4,42	4,67	4,90	5,09	5,26	5,40	5,51	5,59	5,64	5,65	5,63	5,57	5,47	5,34	4,96
	4600		2,79	3,16	3,51	3,84	4,14	4,41	4,65	4,87	5,06	5,21	5,34	5,43	5,49	5,51	5,50	5,45	5,37	5,24	5,08	4,63
	4700		2,79	3,16	3,51	3,83	4,12	4,39	4,63	4,83	5,01	5,15	5,26	5,33	5,37	5,38	5,34	5,27	5,15	5,00	4,80	4,27
	4800		2,79	3,16	3,50	3,82	4,11	4,37	4,59	4,79	4,95	5,08	5,17	5,23	5,25	5,22	5,16	5,06	4,92	4,73	4,49	3,88
	4900		2,78	3,15	3,49	3,80	4,09	4,34	4,55	4,74	4,89	5,00	5,07	5,11	5,10	5,06	4,97	4,84	4,66	4,43	4,16	3,47
	5000		2,77	3,14	3,48	3,78	4,06	4,30	4,51	4,68	4,81	4,91	4,96	4,98	4,95	4,88	4,76	4,59	4,38	4,12	3,81	3,02

Tabela 9.7 – HP por correia – Perfil B (Reproduzido com autorização da Continental Contitech).

HERTZ	RPM DO EIXO MAIS RÁPIDO	DIÂM. DATUM	5,00	5,20	5,40	5,60	5,80	6,00	6,20	6,40	6,60	6,80	7,00	7,40	7,80	8,00	8,60	9,40
		DIÂM. EXT. (REF.)	5,35	5,55	5,75	5,95	6,15	6,35	6,55	6,75	6,95	7,15	7,35	7,75	8,15	8,35	8,95	9,75
50	720		2,58	2,75	2,92	3,09	3,26	3,43	3,59	3,76	3,92	4,09	4,25	4,58	4,90	5,06	5,53	6,15
	960		3,23	3,45	3,66	3,88	4,09	4,30	4,51	4,72	4,93	5,14	5,34	5,75	6,15	6,35	6,94	7,71
	1440		4,34	4,64	4,93	5,23	5,52	5,81	6,09	6,37	6,65	6,92	7,19	7,73	8,25	8,50	9,25	10,19
	2880		6,17	6,58	6,98	7,36	7,73	8,07	8,40	8,72	9,01	9,28	9,54	9,99	10,36	10,51	10,84	10,95
60	690		2,50	2,66	2,82	2,99	3,15	3,31	3,47	3,63	3,79	3,95	4,11	4,42	4,73	4,88	5,34	5,94
	870		2,99	3,19	3,39	3,59	3,79	3,98	4,18	4,37	4,57	4,76	4,95	5,33	5,70	5,88	6,43	7,15
	1160		3,72	3,97	4,23	4,48	4,72	4,97	5,21	5,46	5,70	5,93	6,17	6,64	7,10	7,32	7,99	8,85
	1750		4,93	5,27	5,61	5,94	6,27	6,59	6,91	7,23	7,53	7,84	8,14	8,72	9,28	9,55	10,33	11,29
	3450		6,17	6,55	6,91	7,25	7,55	7,83	8,08	8,30	8,49	8,65	8,77	8,92	8,94	8,89	8,53	7,50
	100		0,50	0,53	0,55	0,58	0,61	0,64	0,67	0,70	0,73	0,76	0,78	0,84	0,90	0,92	1,01	1,12
	200		0,90	0,95	1,01	1,06	1,12	1,17	1,22	1,28	1,33	1,38	1,44	1,54	1,65	1,70	1,86	2,06
	300		1,26	1,34	1,42	1,50	1,58	1,65	1,73	1,81	1,89	1,96	2,04	2,19	2,34	2,42	2,64	2,94
	400		1,60	1,71	1,81	1,91	2,01	2,11	2,21	2,31	2,41	2,51	2,61	2,80	3,00	3,09	3,38	3,76
	500		1,93	2,05	2,17	2,30	2,42	2,54	2,66	2,78	2,90	3,03	3,14	3,38	3,62	3,74	4,09	4,55
	600		2,23	2,38	2,52	2,67	2,81	2,95	3,10	3,24	3,38	3,52	3,66	3,94	4,22	4,35	4,76	5,30
	700		2,52	2,69	2,86	3,02	3,19	3,35	3,51	3,67	3,83	3,99	4,15	4,47	4,79	4,94	5,40	6,01
	800		2,80	2,99	3,18	3,36	3,55	3,73	3,91	4,09	4,27	4,45	4,63	4,98	5,33	5,50	6,02	6,69
	900		3,07	3,28	3,48	3,69	3,89	4,09	4,29	4,49	4,69	4,89	5,08	5,47	5,85	6,04	6,60	7,34
	1000		3,33	3,56	3,78	4,00	4,22	4,44	4,66	4,88	5,09	5,30	5,52	5,94	6,35	6,56	7,16	7,95
	1100		3,58	3,82	4,06	4,30	4,54	4,78	5,01	5,24	5,47	5,70	5,93	6,38	6,82	7,04	7,69	8,52
	1200		3,81	4,07	4,33	4,59	4,84	5,10	5,35	5,59	5,84	6,09	6,33	6,80	7,27	7,50	8,19	9,06
	1300		4,04	4,32	4,59	4,86	5,13	5,40	5,67	5,93	6,19	6,45	6,70	7,21	7,70	7,94	8,65	9,56
	1400		4,26	4,55	4,84	5,13	5,41	5,69	5,97	6,25	6,52	6,79	7,06	7,58	8,10	8,35	9,09	10,02
	1500		4,46	4,77	5,07	5,38	5,67	5,97	6,26	6,55	6,83	7,12	7,39	7,94	8,47	8,73	9,49	10,44
	1600		4,66	4,98	5,30	5,61	5,92	6,23	6,53	6,83	7,13	7,42	7,71	8,27	8,81	9,08	9,85	10,81
	1700		4,84	5,18	5,51	5,84	6,16	6,48	6,79	7,10	7,40	7,70	8,00	8,57	9,13	9,40	10,18	11,14
	1800		5,02	5,36	5,71	6,05	6,38	6,71	7,03	7,35	7,66	7,97	8,27	8,85	9,42	9,69	10,47	11,43
	1900		5,18	5,54	5,89	6,24	6,58	6,92	7,25	7,58	7,90	8,21	8,51	9,11	9,67	9,95	10,73	11,66

Tabela 9.7 – Continuação

HERTZ	RPM DO EIXO MAIS RÁPIDO	DIÂM. DATUM	5,00	5,20	5,40	5,60	5,80	6,00	6,20	6,40	6,60	6,80	7,00	7,40	7,80	8,00	8,60	9,40
		DIÂM. EXT. (REF.)	5,35	5,55	5,75	5,95	6,15	6,35	6,55	6,75	6,95	7,15	7,35	7,75	8,15	8,35	8,95	9,75
	2000		5,33	5,70	6,07	6,42	6,77	7,12	7,46	7,79	8,11	8,43	8,74	9,33	9,90	10,17	10,94	11,84
	2100		5,47	5,85	6,23	6,59	6,95	7,30	7,64	7,98	8,30	8,62	8,93	9,53	10,09	10,36	11,11	11,98
	2200		5,60	5,99	6,37	6,74	7,11	7,46	7,81	8,15	8,48	8,80	9,11	9,70	10,25	10,52	11,24	12,05
	2300		5,72	6,12	6,50	6,88	7,25	7,61	7,96	8,30	8,63	8,94	9,25	9,84	10,38	10,63	11,32	12,07
	2400		5,83	6,23	6,62	7,00	7,37	7,74	8,08	8,42	8,75	9,07	9,37	9,94	10,47	10,71	11,36	12,03
	2500		5,92	6,33	6,73	7,11	7,48	7,84	8,19	8,53	8,85	9,16	9,46	10,02	10,52	10,75	11,35	11,93
	2600		6,01	6,42	6,81	7,20	7,57	7,93	8,28	8,61	8,93	9,23	9,52	10,06	10,53	10,75	11,29	11,76
	2700		6,08	6,49	6,89	7,27	7,64	8,00	8,34	8,67	8,98	9,28	9,56	10,07	10,51	10,70	11,17	11,53
	2800		6,13	6,55	6,95	7,33	7,70	8,05	8,39	8,71	9,01	9,29	9,56	10,04	10,44	10,62	11,01	11,23
	2900		6,18	6,59	6,99	7,37	7,73	8,08	8,41	8,72	9,01	9,28	9,53	9,97	10,34	10,48	10,79	10,87
	3000		6,21	6,62	7,01	7,39	7,75	8,08	8,40	8,70	8,98	9,23	9,47	9,87	10,18	10,30	10,51	10,43
	3100		6,22	6,63	7,02	7,39	7,74	8,07	8,38	8,66	8,92	9,16	9,38	9,73	9,99	10,08	10,18	9,91
	3200		6,23	6,63	7,01	7,37	7,71	8,03	8,32	8,59	8,84	9,05	9,25	9,55	9,75	9,80	9,79	9,32
	3300		6,21	6,61	6,99	7,34	7,67	7,97	8,25	8,50	8,72	8,92	9,08	9,33	9,46	9,48	9,33	8,66
	3400		6,19	6,58	6,94	7,28	7,60	7,88	8,14	8,37	8,57	8,74	8,89	9,07	9,13	9,10	8,82	7,91
	3500		6,14	6,53	6,88	7,21	7,51	7,77	8,01	8,22	8,40	8,54	8,65	8,77	8,74	8,67	8,23	7,08
	3600		6,09	6,46	6,80	7,11	7,39	7,64	7,86	8,04	8,19	8,30	8,38	8,42	8,30	8,19	7,58	6,16
	3700		6,01	6,37	6,70	6,99	7,25	7,48	7,67	7,83	7,94	8,02	8,06	8,02	7,82	7,65	6,87	5,15
	3800		5,92	6,27	6,58	6,85	7,09	7,29	7,46	7,58	7,67	7,71	7,71	7,59	7,28	7,05	6,08	4,06
	3900		5,82	6,15	6,44	6,69	6,91	7,08	7,22	7,31	7,36	7,36	7,32	7,10	6,68	6,40	5,22	2,87
	4000		5,69	6,01	6,28	6,51	6,70	6,84	6,94	7,00	7,01	6,97	6,89	6,56	6,03	5,68	4,29	1,59
	4100		5,55	5,85	6,09	6,30	6,46	6,58	6,64	6,66	6,63	6,55	6,41	5,98	5,32	4,90	3,28	0,22
	4200		5,40	5,67	5,89	6,07	6,20	6,28	6,31	6,29	6,21	6,08	5,89	5,35	4,56	4,07	2,20	-
	4300		5,22	5,47	5,67	5,81	5,91	5,96	5,94	5,88	5,76	5,57	5,33	4,66	3,73	3,16	1,04	-
	4400		5,03	5,25	5,42	5,53	5,60	5,60	5,55	5,43	5,26	5,02	4,72	3,92	2,84	2,19	-	-
	4500		4,82	5,01	5,15	5,23	5,25	5,22	5,12	4,96	4,73	4,43	4,07	3,13	1,89	1,16	-	-
	4600		4,59	4,75	4,86	4,90	4,88	4,80	4,65	4,44	4,15	3,80	3,37	2,28	0,88	0,06	-	-
	4700		4,34	4,47	4,54	4,54	4,48	4,35	4,16	3,88	3,54	3,12	2,62	1,38	-	-	-	-
	4800		4,07	4,17	4,20	4,16	4,05	3,88	3,62	3,29	2,88	2,39	1,82	0,42	-	-	-	-
	4900		3,78	3,84	3,83	3,75	3,60	3,36	3,05	2,66	2,19	1,62	0,97	-	-	-	-	-
	5000		3,47	3,49	3,44	3,31	3,11	2,82	2,45	1,99	1,44	0,81	0,07	-	-	-	-	-

Tabela 9.8 – HP por correia – Perfil C (Reproduzido com autorização da Continental Contitech).

HERTZ	RPM DO EIXO MAIS RÁPIDO	DIAM. DATUM	7,50	8,00	8,50	9,00	9,50	10,00	10,50	11,00	12,00	13,00	14,00	16,00
		DIAM. EXT. (REF)	7,90	8,40	8,90	9,40	9,90	10,40	10,90	11,40	12,40	13,40	14,40	16,40
50	720		6,42	7,17	7,91	8,65	9,37	10,09	10,80	11,49	12,87	14,21	15,52	18,02
	960		7,93	8,87	9,79	10,70	11,60	12,47	13,34	14,19	15,83	17,41	18,92	21,73
	1440		10,24	11,46	12,64	13,78	14,88	15,94	16,96	17,94	19,75	21,37	22,79	24,97
	2880		10,31	11,19	11,83	12,21	12,32	12,15	11,69	10,92	8,41	4,53	-	-
60	690		6,22	6,94	7,66	8,37	9,07	9,76	10,45	11,12	12,46	13,76	15,03	17,47
	870		7,39	8,26	9,12	9,97	10,80	11,63	12,44	13,24	14,79	16,30	17,75	20,48
	1160		9,01	10,08	11,13	12,16	13,16	14,14	15,10	16,03	17,82	19,49	21,06	23,82
	1750		11,19	12,51	13,76	14,95	16,07	17,12	18,10	19,01	20,58	21,83	-22,73	-23,38

Tabela 9.8 – Continuação

HERTZ	RPM DO EIXO MAIS RÁPIDO	DIAM. DATUM	7,50	8,00	8,50	9,00	9,50	10,00	10,50	11,00	12,00	13,00	14,00	16,00
		DIAM. EXT. (REF)	7,30	8,40	8,90	9,40	9,90	10,40	10,90	11,40	12,40	13,40	14,40	16,40
	100		1,26	1,39	1,52	1,65	1,78	1,91	2,04	2,16	2,41	2,66	2,91	3,40
	200		2,28	2,52	2,76	3,01	3,25	3,49	3,72	3,96	4,43	4,90	5,36	6,27
	300		3,19	3,54	3,89	4,24	4,59	4,93	5,27	5,61	6,28	6,95	7,61	8,91
	400		4,04	4,50	4,95	5,39	5,84	6,28	6,72	7,15	8,01	8,87	9,71	11,36
	500		4,34	5,39	5,93	6,48	7,01	7,55	8,08	8,60	9,64	10,66	11,67	13,63
	600		5,58	6,23	6,87	7,50	8,12	8,74	9,36	9,97	11,17	12,34	13,50	15,74
	700		6,29	7,02	7,74	8,46	9,17	9,87	10,56	11,25	12,60	13,91	15,19	17,66
	800		6,95	7,77	8,57	9,37	10,15	10,93	11,69	12,45	13,92	15,36	16,75	19,39
	900		7,57	8,47	9,35	10,22	11,07	11,92	12,74	13,56	15,15	16,68	18,16	20,92
	1000		8,16	9,12	10,08	11,01	11,93	12,83	13,72	14,58	16,27	17,87	19,41	22,22
	1100		8,70	9,73	10,75	11,75	12,72	13,67	14,61	15,52	17,27	18,93	20,49	23,30
	1200		9,20	10,30	11,37	12,42	13,44	14,44	15,41	16,35	18,15	19,84	21,40	24,12
	1300		9,36	10,82	11,94	13,03	14,10	15,13	16,12	17,09	18,91	20,59	22,12	24,67
	1400		10,08	11,28	12,45	13,58	14,67	15,73	16,74	17,72	19,54	21,18	22,64	24,94
	1500		10,46	11,70	12,90	14,06	15,17	16,24	17,26	18,24	20,03	21,60	22,95	24,91
	1600		10,79	12,06	13,29	14,47	15,60	16,67	17,68	18,64	20,37	21,84	23,04	24,55
	1700		11,07	12,37	13,62	14,81	15,93	16,99	17,99	18,91	20,55	21,88	22,89	23,86
	1800		11,31	12,63	13,88	15,07	16,18	17,22	18,18	19,07	20,57	21,73	22,50	22,81
	1900		11,49	12,82	14,08	15,25	16,34	17,35	18,26	19,08	20,43	21,36	21,85	21,38
	2000		11,53	12,96	14,20	15,35	16,41	17,37	18,22	18,96	20,11	20,77	20,93	19,56
	2100		11,71	13,03	14,25	15,37	16,38	17,27	18,04	18,69	19,60	19,96	19,72	17,32
	2200		11,73	13,04	14,23	15,30	16,24	17,06	17,74	18,27	18,90	18,90	18,22	14,65
	2300		11,70	12,98	14,12	15,13	16,00	16,72	17,29	17,69	18,00	17,59	16,41	11,53
	2400		11,51	12,85	13,94	14,88	15,65	16,26	16,70	16,95	16,89	16,02	14,27	7,94
	2500		11,47	12,65	13,67	14,52	15,19	15,67	15,96	16,04	15,57	14,18	11,81	3,86
	2600		11,25	12,38	13,31	14,06	14,61	14,95	15,07	14,96	14,02	12,05	8,99	-
	2700		10,98	12,02	12,87	13,50	13,91	14,08	14,01	13,69	12,23	9,64	5,82	-
	2800		10,64	11,60	12,83	12,83	13,08	13,07	12,79	12,23	10,21	6,92	2,27	-
	2900		10,23	11,09	11,70	12,05	12,12	11,91	11,40	10,58	7,94	3,90	-	
	3000		9,75	10,49	10,96	11,15	11,03	10,60	9,83	8,72	5,41	0,54	-	-
	3100		9,19	9,81	10,13	10,13	9,80	9,12	8,08	6,66	2,61	-	-	-
	3200		8,57	9,04	9,19	8,99	8,43	7,49	6,14	4,38	-	-	-	-
	3300		7,86	8,18	8,15	7,73	6,91	5,68	4,01	1,89	-	-	-	-
	3400		7,08	7,23	6,99	6,34	5,25	3,70	1,68	-	-	-	-	-
	3500		6,22	6,18	5,72	4,81	3,43	1,55	-	-	-	-	-	-
	3600		5,28	5,04	4,34	3,15	1,45	-	-	-	-	-	-	-
	3700		4,25	3,79	2,83	1,35	-	-	-	-	-	-	-	-
	3800		3,13	2,44	1,21	-	-	-	-	-	-	-	-	-
	3900		1,93	0,98	-	-	-	-	-	-	-	-	-	-
	4000		0,64	-	-	-	-	-	-	-	-	-	-	-
	4100		-	-	-	-	-	-	-	-	-	-	-	-
	4200		-	-	-	-	-	-	-	-	-	-	-	-
	4300		-	-	-	-	-	-	-	-	-	-	-	-
	4400		-	-	-	-	-	-	-	-	-	-	-	-
	4500		-	-	-	-	-	-	-	-	-	-	-	-
	4600		-	-	-	-	-	-	-	-	-	-	-	-
	4700		-	-	-	-	-	-	-	-	-	-	-	-
	4800		-	-	-	-	-	-	-	-	-	-	-	-
	4900		-	-	-	-	-	-	-	-	-	-	-	-
	5000		-	-	-	-	-	-	-	-	-	-	-	-

Tabela 9.9 – HP por correia – Perfil D (Reproduzido com autorização da Continental Contitech).

HERTZ	RPM DO EIXO MAIS RÁPIDO	DIÁM. DATUM	13,00	13,50	14,00	14,50	15,00	15,50	16,00	18,00	20,00	22,00
		DIAM. EXT. (REF.)	13,60	14,10	14,60	15,10	15,60	16,10	16,60	18,60	20,60	22,60
50	720		21,24	22,66	24,06	25,44	26,81	28,15	29,48	34,60	39,39	43,83
	960		25,10	26,76	28,38	29,97	31,52	33,02	34,49	39,96	44,74	48,76
	1440		27,63	29,26	30,78	32,18	33,48	34,66	35,71	38,68	39,48	37,90
	2880		-	-	-	-	-	-	-	-	-	-
60	690		20,65	22,03	23,39	24,74	26,07	27,38	28,68	33,69	38,41	42,83
	870		23,83	25,42	26,98	28,51	30,01	31,48	32,92	38,36	43,27	47,60
	1160		27,07	28,80	30,48	32,10	33,66	35,15	36,57	41,59	45,42	47,98
	1750		24,81	25,95	26,90	27,66	28,23	28,59	28,74	27,13	21,70	12,09
	3450		-	-	-	-	-	-	-	-	-	
	100		4,38	4,65	4,91	5,18	5,44	5,70	5,96	7,00	8,03	9,04
	200		7,88	8,37	8,86	9,36	9,85	10,33	10,82	12,75	14,65	16,53
	300		10,99	11,70	12,40	13,11	13,81	14,50	15,19	17,93	20,62	23,26
	400		13,82	14,73	15,63	16,53	17,42	18,30	19,18	22,65	26,03	29,33
	500		16,41	17,49	18,57	19,64	20,71	21,76	22,81	26,91	30,87	34,70
	600		18,75	20,00	21,24	22,46	23,68	24,88	26,07	30,70	35,13	39,34
	700		20,85	22,24	23,62	24,98	26,32	27,64	28,95	34,00	38,75	43,17
	800		22,69	24,21	25,70	27,17	28,62	30,04	31,43	36,76	41,67	46,11
	900		24,28	25,89	27,48	29,03	30,54	32,03	33,48	38,95	43,83	48,08
	1000		25,59	27,27	28,92	30,52	32,08	33,60	35,07	40,51	45,17	48,99
	1100		26,60	28,33	30,01	31,63	33,20	34,71	36,17	41,40	45,62	48,73
	1200		27,31	29,05	30,72	32,33	33,87	35,34	36,73	41,56	45,10	47,22
	1300		27,69	29,41	31,04	32,60	34,06	35,44	36,73	40,95	43,54	44,36
	1400		27,72	29,38	30,94	32,40	33,75	35,00	36,13	39,50	40,87	40,05
	1500		27,38	28,95	30,39	31,71	32,90	33,96	34,89	37,18	37,02	34,19
	1600		26,66	28,09	29,37	30,51	31,49	32,31	32,97	33,91	31,90	26,67
	1700		25,53	26,78	27,85	28,75	29,47	30,00	30,34	29,65	25,45	17,41
	1800		23,97	24,99	25,81	26,43	26,82	27,00	26,94	24,34	17,59	6,29
	1900		21,97	22,71	23,23	23,49	23,51	23,27	22,76	17,92	8,24	-
	2000		19,49	19,91	20,06	19,93	19,50	18,77	17,74	10,34	-.	-
	2100		16,53	16,57	16,29	15,70	14,76	13,48	11,85	1,55	-	-
	2200		13,05	12,65	11,90	10,77	9,26	7,35	5,04	-	-	-
	2300		9,04	8,15	6,85	5,12	2,96	0,35	-	-	-	-
	2400		4,47	3,02	1,11	-	-	-	-	-	-	-

Tabela 9.6A – HP adicional por correia – Perfil A (Reproduzido com autorização da Continental Contitech).

HERTZ	RPM DO EIXO MAIS RÁPIDO	RT	1,00 a 1,01	1,02 a 1,05	1,06 a 1,11	1,12 a 1,18	1,19 a 1,26	1,27 a 1,38	1,39 a 1,57	1,58 a 1,94	1,95 a 3,38	3,39 e acima
50	720		0,00	0,02	0,04	0,06	0,08	0,10	0,12	0,14	0,17	0,19
	960		0,00	0,02	0,05	0,08	0,10	0,13	0,16	0,19	0,23	0,25
	1440		0,00	0,03	0,07	0,11	0,15	0,19	0,24	0,29	0,34	0,38
	2880		0,01	0,06	0,14	0,23	0,30	0,39	0,47	0,57	0,68	0,75
60	690		0,00	0,02	0,03	0,05	0,07	0,09	0,11	0,14	0,16	0,18
	870		0,00	0,02	0,04	0,07	0,09	0,12	0,14	0,17	0,21	0,23
	1160		0,00	0,03	0,06	0,09	0,12	0,16	0,19	0,23	0,28	0,30
	1750		0,01	0,04	0,09	0,14	0,19	0,23	0,29	0,35	0,42	0,46
	3450		0,01	0,08	0,17	0,27	0,36	0,46	0,57	0,68	0,82	0,90

Tabela 9.6A – Continuação

HERTZ	RPM DO EIXO MAIS RÁPIDO	RT	1,00 a 1,01	1,02 a 1,05	1,06 a 1,11	1,12 a 1,18	1,19 a 1,26	1,27 a 1,38	1,39 a 1,57	1,58 a 1,94	1,95 a 3,38	3,39 e acima
	100		0,00	0,00	0,00	0,01	0,01	0,01	0,02	0,02	0,02	0,03
	200		0,00	0,00	0,01	0,02	0,02	0,03	0,03	0,04	0,05	0,05
	300		0,00	0,01	0,01	0,02 -	0,03	0,04	0,05	0,06	0,07	0,08
	400		0,00	0,01	0,02	0,03	0,04	0,05	0,07	0,08	0,10	0,10
	500		0,00	0,01	0,02	0,04	0,05	0,07	0,08	0,10	0,12	0,13
	600		0,00	0,01	0,03	0,05	0,06	0,08	0,10	0,12	0,14	0,16
	700		0,00	0,02	0,03	0,05	0,07	0,09	0,12	0,14	0,17	0,18
	800		0,00	0,02	0,04	0,06	0,08	0,11	0,13	0,16	0,19	0,21
	900		0,00	0,02	0,04	0,07	0,10	0,12	0,15	0,18	0,21	0,24
	1000		0,00	0,02	0,05	0,08	0,11	0,13	0,16	0,20	0,24	0,26
	1100		0,00	0,02	0,05	0,09	0,12	0,15	0,18	0,22	0,26	0,29
	1200		0,00	0,03	0,06	0,09	0,13	0,16	0,20	0,24	0,29	0,31
	1300		0,00	0,03	0,06	0,10	0,14	0,17	0,21	0,26	0,31	0,34
	1400		0,00	0,03	0,07	0,11	0,15	0,19	0,23	0,28	0,33	0,37
	1500		0,00	0,03	0,07	0,12	0,16	0,20	0,25	0,30	0,36	0,39
	1600		0,01	0,04	0,08	0,13	0,17	0,21	0,26	0,32	0,38	0,42
	1700		0,01	0,04	0,08	0,13	0,18	0,23	0,28	0,34	0,40	0,44
	1800		0,01	0,04	0,09	0,14	0,19	0,24	0,30	0,36	0,43	0,47
	1900		0,01	0,04	0,09	0,15	0,20	0,25	0,31	0,38	0,45	0,50
	2000		0,01	0,04	0,10	0,16	0,21	0,27	0,33	0,40	0,48	0,52
	2100		0,01	0,05	0,10	0,16	0,22	0,28	0,35	0,42	0,50	0,55
	2200		0,01	0,05	0,11	0,17	0,23	0,29	0,36	0,44	0,52	0,57
	2300		0,01	0,05	0,11	0,18	0,24	0,31	0,38	0,46	0,55	0,60
	2400		0,01	0,05	0,12	0,19	0,25	0,32	0,39	0,48	0,57	0,63
	2500		0,01	0,05	0,12	0,20	0,26	0,33	0,41	0,50	0,59	0,65
	2600		0,01	0,06	0,13	0,20	0,27	0,35	0,43	0,52	0,62	0,68
	2700		0,01	0,06	0,13	0,21	0,29	0,36	0,44	0,54	0,64	0,71
	2800		0,01	0,06	0,14	0,22	0,30	0,37	0,46	0,55	0,67	0,73
	2900		0,01	0,06	0,14	0,23	0,31	0,39	0,48	0,57	0,69	0,76
	3000		0,01	0,07	0,15	0,24	0,32	0,40	0,49	0,59	0,71	0,78
	3100		0,01	0,07	0,15	0,24	0,33	0,41	0,51	0,61	0,74	0,81
	3200		0,01	0,07	0,16	0,25	0,34	0,43	0,53	0,63	0,76	0,84
	3300		0,01	0,07	0,16	0,26	0,35	0,44	0,54	0,65	0,78	0,86
	3400		0,01	0,07	0,17	0,27	0,36	0,45	0,56	0,67	0,81	0,89
	3500		0,01	0,08	0,17	0,27	0,37	0,47	0,58	0,69	0,83	0,91
	3600		0,01	0,08	0,18	0,28	0,38	0,48	0,59	0,71	0,86	0,94
	3700		0,01	0,08	0,18	0,29	0,39	0,49	0,61	0,73	0,88	0,97
	3800		0,01	0,08	0,19	0,30	0,40	0,51	0,63	0,75	0,90	0,99
	3900		0,01	0,09	0,19	0,31	0,41	0,52	0,64	0,77	0,93	1,02
	4000		0,01	0,09	0,20	0,31	0,42	0,53	0,66	0,79	0,95	1,05
	4100		0,01	0,09	0,20	0,32	0,43	0,55	0,67	0,81	0,97	1,07
	4200		0,01	0,09	0,21	0,33	0,44	0,56	0,69	0,83	1,00	1,10
	4300		0,01	0,09	0,21	0,34	0,45	0,57	0,71	0,85	1,02	1,12
	4400		0,01	0,10	0,22	0,35	0,47	0,59	0,72	0,87	1,05	1,15
	4500		0,01	0,10	0,22	0,35	0,48	0,60	0,74	0,89	1,07	1,18
	4600		0,02	0,10	0,23	0,36	0,49	0,62	0,76	0,91	1,09	1,20
	4700		0,02	0,10	0,23	0,37	0,50	0,63	0,77	0,93	1,12	1,23
	4800		0,02	0,11	0,24	0,38	0,51	0,64	0,79	0,95	1,14	1,25
	4900		0,02	0,11	0,24	0,38	0,52	0,66	0,81	0,97	1,16	1,28
	5000		0,02	0,11	0,25	0,39	0,53	0,67	0,82	0,99	1,19	1,31

Tabela 9.7A – HP adicional por correia – Perfil B (Reproduzido com autorização da Continental Contitech).

HERTZ	RPM DO EIXO MAIS RÁPIDO	RT									
		1,00 a 1,01	1,02 a 1,05	1,06 a 1,11	1,12 a 1,18	1,19 a 1,26	1,27 a 1,38	1,39 a 1,57	1,58 a 1,94	1,95 a 3,38	3,39 e acima
50	720	0,01	0,04	0,09	0,15	0,20	0,25	0,31	0,38	0,46	0,50
	960	0,01	0,06	0,12	0,20	0,27	0,34	0,42	0,51	0,61	0,67
	1440	0,01	0,08	0,19	0,30	0,40	0,51	0,63	0,76	0,91	1,01
	2880	0,03	0,17	0,37	0,60	0,80	1,02	1,26	1,52	1,83	2,02
60	690	0,01	0,04	0,09	0,14	0,19	0,24	0,30	0,36	0,44	0,48
	870	0,01	0,05	0,11	0,18	0,24	0,31	0,38	0,46	0,55	0,61
	1160	0,01	0,07	0,15	0,24	0,32	0,41	0,51	0,61	0,74	0,81
	1750	0,02	0,10	0,23	0,36	0,49	0,62	0,76	0,92	1,11	1,23
	3450	0,03	0,20	0,45	0,71	0,96	1,22	1,50	1,82	2,19	2,42

Tabela 9.7A - continuação

HERTZ	RPM DO EIXO MAIS RÁPIDO	RT	1,00 a 1,01	1,02 a 1,05	1,06 a 1,11	1,12 a 1,18	1,19 a 1,26	1,27 a 1,38	1,39 a 1,57	1,58 a 1,94	1,95 a 3,38	3,39 e acima
	100		0,00	0,01	0,01	0,02	0,03	0,04	0,04	0,05	0,06	0,07
	200		0,00	0,01	0,03	0,04	0,06	0,07	0,09	0,11	0,13	0,14
	300		0,00	0,02	0,04	0,06	0,08	0,11	0,13	0,16	0,19	0,21
	400		0,00	0,02	0,05	0,08	0,11	0,14	0,17	0,21	0,25	0,28
	500		0,00	0,03	0,06	0,10	0,14	0,18	0,22	0,26	0,32	0,35
	600		0,01	0,03	0,08	0,12	0,17	0,21	0,26	0,32	0,38	0,42
	700		0,01	0,04	0,09	0,14	0,20	0,25	0,31	0,37	0,44	0,49
	800		0,01	0,05	0,10	0,17	0,22	0,28	0,35	0,42	0,51	0,56
	900		0,01	0,05	0,12	0,19	0,25	0,32	0,39	0,47	0,57	0,63
	1000		0,01	0,06	0,13	0,21	0,28	0,35	0,44	0,53	0,63	0,70
	1100		0,01	0,06	0,14	0,23	0,31	0,39	0,48	0,58	0,70	0,77
	1200		0,01	0,07	0,15	0,25	0,33	0,42	0,52	0,63	0,76	0,84
	1300		0,01	0,07	0,17	0,27	0,36	0,46	0,57	0,68	0,82	0,91
	1400		0,01	0,08	0,18	0,29	0,39	0,49	0,61	0,74	0,89	0,98
	1500		0,01	0,09	0,19	0,31	0,42	0,53	0,65	0,79	0,95	1,05
	1600		0,01	0,09	0,21	0,33	0,45	0,57	0,70	0,84	1,02	1,12
	1700		0,01	0,10	0,22	0,35	0,47	0,60	0,74	0,90	1,08	1,19
	1800		0,02	0,10	0,23	0,37	0,50	0,64	0,78	0,95	1,14	1,26
	1900		0,02	0,11	0,25	0,39	0,53	0,67	0,83	1,00	1,21	1,33
	2000		0,02	0,12	0,26	0,41	0,56	0,71	0,87	1,05	1,27	1,40
	2100		0,02	0,12	0,27	0,43	0,59	0,74	0,92	1,11	1,33	1,47
	2200		0,02	0,13	0,28	0,45	0,61	0,78	0,96	1,16	1,40	1,54
	2300		0,02	0,13	0,30	0,48	0,64	0,81	1,00	1,21	1,46	1,61
	2400		0,02	0,14	0,31	0,50	0,67	0,85	1,05	1,26	1,52	1,68
	2500		0,02	0,14	0,32	0,52	0,70	0,88	1,09	1,32	1,59	1,75
	2600		0,02	0,15	0,34	0,54	0,72	0,92	1,13	1,37	1,65	1,82
	2700		0,02	0,16	0,35	0,56	0,75	0,95	1,18	1,42	1,71	1,89
	2800		0,02	0,16	0,36	0,58	0,78	0,99	1,22	1,47	1,78	1,96
	2900		0,03	0,17	0,37	0,60	0,81	1,02	1,26	1,53	1,84	2,03
	3000		0,03	0,17	0,39	0,62	0,84	1,06	1,31	1,58	1,90	2,10
	3100		0,03	0,18	0,40	0,64	0,86	1,09	1,35	1,63	1,97	2,17
	3200		0,03	0,18	0,41	0,66	0,89	1,13	1,39	1,68	2,03	2,24
	3300		0,03	0,19	0,43	0,68	0,92	1,17	1,44	1,74	2,09	2,31
	3400		0,03	0,20	0,44	0,70	0,95	1,20	1,48	1,79	2,16	2,38
	3500		0,03	0,20	0,45	0,72	0,98	1,24	1,53	1,84	2,22	2,45
	3600		0,03	0,21	0,46	0,74	1,00	1,27	1,57	1,90	2,28	2,52
	3700		0,03	0,21	0,48	0,76	1,03	1,31	1,61	1,95	2,35	2,59
	3800		0,03	0,22	0,49	0,79	1,06	1,34	1,66	2,00	2,41	2,66
	3900		0,03	0,22	0,50	0,81	1,09	1,38	1,70	2,05	2,47	2,73
	4000		0,03	0,23	0,52	0,83	1,12	1,41	1,74	2,11	2,54	2,80
	4100		0,04	0,24	0,53	0,85	1,14	1,45	1,79	2,16	2,60	2,87
	4200		0,04	0,24	0,54	0,87	1,17	1,48	1,83	2,21	2,67	2,94
	4300		0,04	0,25	0,56	0,89	1,20	1,52	1,87	2,26	2,73	3,01
	4400		0,04	0,25	0,57	0,91	1,23	1,55	1,92	2,32	2,79	3,08
	4500		0,04	0,26	0,58	0,93	1,25	1,59	1,96	2,37	2,86	3,15
	4600		0,04	0,27	0;59	0,95	1,28	1,62	2,00	2,42	2,92	3,22
	4700		0,04	0,27	0,61	0,97	1,31	1,66	2,05	2,47	2,98	3,29
	4800		0,04	0,28	0,62	0,99	1,34	1,70	2,09	2,53	3,05	3,36
	4900		0,04	0,28	0,63	1,01	1,37	1,73	2,14	2,58	3,11	3,43
	5000		0,04	0,29	0,65	1,03	1,39	1,77	2,18	2,63	3,17	3,50

Tabela 9.8A – HP adicional por correia – Perfil C (Reproduzido com autorização da Continental Contitech).

HERTZ	RPM DO EIXO MAIS RÁPIDO	RT	1,00 a 1,01	1,02 a 1,05	1,06 a 1,11	1,12 a 1,18	1,19 a 1,26	1,27 a 1,38	1,39 a 1,57	1,58 a 1,94	1,95 a 3,38	3,39 e acima
50	720		0,02	0,11	0,26	0,41	0,54	0,68	0,83	0,99	1,16	1,26
	960		0,02	0,15	0,34	0,54	0,72	0,91	1,11	1,32	1,55	1,68
	1440		0,03	0,23	0,51	0,81	1,09	1,36	1,66	1,98	2,33	2,52
	2880		0,07	0,46	1,02	1,62	2,17	2,73	3,33	3,95	4,65	5,04
60	690		0,02	0,11	0,25	0,39	0,52	0,65	0,80	0,95	1,11	1,21
	870		0,02	0,14	0,31	0,49	0,66	0,82	1,00	1,19	1,40	1,52
	1160		0,03	0,19	0,41	0,65	0,88	1,10	1,34	1,59	1,87	2,03
	1750		0,04	0,28	0,62	0,99	1,32	1,66	2,02	2,40	2,83	3,06
	3450		0,08	0,55	1,23	1,95	2,61	3,27	3,98	4,74	5,57	6,04

Tabela 9.8A - continuação

HERTZ	RPM DO EIXO MAIS RÁPIDO	RT	1,00 a 1,01	1,02 a 1,05	1,06 a 1,11	1,12 a 1,18	1,19 a 1,26	1,27 a 1,38	1,39 a 1,57	1,58 a 1,94	1,95 a 3,38	3,39 e acima
	100		0,00	0,02	0,04	0,06	0,08	0,09	0,12	0,14	0,16	0,17
	200		0,00	0,03	0,07	0,11	0,15	0,19	0,23	0,27	0,32	0,35
	300		0,01	0,05	0,11	0,17	0,23	0,28	0,35	0,41	0,48	0,52
	400		0,01	0,06	0,14	0,23	0,30	0,38	0,46	0,55	0,65	0,70
	500		0,01	0,08	0,18	0,28	0,38	0,47	0,58	0,69	0,81	0,87
	600		0,01	0,10	0,21	0,34	0,45	0,57	0,69	0,82	0,97	1,05
	700		0,02	0,11	0,25	0,39	0,53	0,66	0,81	0,96	1,13	1,22
	800		0,02	0,13	0,28	0,45	0,60	0,76	0,92	1,10	1,29	1,40
	900		0,02	0,14	0,32	0,51	0,68	0,85	1,04	1,24	1,45	1,57
	1000		0,02	0,16	0,36	0,56	0,76	0,95	1,15	1,37	1,61	1,75
	1100		0,03	0,18	0,39	0,62	0,83	1,04	1,27	1,51	1,78	1,92
	1200		0,03	0,19	0,43	0,68	0,91	1,14	1,39	1,65	1,94	2,10
	1300		0,03	0,21	0,46	0,73	0,98	1,23	1,50	1,78	2,10	2,27
	1400		0,03	0,22	0,50	0,79	1,06	1,33	1,62	1,92	2,26	2,45
	1500		0,04	0,24	0,53	0,85	1,13	1,42	1,73	2,06	2,42	2,62
	1600		0,04	0,26	0,57	0,90	1,21	1,52	1,85	2,20	2,58	2,80
	1700		0,04	0,27	0,60	0,96	1,28	1,61	1,96	2,33	2,74	2,97
	1800		0,04	0,29	0,64	1,02	1,36	1,71	2,08	2,47	2,91	3,15
	1900		0,05	0,30	0,67	1,07	1,43	1,80	2,19	2,61	3,07	3,32
	2000		0,05	0,32	0,71	1,13	1,51	1,89	2,31	2,75	3,23	3,50
	2100		0,05	0,34	0,75	1,18	1,59	1,99	2,42	2,88	3,39	3,67
	2200		0,05	0,35	0,78	1,24	1,66	2,08	2,54	3,02	3,55	3,85
	2300		0,06	0,37	0,82	1,30	1,74	2,18	2,66	3,16	3,71	4,02
	2400		0,06	0,38	0,85	1,35	1,81	2,27	2,77	3,29	3,88	4,20
	2500		0,06	0,40	0,89	1,41	1,89	2,37	2,89	3,43	4,04	4,37
	2600		0,06	0,42	0,92	1,47	1,96	2,46	3,00	3,57	4,20	4,55
	2700		0,07	0,43	0,96	1,52	2,04	2,56	3,12	3,71	4,36	4,72
	2800		0,07	0,45	0,99	1,58	2,11	2,65	3,23	3,84	4,52	4,90
	2900		0,07	0,46	1,03	1,64	2,19	2,75	3,35	3,98	4,68	5,07
	3000		0,07	0,48	1,07	1,69	2,27	2,84	3,46	4,12	4,84	5,25
	3100		0,07	0,50	1,10	1,75	2,34	2,94	3,58	4,26	5,01	5,42
	3200		0,08	0,51	1,14	1,81	2,42	3,03	3,69	4,39	5,17	5,60
	3300		0,08	0,53	1,17	1,86	2,49	3,13	3,81	4,53	5,33	5,77
	3400		0,08	0,54	1,21	1,92	2,57	3,22	3,93	4,67	5,49	5,95
	3500		0,08	0,56	1,24	1,97	2,64	3,32	4,04	4,80	5,65	6,12
	3600		0,09	0,57	1,28	2,03	2,72	3,41	4,16	4,94	5,81	6,30
	3700		0,09	0,59	1,31	2,09	2,79	3,51	4,27	5,08	5,97	6,47
	3800		0,09	0,61	1,35	2,14	2,87	3,60	4,39	5,22	6,14	6,65
	3900		0,09	0,62	1,39	2,20	2,95	3,70	4,50	5,35	6,30	6,82
	4000		0,10	0,64	1,42	2,26	3,02	3,79	4,62	5,49	6,46	7,00
	4100		0,10	0,65	1,46	2,31	3,10	3,88	4,73	5,63	6,62	7,17
	4200		0,10	0,67	1,49	2,37	3,17	3,98	4,85	5,77	6,78	7,35
	4300		0,10	0,69	1,53	2,43	3,25	4,07	4,96	5,90	6,94	7,52
	4400		0,11	0,70	1,56	2,48	3,32	4,17	5,08	6,04	7,10	7,70
	4500		0,11	0,72	1,60	2,54	3,40	4,26	5,20	6,18	7,27	7,87
	4600		0,11	0,73	1,63	2,60	3,47	4,36	5,31	6,31	7,43	8,05
	4700		0,11	0,75	1,67	2,65	3,55	4,45	5,43	6,45	7,59	8,22
	4800		0,12	0,77	1,71	2,71	3,62	4,55	5,54	6,59	7,75	8,40
	4900		0,12	0,78	1,74	2,76	3,70	4,64	5,66	6,73	7,91	8,57
	5000		0,12	0,80	1,78	2,82	3,78	4,74	5,77	6,86	8,07	8,75

Tabela 9.9A – HP adicional por correia – Perfil D (Reproduzido com autorização da Continental Contitech).

HERTZ	RPM DO EIXO MAIS RÁPIDO	RT	1,00 a 1,01	1,02 a 1,05	1,06 a 1,11	1,12 a 1,18	1,19 a 1,26	1,27 a 1,38	1,39 a 1,57	1,58 a 1,94	1,95 a 3,38	3,39 e acima
50	720		0,06	0,41	0,90	1,42	1,90	2,36	2,86	3,36	3,90	4,18
	960		0,08	0,54	1,20	1,90	2,53	3,15	3,81	4,49	5,20	5,58
	1440		0,12	0,81	1,80	2,85	3,79	4,73	5,72	6,73	7,80	8,36
	2880		0,25	1,63	3,60	5,70	7,58	9,46	11,43	13,46	15,60	16,73
60	690		0,06	0,39	0,86	1,36	1,82	2,27	2,74	3,22	3,74	4,01
	870		0,07	0,49	1,09	1,72	2,29	2,86	3,45	4,06	4,71	5,05
	1160		0,10	0,66	1,45	2,29	3,05	3,81	4,61	5,42	6,28	6,74
	1750		0,15	0,99	2,19	3,46	4,61	5,75	6,95	8,18	9,48	10,16
	3450		0,30	1,95	4,32	6,82	9,09	11,33	13,70	16,12	18,69	20,04
	100		0,01	0,06	0,13	0,20	0,26	0,33	0,40	0,47	0,54	0,58
	200		0,02	0,11	0,25	0,40	0,53	0,66	0,79	0,93	1,08	1,16
	300		0,03	0,17	0,38	0,59	0,79	0,99	1,19	1,40	1,62	1,74
	400		0,03	0,23	0,50	0,79	1,05	1,31	1,59	1,87	2,17	2,32
	500		0,04	0,28	0,63	0,99	1,32	1,64	1,99	2,34	2,71	2,90
	600		0,05	0,34	0,75	1,19	1,58	1,97	2,38	2,80	3,25	3,48
	700		0,06	0,40	0,88	1,38	1,84	2,30	2,78	3,27	3,79	4,07
	800		0,07	0,45	1,00	1,58	2,11	2,63	3,18	3,74	4,33	4,65
	900		0,08	0,51	1,13	1,78	2,37	2,96	3,57	4,20	4,87	5,23
	1000		0,09	0,56	1,25	1,98	2,63	3,28	3,97	4,67	5,42	5,81
	1100		0,09	0,62	1,38	2,18	2,90	3,61	4,37	5,14	5,96	6,39
	1200		0,10	0,68	1,50	2,37	3,16	3,94	4,76	5,61	6,50	6,97
	1300		0,11	0,73	1,63	2,57	3,42	4,27	5,16	6,07	7,04	7,55
	1400		0,12	0,79	1,75	2,77	3,69	4,60	5,56	6,54	7,58	8,13
	1500		0,13	0,85	1,88	2,97	3,95	4,93	5,96	7,01	8,12	8,71
	1600		0,14	0,90	2,00	3,16	4,21	5,25	6,35	7,48	8,67	9,29
	1700		0,15	0,96	2,13	3,36	4,48	5,58	6,75	7,94	9,21	9,87
	1800		0,15	1,02	2,25	3,56	4,74	5,91	7,15	8,41	9,75	10,45
	1900		0,16	1,07	2,38	3,76	5,00	6,24	7,54	8,88	10,29	11,03

9.8. CORREIAS SINCRONIZADORAS

As correias sincronizadoras apresentam uma relação de transmissão constante, garantindo, com isso, perfeita sincronização entre os eixos motriz e conduzido. Tal condição é decorrente da transmissão ser realizada por meio de dentes ao invés do atrito, caracterizando assim uma condição de não deslizamento da correia sobre a polia. Essa configuração permite o uso de polias com pequenos diâmetros e, consequentemente, pequenos ângulos de contato, visto que, havendo no mínimo 7 dentes da correia encaixados sobre a polia garante-se que toda a capacidade de carga seja desenvolvida.

As correias sincronizadoras têm como principais vantagens a possibilidade de funcionamento com elevadas velocidades tangenciais, o baixo ruído e a redução de vibrações e, como principal desvantagem o elevado custo (correia e polia) apresentado em relação a uma transmissão por correias planas ou trapezoidais.

A Figura 9.20 mostra a configuração de uma transmissão por correia sincronizadora.

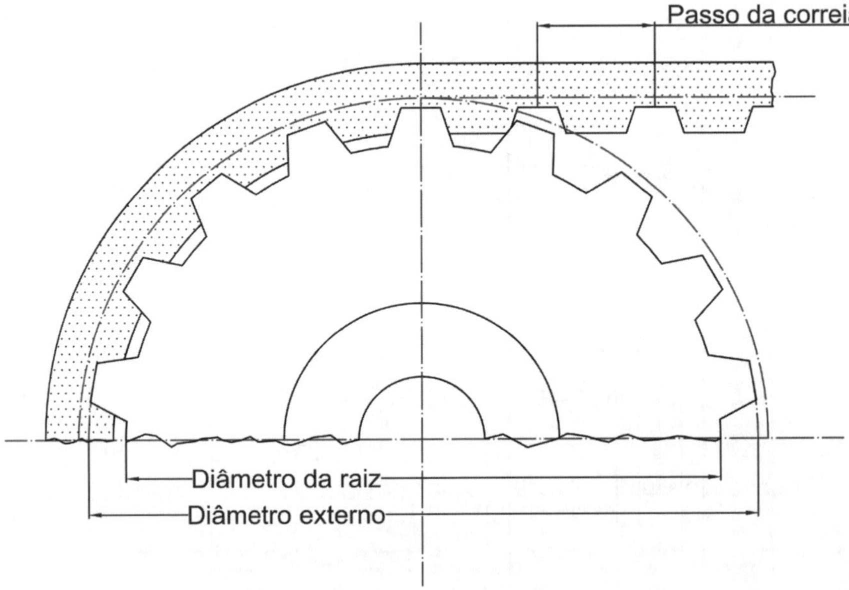

Figura 9.20 – Exemplo de uma transmissão por correia sincronizadora. Adaptado a partir de Budynas.

9.8.1. SECÇÕES DAS CORREIAS SINCRONIZADORAS

Assim como ocorre com as correias trapezoidais, existe uma razoável quantidade de tipos de perfis associados às correias sincronizadoras. Dentes com perfil trapezoidal, semicircular ou arredondado são alguns exemplos comumente encontrados no mercado. As características operacionais correspondentes variam um pouco em função do perfil escolhido, mas em um contexto mais abrangente, pode-se considerar que as premissas de projeto são equivalentes para todos os casos.

9.8.2. ETAPAS DE SELEÇÃO E PROJETO DE CORREIAS SINCRONIZADORAS

Novamente, o início de determinado projeto de transmissão, agora por correias sincronizadoras, deve atender às premissas descritas anteriormente, ou mais especificamente: potência, rotação dos eixos, características do acionamento e estimativa da distância entre eixos devem ser parâmetros preliminarmente conhecidos. As etapas de projeto ficam definidas na forma:

Passo 01 – Definição da potência de projeto – utilizando-se novamente a Tabela 9.2 para a definição do fator de serviço, chega-se à potência de projeto correspondente (Equação 9.24).

Passo 02 – Definição da especificação da correia – com a determinação da potência de projeto e com a rotação do eixo motor, torna-se possível definir, por meio do ábaco da Figura 9.21, a especificação da correia mais recomendada em função dos dados de entrada do projeto.

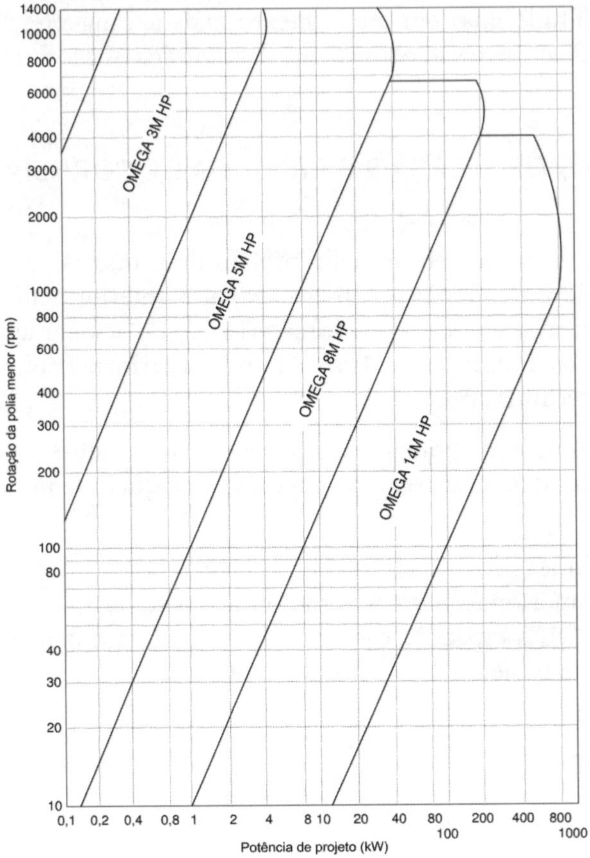

Figura 9.21 – Gráfico de seleção para correias sincronizadoras. Reproduzido com autorização da Optibelt.

Passo 03 – Definição dos números de dentes e diâmetros das polias – em função da potência de projeto e da rotação do eixo mais rápido, define-se para a especificação da correia selecionada, o número de dentes mais recomendado para a polia motora, mediante dados disponíveis conjuntamente às tabelas de potência nominal (Tabelas 9.10 a 9.13). Nesse momento, deve-se observar também o número mínimo de dentes recomendado para cada situação. Pela relação de transmissão, o número de dentes da polia maior poderá ser definido, efetivando-se, ainda, os ajustes que se façam necessários na rotação do eixo de saída, decorrentes de eventuais arredondamentos realizados no número de dentes da polia de saída.

Observar que as Tabelas 9.20 a 9.23 fornecem ainda o diâmetro das polias em função do número de dentes correspondente.

Passo 04 – Definição da velocidade tangencial da correia – com os dados de entrada do problema e dos diâmetros das polias definidos no passo anterior, chega-se à velocidade tangencial da correia (Equação 9.15).

Passo 05 – Definição da distância entre eixos – similarmente ao caso das correias planas e trapezoidais, nas quais se definiu uma relação (Equação 9.1) em termos da distância entre eixos recomendada quando não se dispõe de informações preliminares a respeito, sugere-se para o caso específico de correias sincronizadoras, o uso das relações:

$$a > 0{,}5\left(d_{p2} + d_{p1}\right) + 15\text{mm} \qquad \text{e} \qquad a < 2{,}0\left(d_{p2} + d_{p1}\right) \tag{9.30}$$

Passo 06 – Cálculo do comprimento da correia – o comprimento da correia é definido diretamente pela Equação 9.5.

Passo 07 – Escolha do comprimento padronizado e correção da distância entre centros – mediante as Tabelas 9.14 a 9.17, efetiva-se o ajuste para o comprimento de correia padronizado mais próximo. Em decorrência da diferença entre os comprimentos calculado e tabelado da correia selecionada, torna-se necessário o ajuste final da distância entre centros, conforme previsto pela Equação 9.25.

Passo 08 – Determinação de dentes em contato com a polia pequena – mediante a Equação 9.31 torna-se possível definir o número de dentes em contato com a polia pequena durante o funcionamento do sistema.

$$z_e = \frac{z_1}{6}\left(3 - \frac{d_{p2} - d_{p1}}{a_{corr}}\right) \tag{9.31}$$

Passo 09 –Determinação dos fatores de correção – similarmente ao realizado com as correias trapezoidais, existem fatores de correção a serem considerados no projeto. Nesse momento, trabalha-se com o fator de correção do número de dentes em contato com a polia pequena e o fator de comprimento. Tais fatores são obtidos conforme Tabelas 9.18 e 9.19, respectivamente.

Tabela 9.10 – Potência nominal para perfil 3M HP.´ Reproduzido com autorização da Optibelt.

Velocidade da roda dentada menor [rpm]	Potência nominal Pn [kW] para um perfil 3M HP e correia dentada com largura de 9mm														
	Número de dentes na roda dentada menor z_k														
	10	**12**	**14**	**16**	**18**	**20**	**24**	**28**	**32**	**40**	**48**	**56**	**64**	**72**	**80**
	Diâmetro nominal da polia menor [mm]														
	9.55	**11.46**	**13.37**	**15.28**	**17.19**	**19.10**	**22.92**	**26.74**	**30.56**	**38.20**	**45.84**	**53.48**	**61.12**	**68.75**	**76.39**
20	2.7	3.4	4.1	4.8	5.6	6.4	8.0	9.8	11.5	14.9	18.4	21.6	24.5	27.3	30.0
40	5.2	6.5	7.8	9.2	10.7	12.1	15.2	18.6	21.8	28.5	35.0	41.2	46.7	52.0	57.3
60	7.6	9.5	11.4	13.4	15.5	17.7	22.2	27.0	31.8	41.4	51.0	60.1	68.0	75.8	83.5
100	12.3	15.3	18.4	21.7	25.1	28.7	36.0	43.5	50.9	66.1	81.6	96.3	109.3	122.2	134.7
200	23.3	28.9	34.8	40.9	47.4	54.1	67.7	81.9	95.5	125.0	154.7	183.0	207.1	231.6	255.9
300	31.6	39.4	47.7	56.3	65.6	74.7	93.8	113.6	133.0	173.9	215.1	253.9	287.6	321.9	354.5
400	39.6	49.4	59.7	70.6	82.0	93.3	116.7	141.0	165.6	216.0	268.0	315.6	358.2	400.2	441.5
500	46.3	58.1	70.6	83.6	97.3	111.3	138.6	167.6	197.0	255.8	317.1	372.8	423.0	473.3	521.3
600	52.3	65.6	80.1	95.3	112.1	128.1	160.0	192.4	226.5	294.0	363.6	426.9	485.0	541.8	597.5
700	58.6	73.9	90.0	106.9	125.6	143.7	180.5	217.4	254.7	330.1	407.7	478.8	544.0	607.6	669.7
800	66.1	82.8	100.2	118.6	138.5	158.5	199.2	240.6	281.3	365.0	451.0	529.0	601.0	671.0	739.0
900	71.5	89.0	109.3	129.7	152.0	173.5	217.4	262.8	307.9	399.0	491.0	577.0	655.0	731.0	807.0
950	74.0	92.7	113.3	135.0	157.8	180.8	226.5	273.4	320.6	415.0	512.0	600.0	682.0	761.0	839.0
1000	76.5	96.3	117.4	140.3	164.5	188.1	235.7	284.1	333.2	432.0	531.0	624.0	708.0	791.0	871.0
1200	86.3	109.3	133.7	160.0	187.7	214.8	270.7	326.5	382.2	496.0	609.0	713.0	809.0	902.0	994.0
1400	96.0	122.0	149.7	179.1	211.0	241.7	303.4	366.0	428.2	554.0	680.0	797.0	903.0	1009.0	1110.0
1450	98.5	124.8	153.7	183.6	216.8	247.8	311.9	375.0	439.1	569.0	698.0	818.0	927.0	1034.0	1139.0
1600	106.4	135.2	164.9	197.4	232.5	266.6	335.1	404.3	473.1	611.0	749.0	877.0	995.0	1110.0	1221.0
1800	117.0	148.0	180.0	215.0	253.0	290.0	365.0	440.0	515.0	667.0	816.0	955.0	1082.0	1207.0	1326.0
2000	125.0	158.0	193.0	231.0	272.0	312.0	395.0	475.0	557.0	718.0	879.0	1029.0	1165.0	1298.0	1427.0
2400	141.0	178.0	219.0	263.0	309.0	356.0	450.0	543.0	635.0	819.0	1000.0	1168.0	1322.0	1471.0	1613.0
2850	155.0	198.0	245.0	296.0	350.0	403.0	509.0	614.0	718.0	923.0	1125.0	1313.0	1484.0	1648.0	1792.0
3200	170.0	216.0	266.0	320.0	379.0	436.0	552.0	665.0	779.0	1001.0	1218.0	1419.0	1601.0	1775.0	1940.0
3600	182.0	233.0	287.0	347.0	411.0	473.0	599.0	722.0	845.0	1084.0	1317.0	1531.0	1724.0	1907.0	2079.0
4000	194.0	248.0	308.0	372.0	441.0	508.0	644.0	776.0	907.0	1163.0	1409.0	1635.0	1837.0	2028.0	2203.0
5000	221.0	284.0	352.0	427.0	507.0	587.0	743.0	896.0	1047.0	1335.0	1608.0	1853.0	2065.0	2257.0	2425.0
6000	246.0	317.0	395.0	479.0	571.0	661.0	838.0	1011.0	1178.0	1495.0	1788.0	2045.0	2257.0	2440.0	2587.0
7000	265.0	344.0	429.0	523.0	625.0	724.0	919.0	1105.0	1286.0	1621.0	1919.0	2169.0	2359.0	2506.0	2598.0
8000	284.0	368.0	462.0	564.0	676.0	784.0	994.0	1194.0	1385.0	1733.0	2030.0	2264.0	2420.0	2517.0	2537.0
10000	320.0	418.0	515.0	632.0	759.0	880.0	1114.0	1334.0	1534.0	1877.0	2128.0	2277.0	2393.0		
12000	349.0	452.0	566.0	690.0	822.0	954.0	1204.0	1428.0	1624.0	1920.0	2064.0				
14000	347.0	458.0	583.0	721.0	869.0	1006.0	1260.0	1476.0	1651.0	1856.0					

Tabela 9.11 – Potência nominal para perfil 5M HP. Reproduzido com autorização da Optibelt.

Velocidade da roda dentada menor [rpm]	Potência nominal Pn [kW] para um perfil 5M HP e correia dentada com largura de 9mm														
	Número de dentes na roda dentada menor z_k														
	14	16	18	20	24	28	32	36	40	44	48	56	64	72	80
	Diâmetro nominal da polia menor [mm]														
	22.28	25.46	28.65	31.83	38.20	44.56	50.93	57.30	63.66	70.03	76.39	89.13	101.86	114.59	127.32
700	0.36	0.44	0.53	0.61	0.77	0.93	1.09	1.25	1.43	1.59	1.76	2.09	2.43	2.76	3.09
950	0.45	0.56	0.68	0.78	0.99	1.20	1.40	1.62	1.83	2.05	2.25	2.68	3.09	3.52	3.92
1450	0.62	0.79	0.94	1.09	1.39	1.68	1.98	2.27	2.56	2.85	3.14	3.70	4.26	4.80	5.32
2850	1.04	1.32	1.58	1.83	2.32	2.79	3.27	3.71	4.15	4.59	5.00	5.77	6.49	7.12	7.68
20	0.01	0.02	0.02	0.02	0.03	0.03	0.05	0.06	0.06	0.07	0.07	0.09	0.10	0.12	0.14
40	0.03	0.03	0.05	0.05	0.06	0.08	0.09	0.10	0.12	0.13	0.14	0.17	0.20	0.22	0.25
60	0.05	0.06	0.06	0.07	0.09	0.10	0.13	0.15	0.16	0.18	0.21	0.24	0.28	0.32	0.37
100	0.07	0.08	0.10	0.12	0.14	0.17	0.20	0.23	0.26	0.29	0.32	0.38	0.45	0.51	0.58
200	0.13	0.15	0.18	0.21	0.26	0.31	0.37	0.43	0.48	0.54	0.60	0.71	0.83	0.94	1.07
300	0.17	0.22	0.25	0.30	0.37	0.45	0.53	0.61	0.69	0.77	0.85	1.01	1.18	1.36	1.52
400	0.22	0.28	0.32	0.38	0.47	0.58	0.68	0.78	0.89	0.99	1.09	1.30	1.52	1.74	1.94
500	0.26	0.33	0.39	0.46	0.58	0.70	0.82	0.94	1.07	1.20	1.32	1.58	1.83	2.09	2.35
600	0.31	0.39	0.46	0.53	0.68	0.82	0.95	1.10	1.25	1.39	1.54	1.84	2.14	2.44	2.73
800	0.39	0.49	0.59	0.68	0.86	1.04	1.22	1.40	1.59	1.77	1.96	2.33	2.70	3.07	3.44
900	0.44	0.54	0.64	0.75	0.94	1.15	1.35	1.55	1.75	1.96	2.16	2.56	2.97	3.37	3.77
1000	0.47	0.59	0.70	0.82	1.04	1.25	1.47	1.69	1.91	2.13	2.35	2.78	3.22	3.66	4.08
1200	0.54	0.68	0.82	0.94	1.20	1.45	1.70	1.96	2.21	2.46	2.71	3.21	3.70	4.20	4.67
1400	0.61	0.77	0.92	1.07	1.36	1.63	1.92	2.21	2.50	2.77	3.06	3.61	4.15	4.68	5.20
1600	0.68	0.85	1.02	1.18	1.51	1.82	2.14	2.45	2.76	3.07	3.38	3.98	4.57	5.13	5.68
1800	0.74	0.93	1.12	1.30	1.64	1.99	2.33	2.68	3.01	3.35	3.68	4.32	4.95	5.54	6.12
2000	0.79	1.01	1.22	1.40	1.78	2.16	2.53	2.90	3.25	3.61	3.97	4.65	5.30	5.92	6.51
2400	0.91	1.16	1.39	1.61	2.05	2.47	2.89	3.30	3.70	4.11	4.49	5.22	5.92	6.57	7.15
3200	1.12	1.44	1.71	1.99	2.52	3.02	3.53	4.00	4.47	4.92	5.35	6.14	6.84	7.44	7.95
3600	1.21	1.55	1.86	2.16	2.73	3.28	3.81	4.31	4.80	5.26	5.69	6.47	7.15	7.69	8.12
4000	1.30	1.67	2.00	2.32	2.92	3.51	4.06	4.59	5.08	5.55	5.98	6.75	7.37	7.83	8.14
5000	1.50	1.93	2.31	2.68	3.36	4.00	4.60	5.15	5.65	6.10	6.50	7.13	7.53	7.68	7.58
6000	1.67	2.16	2.59	2.99	3.73	4.39	5.00	5.54	6.01	6.41	6.73	7.12	7.16	6.85	6.19
7000	1.82	2.36	2.82	3.24	4.03	4.70	5.30	5.80	6.20	6.49	6.68	6.73	6.30	5.39	
8000	1.94	2.52	3.01	3.46	4.26	4.93	5.47	5.90	6.20	6.36	6.38	5.98			
10000	2.15	2.79	3.32	3.78	4.57	5.14	5.54	5.73	5.72	5.50	5.05				
12000	2.30	2.98	3.52	3.97	4.66	5.08	5.22	5.07	4.62	3.88					
14000	2.39	3.09	3.62	4.04	4.58	4.75	4.55	3.96	2.97						

Tabela 9.12 – Potência nominal para perfil 8M HP. Reproduzido com autorização da Optibelt.

Velocidade da roda dentada menor [rpm]	Potência nominal Pn [kW] para um perfil 8M HP e correia dentada com largura de 20mm																
	Número de dentes na roda dentada menor z_k																
	22	24	26	28	30	32	34	36	38	40	44	48	52	56	64	72	80
	Diâmetro nominal da polia menor [mm]																
	56.02	**61.12**	**66.21**	**71.30**	**76.39**	**81.49**	**86.58**	**91.67**	**96.77**	**101.86**	**112.05**	**122.23**	**132.42**	**142.60**	**162.97**	**183.35**	**203.72**
10	0.06	0.07	0.08	0.08	0.09	0.10	0.11	0.12	0.13	0.13	0.15	0.17	0.19	0.20	0.24	0.27	0.30
20	0.11	0.13	0.15	0.16	0.18	0.19	0.22	0.24	0.25	0.27	0.30	0.33	0.36	0.39	0.46	0.52	0.58
50	0.28	0.31	0.35	0.39	0.43	0.47	0.51	0.55	0.58	0.62	0.71	0.78	0.86	0.93	1.09	1.24	1.38
100	0.51	0.59	0.67	0.75	0.82	0.90	0.97	1.04	1.13	1.20	1.35	1.50	1.64	1.79	2.08	2.38	2.66
200	0.97	1.13	1.27	1.41	1.57	1.71	1.85	2.00	2.15	2.29	2.58	2.87	3.15	3.43	4.00	4.56	5.12
300	1.41	1.63	1.84	2.06	2.27	2.49	2.70	2.92	3.13	3.34	3.77	4.19	4.61	5.02	5.85	6.67	7.49
400	1.83	2.12	2.40	2.68	2.97	3.25	3.53	3.81	4.09	4.36	4.93	5.47	6.02	6.57	7.65	8.74	9.80
500	2.24	2.59	2.95	3.30	3.65	4.00	4.34	4.69	5.03	5.38	6.05	6.74	7.42	8.09	9.44	10.76	12.08
600	2.64	3.06	3.48	3.90	4.31	4.72	5.14	5.55	5.96	6.36	7.18	7.99	8.79	9.59	11.18	12.76	14.32
700	3.11	3.62	4.11	4.61	5.10	5.59	6.08	6.57	7.05	7.54	8.50	9.46	10.41	11.36	13.25	15.12	16.98
800	3.43	3.98	4.53	5.07	5.61	6.16	6.70	7.23	7.78	8.31	9.37	10.43	11.48	12.53	14.61	16.67	18.72
1000	4.19	4.87	5.54	6.22	6.89	7.56	8.23	8.89	9.55	10.21	11.53	12.83	14.12	15.41	17.97	20.50	23.01
1200	4.94	5.74	6.55	7.35	8.14	8.93	9.72	10.51	11.30	12.08	13.64	15.17	16.70	18.24	21.26	24.26	27.22
1450	5.88	6.85	7.82	8.78	9.73	10.69	11.64	12.58	13.52	14.46	16.32	18.17	20.01	21.84	25.46	29.03	32.56
1600	6.38	7.44	8.49	9.54	10.58	11.62	12.65	13.68	14.70	15.73	17.75	19.76	21.76	23.75	27.68	31.55	35.39
1800	7.09	8.27	9.45	10.61	11.77	12.93	14.09	15.23	16.37	17.51	19.77	22.02	24.23	26.44	30.81	35.11	39.34
2000	7.78	9.09	10.38	11.67	12.95	14.23	15.50	16.76	18.02	19.27	21.76	24.23	26.66	29.10	33.89	38.59	43.21
2200	8.46	9.89	11.30	12.71	14.11	15.50	16.89	18.27	19.64	21.00	23.71	26.40	29.04	31.69	36.89	41.97	46.96
2400	9.14	10.69	12.22	13.75	15.27	16.77	18.28	19.77	21.26	22.73	25.66	28.56	31.42	34.28	39.88	45.35	50.70
2800	10.47	12.25	14.03	15.78	17.53	19.26	20.99	22.70	24.41	26.10	29.46	32.78	36.04	39.30	45.65	51.83	57.82
3000	10.86	12.71	14.55	16.38	18.20	20.00	21.79	23.57	25.35	27.10	30.59	34.02	37.40	40.78	47.34	53.71	59.88
3500	12.72	14.91	17.08	19.23	21.36	23.48	25.59	27.68	29.75	31.81	35.88	39.88	43.78	47.68	55.20		
4000	14.28	16.74	19.19	21.62	24.02	26.40	28.77	31.11	33.43	35.73	40.26	44.72	49.03	53.34			
4500	15.80	18.53	21.25	23.94	26.61	29.24	31.85	34.43	36.98	39.51	44.48	49.34	55.20				
5000	17.27	20.27	23.26	26.20	29.12	32.00	34.83	37.65	40.43	43.16	48.53	53.75					
5500	18.71	21.98	25.20	28.40	31.54	34.66	37.72	40.74	43.73	46.67	52.39	57.92					
6000	20.08	23.66	27.06	30.52	33.86	37.20	40.51	43.69	46.86	50.00	56.05						
6500	21.39	25.32	28.82	32.54	36.06	39.60	43.18	46.46	49.82	53.14	59.47						
7000	22.64	26.97	30.46	34.44	38.14	41.84	45.71	49.05	52.58	56.08							
8000	23.82	28.62	31.96	36.20	40.06	43.92	48.09	51.42	55.12								

Tabela 9.13 –Potência nominal para perfil 14M HP. Reproduzido com autorização da Optibelt

Potência nominal Pn [kW] para um perfil 14M HP e correia dentada com largura de 40mm																	
Velocidade da roda dentada menor [rpm]	**Número de dentes na roda dentada menor z_k**																
	28	**29**	**30**	**32**	**34**	**36**	**38**	**40**	**42**	**44**	**46**	**48**	**52**	**56**	**64**	**72**	**80**
	Diâmetro nominal da polia menor [mm]																
	124.78	**129.23**	**133.69**	**142.60**	**151.52**	**160.43**	**169.34**	**178.25**	**187.17**	**196.08**	**204.99**	**213.90**	**231.73**	**249.55**	**285.21**	**320.86**	**356.51**
10	0.46	0.49	0.51	0.54	0.58	0.62	0.67	0.70	0.74	0.78	0.82	0.86	0.93	1.00	1.15	1.30	1.44
20	0.88	0.91	0.94	1.02	1.11	1.17	1.25	1.32	1.39	1.47	1.54	1.61	1.75	1.90	2.17	2.46	2.73
40	1.62	1.69	1.76	1.90	2.04	2.17	2.32	2.45	2.58	2.72	2.85	2.99	3.25	3.52	4.05	4.56	5.08
60	2.37	2.47	2.57	2.78	2.97	3.18	3.38	3.58	3.78	3.98	4.17	4.36	4.75	5.14	5.92	6.67	7.43
100	3.73	3.89	4.06	4.38	4.71	5.03	5.34	5.67	5.98	6.30	6.61	6.92	7.54	8.16	9.37	10.58	11.78
200	6.91	7.21	7.52	8.12	8.74	9.33	9.93	10.52	11.12	11.71	12.29	12.87	14.03	15.19	17.47	19.71	21.93
300	9.87	10.30	10.74	11.62	12.50	13.36	14.22	15.08	15.93	16.78	17.62	18.46	20.12	21.78	25.05	28.28	31.46
400	12.68	13.26	13.83	14.96	16.08	17.21	18.33	19.42	20.53	21.63	22.71	23.80	25.95	28.09	32.31	36.47	40.56
500	15.40	16.09	16.79	18.17	19.56	20.92	22.28	23.64	24.97	26.30	27.63	28.95	31.56	34.18	39.31	44.36	49.33
600	18.02	18.85	19.67	21.30	22.91	24.53	26.12	27.70	29.28	30.86	32.40	33.95	37.02	40.09	46.09	51.99	57.80
700	21.08	22.05	23.01	24.93	26.83	28.73	30.60	32.46	34.31	36.15	37.97	39.79	43.38	46.96	53.99	60.87	67.63
800	23.08	24.14	25.20	27.29	29.38	31.45	33.51	35.56	37.58	39.60	41.59	43.59	47.51	51.43	59.11	66.62	73.99
1000	27.92	29.21	30.50	33.04	35.58	38.09	40.59	43.06	45.51	47.97	50.37	52.78	57.52	62.25	71.48	80.46	89.22
1200	32.57	34.08	35.59	38.57	41.54	44.48	47.40	50.28	53.14	56.00	58.81	61.61	67.10	72.60	83.25	93.56	103.56
1450	38.39	40.17	41.95	45.50	48.99	52.46	55.89	59.29	62.64	66.00	69.28	72.57	78.96	85.35	97.68	109.49	120.81
1600	41.42	43.35	45.27	49.09	52.86	56.60	60.30	63.97	67.58	71.18	74.71	78.23	85.08	91.93	105.03	117.53	129.41
1800	45.63	47.76	49.89	54.09	58.26	62.36	66.44	70.44	74.39	78.34	82.20	86.05	93.49	100.92	115.03	128.36	
2000	49.73	52.05	54.38	58.95	63.48	67.94	72.35	76.70	80.97	85.24	89.39	93.54	101.49	109.45	124.42		
2200	53.65	56.15	58.65	63.58	68.45	73.24	77.96	82.62	87.17	91.71	96.12	100.52	108.90	117.28			
2400	57.57	60.25	62.92	68.21	73.43	78.54	83.58	88.54	93.36	98.19	102.85	107.51	116.31	125.11			
2600	61.25	64.10	66.95	72.55	78.06	83.46	88.78	93.99	99.04	104.10	108.95	113.81					
2850	64.94	67.96	70.98	76.89	82.70	88.38	93.98	99.44	104.72	110.01	115.06	120.10					
3000	67.06	70.17	73.28	79.38	85.35	91.20	96.93	102.52	107.93	113.33	118.46	123.60					
3500	76.79	80.30	83.81	90.67	97.34	103.81	110.10	116.20	110.88	116.25	121.48						
4000	84.40	88.20	92.00	99.37	106.48	113.77	121.68	127.06	113.44	118.75							
4500	91.28	95.30	99.33	105.43	113.73	121.63	132.00	135.53									
5000	97.36	101.56	105.73	108.83	119.75	127.31											
5500	102.61	106.91	111.16	109.50													
6000	106.99	111.30															

Tabela 9.14 – Comprimentos padronizados - perfil 3M HP. Reproduzido com autorização da Optibelt.

Tipo de correia		Comprimento nominal (mm)	Número de dentes	Tipo de correia		Comprimento nominal (mm)	Número de dentes	Tipo de correia		Comprimento nominal (mm)	Número de dentes
111	3MHP	111,00	37	294	3MHP	294,00	98	600	3MHP	600,00	200
129	3MHP	129,00	43	300	3MHP	300,00	100	606	3MHP	606,00	202
141	3MHP	141,00	47	312	3MHP	312,00	104	615	3MHP	615,00	205
144	3MHP	144,00	48	315	3MHP	315,00	105	633	3MHP	633,00	211
150	3MHP	150,00	50	318	3MHP	318,00	106	669	3MHP	669,00	223
159	3MHP	159,00	53	330	3MHP	330,00	110	675	3MHP	675,00	225
165	3MHP	165,00	55	333	3MHP	333,00	111	711	3MHP	711,00	237
168	3MHP	168,00	56	339	3MHP	339,00	113	738	3MHP	738,00	246
171	3MHP	171,00	57	345	3MHP	345,00	115	804	3MHP	804,00	268
174	3MHP	174,00	58	357	3MHP	357,00	119	816	3MHP	816,00	272
177	3MHP	177,00	59	363	3MHP	363,00	121	843	3MHP	843,00	281
180	3MHP	180,00	60	366	3MHP	366,00	122	882	3MHP	882,00	294
183	3MHP	183,00	61	384	3MHP	384,00	128	888	3MHP	888,00	296
186	3MHP	186,00	62	390	3MHP	390,00	130	1062	3MHP	1062,00	354
192	3MHP	192,00	64	420	3MHP	420,00	140	1569	3MHP	1569,00	523
195	3MHP	195,00	65	426	3MHP	426,00	142	1587	3MHP	1587,00	529
201	3MHP	201,00	67	435	3MHP	435,00	145	1692	3MHP	1692,00	564
204	3MHP	204,00	68	447	3MHP	447,00	149				
207	3MHP	207,00	69	462	3MHP	462,00	154				
210	3MHP	210,00	70	474	3MHP	474,00	158				
213	3MHP	213,00	71	480	3MHP	480,00	160				
219	3MHP	219,00	73	486	3MHP	486,00	162				
225	3MHP	225,00	75	495	3MHP	495,00	165	**ESPECIFICAÇÃO DA CORREIA - 3M HP**			
237	3MHP	237,00	79	501	3MHP	501,00	167				
240	3MHP	240,00	80	513	3MHP	513,00	171				
246	3MHP	246,00	82	519	3MHP	519,00	173				
249	3MHP	249,00	83	522	3MHP	522,00	174				
252	3MHP	252,00	84	525	3MHP	525,00	175				
255	3MHP	255,00	85	531	3MHP	531,00	177				
267	3MHP	267,00	89	537	3MHP	537,00	179				
276	3MHP	276,00	92	558	3MHP	558,00	186				
282	3MHP	282,00	94	564	3MHP	564,00	188				
285	3MHP	285,00	95	570	3MHP	570,00	190				
288	3MHP	288,00	96	582	3MHP	582,00	194				
291	3MHP	291,00	97	597	3MHP	597,00	199				

Tabela 9.15 – Comprimentos padronizados - perfil 5M HP. Reproduzido com autorização da Optibelt.

Tipo de correia		Comprimento nominal (mm)	Número de dentes	Tipo de correia		Comprimento nominal (mm)	Número de dentes	Tipo de correia		Comprimento nominal (mm)	Número de dentes
180	5MHP	180,00	36	575	5MHP	575,00	115	1000	5MHP	1000,00	200
225	5MHP	225,00	45	580	5MHP	580,00	116	1025	5MHP	1025,00	205
255	5MHP	255,00	51	600	5MHP	600,00	120	1035	5MHP	1035,00	207
265	5MHP	265,00	53	610	5MHP	610,00	122	1050	5MHP	1050,00	210
270	5MHP	270,00	54	615	5MHP	615,00	123	1100	5MHP	1100,00	220
275	5MHP	275,00	55	630	5MHP	630,00	126	1125	5MHP	1125,00	225
280	5MHP	280,00	56	635	5MHP	635,00	127	1135	5MHP	1135,00	227
295	5MHP	295,00	59	640	5MHP	640,00	128	1200	5MHP	1200,00	240
300	5MHP	300,00	60	645	5MHP	645,00	129	1270	5MHP	1270,00	254
305	5MHP	305,00	61	650	5MHP	650,00	130	1380	5MHP	1380,00	276
325	5MHP	325,00	65	665	5MHP	665,00	133	1400	5MHP	1400,00	280
330	5MHP	330,00	66	670	5MHP	670,00	134	1420	5MHP	1420,00	284
340	5MHP	340,00	68	700	5MHP	700,00	140	1425	5MHP	1425,00	285
350	5MHP	350,00	70	710	5MHP	710,00	142	1500	5MHP	1500,00	300
360	5MHP	360,00	72	720	5MHP	720,00	144	1595	5MHP	1595,00	319
365	5MHP	365,00	73	740	5MHP	740,00	148	1690	5MHP	1690,00	338
370	5MHP	370,00	74	750	5MHP	750,00	150	1790	5MHP	1790,00	358
375	5MHP	375,00	75	755	5MHP	755,00	151	1870	5MHP	1870,00	374
385	5MHP	385,00	77	775	5MHP	775,00	155	1895	5MHP	1895,00	379
400	5MHP	400,00	80	790	5MHP	790,00	158	2000	5MHP	2000,00	400
415	5MHP	415,00	83	800	5MHP	800,00	160	2110	5MHP	2110,00	422
420	5MHP	420,00	84	825	5MHP	825,00	165	2350	5MHP	2350,00	470
425	5MHP	425,00	85	830	5MHP	830,00	166	2525	5MHP	2525,00	505
450	5MHP	450,00	90	835	5MHP	835,00	167				
460	5MHP	460,00	92	850	5MHP	850,00	170				
475	5MHP	475,00	95	860	5MHP	860,00	172				
490	5MHP	490,00	98	890	5MHP	890,00	178				
500	5MHP	500,00	100	900	5MHP	900,00	180				
520	5MHP	520,00	104	925	5MHP	925,00	185				
525	5MHP	525,00	105	935	5MHP	935,00	187				
535	5MHP	535,00	107	940	5MHP	940,00	188				
540	5MHP	540,00	108	950	5MHP	950,00	190				
550	5MHP	550,00	110	965	5MHP	965,00	193				
560	5MHP	560,00	112	975	5MHP	975,00	195				
565	5MHP	565,00	113	980	5MHP	980,00	196				

ESPECIFICAÇÃO DA CORREIA - 5M HP

Tabela 9.16 –Comprimentos padronizados - perfil 8M HP. Reproduzido com autorização da Optibelt.

Tipo de correia		Comprimento nominal (mm)	Número de dentes	Tipo de correia		Comprimento nominal (mm)	Número de dentes	Tipo de correia		Comprimento nominal (mm)	Número de dentes
288	8MHP	288,00	36	1000	8MHP	1000,00	125	2000	8MHP	2000,00	250
352	8MHP	352,00	44	1040	8MHP	1040,00	130	2080	8MHP	2080,00	260
376	8MHP	376,00	47	1056	8MHP	1056,00	132	2104	8MHP	2104,00	263
416	8MHP	416,00	52	1064	8MHP	1064,00	133	2240	8MHP	2240,00	280
424	8MHP	424,00	53	1080	8MHP	1080,00	135	2248	8MHP	2248,00	281
480	8MHP	480,00	60	1096	8MHP	1096,00	137	2272	8MHP	2272,00	284
512	8MHP	512,00	64	1120	8MHP	1120,00	140	2400	8MHP	2400,00	300
520	8MHP	520,00	65	1128	8MHP	1128,00	141	2504	8MHP	2504,00	313
536	8MHP	536,00	67	1160	8MHP	1160,00	145	2600	8MHP	2600,00	325
560	8MHP	560,00	70	1184	8MHP	1184,00	148	2800	8MHP	2800,00	350
576	8MHP	576,00	72	1200	8MHP	1200,00	150	3048	8MHP	3048,00	381
584	8MHP	584,00	73	1216	8MHP	1216,00	152	3280	8MHP	3280,00	410
600	8MHP	600,00	75	1224	8MHP	1224,00	153	3600	8MHP	3600,00	450
608	8MHP	608,00	76	1248	8MHP	1248,00	156				
624	8MHP	624,00	78	1256	8MHP	1256,00	157				
632	8MHP	632,00	79	1264	8MHP	1264,00	158				
640	8MHP	640,00	80	1280	8MHP	1280,00	160				
656	8MHP	656,00	82	1304	8MHP	1304,00	163				
680	8MHP	680,00	85	1328	8MHP	1328,00	166				
712	8MHP	712,00	89	1344	8MHP	1344,00	168				
720	8MHP	720,00	90	1360	8MHP	1360,00	170				
760	8MHP	760,00	95	1400	8MHP	1400,00	175				
776	8MHP	776,00	97	1424	8MHP	1424,00	178				
784	8MHP	784,00	98	1440	8MHP	1440,00	180				
800	8MHP	800,00	100	1520	8MHP	1520,00	190				
824	8MHP	824,00	103	1552	8MHP	1552,00	194				
840	8MHP	840,00	105	1584	8MHP	1584,00	198				
848	8MHP	848,00	106	1600	8MHP	1600,00	200				
856	8MHP	856,00	107	1680	8MHP	1680,00	210				
880	8MHP	880,00	110	1696	8MHP	1696,00	212				
896	8MHP	896,00	112	1728	8MHP	1728,00	216				
912	8MHP	912,00	114	1760	8MHP	1760,00	220				
920	8MHP	920,00	115	1800	8MHP	1800,00	225				
960	8MHP	960,00	120	1904	8MHP	1904,00	238				
976	8MHP	976,00	122	1936	8MHP	1936,00	242				

ESPECIFICAÇÃO DA CORREIA - 8M HP

Tabela 9.17 –Comprimentos padronizados - perfil 14M HP. Reproduzido com autorização da Optibelt.

Tipo de correia		Comprimento nominal (mm)	Número de dentes
966	14MHP	966,00	69
1092	14MHP	1092,00	78
1190	14MHP	1190,00	85
1344	14MHP	1344,00	96
1400	14MHP	1400,00	100
1456	14MHP	1456,00	104
1512	14MHP	1512,00	108
1610	14MHP	1610,00	115
1680	14MHP	1680,00	120
1778	14MHP	1778,00	127
1890	14MHP	1890,00	135
2100	14MHP	2100,00	150
2310	14MHP	2310,00	165
2450	14MHP	2450,00	175
2590	14MHP	2590,00	185
2800	14MHP	2800,00	200
3150	14MHP	3150,00	225
3360	14MHP	3360,00	240
3500	14MHP	3500,00	250
3850	14MHP	3850,00	275
4326	14MHP	4326,00	309
4578	14MHP	4578,00	327

ESPECIFICAÇÃO DA CORREIA - 14M HP

Tabela 9.18 – Fator de correção do número de dentes em contato com a polia pequena. Reproduzido com autorização da Optibelt.

Número de dentes em contato com a polia pequena	Fz
≥ 6	1,00
5	0,80
4	0,60
3	0.40
2	0,20

Tabela 9.19 – Fator de correção de comprimento – correias sincronizadoras. Reproduzido com autorização da Optibelt.

PERFIL 3M		PERFIL 5M	
L_{TAB} (mm)	F_{LP}	L_{TAB} (mm)	F_{LP}
≤ 190	0,8	≤ 440	0,8
>190 ≤ 260	0,9	> 440 ≤ 555	0,9
> 260 ≤ 400	1,0	> 555 ≤ 800	1,0
> 400 ≤ 600	1,1	> 800 ≤ 1100	1,1
> 600	1,2	> 1100	1,2
PERFIL 8M		**PERFIL 14M**	
L_{TAB} (mm)	F_{LP}	L_{TAB} (mm)	F_{LP}
≤ 600	0,8	≤ 1190	0,8
> 600 ≤ 880	0,9	> 1190 ≤ 1610	0,9
> 880 ≤ 1200	1,0	> 1610 ≤ 1890	0,95
> 1200 ≤ 1760	1,1	> 1890 ≤ 2450	1,0
> 1760	1,2	> 2450 ≤ 3150	1,05

Passo 10 – Verificação da potência nominal da correia - as Tabelas 9.10 a 9.13 fornecem informações acerca da potência nominal (P_N) que determinada correia poderá transmitir em função da rotação e do número de dentes selecionado. Essas informações estão associadas a uma determinada largura nominal das correias. Deve-se, assim, nesse passo, verificar se tal potência é compatível com a potência de projeto e, se necessário, selecionar uma correia com largura superior ao originalmente previsto. A Equação 9.32 traduz essa informação.

$$P_N F_{LP} F_z \geq P_p \tag{9.32}$$

Tabela 9.20 – Diâmetros das polias em função do número de dentes - perfil 3M HP. Reproduzido com autorização da Optibelt.

Número de dentes	Diâmetro (mm)		Número de dentes	Diâmetro (mm)		Número de dentes	Diâmetro (mm)		Número de dentes	Diâmetro (mm)	
	Nominal	Externo		Nominal	Externo		Nominal	Externo		Nominal	Externo
10	9.55	8.79	50	47.75	46.99	90	85.94	85.18	130	124.14	123.38
11	10.50	9.74	51	48.70	47.94	91	86.90	86.14	131	125.10	124.33
12	11.46	10.70	52	49.66	48.90	92	87.85	87.09	132	126.05	125.29
13	12.41	11.65	53	50.61	49.85	93	88.81	88.05	133	127.01	126.24
14	13.37	12.61	54	51.57	50.81	94	89.76	89.00	134	127.96	127.20
15	14.32	13.56	55	52.52	51.76	95	90.72	89.96	135	128.92	128.15
16	15.28	14.52	56	53.48	52.72	96	91.67	90.91	136	129.87	129.11
17	16.23	15.47	57	54.43	53.67	97	92.63	91.87	137	130.83	130.06
18	17.19	16.43	58	55.39	54.63	98	93.58	92.82	138	131.78	131.02
19	18.14	17.38	59	56.34	55.58	99	94.54	93.78	139	132.74	131.97
20	19.10	18.34	60	57.30	56.54	100	95.49	94.73	140	133.69	132.93
21	20.05	19.29	61	58.25	57.49	101	96.45	95.69	141	134.65	133.88
22	21.01	20.25	62	59.21	58.45	102	97.40	96.64	142	135.60	134.84
23	21.96	21.20	63	60.16	59.40	103	98.36	97.60	143	136.55	135.79
24	22.92	22.16	64	61.12	60.36	104	99.31	98.55	144	137.51	136.75
25	23.87	23.11	65	62.07	61.31	105	100.27	99.51	145	138.46	137.70
26	24.83	24.07	66	63.03	62.27	106	101.22	100.46	146	139.42	138.66
27	25.78	25.02	67	63.98	63.22	107	102.18	101.42	147	140.37	139.61
28	26.74	25.98	68	64.94	64.18	108	103.13	102.37	148	141.33	140.57
29	27.69	26.93	69	65.89	65.13	109	104.09	103.33	149	142.28	141.52
30	28.65	27.89	70	66.85	66.09	110	105.04	104.28	150	143.24	142.48
31	29.60	28.84	71	67.80	67.04	111	106.00	105.24			
32	30.56	29.80	72	68.75	67.99	112	106.95	106.19			
33	31.51	30.75	73	69.71	68.95	113	107.91	107.15			
34	32.47	31.71	74	70.66	69.90	114	108.86	108.10			
35	33.42	32.66	75	71.62	70.86	115	109.82	109.06			
36	34.38	33.62	76	72.57	71.81	116	110.77	110.01			
37	35.33	34.57	77	73.53	72.77	117	111.73	110.97			
38	36.29	35.53	78	74.48	73.72	118	112.68	111.92			
39	37.24	36.48	79	75.44	74.68	119	113.64	112.88			
40	38.20	37.44	80	76.39	75.63	120	114.59	113.83			
41	39.15	38.39	81	77.35	76.59	121	115.55	114.79			
42	40.11	39.35	82	78.30	77.54	122	116.50	115.74			
43	41.06	40.30	83	79.26	78.50	123	117.46	116.70			
44	42.02	41.26	84	80.21	79.45	124	118.41	117.65			
45	42.97	42.21	85	81.17	80.41	125	119.37	118.61			
46	43.93	43.17	86	82.12	81.36	126	120.32	119.56			
47	44.88	44.12	87	83.08	82.32	127	121.28	120.52			
48	45.84	45.08	88	84.03	83.27	128	122.23	121.47			
49	46.79	46.03	89	84.99	84.23	129	123.19	122.43			

Tabela 9.21 – Diâmetros das polias em função do número de dentes - perfil 5M HP. Reproduzido com autorização da Optibelt.

Número de dentes	Diâmetro (mm)		Número de dentes	Diâmetro (mm)		Número de dentes	Diâmetro (mm)		Número de dentes	Diâmetro (mm)	
	Nominal	Externo		Nominal	Externo		Nominal	Externo		Nominal	Externo
12	19.10	17.96	52	82.76	81.62	92	146.42	145.28	132	210.08	208.94
13	20.69	19.55	53	84.35	83.21	93	148.01	146.87	133	211.68	210.54
14	22.28	21.14	54	85.94	84.80	94	149.61	148.47	134	213.27	212.13
15	23.87	22.73	55	87.54	86.40	95	151.20	150.06	135	214.86	213.72
16	25.46	24.32	56	89.13	87.98	96	152.79	151.65	136	216.45	215.31
17	27.06	25.92	57	90.72	89.58	97	154.38	153.24	137	218.04	216.90
18	28.65	27.51	58	92.31	91.17	98	155.97	154.83	138	219.63	218.49
19	30.24	29.10	59	93.90	92.76	99	157.56	156.42	139	221.23	220.09
20	31.83	30.69	60	95.49	94.35	100	159.15	158.01	140	222.82	221.68
21	33.42	32.28	61	97.08	95.94	101	160.75	159.61	141	224.41	223.27
22	35.01	33.87	62	98.68	97.54	102	162.34	161.20	142	226.00	224.86
23	36.61	35.47	63	100.27	99.13	103	163.93	162.79	143	227.59	226.45
24	38.20	37.05	64	101.86	100.72	104	165.52	164.38	144	229.18	228.04
25	39.79	38.65	65	103.45	102.31	105	167.11	165.97	145	230.77	229.63
26	41.38	40.24	66	105.04	103.90	106	168.70	167.56	146	232.37	231.23
27	42.97	41.83	67	106.63	105.49	107	170.30	169.16	147	233.96	232.82
28	44.56	43.42	68	108.23	107.09	108	171.89	170.75	148	235.55	234.41
29	46.15	45.01	69	109.82	108.68	109	173.48	172.34	149	237.14	236.00
30	47.75	46.60	70	111.41	110.27	110	175.07	173.93	150	238.73	237.59
31	49.34	48.20	71	113.00	111.86	111	176.66	175.52			
32	50.93	49.79	72	114.59	113.45	112	178.25	177.11			
33	52.52	51.38	73	116.18	115.04	113	179.85	178.71			
34	54.11	52.97	74	117.77	116.63	114	181.44	180.30			
35	55.70	54.56	75	119.37	118.23	115	183.03	181.89			
36	57.30	56.16	76	120.96	119.82	116	184.62	183.48			
37	58.89	57.75	77	122.55	121.41	117	186.21	185.07			
38	60.48	59.34	78	124.14	123.00	118	187.80	186.66			
39	62.07	60.93	79	125.73	124.59	119	189.39	188.25			
40	63.66	62.52	80	127.32	126.18	120	190.99	189.85			
41	65.25	64.11	81	128.92	127.78	121	192.58	191.44			
42	66.85	65.71	82	130.51	129.37	122	194.17	193.03			
43	68.44	67.30	83	132.10	130.96	123	195.76	194.62			
44	70.03	68.89	84	133.69	132.55	124	197.35	196.21			
45	71.62	70.48	85	135.28	134.14	125	198.94	197.80			
46	73.21	72.07	86	136.87	135.73	126	200.54	199.40			
47	74.80	73.66	87	138.46	137.32	127	202.13	200.99			
48	76.39	75.25	88	140.06	138.92	128	203.72	202.58			
49	77.99	76.85	89	141.65	140.51	129	205.31	204.17			
50	79.58	78.43	90	143.24	142.10	130	206.90	205.76			
51	81.17	80.03	91	144.83	143.69	131	208.49	207.35			

Tabela 9.22 – Diâmetros das polias em função do número de dentes - perfil 8M HP. Reproduzido com autorização da Optibelt.

Número de dentes	Diâmetro (mm)		Número de dentes	Diâmetro (mm)		Número de dentes	Diâmetro (mm)		Número de dentes	Diâmetro (mm)	
	Nominal	Externo		Nominal	Externo		Nominal	Externo		Nominal	Externo
22	56.02	54.65	67	170.61	169.24	112	285.21	283.83	157	399.80	398.43
23	58.57	57.20	68	173.16	171.79	113	287.75	286.38	158	402.34	400.97
24	61.12	59.75	69	175.71	174.34	114	290.30	288.93	159	404.89	403.52
25	63.66	62.29	70	178.25	176.88	115	292.85	291.47	160	407.44	406.07
26	66.21	64.84	71	180.80	179.43	116	295.39	294.02	161	409.98	408.61
27	68.75	67.38	72	183.35	181.97	117	297.94	296.57	162	412.53	411.16
28	71.30	69.93	73	185.89	184.52	118	300.48	299.11	163	415.08	413.70
29	73.85	72.48	74	188.44	187.07	119	303.03	301.66	164	417.62	416.25
30	76.39	75.13	75	190.99	189.61	120	305.58	304.21	165	420.17	418.80
31	78.94	77.65	76	193.53	192.16	121	308.12	306.75	166	422.72	421.34
32	81.49	80.16	77	196.08	194.71	122	310.67	309.30	167	425.26	423.89
33	84.03	82.68	78	198.62	197.25	123	313.22	311.85	168	427.81	426.44
34	86.58	85.22	79	201.17	199.81	124	315.76	314.39	169	430.35	428.98
35	89.13	87.76	80	203.72	202.35	125	318.31	316.94	170	432.90	431.53
36	91.67	90.30	81	206.26	204.89	126	320.86	319.48	171	435.45	434.08
37	94.22	92.85	82	208.81	207.44	127	323.41	322.03	172	437.99	436.62
38	96.77	95.39	83	211.36	209.99	128	325.95	324.58	173	440.54	439.17
39	99.31	97.94	84	213.90	212.53	129	328.50	327.12	174	443.09	441.72
40	101.86	100.49	85	216.45	215.08	130	331.04	329.67	175	445.63	444.26
41	104.41	103.03	86	219.00	217.63	131	333.59	332.22	176	448.18	446.81
42	106.95	105.58	87	221.54	220.17	132	336.14	334.76	177	450.73	449.36
43	109.50	108.13	88	224.09	222.72	133	338.68	337.31	178	453.27	451.90
44	112.05	110.67	89	226.54	225.27	134	341.23	339.86	179	455.82	454.45
45	114.59	113.22	90	229.18	227.81	135	343.77	342.40	180	458.37	456.99
46	117.14	115.77	91	231.73	230.36	136	346.32	344.95	181	460.91	459.54
47	119.68	118.31	92	234.28	232.90	137	348.87	347.50	182	463.46	462.09
48	122.23	120.86	93	236.82	235.45	138	351.41	350.04	183	466.01	464.63
49	124.78	123.41	94	239.37	238.00	139	353.96	352.59	184	468.55	467.18
50	127.32	125.95	95	241.92	240.54	140	356.51	355.14	185	471.10	469.73
51	129.87	128.50	96	244.46	243.09	141	359.05	357.68	186	473.65	472.27
52	132.42	131.05	97	247.01	245.64	142	361.60	360.23	187	476.19	474.82
53	134.96	133.59	98	249.55	248.18	143	364.15	362.77	188	478.74	477.37
54	137.51	136.14	99	252.10	250.73	144	366.69	365.32	189	481.28	479.91
55	140.06	138.68	100	254.65	253.28	145	369.24	367.87	190	483.83	482.46
56	142.60	141.23	101	257.19	255.82	146	371.79	370.41	191	486.38	485.01
57	145.15	143.78	102	259.74	258.37	147	374.33	372.96	192	488.92	487.55
58	147.70	146.32	103	262.29	260.92	148	376.88	375.51			
59	150.24	148.87	104	264.83	263.46	149	379.43	378.05			
60	152.79	151.42	105	267.38	266.01	150	381.97	380.60			
61	155.34	153.96	106	269.93	268.56	151	384.52	383.15			
62	157.88	156.51	107	272.47	271.10	152	387.06	385.70			
63	160.43	159.06	108	275.02	273.65	153	389.61	388.24			
64	162.97	161.60	109	277.57	276.19	154	392.16	390.79			
65	165.52	164.15	110	280.11	278.74	155	394.70	393.33			
66	168.07	166.70	111	282.66	281.29	156	397.25	395.88			

Tabela 9.23 – Diâmetros das polias em função do número de dentes - perfil 14M HP. Reproduzido com autorização da Optibelt.

Número de dentes	Diâmetro (mm)		Número de dentes	Diâmetro (mm)		Número de dentes	Diâmetro (mm)		Número de dentes	Diâmetro (mm)	
	Nominal	Externo		Nominal	Externo		Nominal	Externo		Nominal	Externo
28	124.78	122.12	73	325.31	322.52	118	525.85	523.05	163	726.38	723.59
29	129.23	126.57	74	329.77	326.97	119	530.30	527.51	164	730.84	728.05
30	133.69	130.99	75	334.22	331.43	120	534.76	531.97	165	735.30	732.50
31	138.15	135.46	76	338.68	335.89	121	539.22	536.42	166	739.75	736.96
32	142.60	139.88	77	343.14	340.34	122	543.67	540.88	167	744.21	741.41
33	147.06	144.35	78	347.59	344.80	123	548.13	545.34	168	748.66	745.87
34	151.51	148.79	79	352.05	349.26	124	552.59	549.79	169	753.12	750.33
35	155.97	153.24	80	356.51	353.71	125	557.04	554.25	170	757.58	754.78
36	160.43	157.68	81	360.96	358.17	126	561.50	558.70	171	762.03	759.24
37	164.88	162.13	82	365.42	362.63	127	565.95	563.16	172	766.49	763.70
38	169.34	166.60	83	369.88	367.08	128	570.41	567.62	173	770.95	768.15
39	173.80	171.02	84	374.33	371.54	129	574.87	572.07	174	775.40	772.61
40	178.25	175.49	85	378.79	375.99	130	579.32	576.53	175	779.86	777.06
41	182.71	179.92	86	383.24	380.45	131	583.78	580.99	176	784.32	781.52
42	187.17	184.37	87	387.70	384.91	132	588.24	585.44	177	788.77	785.98
43	191.62	188.83	88	392.16	389.36	133	592.69	589.90	178	793.23	790.43
44	196.08	193.28	89	396.61	393.82	134	597.15	594.35	179	797.68	794.89
45	200.53	197.74	90	401.07	398.28	135	601.61	598.81	180	802.14	799.35
46	204.99	202.30	91	405.53	402.73	136	606.06	603.27	181	806.60	803.80
47	209.45	206.65	92	409.98	407.19	137	610.52	607.72	182	811.05	808.26
48	213.90	211.11	93	414.44	411.64	138	614.97	612.18	183	815.51	812.72
49	218.36	215.57	94	418.90	416.10	139	619.43	616.64	184	819.97	817.17
50	222.82	220.02	95	423.35	420.56	140	623.89	621.09	185	824.42	821.63
51	227.27	224.48	96	427.81	425.01	141	628.34	625.55	186	828.88	826.08
52	231.73	228.94	97	432.26	429.47	142	632.80	630.01	187	833.33	830.54
53	236.19	233.39	98	436.72	433.93	143	637.26	634.46	188	837.79	835.00
54	240.64	237.85	99	441.18	438.38	144	641.71	638.92	189	842.25	839.45
55	245.10	242.30	100	445.63	442.84	145	646.17	643.37	190	846.70	843.91
56	249.55	246.76	101	450.09	447.30	146	650.63	647.83	191	851.16	848.37
57	254.01	251.22	102	454.55	451.75	147	655.08	652.29	192	855.62	852.82
58	258.47	255.67	103	459.00	456.21	148	659.54	656.74	216	962.57	959.77
59	262.92	260.13	104	463.46	460.66	149	663.99	661.20			
60	267.38	264.59	105	467.92	465.12	150	668.45	665.66			
61	271.84	269.04	106	472.37	469.58	151	672.91	670.11			
62	276.29	273.50	107	476.83	474.03	152	677.36	674.57			
63	280.75	277.95	108	481.28	478.49	153	681.82	679.03			
64	285.21	282.41	109	485.74	482.95	154	686.28	683.48			
65	289.66	286.87	110	490.20	487.40	155	690.73	687.94			
66	294.12	291.32	111	494.65	491.86	156	695.19	692.39			
67	298.57	295.78	112	499.11	496.32	157	699.64	696.85			
68	303.03	300.24	113	503.57	500.77	158	704.10	701.31			
69	307.49	304.69	114	508.02	505.23	159	708.56	705.76			
70	311.94	309.15	115	512.48	509.68	160	713.01	710.22			
71	316.40	313.61	116	516.93	514.14	161	717.47	714.68			
72	320.86	318.06	117	521.39	518.60	162	721.93	719.13			

9.9. PROBLEMAS RESOLVIDOS

9.1 – Para a transmissão ilustrada utilizando uma correia plana, determinar os esforços atuantes nos tramos da correia: a) considerando a parcela de força centrífuga, b) desprezando a parcela de força centrífuga

Ao final e sem a parcela de força centrífuga determinar o módulo e a direção das componentes de força atuantes sobre o eixo motor. A correia plana apresenta uma secção transversal de 3,0 mm x 75 mm, um coeficiente de atrito de 0,32 e um peso específico de 10 kN/m³. A relação de transmissão do sistema é de 1:2,5. (1 CV = 736 W)

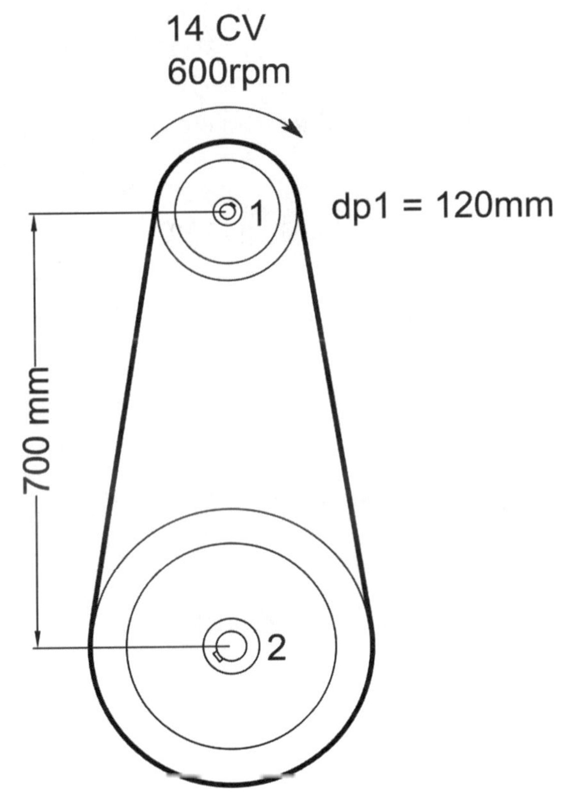

Figura 9.22 – Problema resolvido 9.1.

Solução

O diâmetro da polia movida é obtido diretamente pela relação de transmissão:

$$i = \frac{dp_1}{dp_2} \Rightarrow dp_2 = 2,5(120) = 300\,\text{mm}$$

Os ângulos de abraçamento valem (Equação 9.3):

$$\theta_1 = \pi - 2\text{arcsen}\left(\frac{dp_2 - dp_1}{2a}\right) = \pi - 2\text{arcsen}\left(\frac{300-120}{2(700)}\right) = 2,88\,\text{rad}$$

$$\theta_2 = \pi + 2\text{arcsen}\left(\frac{dp_2 - dp_1}{2a}\right) = \pi + 2\text{arcsen}\left(\frac{300-120}{2(700)}\right) = 3,40\,\text{rad}$$

Para a velocidade tangencial da correia (Equação 9.15), tem-se:

$$v = \frac{\pi d_{p_1} n_1}{60} = \frac{\pi(120.10^{-3})600}{60} = 3,77\,\text{m/s}$$

A parcela de força centrífuga resulta assim em (Equação 9.14):

$$S = \gamma bt\frac{v^2}{g} = 10.10^3\left(3.10^{-3}\right)\left(75.10^{-3}\right)\frac{3,77^2}{9,81} = 3,26\,\text{N}$$

Para a definição da força tangencial, utiliza-se o torque transmitido pela polia motora na forma:

$$Mt = \frac{P}{2\pi f} = \frac{14(736)}{2\pi\left(\frac{600}{60}\right)} = 164\,\text{Nm} \Rightarrow Mt_1 = F_t\frac{d_{p1}}{2} \therefore F_t = \frac{2(164)}{120.10^{-3}} = 2733,33\,\text{N}$$

Considerando-se a parcela de força centrífuga, tem-se o sistema de equações (Equações 9.13 e 9.17):

$$\frac{F_1 - S}{F_2 - S} = e^{\mu\theta} \Rightarrow \frac{F_1 - 3,26}{F_2 - 3,26} = e^{0,32(2,88)} = 2,513 \quad \text{(I)}$$

$$F_1 - F_2 = F_t \Rightarrow F_1 - F_2 = 2733,33 \quad \text{(II)}$$

cuja solução resulta em: F_1=4537,48 N,F_2=1805,19 N

Desprezando-se agora a parcela de força centrífuga, chega-se a:

$$\frac{F_1}{F_2} = e^{\mu\theta} \Rightarrow \frac{F_1}{F_2} = e^{0,32(2,88)} = 2,513 \quad \text{(I)}$$

resultando em: F_1=4534,22 N,F_2=1801,93 N

Conclusão: denota-se uma diferença da ordem de 0,07% nos valores calculados com e sem a consideração da parcela de força centrífuga, motivo pelo qual ela pode ser desprezada dos cálculos para situações em que a velocidade tangencial da correia seja inferior a 15 m/s.

Para os esforços atuantes no eixo motor, tem-se (Equações 9.18 e 9.19):

$$\theta_1 + 2\beta = 180^o \Rightarrow \beta = \frac{\left[180^o - 2,88.\left(\frac{180^o}{\pi}\right)\right]}{2} \Rightarrow \beta = 7,5^o$$

$$_{max} = (\ _1 + \ _2) \quad \beta = (\quad + \quad) \quad ^{o} =$$

$$T_{min} = (F_1 - F_2)\cos\beta = (4534,22 - 1801,93)\text{sen}7,5^o = 351,30\,\text{N}$$

A representação geométrica desses esforços sobre os eixos está na Figura 9.23.

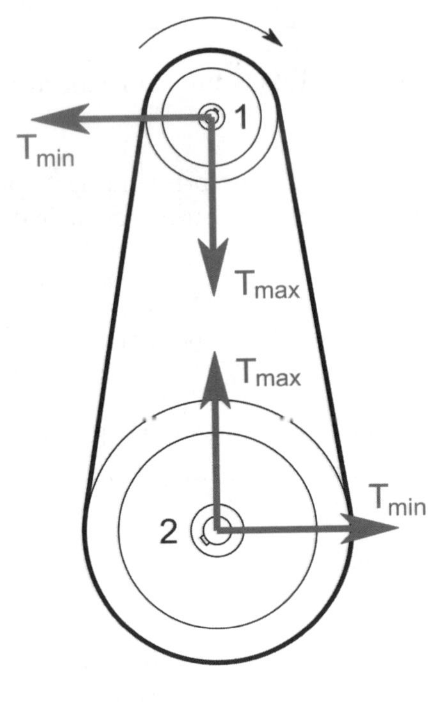

Figura 9.23 – Esforços resultantes sobre os eixos - Problema 9.1.

Conclusão: para a referida configuração, tem-se o esforço máximo sobre o eixo motor atuando na vertical (visto os esforços no lado tenso e bambo da correia serem paralelos nessa direção), enquanto que o esforço mínimo ocorre voltado para o lado esquerdo da polia motora (dado que a parcela no lado tenso da correia encontra-se deste lado). Para a polia movida, tem-se para ambos os casos, a identificação das reações correspondentes.

9.2 – Uma correia plana com secção transversal 3,4 x 90 (mm) de poliamida A-3 será aplicada numa transmissão com eixos paralelos e com duas polias idênticas e de diâmetro 450 mm, girando a 720 rpm. Determinar: a) a máxima potência que poderá ser transmitida com segurança, b) o comprimento necessário para a correia, c) a pré-carga de montagem recomendada.

A distância entre eixos deverá ser definida pelas recomendações previstas pela equação 9.1. Desprezar ainda o efeito da força centrífuga e supor um fator de sobrecarga de 1,2. (1 CV = 0,736 kW)

Solução

Da Equação 9.1: $a = dp_2 = 450\,\text{mm}$

$$a = \frac{dp_2 + 3dp_1}{2} = \frac{4(450)}{2} = 900\,\text{mm}$$

Prevalecendo, assim, o valor de 900 mm para a distância entre centros.

a) para a potência máxima, define-se primeiramente o máximo esforço ao qual a correia poderá ser submetida a partir da sua capacidade de carga. Assim, pela Equação 9.20 e pelos dados da Tabela 9.1:

$$(F_1)_{adm} = \frac{bF_p}{K_o} = \frac{90(36)}{1,2} = 2700\,\text{N}$$

No limite de projeto, impõem-se a condição: $F_1 = (F_1)_{adm}$, permitindo calcular a parcela do esforço no lado bambo da correia pela relação (Equação 9.22):

$$\frac{F_1}{F_2} = e^{\mu\theta_1} = e^{0,45\pi} = 4,11 \Rightarrow F_1 = 4,11F_2 \Rightarrow F_2 = 656,93\,\text{N}$$

Como a força tangencial, nesse caso máxima, corresponde à diferença entre os esforços atuantes no lado tenso e bambo da correia (Equação 9.17), tem-se:

$$F_1 - F_2 = F_t \Rightarrow F_{t\max}$$

Da onde se torna possível obter a máxima potência admissível para os dados do problema. Assim:

$$Mt_1 = F_t \frac{d_{p1}}{2} = 2043,07 \frac{450.10^{-3}}{2} = 459,68\,Nm$$

$$Mt = \frac{P}{2\pi f} \Rightarrow P = 2\pi\left(\frac{720}{60}\right)459,68 = 34659,14\,W \cong 47,1\,CV$$

b) Comprimento da correia (Equação 9.5):

$$L = 2a + 1,57(dp_2 + dp_1) + \frac{(dp_2 - dp_1)^2}{4a} = 2(900) + 1,57(450 + 450) = 3213\,mm$$

c) Pré-carga de montagem (Equação 9.16):

$$F_i = \frac{F_1 + F_2}{2} - S = \frac{2700 + 656,93}{2} - 0 = 1678,46\,N$$

9.3 – Um britador de 29 hp deverá ser acionado mediante uma transmissão por correias trapezoidais, numa rotação de saída 280 rpm. O motor de acionamento apresenta 30 hp à 1170rpm. Para uma distância entre eixos aproximada de 40”, determinar o número e o tipo de correias trapezoidais para o acionamento referido.

Solução

Passo 01 – a partir da Tabela 9.2, define-se um fator de serviço de 1,5 (britador = choques pesados), obtendo-se a potência de projeto de (Equação 9.24):

$$P_p = K_o N_o = 1,5(30) = 45\,hp$$

Passo 02 – pelo ábaco da Figura 9.19, para condição de 45hp /1170rpm, chega-se a um perfil de correia C com um diâmetro da polia motora recomendado na faixa de 8” a 12”

Passo 03 – optando-se pela média desses valores para o diâmetro da polia menor, chega-se a um diâmetro de 41,8” para a polia movida, em virtude da relação de transmissão de projeto.

$$d_{p1} = 10\,'' \Rightarrow \frac{d_{p1}}{d_{p2}} = \frac{n_2}{n_1} \Rightarrow \frac{10\,''}{d_{p2}} = \frac{280}{1170} \Rightarrow d_{p2} = 41,8\,''$$

Passo 04 – velocidade tangencial da correia – com os dados de entrada do problema e dos diâmetros das polias definidos, chega-se à velocidade tangencial da correia em (Equação 9.15):

$$v = \frac{\pi d_{p1} n_1}{60} = \frac{\pi(10)0,254(1170)}{60} = 15,56\,m/s$$

Passo 05 – o comprimento da correia (Equação 9.5), nesse caso em polegadas é equivalente a:

$$L = 2a + 1,57(dp_2 + dp_1) + \frac{(dp_2 - dp_1)^2}{4a} = 2(40) + 1,57(41,8 + 10) + \frac{(41,8 - 10)^2}{4(40)} = 167,65''$$

enquanto que o ângulo de abraçamento (Equação 9.3) correspondente será de:

$$\theta = \pi - 2\text{arcsen}\left(\frac{dp_2 - dp_1}{2a}\right) = \pi - 2\text{arcsen}\left(\frac{41,8 - 10}{2(40)}\right) = 2,32\,rd = 133,15^\circ$$

Passo 06 – a partir da Tabela 9.3 (perfil C) chega-se a um comprimento padronizado de 168,9" (código C166), caracterizando uma distância entre eixos corrigida de (Equação 9.25):

$$a_{corr} = 40 - \left(\frac{168,9 - 167,65}{2}\right) = 39,375''$$

Passo 07 – a consulta às Tabelas 9.4 e 9.5, fornece os fatores de correção na forma:

$$F_{AC} = 0,87 \qquad F_{LP} = 1,033$$

Passo 08 – para uma relação de transmissão de 4,18 (41,8"/10") e por interpolação linear obtém-se o HP básico (Tabela 11, no caso) e o HP adicional (Tabela 11A) por correia, chegando a um HP classificado (Equação 9.26) de:

$$HP_{bas} = 14,21 \quad HP_{adic} = 2,05 \qquad \Rightarrow HP_{class} = 14,21 + 2,05 = 16,26\,hp$$

Passo 09 – por fim, o HP efetivo e o número de correias correspondentes (Equações 9.27 e 9.28) valem:

$$HP_{efet} = 16,26(0,87)(1,033) = 14,78\,hp$$

$$N^O\text{correias} = \frac{P_p}{HP_{efet}} = \frac{45}{14,78} \approx 3,04 \Rightarrow 3\,\text{correias}$$

Conclusão: como o valor calculado para o número de correias resultou muito próximo de três, optou-se por se considerar apenas 3 correias C-166. Em demais circunstâncias, sugere-se, entretanto, o arredondamento para um número de correias correspondente ao número inteiro imediatamente superior ao calculado.

9.4 – Duas correias B-70 são adotadas num sistema de transmissão de potência que gira numa rotação de 900 rpm. A rotação do eixo de saída deverá ser de 320 rpm e a distância entre centros de, aproximadamente, 990 mm. Verifique para tais condições operacionais e um fator de serviço igual à unidade, o máximo valor de potência a ser transmitido.

Solução

Trata-se de uma situação diferenciada em relação aos passos ou etapas sugeridas para a solução de problemas envolvendo correias trapezoidais, visto já se ter informações acerca do número e tipo de correias adotadas. Nessas circunstâncias, a solução passará por um processo inverso, tendo início pela definição das potências básica e adicional, além dos fatores de correção correspondentes.

a) Definição dos diâmetros das polias – para o perfil B sugere-se uma faixa de diâmetros entre 5" e 8" (Figura 9.19). Optando-se novamente pela média desses valores, obtém-se um diâmetro de 6,5" para a polia motora. A polia movida, mediante a relação de transmissão será de:

$$d_{p1} = 6{,}5\,'' \Rightarrow \frac{d_{p1}}{d_{p2}} = \frac{n_2}{n_1} \Rightarrow \frac{6{,}5\,''}{d_{p2}} = \frac{320}{900} \Rightarrow d_{p2} = 18{,}28\,''$$

b) Como o comprimento da correia é definido pela sua especificação ($L_{TAB} = L = 71{,}8$", conforme Tabela 9.3), a distância entre centros passa a ser o parâmetro a ser definido. Assim (Equação 9.5):

$$L = 2a + 1{,}57\left(dp_2 + dp_1\right) + \frac{\left(dp_2 - dp_1\right)^2}{4a} \Rightarrow 71{,}8 = 2(a) + 1{,}57\left(18{,}28 + 6{,}5\right) + \frac{\left(18{,}28 - 6{,}5\right)^2}{4(a)}$$

$$\Rightarrow a' = 15{,}321\text{in},\ a'' = 1{,}13\text{in}$$

Prevalecendo nessas circunstâncias, o valor de 15,32" para a distância entre centros, dado que a raiz correspondente a 1,13" não permitiria, evidentemente, a montagem física das duas polias.

c) O ângulo de abraçamento (Equação 9.3) correspondente vale:

$$\theta = \pi - 2\text{arcsen}\left(\frac{dp_2 - dp_1}{2a}\right) = \pi - 2\text{arcsen}\left(\frac{18{,}28 - 6{,}5}{2(15{,}32)}\right) = 2{,}35\,\text{rd} = 134{,}64^{\circ}$$

d) Os fatores de correção de arco de contato e de comprimento valem (por interpolação), respectivamente (Tabelas 9.4 e 9.5):

$$F_{AC} = 0,877 \qquad F_{LP} = 0,957$$

e) Para uma relação de transmissão de 2,81 (900/320) e por interpolação linear obtém-se o HP básico (Tabela 9.7) e o HP adicional (Tabela 9.7A) por correia, chegando a um HP classificado (Equação 9.26) de:

$$HP_{bas} = 4,59 \quad HP_{adic} = 0,57 \qquad \Rightarrow HP_{class} = 4,59 + 0,57 = 5,16\,\text{hp}$$

f) Como ainda, o fator de serviço é considerado igual à unidade, tem-se como resposta do problema o valor de 8,66 hp de potência (Equação 9.28).

$$N^{O}\text{correias} = \frac{P_p}{HP_{efet}} \Rightarrow 2 = \frac{P_p}{\left(5,16\left(0,877\right)\left(0,957\right)\right)} \Rightarrow P_p = 8,66\,\text{hp}$$

Conclusão: o referido problema contempla uma proposta pouco comum em termos operacionais, visto que normalmente tem-se por objetivo principal definir o número e o tipo de correias para uma determinada aplicação operacional. Porém, serve como referência num contexto conceitual e de aplicação das tabelas e equações correspondentes.

9.5 - Um misturador deve ser acionado através de uma transmissão por correias trapezoidais, numa rotação de saída 400 rpm. O motor de acionamento apresenta 12 hp à 1800 rpm. Para uma distância entre eixos a ser definida, determinar o número e o tipo de correias trapezoidais para o referido acionamento. Supor um fator de serviço de 1,25 e um diâmetro de 4" para a polia motora.

Solução

Passo 01 – como o fator de serviço é um dado do problema, tem-se para a potência de projeto de (Equação 9.24):

$$P_p = K_o N_o = 1,25\left(12\right) = 15\,\text{hp}$$

Passo 02 – pelo ábaco da Figura 9.19, para condição de 15 hp/1800rpm, chega-se a um perfil de correia B.

Passo 03 – como o diâmetro da polia menor é também um dado do problema, chega-se a um diâmetro de 18" para a polia movida, em virtude da relação de transmissão de projeto.

$$d_{p1} = 10\,'' \Rightarrow \frac{d_{p1}}{d_{p2}} = \frac{n_2}{n_1} \Rightarrow \frac{4\,''}{d_{p2}} = \frac{400}{1800} \Rightarrow d_{p2} = 18\,''$$

Passo 04 – com os dados de entrada do problema e dos diâmetros das polias definidos, chega-se à velocidade tangencial (Equação 9.15) da correia em:

$$v = \frac{\pi d_{p1} n_1}{60} = \frac{\pi(4)0,254(1800)}{60} = 9,57\,\text{m/s}$$

Passo 05 – para o cálculo do comprimento da correia deve-se estimar a distância entre eixos a ser utilizada. Dessa forma, pelas relações da Equação 9.1, chega-se a:

$$a = dp_2 = 18\,'' \quad \text{ou} \quad a = \frac{dp_2 + 3dp_1}{2} = 15\,''$$

ou seja, uma distância entre eixos de 18" (adotando o maior valor, conforme recomendado). Com isso, o comprimento da correia (Equação 9.5) será de:

$$L = 2a + 1,57(dp_2 + dp_1) + \frac{(dp_2 - dp_1)^2}{4a} = 2(18) + 1,57(4 + 18) + \frac{(18-4)^2}{4(18)} = 73,26\,''$$

O ângulo de abraçamento (Equação 9.3) correspondente será de:

$$\theta = \pi - 2\arcsen\left(\frac{dp_2 - dp_1}{2a}\right) = \pi - 2\arcsen\left(\frac{18-4}{2(18)}\right) = 2,34\,\text{rd} = 134,23^{\circ}$$

Passo 06 – a partir da Tabela 9.3 (perfil B) chega-se a um comprimento padronizado de 73,8" (código B72), caracterizando uma distância entre eixos corrigida de (Equação 9.25):

$$a_{corr} = 18 - \left(\frac{73,8 - 73,26}{2}\right) = 18,27\,''$$

Passo 07 – a consulta às Tabelas 9.4 e 9.5, mediante interpolação linear, fornece os fatores de correção na forma:

$$F_{AC} = 0,872 \qquad F_{LP} = 0,961$$

Passo 08 – para uma relação de transmissão de 4,5 (1800/400) obtém-se o HP básico (Tabela 9.7, no caso) e o HP adicional (Tabela 9.7A) por correia, chegando a um HP classificado (Equação 9.26) de:

$$HP_{bas} = 5,02 \quad HP_{adic} = 1,26 \qquad \Rightarrow HP_{class} = 5,02 + 1,26 = 6,28 \text{ hp}$$

- nessas circunstâncias, optou-se por trabalhar com a coluna correspondente a um diâmetro menor de 5" (Tabela 9.7), visto não haver valores de potência abaixo dessa referência.

Passo 09 – por fim, o HP efetivo e o número de correias correspondentes valem (Equações 9.27 e 9.28):

$$HP_{efet} = 6,28(0,872)(0,961) = 5,26 \text{hp}$$

$$N^{O}\text{correias} = \frac{P_p}{HP_{efet}} = \frac{15}{5,26} = 2,85 \Rightarrow 3 \text{correias}$$

Conclusão: 3 correias B-72 atendem às condições do problema. Observar que, em virtude da utilização de uma polia motora com diâmetro inferior à faixa de diâmetros recomendados, haverá uma redução na expectativa de vida do jogo de correias, fato esse, entretanto, que não inviabiliza o funcionamento do sistema nas condições propostas.

9.6 – Um motor elétrico de 18,5 kW de potência e rotação de 2850 rpm deverá acionar uma máquina têxtil mediante uma transmissão por correias sincronizadoras. O referido equipamento irá consumir 15 kW de potência numa rotação de saída de 1830 rpm. Supondo um fator de sobrecarga de 1,6, uma distância entre eixos de 400 a 450 mm e polias com diâmetro máximo de 200 mm, efetive a especificação da correia.

Solução

Passo 01 – como o fator de serviço é um dado do problema, tem-se para a potência de projeto de (Equação 9.24):

$$P_p = K_o N_o = 1,6(18,5) = 29,6 \text{kW}$$

observar que o dimensionamento deverá ser realizado sempre para a condição mais crítica em termos de potência.

Passo 02 – através do ábaco da Figura 9.21, chega-se a uma correia especificação 8M-HP.

Passo 03 – pela Tabela 9.12, em função da especificação da correia selecionada, obtém-se um número de 44 dentes para a polia motora (considerando uma rotação de 2800 rpm com uma potência nominal de 29,46 kW), obtendo-se um diâmetro nominal correspondente para a polia motora de 112,05 mm. Para condição de 44 dentes na polia menor, o número de dentes da polia movida será de:

$$z_1 = 44 \Rightarrow \frac{z_1}{z_2} = \frac{n_2}{n_1} \Rightarrow \frac{44}{z_2} = \frac{1830}{2850} \Rightarrow z_2 = 68,5 \Rightarrow 69\,\text{dtes}$$

ocasionando um diâmetro primitivo para a polia movida de 175,71 mm (Tabela 9.22) e uma rotação de saída corrigida da ordem de 1817,4 rpm.

Passo 04 – a correia terá uma velocidade tangencial (Equação 9.15) de:

$$v = \frac{\pi d_{p1} n_1}{60} = \frac{\pi\left(112,05.10^{-3}\right)2850}{60} = 16,72\,\text{m/s}$$

Passo 05 – a faixa para a distância entre eixos foi fornecida no enunciado do problema. Em termos das recomendações dadas, tem-se (Equação 9.30):

$$a > 0,5\left(d_{p2} + d_{p1}\right) + 15\text{mm} \Rightarrow 0,5(112,05 + 175,71) + 15 = 158,88\,\text{mm}$$

$$a < 2,0\left(d_{p2} + d_{p1}\right) \Rightarrow 2,0(112,05 + 175,71) = 575,52\,\text{mm}$$

possibilitando adotar, por exemplo, uma distância entre eixos inicial de 425 mm.

Passo 06 – comprimento da correia calculado (Equação 9.5):

$$L = 2a + 1,57\left(dp_2 + dp_1\right) + \frac{\left(dp_2 - dp_1\right)^2}{4a} =$$

$$2(425) + 1,57(112,05 + 175,71) + \frac{(175,71 - 112,05)^2}{4(425)} = 1304,17\,\text{mm}$$

Passo 07 – pela Tabela 9.16 se define um comprimento padronizado de 1304 mm, ocasionando um pequeno ajuste na distância entre centros inicial do problema para (Equação 9.25):

$$a_{corr} = 425 - \left(\frac{1304,17 - 1304}{2}\right) = 424,92\,\text{mm}$$

Passo 08 – o número de dentes em contato com a polia menor será de (Equação 9.31):

$$z_e = \frac{z_1}{6}\left(3 - \frac{d_{p2} - d_{p1}}{a_{corr}}\right) = \frac{44}{6}\left(3 - \frac{175,71 - 112,05}{424,92}\right) = 20,9 \Rightarrow 21\,\text{dtes}$$

Passo 09 – pelas Tabelas 9.20 e 9.21 define-se:

$$F_z = 1 \quad F_{LP} = 1{,}1$$

Passo 10 – da Tabela 9.10 obtém-se uma potência nominal de 29,46 kW, para a condição de 44 dentes, ocasionando a relação (Equação 9.32):

$$P_N F_{LP} F_z \geq P_p \Rightarrow 29{,}46(1{,}1)(1) = 32{,}406\text{kW} > 29{,}6\,\text{kW}$$

justificando o uso da correia especificada (1304_8MPH) com largura de 20 mm.

Conclusão: uma correia especificação 1304_8MHP com 20 mm de largura trabalhando com polias de 44 e 69 dentes, respectivamente, atende a condição do problema. Observar ainda que as condições de contorno dadas no enunciado em termos da distância entre eixos e do diâmetro máximo para as polias foram atendidas implicitamente no transcorrer da solução.

9.10. PROBLEMAS PROPOSTOS

10.1 – Uma correia plana de poliéster código TC-20EF, com 100 mm de largura deverá ser utilizada para transmitir potência numa rotação máxima de 600 rpm, entre duas polias montadas em eixos paralelos. Para uma distância entre eixos de 900 mm e diâmetros de 120 e 350 mm, respectivamente, determine a máxima potência (em CV) que poderá ser transmitida pelo sistema. Desprezar o efeito da força centrífuga e considerar um fator de sobrecarga de 1,1.

Resp. ϕ_1 = 2,89 rad; F_1/F_2 = 3,18; F_1 = 1909,1 N; M_t = 78,5 N.m

N_{max} = 6,7 CV

10.2 – Um sistema de transmissão por correia plana apresenta características definidas no esboço da figura a seguir:

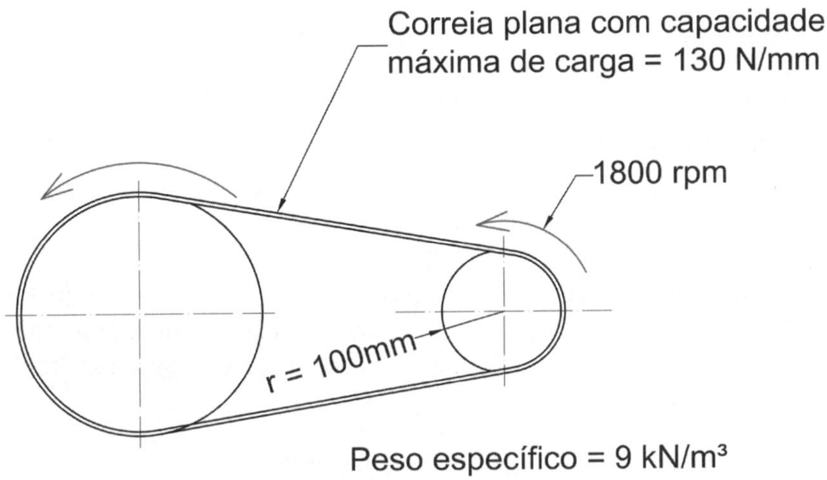

Para uma relação de transmissão de 1:2,8 e uma secção transversal de 3,2 x 75 mm de correia, determine a máxima potência (kW) que o sistema poderá transmitir. Assumir um coeficiente de atrito de 0,28 e considerar o efeito da força centrífuga, além de um fator de sobrecarga de 1,12. A distância entre eixos deve ser definida a partir das recomendações de projeto definidas no Livro Texto.

Resp. ϕ_1 = 2,51 rad; dp_2 = 560 mm; a = 580 mm; S = 78,24 N;
F_2 = 4350,36 N; F_1 = 8705,36 N; M_t = 435,5 N.m;
N_{max} = 82,1 kW

10.3 – Para a transmissão por correias ilustrada, determinar: a) a distância entre eixos recomendada; b) a relação de transmissão; c) os ângulos de abraçamento correspondentes; d) o comprimento da correia.

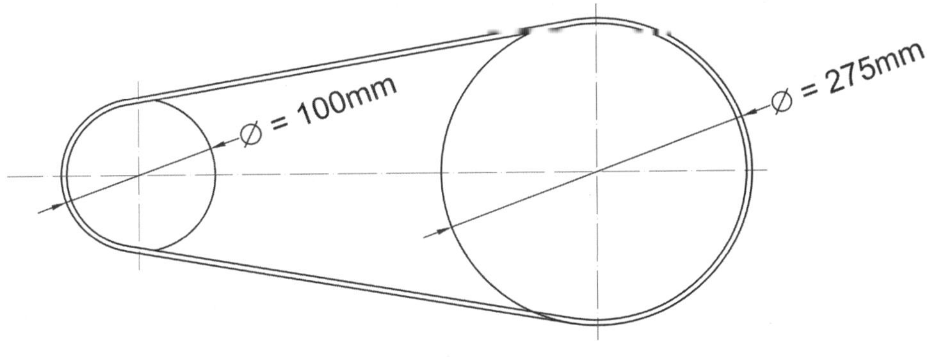

Resp.

a) $a = 287{,}50$ mm

b) $i = 2{,}75$

c) $\phi_1 = 2{,}52$ rad; $\phi_2 = 3{,}76$ rad

d) $L = 1190{,}38$ mm

10.4 - Suponha que o sistema de transmissão do Problema Proposto 10.3 transmita uma potência de 10 CV à 720 rpm. Desprezando o efeito da força centrífuga, determine os esforços atuantes nos lados bambo e tenso da correia. Supor atrito de 0,30.

Resp. $F_t = 1951{,}64$ N; $F_2 = 1727{,}11$ N; $F_1 = 3678{,}75$ N

10.5 - Repetir o Problema Proposto 10.4 considerando o efeito da força centrífuga nos cálculos, além de uma correia plana de dimensões 1,8 x 72 mm e peso específico de 6 kN/m³. Manter todos as demais informações do problema original.

Resp. $F_t = 1951{,}64$ N; $F_2 = 1728{,}24$ N; $F_1 = 3679{,}88$ N; $S = 1{,}22$ N

10.6 - Um motor elétrico de 30 hp aciona um britador. Considerando:

a) um fator de serviço de 1,5;

b) rotações do motor e do britador em, 1170 rpm e 280 rpm, respectivamente;

c) diâmetro da polia motora de 200 mm;

d) uma distância entre eixos que deverá estar compreendida entre 36" e 50" (adotar inicialmente um valor intermediário).

Determinar o número e o tipo de correias trapezoidais mais recomendadas para a transmissão.

Resp. Perfil C; $d_{p1} = 7{,}87$"; $d_{p2} = 32{,}89$"; $v = 12{,}25$ m/s; $L = 153{,}63$"; $\theta = 2{,}55$ rad; $L_{tab} = 153{,}9$"; $a_{corrig} = 43{,}135$"; $F_{AC} = 0{,}915$; $F_{ld} = 1{,}01$; 4 correias C-151

10.7 - Uma transmissão por correias planas, conforme figura, apresenta as seguintes características: diâmetro da polia motora = 120 mm, diâmetro da polia movida = 270 mm, distância entre eixos = 500 mm, rotação do motor = 1170 rpm (sentido horário), coef.atrito = 0,36, potência transmitida = 12 CV. Determinar, desprezando o efeito da força centrífuga:

a) a força atuante no lado tenso da correia

b) a força atuante no lado bambo da correia

c) os esforços máximo e mínimo atuantes sobre o eixo

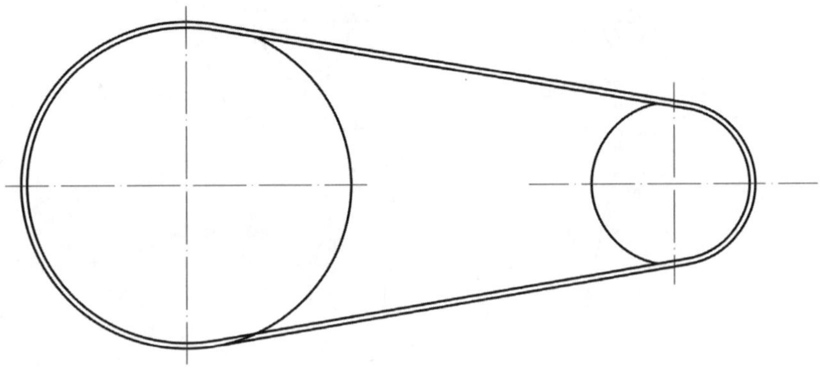

Resp.

a) $F_1 = 1875{,}61$ N

b) $F_2 = 674{,}72$ N

c) $T_{max} = 2521{,}83$ N; $T_{min} = 179{,}39$ N

10.8 - Um moinho de martelos é acionado por um motor de 20hp/1200 rpm e deve trabalhar com uma rotação de 400 rpm. Determinar a quantidade e o tipo de correias trapezoidais mais recomendadas, sabendo-se que a distância entre eixos é da ordem de 900 mm e que se trata de serviço cujo fator de sobrecarga pode ser considerado igual à unidade.

Resp. Perfil B; $d_{p1} = 6{,}5$"; $d_{p2} = 19{,}5$"; v = 10,37 m/s; L = 112,87";

$\theta = 2{,}77$ rad; $L_{tab} = 112{,}8$"; $a_{corrig} = 35{,}40$"; $F_{AC} = 0{,}942$; $F_{ld} = 1{,}05$;

4 correias B-111

10.9 – Para o sistema de transmissão ilustrado (sendo a polia motora = polia A), determinar:

a) o comprimento da correia A-B

b) a rotação das polias A, B e C

c) o ângulo de abraçamento das polias B e C

d) a velocidade tangencial da correia B'-C

Dados: $n_{B'} = 800rpm$; $d_{B'} = 2"$; $d_B = 4"$; $d_C = 6"$; $d_A = 5"$; $a_{B'C} = 7"$; $a_{BA} = 8"$

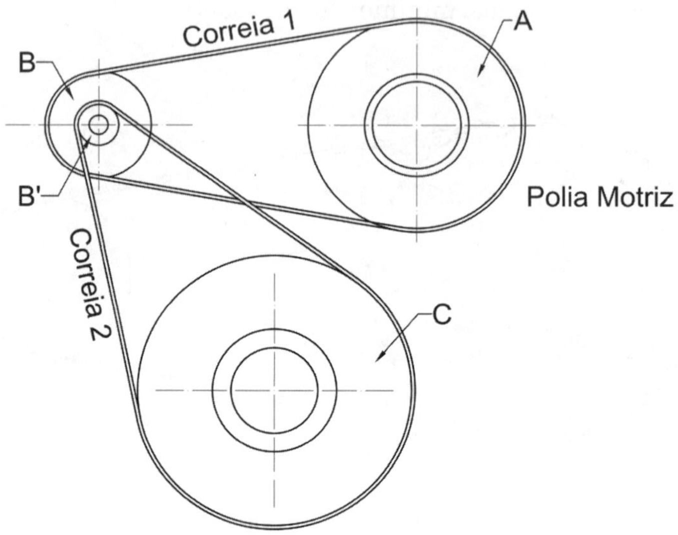

Resp.

a) $L_{AB} = 30{,}16$ in

b) $n_A = 640$ rpm; $n_B = 800$ rpm; $n_C = 266{,}67$ rpm;

c) $\theta_B = 3{,}02$ rad; $\theta_C = 3{,}72$ rad

d) $v = 2{,}13$ m/s

10.10 – Determinado equipamento industrial deverá ser acionado mediante uma transmissão por correias sincronizadoras. O motor de acionamento apresenta uma potência de 10 CV à 1200 rpm, enquanto que o referido equipamento deverá trabalhar numa rotação de 550 rpm. Para um fator de sobrecarga unitário e uma distância entre eixos aproximada de 750 mm, encontre a especificação da correia. Supor uma distância entre eixos correspondente à média dos valores recomendados.

Resp. correia 8M-HP; $z_1 = 28$; z2 = 61; $n_2 = 550{,}82$ rpm; $v = 4{,}48$ m/s; $d_{p1} = 71{,}3$ mm; $d_{p2} = 155{,}34$ mm; $a = 290$ mm; $L = 941{,}9$ mm;

$L_{tab} = 960$ mm; $z_e = 13$ dentes; $a_{corrig} = 299{,}05$ mm; $F_Z = 1$; $F_{ld} = 0{,}8$

10.11 – Repetir o Problema 10.10, supondo uma potência de 18 CV à 1800 rpm. Considerar que os demais parâmetros e dados do problema original devem ser mantidos.

Resp. correia 8M-HP; $z_1 = 34$; $z_2 = 111$; $n_2 = 551{,}35$ rpm; $v = 8{,}16$ m/s;

$d_{p1} = 86{,}58$ mm; $d_{p2} = 282{,}86$ mm; $a = 470$ mm; $L = 1540{,}16$ mm;

$L_{tab} = 1552$ mm; $z_e = 15$ dentes; $a_{corrig} = 475{,}92$ mm; $F_Z = 1$; $F_{ld} = 1{,}1$

10.12 – Suponha uma transmissão por correias planas cruzada, similar à figura ilustrada. Para uma rotação motora de 650 rpm, uma relação de transmissão de 1:2,5 e uma polia motora de diâmetro 80 mm, determine: a distância entre eixos recomendada, o comprimento da correia, os ângulos de abraçamento correspondentes e a velocidade tangencial da correia.

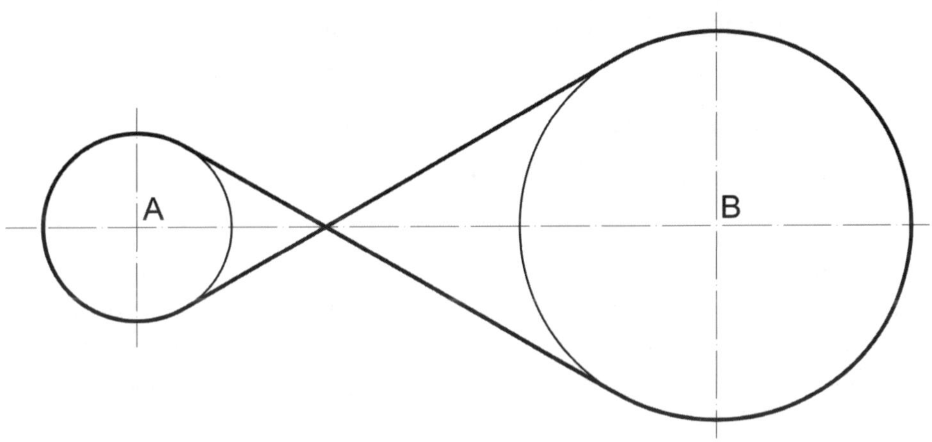

Resp. $a = 220$ mm; $L = 895{,}96$ mm; $\theta_1 = \theta_2 = 4{,}52$ rad; $v = 2{,}72$ m/s

10.13 – Suponha uma transmissão por correias com duas configurações distintas: a) uma correia plana de poliéster e b) duas correias trapezoidais perfil A. Supondo, ainda, que ambas as proposições de transmissão sejam equivalentes em termos da potência transmitida e das dimensões envolvidas, efetive um estudo comparativo entre os esforços atuantes nos lados bambo e tenso das correias, desprezando o efeito da força centrífuga. Considerar: diâmetros de 120 e 240 mm, distância entre eixos de 500 mm, potência transmitida de 6,5 CV e rotação motora de 890 rpm.

Resp. correia plana: $T = 523{,}07$ kgf.cm; $F_t = 87{,}18$ kgf; $\theta_1 = 2{,}90$ rad; $F_1 = 127$ kgf; $F_2 = 39{,}81$ kgf.

correias trapezoidais: $T = 523{,}07$ kgf.cm; $F_t = 87{,}18$ kgf; $\theta_1 = 2{,}90$ rad; $F_1 = 112{,}67$ kgf; $F_2 = 25{,}5$ kgf.

10.14 – Suponha que duas correias trapezoidais A-50 serão utilizadas numa transmissão de potência que gira numa rotação de 600 rpm. Para uma rotação de saída da ordem de 250 rpm, determine o máximo valor de potência a ser transmitida. Considerar um fator de serviço de 1,0 e uma polia motora de 4,5".

Resp. θ_1 = 2,67 rad; dp_2 = 10,8"; L_{tab} = 51,3"; a = 13,26"; F_{AC} = 0,931; F_{ld} = 0,939; P_p = 2,69 hp

10.15 – Suponha que três correias trapezoidais C-72 serão utilizadas numa transmissão de potência que gira numa rotação de 600 rpm. Para uma rotação de saída da ordem de 250 rpm, determine o máximo valor de potência a ser transmitida. Considerar um fator de serviço de 1,0 e uma polia motora de 8,0".

Resp. θ_1 = 2,38 rad; d_{p2} = 19,2"; L_{tab} = 74,9"; a = 14,96"; F_{AC} = 0,88;
F_{ld} = 0,86; P_p = 16,35 hp

10-16 – Determine a pré-carga de montagem de uma correia plana de poliamida que deva transmitir uma potência de 4 CV à 480 rpm. Os diâmetros das polias valem 200 e 320 mm, respectivamente e a relação entre forças nos lados tenso e bambo da correia (F1/F2) vale 3,8. A força centrífuga pode ser desprezada para a solução do problema.

Resp. T = 596,83 kgf.cm; F_t = 59,68 kgf; F_1 = 81 kgf; F_2 = 21,32 kgf; F_i = 51,16 kgf.

NOMENCLATURA

β	ângulo complementar
μ	coeficiente de atrito correia/polia
μ'	coeficiente de atrito efetivo
θ	ângulo de abraçamento da polia (rad)
θ_G	ângulo de deslizamento (rad)
Ψ	semi-ângulo do canal de polia V (Ψ = 18°)
γ	peso específico da correia (N/m³)
a	distância entre eixos
a_{corr}	distância entre eixos corrigida

b	largura de correia plana
b_W	largura de polia plana
d_p	diâmetro primitivo da polia
e	base dos logaritmos neperianos (2,7118)
f	frequência (rps)
F_1	força no lado tenso da correia
$(F_1)_{adm}$	carga admissível por unidade de largura (plana)
F_2	força no lado bambo da correia
F_{AC}	fator de arco de contato
F_H	força horizontal
F_i	pré-carga de montagem
F_{LP}	fator de comprimento
F_p	força periférica
F_r	força radial
F_t	força tangencial
F_V	força vertical
F_z	fator de correção do número de dentes em contato com a polia pequena
g	aceleração da gravidade (9,81 m/s²)
HP_{adic}	potência adicional (hp)
HP_{bas}	potência básica (hp)
HP_{class}	potência classificada (hp)
HP_{efet}	potência efetiva (hp)
i	relação de transmissão
K_o	fator de sobrecarga
L	comprimento(calculado) da correia
L_{TAB}	comprimento tabelado da correia
Mt	momento torcedor ou torque
n	rotação (rpm)
N	força normal
N_o	potência nominal
P	potência transmitida

P_N	potência nominal (kW)
P_p	potência de projeto
r_p	raio primitivo da polia
S	força centrífuga
t	espessura de correia plana
T_{max}	força máxima atuante sobre o eixo de transmissão
T_{min}	força mínima atuante sobre o eixo de transmissão
v	velocidade tangencial da correia (m/s)
w	velocidade angular (rad/s)
z_1	número de dentes da polia motora
z_2	número de dentes da polia movida
z_e	número de dentes em contato com a polia motora

REFERÊNCIAS BIBLIOGRÁFICAS

Bode Belting, 2009. Atlatos – Putiming Belts, Lauenburg, Germany.

Budynas, R.G. and Nisbett, J.K., 2008. Shigley's – Mechanical Engineering Design, 8ª ed., McGraw Hill.

Budynas, R.G. and Nisbett, J.K., 2011. Elementos de Máquinas de Shigley, Bookman Companhia Editora, São Paulo, SP.

Collins, J.A., 2006. Projeto Mecânico de Elementos de Máquinas, Livros Técnicos e Científicos – LTC, Rio de Janeiro, RJ.

DRB. Design Manual for Power Transmission Belts.

Faires, V.M., 1984. Elementos Orgânicos de Máquinas, Livros Técnicos e Científicos – LTC, Rio de Janeiro, RJ.

Habasit. Power Transmission Belts Engineering Guide - 6026, Reinach, Switzerland.

Habasit. Timing Belts - Engineering Guide - 6018, Reinach, Switzerland.

Juvinall, R.C. and Marshek, K.M., 2007. Fundamentos do Projeto de Componentes de Máquinas, Livros Técnicos e Científicos – LTC, Rio de Janeiro, RJ.

Mitsuboshi, 2014. Design Manual V-Belt – V836-E, Nagata, Japan.

Niemann, G., 2000. Elementos de Máquinas – Vol. III, Editora Edgard Blucher Ltda., São Paulo, SP.

Optibelt. Technical Manual Rubber Timing Belt Drives, Hoxter, Germany.

Sanok, S., 2012. Designer Handbook, 5ª ed., Poland.

Sites:

www.correias.com.br

www.correiasmercurio.com.br

www.drbworld.com

www.gates.com

www.habasit.com

www.mitsuboshi.co.jp/english

www.optibelt.com

www.veyance.com.br

CAPÍTULO 10
Correntes de Transmissão

10.1. INTRODUÇÃO

Transmissões de potência envolvendo correntes apresentam características similares às transmissões por correias sincronizadoras, excetuando-se o fato de elas não serem confeccionadas com materiais elásticos como acontece com as correias. As correntes de transmissão são elementos metálicos, proporcionando, assim, maior capacidade de transmissão de potência para uma mesma faixa de tamanhos, comparativamente às correias.

Dentre os tipos de correntes de transmissão disponíveis comercialmente (rolos, agrícolas, dentes, passo longo, escavadeiras, etc.), pode-se considerar que as correntes de rolos (ou de roletes) são as utilizadas costumeiramente nas transmissões de potência industriais e de equipamentos. Essas correntes são constituídas de igualdades, ou seja, de placas internas e externas, montadas de maneira alternada, formando a corrente. A Figura 10.1 ilustra os principais tipos de correntes de transmissão disponíveis, enquanto a Figura 10.2 identifica os principais componentes de uma corrente de rolos.

10.1.1 – PARTES PRINCIPAIS DE UMA CORRENTE DE ROLOS

As correntes de rolos apresentam dimensões padronizadas pela norma americana ANSI B.29.1 (American National Standard Institute), havendo assim diversos tamanhos de correntes em função das faixas de potência a serem transmitidas. Seus principais componentes têm as seguintes funções:

a) Pinos - importantes componentes para a formação da corrente, dado que atuam conjuntamente às buchas, suportando toda a carga de tração ao qual a corrente é submetida quando em operação. Trata-se do componente mais solicitado ao desgaste;

b) Buchas - envolvem os pinos protegendo-os contra os impactos presentes no engrenamento dos elos nas rodas dentadas. Da mesma forma que os pinos, são componentes bastante solicitados ao desgaste;

c) Rolos – servem para amortecer os impactos resultantes do engrenamento dos elos nas rodas dentadas; e

d) Placas – trabalham aos pares (interna e externamente), tendo a função principal de manter pinos e buchas de forma adequadamente alinhada.

A distância entre os centros de dois pinos consecutivos corresponde ao passo da corrente, que é seu principal parâmetro dimensional, visto que a partir do passo torna-se possível a identificação e a caracterização da corrente considerada.

Observar que o projeto de uma transmissão por correntes de rolos, não envolve, evidentemente, o dimensionamento dos seus componentes de forma individualizada, dado que as mesmas são disponibilizadas comercialmente montadas na sua concepção final, cabendo assim aos fabricantes desses dispositivos a preocupação pelo projeto, materiais e atendimento às normas correspondentes sobre o assunto. Ao projetista caberá o projeto e a seleção de uma corrente comercial para determinada condição de transmissão, conforme discutido na sequência.

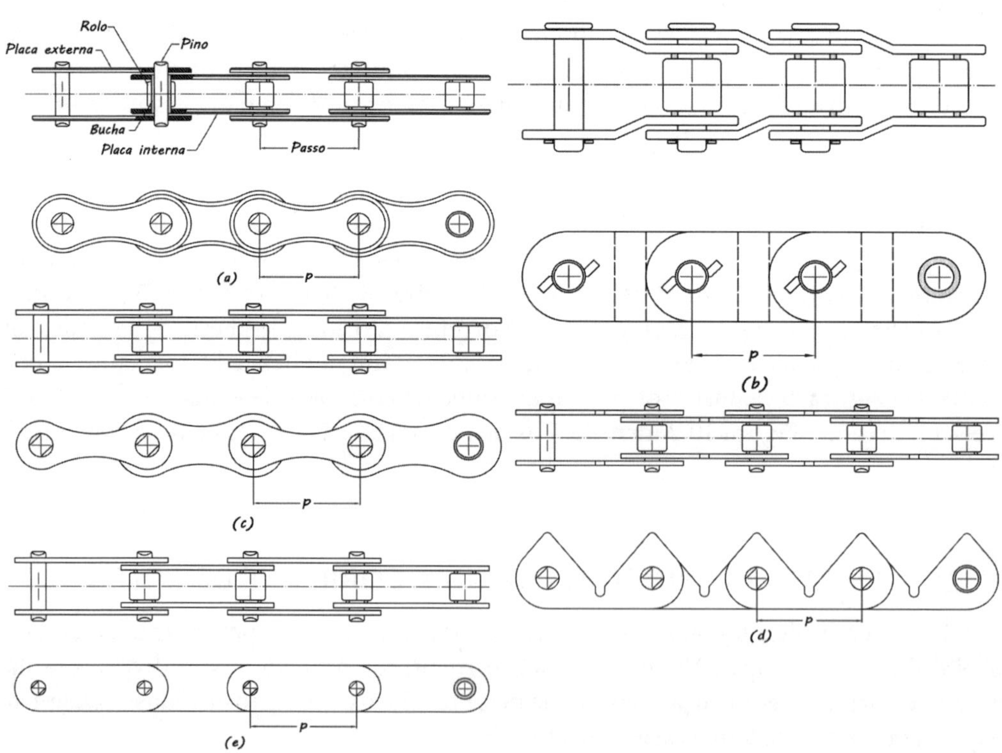

Figura 10.1 – Principais tipos de correntes de transmissão: a) rolos, b) escavadeira, c) passo longo, d) dentes, e) transportadora. Adaptado a partir de Daido, 2012, Cerello e Wippermann, 2011.

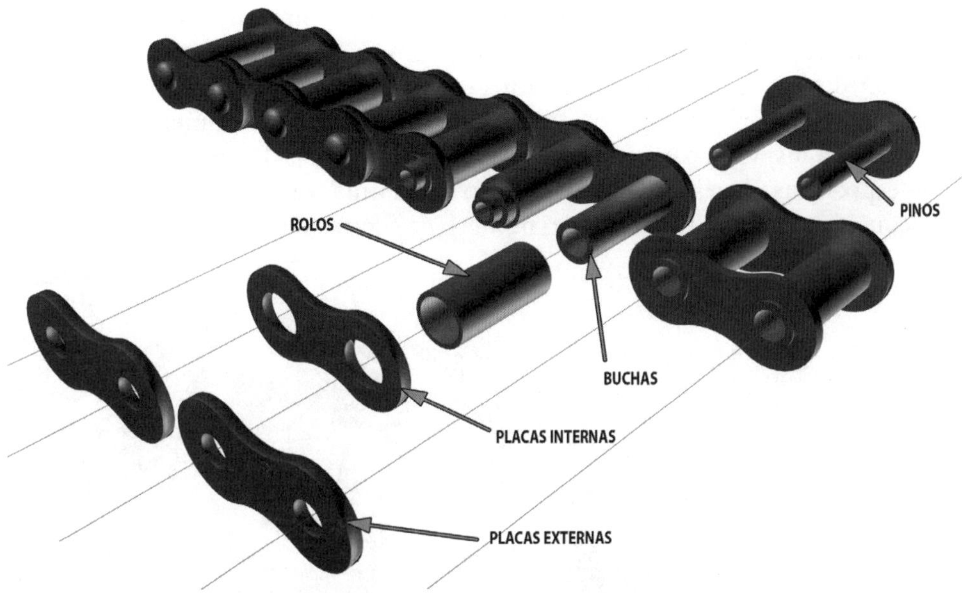

Figura 10.2 – Principais componentes de uma corrente de rolos. Adaptado a partir de Iwis, 2006.

10.1.2 – VANTAGENS E RESTRIÇÕES NO USO DE CORRENTES DE ROLOS

Como qualquer outro componente mecânico, as transmissões por correntes de rolos apresentam vantagens e eventuais restrições ou desvantagens na sua aplicação. Como principais vantagens, destacam-se: a) relação de transmissão constante, b) aplicações em ambientes críticos ou severos (poeira, umidade, resíduos, etc.), c) possibilidade de acionamento de várias rodas com uma única corrente, d) grandes distâncias entre centros, e) não apresentam escorregamento, e f) rendimentos na faixa de 97%. Como desvantagens destacam-se: a) problemas de ruído decorrentes do contato metálico das partes, b) desgastes nas articulações, c) necessidade de um sistema de lubrificação adequado, d) eventual necessidade de sistemas adicionais de esticamento e de amortecimento de vibrações (Figura 10.3), e) funcionamento ruidoso, e f) menor vida útil em virtude do desgaste contínuo nas articulações.

10.2. PARÂMETROS GERAIS DAS TRANSMISSÕES POR CORRENTES

Transmissões por correntes, ou mais especificamente, correntes de rolos, envolvem a utilização de eixos paralelos e na condição de que todas as rodas envolvidas estejam alocadas necessariamente num mesmo plano de referência. A transmissão ocorre pelo encaixe dos elos da corrente em torno dos dentes das rodas dentadas, caracterizando um funcionamento ruidoso e com elevado nível de desgaste das partes metálicas envolvidas.

As correntes podem, ainda, ser disponibilizadas nas composições: simples, dupla, tripla ou quádrupla, dependendo do nível de potência a ser transmitida e de cada fabricante. A diferença fundamental de uma configuração para outra é basicamente o comprimento do pino, visto que os demais componentes são exatamente iguais, alterando apenas a disposição e a quantidade deles. Em termos de projeto, salvo para situações específicas, deve-se iniciar os cálculos para uma corrente simples, aumentando na sequência, quando necessário, o número de fileiras dessa corrente.

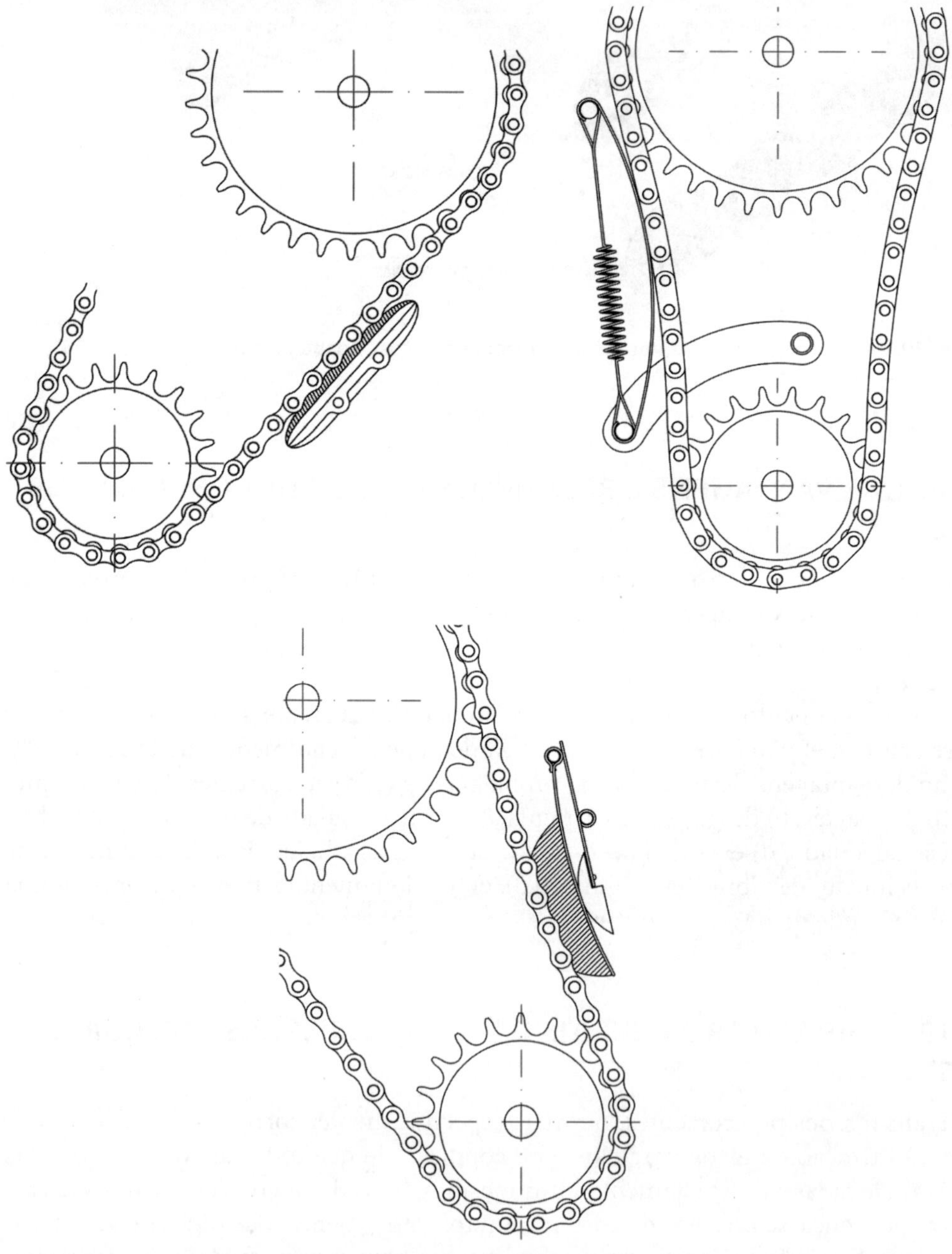

Figura 10.3 – Exemplos de dispositivos de amortecimento e esticamento de correntes. Adaptado a partir de Niemann, 2000.

As Figuras 10.4 e 10.5 ilustram, respectivamente, a concepção geral de uma transmissão por corrente de rolos e situações de correntes simples a quádruplas.

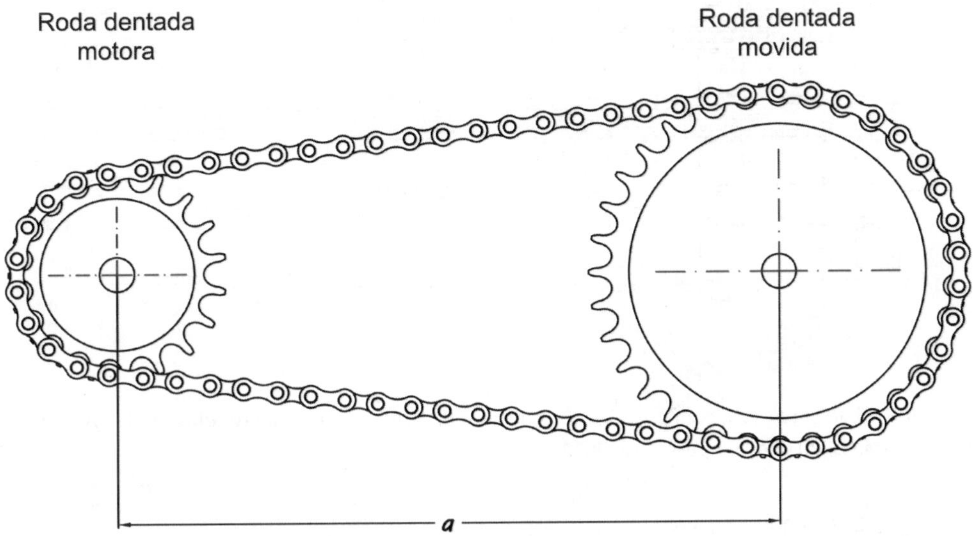

Figura 10.4 – Transmissão por corrente – Típico.

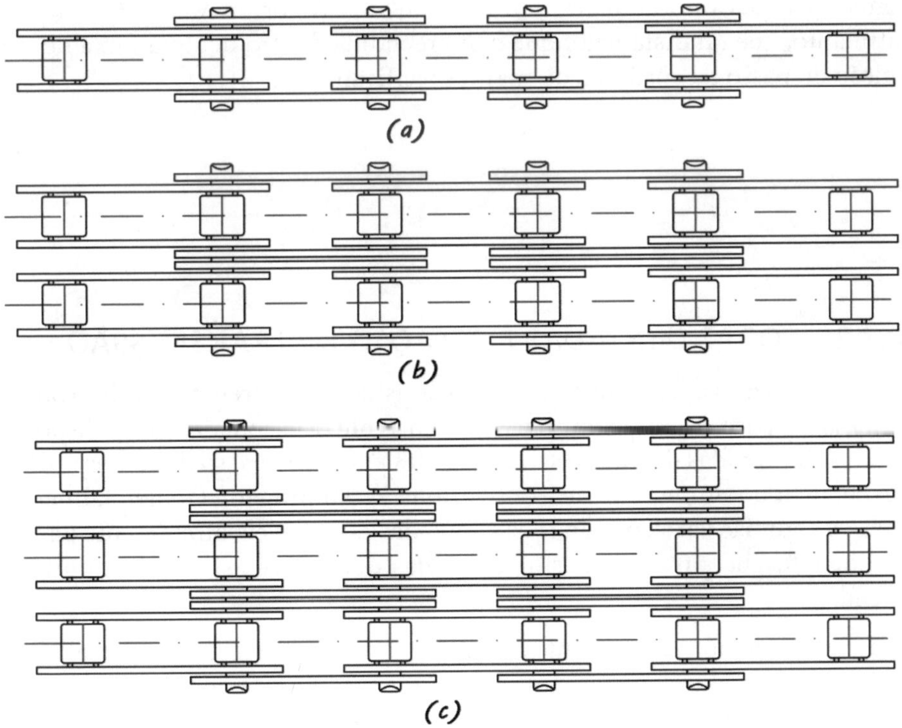

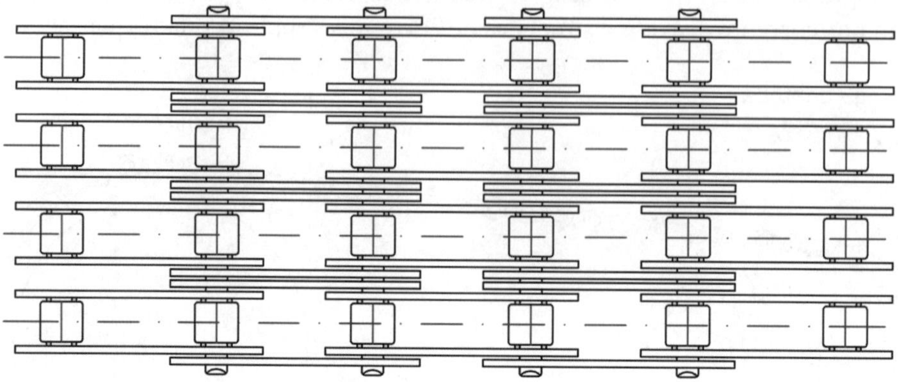

(d)

Figura 10.5 – Correntes com configurações (a) simples, (b) dupla, (c) tripla e (d) quádrupla. Adaptado a partir de Daido, 2012 e Wippermann, 2011.

10.2.1 – DISTÂNCIA ENTRE EIXOS (a)

Similar ao que ocorre com as transmissões por correias, essa distância deve ser compatível com as dimensões das rodas dentadas consideradas, podendo, a princípio, apresentar qualquer valor numérico correspondente. A norma ASME B29.1 recomenda, entretanto, que tal distância fique compreendida dentro de uma faixa de valores em função do passo da corrente, ou mais especificamente:

$$30p \leq a \leq 50p \tag{10.1}$$

10.2.2 – RODAS DENTADAS E RELAÇÃO DE TRANSMISSÃO

O funcionamento adequado de uma transmissão por correntes envolve rodas com dimensões compatíveis aos parâmetros da corrente selecionada. Tais dispositivos, designados como rodas dentadas, são fabricadas para cada passo de corrente disponível e dependem do número de dentes selecionado em projeto. Comercialmente, encontram-se algumas variações de rodas dentadas disponíveis diretamente para aquisição, enquanto que para outras situações, elas devem ser usinadas ou obtidas sob encomenda.

Na definição do número de dentes das rodas dentadas, sugere-se, preferencialmente, trabalhar com rodas dentadas com um número **ímpar** de dentes, visto que a corrente normalmente é adquirida em função de uma quantidade **par** de elos. Essa relação favorece o encaixe desencontrado entre os dentes das rodas dentadas e os elos da corrente, minimizando, assim, o desgaste tanto na corrente como nas rodas dentadas.

Similarmente às correias, a roda dentada menor corresponde à roda motora da transmissão e a roda dentada maior à roda movida da transmissão, mantendo-se a convenção utilizada para correias de transmissão, ou seja: índice (1) para a roda motora e índice (2) para a roda movida.

As rodas dentadas não apresentam variações dimensionais significativas para cada passo em específico, exceto pelo fato de apresentarem variações na largura em função do número de fileiras de corrente adotadas em projeto. A Figura 10.6 apresenta tal situação.

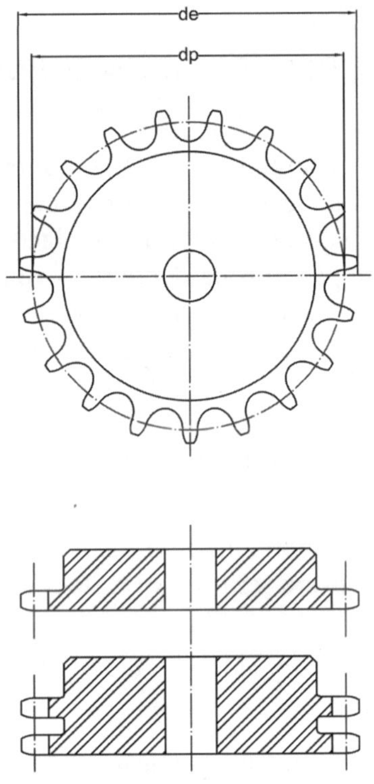

Figura 10.6 – Exemplo de rodas dentadas. Reproduzido com autorização da Daido, 2012.

Os principais diâmetros de uma roda dentada que merecem destaque em termos de cálculo correspondem aos diâmetros primitivo e externo, cujas equações matemáticas valem:

$$d_p = \frac{p}{\operatorname{sen}\left(\frac{180^\circ}{z}\right)} \tag{10.2}$$

$$d_E = p\left(0,6 + \cot\left(\frac{180^\circ}{z}\right)\right) \tag{10.3}$$

No contexto da relação de transmissão, por se tratar de uma equação universal, são válidas as relações apresentadas para correias, incluindo, para o caso de correntes, o número de dentes das rodas dentadas. A relação de transmissão de um único estágio por correntes não deve, porém, ultrapassar 1:7.

$$i = \frac{d_{p_1}}{d_{p_2}} = \frac{r_{p_1}}{r_{p_2}} = \frac{Mt_1}{Mt_2} = \frac{z_1}{z_2} = \frac{n_2}{n_1} \tag{10.4}$$

10.2.3 – NÚMERO DE DENTES MÍNIMO E MÁXIMO PARA AS RODAS DENTADAS

Conceitualmente, uma roda dentada poderia ser adotada com qualquer número de dentes. Comercialmente, porém, existe um número compatível de opções que visam atender de forma satisfatória a grande maioria das relações de multiplicação de projeto. Nesse universo, sugere-se para a roda dentada menor um número mínimo de 17 dentes. Tal condição deve-se ao fato de um efeito desfavorável que afeta as rodas dentadas de pequenas dimensões, designado como efeito poligonal, o qual é discutido na sequência deste capítulo. No contexto oposto, para a roda maior sugere-se um número máximo de 80 dentes, número esse considerado satisfatório para as faixas de transmissão necessárias e que, ao mesmo tempo, evita rodas dentadas com dimensões exageradas.

Ainda no contexto do efeito poligonal, o número total mínimo de dentes para o par de rodas em análise não deverá ser inferior a 50 dentes. Assim:

$$z_{1min} = 17; \quad z_{2max} = 80; \quad (z_1 + z_2)_{min} = 50 \tag{10.5}$$

Atentar que as relações descritas na Equação 10.5 são apenas recomendatórias e não necessariamente impeditivas, visto que um sistema de transmissão por correntes trabalha adequadamente, mesmo que formatado com concepção diferenciada dos valores propostos, podendo apenas vir a apresentar um desgaste mais acentuado do que nas condições recomendadas. Pinhões de transmissão de motocicletas, por exemplo, normalmente apresentam um número de dentes inferior a 17.

10.2.4 – NÚMERO DE ELOS DA CORRENTE

O número de elos de uma corrente a ser aplicada em uma determinada condição de projeto deve ser calculado a partir dos dentes considerados para as rodas dentadas e da distância entre eixos adotada de forma preliminar. Matematicamente, pode-se demonstrar que:

$$X = \frac{2a}{p} + \frac{(z_1 + z_2)}{2} + \left(\frac{z_2 - z_1}{2\pi}\right)^2 \frac{p}{a} \tag{10.6}$$

Após o cálculo do número de elos pela Equação 10.6, deve-se, evidentemente, efetivar ajustes no valor calculado para um número de elos inteiro. Para tanto, salvo de indicado ao contrário, sugere-se que esse arredondamento seja feito sempre para o número de elos par mais próximo.

Após a correção no número de elos, algum ajuste ainda se faz necessário em relação à distância entre centros inicialmente adotada. Para esse ajuste considerar o uso da Equação 10.7, na forma:

$$a_{corr} = \frac{p}{4}\left[X - \frac{z_1 + z_2}{2} + \sqrt{\left(X - \frac{z_1 + z_2}{2}\right)^2 - 2\left(\frac{z_2 - z_1}{\pi}\right)^2}\right] \tag{10.7}$$

10.2.5 – COMPRIMENTO DA CORRENTE

Conforme descrito, uma corrente é formada pela junção de um conjunto de elos que, quando associados, fornecem o comprimento final necessário. Como ainda a distância consecutiva entre dois elos adjacentes da corrente corresponde ao passo dela, pode-se considerar, para fins do comprimento final da corrente (em metros nessas circunstâncias), a equação:

$$L = \frac{X.p}{1000} \tag{10.8}$$

Deve-se lembrar ainda que o passo da corrente é padronizado e pode ser obtido a partir da designação da corrente selecionada (ver Tabela 10.7).

10.2.6 – DISPOSIÇÃO DOS EIXOS

Generalizando, pode-se afirmar que qualquer configuração de eixos paralelos atenderia uma transmissão por correntes de rolos. Na prática, porém, observa-se que determinadas configurações são mais favoráveis do que outras. Dessa forma, sugere-se priorizar as transmissões na posição horizontal, deixando nesse caso a parcela tensa da corrente sempre na parte superior da transmissão.

Para o caso de transmissões na posição vertical, caso não se tenha alternativa contrária, dispor sempre o pinhão na parte superior da transmissão. A Figura 10.7 ilustra algumas configurações nesse contexto.

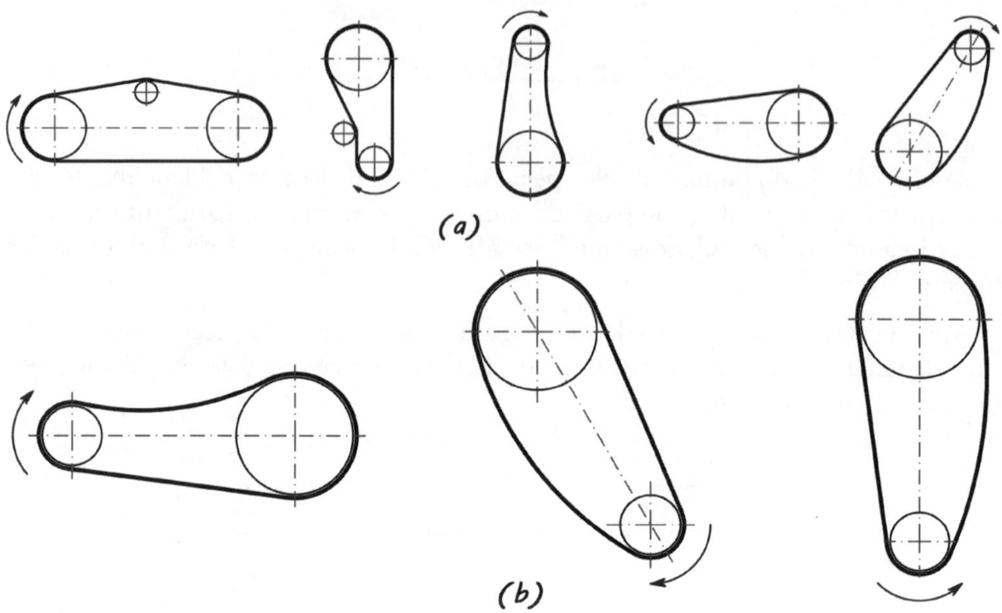

Figura 10.7 – Exemplos de disposições dos eixos em transmissões por correntes: a) disposições favoráveis, b) disposições desfavoráveis. Adaptado a partir de Daido, 2012 e Iwis, 2006.

10.2.7 – VELOCIDADE TANGENCIAL E ROTAÇÃO LIMITE

Assim como ocorre com os demais tipos de transmissões industriais de potência, pode-se garantir que a velocidade tangencial de uma corrente de rolos estará sempre abaixo do limite dos 20 m/s. Além disso, existem, para o caso destes dispositivos, informações específicas acerca da rotação máxima a ser considerada para cada passo padronizado de corrente. Essa informação, disponibilizada normalmente pelos fabricantes, encontra-se reproduzida na Tabela 10.1 e deve ser observada para cada situação de projeto analisada.

Para o caso da velocidade tangencial, sugere-se, ainda ,a aplicação de equação específica e dependente diretamente do passo da corrente, na forma:

$$v = \frac{z.p.n}{60} \tag{10.9}$$

Tabela 10.1 – Rotação máxima x passo da corrente. Adaptado a partir de Cerello.

Passo da corrente	Rotação máxima (1)	Passo da corrente	Rotação máxima (1)
6,35mm	5000rpm	31,75mm	1200rpm
9,525mm	5000rpm	38,10mm	900rpm
12,7mm	3750rpm	44,45mm	700rpm
15,875mm	2750rpm	50,80mm	550rpm
19,05mm	2000rpm	63,50mm	450rpm
25,4mm	1500rpm	76,20mm	300rpm

(1) valores definidos para rodas dentadas entre 17 e 25 dentes operando em lubrificação adequada.

10.3. ESFORÇOS ATUANTES SOBRE UMA CORRENTE DE ROLOS

Como não se envolve qualquer escorregamento nesse tipo de transmissão, existe para o caso de correntes de rolos a presença: a) da força tangencial decorrente do torque transmitido por cada roda dentada em específico, b) da força centrífuga decorrente da velocidade tangencial da corrente, c) da força de impacto ou carga dinâmica proveniente do elo com o dente da roda dentada, e d) do efeito poligonal.

Para o caso do efeito poligonal, pode-se destacar que o mesmo é praticamente desprezível para situações nas quais a roda dentada venha a apresentar um número superior a 17 dentes. Esse efeito é decorrente do aumento instantâneo e localizado da velocidade tangencial da corrente ao se aproximar da roda dentada correspondente. Para rodas pequenas, a corrente percorre um arco de circunferência maior, causando aumento brusco e localizado na velocidade com um correspondente impacto no rolete. A Figura 10.8 ilustra uma roda dentada esquemática e hipotética com apenas três dentes, de tal forma que os elos superiores da corrente, ao passarem para a posição inferior, oscilam de uma distância "R" para "2R" durante essa trajetória, ocasionando, assim, o referido efeito. O aumento percentual de velocidade é menor quanto maior for o número de dentes, motivo pelo qual se justifica a utilização de rodas dentadas com no mínimo 17 dentes.

A Figura 10.9 representa um gráfico ilustrativo da variação da velocidade tangencial em função do número de dentes da roda dentada em análise. Essa curva pode ainda ser obtida a partir da equação:

$$\frac{\Delta v}{v} = \frac{\pi}{z}\left[\frac{1}{\text{sen}\left(\frac{180^\circ}{z}\right)} - \frac{1}{\tan\left(\frac{180^\circ}{z}\right)}\right] \qquad (10.10)$$

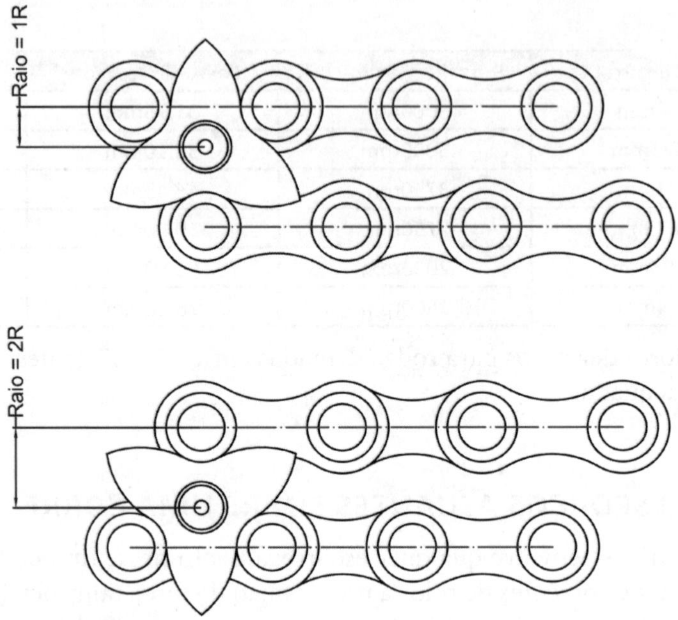

Figura 10.8 – Roda dentada imaginária e o problema do efeito poligonal. Adaptado a partir de Cerello.

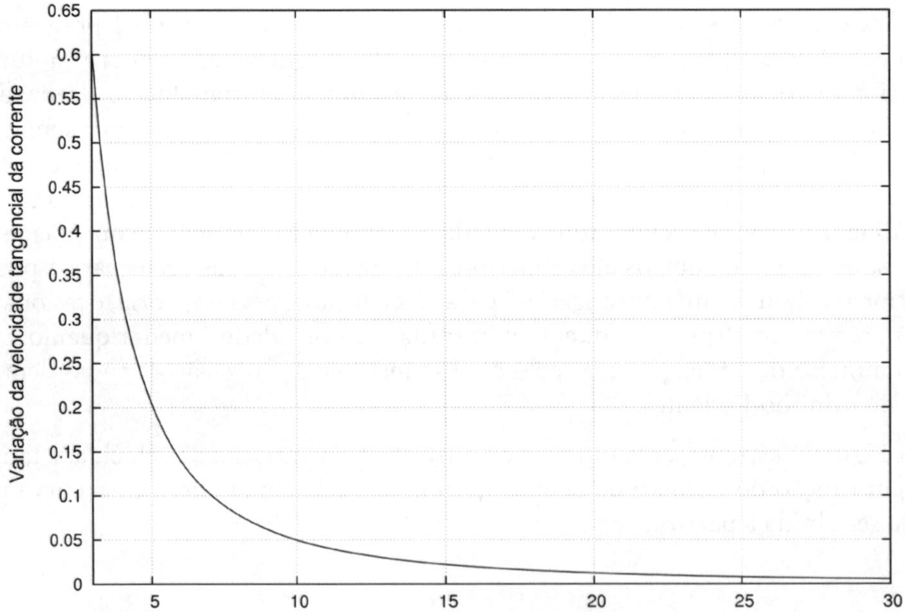

Figura 10.9 – Efeito poligonal x número de dentes da roda dentada.

10.3.1 – FORÇA CENTRÍFUGA

A força centrífuga presente numa transmissão por correntes depende diretamente da velocidade tangencial dela, sendo também pouco significativa para o caso de baixas velocidades. Caso, porém, opte-se por considerar essa parcela de esforço atuante sobre a corrente, é sugerida a equação:

$$S = \frac{Gv^2}{g} \quad (\text{kgf}) \tag{10.11}$$

nessas circunstâncias, o termo designado pela letra (G) corresponde ao peso da corrente por unidade de comprimento, parâmetro esse normalmente disponível em catálogos técnicos sobre o assunto (ver Tabela 10.7).

10.3.2 – FORÇA TANGENCIAL

Assim como ocorre em todos os demais tipos de transmissões de potência, a força tangencial atuante pode ser definida a partir do torque transmitido pela roda dentada em análise. Assim:

$$Mt = \frac{P}{2\pi f} = F_t \frac{d_p}{2} \tag{10.12}$$

10.3.3 – CARGA DE TRAÇÃO

A carga de tração final sobre a corrente corresponde às parcelas de força tangencial e à força centrífuga, atuantes sobre a corrente, as quais, quando adicionadas, devem ser comparadas com a carga admissível eventualmente fornecida pelos fabricantes da corrente em análise.

$$T = F_t + S \leq C_{ADM} \tag{10.13}$$

10.4. FORÇAS ATUANTES SOBRE O EIXO DE TRANSMISSÃO

Para o caso dos esforços atuantes sobre o eixo de transmissão pertencente a um estágio por correntes de rolos, não se justificativa a decomposição dos esforços em decorrência das inclinações que os tramos da corrente venham a apresentar em relação às rodas dentadas. Nessas circunstâncias, utiliza-se normalmente uma equação empírica e aproximada que relaciona a carga de tração na corrente com o respectivo esforço sobre o eixo (A), na forma:

$$A = 1,5T \quad (10.14)$$

Esquematicamente:

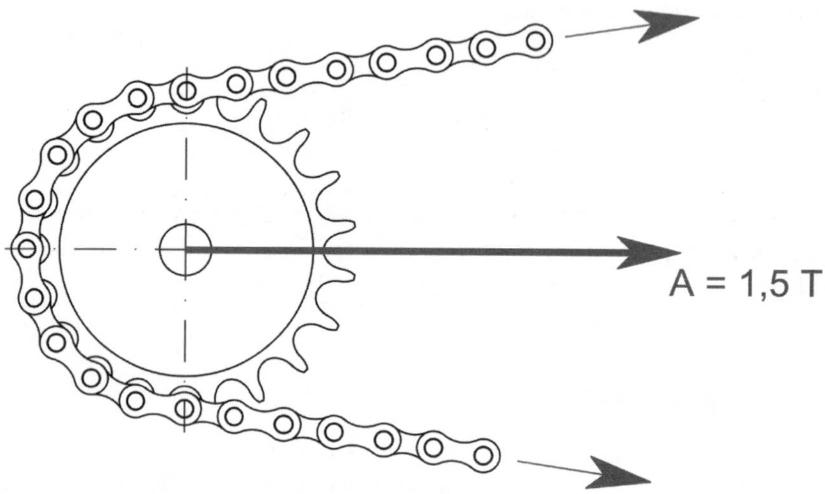

Figura 10.10 – Representação esquemática do esforço resultante sobre o eixo de uma corrente de transmissão.

10.5. ETAPAS DO PROJETO E SELEÇÃO DE UMA TRANSMISSÃO POR CORRENTES DE ROLOS

Para se iniciar o projeto de qualquer sistema de transmissão de potência, tornam-se imprescindíveis as seguintes informações: a) potência a transmitir, b) rotação dos eixos, c) características do acionamento, e d) estimativa da distância entre eixos. De posse desses dados, as etapas para o projeto e seleção de uma transmissão por correntes de rolos são bem definidas e podem, num contexto geral, serem subdivididas em passos na seguinte forma:

Passo 01 – Definição da potência de projeto – a partir da potência nominal do sistema, previamente conhecida, considera-se a inclusão de um fator de serviço (ou de sobrecarga) visando compensar efeitos adicionais à transmissão. Utiliza-se para tanto, as referências descritas na Tabela 10.2 para definição deste fator. Evidentemente que, para situações nas quais as condições operacionais não sejam conhecidas ou claramente identificadas, adota-se tal fator igual à unidade.

$$P_p = K_o N_o \quad (10.15)$$

Tabela 10.2 – Fator de serviço - K_o. Adaptado a partir da norma ANSI B.29.1.

Características do equipamento	Tipo de acionamento		
	Motor elétrico ou turbina	Motor de combustão interna	
		com acionamento hidráulico	com acionamento mecânico
Constante (1)	1,0	1,0	1,2
Choques moderados ou meio impulsivo (2)	1,3	1,4	1,4
Choques pesados ou bastante impulsivo (3)	1,5	1,4	1,7

(1) transportadores com carga constante, agitadores de líquidos, misturadores, bombas centrífugas, alimentadores;

(2) transportadores com carga irregular, máquinas operatrizes em geral, compressores, fornos automáticos, secadores, esmagadores, máquinas para fabricação de papel e trefilados;

(3) equipamentos de elevação, prensas, britadores, perfuratrizes, laminadores, equipamentos para obras civis, minas em geral, trituradores para material duro.

Passo 02 – Definição da especificação da corrente – com a determinação da potência de projeto e com a rotação do eixo motor, torna-se possível definir, por meio do ábaco da Figura 10.11, a especificação **preliminar** da corrente indicada para os dados de entrada do projeto. Recomenda-se ainda que, caso ocorra sobreposição de valores entre dois tipos de correntes distintas, considerar sempre a corrente de maior passo.

Passo 03 – Definição dos números de dentes das rodas dentadas – salvo condições de projeto pré-estabelecidas, nas quais os números de dentes das rodas dentadas são conhecidos, caberá ao projetista, nessa etapa, definir o quantitativo de dentes para cada roda dentada da transmissão. Em não havendo restrição de espaço, sugere-se conforme mencionado, um número mínimo de 17 dentes para a roda dentada motora do sistema. Tal procedimento minimizará bastante o problema do efeito poligonal, como também garantirá, nessas circunstâncias, a proposta de um número de dentes ímpar para o pinhão. Com essa definição e mediante a Equação 10.4, define-se o número de dentes da roda dentada maior, o qual deverá também, se possível, ser ajustado para um número ímpar. Ao final, eventuais ajustes poderão ser necessários na relação de transmissão inicial do problema.

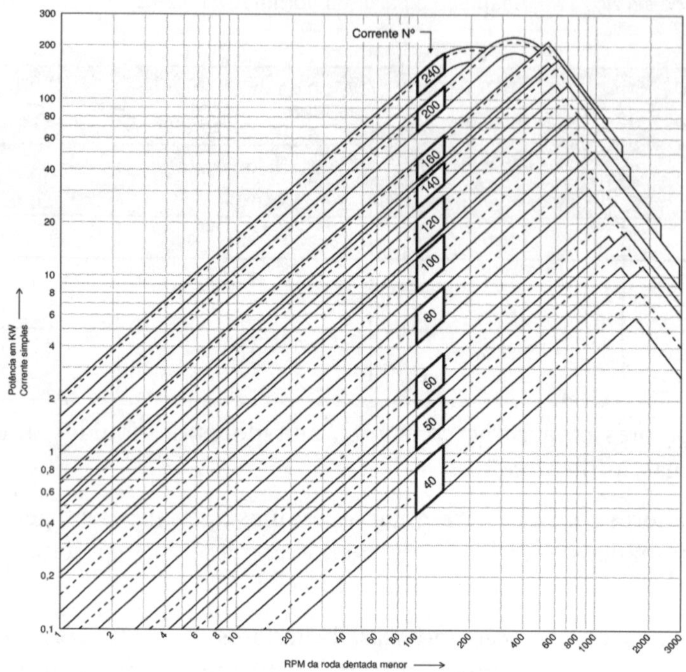

Figura 10.11 – Gráfico de seleção para correntes de rolos. Reproduzido com autorização da Daido, 2012.

(*) as potências descritas no gráfico de seleção são baseadas em condições de corrente com uma única fileira, carga constante, vida aproximada de 15000 h de funcionamento e lubrificação adequada.

Passo 04 – Definição da velocidade tangencial da corrente – após a verificação da rotação máxima permitida para a corrente em função do passo dela (Tabela 10.1), torna-se possível a determinação da velocidade tangencial pela Equação 10.9. Caso se tenha, entretanto, alguma eventual incompatibilidade em termos dessa rotação máxima, ajustes deverão ocorrer neste momento.

Passo 05 – Definição do número de elos e do comprimento da corrente – a aplicação da Equação 10.6 permite a definição do número de elos necessários para a transmissão. Novamente, observar a recomendação para a qual o número de elos da corrente seja um número preferencialmente par, efetivando-se os eventuais ajustes que se façam necessários. Não havendo nada em contrário, optar ainda pelo número par mais próximo do calculado inicialmente. Na sequência, por meio da Equação 10.8 pode-se definir facilmente o comprimento final necessário para a corrente a ser adotada.

Passo 06 – Correção da distância entre centros – a diferença entre o número de elos calculado e o número de elos efetivamente adotado ocasionará uma pequena variação na distância entre eixos considerada originalmente. Para tanto, a Equação 10.7 deverá ser aplicada para o ajuste referido.

Passo 07 – Determinação dos diâmetros das rodas dentadas – os diâmetros de interesse em uma roda dentada são normalmente o diâmetro primitivo e o diâmetro externo, os quais podem ser definidos pelas Equações 10.2 e 10.3, respectivamente. Nessas circunstâncias, nenhum tipo de ajuste ou arredondamento nos valores calculados se torna possível, visto que ambas as equações contemplam apenas parâmetros invariáveis (passo, por exemplo) e funções matemáticas pré-definidas.

Passo 08 – Determinação da potência básica da transmissão – com a especificação da corrente, realizada no passo 02, e com a rotação do eixo mais rápido, torna-se possível definir a potência limite para a corrente. Para tanto, consultar a Tabela 10.3 efetivando, quando necessário, uma interpolação linear em função dos dados tabelados.

Essa potência deverá ainda ser corrigida em função do número de dentes da roda dentada menor e do número de fileiras considerado para o projeto, na forma:

$$N_{BAS}=K_1\,K_2\,N_{TAB} \tag{10.16}$$

onde K_1 e K_2 correspondem aos chamados fator de correção do número de dentes e fator de correção de fileiras, respectivamente, os quais são obtidos a partir das Tabelas 10.4 e 10.5.

Passo 09 – Determinação do coeficiente de segurança da transmissão – com as potências designadas como potências de projeto e básica, torna-se possível definir o coeficiente de segurança da transmissão, o qual, evidentemente, deverá ser sempre superior à unidade. Se tal condição não for verificada, ajustes deverão ser realizados no dimensionamento, seja pela escolha de uma corrente de passo maior ou pela opção de um maior número de fileiras.

$$CS=\frac{N_{BAS}}{P_p} \tag{10.17}$$

Tabela 10.3 – Potência limite **(em hp)** para correntes de rolos simples segundo ANSI B.21.1 e rodas dentadas com 17 dentes. Adaptado a partir da norma ANSI B.21.1.

n_1	Passo da corrente (mm) / Designação ANSI										
	6,35	9,52	12,7	15,87	19,05	25,4	31,75	38,1	44,45	50,8	57,15
(rpm)	25	35	40	50	60	80	100	120	140	160	180
50	0,05	0,16	0,37	0,72	1,24	2,88	5,52	9,33	14,4	20,9	28,9
100	0,09	0,29	0,69	1,34	2,31	5,38	10,3	17,4	26,9	39,1	54,0
200	0,16	0,54	1,29	2,50	4,30	10,0	19,2	32,5	50,3	72,9	101
300	0,23	0,78	1,85	3,61	6,20	14,5	27,7	46,8	72,4	105	145
400	0,30	1,01	2,40	4,67	8,03	18,7	35,9	60,6	93,8	136	188
500	0,37	1,24	2,93	5,71	9,81	22,9	43,9	74,1	115	166	204
600	0,44	1,46	3,40	6,72	11,6	27,0	51,7	87,3	127	141	155
700	0,50	1,68	3,87	7,73	13,3	31,0	59,4	89,0	101	112	123
900	0,62	2,10	4,98	9,69	16,7	38,9	52,8	61,0	69,1	76,8	84,4
1000	0,68	2,31	5,48	10,7	18,3	37,7	45,0	52,1	59,0	65,6	72,1
1200	0,81	2,73	6,45	12,6	21,6	28,7	34,3	39,6	44,9	49,9	
1400	0,93	3,13	7,41	14,4	18,1	22,7	27,2	31,5	35,6		
1600	1,04	3,53	8,36	12,8	14,8	18,6	22,3	25,8			
1800	1,16	3,93	8,96	10,7	12,4	15,6	18,7	21,6			
2100	1,33	4,51	7,11	8,50	10,0	12,4	14,9				
2400	1,50	4,89	5,82	6,96	8,18	10,1	0,79				
2700	1,67	5,26	4,88	5,83	6,85	8,49					
3000	1,84	5,64	4,17	4,98	5,76	7,25					
3500	2,11	5,29	3,31	3,95	4,57						

Passo 10 – Verificação final das recomendações de projeto – embora não obrigatório, é recomendável efetivar uma verificação das recomendações gerais de projeto descritas ao longo deste capítulo. Tal procedimento permitirá ao projetista, caso julgue necessário e possível, algum eventual ajuste nas premissas de cálculo até então consideradas. Essas recomendações podem ser resumidas por meio das relações:

$$
\begin{gathered}
z_{1min}=17 \\
z_{2max}=80 \\
(z_1+z_2)_{min}=50 \\
(z_1, z_2) \rightarrow \text{impar} \\
X \rightarrow \text{par} \\
a \rightarrow (30 \text{ a } 50)p
\end{gathered}
\tag{10.18}
$$

Tabela 10.4 – Fator de correção do número de dentes - K_1. Reproduzido com autorização de Filho, 2009.

z_1	K_1	z_1	K_1
11	0,53	22	1,29
12	0,62	23	1,35
13	0,70	24	1,41
14	0,78	25	1,46
15	0,85	30	1,73
16	0,92	35	1,95
17	1,00	40	2,15
18	1,05	45	2,37
19	1,11	50	2,51
20	1,18	55	2,66
21	1,26	60	2,80

Tabela 10.5 – Fator de correção de fileiras - K_2. Adaptado a partir da norma ANSI B.21.1.

Número de fileiras	K_2
2	1,7
3	2,5
4	3,3
5	3,9
6	4,6

Passo 11 – Determinação dos esforços atuantes sobre a corrente – se julgar necessário, poderá, ainda, o projetista determinar os esforços presentes na transmissão. Os parâmetros iniciais da transmissão permitem o cálculo da força tangencial, enquanto que a força centrífuga depende apenas da velocidade tangencial da corrente. Com isso, chega-se, mediante a Equação 10.13, à carga de tração ou carga resultante sobre a corrente. O esforço atuante sobre o eixo é uma consequência e poderá também ser definido através da Equação 10.14.

10.6. LUBRIFICAÇÃO

Por se tratar de um sistema mecânico que apresenta desgastes acentuados em função da própria configuração dos elementos metálicos envolvidos, um dispositivo de lubrificação adequado torna-se inevitável, visto que uma inadequada lubrificação será altamente prejudicial para a vida útil da corrente. A finalidade da lubrificação corresponde à formação de uma película lubrificante entre as partes da corrente, para que se tenha longevidade e eficiência na transmissão.

Deve-se, porém, definir um sistema de lubrificação o mais simples possível e que represente resultados satisfatórios para cada tipo de transmissão. Quando se envolve potência e velocidades elevadas, o fluxo de óleo deve ser contínuo para contribuir com o próprio resfriamento da corrente.

Na prática, as configurações mais utilizadas em termos da lubrificação de transmissões por corrente, contemplam:

a) lubrificação manual - recomendável para velocidades tangenciais de até 3 m/s;

b) lubrificação por gotejamento;

c) lubrificação por banho de óleo ou pela circulação do óleo;

d) lubrificação por bomba de óleo.

Em todas as propostas o lubrificante mais indicado corresponde a um óleo mineral puro, com a especificação prevista pela Tabela 10.6.

Tabela 10.6 – Especificação do óleo lubrificante em função da temperatura. Adaptado a partir da norma ANSI B.21.9.

Temperatura de funcionamento (°C)	Tipo de óleo
-5°C à 25°C	SAE 30
25°C à 45°C	SAE 40
45°C à 65°C	SAE 50

A Figura 10.12 ilustra, ainda, os principais tipos de lubrificação possíveis para transmissões por correntes, e a Figura 10.13 fornece um gráfico orientativo para definição do tipo de lubrificação mais recomendada em função do passo da corrente.

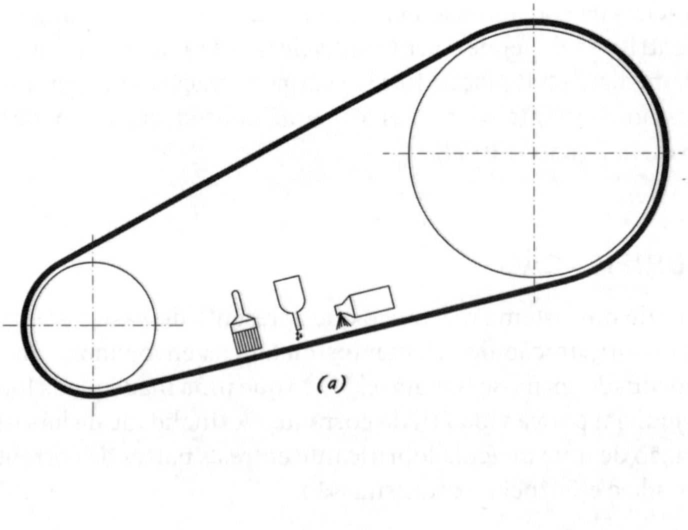

(a)

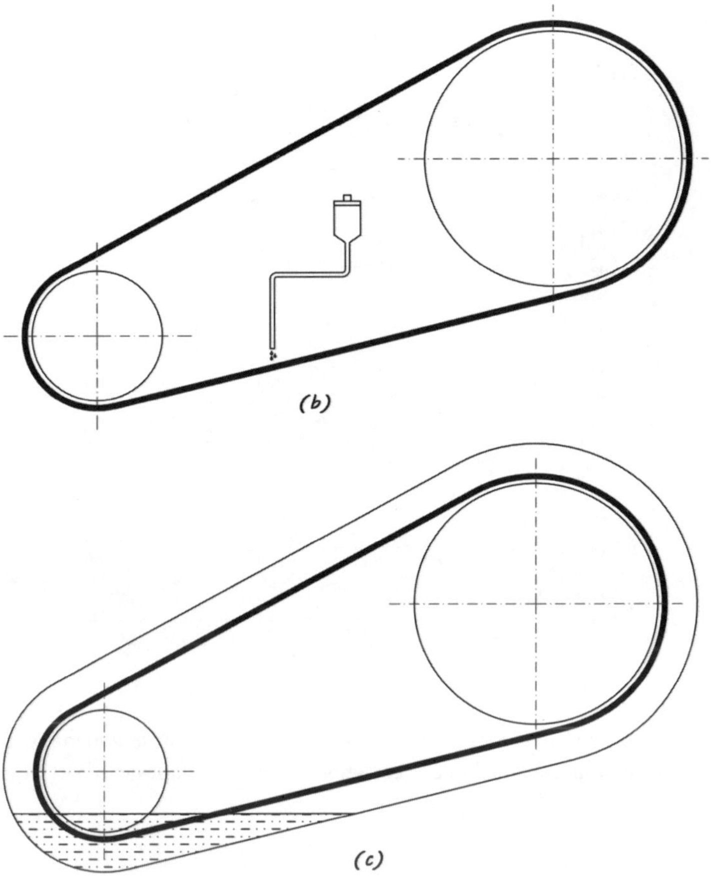

Figura 10.12 – Principais tipos de lubrificação em transmissões por correntes: a) manual, b) gotejamento, c) banho de óleo. Reproduzido com autorização da Daido, 2012.

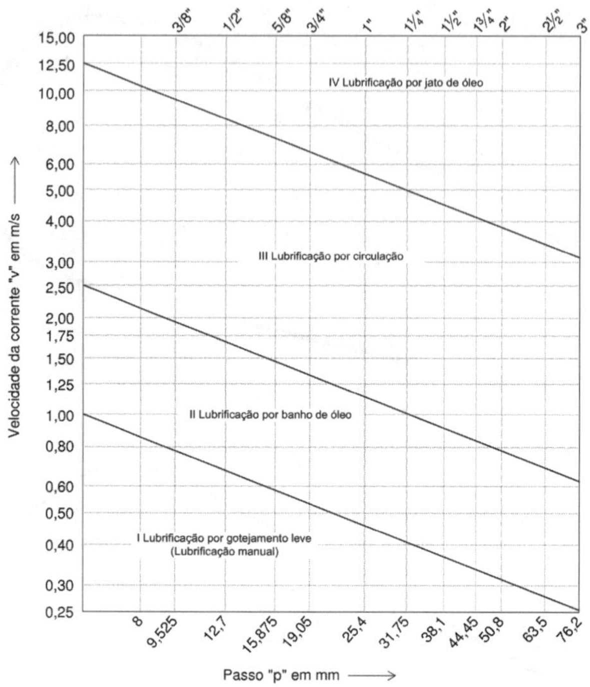

Figura 10.13 – Gráfico orientativo - Seleção do tipo de lubrificação mais adequada para determinada situação operacional de uma transmissão por correntes de rolos. Adaptado a partir de Wippermann, 2011.

10.7. EXPECTATIVA DE VIDA DA CORRENTE

Conforme observado, todas as informações para o projeto de uma transmissão por correntes de rolos referem-se a uma expectativa de vida na ordem de 15000 h de funcionamento, sob determinadas condições operacionais específicas. Tais condições dependem diretamente da rotação a qual a corrente será exposta, como também da carga (ou potência) transmitida por ela. Nessas circunstâncias torna-se importante definir uma estimativa para a vida útil da transmissão, visando dar subsídios ao projetista em situações que se façam necessários eventuais ajustes. Niemann (2000) sugere uma relação aproximada baseada no trabalho de atrito que ocorre ao longo do tempo sobre as articulações da corrente, na seguinte forma:

$$L_h = \frac{7{,}95}{100}\frac{X\left(d_B b_H\right)}{\mu_q\left(F_t + 2S\right)n_1}\left(\frac{p}{d_B}\right)\frac{i}{i+1} \qquad (10.19)$$

Sendo que o termo (μ_q) corresponde ao coeficiente de desgaste nas articulações da corrente, o qual cresce quase que exponencialmente com o aumento de pressão na articulação da corrente, conforme pode ser observado na Figura 10.14. A referida pressão na articulação da corrente pode ainda ser definida por:

$$p_L = \frac{T}{d_B b_H} \tag{10.20}$$

Tabela 10.7 – Principais dimensões de correntes de rolos de uma única fileira, segundo o fabricante Daido. Reproduzido com autorização da Daido.

ANSI	Passo		Diâmetro do pino (mm)	Largura entre placas (mm)	Peso da corrente (kgf/m)
	mm	in	d_b	b_H	G
25	6,35	1/4	2,30	3,18	0,13
35	9,525	3/8	3,96	4,78	0,32
40	12,70	1/2	3,96	7,95	0,63
50	15,875	5/8	5,08	9,53	1,06
60	19,05	3/4	5,95	12,70	1,44
80	25,4	1	7,93	15,88	2,67
100	31,75	1 1/4	9,53	19,05	3,99
120	38,10	1 1/2	11,10	25,40	5,83
140	44,45	1 3/4	12,70	25,40	7,62
160	50,80	2	14,28	31,75	10,09
200	63,50	2 1/2	19,84	38,10	16,82
240	76,20	3	23,80	46,63	24,24

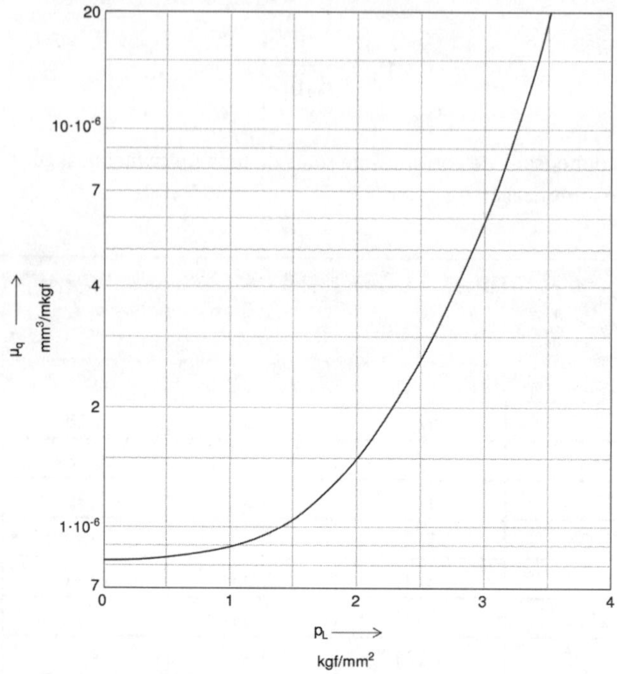

Figura 10.14 – Coeficiente de desgaste x pressão na articulação. Adaptado a partir de Niemann, 2000.

O Problema Resolvido 8.6 demonstra a variação na expectativa de vida de uma corrente em função de alguns parâmetros operacionais.

10.8. PROBLEMAS RESOLVIDOS

8.1 – Uma transmissão por correntes de rolos dupla deve acionar um ventilador industrial a partir de um motor elétrico de 30hp/1185 rpm. O ventilador deverá girar numa rotação próxima de 600 rpm. Projetar a transmissão por correntes de rolos, atendendo todas as recomendações de projeto propostas. O acionamento pode ser considerado como choques moderados. (1hp = 0,746 kW)

Solução

Passo 01 – da Tabela 10.2 tem-se um fator de sobrecarga de 1,3. Assim, a potência de projeto será (Equação 10.15):

$$P_p = K_o\, N_o = 30(1{,}3) = 39 \text{ hp} = 29{,}09 \text{ kW}$$

Passo 02 – da Figura 10.11, para uma potência de 29,09 kW e uma rotação aproximada de 1185 rpm, obtém-se: corrente ANSI 80 – passo 25,4mm.

Passo 03 – pelas recomendações de projeto, o número de dentes mínimo para o pinhão deve ser 17. Com isso, para a coroa tem-se (Equação 10.4):

$$\frac{z_1}{z_2} = \frac{n_2}{n_1} \Rightarrow \frac{17}{z_2} = \frac{600}{1185} \Rightarrow z_2 = 33,57$$

O número de dentes, ímpar mais próximo, para a coroa será de 33 dentes. Com isso, a correta rotação de saída do ventilador será de 610,45 rpm.

Passo 4 – velocidade tangencial (Equação 10.9):

$$v = \frac{zpn}{60} = \frac{17\left(25,4.10^{-3}\right)1185}{60} = 8,53\,\text{m/s}$$

Passo 5 – número de elos: como a distância entre eixos não foi fornecida no enunciado, estima-se a mesma pela média da faixa recomendada (Equação 10.1).

$$30p \le a \le 50p \rightarrow a = 40p = 1016 \text{ mm}$$

e assim (Equação 10.6):

$$X = \frac{2a}{p} + \frac{(z_1 + z_2)}{2} + \left(\frac{z_2 - z_1}{2\pi}\right)^2 \frac{p}{a} \quad X = \frac{2(40p)}{p} + \frac{(17+33)}{2} + \left(\frac{33-17}{2\pi}\right)^2 \frac{p}{40p} = 105,16$$

O número de elos (par mais próximo) adotado será de 106 elos e, o correspondente comprimento da corrente (Equação 10.8):

$$L = \frac{Xp}{1000} = \frac{106(25,4)}{1000} = 2,69\,\text{m}$$

Passo 6 – correção da distância entre eixos (Equação 10.7):

$$a_{corr} = \frac{p}{4}\left[X - \frac{z_1 + z_2}{2} + \sqrt{\left(X - \frac{z_1 + z_2}{2}\right)^2 - 2\left(\frac{z_2 - z_1}{\pi}\right)^2}\right]$$

$$a_{corr} = \frac{25,4}{4}\left[106 - \frac{17+33}{2} + \sqrt{\left(106 - \frac{17+33}{2}\right)^2 - 2\left(\frac{33-17}{\pi}\right)^2}\right] = 1026,66\,\text{mm}$$

Passo 07 – diâmetros das rodas dentadas (Equações 10.2 e 10.3):

$$d_{p1} = \frac{p}{\text{sen}\left(\frac{180^o}{z_1}\right)} = \frac{25,4}{\text{sen}\left(\frac{180^o}{17}\right)} = 138,23\,\text{mm}$$

$$d_{p2} = \frac{p}{\text{sen}\left(\frac{180^o}{z_2}\right)} = \frac{25,4}{\text{sen}\left(\frac{180^o}{33}\right)} = 267,21\,\text{mm}$$

$$d_{E1} = p\left(0,6 + \cot\left(\frac{180^o}{z_1}\right)\right) = 25,4\left(0,6 + \cot\left(\frac{180^o}{17}\right)\right) = 151,12\,\text{mm}$$

$$d_{E2} = p\left(0,6 + \cot\left(\frac{180^o}{z_2}\right)\right) = 25,4\left(0,6 + \cot\left(\frac{180^o}{33}\right)\right) = 281,24\,\text{mm}$$

Passo 08 – para a potência básica, a Tabela 10.3 fornece, mediante interpolação linear da rotação e para uma corrente ANSI 80, o valor de 29,375 hp. Assim (Equação 10.16):

K_1 = 1,0 (Tabela 10.4)

K_2 = 1,7 (Tabela 10.5)

$$N_{BAS}=K_1\,K_2\,N_{TAB}=(1)(1,7)29,375=49,937\text{hp}=37,25\text{ kW}$$

Passo 09 – o coeficiente de segurança da transmissão será de (Equação 10.17):

$$CS = \frac{N_{BAS}}{P_p} = \frac{37,25}{29,09} = 1,28$$

Passo 10 – verificação das recomendações de projeto (Equação 10.18)

$$z_{1min}=17 \rightarrow \text{Ok!}$$

$$z_{2max} = 80 \rightarrow \text{Ok!}$$

$$(z_1+z_2)_{min}=50 \rightarrow \text{Ok!}$$

$(z_1, z_2) \rightarrow \text{impar} \rightarrow \text{Ok!}$

$X \rightarrow \text{par} \rightarrow \text{Ok!}$

$a \rightarrow (30 \text{ a } 50)p \rightarrow \text{Ok!}$

Conclusão: uma corrente dupla ANSI 80 com 2,69 m de comprimento atende às condições do problema. As rodas dentadas devem apresentar 17 e 33 dentes, respectivamente.

8.2 - Um sistema de transmissão por correntes de rolos utiliza uma corrente tripla ANSI 40 para acionar uma máquina ferramenta conforme figura. Considerando um diâmetro primitivo mínimo de 90mm para o pinhão, a rotação do eixo motor = 600 rpm e a rotação do eixo movido = 288 rpm, determinar a máxima potência que a máquina ferramenta poderá consumir, considerando exclusivamente a transmissão por correntes e desprezando as possíveis perdas existentes.

Supor um fator de serviço igual a unidade e determinar, também, o número de elos desta corrente para uma distância entre eixos inicial de 1,45 m (Figura 10.15).

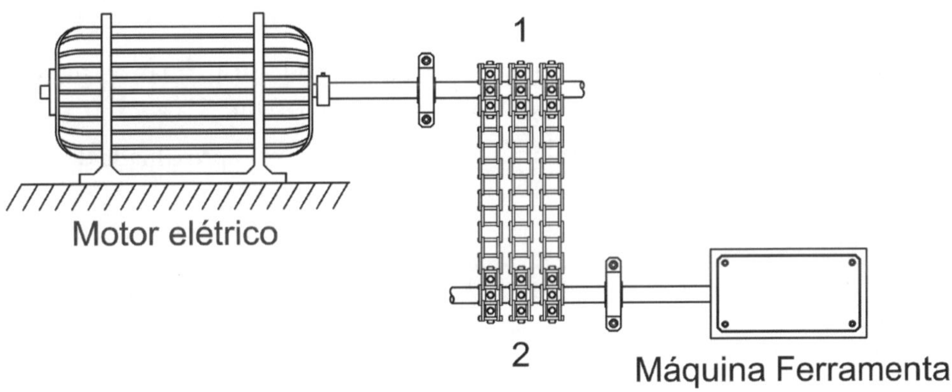

Figura 10.15 – Problema Resolvido 8.2.

Solução

Como o mínimo diâmetro primitivo do pinhão é fornecido no enunciado deve-se atender tal condição de contorno. Assim, para um diâmetro primitivo mínimo de 90 mm e uma corrente ANSI 40 (p = 12,7 mm), deve-se trabalhar com um número de dentes de (Equação 10.2):

$$d_{p1} = \frac{p}{\text{sen}\left(\frac{180^\circ}{z_1}\right)} \Rightarrow 90 = \frac{12{,}7}{\text{sen}\left(\frac{180^\circ}{z_1}\right)} \Rightarrow 22{,}19 \Rightarrow 23\,\text{dentes}$$

enquanto que o diâmetro primitivo real será de:

$$d_{p1} = \frac{p}{\text{sen}\left(\frac{180^\circ}{z_1}\right)} = \frac{12{,}7}{\text{sen}\left(\frac{180^\circ}{23}\right)} = 93{,}27\,\text{mm} > 90\,\text{mm} - \text{ok!}$$

A Tabela 10.3, para corrente ANSI 40 (passo = 12,7mm) e a rotação de 600 rpm, fornece potência tabelada de 3,40 hp. Para condição de corrente tripla e pinhão com 23 dentes, têm-se (Equação 10.16):

K_1 = 1,35 (Tabela 10.4)

K_2 = 2,50 (Tabela 10.5)

$$N_{BAS} = K_1\, K_2\, N_{TAB} = 1{,}35(2{,}5)3{,}40 = 11{,}475 \text{ hp}$$

Para a condição de fator de serviço igual à unidade, pode-se afirmar, assim, que a potência limite a ser transmitida pela corrente será de 11,475 hp.

O número de elos necessário para uma distância entre eixos aproximada de 1,45 m será de (Equação 10.6):

$$X = \frac{2a}{p} + \frac{(z_1 + z_2)}{2} + \left(\frac{z_2 - z_1}{2\pi}\right)^2 \frac{p}{a}$$

$$X = \frac{2(1450)}{12{,}7} + \frac{(23+47)}{2} + \left(\frac{47-23}{2\pi}\right)^2 \frac{12{,}7}{1450} = 263{,}47$$

Adotar 264 elos.

Conclusão: a corrente especificada, nas condições operacionais propostas, poderá transmitir uma potência máxima de 11,475 hp. Para a distância entre centros definida, torna-se necessário ainda um total de 264 elos. Sugere-se que os pequenos ajustes na rotação de saída e na distância entre eixos sejam verificados pelo leitor.

8.3 –Para transmitir 10,5 kW de **potência de projeto** à 400 rpm propõe-se o uso de uma corrente de rolos. Se o número de dentes da roda motora é 13 e o número de dentes da roda movida é igual a 42, determine o tipo de corrente a ser adotada, o seu comprimento, bem como, o coeficiente de segurança da transmissão. A distância entre eixos aproximada é de 50 passos. (1hp = 0,746 kW)

Solução

Para uma potência de projeto de 10,5 kW e uma rotação de 400 rpm, sugere-se preliminarmente pelo ábaco da figura 10.11, uma corrente de rolos ANSI 80 (p = 25,4 mm).

A potência admissível dessa corrente será (Equação 10.16):

K_1 = 0,70 (Tabela 10.4)

K_2 = 1,00 (Tabela 10.5)

$$N_{BAS}=K_1\,K_2\,N_{TAB}=0{,}70(1)18{,}7=13{,}09\text{ hp}=9{,}76\text{ kW}$$

Ocasionando um coeficiente de segurança de (Equação 10.17):

$$CS=\frac{N_{BAS}}{P_p}=\frac{9{,}76}{10{,}5}=0{,}93$$

ou seja, não atende às especificações de projeto, justificando-se assim a escolha por uma corrente imediatamente superior, ou ainda, uma corrente com um maior número de fileiras.

Para a opção, por exemplo, de uma corrente dupla:

$$N_{BAS}=K_1\,K_2\,N_{TAB}=0{,}70(1{,}7)18{,}7=22{,}25\text{ hp}=16{,}6\text{ kW}$$

e assim:

$$CS=\frac{N_{BAS}}{P_p}=\frac{16{,}6}{10{,}5}=1{,}58$$

Para definição do comprimento da corrente, tem-se um número de elos de (Equação 10.6):

$$X=\frac{2a}{p}+\frac{(z_1+z_2)}{2}+\left(\frac{z_2-z_1}{2\pi}\right)^2\frac{p}{a}\quad X=\frac{2(50p)}{p}+\frac{(13+42)}{2}+\left(\frac{42-13}{2\pi}\right)^2\frac{p}{50p}=127{,}93$$

Optando-se por 128 elos e um comprimento final correspondente de (Equação 10.8):

$$L = \frac{Xp}{1000} = \frac{128(25,4)}{1000} = 3,25\,m$$

Conclusão: a corrente pré-selecionada não atendeu as condições de segurança do problema, tornando-se necessário optar por uma corrente de maior dimensão ou ainda por um maior número de fileiras. Os cálculos demonstraram, nessas circunstâncias, que o uso de uma corrente ANSI 80 dupla atende as condições do problema, em um comprimento final de 3,25 m. Novamente, sugere-se que a verificação no ajuste da distância entre eixos seja efetivada pelo leitor.

8.4 – Determinar os esforços horizontal e vertical atuantes no eixo inferior do sistema de transmissão indicado, considerando que o mesmo utiliza uma corrente de rolos quádrupla ANSI 60, transmitindo uma potência de 8 hp a 200 rpm. As rodas dentadas envolvidas apresentam 15 e 37 dentes, respectivamente, e a distância entre eixos é de 375 mm. Considerar um fator de serviço igual a 1,2 e desprezar o efeito da força centrífuga. (1hp = 746 W)

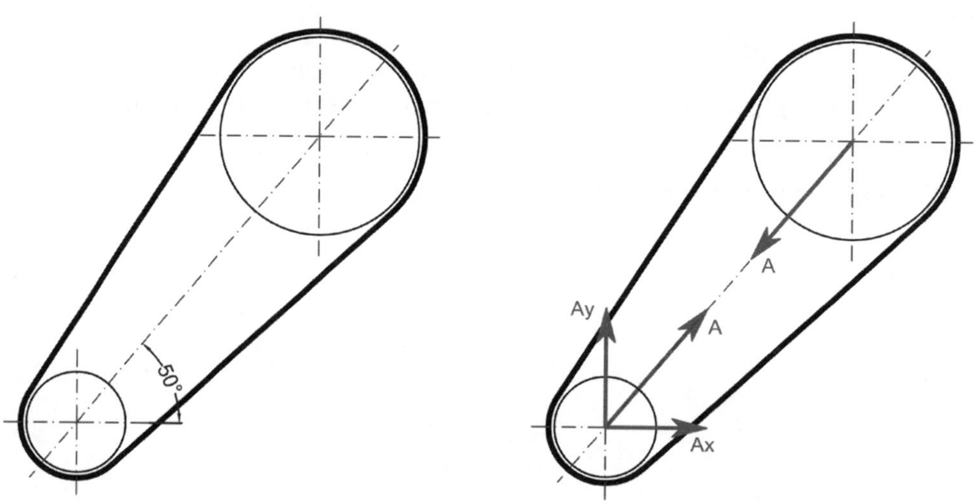

Figura 10.16 – Problema Resolvido 8.4.

Solução

Uma corrente ANSI 60 apresenta um passo de 19,05 mm. Para uma roda com 15 dentes, o diâmetro primitivo da mesma será (Equação 10.2):

$$d_{p1} = \frac{p}{\text{sen}\left(\frac{180^\circ}{z_1}\right)} = \frac{19,05}{\text{sen}\left(\frac{180^\circ}{15}\right)} = 91,63\,mm$$

A força tangencial correspondente será (Equação 10.12):

$$Mt = \frac{P_p}{2\pi f} = \frac{1,2(8)746}{2\pi\left(\frac{200}{60}\right)} = 341,96\,Nm \Rightarrow F_t = \frac{2Mt}{d_p} = \frac{2(341,96)}{91,63.10^{-3}} = 7463,89\,N$$

Como o enunciado propõe a não consideração da força centrífuga, pode-se afirmar que a carga de tração na corrente será de 7463,89 N e o correspondente esforço sobre o eixo, com suas respectivas componentes, de (Equação 10.14):

$A=1,5T=1,5(7463,89)=11195,84$ N

$A_x=A\cos 50°=7196,55$ N

$A_y=A\,sen50°=8576,51$ N

A representação desses esforços encontram-se destacados na Figura 10.16.

8.5 – Dimensionar uma corrente de rolos simples para o acionamento de um sistema de transmissão com as seguintes características:

- rotação do eixo de saída = 250 rpm
- potência transmitida = 50 kW
- acionamento – motor elétrico com 700 rpm
- distância entre centros aproximada = 1500 mm
- número de dentes do pinhão = 25

Solução

Passo 01 – como não se tem informação mais detalhada do tipo de acionamento, opta-se por um fator de sobrecarga igual à unidade e potência de projeto que será de (Equação 10.15):

$$P_p=K_o\,N_o=50(1)=50\text{ kW}$$

Passo 02 – da Figura 10.11, para uma potência de 50 kW e uma rotação de 700 rpm, obtém-se: corrente ANSI 100 – passo 31,75mm.

Passo 03 – como o enunciado fornece 25 dentes para o pinhão, tem-se para a coroa (Equação 10.4):

$$\frac{z_1}{z_2} = \frac{n_2}{n_1} \Rightarrow \frac{25}{z_2} = \frac{250}{700} \Rightarrow z_2 = 70$$

como o valor resultou um número inteiro, optou-se por não se ajustar o número de dentes da coroa para a condição de um número ímpar.

Passo 4 – velocidade tangencial (Equação 10.9):

$$v = \frac{zpn}{60} = \frac{25(31,75.10^{-3})700}{60} = 9,26\,\text{m/s}$$

Passo 5 – número de elos (Equação 10.6):

$$X = \frac{2a}{p} + \frac{(z_1 + z_2)}{2} + \left(\frac{z_2 - z_1}{2\pi}\right)^2 \frac{p}{a}$$

$$X = \frac{2(1500)}{31,75} + \frac{(25+70)}{2} + \left(\frac{70-25}{2\pi}\right)^2 \frac{31,75}{1500} = 143,07$$

O número de elos (par mais próximo) adotado será de 144 elos e, o comprimento da corrente (Equação 10.8):

$$L = \frac{Xp}{1000} = \frac{144(31,75)}{1000} = 4,57\,\text{m}$$

Passo 6 – correção da distância entre eixos (Equação 10.7):

$$a_{corr} = \frac{p}{4}\left[X - \frac{z_1 + z_2}{2} + \sqrt{\left(X - \frac{z_1 + z_2}{2}\right)^2 - 2\left(\frac{z_2 - z_1}{\pi}\right)^2}\right]$$

$$a_{corr} = \frac{31,75}{4}\left[142 - \frac{25+70}{2} + \sqrt{\left(142 - \frac{25+70}{2}\right)^2 - 2\left(\frac{70-25}{\pi}\right)^2}\right] = 1514,87\,\text{mm}$$

Passo 07 – diâmetros das rodas dentadas (Equações 10.2 e 10.3):

$$d_{p1} = \frac{p}{\text{sen}\left(\frac{180^\circ}{z_1}\right)} = \frac{31,75}{\text{sen}\left(\frac{180^\circ}{25}\right)} = 253,32\,\text{mm}$$

$$d_{p2} = \frac{p}{\operatorname{sen}\left(\dfrac{180^o}{z_2}\right)} = \frac{31,75}{\operatorname{sen}\left(\dfrac{180^o}{70}\right)} = 707,68\,\text{mm}$$

$$d_{E1} = p\left(0,6 + \cot\left(\frac{180^o}{z_1}\right)\right) = 31,75\left(0,6 + \cot\left(\frac{180^o}{25}\right)\right) = 270,38\,\text{mm}$$

$$d_{E2} = p\left(0,6 + \cot\left(\frac{180^o}{z_2}\right)\right) = 31,75\left(0,6 + \cot\left(\frac{180^o}{70}\right)\right) = 726,02\,\text{mm}$$

Passo 08 – para a potência básica, a Tabela 10.3 fornece para uma corrente ANSI 100 à 700 rpm, o valor de 59,4 hp. Assumindo, ainda, uma corrente de fileira única, tem-se:

K_1 = 1,46 (Tabela 10.4)

K_2 = 1,00 (Tabela 10.5)

$$N_{BAS}=K_1\,K_2\,N_{TAB}=(1,46)(1)59,4=86,72\text{ hp}=64,7\text{ kW}$$

Passo 09 – o coeficiente de segurança da transmissão será de (Equação 10.17):

$$CS = \frac{N_{BAS}}{P_p} = \frac{64,7}{50} = 1,30$$

Passo 10 – verificação das recomendações de projeto (Equação 10.18)

$$z_{2\max} = 80 \Rightarrow \text{Ok!}\;\; (z_1 + z_2)_{\min} = 50 \Rightarrow \text{Ok!}\;\; (z_1 + z_2)_{\min} = 50 \Rightarrow \text{Ok!}$$

$$(z_1, z_2) \Rightarrow \text{impar} \Rightarrow \text{parcial} \qquad X \Rightarrow \text{par} \Rightarrow \text{Ok!}$$

$$a \Rightarrow (30\,\text{a}\;50)p \Rightarrow \frac{1482,75}{31,75} = 46,7 \Rightarrow \text{Ok!}$$

Conclusão: uma corrente simples ANSI 100 atende às condições do problema. No contexto das recomendações de projeto, houve apenas o não atendimento ao número de dentes da coroa ser ímpar, fato pouco significativo mediante a condição de atendimento a todas as demais recomendações previstas.

8.6 – Avaliar a expectativa de vida de uma corrente ANSI 80, quando submetida às seguintes situações operacionais:

a) potência de 7,5 hp e 200 rpm

b) potência de 20 hp e 500 rpm

c) potência de 25 hp e 900 rpm

Supor carregamento constante, um pinhão com 21 dentes, fileira única e uma coroa com 37 dentes. A distância entre centros da transmissão vale 45 x passo. (1 hp = 746 W)

Solução

Consultando a Tabela 10.7, obtém-se para a corrente referida:

- diâmetro do pino = 7,93 mm

- largura entre placas = 15,88 mm

- passo = 25,4 mm

- peso por unidade de comprimento = 2,67 kgf/m

O diâmetro primitivo da roda dentada motora, o número de elos da corrente e a relação de transmissão, valem:

$$d_{p1} = \frac{p}{\operatorname{sen}\left(\dfrac{180^\circ}{z_1}\right)} = \frac{25,4}{\operatorname{sen}\left(\dfrac{180^\circ}{21}\right)} = 170,42\,\text{mm}$$

$$X = \frac{2a}{p} + \frac{(z_1 + z_2)}{2} + \left(\frac{z_2 - z_1}{2\pi}\right)^2 \frac{p}{a}$$

$$X = \frac{2(45p)}{p} + \frac{(21+37)}{2} + \left(\frac{37-21}{2\pi}\right)^2 \frac{p}{45p} = 119,14 \Rightarrow 120\,\text{elos}$$

$$i = \frac{z_2}{z_1} = \frac{37}{21} = 1,76$$

a) para 7,5 hp a 200 rpm - a pressão na articulação depende das forças tangencial e centrífuga, cujos valores resultam em:

$$v = \frac{zpn}{60} = \frac{(21)25,4.10^{-3}200}{60} = 1,78\,m/s$$

$$Mt = \frac{P_p}{2\pi f} = \frac{(7,5)746}{2\pi\left(\frac{200}{60}\right)} = 267,14Nm \Rightarrow F_t = \frac{2Mt}{d_p} = \frac{2(267,14)}{170,42.10^{-3}} = 3135,1N = 319,58\,kgf$$

$$S = \frac{Gv^2}{g} = \frac{2,67(1,78)^2}{9,81} = 0,86\,kgf$$

$$p_L = \frac{T}{d_B b_H} = \frac{F_t + S}{d_B b_H} = \frac{319,58 + 0,86}{(7,93)15,88} = 2,54\,kgf/mm^2$$

resultando num coeficiente de desgaste (Figura 10.14) da ordem de $2,8.10^{-6}$ mm^3/ mkgf.

Com esses dados, estima-se a vida nominal da corrente em (Equação 10.19):

$$L_h = \frac{7,95}{100}\frac{120(d_B b_H)}{\mu_q (F_t + 2S)n_1}\left(\frac{p}{d_B}\right)\frac{i}{i+1}$$

$$L_h = \frac{7,95}{100}\frac{120(7,93)(15,88)}{2,8.10^{-6}(319,58 + 2(0,86))200}\left(\frac{25,4}{7,93}\right)\frac{1,76}{2,76} \cong 13638\,h$$

b) para 20 hp a 500 rpm – repetindo os passos anteriores:

$$v = \frac{zpn}{60} = \frac{(21)25,4.10^{-3}500}{60} = 4,44\,m/s$$

$$Mt = \frac{P_p}{2\pi f} = \frac{(20)746}{2\pi\left(\frac{500}{60}\right)} = 284,95Nm \Rightarrow F_t = \frac{2Mt}{d_p} = \frac{2(284,95)}{170,42.10^{-3}} = 3344,1 = 340,89\,kgf$$

$$S = \frac{Gv^2}{g} = \frac{2,67(4,44)^2}{9,81} = 5,37\,kgf$$

$$p_L = \frac{T}{d_B b_H} = \frac{F_t + S}{d_B b_H} = \frac{340,89 + 5,37}{(7,93)15,88} = 2,75\,kgf/mm^2$$

resultando num coeficiente de desgaste (Figura 10.14) da ordem de 4.10^{-6} mm^3/mkgf.

Com esses dados, estima-se a vida nominal da corrente em:

$$L_h = \frac{7,95}{100}\frac{120(d_B b_H)}{\mu_q (F_t + 2S) n_1}\left(\frac{p}{d_B}\right)\frac{i}{i+1}$$

$$L_h = \frac{7,95}{100}\frac{120(7,93)(15,88)}{4.10^{-6}(340,89 + 2(5,37))500}\left(\frac{25,4}{7,93}\right)\frac{1,76}{2,76} \cong 3490,2\,h$$

c) finalmente, para 25 hp a 900 rpm:

$$v = \frac{zpn}{60} = \frac{(21)25,4.10^{-3}900}{60} = 8\,m/s$$

$$Mt = \frac{P_p}{2\pi f} = \frac{(25)746}{2\pi\left(\frac{900}{60}\right)} = 197,88\,Nm \Rightarrow F_t = \frac{2Mt}{d_p} = \frac{2(197,88)}{170,42.10^{-3}} = 2322,29\,N = 236,72\,kgf$$

$$S = \frac{Gv^2}{g} = \frac{2,67(8)^2}{9,81} = 17,41\,kgf$$

$$p_L = \frac{T}{d_B b_H} = \frac{F_t + S}{d_B b_H} = \frac{236,72 + 17,41}{(7,93)15,88} = 2,01\,kgf/mm^2$$

resultando num coeficiente de desgaste (Figura 10.14) da ordem de $1,6.10^{-6}$ mm^3/mkgf.

Com esses dados, estima-se a vida nominal da corrente em:

$$L_h = \frac{7,95}{100}\frac{120(d_B b_H)}{\mu_q (F_t + 2S) n_1}\left(\frac{p}{d_B}\right)\frac{i}{i+1}$$

$$L_h = \frac{7,95}{100}\frac{120(7,93)(15,88)}{1,6.10^{-6}(236,72 + 2(17,41))900}\left(\frac{25,4}{7,93}\right)\frac{1,76}{2,76} \cong 6275,38\,h$$

Conclusão: como as expectativas de vida de uma corrente de transmissão dependem diretamente da carga aplicada, do tamanho da corrente e, principalmente, da rotação da roda motora, as variações encontradas nos resultados obtidos se justificam. Atentar ainda que, a aplicação da Equação 10.19 tem por objetivo principal fornecer apenas uma ordem de grandeza aproximada para a expectativa de vida da corrente considerada.

10.9. PROBLEMAS PROPOSTOS

9.1 – Uma corrente de rolos simples com passo 6,35 mm irá trabalhar numa rotação de 600 rpm, transmitindo potência através de uma roda dentada motora de 21 dentes numa relação de transmissão de 1:3. Para uma distância entre eixos inicial de 60 x passo, determine: a) os diâmetros primitivos das rodas dentadas; b) o número de elos da corrente; c) a distância entre eixos final ou corrigida.

Resp.

a) dp_1 = 42,61 mm; dp_2 = 127,39 mm

b) X = 162 elos

c) a_{corrig} = 378,62 mm

9.2 – Uma corrente de rolos simples ANSI 60 irá trabalhar numa rotação de 295 rpm, transmitindo potência através de uma roda dentada motora de 19 dentes numa relação de transmissão aproximada de 1:2,8. Para uma distância entre eixos inicial de 620 mm, determine: a) o número de dentes da roda movida; b) o passo da corrente; c) os diâmetros externos das rodas dentadas; d) o número de elos da corrente; e) a distância entre eixos final ou corrigida.

Resp.

a) z_2 = 53 dentes

b) p = 19,05 mm

c) d_{E1} = 125,59 mm; d_{E2} = 332,44 mm

d) X = 102 elos

e) a_{corrig} = 620,08 mm

9.3 – Reavaliar o Problema Proposto 9.2, mantendo-se as condições originais do problema, mas na condição de uma roda dentada motora de 25 dentes.

Resp.

a) z_2 = 70 dentes

b) p = 19,05 mm

c) d_{E1} = 162,23 mm; d_{E2} = 435,61 mm

d) X = 114 elos

e) a_{corrig} = 618,36 mm

9.4 – Projetar uma transmissão por correntes simples que deva transmitir uma potência de 10hp/660 rpm para uma roda dentada de saída que deva trabalhar próximo de 320 rpm. Um fator de sobrecarga unitário e uma roda dentada motora de 21 dentes também devem ser considerados. Iniciar os cálculos com uma distância entre eixos de 52 x passo da corrente. (1 hp = 0,746 kW)

Resp. z_2 = 43 dentes; corrente ANSI 60; p = 19,05 mm; d_{p1} = 127,82 mm; d_{p2} = 260,98 mm; X = 136 elos; a_{corrig} = 988,35 mm; CS = 1,59.

9.5 – Determinar a máxima potência que uma corrente de rolos dupla ANSI 80 poderá transmitir. Supor fatores de sobrecarga e segurança iguais à unidade, rodas dentadas com 23 dentes e uma rotação motora de 770 rpm. Defina, também, o número de elos necessário para essa corrente na condição de uma distância entre centros de 45 x passo.

Resp. $P_p = N_{BAS} = N_{omax}$ = 77,491 hp; z_2 = 23 dentes; p = 25,4 mm; X = 113 elos; a = a_{corrig} = 1143 mm.

9.6 – Determinar o tipo de corrente de rolos a ser considerada para transmitir 15 kW de potência numa rotação de 500 rpm. Suponha rodas dentadas de 27 e 37 dentes, além de uma distância entre centros aproximada de 35 x passo.

Resp. corrente ANSI 80; p = 25,4 mm; dp_1 = 218,79 mm; dp_2 = 299,54 mm; X = 102 elos; a_{corrig} = 888,1 mm; K_1 = 1,57; CS = 1,785.

9.7 – Dimensionar uma corrente de rolos simples para o acionamento do seguinte sistema de transmissão:

a) rotação do eixo de saída = 120 rpm

b) potência transmitida = 22 kW

c) rotação do eixo motor = 500 rpm

d) distância entre eixos = 45 x passo

e) número de dentes da roda dentada motora = 21

f) fator de serviço = 1,2

Resp. z_2 = 87 dentes; corrente ANSI 100; p = 31,75 mm; d_{p1} = 213,03 mm; d_{p2} = 879,44 mm; X = 146 elos; a_{corrig} = 1421,37 mm; CS = 1,563.

9.8 - Repetir o Problema Proposto 9.7 considerando uma corrente de rolos com passo imediatamente inferior ao passo inicialmente obtido, mas na condição de uma corrente tripla.

Resp. z_2 = 87 dentes; corrente ANSI 80; p = 25,4 mm; d_{p1} = 170,42 mm; d_{p2} = 703,55 mm; X = 146 elos; a_{corrig} = 1137,1 mm; K_1 = 1,26; K_2 = 2,5; CS = 2,038.

9.9 - Determinar a expectativa de vida da corrente selecionada para o Problema Proposto 9.7.

Resp. v = 5,56 m/s; T = 504,2 N.m; F_t = 482,54 kgf; S = 12,57 kgf; d_B = 9,53 mm; b_H = 19,05 mm; p_L = 2,73 kgf/mm^2; L_h = 4825 horas.

9.10 - Determinar a variação da velocidade tangencial (efeito poligonal) existente numa corrente ANSI 40 que trabalhe com rodas dentadas de: a) 11 dentes; b) 15 dentes e c) 31 dentes.

Resp.

a) $\Delta v/v = 0,041$

b) $\Delta v/v = 0,022$

c) $\Delta v/v = 0,005$

9.11 - Com os dados do Problema Proposto 9.10 determinar a variação da força centrífuga da corrente considerada supondo que a mesma trabalhe numa rotação de 750 rpm.

Resp. p = 12,7 mm; G = 0,63 kgf/m

a) v = 1,75 m/s; S = 0,196 kgf

b) v = 2,38 m/s; S = 0,364 kgf

c) v = 4,92 m/s; S = 1,55 kgf

9.12 - Para a transmissão por correntes ilustrada, determinar: a) o número de elos e a distância entre eixos corrigida para a condição de: a = 30 x passo, a = 40 x passo e a = 50 x passo; b) a relação de transmissão; c) o comprimento da corrente para as mesmas três condições do item (a).

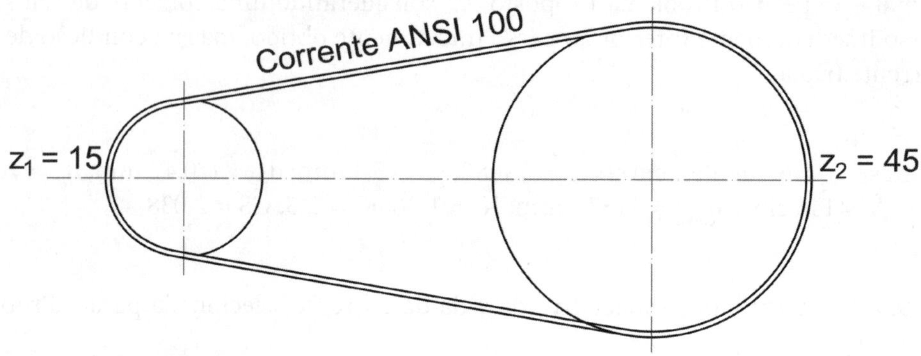

Resp. p = 31,75 mm

a) X = 90 elos, a_{corrig} = 940,28 mm; X = 110 elos, a_{corrig} = 1260,87 mm; X = 130 elos, a_{corrig} = 1580,23 mm

b) i = 3

c) L = 2,86 m; L = 3,49 m; L = 4,13 m.

9.13 - Uma corrente simples ANSI 100, com 144 elos deverá ser utilizada para transmitir potência numa rotação máxima de 600 rpm, entre duas rodas dentadas montadas em eixos paralelos. Para rodas dentadas com 19 e 55 dentes, determine a máxima potência (em hp) que poderá ser transmitida pelo sistema. Considerar um fator de sobrecarga de 1,1.

Resp. p = 31,75 mm; N_{BAS} = 57,39 hp; N_{max} = 52,17 hp.

9.14 - Uma transmissão por corrente de rolos, conforme figura, apresenta as seguintes características: corrente ANSI 40, diâmetro aproximado da roda dentada motora = 94 mm, diâmetro aproximado da roda dentada movida = 202 mm, distância entre eixos = 500 mm, rotação do motor = 1170 rpm, potência transmitida = 12 CV. Determinar o esforço atuante sobre o eixo motor.

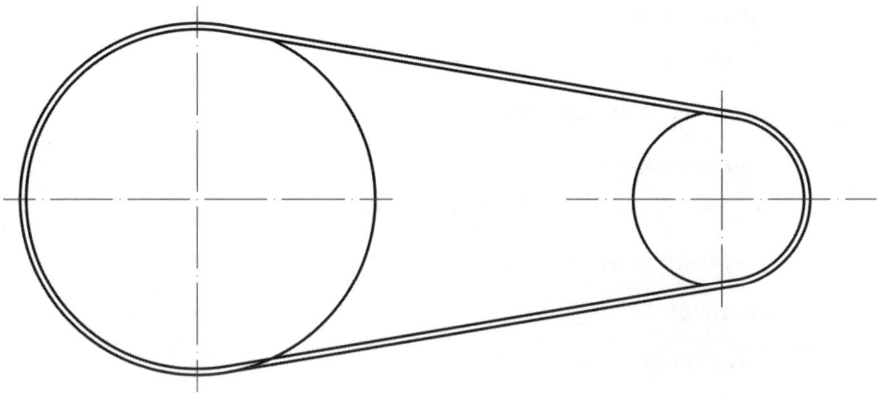

Resp. p = 12,7 mm; F_t = 156,289 kgf; S = 2,129 kgf; T = 1554,1 N; A = 2331,12 N (considerando-se o diâmetro primitivo aproximado dado no enunciado).

9.15 - Um moinho de martelos é acionado por um motor de 20hp/1200 rpm e deve trabalhar com uma rotação de 400 rpm. Determinar a especificação para uma corrente de rolos dupla, sabendo-se que a distância entre eixos é da ordem de 900 mm e que se trata de serviço cujo fator de sobrecarga pode ser considerado igual à unidade. Rodas dentadas com 25 e 55 dentes, respectivamente.

Resp. corrente ANSI 50; p = 15,87 mm; d_{p1} = 126,62 mm; d_{p2} = 277,99 mm; X = 154 elos; a_{corrig} = 901,4 mm; K_1 = 1,46; K_2 = 1,7; CS = 1,564.

9.16 – Repetir o Problema Proposto 9.15 supondo, porém, uma corrente de rolos simples.

Resp. corrente ANSI 60; p = 19,05 mm; d_{p1} = 151,99 mm; d_{p2} = 333,69 mm; X = 134 elos; a_{corrig} = 890,71 mm; K_1 = 1,46; CS = 1,577.

NOMENCLATURA

μ_q	coeficiente de desgaste na articulação ($mm^3/mkgf$)
a	distância entre eixos
a_{corr}	distância entre eixos corrigida
A	força resultante sobre o eixo
b_H	largura entre placas
C_{ADM}	carga admissível da corrente
CS	coeficiente de segurança
d_B	diâmetro do pino
d_E	diâmetro externo da roda dentada
d_p	diâmetro primitivo da roda dentada
f	frequência (rps)
F_t	força tangencial
g	aceleração da gravidade (9,81 m/s^2)
G	peso da corrente por unidade de comprimento (kgf/m)
i	relação de transmissão
K_o	fator de sobrecarga
K_1	fator de correção do número de dentes
K_2	fator de correção do número de fileiras
L	comprimento da corrente
L_h	vida nominal da corrente em horas de funcionamento
Mt	momento torcedor ou torque
n	rotação (rpm)
N_{BAS}	potência básica
N_o	potência nominal
N_{TAB}	potência tabelada (em hp)
p	passo da corrente
P	potência transmitida
p_L	pressão na articulação da corrente (kgf/mm^2)
P_p	potência de projeto
r_p	raio primitivo da roda dentada

S	força centrífuga
T	carga de tração na corrente
v	velocidade tangencial da corrente (m/s)
X	número de elos da corrente
z	número de dentes da roda dentada

REFERÊNCIAS BIBLIOGRÁFICAS

ANSI B.29.1M, 1993. Precision Power Transmission Roller Chains, Attachments and Sprockets, The American Society of Mechanical Engineers.

Budynas, R.G. and Nisbett, J.K., 2008. Shigley's – Mechanical Engineering Design, 8ª ed., McGraw Hill.

Budynas, R.G. e Nisbett, J.K., 2011. Elementos de Máquinas de Shigley, 8ª ed., AMGH Editora Ltda.

Cerello – Catálogo de Produtos.

Daido, 2012. Correntes de Transmissão, Catálogo de Produtos. Daido Ind. e Com. Ltda.

Faires, V.M., 1984. Elementos Orgânicos de Máquinas, Livros Técnicos e Científicos – LTC, Rio de Janeiro, RJ.

Filho, F.M., 2009. Elementos de Transmissão Flexíveis, Departamento de Engenharia Mecânica, POLI-UFRJ.

Iwis, 2006. Chain Engineering – Design and Construction, Examples of calculation.

Juvinall, R.C. and Marshek, K.M., 2007. Fundamentos do Projeto de Componentes de Máquinas, Livros Técnicos e Científicos – LTC, Rio de Janeiro, RJ.

Niemann, G., 2000. Elementos de Máquinas – Vol. III, Editora Edgard Blucher Ltda., São Paulo, SP.

Rexnord. Chain Drive Design- A guideline to calculating and designing chain drives with a view to applicaton-retated criteria.

Wippermann, 2011. Main Catalogue.

Sites:

www.cerello.ind.br

www.daido.com.br

www.iwis.com

www.rexnord.com

www.wippermann.com

CAPÍTULO 11

Engrenagens Cilíndricas de Dentes Retos

11.1. INTRODUÇÃO

Engrenagens são importantes dispositivos mecânicos responsáveis pela transmissão de potência entre eixos paralelos, reversos ou concorrentes. Tais dispositivos, contrariamente às transmissões por correias e correntes, não permitem a utilização de grandes distâncias entre eixos, exceto se formados por vários estágios de transmissão independentes. Em termos de classificação, as engrenagens podem ser agrupadas em retas, helicoidais, cônicas e coroa parafuso sem-fim, conforme será discutido nos capítulos subsequentes. A Figura 11.1 ilustra exemplos dessas proposições.

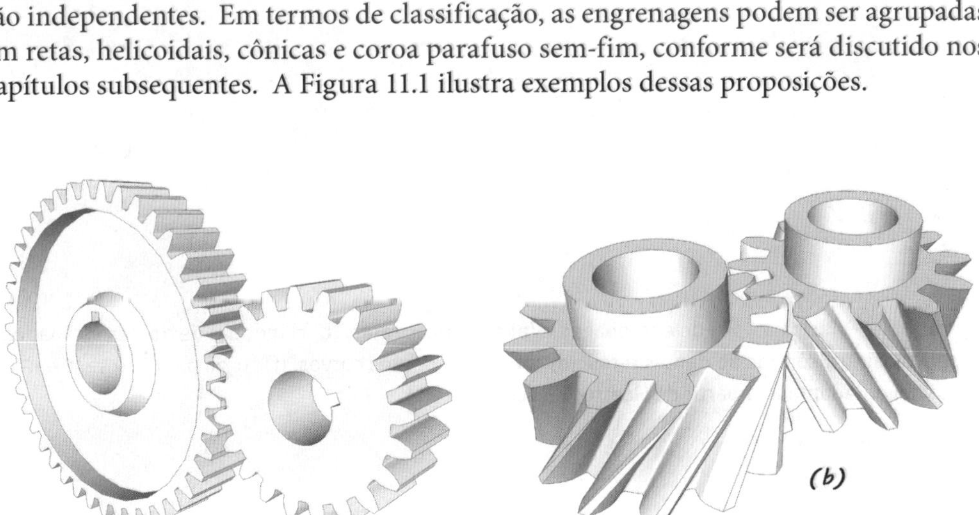

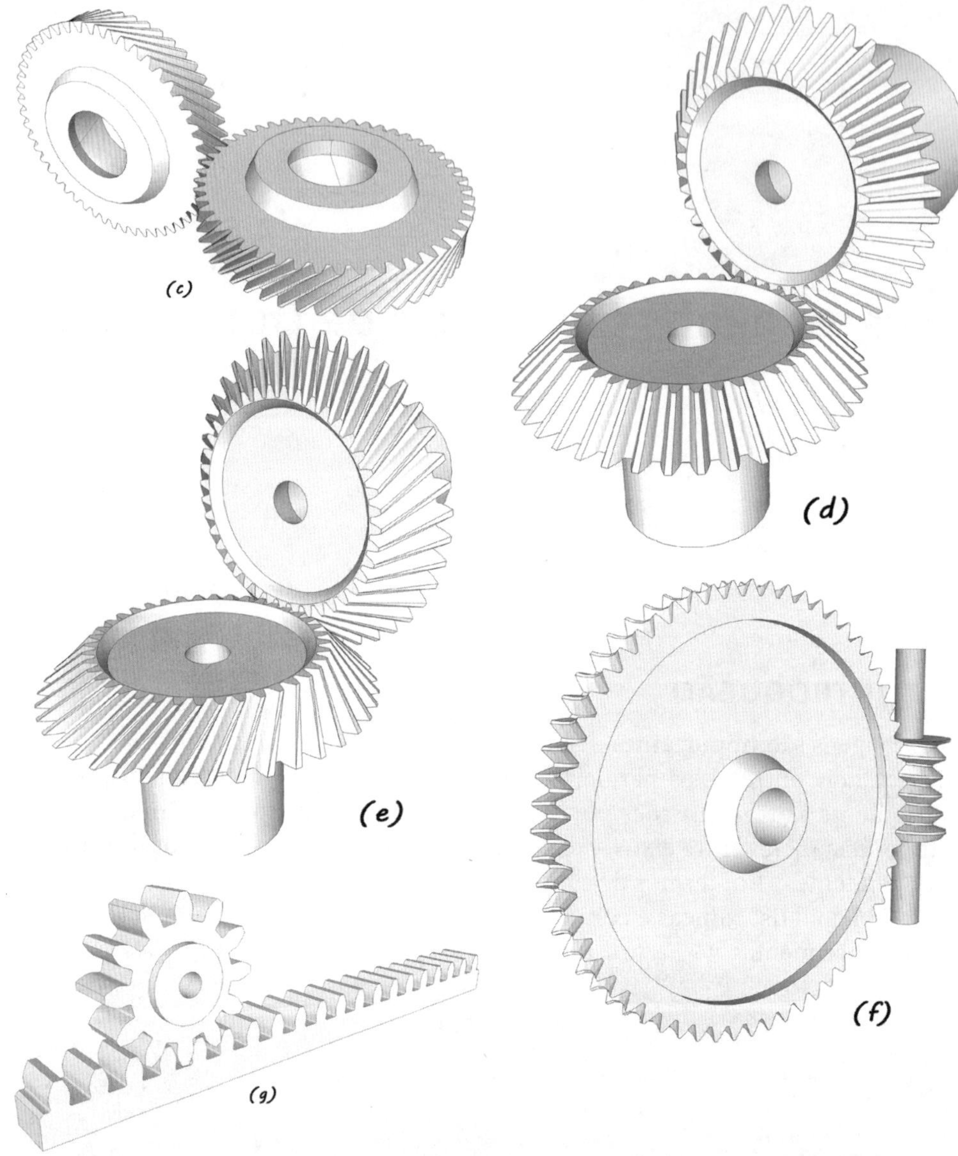

Figura 11.1 – Principais tipos de engrenagens: (a) cilíndricas retas, (b) cilíndricas de dentes inclinados, (c) helicoidais, (d)cônicas de dentes retos, (e) cônicas de dentes curvos, (f) coroa parafuso sem-fim, (g) cremalheira. Adaptado a partir de Hamrock e Schmid, 2004.

11.1.1 – VANTAGENS E DESVANTAGENS NO USO DE ENGRENAGENS EM GERAL

Assim como em outros dispositivos de transmissão de potência, existem vantagens e desvantagens ou restrições quanto à utilização das engrenagens em geral. Nesse sentido, como vantagens principais é possível destacar: a) maior capacidade de carga e sobrecargas; b) isenção do problema do escorregamento; c) razão de velocidades constante; d) possibilidade da utilização de materiais variados para a confecção das engrenagens; e) pequena manutenção; e f) rendimentos na faixa de 98% (com exceção das coroas parafuso sem-fim). Como desvantagens: a) maior custo e dificuldade de fabricação; b) restrições para elevadas distâncias entre eixos; c) problemas de ruído para o caso específico das engrenagens de dentes retos; e d) presença de cargas axiais para o caso de engrenagens cônicas, helicoidais e coroa parafuso sem-fim.

11.2. PARTES COMPONENTES DE UMA ENGRENAGEM RETA

Uma engrenagem, na concepção cilíndrica de dentes retos, corresponde a uma roda dentada dotada de dentes retos dispostos paralelamente ao seu eixo de rotação. Na prática, são dispositivos de grande aplicação e fabricação simplificada.

Dado o fato de os dentes apresentarem um perfil afunilado, em termos de espessura, quando medidos a partir do centro geométrico da engrenagem, algumas circunferências (ou círculos) devem ser destacadas no contexto das definições. O primeiro desse conjunto de círculos é chamado **diâmetro ou círculo de base**, o qual corresponde a um diâmetro imaginário a partir do qual se origina o perfil evolvente dos dentes da engrenagem. O mesmo apresenta uma relação direta com o diâmetro primitivo da engrenagem, conforme será abordado na sequência.

Além disso, para que a transmissão entre os eixos envolvidos seja uniforme, ou mais especificamente, apresente uma relação de velocidade angular constante, um perfil característico e padronizado deve ser considerado para a confecção dos dentes da engrenagem. Existe, assim, um número razoável de curvas (ou perfis) que podem ser desenvolvidos para satisfazer a lei do engrenamento (condição de velocidade angular constante) e diferentes formas foram testadas no passado. Engrenagens modernas (exceto engrenagens para relógios), porém, baseiam-se exclusivamente em dentes evolventais, os quais são de uso universal por apresentarem usinagem facilitada, razão de velocidades constante, distância entre eixos constante e direção dos esforços atuantes sobre o dente da engrenagem também constante.

A Figura 11.2 ilustra os diâmetros de base de duas rodas engrenadas e a representação esquematizada do perfil evolvental (ou simplesmente evolvente) dos dentes. Notar também, nessa ilustração, a presença dos diâmetros primitivos correspondentes. Por definição, o **diâmetro primitivo** de uma engrenagem (também imaginário) relaciona o seu número de dentes com o módulo de fabricação da mesma (no sistema módulo métrico). Na referida figura, a linha AB corresponde à linha de ação, ou seja, o lugar geométrico dos pontos de contato dos dentes durante o engrenamento.

Em paralelo, pode-se também destacar os diâmetros **externo** (ou de cabeça) e **interno** (ou de raiz) de uma engrenagem, os quais correspondem, evidentemente, a círculos específicos que delimitam as dimensões do dente considerado. A Figura 11.3 ilustra esses diâmetros, como também os demais parâmetros envolvidos na concepção de uma engrenagem reta.

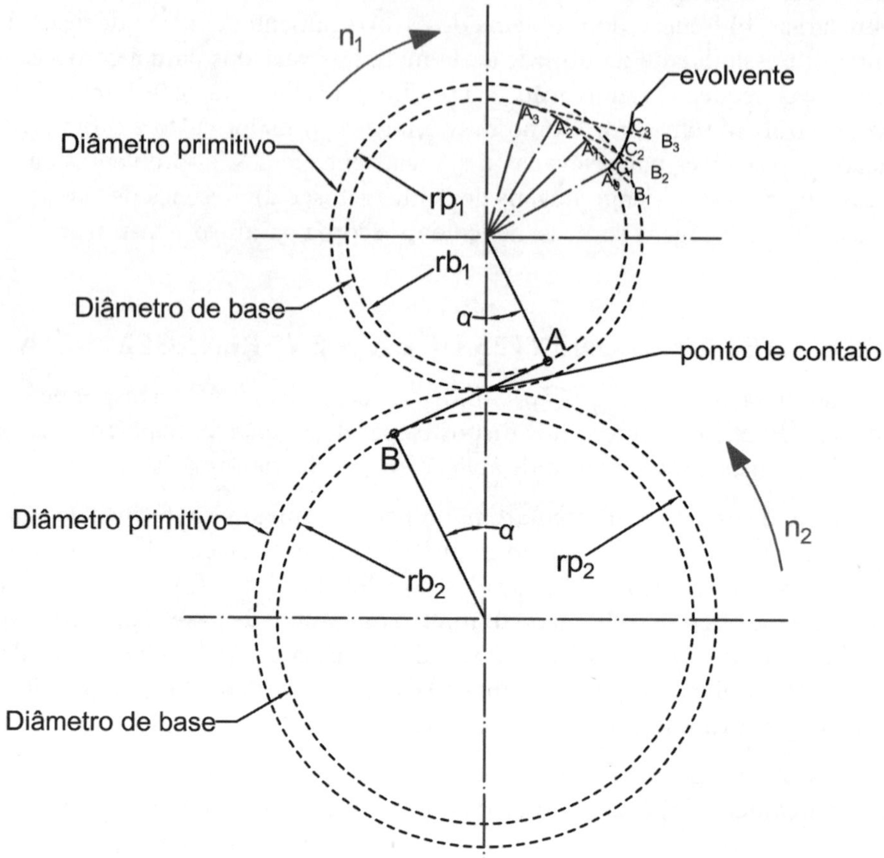

Figura 11.2 – Diâmetros de base e primitivos de duas rodas engrenadas, com o esquemático do perfil evolvental. Adaptado a partir de Hamrock e Schmid, 2004.

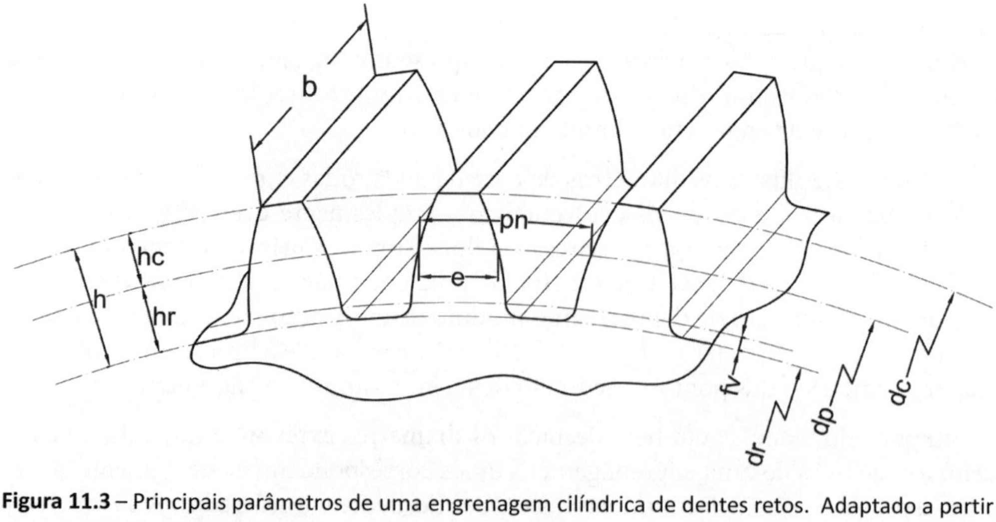

Figura 11.3 – Principais parâmetros de uma engrenagem cilíndrica de dentes retos. Adaptado a partir de Juvinall e Marshek, 2007.

A distância consecutiva entre dois dentes adjacentes, medida em arco sobre o círculo primitivo, é designada como passo normal ou frontal da engrenagem. Como os dentes devem apresentar um encaixe perfeito quando engrenados, o vão entre os dentes corresponde, evidentemente, a uma distância equivalente à metade do passo.

Destaque também deve se dar à altura total do dente, medida entre os diâmetros ou círculos de raiz e de cabeça, com as correspondentes alturas de cabeça e de raiz (ou de pé) do dente. Observar, ainda, que no fundo do dente existe uma pequena distância designada como folga de fundo do dente, a qual permite que o dente de uma engrenagem não toque ou danifique o fundo da sua roda conjugada durante o engrenamento.

Em termos de profundidade, tem-se a largura da engrenagem, a qual em termos de projeto deve, sempre que possível, ficar compreendida entre uma faixa de valores recomendada em função do módulo da engrenagem. A Tabela 11.1 traduz as principais relações geométricas de uma engrenagem cilíndrica de dentes retos. Nessa tabela faz-se também referência ao parâmetro designado como módulo da engrenagem, o qual é discutido em mais detalhes no próximo item deste capítulo.

Tabela 11.1 – Principais parâmetros de uma engrenagem cilíndrica de dentes retos.

Parâmetro	Nomenclatura	Relação	Equação
Módulo (mm)	m	ver item 2.1	
Número de dentes	z	--	
Diâmetro primitivo	d_p	$d_p = mz$	(11.1)
Diâmetro de base	d_b	$d_b = d_p \cos\alpha$	(11.2)
Altura de cabeça	h_c	$h_c = m$	(11.3)
Altura de raiz	h_r	$h_r = 1{,}25m$	(11.4)
Altura do dente	h	$h = h_c + h_r = 2{,}25m$	(11.5)
Folga de fundo do dente	f_v	$f_v = 0{,}25m$	(11.6)
Diâmetro externo ou de cabeça	d_c	$d_c = d_p + 2h_c$	(11.7)

Diâmetro interno ou de raiz	d_r	$d_r = d_p - 2h_r$	(11.8)
Ângulo de pressão	α	ver item 2.1	
Passo normal ou frontal	p_N	$p_N = \frac{\pi d_p}{z} = m\pi$	(11.9)
Espessura do dente	e	$e = \frac{p_N}{2}$	(11.10)
Largura da engrenagem	b	ver item 4.1	
Diametral Pitch	P	$P = \frac{25,4}{m}$ (a)	(11.11)

(a) como o diametral Pitch é dado em dentes por polegada, torna-se necessário a presença da constante 25,4, dado a condição do módulo da engrenagem ser definido em milímetros.

Por convenção, para a engrenagem menor será adotado o índice (1), enquanto para a engrenagem maior será adotado o índice (2). A engrenagem menor, designada como pinhão, corresponde à roda motora do sistema (salvo se indicado em contrário). Por outro lado, a engrenagem maior, nessas circunstâncias chamada de coroa, será a engrenagem movida.

2.1 – MÓDULO MÉTRICO DE UMA ENGRENAGEM

O módulo de uma engrenagem é a referência para dimensionamento de engrenagens no sistema internacional, sendo responsável diretamente pelo tamanho do dente. Medido em milímetros, é padronizado e está diretamente associado à ferramenta de usinagem correspondente. Tais ferramentas, normalmente designadas como cremalheiras tipo ou padrão, apresentam inclinações laterais também diferenciadas e padronizadas em ângulos de 14,5°, 17,5°, 20° e 25°, conforme exemplos da Figura 11.4.

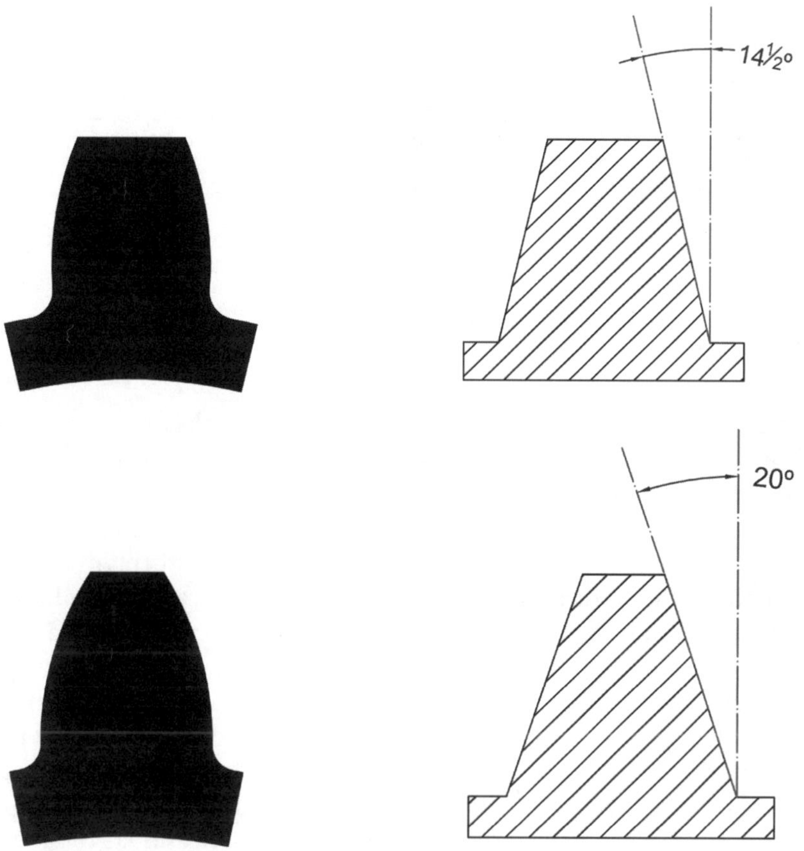

Figura 11.4 – Perfil de ferramentas de usinagem e dentes de engrenagens com ângulos de pressão de 14,5° e 20°. Adaptado a partir de Bostongear, 2016.

Esses ângulos são designados como ângulos de pressão e tem influência direta na questão da interferência existente entre os dentes de uma engrenagem, conforme pontuado na sequência.

No sistema inglês, trabalha-se com um parâmetro diferenciado para a fabricação das engrenagens. Trata-se do diametral Pitch (P), medido em dentes por polegada e que correspondente, matematicamente, ao inverso do módulo, apesar de, na prática, o mesmo não apresentar qualquer intercambialidade com as engrenagens usinadas por meio do sistema módulo métrico. A Tabela 11.2 identifica valores padronizados do módulo e do diametral Pitch para engrenagens.

Tabela 11.2 – Módulo métrico e Diametral Pitch padronizados – valores preferenciais

Módulos (mm)
1,0; 1,25; 1,5; 2,0; 2,5; 3,0; 4,0; 5,0; 6,0; 8,0; 10,0; 12,0; 16,0; 20,0; 25,0; 32,0; 40,0; 50,0
Diametral Pitch (dentes/in)
2; 2 1/4; 2 1/2; 3; 4; 6; 8; 10; 12; 16

11.2.2 – O PROBLEMA DA INTERFERÊNCIA EM ENGRENAGENS RETAS

O problema da interferência entre duas engrenagens é decorrente do contato inadequado entre dentes, o qual ocorre fora do perfil originalmente gerado para as mesmas. Esquematicamente, a Figura 11.5 ilustra essa condição para o caso de duas engrenagens em contato. Observar que, nesse caso, não há interferência em nenhuma das duas rodas, visto que ambos os diâmetros de cabeça interceptam a linha de contato dentro do segmento de ação (segmento C_1C_2). Para o caso do pinhão, o contato ocorre no ponto B, e no caso da coroa, o contato ocorre no ponto A. Caso um desses pontos viesse a interceptar a linha de contato (ou linha de ação) fora do segmento de contato, haveria a condição de interferência dessa engrenagem. Resumindo: quando o diâmetro de cabeça da engrenagem em análise (pinhão ou coroa) interceptar a linha de ação dentro do segmento de ação não haverá a condição de interferência; do contrário, haverá interferência para a engrenagem analisada. Observar ainda que a interferência, se existir, poderá ocorrer para apenas uma ou para as duas rodas envolvidas.

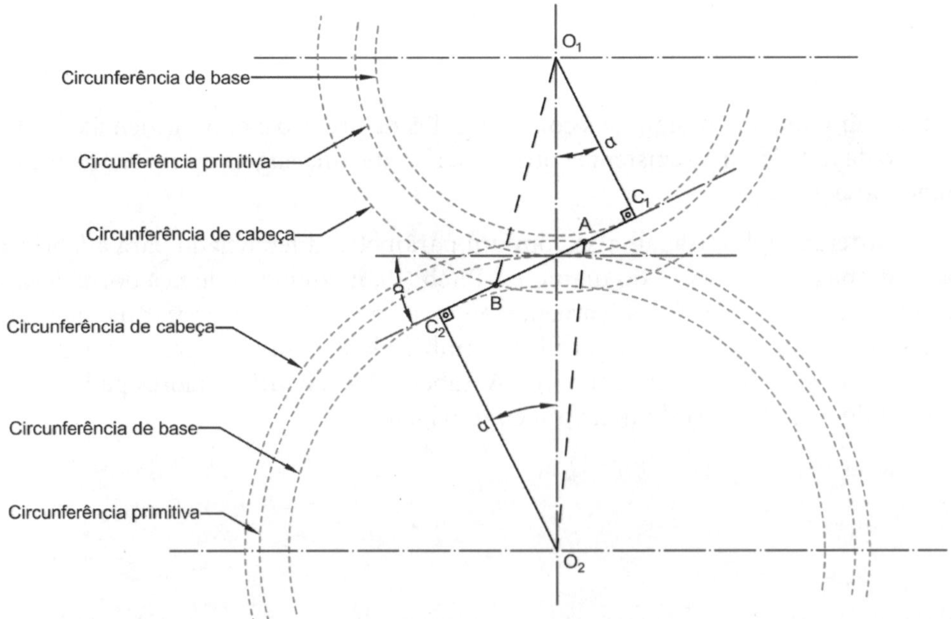

Figura 11.5 – Região de contato entre engrenagens em funcionamento, com identificação esquemática do problema da interferência.

Por se tratar de um fenômeno não desejado, deve-se na fase de projeto efetivar uma verificação ou ajuste dessa situação. No presente texto não se faz uma discussão detalhada do problema da interferência, visto tratar-se de conteúdo normalmente discutido e avaliado em disciplinas de Mecanismos, Teoria das Máquinas, ou similares. Faz-se, porém, uma avaliação do problema mediante a determinação do número de dentes envolvidos em determinadas situações, visto que magnitude da interferência diminui à proporção que a engrenagem diminui de tamanho (para o caso de uma coroa) ou à proporção que a engrenagem aumenta de tamanho (para o caso de um pinhão). Assim, para o caso do pinhão determina-se o número mínimo de dentes para não haver interferência, quando em contato com uma determinada coroa, mediante a equação:

$$z_1^2 + 2z_1z_2 = \frac{4k(z_2 + k)}{\text{sen}^2\alpha} \tag{11.12}$$

sendo k uma relação entre a altura de cabeça e o módulo do dente, a qual tem por objetivo definir a condição de dentes eventualmente rebaixados ($k = h_c/m$).

Para o caso da coroa, porém, o cálculo deve considerar o número máximo de dentes que poderá engrenar, sem interferência, com um determinado pinhão mediante a adaptação da Equação (11.12) em função do número de dentes da coroa, resultando em:

$$z_2 = \frac{z_1^2\text{sen}^2\alpha - 4k^2}{4k - 2z_1\text{sen}^2\alpha} \tag{11.13}$$

Quando se trabalha com cremalheiras, ou seja, rodas que conceitualmente apresentam um número de dentes tendendo para o infinito ($z_2 \to \infty$), pode-se obter também a partir da Equação (11.12) a relação:

$$z_1 = \frac{2k}{\text{sen}^2\alpha} \tag{11.14}$$

como, ainda, trabalha-se com ângulos de pressão padronizados em 4 faixas de valores distintos, é possível fixar o menor número de dentes para um pinhão com dentes não rebaixados (k = 1) engrenado diretamente com uma cremalheira, conforme valores indicados na Tabela 11.3.

Tabela 11.3 – Número de dentes mínimos para a engrenagem não sofrer interferência com cremalheira.

Ângulo de pressão	z_1 mínimo (calculado)	z_1 mínimo (adotado)
14,5º	31,90	32
17,5º	22,12	23
20º	17,10	18
25º	11,20	12

Nessas circunstâncias, pode-se constatar que o aumento do ângulo de pressão reduz o problema da interferência. Da mesma forma, uma eventual redução na altura do dente ($k < 1$) também ocasionará a redução desse problema.

Deve-se destacar, por fim, que dentes evolventais, produzidos por ferramentas de corte (cremalheiras), apresentam a remoção da parte do flanco do dente que ocasionaria a interferência durante o seu processo de fabricação, entre quaisquer engrenagens. Tal fato, entretanto, deixaria o dente enfraquecido, justificando também a necessidade de evitar a condição de interferência, mesmo que de forma conceitual.

11.3. FABRICAÇÃO DE ENGRENAGENS

Engrenagens podem ser obtidas mediante e, principalmente, duas categorias distintas de fabricação: a conformação mecânica ou a usinagem. No grupo da conformação mecânica, estão inseridos os processos de fundição, sinterização, molde de injeção, extrusão e estampagem. Tais processos exigem o uso de um molde ou matriz, normalmente de custo elevado e justificável para produção de grandes quantidades de uma mesma peça. Evidente que a precisão dos dentes obtidos por esses processos depende da qualidade da matriz e, em geral, tais engrenagens apresentam uma precisão bastante inferior às obtidas pelos processos de usinagem.

No contexto dos processos de usinagem, envolve-se a remoção de material em temperatura ambiente com o objetivo inicial de dar forma aos dentes e, sequencialmente, dar o acabamento adequado em função da qualidade exigida para a engrenagem a ser fabricada. Na prática, dois processos são normalmente utilizados: o fresamento por ferramenta conformadora e a usinagem por geração.

A ferramenta fresa conformadora apresenta os gumes de corte com a forma do perfil do dente, de maneira que a mesma ao se movimentar no vazio dos dentes, acaba gerando a engrenagem correspondente. Para o processo de usinagem por geração, tanto ferramenta quanto a peça a ser usinada apresentam um movimento relativo similar ao movimento das engrenagens conjugadas, permitindo através de cortes sucessivos, a conformação final dos dentes.

Posteriormente aos processos de usinagem, as rodas classificadas como engrenagens de precisão necessitam passar por operações de acabamento, operações essas que removem pequena quantidade de material e têm por objetivo principal melhorar o acabamento superficial e a qualidade dimensional da engrenagem em análise. Nesse contexto, destacam-se os processos de polimento, retificação, brunimento e lapidação.

Sugere-se ao leitor, se necessário, uma consulta nas bibliografias sobre o assunto para um melhor entendimento e complementação de cada um dos processos de fabricação aqui citados.

11.4. ESFORÇOS ATUANTES SOBRE UMA ENGRENAGEM CILINDRICA DE DENTRE RETOS

A força atuante sobre o dente de uma engrenagem reta, designada como esforço normal, apresenta para o caso do perfil evolvental uma direção invariável em relação ao dente, cuja representação esquemática sobre o diâmetro primitivo da engrenagem é ilustrada na Figura 11.6. Esse esforço, em termos práticos, deve ser avaliado ainda em função das suas respectivas componentes, sendo uma radial e outra tangencial. A componente tangencial, como de costume, é decorrente do torque transmitido por cada roda dentada em específico, enquanto que a componente radial, para o caso de engrenagens, atua voltada sempre para o centro da roda em análise e corresponde a uma parcela meramente prejudicial, visto não apresentar qualquer contribuição no contexto da transmissão. Tal componente, ainda, solicita adicionalmente os eixos e os mancais de sustentação do sistema.

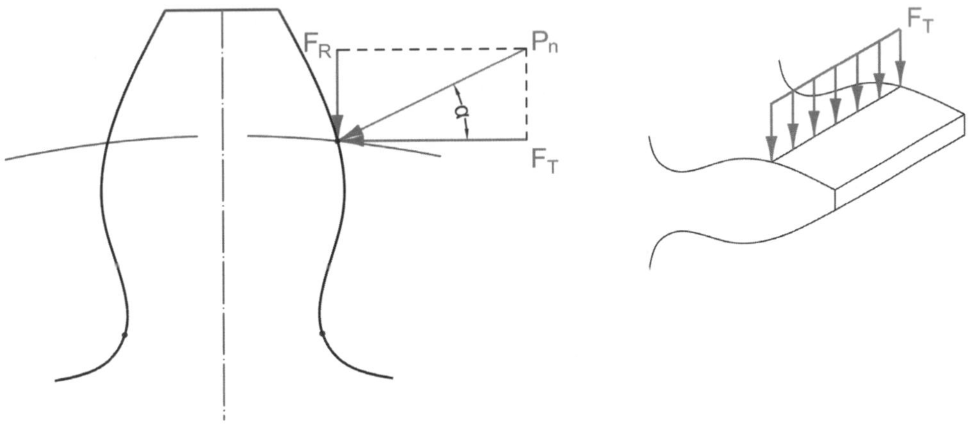

Figura 11.6 – Esforço normal e componentes atuando sobre o dente de uma engrenagem reta. Adaptado a partir de Juvinall e Marshek, 2007.

Como a direção do esforço normal é invariável e está diretamente associado ao ângulo de pressão da ferramenta de usinagem utilizada, pode-se facilmente relacionar as componentes de esforço radial e tangencial pela equação:

$$F_R = F_T . tg\alpha \quad (11.15)$$

Em termos de direção e sentido das componentes de esforço atuantes sobre pinhão e coroa, respectivamente, sugere-se a seguinte convenção:

(a) componente radial - estará sempre voltada para o centro da roda considerada;

(b) componente tangencial - deverá ser avaliada em termos de ação sobre a roda movida e reação sobre a roda motora do par (3ª Lei de Newton).

Tal situação exige o conhecimento preliminar, evidentemente, do sentido de rotação das rodas em análise. Essa avaliação deverá ser realizada sempre a partir do ponto de contato das rodas (ponto definido sobre os diâmetros primitivos), como também, deverá preservar a posição relativa das engrenagens na sua configuração original de trabalho. A Figura 11.7 tem por objetivo ilustrar, esquematicamente, um exemplo dessa avaliação.

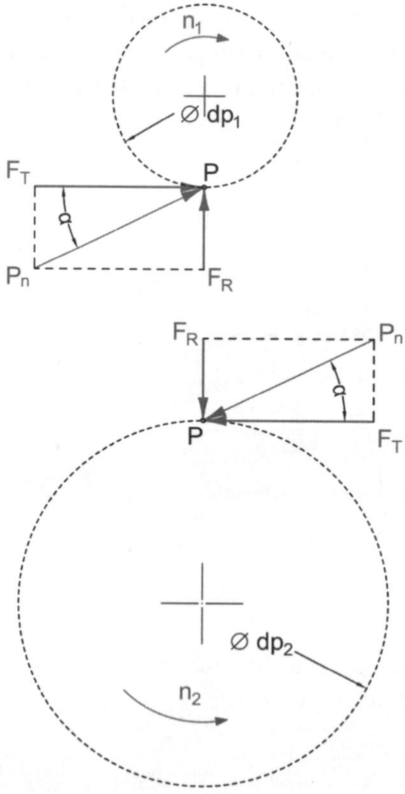

Figura 11.7 – Exemplo orientativo para determinação do sentido dos esforços atuantes sobre pinhão (reação) e coroa (ação) de engrenagens cilíndricas retas. Adaptado a partir de Juvinall e Marshek, 2007.

De posse desses esforços, pode-se ainda definir as solicitações sobre os eixos de transmissão e sobre os mancais correspondentes. O Problema Resolvido 5.3 apresenta essa condição.

11.5. DIMENSIONAMENTO DE ENGRENAGENS CILÍNDRICAS DE DENTES RETOS

Dois são os critérios fundamentais para o projeto de engrenagens em geral: o critério da resistência e o critério da pressão. O primeiro critério, como o próprio nome sugere, considera o efeito de flexão gerado pela componente tangencial do esforço em relação ao pé do dente. O segundo critério, também conhecido como critério da durabilidade superficial, considera a pressão de contato existente entre os dentes durante o funcionamento. Na prática, porém, os dois critérios devem ser considerados simultaneamente quando do projeto de um sistema de transmissão por engrenagens. Nesse contento, caberá ao projetista optar por um dos dois critérios para fins do dimensionamento, utilizando, assim, o segundo critério na forma de uma verificação final. Evidentemente que eventuais ajustes poderão ser necessários quando nessa verificação.

No projeto de um sistema de engrenagens poucas são as alternativas disponíveis para o projetista, dado que apenas um único parâmetro de cálculo poderá ser considerado como incógnita do problema: o módulo, a largura das engrenagens, o material das rodas envolvidas ou o coeficiente de segurança de projeto. Tal condição é resultante da total relação existente entre todos os demais parâmetros envolvidos. Como, ainda, qualquer outro projeto de sistemas de transmissão de potência, parâmetros de entrada como potência, características dos componentes envolvidos, rotações e número de dentes estimados, são condições necessárias e suficientes para o início de determinado projeto.

11.5.1 – CRITÉRIO DA RESISTÊNCIA – EQUAÇÃO DE LEWIS

Wilfred Lewis propôs, em 1892, o equacionamento matemático precursor para o projeto de engrenagens. Para tal, o mesmo considerou o dente de uma engrenagem reta como sendo uma viga engastada, conforme representação esquemática da Figura 11.8.

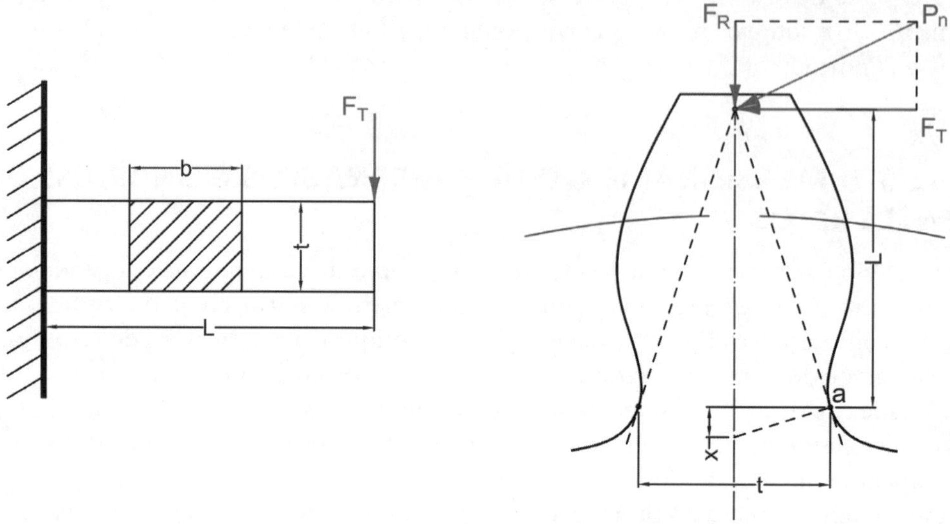

Figura 11.8 – Modelo aproximado de Lewis. Adaptado a partir de Budynas e Nisbett, 2011.

Para tal, encontra-se o máximo de tensão de flexão quando um único dente suporta toda a carga na sua extremidade, possibilitando, após uma boa quantidade de simplificações matemáticas, a obtenção da chamada equação de Lewis, ou mais especificamente:

$$\sigma = \frac{K_o F_T}{bYm} \leq \frac{\sigma_{esc}}{CS} \tag{11.16}$$

tal equação, apesar de bastante antiga, corresponde à base do equacionamento utilizado para o dimensionamento de engrenagens pelo critério da resistência. Nela, o parâmetro "Y" corresponde ao chamado fator de forma de Lewis, o qual contempla a concentração de tensão no pé do dente e suas correspondentes dimensões, sendo definido normalmente através de ábacos ou tabelas, em função do número de dentes da engrenagem considerada. A Tabela 11.4 traduz esses valores.

Tabela 11.4 – Fator de forma de Lewis. Adaptado a partir de Bostongear, 2016.

z	Y (14,5º)	Y (20º)	Y (25º)	z	Y (14,5º)	Y (20º)	Y (25º)
10	0,176	0,201	---	34	0,325	0,370	0,438
11	0,192	0,226	---	36	0,329	0,377	0,444
12	0,210	0,245	0,277	38	0,332	0,383	0,451
13	0,223	0,264	0,293	40	0,336	0,389	0,457
14	0,236	0,276	0,307	45	0,340	0,399	0,467
15	0,245	0,289	0,320	50	0,346	0,408	0,477
16	0,255	0,295	0,332	55	0,352	0,415	0,484
17	0,264	0,302	0,342	60	0,355	0,421	0,491
18	0,270	0,308	0,352	65	0,358	0,425	0,496
19	0,277	0,314	0,361	70	0,360	0,429	0,501
20	0,283	0,320	0,369	75	0,361	0,433	0,506
22	0,292	0,330	0,384	80	0,363	0,436	0,509
24	0,302	0,337	0,396	90	0,366	0,442	0,515
26	0,308	0,344	0,407	100	0,368	0,446	0,521
28	0,314	0,352	0,417	150	0,375	0,458	0,537
30	0,318	0,358	0,425	200	0,378	0,463	0,545
32	0,322	0,364	0,431	300	0,382	0,471	0,554
				rack	0,390	0,484	0,566

(a) para número de dentes não disponíveis na forma tabelada, considerar uma interpolação linear para obtenção dos fatores de forma correspondentes;

(b) o termo "rack" significa cremalheira.

O pinhão será sempre o componente mais crítico da transmissão. Caso, porém, pinhão e coroa sejam de materiais distintos, a verificação da resistência simultânea de ambas as rodas se torna necessário.

Sugere-se com isso, o uso da equação de Lewis para a definição de um módulo preliminar das engrenagens no projeto de um sistema desta categoria. Evidente que, situações nas quais se disponha do módulo como um dado de entrada do problema, tal consideração perde totalmente o sentido.

Para encerrar a discussão sobre a equação de Lewis deve-se destacar ainda que essa equação foi desenvolvida a partir da hipótese que toda a carga externa é distribuída de forma uniforme, ao longo de toda a largura da engrenagem. Na prática, porém, isso está longe de ser verdade, em decorrência de desalinhamentos ou até mesmo imprecisões na montagem do sistema. Essa concentração localizada de carga sobre uma parcela específica do dente poderá resultar em tensões superiores à condição prevista originalmente, motivo pelo qual a largura da engrenagem não deverá ser muito grande quando comparada com o passo (ou módulo) do dente. Sugere-se, assim, que a largura do dente (para engrenagens retas) fique compreendida entre:

$$8m \leq b \leq 16m \qquad (11.17)$$

11.5.2 – CRITÉRIO DA RESISTÊNCIA – EQUAÇÃO AGMA

Com a definição de um módulo preliminar pela equação de Lewis (ou mediante o conhecimento prévio deste módulo), torna-se possível avançar uma etapa no processo de projeto correspondente. Para tal, sugere-se a utilização da equação AGMA, a qual contempla uma série de coeficientes ou fatores adicionais à equação de Lewis. A AGMA - American Gear Manufacturing Association - corresponde a uma entidade americana especializada e consagrada em estudos sobre engrenagens em geral. A mesma desenvolve pesquisas constantes sobre características operacionais e funcionais das engrenagens, propondo a utilização de fatores (ou coeficientes) que visam corrigir ou aproximar as equações matemáticas convencionais conhecidas para o dimensionamento de engrenagens.

Na sequência, apresenta-se a forma geral da equação AGMA, efetivando em paralelo a descrição e a apresentação de cada coeficiente adicional considerado.

$$\sigma_{AGMA} = K_o F_T K_V K_s \frac{1}{bm} \frac{K_m K_B}{J} \qquad (11.18)$$

a) Fator de sobrecarga ou de serviço (K_o) - fator que tem por objetivo levar em consideração todas as cargas externas aplicadas em excesso em relação ao carregamento tangencial nominal, como também eventuais choques decorrentes dos sistemas de transmissão convencionais. Trata-se do mesmo conceito utilizado nos capítulos de transmissão por correias e por correntes de rolos, sendo proposto para o caso de engrenagens os valores apresentados na Tabela 11.5. Notar ainda que tais valores são genéricos, no contexto da fonte de potência e do equipamento acionado, sendo a experiência do projetista fator importante no momento da escolha deste fator.

Tabela 11.5 – Fator sobrecarga ou de serviço – K_o. Adaptado a partir de Juvinall, 2007.

Fonte de potência (tipo de acionamento)	Equipamento acionado		
	cargas uniformes (1)	choques moderados (2)	choques intensos (3)
acionamento uniforme (motores elétricos ou turbinas a gás de velocidade constante)	1,00	1,25	1,75
acionamento leve (acionamentos de velocidade variável)	1,25	1,50	2,00
acionamento médio (motores multicilindrícos)	1,50	1,75	2,25

(1) ventiladores, bombas centrífugas de baixa velocidade, geradores de serviço normais, transportadores uniformemente carregados, bombas de deslocamento positivo;

(2) bombas centrífugas de alta velocidade, bombas alternativas e compressores, geradores de serviço pesados, máquinas ferramentas, serras;

(3) prensas de punção, trituradores.

b) Fator de velocidade ou fator dinâmico (K_V) – os sistemas de transmissão de potência estão constantemente submetidos a cargas dinâmicas, as quais, evidentemente podem vir a ocasionar problemas na vida útil desses componentes. O fator de velocidades tem, assim, por objetivo compensar essas condições eventualmente desfavoráveis. Diversas equações específicas estão disponíveis na literatura para a definição desse fator, as quais normalmente apresentam variação em função do tipo de perfil e do acabamento dado ao dente da engrenagem em análise. Nesta obra optou-se pela adoção da equação geral considerada para o referido fator, a qual depende da velocidade tangencial da engrenagem (em m/s) e pode ser descrita na forma:

$$K_V = \left(\frac{A + \sqrt{200v}}{A} \right)^B \tag{11.19}$$

onde as constantes A e B, são definidas pelas relações:

$$B = 0{,}25(12 - Q_V)^{2/3} \tag{11.20}$$

$$A=50+56(1-B) \tag{11.21}$$

Observar na Equação (11.20) a presença do termo representado por Q_V, o qual corresponde ao chamado **número de qualidade AGMA**. Tal parâmetro define, segundo a norma AGMA 2000-A88, tolerâncias dimensionais para os dentes de engrenagens e um índice de qualidade que varia desde a menor qualidade (3) até uma maior precisão (16), obtida para as engrenagens a partir do método e condições de fabricação consideradas. Na prática e como referência, valores entre 3 a 5 representam engrenagens com acabamentos grosseiros, faixa de 6 a 9 - engrenagens comerciais convencionais, enquanto que valores na faixa de 10 a 12 correspondem a engrenagens consideradas de precisão, conforme pode ser observado na Figura 11.9.

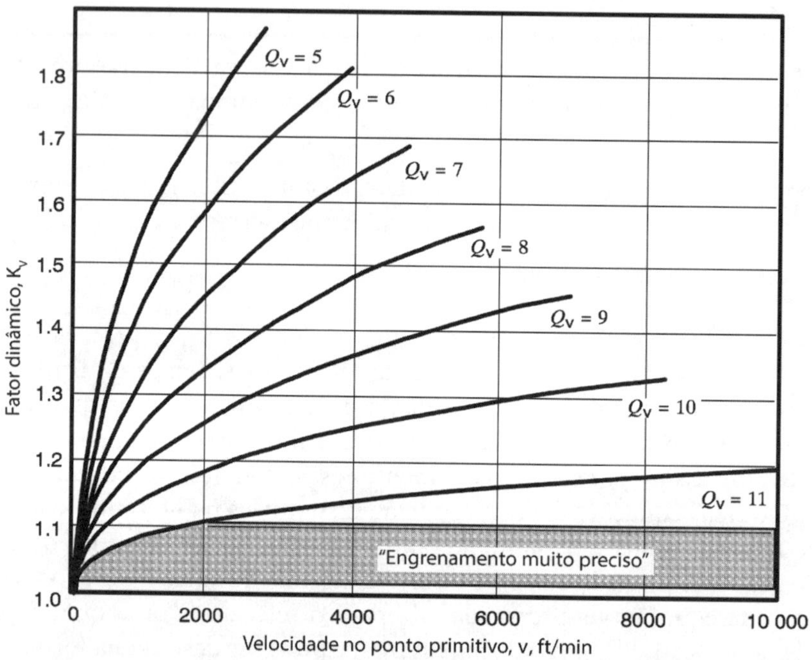

Figura 11.9 – Número de qualidade AGMA para engrenagens. Extracted from AGMA Standard ANSI/AGMA 2001-D04, Fundamental Rating Factors and Calculation Methods for Involute Spur and Helical Gear Teeth, with permission of the publisher, the American Gear Manufacturers Association, 1001 North Fairfax Street, 5th Floor, Alexandria, Virginia 22314.

c) Fator de tamanho (K_s) – o fator referido tem por objetivo considerar a eventual não uniformidade das propriedades do material decorrentes do tamanho da engrenagem considerada. Trata-se de um valor muito próximo da unidade (pela AGMA, K_s= 1) e que pode ser determinado a partir das dimensões da engrenagem em análise. Segundo Budynas sugere-se a seguinte relação empírica:

$$K_s = 1{,}192\left(\frac{b\sqrt{Y}}{P}\right)^{0{,}0535} \quad (11.22)$$

nessas circunstâncias, como o diametral Pitch é dado em dentes/in, deve-se trabalhar com a largura da engrenagem também em **polegadas**. Notar ainda que, caso as engrenagens apresentem número de dentes distintos, o fator de tamanho será também diferenciado para os casos do pinhão e coroa.

d) Fator de distribuição de carga (K_m) – a Figura 11.6 mostra, conjuntamente ao dente solicitado, uma situação idealizada de carregamento sobre o dente de uma engrenagem. Na prática, tal condição não acontece e o carregamento acaba se distribuindo de forma não-uniforme sobre a largura do dente da engrenagem em análise. O fator de distribuição de carga é utilizado visando corrigir a precisão decorrente da montagem do sistema de engrenagens, o qual pode vir a não permitir o contato ao longo de toda a extensão do denteado. O fator referido pode ser definido por meio de equações empíricas específicas segundo afirmam determinados autores, como também, a partir de dados tabelados. Para essa obra, considerar as informações contidas na Tabela 11.6.

Tabela 11.6 – Fator de distribuição de carga – K_m. Adaptado a partir de Santos Jr, 2003.

Características da montagem do sistema	Largura da engrenagem (mm)		
	0 a 50,0	até 150	até 225
Montagens precisas, pequena folga nos mancais, deflexões mínimas e engrenagens de precisão	1,3	1,4	1,5
Média precisão, tanto na montagem quanto nas próprias engrenagens	1,6	1,7	1,8
Pouca precisão, tanto na montagem quanto nas próprias engrenagens	acima de 2,2		

d) Fator de borda (K_B) – engrenagens de maiores dimensões utilizam a prerrogativa de serem vazadas entre o cubo e o seu anel interno, mediante o uso de braços, raios ou furos, objetivando a diminuição de peso e a consequente redução de material e custo. Em tais circunstâncias, deve-se estar atento à condição de borda da engrenagem ou, mais especificamente, se a espessura da borda da engrenagem será suficiente para proporcionar completo suporte à raiz do dente. A Figura 11.10 mostra a relação entre essas distâncias. Notar que quando a relação (t_R/h_t) for superior à 1,2, o fator de borda não apresenta qualquer influência, assumindo, nesse caso, o valor da unidade.

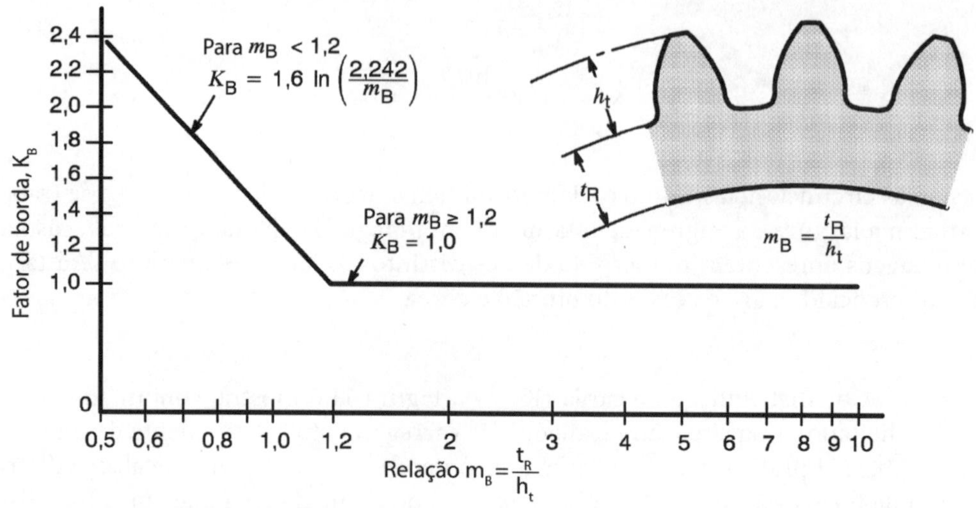

Figura 11.10 – Espessura de borda de uma engrenagem. Extracted from AGMA Standard ANSI/AGMA 2001-D04, Fundamental Rating Factors and Calculation Methods for Involute Spur and Helical Gear Teeth, with permission of the publisher, the American Gear Manufacturers Association, 1001 North Fairfax Street, 5th Floor, Alexandria, Virginia 22314.

e) Fator geométrico AGMA (J) – tal fator surgiu em substituição ao fator de Lewis original. A AGMA dispõe de diversos ábacos que permitem a obtenção desse fator em função dos números de dentes envolvidos na transmissão. Para o caso de engrenagens cilíndricas de dentes retos, com ângulo de pressão de 20°, considerar a Figura 11.11.

Nessas circunstâncias, a referida figura servirá para obtenção do fator geométrico tanto do pinhão como da coroa, bastando para tanto entrar com o número de dentes da roda desejada no eixo horizontal e considerando, concomitantemente, a curva correspondente ao número de dentes da roda conjugada (optar pela escolha da curva mais próxima ao número de dentes desejado, caso esse valor não esteja contemplado entre as curvas disponíveis). Observar também, que abaixo de 17 dentes no eixo horizontal, todas as curvas apresentam uma convergência para uma única curva de referência.

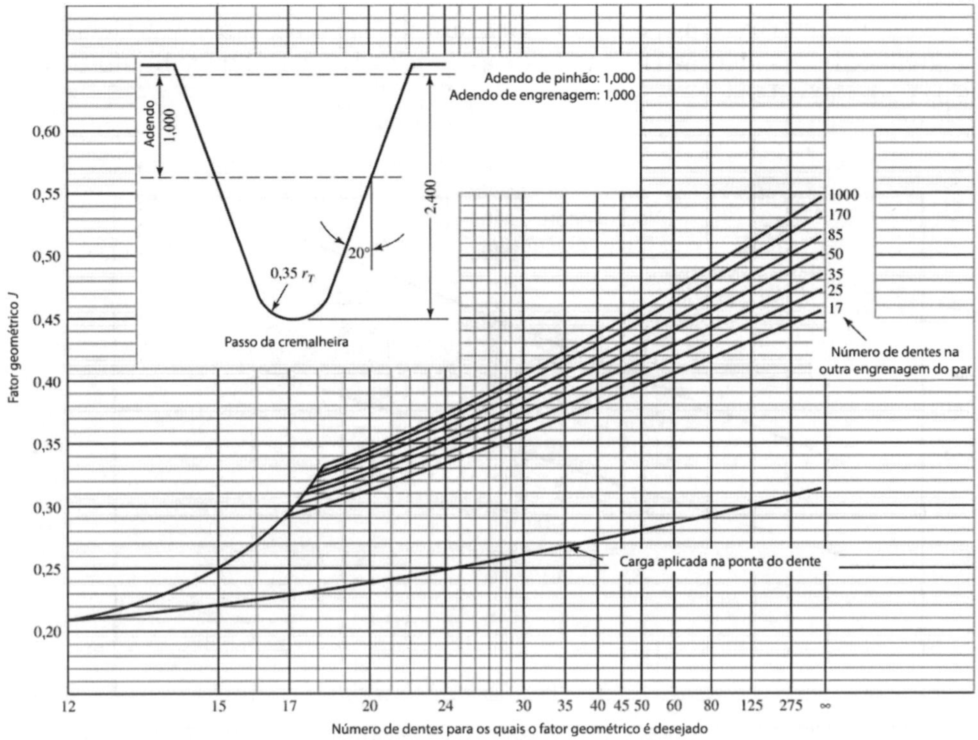

Figura 11.11 – Fator geométrico AGMA para engrenagens retas com ângulo de pressão de 20º. Extracted from AGMA Standard ANSI/AGMA 2001-D04, Fundamental Rating Factors and Calculation Methods for Involute Spur and Helical Gear Teeth, with permission of the publisher, the American Gear Manufacturers Association, 1001 North Fairfax Street, 5th Floor, Alexandria, Virginia 22314.

11.5.3 – CRITÉRIO DA RESISTÊNCIA – FADIGA DE FLEXÃO

A utilização da Equação (11.18) exige um parâmetro de referência, em termos de comparação, para validar o valor da tensão AGMA obtida. Como a carga em um dente de engrenagem é aplicada repetidamente, pode-se esperar que a falha iminente venha a ocorrer por fadiga, motivo pelo qual se sugere uma comparação final com um critério de fadiga, ou mais especificamente, um critério de fadiga de flexão. Com a consideração de fatores adicionais de correção, tem-se a relação:

$$CS_F = \frac{S_t Y_N}{Y_\theta Y_Z \sigma_{AGMA}} \geq 1,5 \tag{11.23}$$

Nessa equação considera-se a recomendação AGMA para um coeficiente de segurança de flexão igual ou superior a 1,5. Observar ainda, que além de fatores de correção adicionais, existe um parâmetro representativo da resistência do material da engrenagem em análise. Tal parâmetro chamado de tensão admissível de flexão AGMA - S_t - é tabelado para os principais materiais utilizados costumeiramente na fabricação de engrenagens. As Figuras 11.12 a 11.14 e as Tabelas 11.7 e 11.8 trazem informações a respeito desses valores.

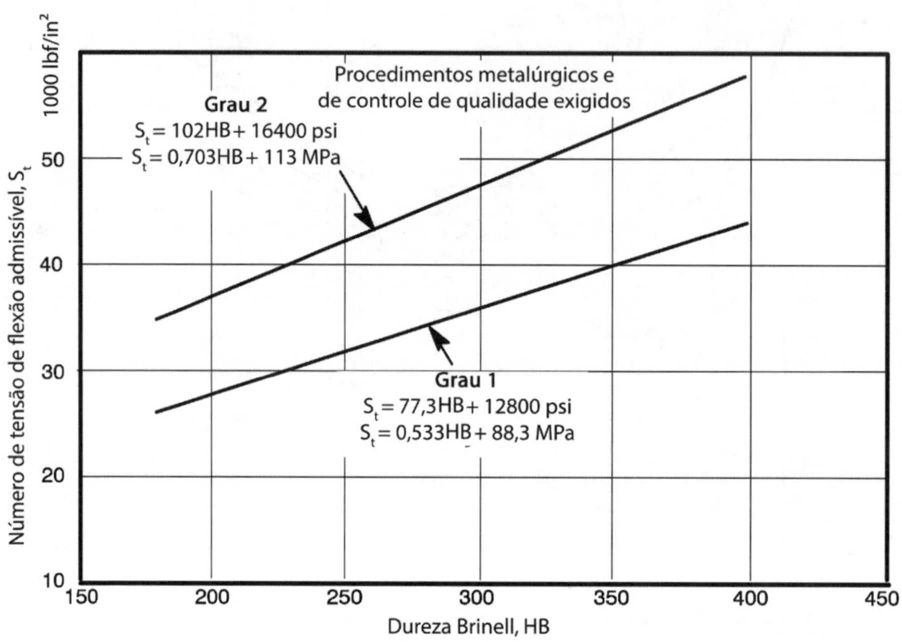

Figura 11.12 – Tensão admissível de flexão AGMA para aços endurecidos por completo - S_t. Extracted from AGMA Standard ANSI/AGMA 2001-D04, Fundamental Rating Factors and Calculation Methods for Involute Spur and Helical Gear Teeth, with permission of the publisher, the American Gear Manufacturers Association, 1001 North Fairfax Street, 5th Floor, Alexandria, Virginia 22314.

a) Fator de temperatura (Y_θ) – a temperatura de operação de um sistema pode influenciar tanto o comportamento dos lubrificantes considerados, como também, as propriedades dos materiais envolvidos. Para o caso de engrenagens, tal situação não poderia ser diferenciada, justificando assim a aplicação do chamado fator de temperatura, na forma:

$$Y_\theta = 1 \qquad \rightarrow \theta \leq 120^\circ C \quad Y_\theta = \frac{273+\theta}{393} \rightarrow \theta > 120^\circ C \tag{11.24}$$

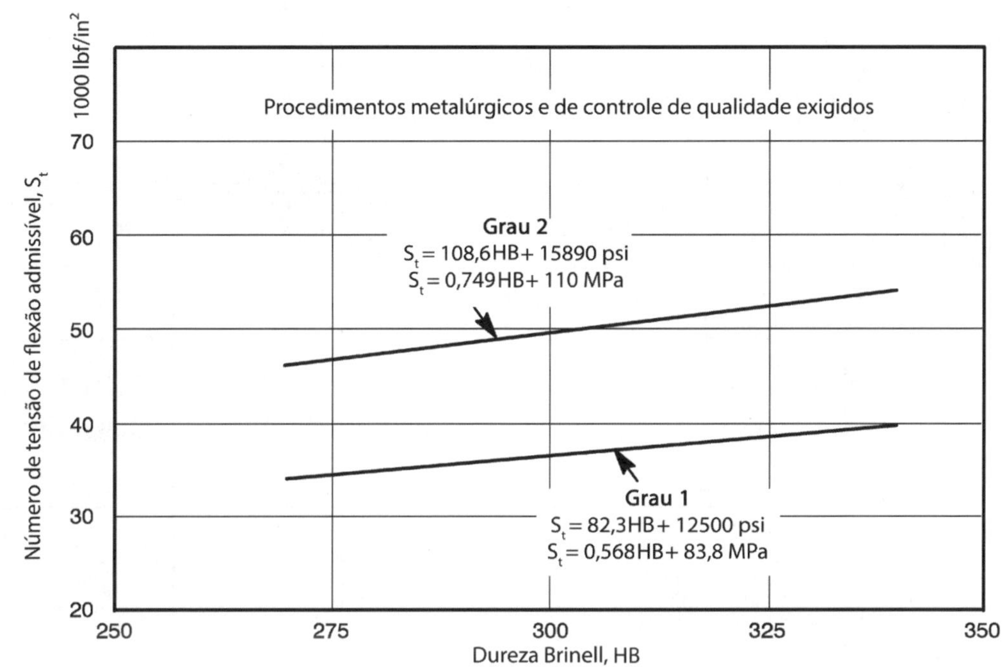

Figura 11.13 – Tensão admissível de flexão AGMA para aços endurecidos por nitretação - S_t. Extracted from AGMA Standard ANSI/AGMA 2001-D04, Fundamental Rating Factors and Calculation Methods for Involute Spur and Helical Gear Teeth, with permission of the publisher, the American Gear Manufacturers Association, 1001 North Fairfax Street, 5th Floor, Alexandria, Virginia 22314.

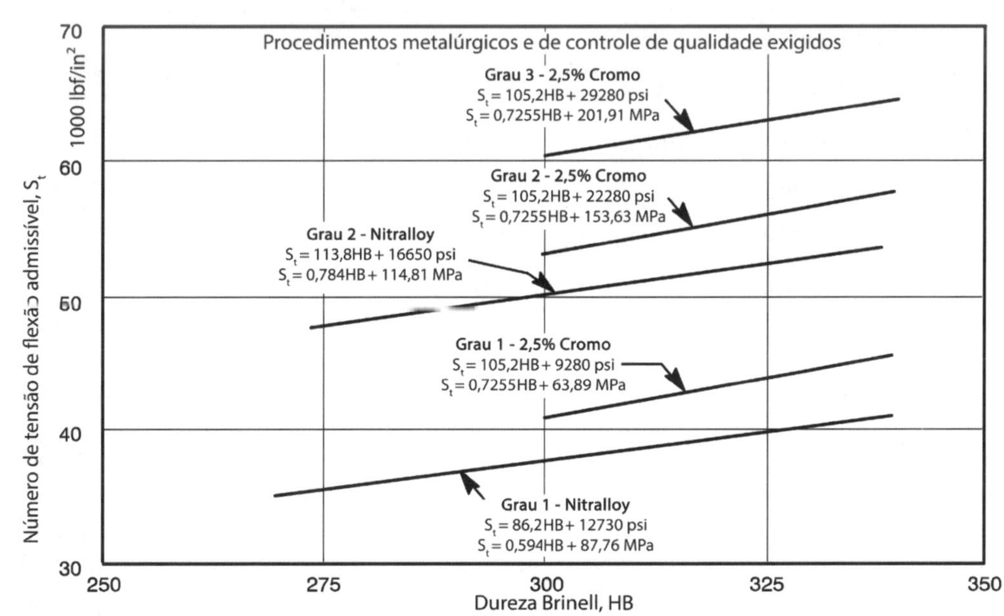

Figura 11.14 –Tensão admissível de flexão AGMA para aços nitretados - S_t. Extracted from AGMA Standard ANSI/AGMA 2001-D04, Fundamental Rating Factors and Calculation Methods for Involute Spur and Helical Gear Teeth, with permission of the publisher, the American Gear Manufacturers Association, 1001 North Fairfax Street, 5th Floor, Alexandria, Virginia 22314.

Tabela 11.7 – Tensão admissível de flexão AGMA para aços carbono - S_t. Extracted from AGMA Standard ANSI/AGMA 2001-D04, Fundamental Rating Factors and Calculation Methods for Involute Spur and Helical Gear Teeth, with permission of the publisher, the American Gear Manufacturers Association, 1001 North Fairfax Street, 5th Floor, Alexandria, Virginia 22314.

Designação do material	Tratamento térmico	Dureza superficial mínima	Tensão admissível de flexão AGMA (lbf/in^2)		
			Grau 1	Grau 2	Grau 3
Aço carbono	endurecido por completo	(a)	(a)	(a)	---
	endurecido por chama/ indução – padrão de dureza tipo A	(e)	45000	55000	---
	endurecido por chama/ indução – padrão de dureza tipo B	(e)	22000	22000	---
	carbonetado e endurecido	(f)	55000	65000 a 70000	75000
	nitretado	83,5 HR 15N	(b)	(b)	---
Aço para nitretação (c)	nitretado	87,5 HR 15N	(d)	(d)	(d)

(a) consultar Figura 11.12

(b) consultar Figura 11.13

(c) nitralloy 134M, nitralloy N e 2,5% cromo

(d) consultar Figura 11.14

(e) conforme Tabela 8 da ANSI/AGMA 2001-D04

(f) conforme Tabela 9 da ANSI/AGMA 2001-D04

b) Fator de confiabilidade (Y_Z) – conceitualmente confiabilidade corresponde à probabilidade de um equipamento ou componente desempenhar a função para o qual foi projetado, ao longo de determinado período de tempo, mediante um determinado conjunto de especificações. Trata-se de uma conceituação estatística que tem sido aplicada a diversos tipos de projetos de sistemas mecânicos, apesar da pouca quantidade de informações (bancos de dados) normalmente disponíveis acerca das taxas de falhas correspondentes. Quando não se dispõem, entretanto, de uma maior quantidade de informações acerca dessas taxas de falhas, recomenda-se o uso da distribuição normal das falhas ocorridas nos testes dos materiais. Nesse contexto, sugerem-se as relações:

$$Y_Z=0{,}658-0{,}0759\ \ln(1-R) \rightarrow 0{,}5<R<0{,}99$$
$$Y_Z=0{,}5-0{,}109\ \ln(1-R) \rightarrow 0{,}99\leq R<0{,}9999 \qquad (11.25)$$

onde o termo R é a abreviatura de Reliability, ou mais especificamente, confiabilidade em inglês.

Tabela 11.8 – Tensão admissível de flexão AGMA para ferros fundidos e bronzes- S_t. Extracted from AGMA Standard ANSI/AGMA 2001-D04, Fundamental Rating Factors and Calculation Methods for Involute Spur and Helical Gear Teeth, with permission of the publisher, the American Gear Manufacturers Association, 1001 North Fairfax Street, 5th Floor, Alexandria, Virginia 22314.

Material	Designação do material	Tratamento térmico	Dureza superficial mínima	Tensão admissível de flexão AGMA (lbf/in^2)
Ferro fundido cinzento - ASTM A48	Classe 20	como fundido	---	5000
	Classe 30	como fundido	174HB	8500
	Classe 40	como fundido	201HB	13000
Ferro fundido dúctil - ASTM A536	Grau 60-40-18	recozido	140HB	22000 a 33000
	Grau 80-55-06	temperado/ revenido	179HB	22000 a 33000
	Grau 100-70-03	temperado/ revenido	229HB	27000 a 40000
	Grau 120-90-02	temperado/ revenido	269HB	31000 a 44000
Bronze	---	fundido em areia	(a)	5700
	ASTM B-148 liga 954	tratado termicamente	(b)	23600

(a) resistência à tração mínima de 40000 psi

(b) resistência à tração mínima de 90000 psi

c) Fator de ciclos ou de ciclagem (Y_N) – as tensões admissíveis de flexão tabeladas são, normalmente, definidas para uma condição padrão de 10^7 ciclos de funcionamento. Na prática, porém, os projetos podem e devem contemplar outras expectativas de vidas diferenciadas para as quais se deve haver uma correção nesse sentido. A Figura 11.15 apresenta informações acerca do fator de ciclos para algumas situações de materiais adotadas nesses projetos. Atentar que o número de ciclos (N) a ser considerado no projeto corresponde sempre aos dados do pinhão. Para a coroa, considerar a relação de transmissão correspondente.

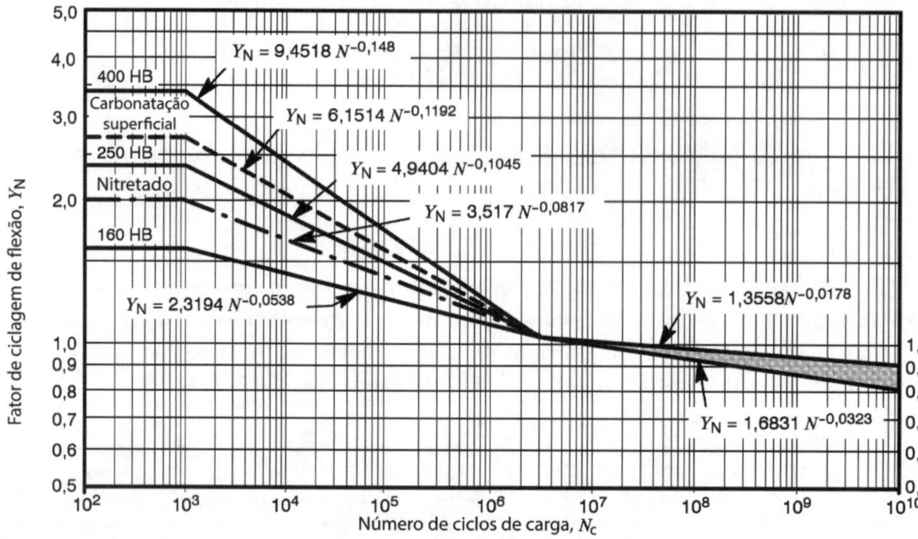

Figura 11.15 – Fator de ciclos ou de ciclagem para resistência à flexão. Extracted from AGMA Standard ANSI/AGMA 2001-D04, Fundamental Rating Factors and Calculation Methods for Involute Spur and Helical Gear Teeth, with permission of the publisher, the American Gear Manufacturers Association, 1001 North Fairfax Street, 5th Floor, Alexandria, Virginia 22314.

11.5.4 – CRITÉRIO DA PRESSÃO – EQUAÇÃO AGMA

O segundo critério a ser considerado, seja na forma de dimensionamento ou na forma de verificação, corresponde ao critério da pressão ou durabilidade superficial. Tal critério leva em consideração a pressão de contato entre os dentes das rodas envolvidas, sendo a dureza dos materiais o parâmetro mais representativo desse critério de cálculo. Falhas superficiais nos dentes de engrenagens estão diretamente relacionadas ao desgaste e a formação de cavidades (crateração), a qual corresponde a uma falha de fadiga de superfície causada por muitas repetições de tensões de contato em níveis considerados elevados.

A AGMA também disponibiliza uma equação geral de cálculo baseada nesse critério contemplando coeficientes de correção equivalentes ou similares aos coeficientes presentes na equação do critério da resistência AGMA. Tal equação corresponde a:

$$\sigma_C = C_p \sqrt{K_o F_T K_V K_s \frac{K_m}{b d p_1 I}} \tag{11.26}$$

Excetuando-se os coeficientes ou fatores de correção apresentados anteriormente, destacam-se ainda:

a) Coeficiente elástico (C_p) – parâmetro representativo das propriedades dos materiais envolvidos no par de engrenagens em análise. Tal parâmetro tem por objetivo englobar, num único termo, os módulos de elasticidade longitudinal (E) e os coeficientes de Poisson (υ) do par. Matematicamente:

$$C_p = 10^{-3} \sqrt{\frac{1}{\pi\left[\frac{\left(1-\upsilon_1^2\right)}{E_1} + \frac{\left(1-\upsilon_2^2\right)}{E_2}\right]}} \quad \left(\sqrt{\text{MPa}}\right) \tag{11.27}$$

Atenção especial deve ser dada a unidade do coeficiente elástico. A Equação (11.27) apresenta, alternativamente, a unidade "raiz de MPa" para tal parâmetro. Tal condição é decorrente da unidade adotada para os módulos de elasticidade do material (Pascal, no caso) e da constante (10^{-3}). Caso se opte por trabalhar com unidades diferenciadas para o módulo de elasticidade, uma nova avaliação dimensional deverá ser considerada visando ajustar a equação referida. Como referência, quando se considera pinhão e coroa confeccionados em aço carbono, o coeficiente elástico resulta na faixa de 190 $MPa^{0,5}$.

b) Fator geométrico para resistência à formação de cavidades (I) – trata-se de fator equivalente ao fator geométrico (J) válido para o critério da resistência. Para engrenagens retas, tal fator depende da relação de transmissão do par ($i \geq 1$) e do ângulo de pressão considerado:

$$I = \frac{\cos\alpha \operatorname{sen}\alpha}{2} \frac{i}{i+1} \tag{11.28}$$

11.5.5 – CRITÉRIO DA PRESSÃO – FADIGA DE CONTATO

Similarmente ao apresentado para o critério da resistência, torna-se necessário o uso de um parâmetro de referência, em termos de comparação, para validar o valor da tensão de contato definida pela Equação (11.26). A comparação final com um critério de fadiga de contato, nessas circunstâncias, permite validar os cálculos correspondentes. Assim:

$$CS_C = \frac{S_C Z_N C_H}{Y_\theta Y_Z \sigma_C} \geq 1{,}0 \tag{11.29}$$

Agora um coeficiente de segurança de contato (CS_C) superior a unidade é suficiente, enquanto que o parâmetro representativo da resistência do material da engrenagem corresponde à chamada tensão admissível de contato AGMA – S_C. Tal parâmetro é também tabelado para os principais materiais utilizados costumeiramente na fabricação de engrenagens. A Figura 11.16 e as Tabelas 11.9 e 11.10 trazem informações a respeito dessas tensões.

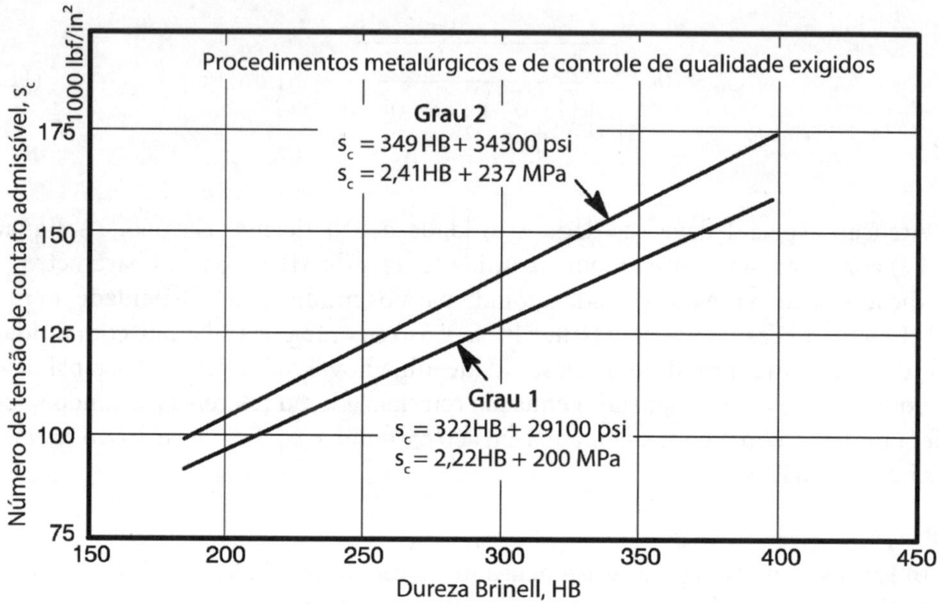

Figura 11.16 – Tensão admissível de contato AGMA para aços endurecidos por completo– S_C. Extracted from AGMA Standard ANSI/AGMA 2001-D04, Fundamental Rating Factors and Calculation Methods for Involute Spur and Helical Gear Teeth, with permission of the publisher, the American Gear Manufacturers Association, 1001 North Fairfax Street, 5th Floor, Alexandria, Virginia 22314.

a) Fator de ciclos ou de ciclagem (Z_N) – as tensões admissíveis de contato tabeladas são também definidas para a condição padrão de 10^7 ciclos de funcionamento. A Figura 11.17 apresenta assim informações acerca do fator de ciclos para algumas situações de materiais adotadas nesses projetos.

Tabela 11.9 – Tensão admissível de contato AGMA para aços carbono– S_c. Extracted from AGMA Standard ANSI/AGMA 2001-D04, Fundamental Rating Factors and Calculation Methods for Involute Spur and Helical Gear Teeth, with permission of the publisher, the American Gear Manufacturers Association, 1001 North Fairfax Street, 5th Floor, Alexandria, Virginia 22314.

Designação do material	Tratamento térmico	Dureza superficial mínima	Tensão admissível de contato AGMA (lbf/in²)		
			Grau 1	Grau 2	Grau 3
Aço carbono	endurecido por completo	(a)	(a)	(a)	---
	endurecido por chama/ indução	50 HRC	170000	190000	---
	endurecido por chama/ indução	54 HRC	175000	195000	---
	carbonetado e endurecido	(b)	180000	225000	275000
	nitretado	83,5 HR 15N	150000	163000	175000
	nitretado	84,5 HR 15N	155000	168000	180000
2,5% de cromo	nitretado	87,5 HR 15N	155000	172000	189000
Nitralloy 135M	nitretado	90,0 HR 15N	170000	183000	195000
Nitralloy N	nitretado	90,0 HR 15N	172000	188000	205000

(a) consultar Figura 11.16

(b) conforme Tabela 9 da ANSI/AGMA 2001-D04

Tabela 11.10 – Tensão admissível de contato AGMA para ferros fundidos e bronzes– S_c. Extracted from AGMA Standard ANSI/AGMA 2001-D04, Fundamental Rating Factors and Calculation Methods for Involute Spur and Helical Gear Teeth, with permission of the publisher, the American Gear Manufacturers Association, 1001 North Fairfax Street, 5th Floor, Alexandria, Virginia 22314.

Material	Designação do material	Tratamento térmico	Dureza superficial mínima	Tensão admissível de contato AGMA (lbf/in²)
Ferro fundido cinzento - ASTM A48	Classe 20	como fundido	---	50000 a 60000
	Classe 30	como fundido	174	65000 a 75000
	Classe 40	como fundido	201	75000 a 85000

Ferro fundido dúctil -ASTM A536	Grau 60-40-18	recozido	140	77000 a 92000
	Grau 80-55-06	temperado/ revenido	179	77000 a 92000
	Grau 100-70-03	temperado/ revenido	229	92000 a 112000
	Grau 120-90-02	temperado/ revenido	269	103000 a 126000
Bronze	---	fundido em areia	(a)	30000
	ASTM B-148 liga 954	tratado termicamente	(b)	65000

(a) resistência à tração mínima de 40000 psi

(b) resistência à tração mínima de 90000 psi

b) Fator de razão de dureza para a resistência à formação de cavidades (C_H) – como a premissa do critério da pressão contempla, principalmente, a dureza dos materiais envolvidos, torna-se necessário uma avaliação entre a relação de durezas do pinhão e da coroa (HB_1/HB_2). Caso essa relação seja inferior a 1,2, o fator de razão de dureza pode ser desprezado (C_H = 1). Do contrário, utilizar a Figura 11.18 para definição do fator referido. Esse fator somente se aplica a coroa e não ao pinhão (C_H = 1 para o pinhão) visto tratar-se de fator corretivo da dureza da coroa em relação à dureza do pinhão.

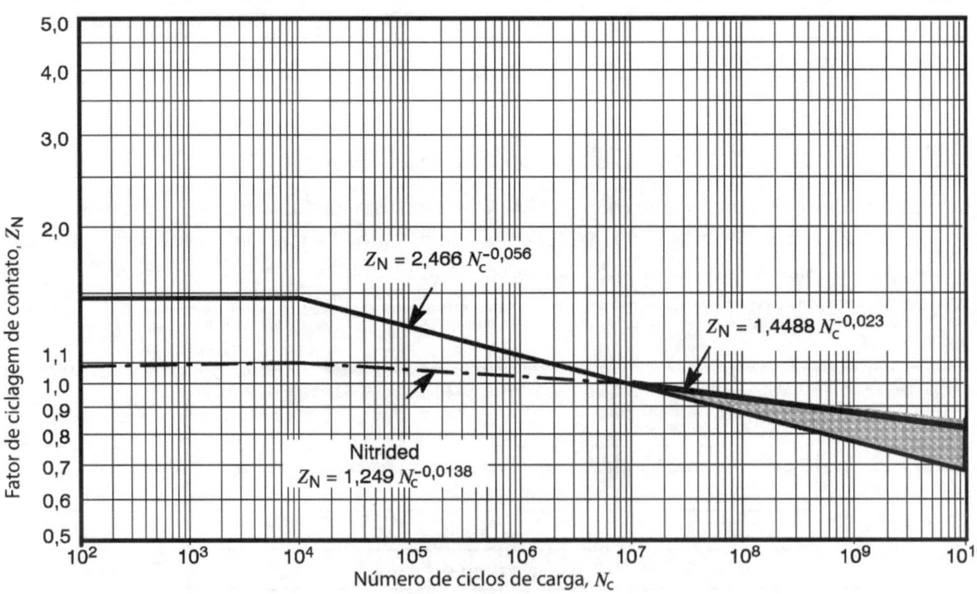

Figura 11.17 - Fator de ciclos ou de ciclagem para resistência ao crateramento. Extracted from AGMA Standard ANSI/AGMA 2001-D04, Fundamental Rating Factors and Calculation Methods for Involute Spur and Helical Gear Teeth, with permission of the publisher, the American Gear Manufacturers Association, 1001 North Fairfax Street, 5th Floor, Alexandria, Virginia 22314.

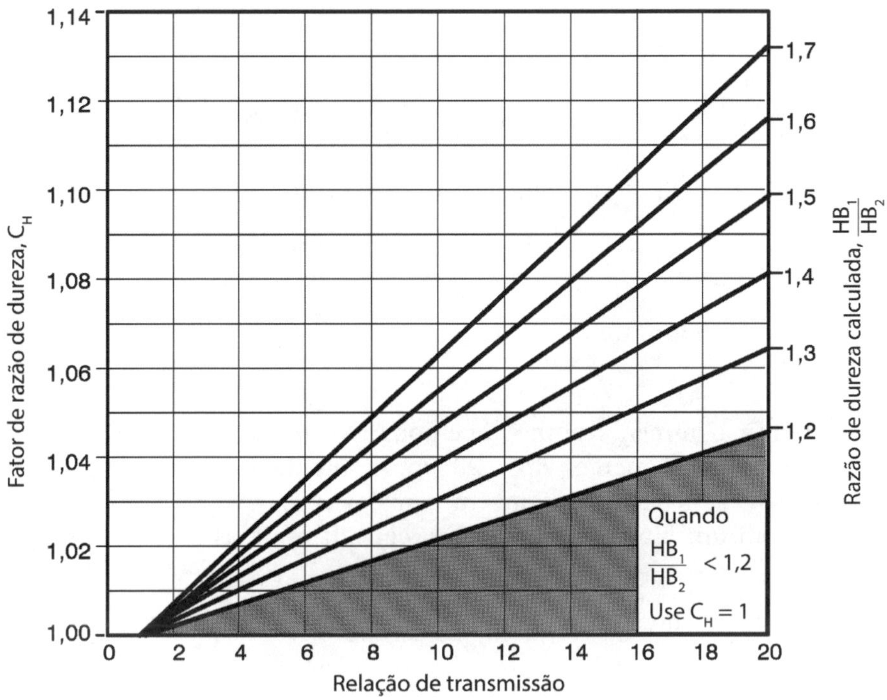

Figura 11.18 – Fator de razão de dureza. Extracted from AGMA Standard ANSI/AGMA 2001-D04, Fundamental Rating Factors and Calculation Methods for Involute Spur and Helical Gear Teeth, with permission of the publisher, the American Gear Manufacturers Association, 1001 North Fairfax Street, 5th Floor, Alexandria, Virginia 22314.

11.6. PROBLEMAS RESOLVIDOS

6.1 – Um redutor do sistema módulo métrico é composto por engrenagens cilíndricas de dentes retos. Sabendo-se que a redução entre os eixos é de 1:3,5, que o número de dentes do pinhão é 24 e que o módulo das engrenagens vale 6,0 mm, determinar:

a) o número de dentes da coroa;

b) a espessura do dente sobre a circunferência primitiva do pinhão;

c) os diâmetros externos do pinhão e da coroa; e

d) a distância entre eixos.

Solução

a) $i = \frac{z_2}{z_1} \Rightarrow z_2 = z_1 i = (24)3,5 = 84$

b) $e = \frac{p_N}{2} = \frac{m.\pi}{2} = \frac{6\pi}{2} = 9,42\,mm$

c) $d_{p1} = mz_1 = 6(24) = 144\,mm \qquad d_{p2} = mz_2 = 6(84) = 504\,mm$

$$d_{c1} = d_{p1} + 2h_c = 144 + 2(6) = 156\,mm$$

$$d_{c2} = d_{p2} + 2h_c = 504 + 2(6) = 516\,mm$$

d) $a = \frac{d_{p1} + d_{p2}}{2} = 336\,mm$

6.2 – Determinar o menor pinhão que poderá engrenar, sem interferência, com uma roda dentada com 72 dentes, dp_2 = 288 mm e ângulo de pressão de 20°. Supor k = 0,9. Na sequência, determinar, também, a maior coroa que poderá engrenar, sem interferência, com um pinhão de 12 dentes, considerando as demais condições do problema.

Solução: para o menor pinhão adota-se a Equação (11.12), deixando-se z_1 como incógnita, conforme:

$$z_1^2 + 2z_1z_2 = \frac{4k(z_2 + k)}{sen^2\alpha} \Rightarrow z_1^2 + 2z_1(72) = \frac{4(0,9)(72 + 0,9)}{sen^2 20^o}$$

$$z_1^2 + 144z_1 - 2243,5 = 0$$

- cujas raízes são: z_1 = 14,18 e z_1 = -158,19

Prevalece, evidentemente, apenas a raiz positiva cuja resposta (menor pinhão sem interferência) corresponde a 15 dentes.

Para o caso da coroa, adota-se a Equação (11.13), deixando-se z_2 como incógnita:

$$z_2 = \frac{z_1^2 sen^2\alpha - 4k^2}{4k - 2z_1 sen^2\alpha} = \frac{12^2 sen^2 20 - 4(0,9)^2}{4(0,9) - 2(12) sen^2 20} = 17,16$$

resultando como resposta (maior coroa sem interferência) uma roda de 17 dentes.

Conclusões: observar que se trata de dois problemas distintos: primeiramente se define o menor pinhão que poderia trabalhar sem interferência com uma coroa de 72 dentes. Na sequência, define-se a maior coroa que poderia trabalhar sem interferência com um pinhão de 12 dentes.

6.3 - Um sistema de redução por engrenagens retas, conforme a Figura 11.19, transmite uma potência de 12 CV a 950 rpm. Determinar os esforços atuantes nos mancais A e B, supondo um sistema sem perdas e números de dentes = 21, 35, 23 e 42, respectivamente. Módulo dos dois estágios = 5 mm e ângulo de pressão de 20°.

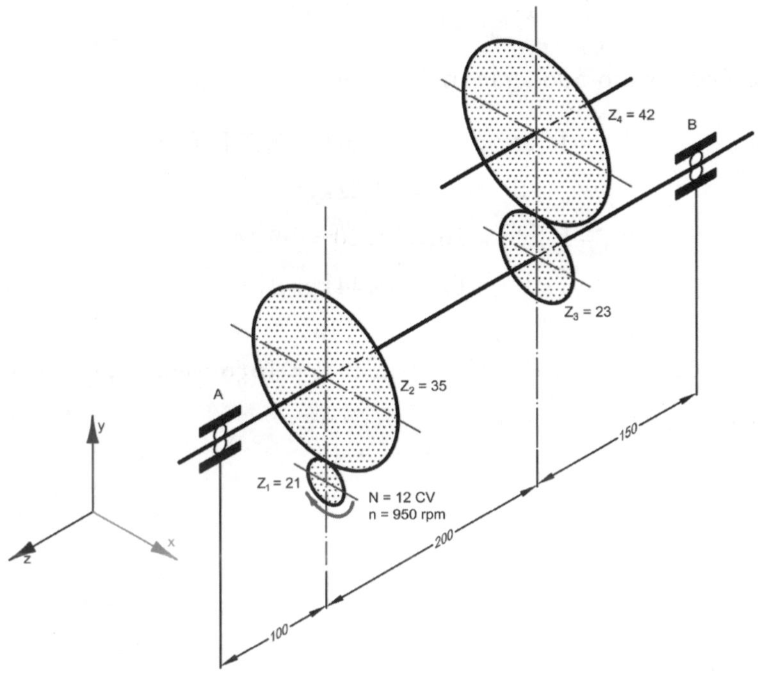

Figura 11.19 – Problema 6.3.

Solução: define-se primeiramente os torques atuantes nas engrenagens envolvidas.

$$Mt_1 = 71620\frac{N}{n_1} = 71620\frac{12}{950} = 904,67\,\text{kgf.cm}$$

$$\frac{Mt_1}{Mt_2} = \frac{z_1}{z_2} \Rightarrow \frac{904,67}{Mt_2} = \frac{21}{35} \Rightarrow Mt_2 = 1507,78\,\text{kgf.cm}$$

- sistema sem perdas: Mt_2=Mt_3=1507,78 kgf.cm

Com o valor dos torques conhecidos, torna-se possível obter as forças tangenciais correspondentes. Logo:

$$Mt_1 = F_{T1}\frac{dp_1}{2} \Rightarrow Mt_1 = F_{T1}\frac{mz_1}{2} \Rightarrow 904,67 = F_{T1}\frac{0,5(21)}{2} \Rightarrow F_{T1} = 172,31\,\text{kgf}$$

- em módulo (ação x reação): $F_{T1}=F_{T2}=172{,}31$ kgf

$$Mt_3 = F_{T3}\frac{dp_3}{2} \Rightarrow Mt_3 = F_{T3}\frac{mz_3}{2} \Rightarrow 1507{,}78 = F_{T3}\frac{0{,}5(23)}{2} \Rightarrow F_{T3} = 262{,}22\,\text{kgf}$$

$$F_{T3} = F_{T4} = 262{,}22\,\text{kgf}$$

E em decorrência, as componentes radiais correspondentes:

$$F_{R1} = F_{T1}\text{tg}\alpha = 172{,}31\text{tg}20° = 62{,}72\,\text{kgf}$$
$$F_{R2} = F_{R1} = 62{,}72\,\text{kgf}$$
$$F_{R3} = F_{T3}\text{tg}\alpha = 262{,}22\text{tg}20° = 95{,}44\,\text{kgf}$$
$$F_{R4} = F_{R3} = 95{,}44\,\text{kgf}$$

Para o sistema de referência definido , obtém-se pela convenção proposta:

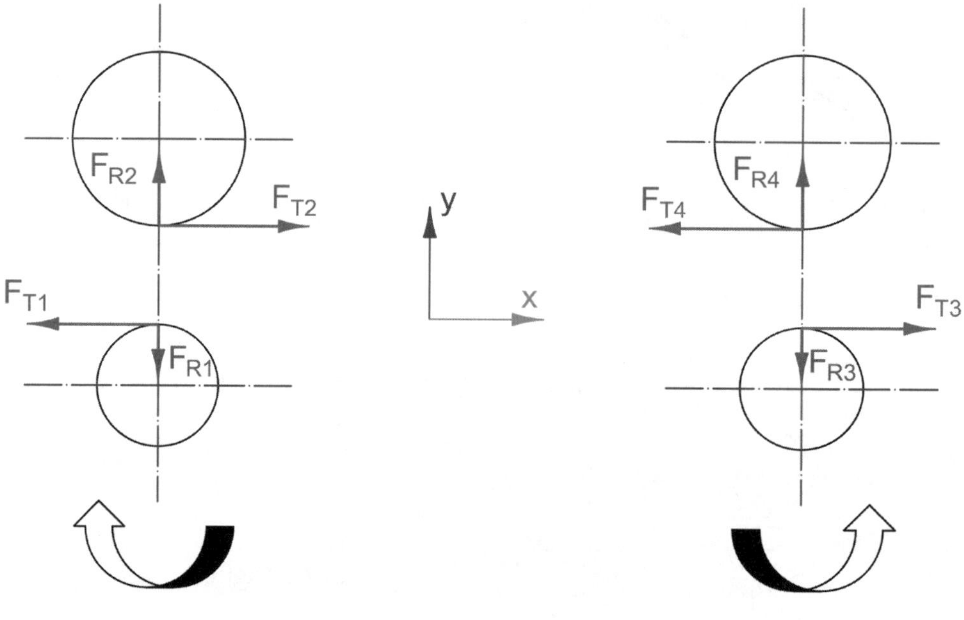

Figura 11.20 – Representação esquemática dos esforços nas engrenagens.

As componentes radiais estão voltadas para o centro das rodas consideradas e as componentes tangenciais seguem a premissa de "ação" sobre as rodas movidas e "reação" para as rodas motoras, em cada par analisado. Os sentidos de rotação das rodas "motoras" de cada estágio também são indicados em figura.

Logo, em notação vetorial, tem-se para as engrenagens 2 e 3, respectivamente:

$$\vec{F}_2 = F_{T2}\vec{i} + F_{R2}\vec{j} = 172,31\vec{i} + 62,72\vec{j}$$

$$\vec{F}_3 = F_{T3}\vec{i} - F_{R3}\vec{j} = 262,22\vec{i} - 95,44\vec{j}$$

- para cálculo das reações nos mancais, sugere-se a representação dos esforços em perspectiva na forma:

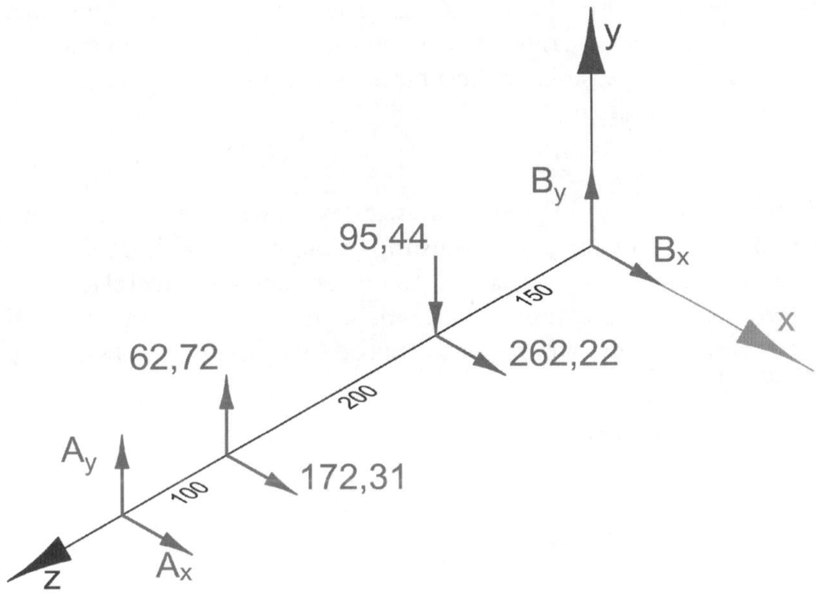

Figura 11.21 – Perspectiva dos esforços sobre o eixo.

cuja resolução vetorial fornece:

$$\vec{M}_B = \vec{r}x\vec{F} = \vec{r}_A x\vec{R}_A + \vec{r}_2 x\vec{F}_2 + \vec{r}_3 x\vec{F}_3 = 0$$

$$\vec{M}_B = 450\vec{k}x\left(A_x\vec{i} + A_y\vec{j}\right) + 350\vec{k}x\left(172,31\vec{i} + 62,72\vec{j}\right) + 150\vec{k}x\left(262,22\vec{i} - 95,44\vec{j}\right) = 0$$

$$\vec{M}_B = 450A_x\vec{j} - 450A_y\vec{i} - 21952\vec{i} + 60309\vec{j} + 14316\vec{i} + 39332\vec{j} = 0$$

$$\Rightarrow A_x = -221,42\,\text{kgf} \qquad A_y = -16,97\,\text{kgf}$$

$$\vec{R} = \vec{R}_A + \vec{F}_2 + \vec{F}_3 + \vec{R}_B = 0$$

Conclusões:

a) espera-se que o leitor esteja familiarizado com soluções vetoriais, visto entender que se trata de um assunto discutido em disciplinas iniciais dos cursos de Engenharia;

b) considerou-se em notação vetorial apenas os esforços atuantes nas engrenagens

2 e 3 em decorrência da análise se restringir ao eixo AB, onde se deseja calcular as reações nos mancais;

c) os esforços das engrenagens 2 e 3 foram representados sobre o eixo de transmissão (e não sobre o raio de cada engrenagem), visando apenas facilitar a solução do problema. Tal condição é possível para situações de transmissões envolvendo engrenagens retas, correias e correntes, ou seja, quando não existem componentes axiais de esforços na transmissão. Não se comete nenhum erro conceitual nessas circunstâncias porque o objetivo do problema é calcular apenas os esforços nos mancais; do contrário, caso os esforços atuantes fossem representados na posição referente ao raio de cada engrenagem dever-se-ia acrescentar o torque transmitido pelo eixo na equação de equilíbrio dos momentos.

6.4 - Determinar o módulo preliminar, segundo Lewis, para um redutor composto por engrenagens de dentes retos transmitir uma potência de 12 CV a 950 rpm. Supor pinhão com 21 dentes e coroa com 40 dentes, além de uma relação (b/m) = 12. Pinhão e coroa são de aço carbono, com tensões de escoamento de 560 MPa e 430 MPa, respectivamente. Um fator de segurança de 2,0 e um fator de sobrecarga de 1,25 devem ser considerados.

Solução: o torque a ser transmitido pelo pinhão será de:

$$Mt_1 = 71620\frac{N}{n_1} = 71620\frac{12}{950} = 904,67\,\text{kgf.cm} = 88,75\,\text{Nm}$$

$$Mt_1 = F_{T1}\frac{dp_1}{2} \Rightarrow 88,75 = F_{T1}\frac{mz_1}{2} \Rightarrow F_{T1} = \frac{177,5}{m(21)}$$

- os fatores de forma de Lewis, valem respectivamente (segundo Tabela 11.4): $Y_1 = 0,325$ e $Y_2 = 0,389$.

- como os materiais do pinhão e coroa são diferenciados deve-se definir módulos distintos para o pinhão e coroa. Assim:

$$\frac{K_o F_T}{bYm} \leq \frac{\sigma_{esc}}{CS}$$

$$\frac{1,25(177,5)}{(m_1(21))(12m_1)0,325m_1} = \frac{560.10^6}{2} \Rightarrow m_1 = 2,13.10^{-3}\,\text{m} = 2,13\,\text{mm}$$

$$\frac{1,25(177,5)}{(m_2(21))(12m_2)0,389m_2} = \frac{430.10^6}{2} \Rightarrow m_2 = 2,19.10^{-3}\,\text{m} = 2,19\,\text{mm}$$

Prevalecendo como resposta do problema, o módulo que atende simultaneamente as duas rodas dentadas, ou mais especificamente: 2,19 mm. Pela Tabela 11.2, obtém-se ainda o módulo padronizado imediatamente superior, ou seja: 2,5 mm.

Conclusões:

a) materiais diferenciados exigem a análise dos dados do pinhão e da coroa no processo de dimensionamento. Do contrário, prevalecem os dados do pinhão por se tratar da roda mais solicitada;

b) deve-se trabalhar sempre com módulos normalizados;

c) como não houve informação acerca do ângulo de pressão das engrenagens considerou-se a condição de engrenamento normal, ou mais especificamente, $\alpha = 20°$;

d) observar que nos cálculos da coroa utilizou-se a mesma relação obtida com os dados do pinhão em termos da força tangencial. Isso é perfeitamente válido em decorrência das forças atuantes (pinhão e coroa) serem sempre equivalentes em módulo.

6.5 – Determinar o coeficiente de segurança por flexão AGMA para um sistema de engrenagens retas transmitirem a potência de 12CV/950 rpm do Problema 6.4. Além dos dados anteriormente fornecidos, considerar um módulo de 3 mm, um índice de qualidade AGMA igual a 8, uma confiabilidade estimada de 90%, 10^8 ciclos, um fator de distribuição de carga de 1,5 e aços endurecidos por completo grau 1 para o pinhão e grau 2 para a coroa. O pinhão apresenta uma dureza Brinell de 310 e a coroa uma dureza Brinell de 175.

Solução: como o módulo do sistema é conhecido, diversos parâmetros podem ser obtidos diretamente:

$$dp_1 = mz_1 = 3(21) = 63\,\text{mm}$$

$$v = \frac{\pi dp_1 n_1}{60} = \frac{\pi(63.10^{-3})950}{60} = 3{,}13\,\text{m/s}$$

$$B = 0{,}25(12 - Q_V)^{2/3} = 0{,}25(12-8)^{2/3} = 0{,}63$$

$$A = 50 + 56(1-B) = 50 + 56(1-0{,}63) = 70{,}72$$

$$K_V = \left(\frac{A+\sqrt{200v}}{A}\right)^B = \left(\frac{70{,}72+\sqrt{200(3{,}13)}}{70{,}72}\right)^{0{,}63} = 1{,}21$$

$$b = 12m = 36\,\text{mm} = 1{,}42\,\text{in}$$

$$P = \frac{25{,}4}{m} = \frac{25{,}4}{3} = 8{,}47\,\text{dtes/in}$$

$$K_{s1} = 1{,}192\left(\frac{b\sqrt{Y_1}}{P}\right)^{0{,}0535} = 1{,}192\left(\frac{1{,}42\sqrt{0{,}325}}{8{,}47}\right)^{0{,}0535} = 1{,}051$$

$$K_{s2} = 1{,}192\left(\frac{b\sqrt{Y_2}}{P}\right)^{0{,}0535} = 1{,}192\left(\frac{1{,}42\sqrt{0{,}389}}{8{,}47}\right)^{0{,}0535} = 1{,}056$$

$$K_B = 1$$

$$i = \frac{z_2}{z_1} = 1{,}904$$

- do Problema 6.4, obteve-se uma relação para a força tangencial na forma:

$$F_{T1} = \frac{177{,}5}{m(21)} = \frac{177{,}5}{3.10^{-3}(21)} = 2817{,}46\,N$$

- da Figura 11.11: $J_1 = 0{,}33$ e $J_2 = 0{,}385$

$$\sigma_{1AGMA} = K_o F_T K_V K_{s1}\frac{1}{bm}\frac{K_m K_B}{J_1} = 1{,}25(2817{,}46)1{,}21(1{,}051)\frac{1}{36(3)}\frac{1{,}5(1)}{0{,}33} = 188{,}50\,MPa$$

$$\sigma_{2AGMA} = K_o F_T K_V K_{s2}\frac{1}{bm}\frac{K_m K_B}{J_2} = 1{,}25(2817{,}46)1{,}21(1{,}056)\frac{1}{36(3)}\frac{1{,}5(1)}{0{,}385} = 162{,}34\,MPa$$

- da Figura 11.15, para 10^8 ciclos:

$$Y_{N1} = 1{,}3544(N_{c1})^{-0{,}0178} = 1{,}3544(10^8)^{-0{,}0178} = 0{,}976$$

$$Y_{N2} = 1{,}3544(N_{c2})^{-0{,}0178} = 1{,}3544(\frac{10^8}{1{,}904})^{-0{,}0178} = 0{,}987$$

$$Y_\theta = 1$$

$$Y_Z = 0{,}658 - 0{,}0759\ln(1-R) = 0{,}658 - 0{,}0759\ln(1-0{,}9) = 0{,}833$$

- da Figura 11.12, em função dos materiais definidos para as engrenagens:

$$S_{t1} = 0{,}533HB_1 + 88{,}3 = 0{,}533(310) + 88{,}3 = 253{,}53\,MPa$$

$$S_{t2} = 0{,}703HB_2 + 113 = 0{,}703(175) + 113 = 236{,}03\,MPa$$

resultando em:

$$CS_{F1} = \frac{S_{t1} Y_{N1}}{Y_\theta Y_Z \sigma_{1AGMA}} = \frac{(253,53)0,976}{1(0,833)188,50} = 1,57$$

$$CS_{F2} = \frac{S_{t2} Y_{N2}}{Y_\theta Y_Z \sigma_{2AGMA}} = \frac{(236,03)0,987}{1(0,833)162,34} = 1,72$$

Conclusões:

a) os cálculos finais demonstram que o projeto está compatível, simultaneamente, em relação ao pinhão e a coroa (dado a condição do coeficiente de segurança ser superior a 1,5 para ambas as rodas);

b) para definição do número de ciclos da coroa, utilizou-se a relação de transmissão do sistema (dado que a coroa terá um número de ciclos inferior ao pinhão);

c) nos cálculos realizados utilizou-se o índice 1 ou 2 apenas nos termos que sofrem variações para o caso do pinhão e da coroa. Para os demais termos, onde os valores são comuns para ambas as rodas não se trabalhou com qualquer identificação em termos desses índices.

6.6 – Para o Problema 6.5, determinar o coeficiente de segurança de contato AGMA para o mesmo sistema de engrenagens retas transmitirem a potência originalmente prevista. Além de todos os dados fornecidos, considerar módulos de elasticidade de 205 GPa e coeficientes de Poisson de 0,29 para os aços do pinhão e da coroa.

Solução: dado o fato da grande maioria dos cálculos terem sidos realizados nos problemas anteriores, poucas são as etapas a serem aqui calculadas. Assim:

$$C_p = 10^{-3}\sqrt{\frac{1}{\pi\left[\frac{(1-\upsilon_1^2)}{E_1} + \frac{(1-\upsilon_2^2)}{E_2}\right]}} = 10^{-3}\sqrt{\frac{1}{\pi\left[\frac{(1-0,29^2)}{205.10^9} + \frac{(1-0,29^2)}{205.10^9}\right]}} = 188,74\sqrt{MPa}$$

$$I = \frac{\cos\alpha \,\text{sen}\alpha}{2}\frac{i}{i+1} = \frac{\cos 20^\circ \text{sen} 20^\circ}{2}\frac{1,904}{1,904+1} = 0,105$$

$$\sigma_C = C_p\sqrt{K_o F_T K_V K_s \frac{K_m}{b d p_1 I}} = 188,74\sqrt{1,25(2817,46)1,21(1,051)\frac{1,5}{36(63)0,105}} = 1002,50\text{MPa}$$

$$\frac{HB_1}{HB_2} = \frac{210}{175} = 1,2 \Rightarrow C_H \cong 1$$

- da Figura 11.17, para 10^8 ciclos:

$$Z_{N1} = 1,4488(N_{c1})^{-0,023} = 1,4488(10^8)^{-0,023} = 0,948$$

$$Z_{N2} = 1,4488(N_{c2})^{-0,023} = 1,4488(\frac{10^8}{1,904})^{-0,023} = 0,963$$

- da Figura 11.16, em função dos materiais definidos para as engrenagens:

$$S_{C1} = 2,22HB_1 + 200 = 2,22(310) + 200 = 888,2\,MPa$$

$$S_{C2} = 2,41HB_2 + 237 = 2,41(175) + 237 = 658,75\,MPa$$

- resultando em:

$$CS_{C1} = \frac{S_{C1}Z_{N1}}{Y_\theta Y_Z \sigma_C} = \frac{888,2(0,948)}{1(0,833)1002,50} = 1,0$$

$$CS_{C2} = \frac{S_{C2}Z_{N2}C_H}{Y_\theta Y_Z \sigma_C} = \frac{658,75(0,963)(1)}{1(0,833)1003,90} = 0,76$$

Conclusões:

a) os cálculos finais demonstram que o projeto está incompatível para o caso da coroa (coeficiente de segurança inferior à unidade);

b) a tensão de contato é única tanto para o pinhão como para a coroa, dado o fato da Equação (11.26) contemplar apenas o diâmetro primitivo do pinhão;

c) os termos dentro da raiz da tensão de contato foram, obrigatoriamente, ajustados para caracterizar uma relação em N/mm^2 (= MPa) visando compatibilizar a unidade do coeficiente elástico;

d) para o problema referido, em termos de ajustes finais, poderia se optar pelo aumento do módulo, pelo aumento da largura (dentro da faixa recomendada) ou ainda pela alteração do material da coroa, cabendo ao projetista escolher a solução que melhor se adeque ao seu projeto.

11.7 – PROBLEMAS PROPOSTOS

7.1 - Um par composto por engrenagens cilíndricas de dentes retos contempla um pinhão de 19 dentes e uma coroa com 45 dentes, os quais foram confeccionados com um módulo de 4 mm e um ângulo de pressão de 17,5°. Determine: a) os diâmetros primitivo, externo, interno e de base do pinhão; b) a distância entre eixos; c) a espessura do dente e d) as alturas de cabeça e de raiz do dente.

Resp.

a) d_p = 76 mm, dc = 84 mm, d_r = 66 mm, d_b = 72,48 mm

b) a = 128 mm

c) e = 6,28 mm

d) h_c = 4 mm, hr = 5mm

7.2 – Um pinhão cilíndrico de dentes retos é confeccionado com 14 dentes. Qual a maior coroa que poderá engrenar com o referido pinhão na condição de não interferência. Supor ângulo de pressão de 20° e dentes não rebaixados. Na sequência, a utilização de um fator de rebaixamento para os dentes (k = 0,90) trará alguma contribuição para o projeto no quesito interferência?

Resp. 26 dentes.

60 dentes – a utilização do rebaixamento dos dentes aumentaria de forma significativa o número de dentes para a coroa no contexto da não existência do problema da interferência.

7.3 – O projeto preliminar de um sistema por engrenagens retas encontra-se em desenvolvimento. Nessas circunstâncias, determinar a menor tensão de escoamento (em kgf/mm²) a ser considerada, segundo Lewis, para um pinhão de 17 dentes transmitir com segurança uma potência de 7,2 CV à 660 rpm. Considerar um fator de sobrecarga de 1,1 e uma engrenagem com módulo 4,5 mm e largura 60 mm. Um coeficiente de segurança de 1,25 também deverá ser considerado.

Resp. M_t = 781,31 kgf.cm; F_t = 204,26 kgf

σ_{esc} = 3,44 kgf/mm²

7.4 – Suponha um redutor composto por engrenagens cilíndricas retas com 24 e 42 dentes, respectivamente, ângulo de pressão de 20°, módulo de 6 mm e largura de (10 x m), transmitindo uma potência de 1500 Watts à 750 rpm. Determinar: a) o fator dinâmico para um índice de qualidade AGMA equivalente à 6, b) o fator de tamanho do pinhão e da coroa, c) os fatores geométricos para o pinhão e para a coroa, d) o fator geométrico para resistência à formação de cavidades

Resp.

a) $v = 5{,}65$ m/s → $K_v = 1{,}44$

b) $P = 4{,}23$ dentes/in → $K_{s1} = 1{,}122$, $K_{s2} = 1{,}127$

c) $J_1 = 0{,}35$, $J_2 = 0{,}39$

d) $I = 0{,}102$

7.5 - O coeficiente elástico corresponde a um parâmetro representativo das propriedades dos materiais envolvidos no par de engrenagens em análise. Efetivar uma avaliação desse parâmetro, numa mesma base de referência, caso se trabalhe com o engrenamento reto contemplando: a) duas engrenagens de aço carbono, b) o pinhão de aço e a coroa de ferro fundido, c) duas engrenagens de ferro fundido.

Supor: $E_{aço} = 205$ GPa, $E_{FoFo} = 105$ GPa, $\nu_{aço} = 0{,}30$, $\nu_{FoFo} = 0{,}28$.

Resp.

a) $C_p = 189{,}35\ MPa^{0,5}$

b) $C_p = 155{,}19\ MPa^{0,5}$

c) $C_p = 134{,}66\ MPa^{0,5}$

Mantendo-se todos os parâmetros de projeto, a combinação do par aço-aço favorece, evidentemente, de forma significativa o nível de transmissão de potência do sistema.

7.6 - Determinar, pelo critério da resistência, a largura mínima necessária para um par de engrenagens retas (pinhão com 20 dentes e coroa de 40 dentes), de mesmo material, transmitir uma potência de 14 CV à 1200 rpm. O módulo pré-selecionado para o sistema foi de 5 mm num ângulo de pressão de 20°. Supor um fator de distribuição de carga de 1,25, temperatura ambiente, confiabilidade esperada de 90% e um fator de sobrecarga de 1,10. As engrenagens serão confeccionadas em aço carbono endurecido por completo grau 1 com um índice de qualidade AGMA equivalente a 6 e dureza Brinell 175. Supor $Y_N = K_s = 1{,}0$, além de um coeficiente de segurança $C_{SF} = 1{,}65$.

Resp. $M_t = 835{,}57$ kgf.cm; $F_t = 1639{,}38$ N; $K_v = 1{,}468$; $J_1 = 0{,}33$

$S_t = 181{,}58$ MPa; $b_{min} = 15{,}1$ mm

7.7 – Determinar, pelo critério da pressão, a largura mínima necessária para o par de engrenagens retas do Problema 7.6, mantendo-se os mesmos dados correspondentes e um coeficiente de segurança $C_{SH} = 1{,}30$. Supor $Z_N = 1$ e um coeficiente elástico de 191 $MPa^{0,5}$.

Resp.

$M_t = 835{,}57$ kgf.cm; $F_t = 1639{,}38$ N; $K_v = 1{,}468$; $I = 0{,}107$

$S_c = 588{,}5$ MPa; $\sigma_C = 543{,}45$ MPa; $b_{min} = 37{,}6$ mm

7.8 – Determinar, pelo critério da resistência, a máxima potência que um par de engrenagens retas de mesmo material, poderá transmitir estando o pinhão, de 18 dentes, submetido a uma rotação de 950 rpm. O módulo do sistema vale 8 mm, o ângulo de pressão 20° e a largura das engrenagens vale 80 mm. Supor um fator de distribuição de carga de 1,36, temperatura ambiente, confiabilidade esperada de 99% e um fator de sobrecarga de 1,25. As engrenagens serão confeccionadas com aço carbono endurecido por completo grau 1, com dureza de 210 Brinell. Considerar ainda, um índice de qualidade AGMA 8, uma coroa de 41 dentes, um número de ciclos de 10^8 e um fator de segurança por fadiga de flexão igual a 1,5.

Resp. $K_v = 1{,}31$; $K_{s1} = 1{,}155$; $Y_{N1} = 0{,}977$; $J_1 = 0{,}31$;

$F_{tmax} = 12063{,}5$ N; $N_{max} = 86{,}40$ kW

7.9 – Um pinhão reto de 31 dentes deve trabalhar com uma coroa de 60 dentes transmitindo uma potência de 10 CV à 660 rpm. Determinar o módulo mínimo preliminar (padronizado) para esse sistema considerando a equação de Lewis. Os materiais do pinhão e da coroa devem ser idênticos, para os quais estima-se uma tensão admissível em flexão por Lewis de 500 MPa. Deve-se considerar uma relação largura x módulo igual a 11 e um ângulo de pressão de 20°.

Resp. Módulo calculado = 1,512 mm. Módulo padronizado = 2,0 mm.

7.10 – Um redutor de velocidades trabalha com 3 engrenagens em paralelo, conforme indicado em figura. Avaliar se existe interferência entre alguma das engrenagens envolvidas, demonstrando o número de dentes máximo ou mínimo para cada situação e supondo que não exista nenhum tipo de rebaixamento nos dentes considerados. Supor módulos de 6 mm e ângulo de pressão de 20°.

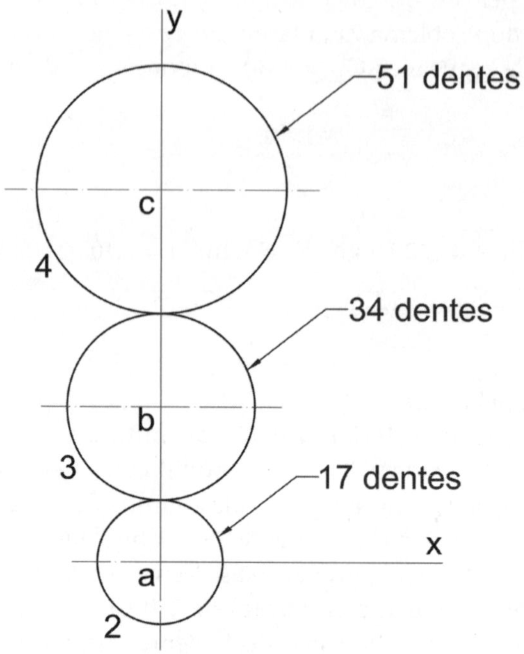

Resp.

Estágio 2-3

z_{2min} = 15 dentes - não ocorre interferência

z_{3max} = 1310 - não ocorre interferência

Estágio 3-4

z_{3min} = 16 dentes - não ocorre interferência

z_{4max} = tende para o infinito - não ocorre interferência

7.11 – Um sistema de transmissão por engrenagens cilíndricas retas, com relação de transmissão de 1:1, deve transmitir uma potência máxima de 10CV/1200rpm. Se as engrenagens forem confeccionadas com um módulo de 5 mm, determinar a largura mínima necessária para o sistema, considerando que os critérios de fadiga superficial e fadiga por flexão devem ser, simultaneamente, atendidos.

Dados: engrenagens de ferro fundido cinzento ASTM A-48, classe 30

número de ciclos = 10^7

considerar: $K_m = 1,31$

$E_1 = E_2 = 105$ GPa Poisson (pinhão e coroa) = 0,29

$K_o = 1{,}75$ $Q_v = 8$ $R(x) = 90\%$

$z_1 = z_2 = 17$ dureza das engrenagens = 180 HB

Resp. $K_v = 1{,}27$; $K_s = 1{,}08$; $I = 0{,}08$; $C_p = 135{,}08\ MPa^{0,5}$; $F_t = 1377{,}63$ N; $b_{min} = 35{,}5$ mm.

7.12 – Considerando o sistema de transmissão a seguir esquematizado, composto por 4 engrenagens cilíndricas de dentes retos, onde:

Motor - N = 12 CV/1400 rpm, sentido rotação – horário

Número de dentes – $z_1 = 18$ / $z_2 = 30$ / $z_3 = 15$ / $z_4 = 32$

Módulo utilizado (todos os estágios) = 4,0 mm

Ângulo de pressão (todos os estágios) = 20°

Pede-se determinar os esforços (em kgf) atuantes nos mancais A e B.

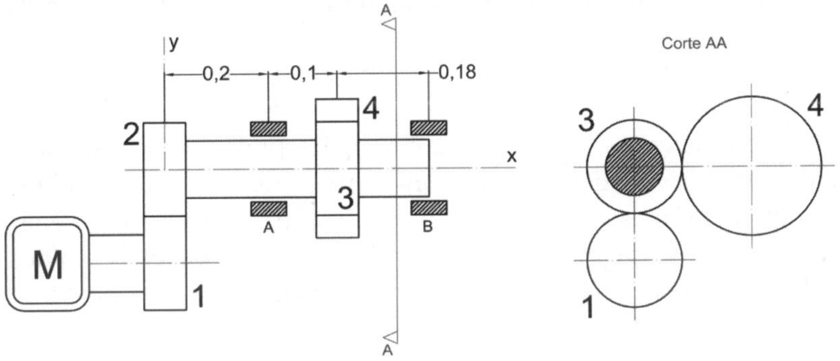

Resp. $A_z = 212{,}52$ kgf; $A_y = 112{,}85$ kgf; $B_z = B_y = 166{,}13$ kgf (valores em módulo).

7.13 - Considerando um sistema de transmissão onde um motor de potência 12 CV e rotação 900 rpm, deverá acionar diretamente uma engrenagem cilíndrica de dentes retos, pede-se determinar:

a) para um módulo de 5 mm, a tensão de flexão AGMA atuante na coroa

b) para um módulo de 5 mm, a tensão de contato atuante nas engrenagens

Dados: pinhão e coroa de aço com durezas de 130 e 102 HB, respectivamente; $E_1 = E_2 = 210$ GPa; $Poisson_1 = Poisson_2 = 0{,}29$; ângulo de pressão = 20°; b/m = 10; choques moderados e acionamento uniforme; $Q_v = 8$; engrenamento aberto; $J_1 = 0{,}33$; $J_2 = 0{,}30$; $z_1 = 21$; $z_2 = 35$; $K_m = 1{,}32$.

Resp.

a) $\sigma_2 = 54{,}4$ MPa

b) $\sigma_c = 532{,}58$ MPa

7.14 - Uma transmissão comercial fechada consiste de um pinhão cilíndrico de dentes retos com 18 dentes, acionado por uma coroa de 54 dentes. Para uma largura de 40 mm e módulo 4 mm, determine os fatores de segurança correspondentes. As engrenagens são de aço (E = 200 GPa e $\upsilon = 0{,}3$) endurecido por completo grau 1 com dureza de 200 Brinell. O pinhão gira a 300 rpm transmitindo 4 kW de potência, tem índice de qualidade AGMA 6 e deve ser projetado para 10^8 ciclos numa confiabilidade de 90%. Supor ângulo de pressão de 20°, $K_o = 1{,}5$ e $K_m = 1{,}20$.

Resp.

$K_v = 1{,}20$; $I = 0{,}121$; $C_p = 187{,}03\ \text{MPa}^{0,5}$; $F_t = 3536{,}77$ N; $K_{s1} = 1{,}072$; $J_1 = 0{,}32$; $S_t = 194{,}9$ MPa; $S_c = 644$ MPa; $\sigma_{AGMA} = 160{,}25$ MPa; $\sigma_c = 907{,}51$ MPa; $C_{SF} = 1{,}43$ (não atende pelo critério da fadiga de flexão); $C_{SH} = 0{,}80$ (não atende pelo critério da fadiga de contato).

7.15 - Em termos conceituais, uma cremalheira pode ser considerada com uma roda dentada cilíndrica de dentes retos com número de dentes tendendo para o infinito. Nessas circunstâncias, determinar o menor pinhão que poderá engrenar, sem interferência, com uma cremalheira. Supor pinhão sem rebaixamento dos dentes (k = 1) e ângulos de pressão de 14,5° e 20°, respectivamente.

Resp.

- ângulo de pressão de 14,5°, $z_1 = 31{,}9 \rightarrow 32$ dentes
- ângulo de pressão de 20,0°, $z_1 = 17{,}1 \rightarrow 18$ dentes

7.16 - Três engrenagens dispostas na horizontal com módulo 10 mm e ângulo de pressão 20° trabalham na seguinte ordem: o pinhão A, com 12 dentes gira à 600 rpm e transmite 20 KW por meio da engrenagem intermediária B (com 36 dentes), a qual transmite essa potência, sem perdas, à engrenagem C (com 28 dentes). Determinar: o torque atuante em cada engrenagem, a relação de transmissão total do sistema e as distâncias entre eixos correspondentes. O esboço a seguir (sem escala) ilustra a proposta do problema.

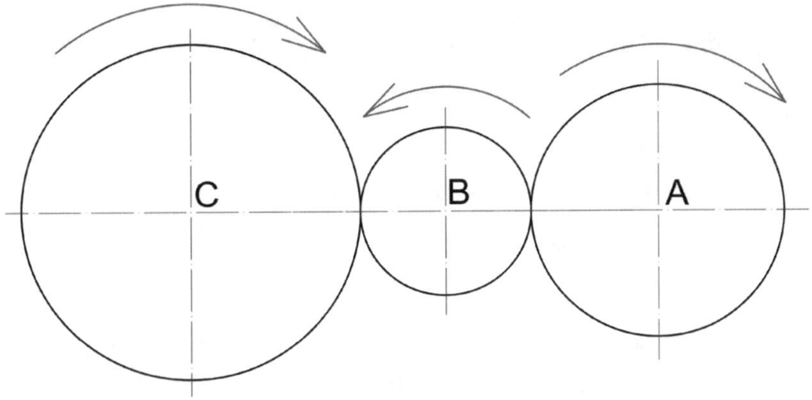

Resp. $Mt_A = 318{,}31$ Nm; $Mt_B = 954{,}93$ Nm; $Mt_C = 742{,}72$ Nm

$i_T = 2{,}33$; $a_{AB} = 240$mm; $a_{BC} = 320$mm

NOMENCLATURA

α	ângulo de pressão
σ	tensão normal
σ_{AGMA}	tensão de flexão AGMA
σ_C	tensão de contato AGMA
σ_{esc}	limite de resistência ao escoamento
θ	temperatura
υ	coeficiente de Poisson
a	distância entre eixos
A	constante do fator dinâmico
b	largura da engrenagem
B	expoente do fator dinâmico
C_p	coeficiente elástico ($\sqrt{MPa}$)
C_H	fator de razão de dureza
CS	coeficiente de segurança (em relação à σ_{esc})
CS_F	coeficiente de segurança em fadiga de flexão
CS_C	coeficiente de segurança de contato

d_b	diâmetro de base
d_c	diâmetro externo ou de cabeça
d_p	diâmetro primitivo
d_r	diâmetro interno ou de raiz
e	espessura do dente
E	módulo de elasticidade longitudinal
f_v	folga de fundo do dente
F_T	força tangencial
F_R	força radial
h	altura do dente
h_c	altura de cabeça
h_r	altura de raiz
HB	dureza Brinell
i	relação de transmissão
I	fator geométrico para resistência à formação de cavidades
J	fator geométrico AGMA
k	fator de rebaixamento do dente
K_B	fator de espessura de borda
K_m	fator de distribuição de carga
K_o	fator de sobrecarga
K_s	fator de tamanho
K_V	fator de velocidade ou dinâmico
m	módulo da engrenagem (mm)
Mt	momento torcedor ou torque
n	rotação (rpm)
N	potência nominal
N_C	número de ciclos
p_N	passo normal ou frontal
P	diametral Pitch (dentes/in)
Q_V	índice de qualidade AGMA
R	reliability (confiabilidade)

S_c	tensão admissível de contato AGMA
S_t	tensão admissível de flexão AGMA
t_R	espessura de borda da engrenagem
v	velocidade tangencial da engrenagem (m/s)
Y	fator de forma de Lewis
Y_N	fator de ciclos (critério da resistência)
Y_Z	fator de confiabilidade
Y_θ	fatorde temperatura
z_1	número de dentes do pinhão
z_2	número de dentes da coroa
Z_N	fator de ciclos (critério da pressão)

ANEXO I. FLUXOGRAMA COMPLETO PARA O PROJETO DE ENGRENAGENS SEGUNDO CRITÉRIOS AGMA

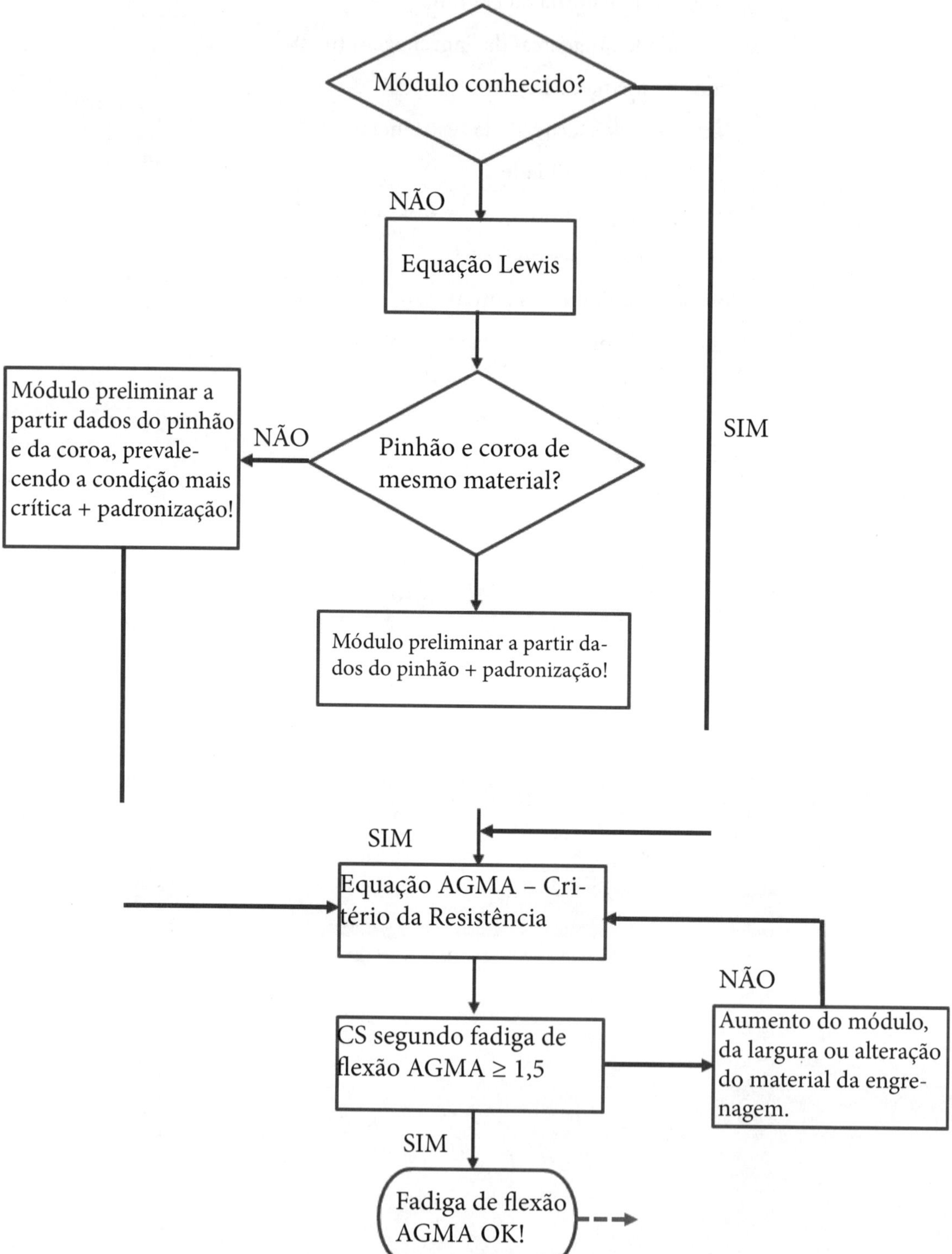

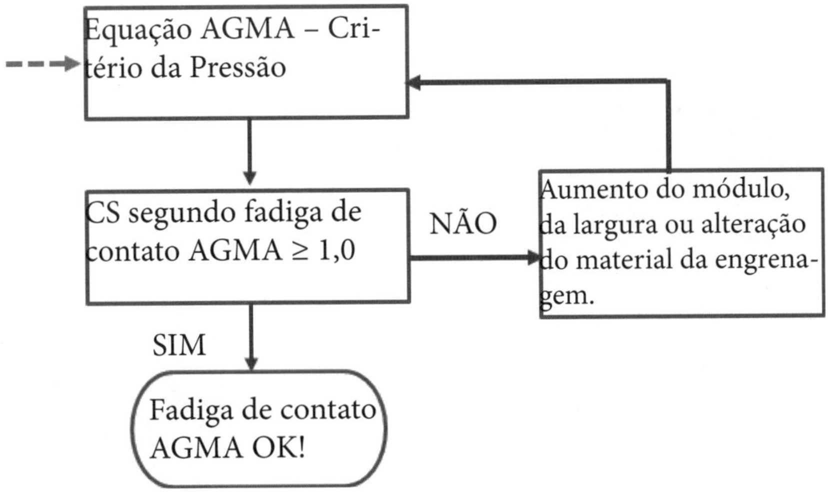

REFERÊNCIAS BIBLIOGRÁFICAS

ANSI/AGMA 2001-D04 - Fundamental Rating Factors and Calculation Methods for Involute Spur and Helical Gear Teeth, American National Standard.

Budynas, R.G. and Nisbett, J.K., 2008. Shigley's – Mechanical Engineering Design, 8ª ed., McGraw Hill.

Budynas, R.G. e Nisbett, J.K., 2011. Elementos de Máquinas de Shigley, 8ª ed., AMGH Editora Ltda.

Hamrock, B.J. and Schmid, S. R., 2004. Fundamentals of Machine Elements, 2ª ed., McGraw Hill.

Juvinall, R.C. and Marshek, K.M., 2007. Fundamentos do Projeto de Componentes de Máquinas, Livros Técnicos e Científicos – LTC, Rio de Janeiro, RJ.

Santos Jr., A. A., 2003. Engrenagens cilíndricas de dentes retos - Apostila para os cursos Sistemas Mecânicos e Elementos de Máquinas, Faculdade de Engenharia Mecânica da UNICAMP.

Sites:

www.bostongear.com

CAPÍTULO 12
Engrenagens Helicoidais

12.1. INTRODUÇÃO

As engrenagens helicoidais podem ser formadas por eixos paralelos ou eixos intersectantes e reversos, conforme exemplos apresentados anteriormente na Figura 11.1 (Capítulo 11). Em ambos os casos, as rodas apresentam dentes inclinados, o que faz com que a transmissão seja mais suave e silenciosa do que no caso das engrenagens de dentes retos.

Em termos de definição, as engrenagens "helicoidais", quando montadas com eixos paralelos, são designadas como engrenagens cilíndricas de dentes inclinados, enquanto àquelas montadas com eixos reversos são designadas simplesmente helicoidais. Nesta obra e na prática, porém, faz-se normalmente referência a ambos os casos como engrenagens helicoidais.

Para o caso das helicoidais montadas com eixos reversos, têm-se como restrição a utilização de pequenas distâncias entre eixos, além de uma capacidade de carregamento reduzido; condições essas decorrentes da maior dificuldade para a montagem do sistema.

Uma engrenagem helicoidal, quando comparada com uma cilíndrica de dentes retos com material e dimensões equivalentes, possibilita transmissão de potência cerca de 20% maior. Tal condição está associada aos dentes inclinados, os quais percorrem uma distância ao longo da diagonal da face do dente, à medida que o movimento se desenvolve, o que difere de uma engrenagem reta, na qual esse contato se dá ao longo de uma reta paralela ao eixo de rotação da engrenagem. A Figura 12.1 ilustra, de forma esquemática, esses percursos de contato.

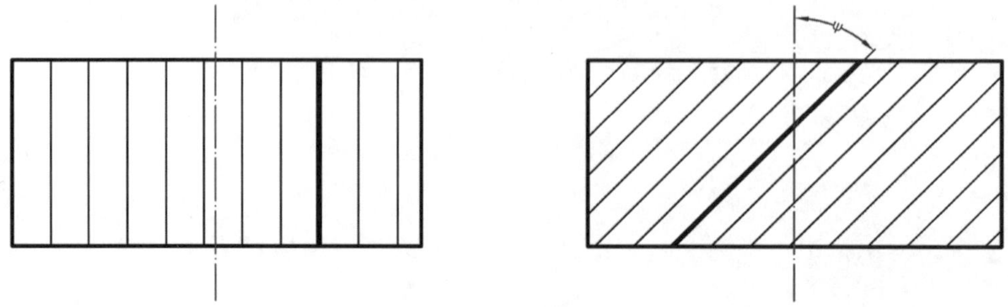

Figura 12.1 – Percursos de contato das engrenagens cilíndricas retas e helicoidais.

Como principal desvantagem das engrenagens helicoidais, considera-se a presença da componente axial de esforço decorrente da condição tridimensional do esforço resultante (esforço normal) atuante sobre o dente da engrenagem, conforme pode ser observado na sequência deste capítulo. Essa parcela de esforço caracteriza uma necessidade quanto ao uso de mancais axiais ao longo do eixo de transmissão, o que torna o sistema um pouco mais complexo do que as transmissões contempladas por correias, correntes e engrenagens retas, por exemplo. Visando minimizar ou até mesmo eliminar essa parcela de solicitação axial sobre o eixo, pode-se utilizar, em determinadas circunstâncias, as engrenagens helicoidais designadas como "espinha de peixe", as quais são usinadas integralmente, em um único pinhão, mediante dois conjuntos de dentes helicoidais com sentidos de hélice opostos, conforme exemplo da Figura 12.2.

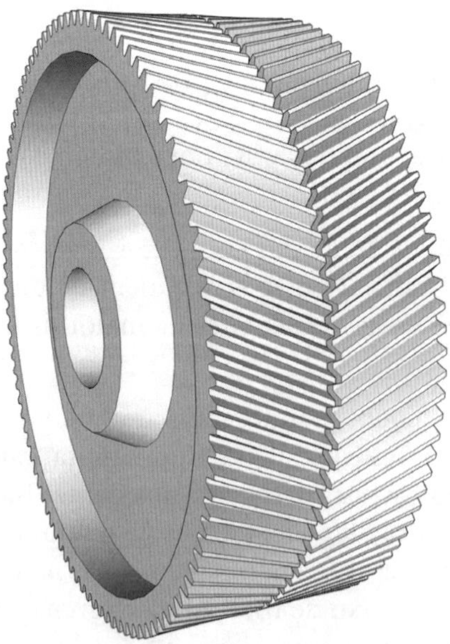

Figura 12.2 – Exemplo de uma engrenagem helicoidal do tipo "espinha de peixe".

12.2. PARTES COMPONENTES DE UMA ENGRENAGEM HELICOIDAL

Uma engrenagem helicoidal apresenta, basicamente, os mesmos parâmetros discutidos para as engrenagens retas, excetuando-se as condições decorrentes da inclinação dos dentes. Nessas circunstâncias, os parâmetros adicionais das rodas estão relacionados normalmente aos ângulos e distâncias medidas nos planos transversal e normal, conforme mostra a Figura 12.3.

A partir dessa figura é possível, assim, observar a presença de três passos distintos: o passo frontal ou normal (característico da ferramenta de usinagem), o passo transversal (medido no plano da engrenagem) e o passo axial (medido ao longo do eixo de rotação da engrenagem). Essas distâncias ou passos podem ser obtidos facilmente mediante relações trigonométricas básicas, resultando em:

$$p_N = m\pi \qquad p_N = p_t \cos\psi \qquad p_N = p_x \operatorname{sen}\psi \qquad 12.1)$$

o ângulo de hélice (Ψ) não apresenta uma padronização, mas normalmente é adotado com valores inteiros compreendidos de 10° a 30°, sendo equivalente (direita e esquerda) para ambas as rodas no caso das helicoidais com eixos paralelos. O passo normal ou frontal, medido no plano normal da secção, é função da ferramenta de usinagem utilizada, enquanto os passos transversal (p_t) e axial (p_x) são consequências do ângulo de hélice adotado para a engrenagem.

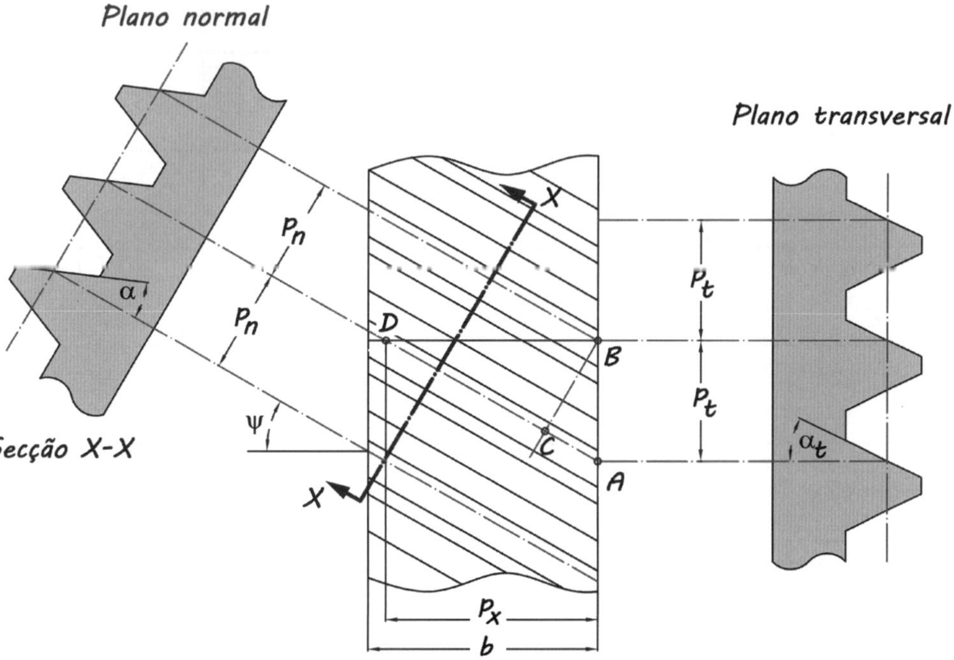

Figura 12.3 – Planos normal e transversal de uma engrenagem helicoidal. Adaptado a partir de Norton, 2013.

Pela Figura (12.3) pode-se também observar a presença de dois ângulos de pressão distintos. O ângulo de pressão medido no plano normal (ângulo de pressão da ferramenta) e o ângulo de pressão medido no plano transversal (também decorrente da inclinação do ângulo de hélice da engrenagem). Nesse caso, vale a relação:

$$\cos\psi = \frac{\tan\alpha}{\tan\alpha_t} \qquad (12.2)$$

Para os demais parâmetros, repete-se a proposta de tabulação utilizada para as engrenagens retas. A Tabela 12.1 traduz esse resultado.

Tabela 12.1 – Principais relações geométricas de uma engrenagem helicoidal

Parâmetro	Nomenclatura	Relação	Equação
Módulo (mm)	m	--	
Módulo transversal (mm)	m_t	$m_t = \frac{m}{\cos\psi}$	(12.5)
Número de dentes	z	--	
Diâmetro primitivo	d_p	$d_p = \frac{mz}{\cos\psi}$	(12.6)
Diâmetro de base	d_b	$d_b = d_p \cos\alpha_t$	(12.7)
Altura de cabeça	h_c	$h_c = m$	(12.8)
Altura de raiz	h_r	$h_r = 1{,}25m$	(12.9)
Altura do dente	h	$h = h_c + h_r = 2{,}25m$	(12.10)
Folga de fundo do dente	f_v	$f_v = 0{,}25m$	(12.11)
Diâmetro externo ou de cabeça	d_c	$d_c = d_p + 2h_c$	(12.12)

Diâmetro interno ou de raiz	d_r	$$d_r = d_p - 2h_r$$	(12.13)
Ângulo de pressão	α	--	
Ângulo de pressão transversal	α_t	ver equação (12.2)	
Espessura do dente	e	$$e = \frac{p_N}{2}$$	(12.14)
Largura da engrenagem	b	ver equação (12.21)	
Diametral Pitch	P	$$P = \frac{25,4}{m}$$ (a)	(12.15)
Diametral Pitch no plano transversal	P_t	$$P_t = \frac{25,4}{m_t}$$ (a)	(12.16)

(a) como o diametral Pitch é dado em dentes por polegada, torna-se necessário a presença da constante 25,4, dado o fato de o módulo (normal e transversal) da engrenagem estar em milímetros.

12.2.1 – O PROBLEMA DA INTERFERÊNCIA EM ENGRENAGENS HELICOIDAIS

O fenômeno da interferência discutido para o caso de engrenagens cilíndricas de dentes retos também está presente no caso das engrenagens helicoidais, justificando, assim, uma averiguação dessa condição no projeto inicial de um sistema de transmissão por engrenagens desse tipo.

Novamente não se faz um aprofundamento sobre a questão conceitual da interferência, apresentando-se apenas as equações correspondentes para a definição dos números de dentes considerados como máximos ou mínimos, conforme o caso.

Dessa forma, para o caso do pinhão determina-se o número mínimo de dentes para não haver interferência, quando em contato com uma determinada coroa, mediante a equação:

$$z_1^2 + 2z_1z_2 = \frac{4k\cos\psi\left(z_2 + k\cos\psi\right)}{\text{sen}^2\alpha_t} \tag{12.3}$$

sendo k a relação definida anteriormente na forma $k = h_c / m$.

Para o caso da coroa, o cálculo deve considerar o número máximo de dentes que poderá engrenar sem interferência, com determinado pinhão mediante a adaptação da Equação (12.3) em função do número de dentes da coroa:

$$z_2 = \frac{z_1^2\text{sen}^2\alpha_t - 4k^2\cos^2\psi}{4k\cos\psi - 2z_1\text{sen}^2\alpha_t} \tag{12.4}$$

E para o caso do engrenamento de um pinhão com uma cremalheira, pode-se obter a partir da Equação (12.3) a relação:

$$z_1 = \frac{2k\cos\psi}{\text{sen}^2\alpha_t} \tag{12.17}$$

12.3. ESFORÇOS ATUANTES SOBRE UMA ENGRENAGEM HELICOIDAL

A força atuante sobre o dente de uma engrenagem helicoidal (esforço normal) atua, como consequência da inclinação dos dentes, no espaço tridimensional em relação ao ponto de contato. Nessas circunstâncias, três componentes de força estarão sempre presentes: tangencial (responsável pela transmissão do torque), radial (voltada para o centro da roda em análise) e axial (na direção do eixo da roda). A representação esquemática desses esforços, sobre o diâmetro primitivo da engrenagem, é ilustrada na Figura 12.4.

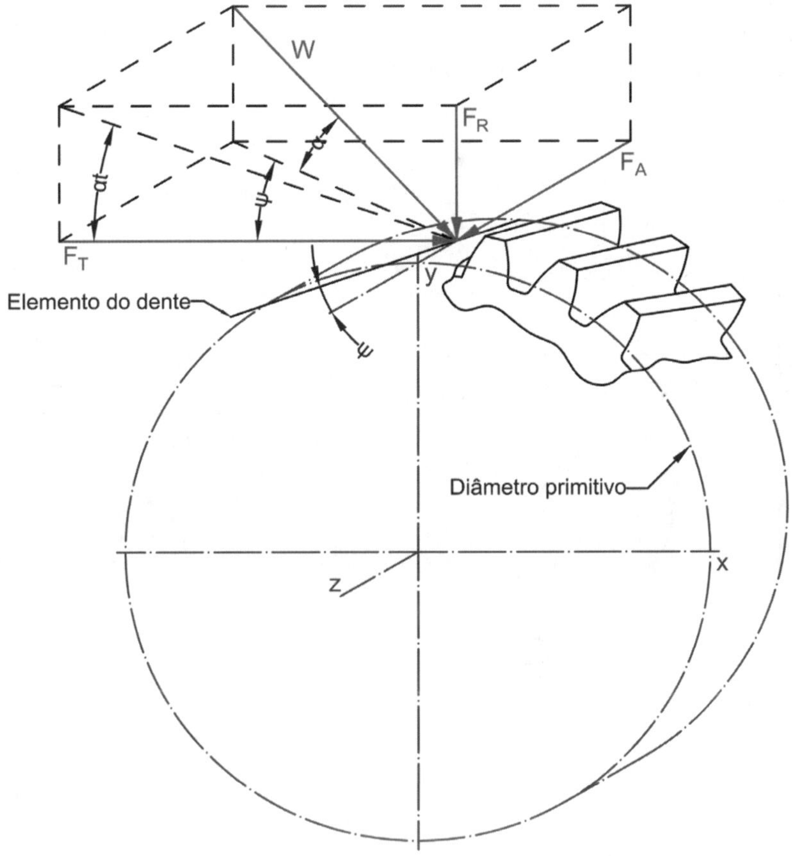

Figura 12.4 – Esforço normal e componentes atuando sobre os dentes de uma engrenagem helicoidal. Adaptado a partir Budynas e Nisbett, 2008.

De modo similar às engrenagens retas, a componente de esforço tangencial presente numa engrenagem helicoidal pode ser obtida a partir da potência e do torque desenvolvido, enquanto as componentes radial e axial são obtidas através das relações:

$$F_R = F_T . tg\alpha_t \tag{12.18}$$

$$F_A = F_T . tg\psi \tag{12.19}$$

Em termos da convenção adotada para determinação da direção e sentido dessas três componentes de força, sugere-se acompanhar o exemplo ilustrado através das Figuras 12.5 e 12.6.

a) componente radial – sempre voltada para o centro da roda considerada;

b) componente tangencial - avaliada na forma de ação para a roda movida e reação para a roda motora do par (3ª Lei de Newton);

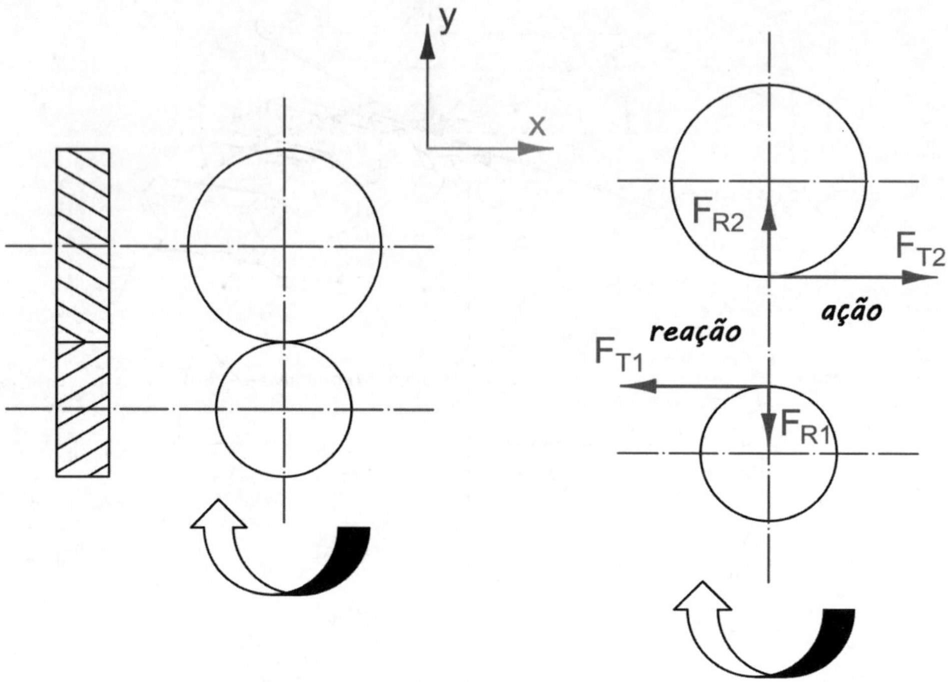

Figura 12.5 – Exemplo orientativo para determinação do sentido das componentes de esforços radial e tangencial atuantes sobre pinhão e coroa de engrenagens helicoidais.

Nota – observar que a convenção adotada para as componentes radial e tangencial seguem as mesmas premissas consideradas para as engrenagens retas.

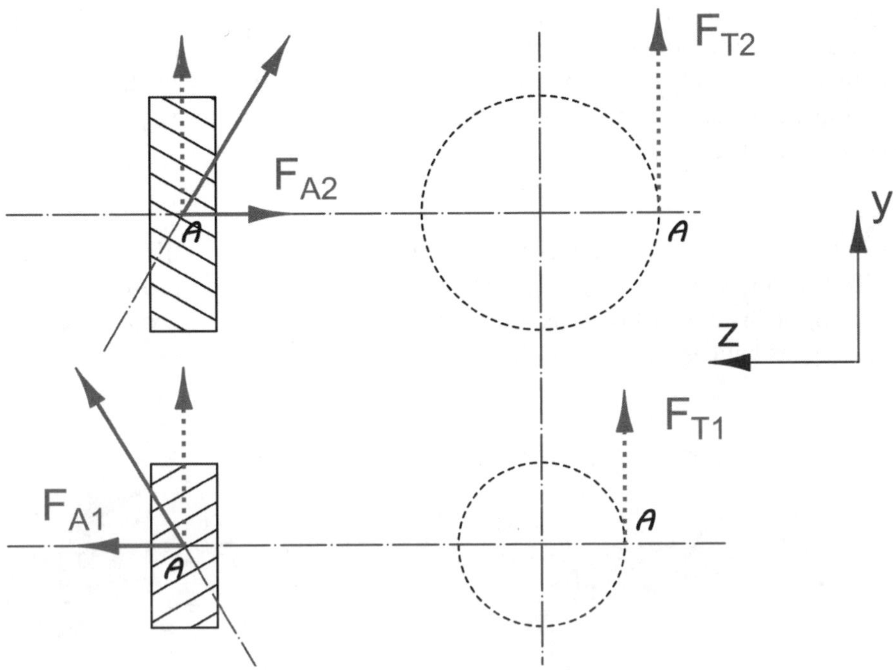

Figura 12.6 - Exemplo orientativo para determinação do sentido da componente de esforço axial atuante sobre pinhão e coroa de engrenagens helicoidais.

c) componente axial – avaliada a partir da projeção da componente tangencial sobre a vista lateral da engrenagem (ponto A) e da correspondente inclinação do ângulo de hélice da engrenagem em análise na forma:

c.1) representa-se, tanto para o pinhão como para a coroa, a vista lateral de cada engrenagem (vista com a inclinação das hélices) do lado esquerdo do desenho esquemático. Na vista frontal de cada engrenagem, efetua-se o deslocamento imaginário da força tangencial atuante na roda em análise (representação feita em tracejado) até o ponto A (ponto que permitirá o seu rebatimento em 1° diedro para a vista lateral correspondente);

c.2) efetua-se na sequência, sobre as vistas laterais das engrenagens, a representação de retas simultaneamente perpendiculares às inclinações dos dentes de cada roda;

c.3) na vista lateral de cada roda, e na direção de cada reta inclinada, haverá uma força resultante decorrente das componentes: 1) tangencial projetada (componente representada em tracejado) e, 2) componente axial;

c.4) notar que o sentido da componente axial atuante em cada roda será assim definido. Como esperado, se comprovará a condição de ação/reação também para as componentes axiais, entre pinhão e coroa.

Nota – tal convenção, apesar de complicada aparentemente, pode ser entendida facilmente com a repetição de alguns outros exemplos. Observar também que essa convenção somente poderá ser adotada caso se conheça adequadamente os sentidos de inclinação das hélices das engrenagens, como também o sentido de rotação das rodas consideradas. Devem-se, obrigatoriamente, trabalhar com as projeções sempre na condição de 1ºdiedro.

A Figura 12.7, em perspectiva, tem por objetivo contribuir adicionalmente com a visualização dos sentidos dos esforços envolvidos no caso de pinhões girando nos sentidos horários e anti-horários, com suas respectivas alternativas no contexto da inclinação das hélices.

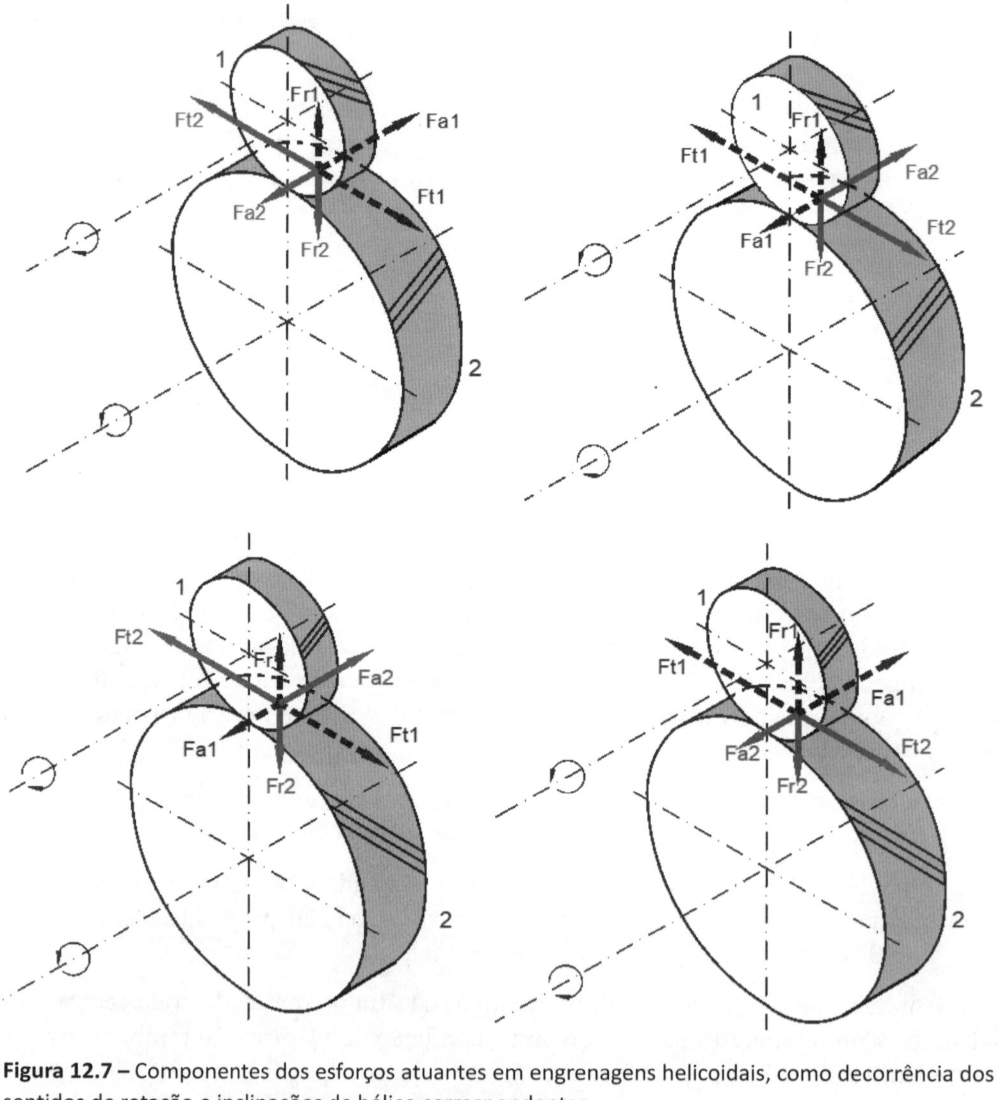

Figura 12.7 – Componentes dos esforços atuantes em engrenagens helicoidais, como decorrência dos sentidos de rotação e inclinações de hélice correspondentes.

12.4. DIMENSIONAMENTO DE ENGRENAGENS HELICOIDAIS

O projeto de engrenagens helicoidais segue os mesmos critérios (pressão e resistência) apresentados para o caso das engrenagens retas. A principal diferença, nessas circunstâncias, está relacionada à inclinação dos dentes, caracterizando, com isso, a necessidade de se trabalhar com as equações de projeto corrigidas para o plano transversal das engrenagens.

12.4.1 – CRITÉRIO DA RESISTÊNCIA – EQUAÇÃO DE LEWIS

Caso não se disponha do módulo da engrenagem no início do projeto, a equação de Lewis poderá novamente ser utilizada no contexto de definição preliminar deste parâmetro. Para tanto, os termos que envolvem o módulo da engrenagem deverão ser adaptados em função do módulo da ferramenta no plano transversal. Assim:

$$\sigma = \frac{K_o F_T}{bYm_t} = \frac{K_o F_T \cos\psi}{bYm} \leq \frac{\sigma_{esc}}{CS} \tag{12.20}$$

sendo que o fator de forma de Lewis - "Y" – deverá ser obtido a partir da Tabela 11.4, disponível no capítulo de engrenagens retas (Capítulo 11).

No contexto da largura das engrenagens helicoidais devem-se priorizar larguras de face grandes o suficiente para que exista uma sobreposição positiva dos dentes adjacentes na direção axial, para um determinado ângulo de hélice. Dessa forma, deve-se atender, sempre que possível, a relação:

$$b \geq 2p_x \tag{12.21}$$

Observar ainda que a Equação (12.21) permitirá ao projetista obter uma relação direta entre a largura e o módulo normal da engrenagem (módulo da ferramenta) quando da aplicação da equação preliminar de Lewis, reduzindo, com isso, o número de incógnitas presentes inicialmente. O Problema Resolvido 5.1 demonstra essa condição.

12.4.2 – CRITÉRIO DA RESISTÊNCIA – EQUAÇÃO AGMA

A equação AGMA correspondente ao critério da resistência para engrenagens helicoidais é a mesma apresentada anteriormente para o projeto de engrenagens retas. Por questões de comodidade, porém, ela é repetida com os comentários necessários acerca das correções dos coeficientes para o plano transversal da engrenagem. Parte-se da premissa, nesse momento, que o módulo da engrenagem seja conhecido, como um dado fornecido no problema ou a partir da equação preliminar de Lewis.

$$\sigma_{AGMA} = K_o F_T K_V K_s \frac{1}{bm_t} \frac{K_m K_B}{J} \tag{12.22}$$

a) Fator de sobrecarga ou de serviço (K_o) – válidas as mesmas considerações efetivadas para as engrenagens retas. Consultar assim a Tabela 11.5 (Capítulo 11).

b) Fator de velocidade ou fator dinâmico (K_V) – válidas as mesmas considerações propostas para as engrenagens retas. Atentar, porém, que a velocidade tangencial deverá ser definida a partir do módulo medido no plano transversal da engrenagem. Repetem-se as equações correspondentes.

$$K_V = \left(\frac{A + \sqrt{200v}}{A} \right)^B \tag{12.23}$$

$$B=0{,}25(12-Q_V)^{2/3} \tag{12.24}$$

$$A=50+56(1-B) \tag{12.25}$$

c) Fator de tamanho (K_s) – válidas as mesmas considerações propostas para as engrenagens retas. Atentar, porém, que o diametral Pitch (P_t) deve ser agora avaliado no plano transversal da engrenagem.

$$K_s = 1{,}192 \left(\frac{b\sqrt{Y}}{P_t} \right)^{0{,}0535} \tag{12.26}$$

d) Fator de distribuição de carga (K_m) – válidas as mesmas considerações propostas para as engrenagens retas. Consultar a Tabela 11.6 (Capítulo 11).

e) Fator de borda (K_B) – válidas as mesmas considerações propostas para as engrenagens retas. Consultar a Figura 11.10 (Capítulo 11).

f) Fator geométrico AGMA (J) – válidas as mesmas considerações propostas para as engrenagens retas. Os ábacos AGMA correspondentes são, entretanto, diferenciados da condição apresentada anteriormente. Trabalha-se com um fator geométrico (J') em função do ângulo de hélice da engrenagem e na condição de engrenamento com uma engrenagem de 75 dentes. Visando, ainda, à correção para situações diferenciadas desses 75 dentes, existe um segundo fator corretivo (J"). Com isso o fator geométrico será definido na forma:

$$J = J'J'' \tag{12.27}$$

As Figuras 12.8 e 12.9 trazem essas informações.

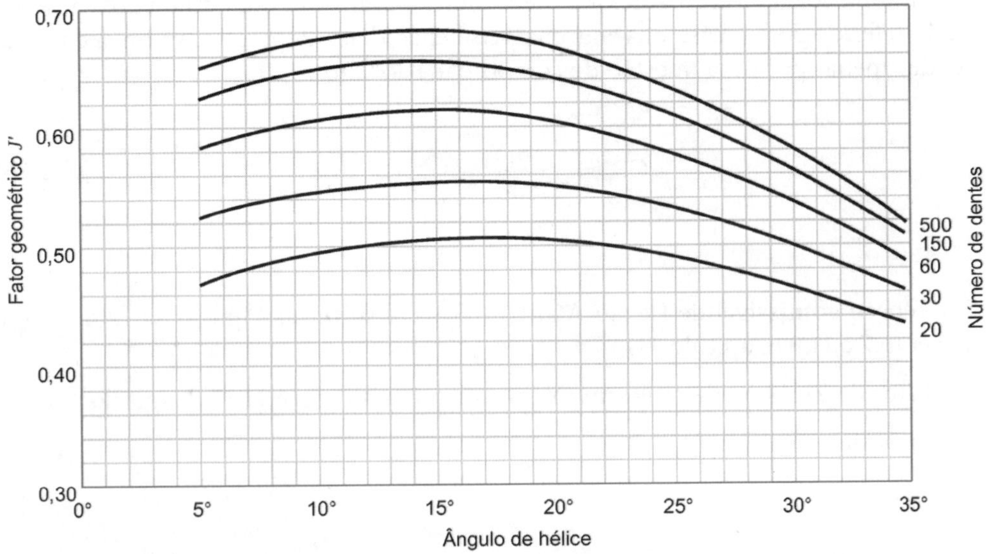

Figura 12.8 – Fator geométrico AGMA para engrenagens helicoidais e coroa de 75 dentes. Extracted from AGMA Standard ANSI/AGMA 2001-D04, Fundamental Rating Factors and Calculation Methods for Involute Spur and Helical Gear Teeth, with permission of the publisher, the American Gear Manufacturers Association, 1001 North Fairfax Street, 5th Floor, Alexandria, Virginia 22314.

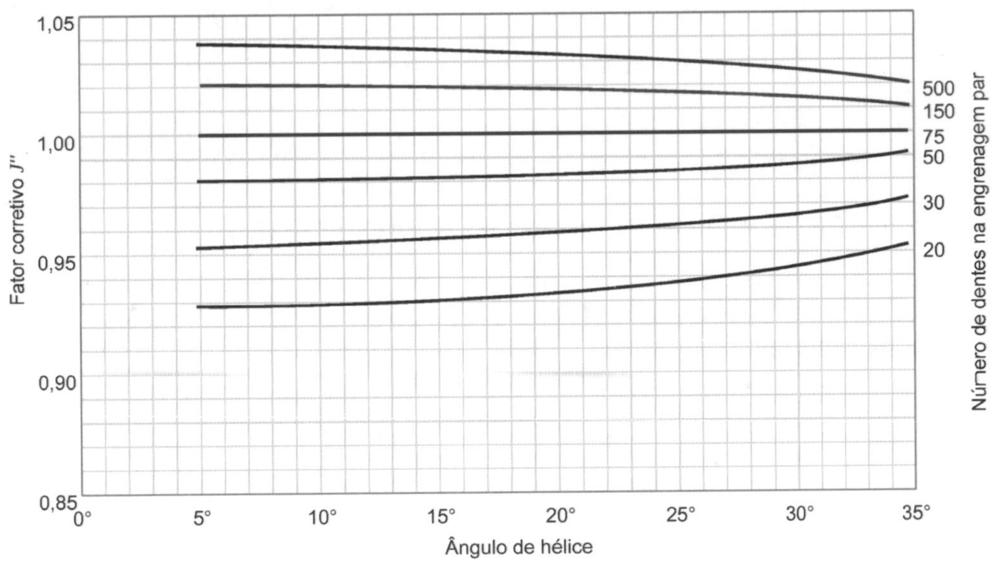

Figura 12.9 – Fator corretivo para condições diferenciadas de 75 dentes. Extracted from AGMA Standard ANSI/AGMA 2001-D04, Fundamental Rating Factors and Calculation Methods for Involute Spur and Helical Gear Teeth, with permission of the publisher, the American Gear Manufacturers Association, 1001 North Fairfax Street, 5th Floor, Alexandria, Virginia 22314.

12.4.3 – CRITÉRIO DA RESISTÊNCIA – FADIGA DE FLEXÃO

Nenhuma consideração adicional necessita ser realizada quando da aplicação do critério referido para o caso das engrenagens helicoidais. Repete-se, assim, a equação referida, apenas por uma questão de comodidade ao leitor.

$$CS_F = \frac{S_t Y_N}{Y_\theta Y_Z \sigma_{AGMA}} \geq 1,5 \tag{12.28}$$

a) Tensão admissível de flexão AGMA - S_t - consultar as Figuras 11.12 a 11.14 e Tabelas 11.7 e 11.8 (Capítulo 11).

b) Fator de ciclos ou de ciclagem (Y_N) – consultar a Figura 11.15 (Capítulo 11).

c) Fator de temperatura (Y_θ) –

$$Y_\theta = 1 \quad \rightarrow \theta \leq 120^\circ C \qquad Y_\theta = \frac{273 + \theta}{393} \rightarrow \theta > 120^\circ C \tag{12.29}$$

d) Fator de confiabilidade (Y_Z) –

$$Y_Z = 0,658 - 0,0759 \ln(1 - R) \quad \rightarrow 0,5 < R < 0,99$$
$$Y_Z = 0,5 - 0,109 \ln(1 - R) \quad \rightarrow 0,99 < R < 0,9999 \tag{12.30}$$

12.4.4 – CRITÉRIO DA PRESSÃO – EQUAÇÃO AGMA

Válidas as mesmas considerações realizadas para o critério da resistência. Com isso a equação AGMA para o caso da pressão ou da durabilidade superficial, é a mesma anteriormente apresentada para o caso de engrenagens retas. Repete-se a referida equação e os seus fatores correspondentes de correção.

$$\sigma_C = C_p \sqrt{K_o F_T K_V K_s \frac{K_m}{b d p_1 I}} \tag{12.31}$$

a) Coeficiente elástico (C_p) –

$$C_p = 10^{-3} \sqrt{\frac{1}{\pi \left[\frac{\left(1 - \upsilon_1^2\right)}{E_1} + \frac{\left(1 - \upsilon_2^2\right)}{E_2} \right]}} \quad \left(\sqrt{MPa}\right) \tag{12.32}$$

b) Fator geométrico para resistência à formação de cavidades (I) – para o referido fator envolve-se, além do ângulo de pressão no plano transversal, um termo adicional designado como razão de divisão de carga (m_N) na forma:

$$I = \frac{\cos\alpha_t \operatorname{sen}\alpha_t}{2m_N}\frac{i}{i+1} \tag{12.33}$$

A razão de divisão de carga pode ser entendida como a relação entre a largura de face da engrenagem e o comprimento total das linhas de contato. Seu valor numérico é equivalente à unidade para o caso das engrenagens retas, e inferior à unidade para as engrenagens helicoidais. Matematicamente, pode ser calculada pela relação:

$$m_N = \frac{p_N}{0{,}95Z} \tag{12.34}$$

$$Z = \sqrt{r_{c1}^{\,2} - r_{b1}^{\,2}} + \sqrt{r_{c2}^{\,2} - r_{b2}^{\,2}} - \left(r_{p2} + r_{p1}\right)\operatorname{sen}\alpha_t \tag{12.35}$$

Onde Z é o chamado comprimento do segmento de ação e r_c, r_b e r_p correspondem, evidentemente, aos raios de cabeça, base e primitivo das engrenagens.

12.4.5 – CRITÉRIO DA PRESSÃO – FADIGA DE CONTATO

$$CS_C = \frac{S_C Z_N C_H}{Y_\theta Y_Z \sigma_C} \geq 1{,}0 \tag{12.36}$$

a) Tensão admissível de contato AGMA – S_C – consultar a Figura 11.16 e as Tabelas 11.9 e 11.10 (Capítulo 11).

b) Fator de ciclos ou de ciclagem (Z_N) – consultar a Figura 11.17 (Capítulo 11).

c) Fator de razão de dureza para a resistência à formação de cavidades (C_H) – consultar a Figura 11.18 (Capítulo 11).

12.5. PROBLEMAS RESOLVIDOS

5.1 – Um redutor do sistema módulo métrico é composto por engrenagens helicoidais com ângulo de hélice de 25º. Sabendo-se que a redução entre os eixos é de 1:2,5, que o número de dentes do pinhão é 24 e que o módulo das engrenagens vale 6,0 mm, determinar:

a) os passos normal, transversal e axial

b) os diâmetros externos do pinhão e da coroa; e

c) a distância entre eixos.

Solução

a)

$$p_N = m\pi = 6\pi = 18{,}85\,\text{mm}$$

$$p_N = p_t \cos\psi \Rightarrow p_t = \frac{18{,}85}{\cos 25^\circ} = 20{,}8\,\text{mm}$$

$$p_N = p_x \text{sen}\psi \Rightarrow p_x = \frac{18{,}85}{\text{sen}25^\circ} = 44{,}6\,\text{mm}$$

b)

$$z_2 = iz_1 = 2{,}5(24) = 60$$

$$d_{p1} = \frac{mz_1}{\cos\psi} = \frac{6(24)}{\cos 25^\circ} = 158{,}89\,\text{mm} \qquad d_{p2} = \frac{mz_2}{\cos\psi} = \frac{6(60)}{\cos 25^\circ} = 397{,}22\,\text{mm}$$

$$d_{c1} = d_{p1} + 2h_c = 158{,}89 + 2(6) = 170{,}89\,\text{mm}$$

$$d_{c2} = d_{p2} + 2h_c = 397{,}22 + 2(6) = 409{,}22\,\text{mm}$$

c)

$$a = \frac{d_{p1} + d_{p2}}{2} = 278{,}06\,\text{mm}$$

5.2 – Determinar o menor pinhão que poderá engrenar, sem interferência, com uma roda dentada com dentes rebaixados (k = 0,9) e 72 dentes, ângulo de pressão de 20°, ângulo de hélice de 30° e módulo 4 mm. Determinar, também, o menor pinhão que poderá engrenar com cremalheira nas mesmas condições do problema.

Solução: para o menor pinhão adota-se a Equação (12.3), deixando-se z_1 como incógnita:

$$\cos\psi = \frac{\tan\alpha}{\tan\alpha_t} \Rightarrow \cos 30^\circ = \frac{\tan 20^\circ}{\tan\alpha_t} \Rightarrow \alpha_t = 22{,}8^\circ$$

$$z_1^2 + 2z_1z_2 = \frac{4k\cos\psi(z_2 + k\cos\psi)}{\text{sen}^2\alpha_t} \Rightarrow z_1^2 + 2z_1(72) = \frac{4(0{,}9)\cos 30^\circ(72 + 0{,}9\cos 30^\circ)}{\text{sen}^2 22{,}8^\circ}$$

$$z_1^2 + 144z_1 - 1511 = 0$$

- cujas raízes são: z_1 = 9,82 e z_1 = -153,82

Prevalece, evidentemente, apenas a raiz positiva cuja resposta (menor pinhão sem interferência) corresponde, nesse caso, a 10 dentes.

- para determinação do menor pinhão a engrenar com uma cremalheira, aplica-se a Equação (12.17) diretamente, ou seja:

$$z_1 = \frac{2k\cos\psi}{\text{sen}^2\alpha_t} = \frac{2(0,9)\cos 30^{\circ}}{\text{sen}^2 22,8^{\circ}} = 10,38 \Rightarrow 11 \text{ dentes}$$

5.3 – Um sistema de redução por engrenagens helicoidais, conforme a Figura 12.10 transmite uma potência de 12 CV a 950 rpm. Determinar os esforços atuantes nos mancais C e D, supondo um sistema sem perdas e que o mancal D seja o responsável pelas cargas axiais. Números de dentes = 21 e 42, respectivamente; módulo das engrenagens = 5 mm; ângulo de pressão de 17,5° e ângulo de hélice de 20°.

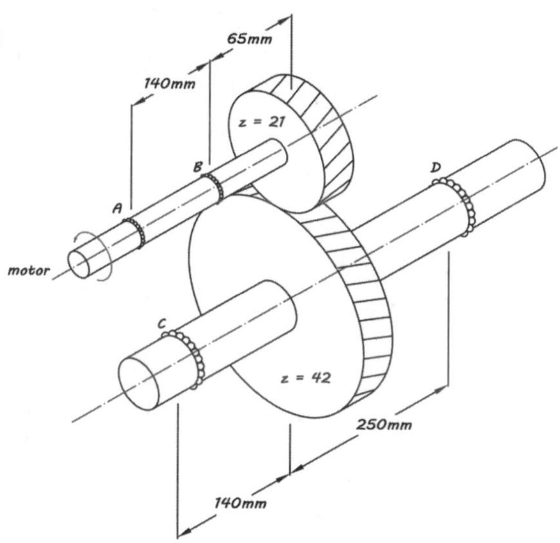

Figura 12.10 – Problema 5.3.

Solução

$$Mt_1 = 71620\frac{N}{n_1} = 71620\frac{12}{950} = 904,67\,\text{kgf.cm}$$

$$Mt_1 = F_{T1}\frac{dp_1}{2} \Rightarrow Mt_1 = F_{T1}\frac{mz_1}{2\cos\psi} \Rightarrow 904,67 = F_{T1}\frac{0,5(21)}{2\cos 20^{\circ}} \Rightarrow F_{T1} = 161,92\,\text{kgf}$$

$$\cos\psi = \frac{\tan\alpha}{\tan\alpha_t} \Rightarrow \alpha_t = 18,55^{\circ}$$

$$F_{R1} = F_{T1}tg\alpha_t = 161{,}92tg18{,}55° = 54{,}33\,kgf = F_{R2}$$

$$F_{A1} = F_{T1}.tg\psi = 161{,}92tg20^{\circ} = 58{,}93\,kgf = F_{A2}$$

$$dp_2 = \frac{mz_2}{\cos\psi} = \frac{5(42)}{\cos 20^{\circ}} = 223{,}48\,mm$$

Adotando um sistema de referência, obtém-se pela convenção proposta (eixo "z" saindo do plano do papel, Figura 12.11):

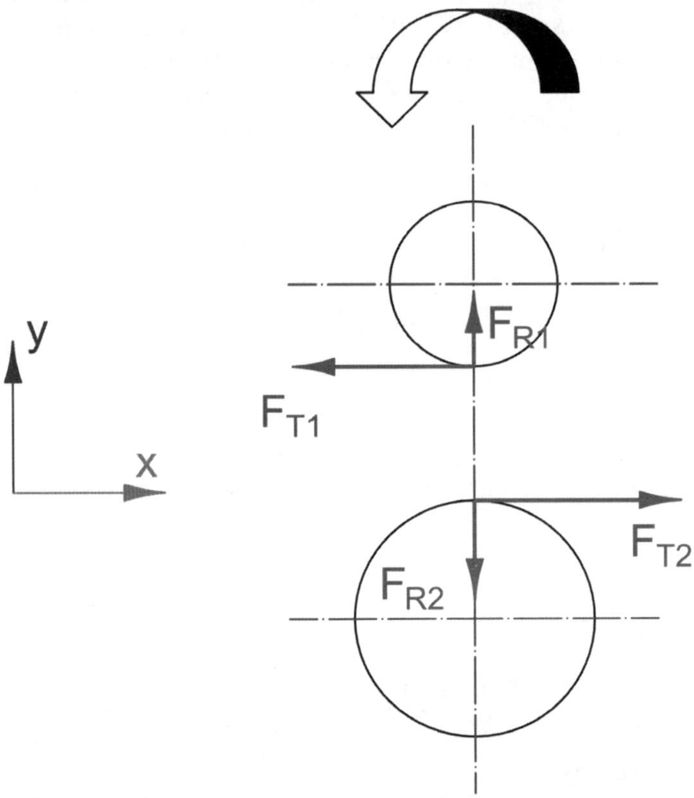

Figura 12.11 – Direção e sentido dos esforços tangencial e radial do Problema 5.3.

as componentes radiais estão voltadas sempre para o centro das rodas consideradas e as componentes tangenciais seguem a premissa da "ação" sobre a roda movida e "reação" para a roda motora. Em termos das componentes axiais, tem-se, ainda (Figura 12.12):

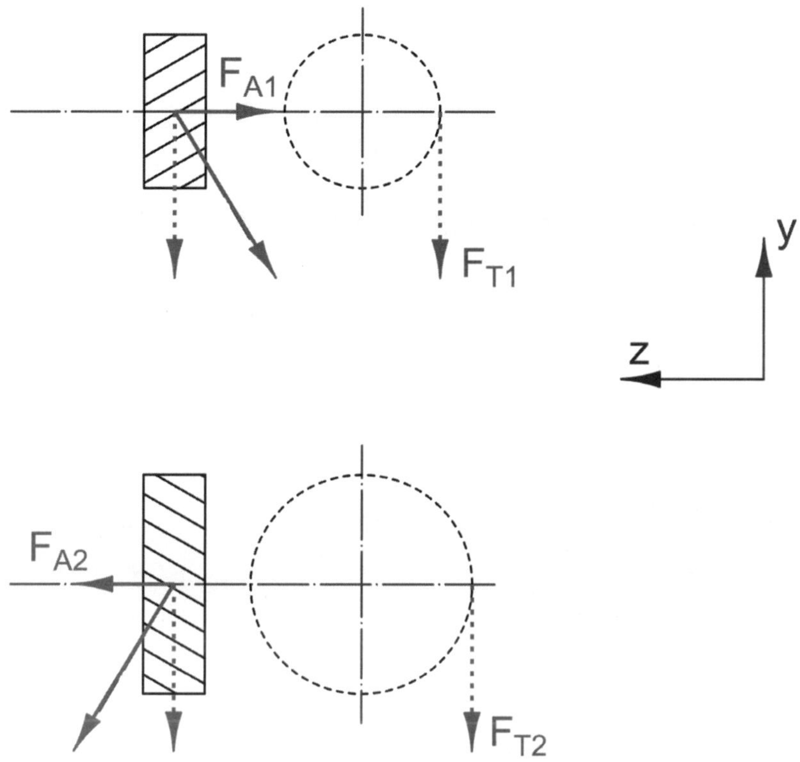

Figura 12.12 – Direção e sentido dos esforços axiais do Problema 5.3.

Logo, em notação vetorial, tem-se para as engrenagens 1 e 2, respectivamente:

$$\vec{F}_1 = -F_{T1}\vec{i} + F_{R1}\vec{j} - F_{A1}\vec{k} = -161,92\vec{i} + 54,33\vec{j} - 58,93\vec{k}$$
$$\vec{F}_2 = F_{T2}\vec{i} - F_{R2}\vec{j} + F_{A2}\vec{k} = 161,92\vec{i} - 54,33\vec{j} + 58,93\vec{k}$$

- para cálculo das reações nos mancais, sugere-se a representação dos esforços em perspectiva na forma (Figura 12.13):

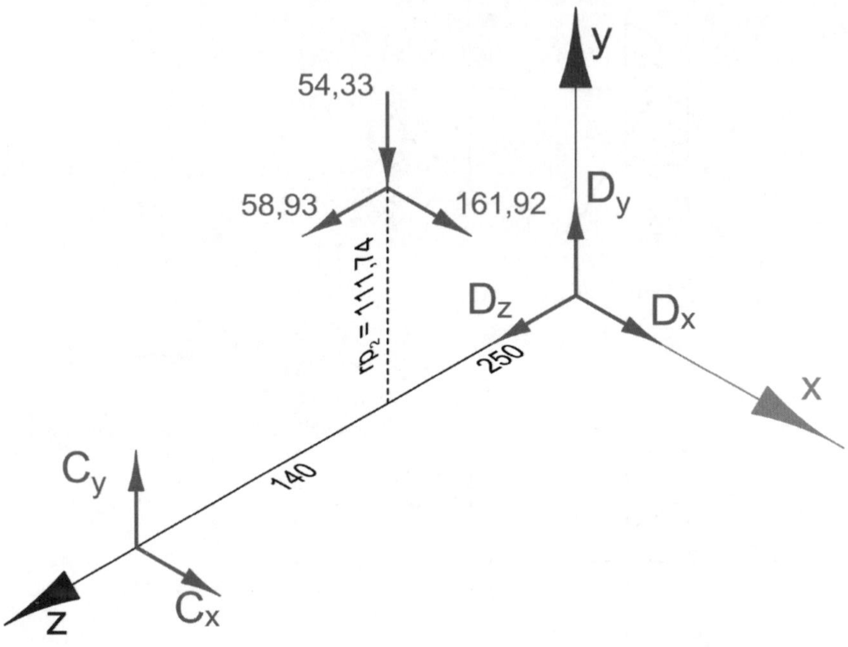

Figura 12.13 – Perspectiva do eixo do Problema 5.3.

cuja resolução vetorial fornece:

$$\vec{M}_D = \vec{r}x\vec{F} = \vec{r}_c x\vec{R}_c + \vec{r}_2 x\vec{F}_2 = 0$$

$$\vec{M}_D = 390\vec{k}x\left(C_x\vec{i} + C_y\vec{j}\right) + \left(111{,}74\vec{j} + 250\vec{k}\right)x\left(161{,}92\vec{i} - 54{,}33\vec{j} + 58{,}93\vec{k}\right) = 0$$

$$\vec{M}_D = 390C_x\vec{j} - 390C_y\vec{i} + 6584{,}8\vec{i} - 18093\vec{k} + 13583\vec{i} + 40480\vec{j} = 0$$

$$\Rightarrow C_x = -103{,}80\,\text{kgf} \qquad C_y = 51{,}71\,\text{kgf}$$

$$\vec{R} = \vec{R}_C + \vec{F}_2 + \vec{R}_D = 0$$

$$\Rightarrow D_x = -58{,}12\,\text{kgf} \qquad B_y = 2{,}62\,\text{kgf} \qquad D_z = -58{,}93\,\text{kgf}$$

Conclusões:

a) os esforços da engrenagem 2 foram representados no ponto correspondente ao raio primitivo da referida engrenagem, observando-se a sua posição relativa em relação ao sistema de referência proposto;

b) no somatório de momentos em relação ao ponto D "sobrou", no equacionamento, o termo (-18093k), o qual corresponde ao torque desenvolvido pelo eixo referido. Tal valor pode ser facilmente confirmado ao se multiplicar a força tangencial pelo raio primitivo da coroa;

c) no mancal D consideraram-se 3 componentes de reação, enquanto que no mancal C consideraram-se apenas 2 componentes de reação. Isso se deve ao fato de o mancal D ser o mancal axial do sistema, conforme enunciado;

d) para ambos os mancais se considerou inicialmente e por opção, as reações sempre no sentido positivo dos eixos de referência. Eventuais equívocos nesse contexto são, entretanto, identificados através das respostas obtidas, dado que eventuais respostas negativas demonstram que o sentido original adotado para o esforço não estava correto.

5.4 – Determinar o módulo preliminar, segundo Lewis, para um redutor composto por engrenagens helicoidais ($\Psi = \alpha = 20°$)transmitir uma potência de 12 CV a 950 rpm. Supor pinhão com 21 dentes e coroa com 40 dentes, além de uma relação $b = 2{,}1p_x$. Pinhão e coroa são de aço carbono com tensão de escoamento de 430 MPa. Um fator de segurança de 2,0 e um fator de sobrecarga de 1,5 devem ser considerados.

Solução: o torque a ser transmitido pelo pinhão será de:

$$Mt_1 = 71620\frac{N}{n_1} = 71620\frac{12}{950} = 904{,}67\,\text{kgf.cm} = 88{,}75\,\text{Nm}$$

$$Mt_1 = F_{T1}\frac{dp_1}{2} \Rightarrow 88{,}75 = F_{T1}\frac{mz_1}{2\cos\psi} \Rightarrow F_{T1} = \frac{177{,}5\cos\psi}{m(21)}$$

- o fator de forma de Lewis vale (segundo Tabela 11.4, Capítulo 11): $Y_1 = 0{,}325$.
- o módulo no plano transversal vale: $m_t = \dfrac{m}{\cos\psi}$
- a largura como função do passo axial pode ser definida na forma:

$$b = 2{,}1p_x = 2{,}1\frac{p_N}{\text{sen}\psi} = 2{,}1\frac{m\pi}{\text{sen}\psi}$$

- pinhão e coroa de mesmo material, prevalecem os dados do pinhão. Assim:

$$\frac{K_o F_T}{bYm_t} \leq \frac{\sigma_{esc}}{CS}$$

$$\frac{1{,}5(177{,}5\cos\psi)\text{sen}\psi\cos\psi}{(21m)(2{,}1m\pi)0{,}325m} = \frac{430.10^6}{2} \Rightarrow m = 2{,}03.10^{-3}\,m = 2{,}03\,mm$$

Da Tabela 11.2 (Capítulo 11), obtém-se um módulo padronizado imediatamente superior, ou seja: 2,5 mm.

Conclusões:

a) a formulação da equação de Lewis, em função do módulo, foi realizada com todos os parâmetros sendo ajustados para o sistema SI, motivo pelo qual a resposta do módulo resultou em metros;

b) conforme comentado anteriormente, a relação: largura x passo axial, permite a obtenção direta de uma relação entre o módulo da ferramenta e a respectiva largura da engrenagem, facilitando o equacionamento do problema.

5.5 – Determinar o coeficiente de segurança por flexão AGMA para um sistema de engrenagens helicoidais transmitir a potência de 12 CV/950 rpm do Problema 5.4. Além dos dados anteriormente fornecidos, considerar um módulo de 3 mm, uma largura de 2,0 x passo axial, um índice de qualidade AGMA igual a 8, uma confiabilidade estimada de 90%, 10^8 ciclos, um fator de distribuição de carga de 1,5 e aços endurecidos por completo grau 2 para pinhão e coroa, com uma dureza Brinell de 175. O ângulo de hélice vale 30° e o ângulo de pressão da ferramenta vale 20°.

Caso a solução inicial não atenda, considerar um aumento de largura correspondente, definindo assim esse novo valor.

Solução: como o módulo do sistema é conhecido, diversos parâmetros podem ser obtidos diretamente:

$$dp_1 = \frac{mz_1}{\cos\psi} = \frac{3(21)}{\cos 30^\circ} = 72{,}75\,\text{mm}$$

$$v_1 = \frac{\pi d_{p1} n_1}{60} = \frac{\pi\left(72{,}75.10^{-3}\right)950}{60} = 3{,}62\,\text{m/s}$$

$$B = 0{,}25\left(12 - Q_V\right)^{2/3} = 0{,}25\left(12-8\right)^{2/3} = 0{,}63$$

$$A = 50 + 56\left(1-B\right) = 50 + 56\left(1-0{,}63\right) = 70{,}72$$

$$K_V = \left(\frac{A+\sqrt{200v}}{A}\right)^B = \left(\frac{70{,}72+\sqrt{200(3{,}62)}}{70{,}72}\right)^{0,63} = 1{,}23$$

$$b = 2p_x = 2\frac{p_N}{\text{sen}\psi} = 2\frac{(3)\pi}{\text{sen}30^\circ} = 37{,}7\,\text{mm} = 1{,}48\,\text{in}$$

$$m_t = \frac{m}{\cos\psi} = \frac{3}{\cos 30^\circ} = 3{,}46\,\text{mm}$$

$$P_t = \frac{25{,}4}{m_t} = \frac{25{,}4}{3{,}46} = 7{,}34\,\text{dtes/in}$$

$$K_{s1} = 1,192\left(\frac{b\sqrt{Y_1}}{P}\right)^{0,0535} = 1,192\left(\frac{1,48\sqrt{0,325}}{7,34}\right)^{0,0535} = 1,062$$

$$K_B = 1 \qquad K_m = 1,5$$

$$i = \frac{z_2}{z_1} = 1,904$$

- do Problema 5.4, obteve-se uma relação(no SI) para a força tangencial na forma:

$$F_{T1} = \frac{177,5\cos\psi}{m(21)} = \frac{177,5\cos 30^\circ}{3.10^{-3}(21)} = 2440\,\text{N}$$

- das Figuras 12.8 e 12.9: J'= 0,48 e J"= 0,945, resultando em J_1 = 0,4536
- da Figura 11.15 (Capítulo 11), para 10^8 ciclos:

$$\sigma_{1AGMA} = K_o F_T K_V K_{s1}\frac{1}{bm_t}\frac{K_m K_B}{J_1} = 1,5(2440)1,23(1,062)\frac{1}{37,7(3,46)}\frac{1,5(1)}{0,4536} = 121,20\,\text{MPa}$$

$$Y_{N1} = 1,3544(N_{c1})^{-0,0178} = 1,3544(10^8)^{-0,0178} = 0,976$$

$$Y_\theta = 1$$

$$Y_Z = 0,658 - 0,0759\ln(1-R) = 0,658 - 0,0759\ln(1-0,9) = 0,833$$

- da Figura 11.12, em função dos materiais definidos para as engrenagens:

$$S_{t1} = 0,703HB_2 + 113 = 0,703(175) + 113 = 236,03\,\text{MPa}$$

resultando em:

$$CS_{F1} = \frac{S_{t1}Y_{N1}}{Y_\theta Y_Z \sigma_{1AGMA}} = \frac{(236,03)0,976}{1(0,833)121,20} = 2,28$$

Conclusão:

a) os cálculos finais demonstram que o projeto está compatível, dado a condição do coeficiente de segurança obtido ser superior a 1,5.

5.6 – Para o Problema Resolvido 5.5, qual seria o coeficiente de segurança de contato AGMA para o mesmo sistema de engrenagens helicoidais transmitir a potência originalmente prevista. Além de todos os dados fornecidos, considerar módulos de elasticidade de 205 GPa e coeficientes de Poisson de 0,29 para os aços do pinhão e da coroa. Em não se verificando a condição mínima de segurança, definir uma nova largura para as engrenagens, mantendo-se, porém, os demais parâmetros do problema.

Solução: dado o fato da grande maioria dos cálculos terem sidos realizados nos problemas 5.4 e 5.5, poucas são as etapas adicionais a serem consideradas. Assim:

$$C_p = 10^{-3}\sqrt{\frac{1}{\pi\left[\frac{\left(1-\upsilon_1^{\,2}\right)}{E_1}+\frac{\left(1-\upsilon_2^{\,2}\right)}{E_2}\right]}} = 10^{-3}\sqrt{\frac{1}{\pi\left[\frac{\left(1-0,29^2\right)}{205.10^9}+\frac{\left(1-0,29^2\right)}{205.10^9}\right]}} = 188,74\,\text{MPa}$$

$$dp_1 = \frac{mz_1}{\cos\psi} = \frac{3(21)}{\cos 30^\circ} = 72,75\,\text{mm} \Rightarrow rp_1 = 36,37\,\text{mm}$$

$$dp_2 = \frac{mz_2}{\cos\psi} = \frac{3(40)}{\cos 30^\circ} = 138,56\,\text{mm} \Rightarrow rp_2 = 69,28\,\text{mm}$$

$$dc_1 = dp_1 + 2h_c = 72,75 + 2(3) = 78,75\,\text{mm} \Rightarrow rc_1 = 39,37\,\text{mm}$$

$$dc_2 = dp_2 + 2h_c = 138,56 + 2(3) = 144,56\,\text{mm} \Rightarrow rc_2 = 72,28\,\text{mm}$$

$$\cos\psi = \frac{\tan\alpha}{\tan\alpha_t} \Rightarrow \alpha_t = 22,8^\circ$$

$$db_1 = dp_1\cos\alpha_t = 72,75\cos 22,8^\circ = 67,07\text{mm} \Rightarrow rb_1 = 33,53\,\text{mm}$$

$$db_2 = dp_2\cos\alpha_t = 138,56\cos 22,8^\circ = 127,73\text{mm} \Rightarrow rb_2 = 63,87\,\text{mm}$$

$$Z = \sqrt{r_{c1}^{\;2} - r_{b1}^{\;2}} + \sqrt{r_{c2}^{\;2} - r_{b2}^{\;2}} - \left(r_{p2} + r_{p1}\right)\text{sen}\alpha_t$$

$$Z = \sqrt{39,37^2 - 33,53^2} + \sqrt{72,28^2 - 63,87^2} - \left(69,28 + 36,37\right)\text{sen}22,8^\circ = 13,53\,\text{mm}$$

$$m_N = \frac{p_N}{0,95Z} = \frac{m\pi}{0,95Z} = \frac{(3)\pi}{0,95(13,53)} = 0,733$$

$$I = \frac{\cos\alpha_t\text{sen}\alpha_t}{2m_N}\frac{i}{i+1} = \frac{\cos 22,8^\circ\,\text{sen}22,8^\circ}{2(0,733)}\frac{1,904}{1,904+1} = 0,16$$

$$\sigma_C = C_P\sqrt{K_oF_TK_VK_s\frac{K_m}{bdp_1I}} = 188{,}74\sqrt{1{,}5(2440)1{,}23(1{,}062)\frac{1{,}5}{37{,}7(72{,}75)0{,}16}} = 763\,\text{MPa}$$

- da Figura 11.17 (Capítulo 11), para 10^8 ciclos:

$$Z_{N1} = 1{,}4488(N_{c1})^{-0{,}023} = 1{,}4488(10^8)^{-0{,}023} = 0{,}948$$

- da Figura 11.16 (Capítulo 11), em função do material definido para as engrenagens:

$$S_C = 2{,}41HB + 237 = 2{,}41(175) + 237 = 658{,}75\,\text{MPa}$$

- resultando em:

$$CS_C = \frac{S_CZ_N}{Y_\theta Y_Z\sigma_C} = \frac{658{,}75(0{,}948)}{1(0{,}833)763} = 0{,}98$$

Resultando numa condição incompatível em termos de projeto (coeficiente de segurança inferior à unidade). Nessas circunstâncias, o problema prevê como condição de contorno, o aumento da largura das engrenagens. Fixando-se assim um coeficiente de segurança igual à unidade, obtém-se a tensão de contato máxima admissível para o sistema. Assim:

$$CS_C = \frac{S_CZ_N}{Y_\theta Y_Z\sigma_C} \Rightarrow 1 = \frac{658{,}75(0{,}948)}{1(0{,}833)\sigma_C} \Rightarrow \sigma_{CMAX} = 749{,}69\,\text{MPa}$$

Com isso, torna-se possível a definição de uma nova largura compatível com as condições de segurança mínimas do problema.

$$\sigma_C = C_P\sqrt{K_oF_TK_VK_s\frac{K_m}{bdp_1I}} \Rightarrow 749{,}69 = 188{,}74\sqrt{1{,}5(2440)1{,}23(1{,}062)\frac{1{,}5}{b(72{,}75)0{,}16}}$$

$$b_{min} = 39\,\text{mm}$$

Conclusões:

a) como o projeto demonstrou-se inicialmente inadequado, definiu-se uma nova largura mínima necessária para as engrenagens, conforme condição prevista originalmente no enunciado do problema. Nessas circunstâncias, observar que os demais parâmetros se mantiveram inalterados;

b) os cálculos foram realizados apenas com os dados do pinhão dado a condição dos materiais das engrenagens serem equivalentes;

c) além do aumento da largura, previsto no enunciado, poderia o projetista optar pelo aumento do módulo ou também pela alteração do material das engrenagens. Tais condições demonstram as prerrogativas de escolha para o projetista quando da verificação final do projeto.

12.6. PROBLEMAS PROPOSTOS

6.1 – Um par composto por engrenagens cilíndricas helicoidais contempla um pinhão de 19 dentes e uma coroa com 45 dentes, os quais foram confeccionados com um módulo normal de 4 mm, um ângulo de pressão de 17,5° e um ângulo de hélice de 20°. Determine: a) os diâmetros primitivo, externo, interno e de base do pinhão; b) a distância entre eixos; c) o módulo no plano transversal e d) as alturas de cabeça e de raiz do dente.

Resp.

a) d_p = 80,88 mm, d_c = 88,88 mm, d_r = 70,88 mm, d_b = 76,67 mm

b) a = 136,21 mm

c) m_t = 4,26 mm

d) h_c = 4 mm, h_r = 5mm

6.2 – Um pinhão helicoidal é confeccionado com 12 dentes. Qual a maior coroa que poderá engrenar com o referido pinhão na condição de não interferência. Supor ângulos de pressão e de hélice de 20° e dentes não rebaixados. Na sequência, a utilização de um fator de rebaixamento para os dentes (k = 0,90) trará alguma contribuição para o projeto no quesito interferência?

Resp. 24 dentes.

62 dentes – a utilização do rebaixamento dos dentes aumentaria de forma significativa o range de dentes para a coroa no contexto da não existência do problema da interferência.

6.3 – O projeto preliminar de um sistema por engrenagens helicoidais encontra-se em desenvolvimento. Nessas circunstâncias, determinar o módulo mínimo necessário a ser considerado para um pinhão de 17 dentes transmitir com segurança uma potência de 7,2 CV à 660 rpm. Considerar um fator de sobrecarga de 1,1, uma largura b = 2,0(p_x) e uma coroa com 38 dentes. O material das engrenagens contempla uma tensão de escoamento de 270 MPa e um coeficiente de segurança de 1,25 também deverá ser considerado. O ângulo de hélice vale 25°.

Resp. M_t = 781,31 kgf.cm = 76,65 N.m

m = 2,04 mm, $m_{padronizado}$ = 2,5 mm

6.4 - Suponha um redutor composto por engrenagens cilíndricas helicoidais com 24 e 42 dentes, respectivamente, ângulo de pressão de 20°, ângulo de hélice de 18°, módulo de 6 mm e largura de (2,2 x p_x), transmitindo uma potência de 1500 Watts à 750 rpm. Determinar: a) o fator dinâmico para um índice de qualidade AGMA equivalente à 6, b) o fator de tamanho do pinhão e da coroa, c) os fatores geométricos para o pinhão e para a coroa, d) o fator geométrico para resistência à formação de cavidades

Resp.

a) v = 5,94 m/s → K_v = 1,46

b) P_t = 4,02 dentes/in → K_{s1} = 1,175, K_{s2} = 1,179

c) J_1 = 0,493 , J_2 = 0,558

d) I = 0,171

6.5 - Um par de engrenagens cilíndricas helicoidais tem ângulo de pressão de 20°, ângulo de hélice de 30°, módulo da ferramenta de 1,5 mm e número de dentes iguais a 16 e 40, respectivamente. Determinar o ângulo de pressão transversal, o passo normal, o passo axial e o raio primitivo da coroa.

Resp. 22,8°; 4,712 mm; 4,71 mm; 9,42 mm e 34,64 mm

6.6 - Determinar, pelo critério da fadiga em flexão, a largura mínima necessária para um par de engrenagens helicoidais (pinhão com 20 dentes e coroa de 40 dentes), de mesmo material, transmitir uma potência de 14 CV à 1200 rpm. O módulo pré-selecionado para o sistema foi de 5 mm num ângulo de pressão de 20° e ângulo de hélice de 22,5°. Supor um fator de distribuição de carga de 1,25, temperatura ambiente, confiabilidade esperada de 90% e um fator de sobrecarga de 1,10. As engrenagens serão confeccionadas em aço carbono endurecido por completo grau 1 com um índice de qualidade AGMA equivalente a 6 e dureza Brinell 175. Supor 10^7 ciclos, K_s = 1,0, além de um coeficiente de segurança por fadiga de flexão de 1,65 (1 kgf = 9,81 N).

Resp. M_t = 81,97 N.m; F_t = 1514,6 N; K_v = 1,49; J_1 = 0,462 ; dp_1 = 108,24 mm; m_t = 5,41 mm; b_{min} = 10 mm

6.7 – Determinar, pelo critério da pressão, a largura mínima necessária para o par de engrenagens do Problema 6.6, mantendo-se os mesmos dados correspondentes e um coeficiente de segurança de 1,65 para fadiga de contato. Supor um coeficiente elástico de 187 $MPa^{0,5}$ e $Z_N = 1$.

Resp. $M_t = 81,97$ N.m; $F_t = 1514,6$ N; $K_v = 1,49$; $I = 0,160$; $d_{p1} = 108,24$ mm; $m_N = 0,711$; $b_{min} = 34$ mm

6.8 – Determinar, pelo critério da resistência, a máxima potência que um par de engrenagens helicoidais de mesmo material, poderá transmitir estando o pinhão, de 18 dentes, submetido a uma rotação de 950 rpm. O módulo do sistema vale 8 mm, o ângulo de pressão 20°, o ângulo de hélice 25° e a largura das engrenagens vale 80 mm. Supor um fator de distribuição de carga de 1,36, temperatura ambiente, confiabilidade esperada de 99% e um fator de sobrecarga de 1,25. As engrenagens serão confeccionadas com aço carbono endurecido por completo grau 2, com dureza de 210 Brinell. Considerar ainda, um índice de qualidade AGMA 8, uma coroa de 41 dentes, um número de ciclos de 10^8 e um fator de segurança por fadiga de flexão igual a 1,5.

Resp. $Y_1 = 0,308$; $K_v = 1,324$; $K_{s1} = 1,16$; $Y_{N1} = 0,977$; $J_1 = 0,444$; $d_{p1} = 158,88$ mm; $P_t = 2,88$ dentes/in; $F_{tmax} = 19115,90$ N; $N_{max} = 151$ kW

6.9 – Um pinhão helicoidal de 31 dentes deve trabalhar com uma coroa de 60 dentes transmitindo uma potência de 10 CV à 660 rpm. Determinar o módulo mínimo preliminar (padronizado) para esse sistema considerando a equação de Lewis. Os materiais do pinhão e da coroa devem ser idênticos, para os quais estima-se uma tensão admissível em flexão por Lewis de 500 MPa. Deve-se considerar uma relação largura x passo axial igual a 2,1 e ângulos de pressão e de hélice de 20°.

Resp. Módulo calculado = 1,20 mm. Módulo padronizado = 1,50 mm.

6.10 – Um redutor de velocidades trabalha com 3 engrenagens helicoidais em paralelo, conforme indicado em figura. Avaliar se existe interferência entre alguma das engrenagens envolvidas, demonstrando o número de dentes máximo ou mínimo para cada situação e supondo que não exista nenhum tipo de rebaixamento nos dentes considerados. Supor módulos de 6 mm, ângulo de hélice de 15° e ângulo de pressão de 20°.

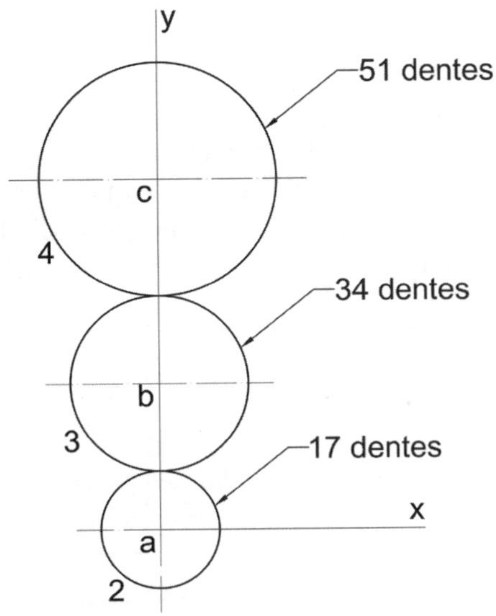

Resp.

Estágio 2-3: pinhão mínimo de 14 dentes e coroa máxima tendendo para infinito. Não existe interferência em ambas as engrenagens.

Estágio 3-4: pinhão mínimo de 14 dentes e coroa máxima tendendo para o infinito. Não existe interferência em ambas as engrenagens.

6.11 – Um sistema de transmissão por engrenagens cilíndricas helicoidais, com relação de transmissão de 1:1, deve transmitir uma potência máxima de 10CV/1200 rpm. Se as engrenagens forem confeccionadas com um módulo de 2,5 mm, determinar a largura mínima necessária para o sistema, considerando que os critérios de fadiga superficial e fadiga por flexão devem ser, simultaneamente, atendidos.

Dados: engrenagens de ferro fundido cinzento ASTM A-48, classe 30

número de ciclos = 10^7

considerar: $K_m = 1{,}31$

$E_1 = E_2 = 105\text{GPa}$

Poisson (pinhão e coroa) = 0,29

$K_o = 1{,}75$

$Q_v = 8$

R(x) = 90%

$z_1 = z_2 = 25$

dureza das engrenagens = 180HB

$\alpha = \Psi = 20°$

Resp. $K_v = 1{,}24$; $I = 0{,}118$; $C_p = 135{,}08\ MPa^{0,5}$; $F_t = 1760{,}64\ N$; $J_1 = 0{,}498$; $m_N = 0{,}715$; $b_{min} = 80{,}3mm$ (para $K_s = 1{,}04$)

6.12 - Determinar os esforços atuantes nos mancais "A" e "B" da figura indicada, considerando que o motor transmita 15 kW a 30Hz e que as engrenagens tenham um módulo de 5mm e ângulo de hélice de 30° (os números de dentes encontram-se ilustrado em figura). Supor ainda que o mancal "A" seja o mancal axial e que o eixo "z" esteja saindo do plano do papel.

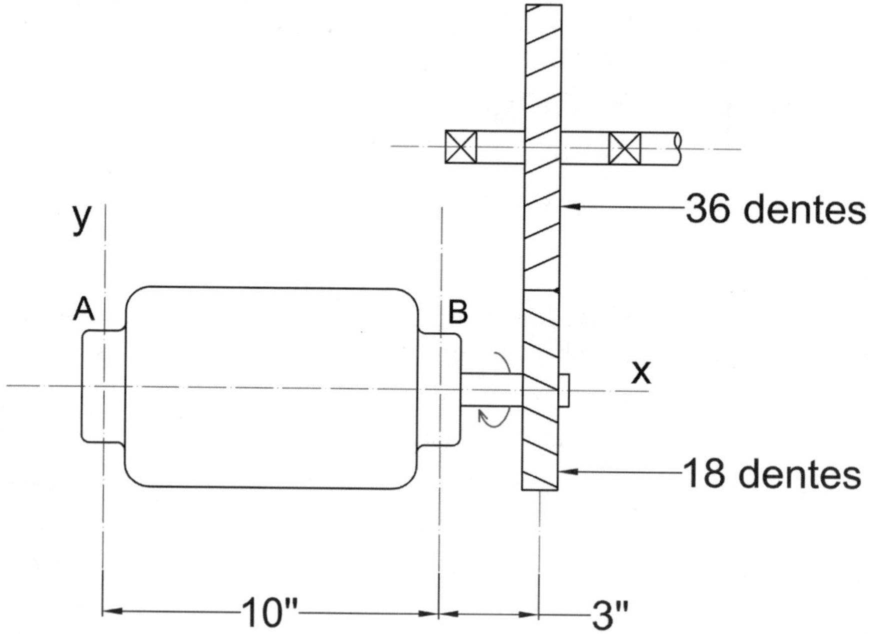

Resp. $A_x = 884{,}22\ N$; $A_y = 373{,}96\ N$; $A_z = 459{,}46\ N$,

$B_y = 1017{,}76\ N$; $B_z = 1990{,}86\ N$ (todos os valores em módulo).

6.13 - Considerando um sistema de transmissão onde um motor de potência 12 CV e rotação 900 rpm, deverá acionar diretamente uma engrenagem cilíndrica helicoidal, pede-se determinar:

a) para um módulo de 5mm, a tensão de flexão AGMA atuante na coroa

b) para um módulo de 5mm, a tensão de contato atuante nas engrenagens

Dados: pinhão e coroa de aço endurecido por completo grau 2 com durezas de 130 e 102 HB, respectivamente; $E_1 = E_2 = 210$ GPa; $\nu_1 = \nu_2 = 0{,}29$; ângulo de pressão = 20°; ângulo de hélice de 30°, b= 2,2 p_x; $Q_v = 8$; $z_1 = 2_1$; $z_2 = 35$; $K_m = 1{,}32$, 3.10^7 ciclos e confiabilidade de 95%.

Resp.

$K_v = 1{,}28$; $I = 0{,}152$; $C_p = 191{,}03\ MPa^{0,5}$; $F_t = 1545{,}36\ N$; $K_{s1} = 1{,}127$; $m_N = 0{,}737$; $J_1 = 0{,}435$; $b = 69{,}12\ mm$

a) $\sigma_1 = 19{,}56\ MPa$

b) $\sigma_c = 290{,}30\ MPa$

6.14 – Uma transmissão comercial fechada consiste de um pinhão cilíndrico helicoidal com 18 dentes, acionado por uma coroa de 54 dentes. Para uma largura de 40 mm e módulo 4 mm, determine os fatores de segurança correspondentes. As engrenagens são de aço (E = 200 GPa e υ = 0,3) endurecido por completo grau 1 com dureza de 200 Brinell. O pinhão gira a 300 rpm transmitindo 4 kW de potência, tem índice de qualidade AGMA 6 e deve ser projetado para 10^8 ciclos numa confiabilidade de 90%. Supor ângulos de pressão e de hélice de 20°, $K_o = 1{,}5$ e $K_m = 1{,}20$.

Dados fornecidos:

$z_1 = 18$	$m = 4{,}0\ mm$	$\nu_1 = \nu_2 = 0{,}30$	$b = 40\ mm$
$n_1 = 300\ rpm$	$Q_V = 6$	$z_2 = 54$	$\alpha = \Psi = 20°$
$N = 4\ kW$	$H_B = 200$	$K_m = 1{,}20$	$K_o = 1{,}5$
$E_1 = E_2 = 200\ GPa$	$R = 0{,}90$	$N = 10^8$	

Resp.

$K_v = 1{,}21$; $I = 0{,}180$; $C_p = 187{,}03\ MPa^{0,5}$; $F_t = 3323{,}41\ N$; $K_{s1} = 1{,}075$; $m_N = 0{,}700$; $J_1 = 0{,}457$; $\sigma_{AGMA} = 106{,}44\ MPa$; $\sigma_c = 702{,}40\ MPa$; $CS_{f1} = 2{,}15$; $CS_{H1} = 1{,}04$ (projeto atende pelos dois critérios!).

6.15 – O pinhão cilíndrico helicoidal ilustrado tem diâmetro primitivo de 66,20 mm, ângulo de pressão de 20° e encontra-se montado sobre um eixo de entrada acionado por um motor elétrico com 1725 rpm. Considerando que o referido motor forneça um torque constante de 21,187 N.m, determine a força normal resultante nos dentes do pinhão e a potência disponibilizada pelo motor.

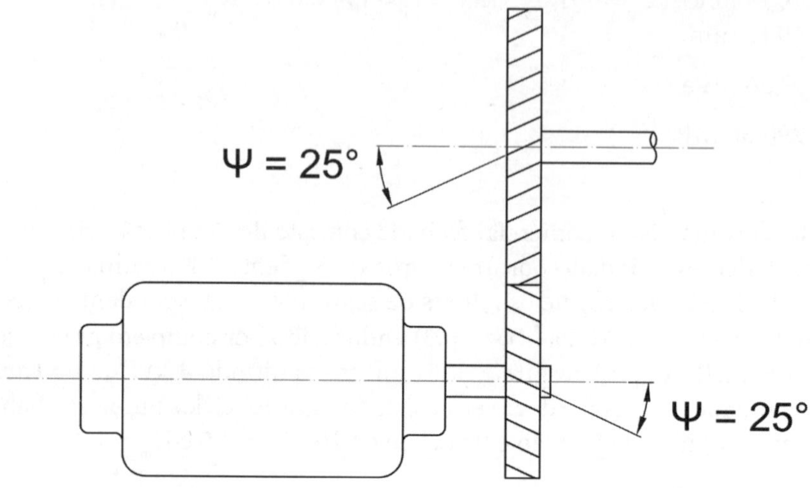

Resp. $P_N = 751,45$ N; N = 3,83 kW

6.16 – Três engrenagens helicoidais dispostas na horizontal com módulo 10 mm, ângulo de hélice 18º e ângulo de pressão 20º trabalham na seguinte ordem: o pinhão A, com 12 dentes gira à 600 rpm e transmite 20 kW por meio da engrenagem intermediária B (com 36 dentes), a qual transmite essa potência, sem perdas, à engrenagem C (com 28 dentes). Determinar: o torque atuante em cada engrenagem, a relação de transmissão total do sistema e as distâncias entre eixos correspondentes. O esboço a seguir (sem escala) ilustra a proposta do problema.

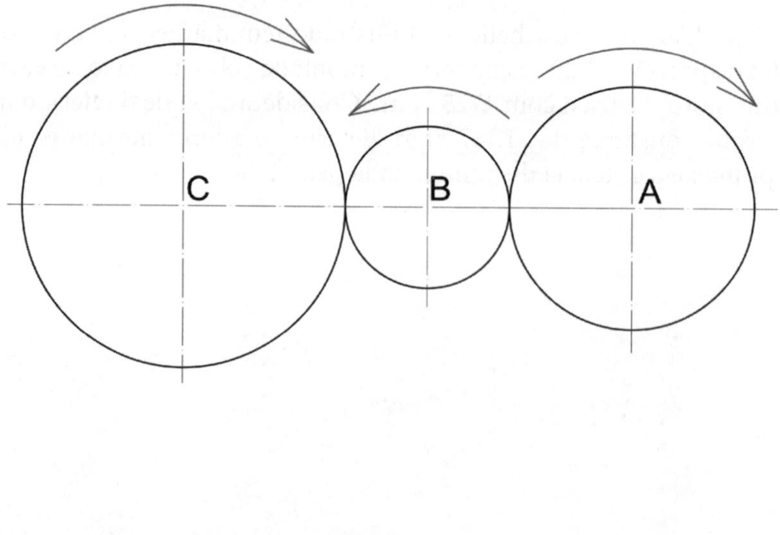

Resp.

Mt_A = 318,31 Nm; Mt_B = 954,93 Nm; Mt_C = 742,72 Nm

i_T = 2,33

a_{AB} = 252,35 mm; a_{BC} = 336,47 mm

NOMENCLATURA

α	ângulo de pressão
α_t	ângulo de pressão no plano transversal
Ψ	ângulo de hélice
σ	tensão normal
σ_{AGMA}	tensão de flexão AGMA
σ_C	tensão de contato AGMA
σ_{esc}	tensão de escoamento
θ	temperatura
υ	coeficiente de Poisson
a	distância entre eixos
A	constante do fator dinâmico
b	largura da engrenagem
B	expoente do fator dinâmico
C_p	coeficiente elástico ($\sqrt{MPa}$)
C_H	fator de razão de dureza
CS	coeficiente de segurança (em relação à σ_{esc})
CS_F	coeficiente de segurança em fadiga de flexão
CS_C	coeficiente de segurança de contato
d_b	diâmetro de base
d_c	diâmetro externo ou de cabeça
d_p	diâmetro primitivo
d_r	diâmetro interno ou de raiz
e	espessura do dente

E	módulo de elasticidade longitudinal
f_v	folga de fundo do dente
F_A	força axial
F_T	força tangencial
F_R	força radial
h	altura do dente
h_c	altura de cabeça
h_r	altura de raiz
HB	dureza Brinell
i	relação de transmissão
I	fator geométrico para resistência à formação de cavidades
J	fator geométrico AGMA
k	fator de rebaixamento do dente
K_B	fator de espessura de borda
K_m	fator de distribuição de carga
K_o	fator de sobrecarga
K_s	fator de tamanho
K_V	fator de velocidade ou dinâmico
m	módulo da engrenagem (mm)
m_N	razão de divisão de carga
m_t	módulo no plano transversal (mm)
Mt	momento torcedor ou torque
n	rotação (rpm)
N	potência nominal
N_C	número de ciclos
p_a	passo axial
p_N	passo normal ou frontal
p_t	passo transversal
P	diametral Pitch (dentes/in)
P_t	diametral Pitch no plano transversal (dentes/in)
Q_V	índice de qualidade AGMA

r_b	raio de base
r_c	raio externo ou de cabeça
r_p	raio primitivo
R	reliability (confiabilidade)
S_c	tensão admissível de contato AGMA
S_t	tensão admissível de flexão AGMA
v	velocidade tangencial da engrenagem (m/s)
Y	fator de forma de Lewis
Y_N	fator de ciclos ou de ciclagem (critério da resistência)
Y_Z	fator de confiabilidade
Y_θ	fator de temperatura
z_1	número de dentes do pinhão
z_2	número de dentes da coroa
Z	comprimento do segmento de ação (mm)
Z_N	fator de ciclos ou de ciclagem (critério da pressão)

REFERÊNCIAS BIBLIOGRÁFICAS

ANSI/AGMA 2001-D04 - Fundamental Rating Factors and Calculation Methods for Involute Spur and Helical Gear Teeth, American National Standard.

Budynas, R.G. and Nisbett, J.K., 2008. Shigley's – Mechanical Engineering Design, 8ª ed., McGraw Hill.

Budynas, R.G. e Nisbett, J.K., 2011. Elementos de Máquinas de Shigley, 8ª ed., AMGH Editora Ltda.

Faires, V.M., 1971. Elementos Orgânicos de Máquinas, Vol 2, Livros Técnicos e Científicos – LTC, Rio de Janeiro, RJ.

Hamrock, B.J. and Schmid, S. R., 2004. Fundamentals of Machine Elements, 2ª ed., McGraw Hill.

Norton, R. L., 2013. Projeto de Máquinas – Uma abordagem integrada, 4ª ed., Editora Bookman.

CAPÍTULO 13

Engrenagens Cônicas

13.1. INTRODUÇÃO

Engrenagens cônicas são aquelas cujos eixos se cruzam em um ponto, formando normalmente um ângulo de 90°, apesar de existirem situações nas quais os eixos se cruzam em ângulos próximos de 90° (faixa entre 75° e 110° aproximadamente). Tem-se as cônicas de dentes retos, as cônicas de dentes curvos (espirais) e as cônicas descentradas ou hipoidais, as quais são utilizadas normalmente em aplicações automotivas ou similares.

Para o caso das cônicas hipoidais, o eixo do pinhão cruza o eixo da coroa em uma distância "a_0", conforme Figura 13.1, ocasionando um escorregamento adicional nos flancos dos dentes, motivo pelo qual se deve optar por uma excentricidade a menor possível, objetivando minimizar as perdas por atrito e o aquecimento entre os dentes. Nessas engrenagens, os perfis sofrem pequenas alterações visando garantir um contato localizado e no contexto da obtenção de engrenamentos ainda mais suaves, silenciosos e com uma maior capacidade de carga em velocidades elevadas.

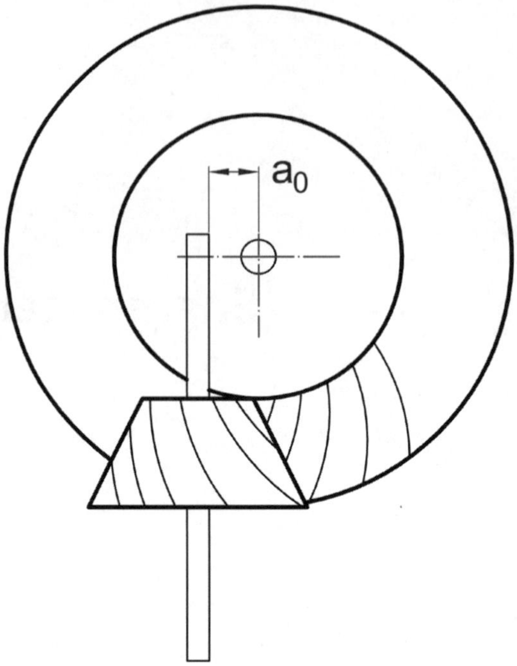

Figura 13.1 – Esquemático de engrenagem cônica descentrada. Adaptado a partir de Niemann, 1971.

As cônicas retas costumam ser utilizadas para velocidades tangenciais de até 5 m/s e onde não se tenha uma preocupação exagerada com a questão do ruído presente na transmissão, enquanto as cônicas de dentes curvos (ou espirais) são válidas para velocidades superiores e quando o ruído é fator preponderante em termos de projeto. Ambas podem ser observadas nos exemplos ilustrativos apresentados anteriormente na Figura 11.1 (Capítulo 11).

Existem, ainda, as chamadas engrenagens cônicas Zerol, ou mais especificamente engrenagens desenvolvidas pela Gleason, com dentes curvos e ângulo de espiral nulo. Tais engrenagens são patenteadas e apresentam a possibilidade dos dentes serem retificados com maior precisão. Isso justifica a sua aplicação onde se requeiram engrenagens temperadas e de precisão em substituição às cônicas retas.

A principal vantagem das engrenagens cônicas pode ser relacionada à disposição dos seus eixos, parâmetro geométrico que possibilita a transmissão de potência entre eixos normalmente perpendiculares e em uma mesma ordem de grandeza das engrenagens cilíndricas.

Como parâmetros geométricos adicionais para o caso das engrenagens cônicas, destacam-se os ângulos dos cones primitivos e o comprimento do cone primitivo, os quais podem ser observados facilmente a partir da Figura 13.2.

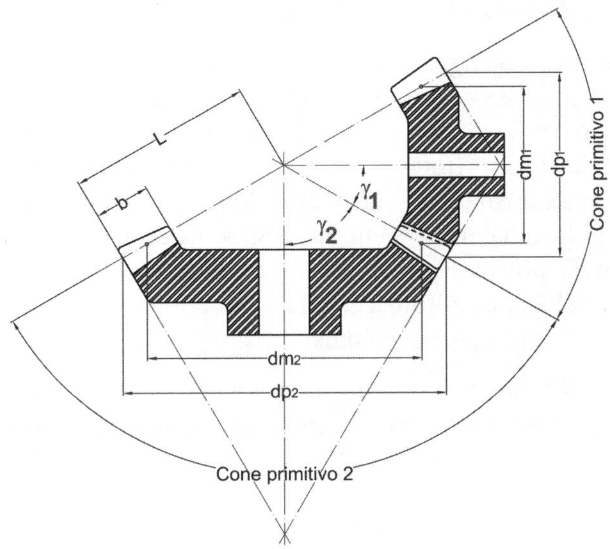

Figura 13.2 – Engrenagem cônica típica. Adaptado a partir de Juvinall e Marschek, 2007.

Matematicamente e a partir da Figura 13.2, pode-se escrever:

$$L = \sqrt{rp_1^{\,2} + rp_2^{\,2}} \tag{13.1}$$

$$tg\gamma_1 = \frac{z_1}{z_2} \qquad tg\gamma_2 = \frac{z_2}{z_1} \tag{13.2}$$

As relações descritas na Equação (13.2) são válidas apenas para ângulos entre eixos de 90°. Situações diferenciadas devem ser consideradas na forma (sendo λ o ângulo entre os eixos das engrenagens):

$$tg\gamma_2 = \frac{\operatorname{sen}\lambda}{\cos\lambda + \frac{z_1}{z_2}} \qquad \gamma_1 = \lambda - \gamma_2 \tag{13.3}$$

Outro fator importante a ser destacado e que se diferencia do caso das engrenagens cilíndricas é o ponto de aplicação dos esforços sobre os dentes da engrenagem cônica. O esforço normal resultante se aplica em um ponto médio do dente, caracterizando com isso a utilização de um diâmetro médio nos cálculos correspondentes. Tal diâmetro, também ilustrado pela Figura 13.2, pode ser definido pelas relações:

$$dm_1 = dp_1 - b\operatorname{sen}\delta_1 \qquad dm_2 = dp_2 - b\operatorname{sen}\delta_2 \tag{13.4}$$

13.2. PARTES COMPONENTES DE UMA ENGRENAGEM CÔNICA

Enquanto os dentes das engrenagens cilíndricas são formados a partir de um cilindro primitivo, os dentes das engrenagens cônicas ocorrem a partir de um cone primitivo, caracterizando, com isso, a presença dos ângulos dos cones primitivos e do próprio comprimento do cone primitivo, conforme descrito no item anterior. Quando os dentes são cortados de forma paralela ao eixo do cone, obtém-se as cônicas retas, enquanto se os dentes foram cortados em um ângulo de espiral "φ" com relação ao eixo do cone, obtêm-se as cônicas espirais. Pode-se, assim, considerar que as engrenagens cônicas retas são análogas às cilíndricas retas, enquanto as engrenagens cônicas espirais são análogas às cilíndricas helicoidais.

Fora essa condição, os demais parâmetros gerais das cônicas são equivalentes àqueles descritos para o caso das engrenagens cilíndricas. A Tabela 13.1 traduz esses resultados.

Tabela 13.1 – Principais relações geométricas de uma engrenagem cônica

Parâmetro	Nomenclatura	Relação	Equação
Módulo (mm)	m	--	
Número de dentes	z	--	
Diâmetro primitivo	d_p	$d_p = mz$	(13.5)
Altura de cabeça	h_c	$h_c = m$	(13.6)
Altura de raiz	h_r	$h_r = (1{,}1 \text{ a } 1{,}3)m$	(13.7)
Altura do dente	h	$h = (2{,}1 \text{ a } 2{,}3)m$	(13.8)
Diâmetro externo ou de cabeça	d_c	$d_{c_1} = d_{p1} + 2m\cos\delta_1$ $d_{c_2} = d_{p2} + 2m\cos\delta_2$	(13.9)
Diâmetro médio	d_m	ver Equação 13.4	
Ângulo de pressão	α	20º	
Ângulo do cone primitivo	δ	ver Equações 13.2 e 13.3	
Ângulo entre eixos	λ	$\lambda = \delta_1 + \delta_2$	(13.10)

Largura da engrenagem	b	ver item 4.1	
Comprimento do cone primitivo	L	ver Equação 13.1	

Observar ainda que as engrenagens cônicas, no geral, não são intercambiáveis, tornando-se necessário à sua fabricação e substituição aos pares (pinhão e coroa).

13.2.1 – O PROBLEMA DA INTERFERÊNCIA EM ENGRENAGENS CÔNICAS

O problema da interferência em pinhões cônicos normalmente é eliminado quando da sua fabricação. O seu adendo (ou altura de cabeça) é executado de forma mais larga, objetivando não apenas a eliminação desse fenômeno indesejável como também um dente de pinhão mais resistente. Além dessa condição, sugere-se também, de forma prática e conservadora nesse contexto, a utilização de pinhões com um número mínimo de 15 dentes.

13.3. ESFORÇOS ATUANTES SOBRE UMA ENGRENAGEM CÔNICA

A força atuante sobre o dente de uma engrenagem cônica (esforço normal) atua, como consequência da disposição dos eixos, também no espaço tridimensional em relação ao ponto de contato. Novamente e nessas circunstâncias, três componentes de força estarão sempre presentes: tangencial (responsável pela transmissão do torque), radial (voltada sempre para o centro da roda em análise) e axial (na direção do eixo). A representação esquemática desses esforços, sobre o diâmetro médio da engrenagem, é ilustrada através da Figura 13.3.

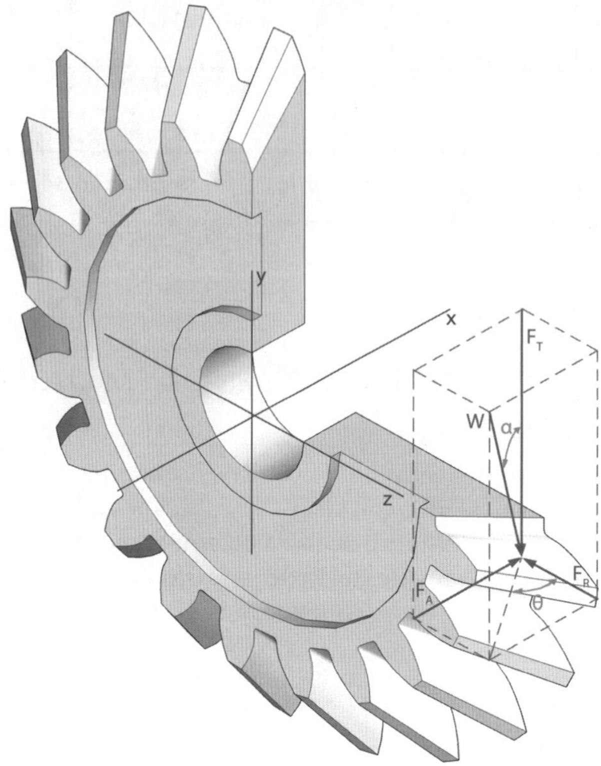

Figura 13.3 – Esforço normal e componentes atuando sobre os dentes de uma engrenagem cônica. Adaptado a partir Budynas.

De modo similar às engrenagens cilíndricas, a componente de esforço tangencial presente na engrenagem cônica pode ser obtida a partir da potência e do torque desenvolvido, enquanto que as componentes radial e axial são obtidas por meio das relações:

$$F_{R1}=F_T \, tg\alpha \cos \delta_1 \qquad F_{R2}=F_T \, tg\alpha \cos\delta_2 \tag{13.11}$$

$$F_{A1}=F_T \, tg\alpha \, sen\delta_1 \qquad F_{A2}=F_T \, tg\alpha sen\delta_2 \tag{13.12}$$

Em termos da convenção adotada para determinação da direção e sentido dessas três componentes de força, sugere-se acompanhar o exemplo ilustrado na Figura 13.4.

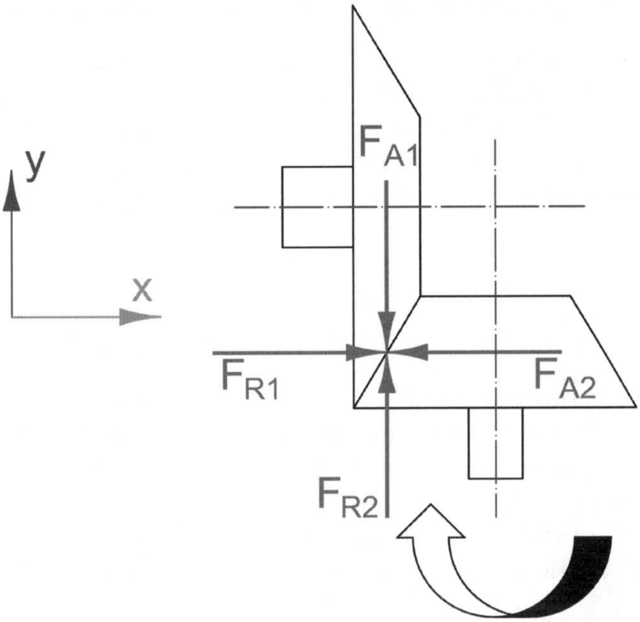

Figura 13.4 – Exemplo orientativo para determinação do sentido dos esforços atuantes sobre pinhão (na horizontal) e coroa de engrenagens cônicas

(a) componente radial – sempre voltada para o centro da roda considerada;

(b) componente axial – sempre voltada no sentido oposto à componente radial da roda conjugada e, evidentemente, paralela ao eixo de rotação correspondente;

(c) componente tangencial - avaliada na forma de ação para a roda movida e reação para a roda motora do par (3ª Lei de Newton).

Nessas circunstâncias e para o sistema de referência proposto pela Figura 13.4, tem-se:

$$\vec{F}_1 = F_{R1}\vec{i} - F_{A1}\vec{j} + F_{T1}\vec{k}$$
$$\vec{F}_2 = -F_{A2}\vec{i} + F_{R2}\vec{j} - F_{T2}\vec{k}$$

Notas:

(a) as componentes radial e axial são equivalentes, em módulo, para o caso de pinhão e coroa cônicos;

(b) as componentes tangenciais atuam em um plano perpendicular ao plano que contempla as componentes radial e axial (eixo perpendicular ao plano do papel para o caso do problema proposto), sendo, nesse caso, positivo para o pinhão (esforço saindo do plano do papel, em forma de reação) e negativo para a coroa (esforço entrando no plano do papel, em forma de ação).

13.4. DIMENSIONAMENTO DE ENGRENAGENS CÔNICAS

A AGMA disponibiliza critérios equivalentes para o projeto de engrenagens cônicas em termos dos critérios convencionais da pressão e da resistência. Na prática, ainda, pode-se considerar que o dimensionamento das cônicas retas e das cônicas espirais são equivalentes, prevalecendo assim o dimensionamento para o caso geral de uma engrenagem cônica reta, com o posterior ajuste para a fabricação de uma cônica espiral, se for o caso.

13.4.1 – CRITÉRIO DA RESISTÊNCIA – EQUAÇÃO DE LEWIS

Caso não se disponha do módulo da engrenagem no início do projeto, a equação de Lewis poderá mais uma vez ser utilizada no contexto da definição preliminar deste parâmetro. Como simplificação matemática nesse momento, sugere-se, entretanto, que os cálculos sejam realizados preliminarmente em relação ao diâmetro primitivo da engrenagem, efetivando-se na sequência os ajustes necessários para o diâmetro médio da mesma. Assim:

$$\sigma = \frac{K_o F_T}{bYm} \leq \frac{\sigma_{esc}}{CS} \qquad (13.13)$$

sendo que o fator de forma de Lewis - "Y" - deverá ser obtido a partir da Tabela 11.4, disponível no Capítulo 11.

No contexto da largura das engrenagens cônicas devem-se priorizar larguras de face pequenas o suficiente, dado que um pequeno erro de montagem dessas engrenagens ou uma deflexão decorrente das cargas nos eixos pode provocar deslocamentos do vértice dos cones, ocasionando ruídos, vibrações, suporte desigual do carregamento e, eventualmente, um engripamento dos dentes.

Dessa forma, deve-se, sempre que possível, atender uma das relações:

$$b = 10m \quad \text{ou} \quad b = \frac{L}{3} \qquad (13.14)$$

Devendo prevalecer, se possível, o menor valor obtido a partir das duas relações indicadas. Para o caso do módulo preliminar a ser obtido por Lewis, adotar evidentemente a relação mais simples, ou seja: b = 10m.

13.4.2 – CRITÉRIO DA RESISTÊNCIA – EQUAÇÃO AGMA

A equação AGMA correspondente ao critério da resistência para engrenagens cônicas apresenta a inclusão de um novo fator – K_x (fator de curvatura) – e a correspondente eliminação do fator de borda – K_B – anteriormente presente para o caso das engrenagens cilíndricas. Com isso:

$$\sigma_{AGMA} = K_o F_T K_V K_s \frac{1}{bm} \frac{K_m}{K_x J} \tag{13.15}$$

a) Fator de sobrecarga ou de serviço (K_o) – válidas as mesmas considerações propostas para as engrenagens retas. Consultar assim a Tabela 11.5, apresentada no Capítulo 11.

b) Fator de velocidade ou dinâmico (K_V) – válidas as mesmas considerações propostas para as engrenagens retas. Atentar, porém, que a velocidade tangencial deverá ser definida a partir do diâmetro médio da engrenagem. Repetem-se as equações correspondentes.

$$K_V = \left(\frac{A + \sqrt{200v}}{A} \right)^B \tag{13.16}$$

$$B = 0,25\left(12 - Q_V\right)^{2/3} \tag{13.17}$$

$$A = 50 + 56\left(1 - B\right) \tag{13.18}$$

c) Fator de tamanho (K_s) – válidas as mesmas considerações propostas para as engrenagens retas, havendo, porém, segundo a norma ANSI/AGMA 2003-B97, uma relação específica para o caso das cônicas, na forma:

$$K_s = 0,4867 + 0,008339m \Rightarrow 1,6mm \leq m \leq 50mm \tag{13.19}$$

d) Fator de distribuição de carga (K_m) – válidas as mesmas considerações propostas para as engrenagens retas, havendo, porém, segundo a norma ANSI/AGMA 2003-B97 uma relação matemática específica para o caso de cônicas, na forma:

$$K_m = K_{mb} + \left(5,6.10^{-6}\right)b^2 \tag{13.20}$$

na qual a largura "b" deve ser considerada em "mm" e o fator K_{mb} corresponde a um parâmetro de posicionamento relativo das engrenagens em relação aos seus mancais de apoio. Os valores recomendados encontram-se indicados na Figura 13.5.

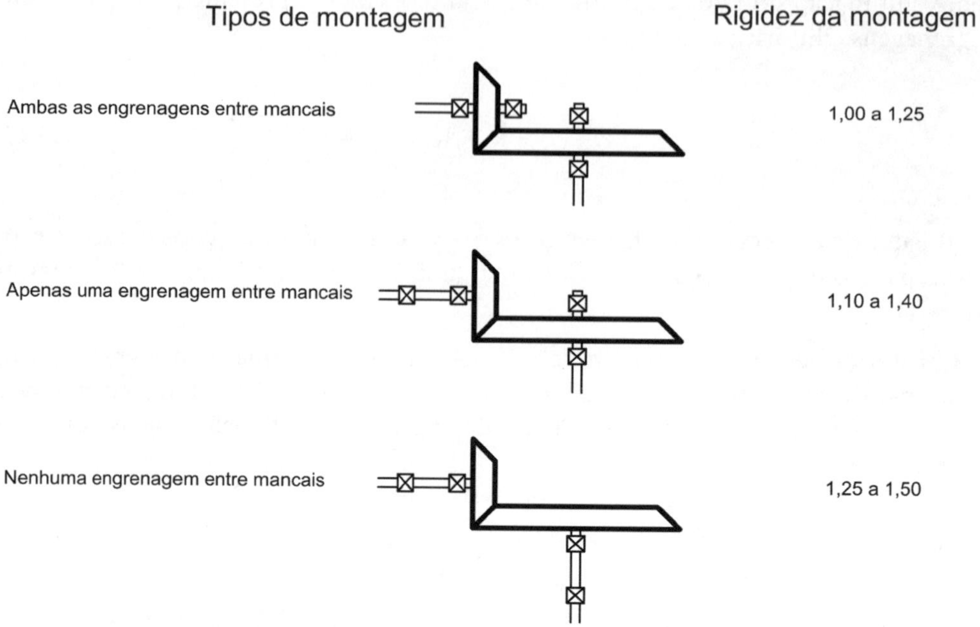

Figura 13.5 – Posição relativa das engrenagens em relação aos mancais de sustentação. Adaptado a partir Juvinall e Marshek, 2007.

e) Fator de curvatura ao longo do comprimento (K_x) – tal fator depende do ângulo espiral das engrenagens e da curvatura longitudinal do dente. A AGMA recomenda um valor limite de 1,15 para o fator referido. Considerar

$$K_x = 1{,}0 \Rightarrow \text{ cônicas retas e Zerol} \quad (13.21a)$$

$$K_x = 1{,}15 \Rightarrow \text{ cônicas espirais} \quad (13.21b)$$

f) Fator geométrico AGMA (J) – válidas as mesmas considerações propostas para as engrenagens cilíndricas, havendo, entretanto, ábacos específicos para a condição das engrenagens cônicas. Considerar a Figura 13.6 para o caso referido, observando que esse processo é válido para definição dos fatores geométricos tanto do pinhão como da coroa.

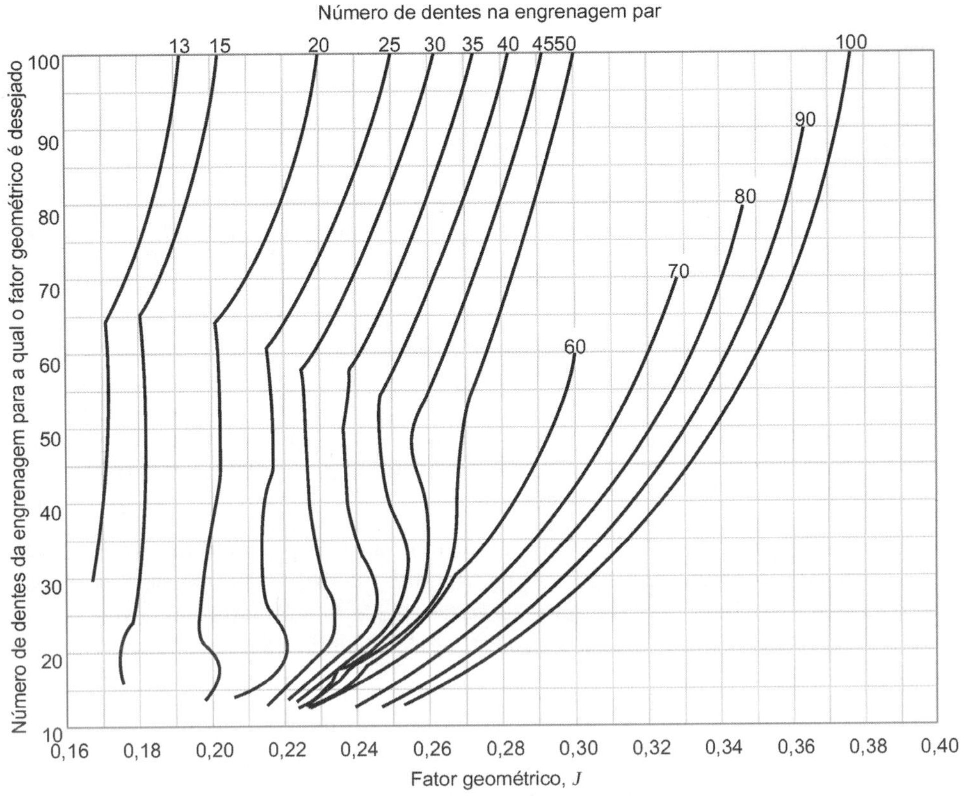

Figura 13.6 – Fator geométrico "J" para engrenagens cônicas retas com ângulo entre eixos de 90º. Extracted from AGMA Standard ANSI/AGMA 2003-B97 – Rating the Pitting Resistance and Bending Strength of Generated Straight Bevel, Zerol Bevel and Spiral Bevel Gear Teeth, with permission of the publisher, the American Gear Manufacturers Association, 1001 North Fairfax Street, 5th Floor, Alexandria, Virginia 22314.

13.4.3 – CRITÉRIO DA RESISTÊNCIA – FADIGA DE FLEXÃO

Nenhuma consideração adicional necessita ser realizada quando da aplicação do referido critério para o caso de engrenagens cônicas. Repete-se, assim, a equação referida, apenas para a comodidade ao leitor.

$$CS_F = \frac{S_t Y_N}{Y_\theta Y_Z \sigma_{AGMA}} \geq 1,5 \qquad (13.22)$$

a) Tensão admissível de flexão AGMA - S_t - consultar as Tabelas 13.2 e 13.3 e Figura 13.7.

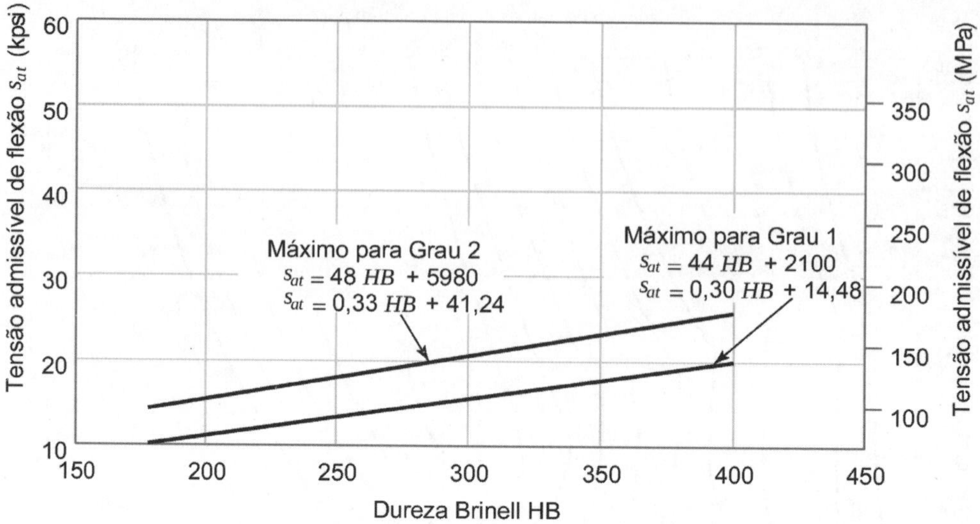

Figura 13.7 - Tensão admissível de flexão AGMA para aços endurecidos por completo - S_t. Extracted from AGMA Standard ANSI/AGMA 2003-B97 – Rating the Pitting Resistance and Bending Strength of Generated Straight Bevel, Zerol Bevel and Spiral Bevel Gear Teeth, with permission of the publisher, the American Gear Manufacturers Association, 1001 North Fairfax Street, 5th Floor, Alexandria, Virginia 22314.

b) Fator de ciclos ou de ciclagem (Y_N) – consultar a Figura 13.8.

c) Fator de temperatura (Y_θ) –

$$Y_\theta = 1 \qquad \rightarrow \theta \leq 120^\circ C \qquad Y_\theta = \frac{273+\theta}{393} \rightarrow \theta > 120^\circ C \tag{13.23}$$

d) Fator de confiabilidade (Y_Z) –

$$\begin{aligned} Y_Z &= 0,658 - 0,0759 \ln(1-R) && \rightarrow 0,5 < R < 0,99 \\ Y_Z &= 0,5 - 0,109 \ln(1-R) && \rightarrow 0,99 < R < 0,9999 \end{aligned} \tag{13.24}$$

Tabela 13.2 - Tensão admissível de flexão AGMA para engrenagens de aço carbono - St. Extracted from AGMA Standard ANSI/AGMA 2003-B97 – Rating the Pitting Resistance and Bending Strength of Generated Straight Bevel, Zerol Bevel and Spiral Bevel Gear Teeth, with permission of the publisher, the American Gear Manufacturers Association, 1001 North Fairfax Street, 5th Floor, Alexandria, Virginia 22314.

Designação do material	Tratamento térmico	Dureza superficial mínima	Tensão admissível de flexão AGMA (MPa)		
			Grau 1	Grau 2	Grau 3
Aço carbono	endurecido por completo	(b)	(b)	(b)	---
	endurecido por chama/ indução com raízes não endurecidas	50 HRC	85	95	---
	endurecido por chama/ indução com raízes endurecidas	50 HRC	154	---	---
	carbonetado e endurecido superficial-mente (a)	(c)	205	240	275
AISI 4140	nitretado (a)	84,5			
HR15N	---	150	---		
Nitralloy 135M	nitretato (a)	90,0 HR15N		165	

(a) com profundidades de camada endurecidas segundo o item 21.1 da AGMA 2003-B97

(b) consultar Figura 13.7

(c) consultar Tabela 8 da AGMA 2003-B97

13.4.4 – CRITÉRIO DA PRESSÃO – EQUAÇÃO AGMA

A equação AGMA correspondente ao critério da durabilidade superficial (ou pressão) para engrenagens cônicas apresenta a inclusão de um novo fator – K_{xc} (fator de coroamento) – e a correspondente eliminação do fator de borda – K_B – presente anteriormente para o caso das engrenagens cilíndricas. Com isso:

$$\sigma_C = C_P \sqrt{K_o F_T K_V C_s K_{xc} \frac{K_m}{b d p_1 I}} \tag{13.25}$$

Tabela 13.3 - Tensão admissível de flexão AGMA para engrenagens de ferro fundido - St. Extracted from AGMA Standard ANSI/AGMA 2003-B97 – Rating the Pitting Resistance and Bending Strength of Generated Straight Bevel, Zerol Bevel and Spiral Bevel Gear Teeth, with permission of the publisher, the American Gear Manufacturers Association, 1001 North Fairfax Street, 5th Floor, Alexandria, Virginia 22314.

Material	Designação do material	Tratamento térmico	Dureza superficial mínima	Tensão admissível de flexão AGMA (MPa)
Ferro fundido cinzento - ASTM A48	Classe 30	como fundido	175HB	345
	Classe 40	como fundido	200HB	450
Ferro fundido dúctil -ASTM A536	Grau 80-55-06	temperado/ revenido	180HB	650
	Grau 120-90-02	temperado/ revenido	300HB	930

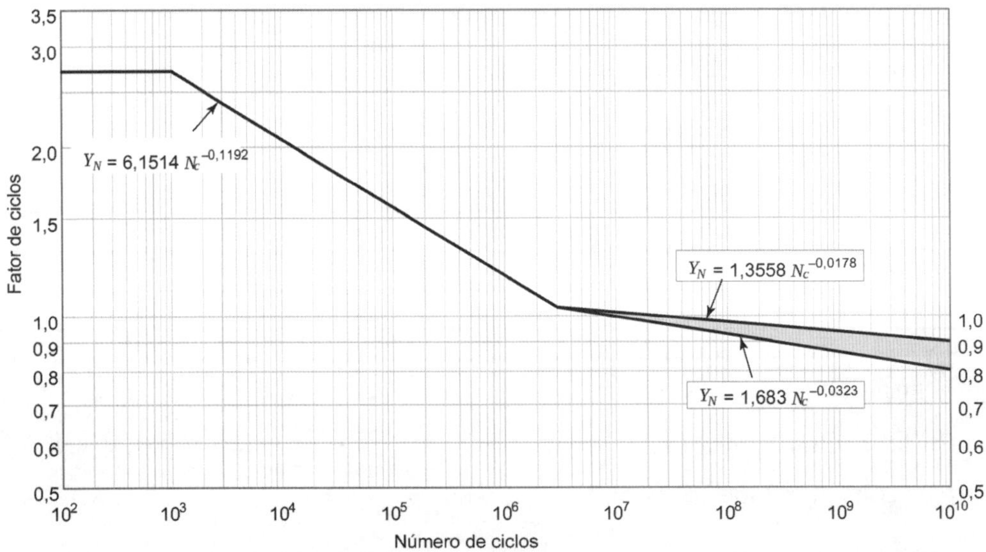

Figura 13.8 – Fator de ciclos ou de ciclagem para resistência à flexão. Extracted from AGMA Standard ANSI/AGMA 2003-B97 – Rating the Pitting Resistance and Bending Strength of Generated Straight Bevel, Zerol Bevel and Spiral Bevel Gear Teeth, with permission of the publisher, the American Gear Manufacturers Association, 1001 North Fairfax Street, 5th Floor, Alexandria, Virginia 22314.

a) Coeficiente elástico (C_p) –

$$C_p = 10^{-3}\sqrt{\frac{1}{\pi\left[\frac{\left(1-\upsilon_1^2\right)}{E_1}+\frac{\left(1-\upsilon_2^2\right)}{E_2}\right]}} \quad \left(\sqrt{\text{MPa}}\right) \tag{13.26}$$

b) Fator geométrico para resistência à formação de cavidades (I) – diferentemente dos casos de engrenagens cilíndricas, na qual o fator referido é definido por uma equação específica, a AGMA disponibiliza para o caso das cônicas, um ábaco de seleção correspondente para definição deste fator, o qual encontra-se reproduzido pela Figura 13.9.

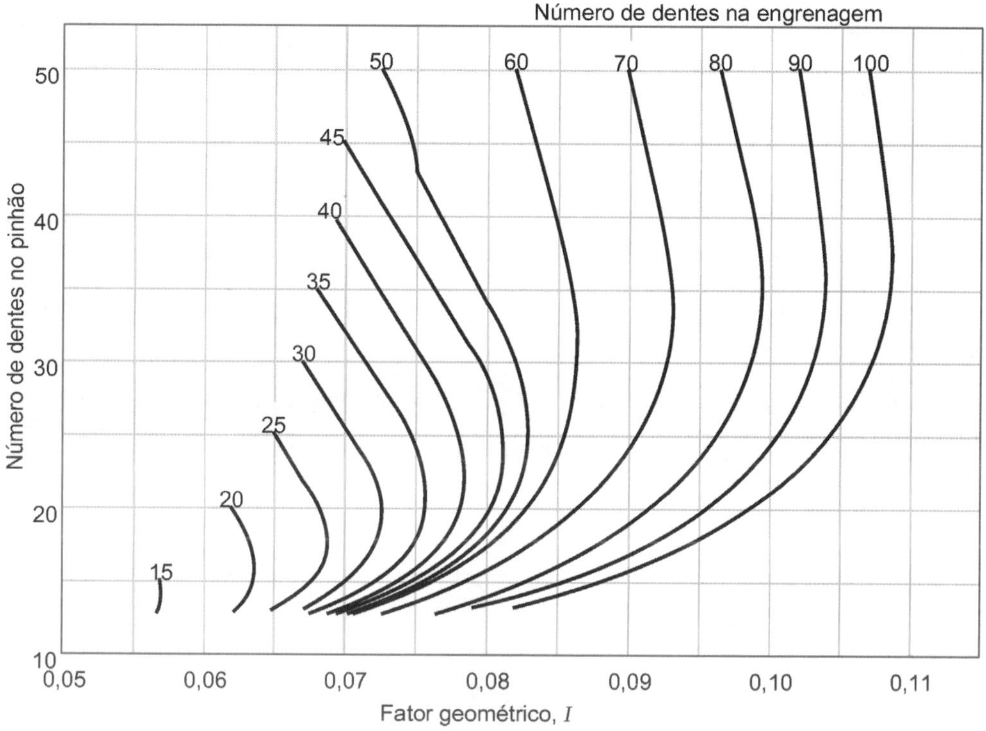

Figura 13.9 – Fator geométrico de contato AGMA para engrenagens cônicas de dentes retos com ângulo de pressão de 20º e ângulo entre eixos de 90º. Extracted from AGMA Standard ANSI/AGMA 2003-B97 – Rating the Pitting Resistance and Bending Strength of Generated Straight Bevel, Zerol Bevel and Spiral Bevel Gear Teeth, with permission of the publisher, the American Gear Manufacturers Association, 1001 North Fairfax Street, 5th Floor, Alexandria, Virginia 22314.

c) Fator de coroamento (K_{xc}) – a quase totalidade dos dentes das engrenagens cônicas apresentam coroamento na direção do seu comprimento, oriundos dos processos de fabricação correspondentes. Tal condição tem por objetivo principal a acomodação dos problemas de deflexão impostos na montagem. Nessas circunstâncias, considerar:

$$K_{xc} = 1,5 \Rightarrow \text{dentes coroados} \quad K_{xc} = 2,0 \Rightarrow \text{dentes nao coroados} \qquad (13.27)$$

d) Fator de tamanho (C_s) – apesar de apresentar o mesmo significado dos demais fatores de tamanho identificados anteriormente, consideram-se equações específicas para o caso deste fator no uso pelo critério da pressão. Assim:

$$C_s = 0,5 \qquad \Rightarrow b < 12,7\text{mm}$$
$$C_s = 0,4375 + 0,00492\ b \qquad \Rightarrow 12,7\text{mm} \le b \le 114,3\text{ mm}$$
$$C_s = 1,0 \qquad \Rightarrow b > 114,3\text{ mm} \tag{13.28}$$

13.4.5 – Critério da Pressão – Fadiga de contato

Sem qualquer consideração adicional.

$$CS_C = \frac{S_C Z_N C_H}{Y_\theta Y_Z \sigma_C} \ge 1,0 \tag{13.29}$$

a) Tensão admissível de contato AGMA – S_C – consultar Figura 13.10 e as Tabelas 13.4 e 13.5.

b) Fator de ciclos ou de ciclagem (Z_N) – consultar a Figura 13.11.

c) Fator de razão de dureza para a resistência à formação de cavidades (C_H) – válidas as mesmas considerações propostas para as engrenagens cilíndricas. Consultar a Figura 11.18.

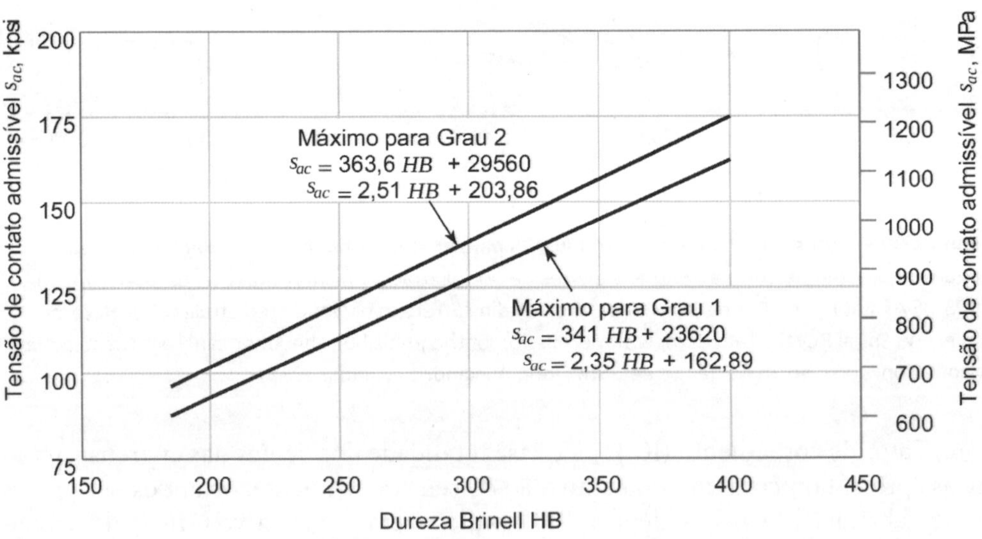

Figura 13.10 – Tensão admissível de contato AGMA para aços endurecidos por completo – S_C. Extracted from AGMA Standard ANSI/AGMA 2003-B97 – Rating the Pitting Resistance and Bending Strength of Generated Straight Bevel, Zerol Bevel and Spiral Bevel Gear Teeth, with permission of the publisher, the American Gear Manufacturers Association, 1001 North Fairfax Street, 5th Floor, Alexandria, Virginia 22314.

Tabela 13.4 – Tensão admissível de contato AGMA para engrenagens de aços carbono – S_c. Extracted from AGMA Standard ANSI/AGMA 2003-B97 – Rating the Pitting Resistance and Bending Strength of Generated Straight Bevel, Zerol Bevel and Spiral Bevel Gear Teeth, with permission of the publisher, the American Gear Manufacturers Association, 1001 North Fairfax Street, 5th Floor, Alexandria, Virginia 22314.

Designação do material	Tratamento térmico	Dureza superficial mínima	Tensão admissível de contato AGMA (MPa)		
			Grau 1	Grau 2	Grau 3
Aço carbono	endurecido por completo	(a)	(a)	(a)	---
	endurecido por chama/ indução (b)	50 HRC	1210	1310	---
	carbonetado e endurecido superficial-mente (b)	(c)	1380	1550	1720
AISI 4140	nitretado (b)	84,5 HR15N	---	1000	---
Nitralloy 135M	nitretado (b)	90,0 HR15N	---	1100	---

(a) consultar Figura 13.10

(b) com profundidades de camada endurecida conforme item 21.1 da ANSI/ AGMA 2003-B97

(c) conforme tabela 8 da ANSI/AGMA 2003-B97

Tabela 13.5 - Tensão admissível de contato AGMA para engrenagens de ferro fundido – S_c. Extracted from AGMA Standard ANSI/AGMA 2003-B97 – Rating the Pitting Resistance and Bending Strength of Generated Straight Bevel, Zerol Bevel and Spiral Bevel Gear Teeth, with permission of the publisher, the American Gear Manufacturers Association, 1001 North Fairfax Street, 5th Floor, Alexandria, Virginia 22314.

Material	Designação do material	Tratamento térmico	Dureza superficial mínima	Tensão admissível de contato AGMA (MPa)
Ferro fundido cinzento - ASTM A48	Classe 30	como fundido	175HB	345
	Classe 40	como fundido	200HB	450
Ferro fundido dúctil -ASTM A536	Grau 80-55-06	temperado e revenido	180HB	650
	Grau 120-90-02	temperado/ revenido	300HB	930

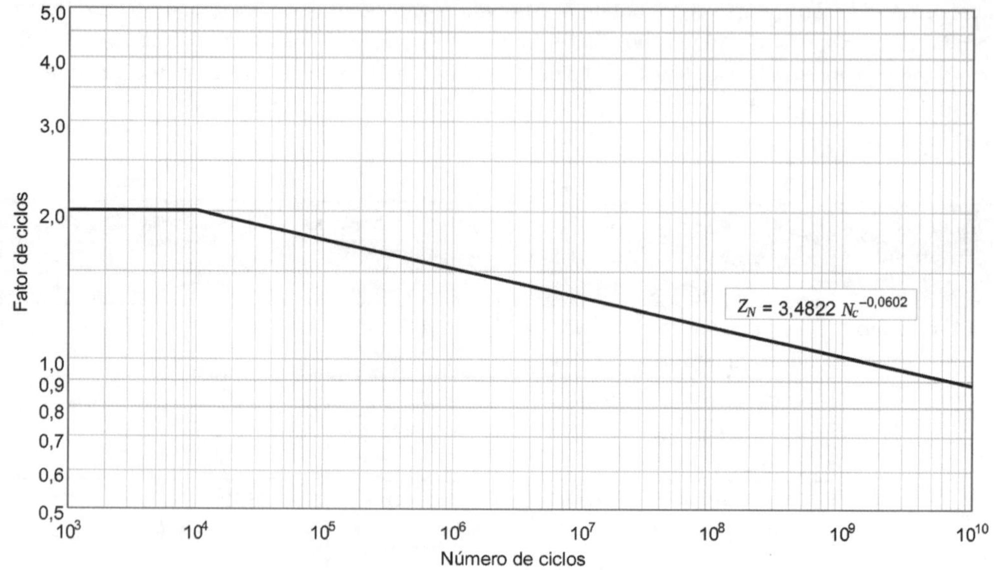

Figura 13.11 – Fator de ciclos ou de ciclagem para resistência ao crateramento. Extracted from AGMA Standard ANSI/AGMA 2003-B97 – Rating the Pitting Resistance and Bending Strength of Generated Straight Bevel, Zerol Bevel and Spiral Bevel Gear Teeth, with permission of the publisher, the American Gear Manufacturers Association, 1001 North Fairfax Street, 5th Floor, Alexandria, Virginia 22314.

13.5. PROBLEMAS RESOLVIDOS

5.1 – Um redutor do sistema módulo métrico é composto por engrenagens cônicas de dentes retos. Sabendo-se que a redução entre os eixos é de 1:2,5, que o número de dentes do pinhão é 24 e que o módulo das engrenagens vale 6,0 mm, determinar:

a) o comprimento do cone primitivo;

b) os ângulos dos cones primitivos; e

c) os diâmetros médios do pinhão e da coroa, supondo b = 10(m)

Solução

a)

$$z_2 = iz_1 = 2,5(24) = 60$$

$$dp_1 = mz_1 = 6(24) = 144\,\text{mm}$$

$$dp_2 = mz_2 = 6(60) = 360\,\text{mm}$$

$$L = \sqrt{rp_1^{\,2} + rp_2^{\,2}} = \sqrt{\left(\frac{144}{2}\right)^2 + \left(\frac{360}{2}\right)^2} = 193,87\,\text{mm}$$

b)

$$tg\delta_1 = \frac{z_1}{z_2} = \frac{24}{60} \Rightarrow \delta_1 = 21,8^\circ \qquad tg\delta_2 = \frac{z_2}{z_1} = \frac{60}{24} \Rightarrow \delta_2 = 68,2^\circ$$

c)

$$b = 10m = 10(6) = 60\,mm$$

$$d_{m_1} = d_{p1} - bsen\delta_1 = 144 - 60\ sen\ 21,8^\circ = 121,71\,mm$$

$$d_{m_2} = d_{p2} - bsen\delta_2 = 360 - 60\ sen\ 68,2^\circ = 304,3\,mm$$

5.2 – Um sistema de redução por engrenagens cônicas de dentes retos, conforme a Figura 13.12, transmite uma potência de 50 CV (= 50 HP) a 1500 rpm. Determinar os esforços atuantes nos mancais A e C, no plano x-y, supondo um sistema sem perdas e que tais mancais sejam os responsáveis pelas cargas axiais.

Solução

$$Mt_1 = 71620\frac{N}{n_1} = 71620\frac{50}{1500} = 2387,33\ kgf.cm$$

$$tg\delta_1 = \frac{z_1}{z_2} = \frac{30}{60} \Rightarrow \delta_1 = 26,57^\circ \qquad tg\delta_2 = \frac{z_2}{z_1} = \frac{60}{30} \Rightarrow \delta_2 = 63,43^\circ$$

$$b = 3in = 76,2\,mm$$

$$dm_1 = dp_1 - bsen\delta_1 = (6)30 - 76,2sen26,57^\circ = 145,92\,mm = 14,59\,cm$$

$$dm_2 = dp_2 - bsen\delta_2 = (6)60 - 76,2sen63,43^\circ = 291,85\,mm$$

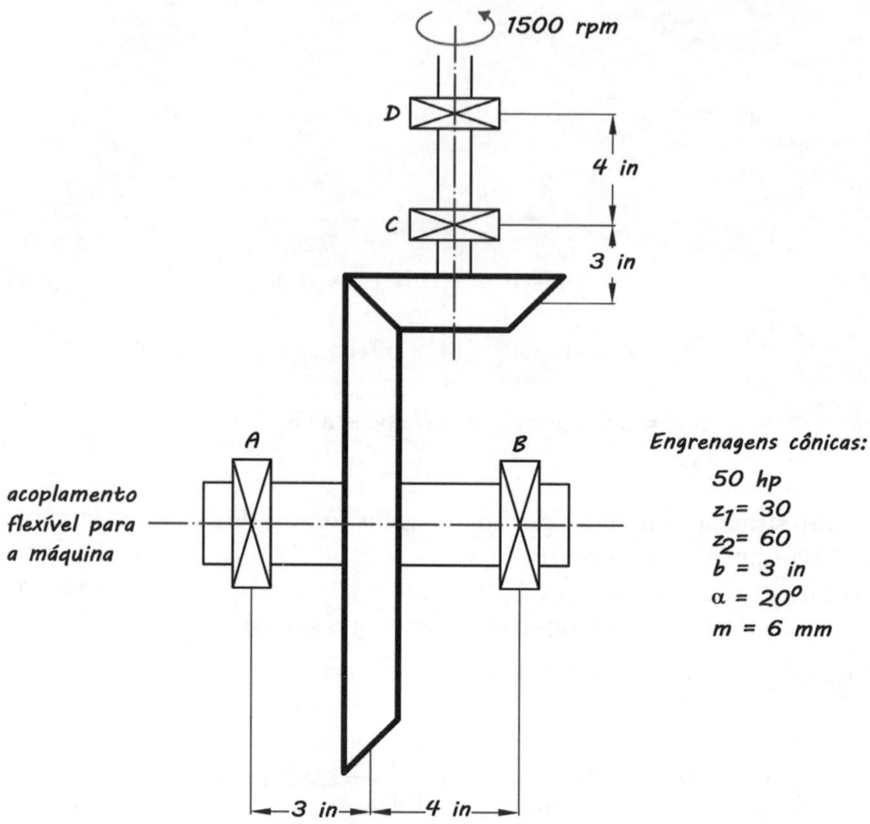

Figura 13.12 –Problema 5.2.

$$Mt_1 = F_{T1}\frac{dm_1}{2} \Rightarrow 2387,33 = F_{T1}\frac{14,59}{2} \Rightarrow F_{T1} = 327,26\,kgf = 3210,38\,N$$

$$F_{R1} = F_{T1} tg\alpha \cos\delta_1 = 3210,38 tg20^\circ \cos 26,57^\circ = 1045,07\,N$$

$$F_{A1} = F_{T1} tg\alpha sen\delta_1 = 3210,38 tg20^\circ sen26,57^\circ = 522,65\,N$$

- para a coroa, tem-se os esforços:

$$F_{T2} = F_{T1} = 3210,38\,N$$

$$F_{A2} = F_{R1} = 1045,07\,N$$

$$F_{R2} = F_{A1} = 522,65\,N$$

Para o sistema de referência definido, obtém-se pela convenção proposta (Figura 13.13):

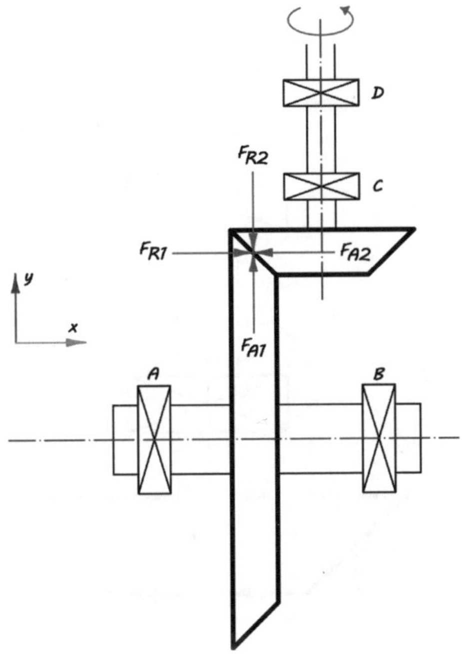

Figura 13.13 – Componentes dos esforços radial e axial - Problema 5.2.

sendo que as componentes radiais estão voltadas para o centro das rodas enquanto que as componentes axiais atuam nos sentidos opostos e de forma paralela aos eixos de rotação das rodas.

Para o caso das componentes tangenciais prevalece a premissa da "ação" sobre a roda movida e "reação" sobre a roda motora. Com o sentido de rotação definido para o pinhão o mesmo "empurra" a coroa para fora do plano do papel, enquanto ela reage no sentido oposto. Assim, em notação vetorial obtém-se:

$$\vec{F}_1 = F_{R1}\vec{i} + F_{A1}\vec{j} - F_{T1}\vec{k} = 1045{,}07\vec{i} + 522{,}65\vec{j} - 3210{,}38\vec{k} \quad (N)$$

$$\vec{F}_2 = -F_{A2}\vec{i} - F_{R2}\vec{j} + F_{T2}\vec{k} = -1045{,}07\vec{i} - 522{,}65\vec{j} + 3210{,}38\vec{k} \quad (N)$$

- para cálculo das reações nos mancais, sugere-se uma representação separada do pinhão e coroa, na forma (Figura 13.14). A seguir, veja também a Figura 13.15.

3 in = 76,2 mm

4 in = 101,6 mm

r_{m1} = 72,96 mm

r_{m2} = 145,93 mm

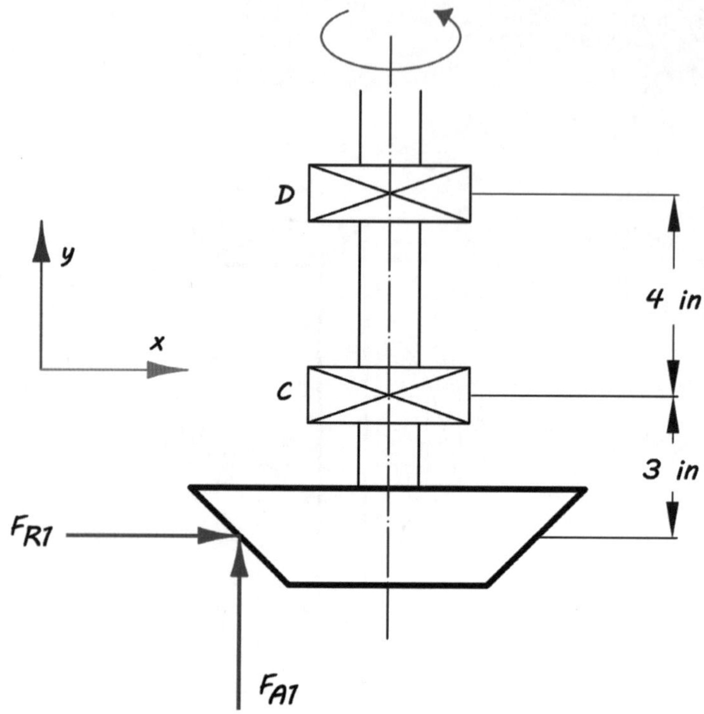

Figura 13.14 – Esforços atuantes no pinhão – Problema 5.2.

$$\vec{M}_D = \vec{r}_C x \vec{R}_C + \vec{r}_1 x \vec{F}_1 = 0$$

$$\vec{M}_D = -101{,}6\vec{j}x\left(C_X\vec{i} + C_Y\vec{j} + C_z\vec{k}\right) + \left(-72{,}96\vec{i} - 177{,}8\vec{j}\right)x\left(1045{,}07\vec{i} + 522{,}65\vec{j} - 3210{,}38\vec{k}\right) = 0$$

$$\vec{M}_D = 101{,}6C_x\vec{k} - 101{,}6C_z\vec{i} - 234230\vec{j} - 38133\vec{k} + 570810\,\vec{i} + 185810\vec{k} = 0$$

$$\Rightarrow C_x = -1453{,}51 \quad N \qquad\qquad C_z = 5618{,}21 \quad N$$

A partir da equação escalar $F_y = 0$, chega-se facilmente ao valor da reação C_y, ou seja (em módulo): $C_y = F_{A1} = 522{,}65$ N.

$$\vec{M}_B = \vec{r}_A x \vec{R}_A + \vec{r}_2 x \vec{F}_2 = 0$$

$$\vec{M}_B = -177{,}8\vec{i}x\left(A_X\vec{i} + A_Y\vec{j} + A_z\vec{k}\right) + \left(-76{,}2\vec{i} + 145{,}93\vec{j}\right)x\left(-1045{,}07\vec{i} - 522{,}65\vec{j} + 3210{,}38\vec{k}\right) = 0$$

$$\vec{M}_B = -177{,}8A_y\vec{k} + 177{,}8A_z\vec{j} + 244630\,\vec{j} + 39826\,\vec{k} + 468490\,\vec{i} + 152510\,\vec{k} = 0$$

$$\Rightarrow A_y = 224 \quad N \qquad\qquad A_z = -1375{,}87 \quad N$$

A partir da equação escalar $F_y = 0$, chega-se facilmente ao valor da reação A_x, ou seja (em módulo): $A_x = F_{A2} = 1045{,}07$ N.

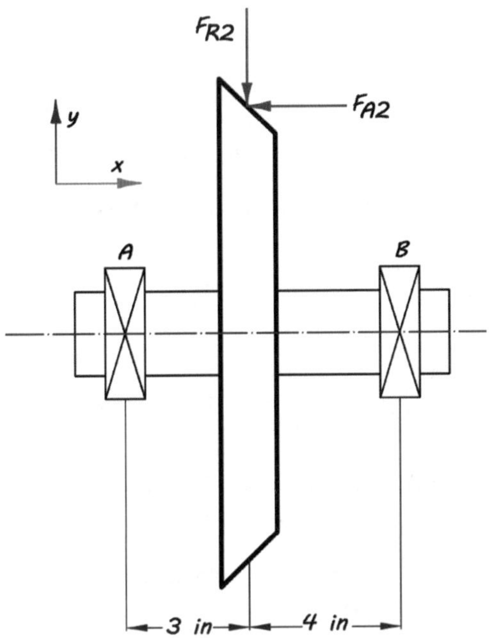

Figura 13.15 – Esforços atuantes na coroa – Problema 5.2.

Conclusões:

a) conforme apresentado ao longo do presente capítulo, os esforços atuam em relação ao diâmetro médio de cada engrenagem;

b) as reações nos mancais foram consideradas, inicialmente, com todas as componentes supostamente positivas. Eventuais divergências nesse contexto foram devidamente identificadas na solução do problema;

c) os termos numéricos e sem correlação no desenvolvimento dos somatórios de momentos em relação aos pontos B e D, correspondem evidentemente aos torques transmitidos por cada eixo.

5.3 - Determinar o módulo preliminar, segundo Lewis, para um redutor composto por engrenagens cônicas de dentes espirais transmitir uma potência de 12 CV a 950 rpm. Supor pinhão com 21 dentes e coroa com 40 dentes, além de uma relação b = 10 x m. Pinhão e coroa são de aço carbono com tensão de escoamento de 380 MPa. Um fator de segurança de 1,2 e um fator de sobrecarga de 1,25 devem ser considerados.

Solução: o torque a ser transmitido pelo pinhão será de:

$$Mt_1 = 71620\,\frac{N}{n_1} = 71620\,\frac{12}{950} = 904,67\,\text{kgf.cm} = 88,75\,\text{Nm}$$

$$Mt_1 = F_{T1}\frac{dp_1}{2} \Rightarrow 88,75 = F_{T1}\frac{mz_1}{2} \Rightarrow F_{T1} = \frac{177,5}{m(21)}$$

- o fator de forma de Lewis vale (segundo Tabela 11.4, Capítulo 11): $Y_1 = 0,325$.
- pinhão e coroa de mesmo material, prevalecem os dados do pinhão. Assim:

$$\frac{K_o F_T}{bYm} \leq \frac{\sigma_{esc}}{CS}$$

$$\frac{1,25(177,5)}{(21m)(10m)0,325m} = \frac{380.10^6}{1,2} \Rightarrow m = 2,17.10^{-3}\,m = 2,17\,mm$$

Da Tabela 11.2 (Capítulo 11), obtém-se ainda o módulo padronizado imediatamente superior, ou seja: 2,5 mm. Com esse valor de módulo definido, tem-se:

$$b = 10m = 25\,mm$$

$$tg\delta_1 = \frac{z_1}{z_2} = \frac{21}{40} \Rightarrow \delta_1 = 27,7^\circ$$

$$dm_1 = dp_1 - bsen\delta_1 = (2,5)21 - 25sen27,7^\circ = 40,88\,mm$$

$$Mt_1 = F_{T1}\frac{dm_1}{2} \Rightarrow 88,75 = F_{T1}\frac{40,88.10^{-3}}{2} \Rightarrow F_{T1} = 4341,98\,N$$

$$\frac{K_o F_T}{bYm} \leq \frac{\sigma_{esc}}{CS} \Rightarrow \frac{1,25(4341,98)}{25(0,325)(2,5)} = \frac{\sigma}{CS} \Rightarrow \sigma = 320,64\,N/mm^2 = 320,64\,MPa$$

Conclusões:

a) conforme descrito e visando à simplificação matemática, considerou-se, inicialmente, o diâmetro primitivo da engrenagem ao invés do seu diâmetro médio. Os cálculos subsequentes comprovaram, entretanto, que o módulo previamente selecionado atende as condições do problema;

b) o dimensionamento para as engrenagens cônicas retas e espirais é equivalente, motivo pelo qual os cálculos foram realizados para a condição de retas.

5.4 – Determinar o coeficiente de segurança por flexão AGMA para um sistema de engrenagens cônicas de dentes retos transmitirem a potência de 12 CV/950 rpm do problema 5.3. Além dos dados anteriormente fornecidos, considerar um módulo de 3mm, uma largura b = L/3, um índice de qualidade AGMA igual a 8, uma confiabilidade estimada de 90%, 10^8 ciclos, engrenagens dispostas entre mancais e aços endurecidos por completo grau 2 para pinhão e coroa, com dureza Brinell de 175.

Solução: como o módulo do sistema é conhecido, diversos parâmetros podem ser obtidos diretamente:

$$dp_1 = mz_1 = 3(21) = 63\,\text{mm}$$

$$L = \sqrt{rp_1^{\,2} + rp_2^{\,2}} = \sqrt{\left(\frac{63}{2}\right)^2 + \left(\frac{120}{2}\right)^2} = 67{,}76\,\text{mm} \quad b = \frac{L}{3} = 22{,}59\text{mm}$$

$$\Rightarrow \delta_1 = 27{,}7^\circ \qquad \Rightarrow \delta_2 = 62{,}3^\circ$$

$$dm_1 = dp_1 - b\,\text{sen}\delta_1 = 63 - 22{,}59\text{sen}27{,}7^\circ = 52{,}50\,\text{mm}$$

$$dm_2 = dp_2 - b\,\text{sen}\delta_2 = 120 - 22{,}59\text{sen}62{,}3^\circ = 100\,\text{mm}$$

$$v = \frac{\pi dm_1 n_1}{60} = \frac{\pi\left(52{,}5.10^{-3}\right)950}{60} = 2{,}61\,\text{m/s}$$

$$B = 0{,}25\left(12 - Q_V\right)^{2/3} = 0{,}25\left(12 - 8\right)^{2/3} = 0{,}63$$

$$A = 50 + 56(1 - B) = 50 + 56(1 - 0{,}63) = 70{,}72$$

$$K_V = \left(\frac{A + \sqrt{200v}}{A}\right)^B = \left(\frac{70{,}72 + \sqrt{200(2{,}61)}}{70{,}72}\right)^{0{,}63} = 1{,}19$$

$$K_s = 0{,}4867 + 0{,}008339(3) = 0{,}512$$

- engrenagens entre mancais: K_{mb} = 1,125 (média dos valores tabelados)

$$K_m = K_{mb} + \left(5{,}6.10^{-6}\right)b^2 = 1{,}125 + \left(5{,}6.10^{-6}\right)22{,}59^2 = 1{,}128$$

- para a força tangencial, a partir do diâmetro médio do pinhão, tem-se:

$$Mt_1 = 71620\frac{N}{n_1} = 71620\frac{12}{950} = 904{,}67\text{kgf.cm} = 88{,}75\,\text{Nm}$$

$$F_{T1} = \frac{88{,}75}{\left(\dfrac{52{,}5.10^{-3}}{2}\right)} = 3380{,}95\,\text{N}$$

- da Figura 13.6: $J_1 = 0{,}24$

$$\sigma_{1AGMA} = K_o F_T K_V K_s \frac{1}{bm}\frac{K_m K_x}{J_1} = 1{,}25(3380{,}95)1{,}19(0{,}512)\frac{1}{22{,}59(3)}\frac{1{,}128(1)}{0{,}24} = 178{,}57\text{MPa}$$

- da Figura 13.8, para 10^8 ciclos:

$$Y_{N1} = 1{,}3558(N_{c1})^{-0{,}0178} = 1{,}3558(10^8)^{-0{,}0178} = 0{,}977$$

$$Y_\theta = 1$$

$$Y_Z = 0{,}658 - 0{,}0759\ln(1-R) = 0{,}658 - 0{,}0759\ln(1-0{,}9) = 0{,}833$$

- da Figura 13.7, em função dos materiais definidos para as engrenagens:

$$S_{t1} = 0{,}33HB_1 + 41{,}24 = 0{,}33(175) + 41{,}24 \cong 99\,\text{MPa}$$

resultando em:

$$CS_{F1} = \frac{S_{t1}Y_{N1}}{Y_\theta Y_Z \sigma_{1AGMA}} = \frac{(99)0{,}977}{1(0{,}833)178{,}57} = 0{,}65$$

Conclusões:

a) os cálculos finais demonstram que o projeto está incompatível, dado a condição do coeficiente de segurança obtido ser inferior a 1,5;

b) pode o projetista, dependendo das suas premissas de projeto, aumentar o módulo do sistema de engrenagens, aumentar a largura das engrenagens (dentro das faixas recomendadas) ou ainda alterar o material das engrenagens.

5.5 – Para o Problema Resolvido 5.4, qual seria o coeficiente de segurança de contato AGMA para o mesmo sistema de engrenagens cônicas transmitir a potência originalmente prevista. Além de todos os dados fornecidos, considerar módulos de elasticidade de 205 GPa e coeficientes de Poisson de 0,29 para os aços do pinhão e da coroa.

Solução: dado o fato da grande maioria dos cálculos terem sidos realizados nos problemas anteriores, poucas são as etapas adicionais a serem consideradas. Assim:

- pela Figura 13.9, I = 0,078

$$C_p = 10^{-3}\sqrt{\frac{1}{\pi\left[\frac{(1-\upsilon_1^2)}{E_1} + \frac{(1-\upsilon_2^2)}{E_2}\right]}} = 10^{-3}\sqrt{\frac{1}{\pi\left[\frac{(1-0{,}29^2)}{205.10^9} + \frac{(1-0{,}29^2)}{205.10^9}\right]}} = 188{,}74\sqrt{\text{MPa}}$$

$$K_{xc} = 1,5 \Rightarrow \text{dentes coroados}$$

$$C_s = 0,4375 + 0,00492\ (22,59) = 0,549$$

$$\sigma_C = C_p\sqrt{K_oF_TK_VC_sK_{xc}\frac{K_m}{bdp_1I}} = 188,74\sqrt{1,25(3380,95)1,19(0,549)1,5\frac{1,128}{22,59(63)0,078}}$$

$$= 1224,4\text{MPa}$$

- da Figura 13.11, para 10^8 ciclos:

$$Z_{N1} = 3,4822(N_{c1})^{-0,0602} = 3,4822(10^8)^{-0,0602} = 1,15$$

- da Figura 13.10, em função dos materiais definidos para as engrenagens:

$$S_{c1} = 2,51HB_1 + 203,86 = 2,51(175) + 203,86 \cong 643\text{MPa}$$

- resultando em:

$$CS_{C1} = \frac{S_{C1}Z_{N1}}{Y_\theta Y_Z\sigma_{C1}} = \frac{643(1,15)}{1(0,833)1224,4} = 0,725$$

Conclusões:

a) os cálculos finais demonstram que o projeto está incompatível (coeficiente de segurança inferior à unidade);

b) a tensão de contato é única tanto para o pinhão como para a coroa, dado o fato da Equação (13.25) contemplar apenas o diâmetro primitivo do pinhão;

c) os termos dentro da raiz da tensão de contato foram, obrigatoriamente, ajustados para caracterizar uma relação em N/mm² (= MPa) visando compatibilizar a unidade do coeficiente elástico;

d) para o referido problema, em termos de solução final, poderia se optar pelo aumento do módulo, pelo aumento da largura (dentro dos valores recomendados) ou ainda pela alteração dos materiais do pinhão e coroa, cabendo ao projetista escolher a solução que melhor se adeque ao projeto dele.

13.6. PROBLEMAS PROPOSTOS

6.1 – Um par composto por engrenagens cônicas de dentes retos contempla um pinhão de 19 dentes e uma coroa com 45 dentes, os quais foram confeccionados com um módulo normal de 4 mm e um ângulo de pressão de 20°. Determine, para uma largura de face de 40 mm: a) o comprimento do cone primitivo; b) os ângulos dos cones primitivos do pinhão e da coroa; c) a relação de transmissão e d) os diâmetros primitivos das rodas.

Resp.

a) L = 97,69 mm

b) 22,89° e 67,11°

c) i = 2,37

d) d_{p1} = 76 mm, d_{p2} = 180 mm

6.2 – Um par de engrenagens cônicas de dentes retos com eixos perpendiculares transmite 35 CV à 1000 rpm a partir de um pinhão com 36 dentes para uma coroa que gira à 400 rpm. Para um ângulo de pressão de 20° e uma largura de face de 50 mm, determine os esforços atuantes nos mancais A e B, sabendo-se que o mancal A é o mancal axial. As engrenagens têm módulo de 6 mm. Atenção com o sistema de eixos de referência.

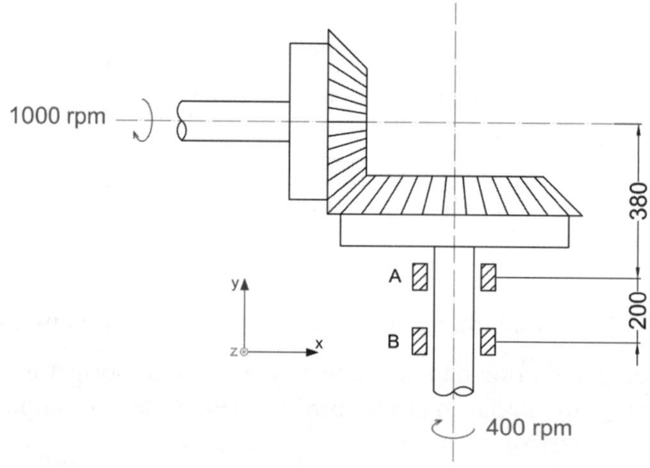

Resp.

A_x = 228,47 N; A_y = 842 N, A_z = 5995,31 N, B_x = 565,27 N; B_z = 3503,9 N (todos os valores em módulo).

6.3 – O projeto preliminar de um sistema por engrenagens cônicas de dentes retos encontra-se em desenvolvimento. Nessas circunstâncias, determinar o módulo mínimo necessário a ser considerado para um pinhão de 17 dentes transmitir com segurança uma potência de 7,2 CV à 660 rpm. Considerar um fator de sobrecarga de 1,1, uma largura b = 10x(m) e uma coroa com 38 dentes. O material das engrenagens contempla uma tensão de escoamento de 320 MPa e um coeficiente de segurança de 1,25 também deverá ser considerado. O ângulo de pressão vale 20°.

Resp. M_t = 781,31 kgf.cm = 76,65 N.m

m = 2,34 mm; $m_{padronizado}$ = 2,5 mm

6.4 – Suponha um redutor composto por engrenagens cônicas de dentes retos com 24 e 42 dentes, respectivamente, ângulo de pressão de 20°, módulo de 6 mm e largura de (10 x m), transmitindo uma potência de 1500 Watts à 750 rpm. Determinar: a) o diâmetro médio do pinhão, b) o fator dinâmico para um índice de qualidade AGMA equivalente à 6, c) os fatores geométricos para o pinhão e para a coroa, d) os ângulos dos cones primitivos das engrenagens.

Resp.

a) d_{m1} = 114,23 mm

b) v = 4,48 m/s → K_v = 1,40

c) J_1 = 0,25 , J_2 = 0,21

d) 29,74° e 60,26°

6.5 – Um par de engrenagens cônicas de dentes retos tem ângulo de pressão de 20°, módulo da ferramenta de 1,5 mm e número de dentes iguais a 16 e 40, respectivamente. Determinar os ângulos dos cones primitivos, o comprimento do cone primitivo e a largura recomendada (mínimo valor) para os dentes.

Resp. 21,8°; 68,2°; L = 32,31 mm; b = 10,77 mm (L/3)

6.6 – Determinar, pelo critério da fadiga em flexão, a largura mínima (considerar valores múltiplos de 5 mm) necessária para um par de engrenagens cônicas de dentes retos (pinhão com 20 dentes e coroa de 40 dentes), de mesmo material, transmitir uma potência de 14 CV à 1200 rpm. O módulo pré-selecionado para o sistema foi de 5 mm num ângulo de pressão de 20°. Supor um fator de distribuição de tamanho (K_s) de 0,55, um fator de distribuição de carga inicial (K_m) de 1,45, temperatura ambiente, confiabilidade esperada de 90% e um fator de sobrecarga de 1,10. As engrenagens serão confeccionadas em aço carbono endurecido por completo grau 1 com um índice de qualidade AGMA equivalente a 6 e dureza Brinell 170. Supor dentes coroados, 10^7 ciclos, nenhuma engrenagem entre mancais, além de um coeficiente de segurança por fadiga de flexão de 1,65. Considerar, inicialmente, o diâmetro primitivo da roda visando simplificar os cálculos.

Resp.

M_t = 82 N.m; F_t = 1639,93 N; K_v = 1,47; J_1 = 0,24; d_{p1} = 100 mm;

$b_{inicial}$ = 36,98 mm (adotado b = 40 mm)

F_t = 1996,5 N; K_v = 1,42; dm_1 = 82,11 mm; $b_{corrigida}$ = 40,0 mm

6.7 - Determinar, pelo critério da pressão, a largura mínima necessária para o par de engrenagens do Problema Proposto 6.6, mantendo-se os mesmos dados do problema e a largura previamente calculada pelo critério da resistência, bem como, um coeficiente de segurança de 1,65 para fadiga de contato. Supor ainda um coeficiente elástico de 187 $MPa^{0,5}$.

Resp.

I = 0,078; C_s = 0,634; b = 108,48 mm

6.8 - Determinar, pelo critério da resistência, a máxima potência que um par de engrenagens cônicas de dentes retos de mesmo material, poderá transmitir estando o pinhão, de 18 dentes, submetido a uma rotação de 950 rpm. O módulo do sistema vale 8 mm, o ângulo de pressão 20° e a largura das engrenagens vale 80 mm. Supor temperatura ambiente, confiabilidade esperada de 99% e um fator de sobrecarga de 1,25. As engrenagens serão confeccionadas com aço carbono endurecido por completo grau 2, com dureza de 210 Brinell. Considerar ainda, um índice de qualidade AGMA 8, uma coroa de 41 dentes, um número de ciclos de 10^8 e um fator de segurança por fadiga de flexão de 1,5. Nenhuma das rodas encontra-se entre mancais e os dentes não são coroados.

Resp. K_v = 1,276; K_s = 0,553; J_1 = 0,24; d_{m1} = 111,84 mm; K_m = 1,286;

F_{tmax} = 10655,90 N; N_{max} = 59,33 kW

6.9 - Um pinhão cônico reto de 31 dentes deve trabalhar com uma coroa de 60 dentes transmitindo uma potência de 10 CV à 660 rpm. Determinar o módulo mínimo preliminar (padronizado) para esse sistema considerando a equação de Lewis. Os materiais do pinhão e da coroa devem ser idênticos, para os quais se estima uma tensão admissível em flexão por Lewis de 500 MPa. Deve-se considerar uma relação largura x módulo igual a 10 e ângulo de pressão de 20°.

Resp. Módulo calculado = 1,56 mm; módulo padronizado = 2,0 mm

6.10 - Um redutor de velocidades trabalha com engrenagens cônicas de dentes retos com 21 e 37 dentes, conforme figura. Determinar os esforços radial, tangencial e axial atuantes no pinhão quando o mesmo transmitir 10 CV à 900 rpm. Supor módulo de 6 mm, largura do denteado de 52 mm e ângulo de pressão de 20°.

Resp. d_{m1} = 100,33 mm ; M_t = 78,06 N.m

carga tangencial = 1556,10 N; carga radial = 492,56 N; carga axial = 279,58 N

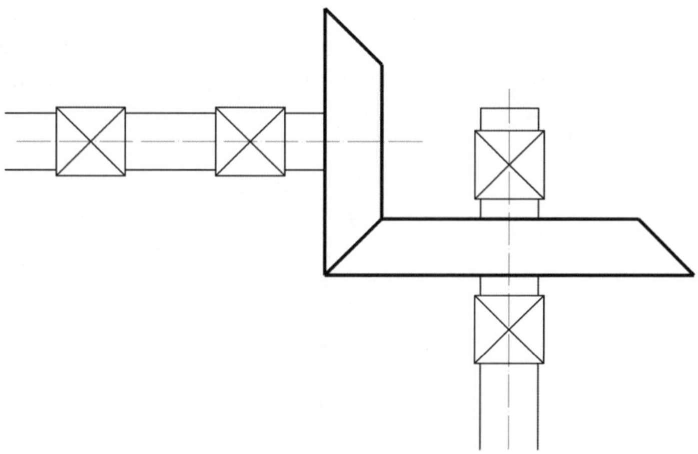

6.11 – Um sistema de transmissão por engrenagens cônicas de dentes retos, com relação de transmissão de 1:1, deve transmitir uma potência máxima de 12,5 CV/1200rpm. Se as engrenagens forem confeccionadas com um módulo de 4 mm, determinar a largura mínima necessária para o sistema (adotar valores múltiplos de 5 mm), considerando que o critério de fadiga superficial deve ser atendido. Considerar ambas as engrenagens montadas entre mancais.

Dados: engrenagens de ferro fundido cinzento ASTM A-48, classe 30

número de ciclos = 10^7

considerar (inicialmente): K_m = 1,25 e C_s = 0,51

$E_1 = E_2$ = 105 GPa

Poisson (pinhão e coroa) = 0,29

K_o = 1,75

Q_v = 8

R(x) = 90%

$z_1 = z_2 = 25$

dureza das engrenagens = 180 HB

$\alpha = 20°$ e dentes coroados

Resp. $I = 0{,}065$; $C_p = 135{,}08\ MPa^{0,5}$; $Z_N = 1{,}32$

$b_{inicial} = 30$ mm; $b_{final} = 40$ mm

6.12 - Determinar os esforços atuantes nos mancais "A" e "C" da figura indicada, considerando que o motor transmita 2000 W a 720 rpm e que as engrenagens tenham um módulo de 5 mm e ângulo de pressão de 20º (os números de dentes encontram-se ilustrados em figura). Supor ainda que os mancais "A" e "C" sejam os mancais axiais e que o eixo "z" esteja saindo do plano do papel.

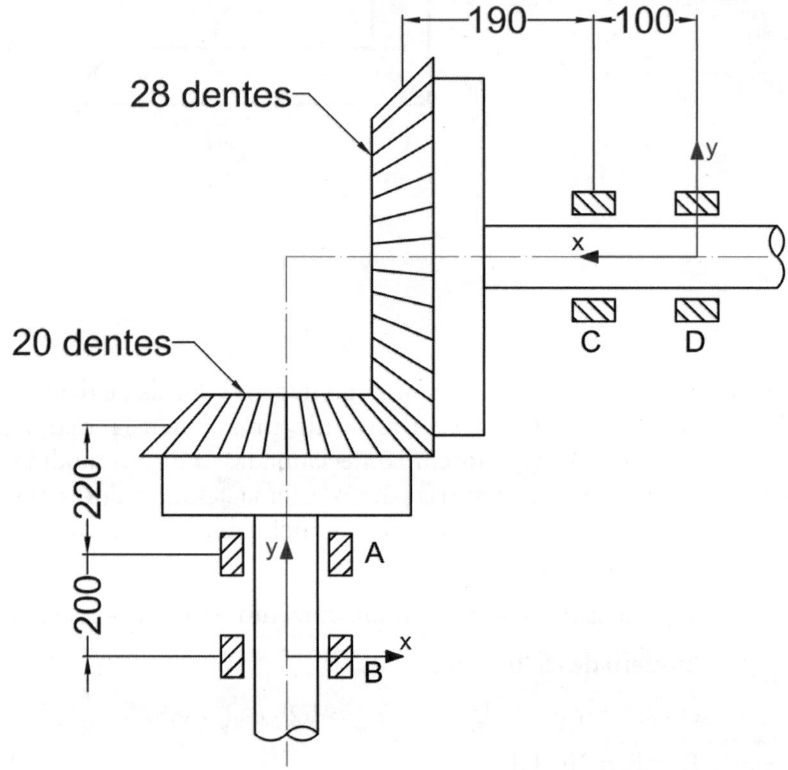

Resp.

$A_x = 493{,}28$ N; $A_y = 158{,}31$ N; $A_z = 1571$ N; $C_x = 221{,}53$ N; $C_y = 349{,}10$ N; $C_z = 2169{,}5$ N (todos os valores em módulo).

6.13 - Considerando um sistema de transmissão onde um motor de potência 12 CV e rotação 900 rpm, deverá acionar diretamente uma engrenagem cônica de dentes retos, pede-se determinar:

a) para um módulo de 5 mm, a tensão de flexão AGMA atuante na coroa

b) para um módulo de 5 mm, a tensão de contato atuante nas engrenagens

Dados: pinhão e coroa de aço, com dentes coroados e durezas de 130 e 102 HB, respectivamente; $E_1 = E_2 = 210$ GPa; $\nu_1 = \nu_2 = 0,29$; ângulo de pressão = 20º; choques moderados e acionamento médio; $Q_v = 8$; $z_1 = 21$; $z_2 = 35$; largura das engrenagens = 40 mm; ambas engrenagens entre mancais; 2.10^8 ciclos:

Resp. $K_v = 1,24$; $I = 0,076$; $C_p = 191,03$ $MPa^{0,5}$; $F_t = 2219,4$ N; $K_o = 1,75$.

a) $\sigma_2 = 72,10$ MPa b) $\sigma_c = 770,57$ MPa

6.14 – Uma transmissão comercial consiste de um pinhão cônico reto com 18 dentes, acionado por uma coroa de 54 dentes. Para uma largura de 40 mm e módulo 4 mm, determine os fatores de segurança por fadiga de flexão e fadiga de contato. As engrenagens são de aço (E = 200 GPa e $\upsilon = 0,3$) endurecido por completo grau 1 com dureza de 200 Brinell. O pinhão gira a 300 rpm transmitindo 4 kW de potência, tem índice de qualidade AGMA 6 e deve ser projetado para 10^8 ciclos numa confiabilidade de 90%. Supor ângulo de pressão de 20º, dentes não coroados, pinhão entre mancais e um fator $K_o = 1,5$. Considerar ambas as engrenagens montadas entre mancais.

Dados fornecidos:

$z_1 = 18$	$m = 4,0$ mm	$\nu_1 = \nu_2 = 0,30$	$b = 40$ mm
$n_1 = 300$ rpm	$Q_V = 6$	$z_2 = 54$	$\alpha = 20º$
$N = 4$ kW	$H_B = 200$	$K_o = 1,5$	$E_1 = E_2 = 200$ GPa
$R = 0,90$	$N = 10^8$	$K_{xc} = 2,0$	

Resp. $K_v = 1,18$; $I = 0,082$; $C_p = 187,03$ $MPa^{0,5}$; $F_t = 4290,48$ N; $J_1 = 0,245$; $S_t = 74,48$ MPa; $S_c = 632,89$ MPa; $\sigma_{AGMA} = 114,24$ MPa; $\sigma_c = 899,33$ MPa; $CS_f = 0,764$; $CS_{C1} = 0,94$ (nenhum dos critérios de projeto é atendido!).

6.15 – Um pinhão cônico reto tem diâmetro médio da ordem de 100 mm, ângulo de pressão de 20º e encontra-se montado sobre um eixo de entrada acionado por um motor elétrico com 1725 rpm. Considerando que o referido motor forneça um torque constante de 32,6 N.m, determine a força normal resultante nos dentes do pinhão e a potência disponibilizada pelo motor (em CV). Supor um ângulo do cone primitivo do pinhão de 30º.

Resp. componentes das forças - tangencial = 652 N, radial = 205,52 N, axial = 118,65 N; $P_N = 693,84$ N; N = 5,89 kW.

6.16 – Um par cônico reto com 40 dentes é confeccionado com módulo 5 mm e largura de 40 mm, além de apresentar pinhão e coroa com o mesmo número de dentes. Determine:

a) o diâmetro médio do pinhão

b) o diâmetro externo do pinhão

c) o diametral Pitch

d) a altura do dente

e) o comprimento do cone primitivo

Resp.

a) $d_m = 171{,}72$ mm

b) $d_c = 207{,}07$ mm

c) $P = 5{,}08$ dentes/in

d) $h = 8{,}80$ mm

e) $L = 141{,}42$ mm

NOMENCLATURA

α	ângulo de pressão
ϕ	ângulo de espiral
γ	ângulo do cone primitivo
λ	ângulo entre os eixos
σ	tensão normal
σ_{AGMA}	tensão de flexão AGMA
σ_C	tensão de contato AGMA
σ_{esc}	tensão de escoamento
θ	temperatura
υ	coeficiente de Poisson
a	distância entre eixos
a_o	excentricidade nas engrenagens hipoidais
A	constante do fator dinâmico
b	largura da engrenagem
B	expoente do fator dinâmico

C_p	coeficiente elástico ($\sqrt{MPa}$)
C_H	fator de razão de dureza
C_s	fator de tamanho por contato
CS	coeficiente de segurança (em relação à σ_{esc})
CS_F	coeficiente de segurança em fadiga de flexão
CS_C	coeficiente de segurança de contato
d_c	diâmetro externo ou de cabeça
d_m	diâmetro médio
d_p	diâmetro primitivo
E	módulo de elasticidade longitudinal
F_A	força axial
F_T	força tangencial
F_R	força radial
h	altura do dente
h_c	altura de cabeça
h_r	altura de raiz
HB	dureza Brinell
i	relação de transmissão
I	fator geométrico para resistência à formação de cavidades
J	fator geométrico AGMA
K_m	fator de distribuição de carga
K_{mb}	parâmetro de posicionamento dos mancais
K_o	fator de sobrecarga
K_s	fator de tamanho por flexão
K_V	fator de velocidade ou dinâmico
K_x	fator de curvatura ao longo do comprimento
K_{xc}	fator de coroamento
L	comprimento do cone primitivo
m	módulo da engrenagem (mm)
Mt	momento torcedor ou torque
n	rotação (rpm)

N	potência nominal
N_C	número de ciclos
p_N	passo normal ou frontal
P	diametral Pitch (dentes/in)
Q_V	índice de qualidade AGMA
r_p	raio primitivo da engrenagem
R	reliability (confiabilidade)
S_c	tensão admissível de contato AGMA
S_t	tensão admissível de flexão AGMA
v	velocidade tangencial da engrenagem (m/s)
Y	fator de forma de Lewis
Y_N	fator de ciclos (critério da resistência)
Y_Z	fator de confiabilidade
Y_θ	fator de temperatura
z_1	número de dentes do pinhão
z_2	número de dentes da coroa
Z_N	fator de ciclos (critério da pressão)

REFERÊNCIAS BIBLIOGRÁFICAS

ANSI/AGMA 2003-B97–Rating the Pitting Resistance and Bending Strength of Generated Straight Bevel, Zerol Bevel and Spiral Bevel Gear Teeth, American National Standard.

Budynas, R.G. and Nisbett, J.K., 2008. Shigley's - Mechanical Engineering Design, 8ª ed., McGraw Hill.

Budynas, R.G. e Nisbett, J.K., 2011. Elementos de Máquinas de Shigley, 8ª ed., AMGH Editora Ltda.

Juvinall, R.C. and Marshek, K.M., 2007. Fundamentos do Projeto de Componentes de Máquinas, Livros Técnicos e Científicos - LTC, Rio de Janeiro, RJ.

Niemann, G., 1971. Elementos de Máquinas, Vol. II, Edgard Blucher.

CAPÍTULO 14

Coroa Parafuso Sem Fim

14.1. INTRODUÇÃO

A transmissão de potência por meio do par coroa e parafuso sem-fim é extremamente utilizado quando se deseja grandes reduções de velocidade. A Figura 14.1 ilustra um modelo desse tipo de dispositivo. A coroa difere geometricamente de uma engrenagem helicoidal por possuir dentes curvos na região da roda, cuja finalidade é assentar melhor o sem-fim, o qual é similar a um parafuso de potência com rosca helicoidal. Comparativamente com outros tipos de transmissão por engrenagens, par coroa e parafuso sem-fim possuem, ainda, dimensões relativamente reduzidas para uma mesma relação de transmissão.

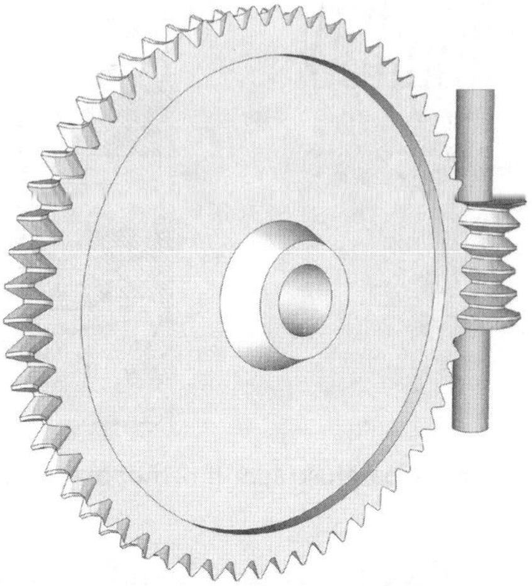

Figura 14.1 – Par coroa e parafuso sem-fim.Esse tipo de transmissão possui a propriedade de ser autotravante; a transmissão da potência ocorre do parafuso motriz para a coroa movida, apesar de, em casos específicos (mas pouco comuns), ocorrer o oposto, ou seja, a coroa mover o sem-fim.

O maior problema deste tipo de transmissão é o desgaste nos dentes da coroa em virtude do atrito desenvolvido durante o engranzamento com o parafuso sem-fim, motivo pelo qual a coroa necessita de uma lubrificação eficiente e o sem-fim deve ser projetado adequadamente para que o contato seja o mais suave possível com os dentes da coroa. Tais transmissões, geralmente, podem fornecer relações de velocidade de 10:1 até 100:1. Segundo Hamrock, para relações de velocidades maiores que 30:1, normalmente utilizam sem-fins com uma única entrada, enquanto que para relações menores são utilizados os sem-fins de múltiplas entradas.

14.2. TERMINOLOGIA

A Figura 14.2 ilustra um par coroa e parafuso sem-fim com a disposição de seus eixos em um ângulo 90°. Tanto a coroa como o sem-fim possuem a mesma direção de hélice, entretanto, os ângulos de hélice (Ψ), na maioria das vezes, são diferentes. Para eixos que são montados a 90° o passo axial do sem-fim "p" é sempre igual ao passo circular da coroa "p_G". O diâmetro primitivo da coroa "d_G" está relacionado com seu passo circular (ou com o diametral Pitch) e com seu número de dentes "N_G" por:

$$d_G = \frac{N_G p_G}{\pi} \tag{14.1}$$

$$d_G = \frac{N_G}{P} \quad (in) \tag{14.2}$$

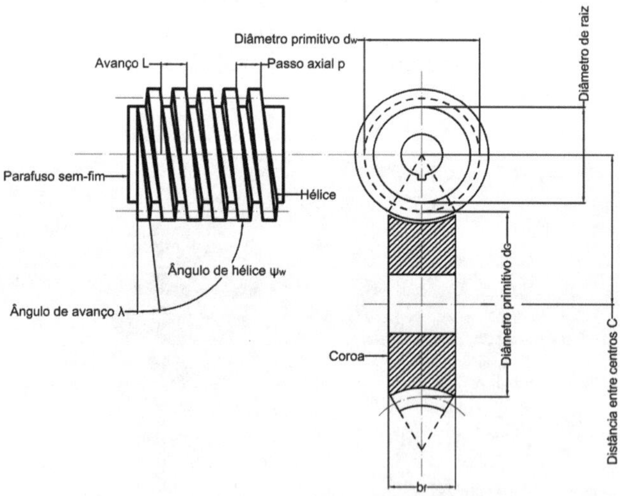

Figura 14.2 – Terminologia – Par coroa e parafuso sem-fim. Adaptado a partir de Budynas e Juvinall.

A relação de transmissão "i" do par coroa e parafuso sem-fim é definido pela razão entre número de dentes da coroa e o número de entradas do parafuso sem-fim "N_W", ou seja:

$$i = \frac{n_W}{n_G} = \frac{N_G}{N_W} \tag{14.3}$$

onde "n_W" é a rotação do parafuso sem-fim e "n_G" é a rotação da coroa.

Sugere-se, ainda, que a soma do número de dentes da coroa com o número de entradas do sem-fim, segundo Deutschman (1975), seja maior que 40. O avanço "L" do parafuso sem-fim e seu ângulo de avanço "λ" são definidos por:

$$L = N_W (p) \tag{14.4}$$

$$\lambda = \tan^{-1} \frac{L}{\pi(d_W)} \tag{14.5}$$

onde "d_W" é o diâmetro primitivo do parafuso sem-fim. Quando tal parâmetro for desconhecido no início de determinado projeto, sugere-se (com o objetivo de atingir a condição de melhor desempenho operacional) que ele fique compreendido entre a seguinte faixa de valores da distância entre eixos:

$$\frac{C^{0,875}}{3,0} \le d_W \le \frac{C^{0,875}}{1,6} \tag{14.6}$$

O diâmetro primitivo "d_G" da coroa pode ser calculado por meio de:

$$d_G = 2C - d_W \tag{14.7}$$

O adendum "a" e o dedendum "b" para o par, com ângulo de pressão normal de até 20°, são dados por:

$$a = 0,3183p \tag{14.8}$$

$$b = 0,3683p \tag{14.9}$$

Os diâmetros da raiz "d_r" e externo "d_o" do par coroa e parafuso sem-fim podem ser calculados por:

$$d_{r(G)} = d_G - 2b \quad \text{e} \quad d_{r(W)} = d_W - 2b \tag{14.10}$$

$$d_{o(G)} = d_G + 2a \quad \text{e} \quad d_{o(W)} = d_W + 2a \tag{14.11}$$

Por fim, a folga na raiz do dente pode ser calculada por:

$$c = b - a \tag{14.12}$$

e a largura da face da coroa não deve ser superior à metade do diâmetro externo do parafuso sem-fim, ou seja:

$$b_f \leq 0,5d_{o(G)} \tag{14.13}$$

14.3. FORÇAS ATUANTES SOBRE O PAR

A Figura 14.3 mostra quatro pares de coroas e parafusos sem-fim com a disposição de seus eixos montados em um ângulo 90º. Por causa da hélice dos dentes da coroa, os parafusos sem-fim produzem forças de empuxo axiais. As direções desses empuxos dependem da direção da hélice e do sentido de rotação considerado em cada situação. Os rolamentos de ancoragem do par devem, assim, ser selecionados adequadamente para serem capazes de suportar essas forças axiais.

Na Figura 14.4 são ilustrados diagramas dinâmicos de duas montagens com o parafuso sem-fim girando no sentido horário e com duas coroas de hélices opostas. Se for invertido o sentido de giro nos sem-fins ocorre, evidentemente, a inversão do sentido de rotação das coroas. Os vetores na cor escura e na cor clara simbolizam as forças atuantes sobre a coroa e sobre o sem-fim, respectivamente. Para montagens a 90º, observa-se que a força tangencial no sem-fim "F_{t1}" é igual à força axial "F_{a2}" na coroa e vice-versa, e ainda: $F_{t2} = F_{a1}$. As forças radiais também são iguais entre si ($F_{r1} = F_{r2}$).

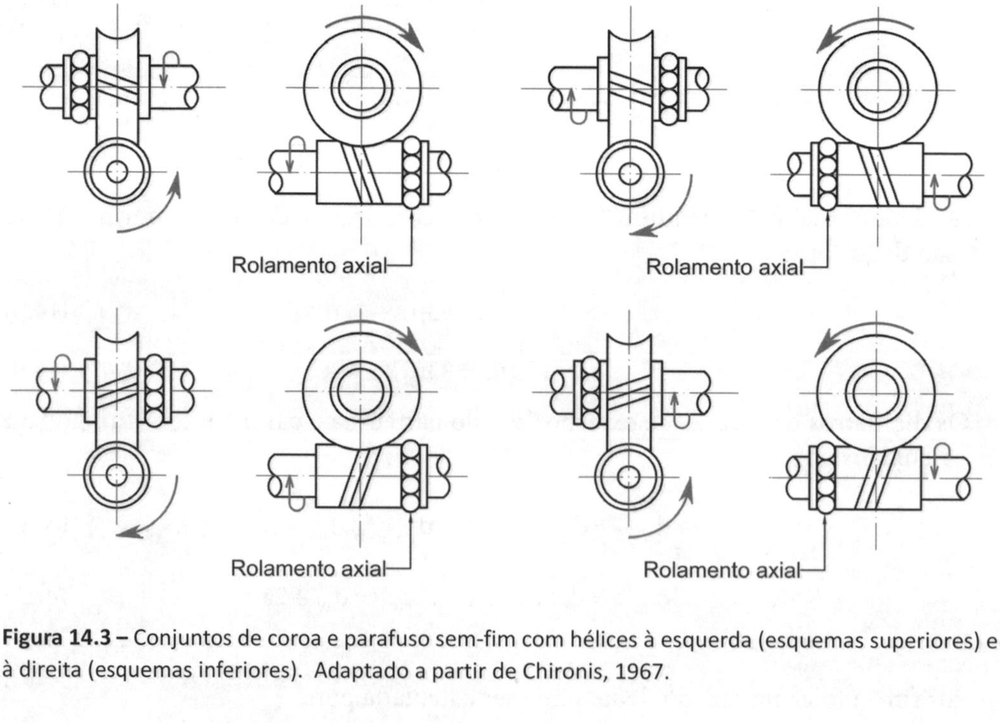

Figura 14.3 – Conjuntos de coroa e parafuso sem-fim com hélices à esquerda (esquemas superiores) e à direita (esquemas inferiores). Adaptado a partir de Chironis, 1967.

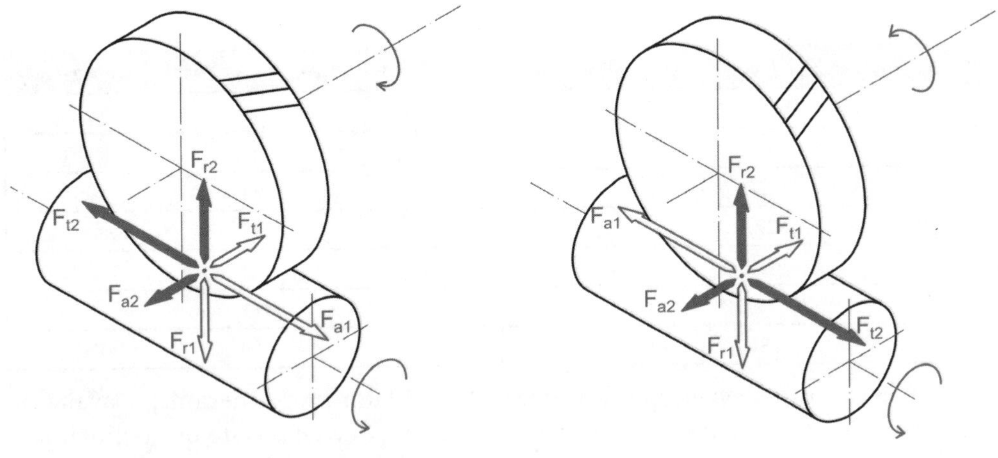

Figura 14.4 – Forças atuantes no para coroa e parafuso sem-fim - (a) coroa com hélice à direita, (b) coroa com hélice à esquerda. Adaptado a partir de Kohara.

Como comentado, a força tangencial sobre a coroa é igual à força axial sobre o sem-fim e os módulos desses esforços podem ser calculados por:

$$F_{t2} = F_{a1} = \frac{2T_G}{d_G} \tag{14.14}$$

onde "T_G" é o torque transmitido para a coroa.

Analogamente, a força de empuxo axial, que atua sobre a coroa, e a força tangencial no sem-fim também serão iguais entre si e podem ser definidos pela relação:

$$F_{a2} = F_{t1} = \frac{2T_W}{d_W} \tag{14.15}$$

onde "T_W" é o torque de entrada fornecido pelo parafuso sem-fim.

A força radial de separação do par "F_r", igual em ambos os dispositivos, sendo dado por:

$$F_r = \frac{F_{t2} \tan\phi_n}{\cos\lambda} \tag{14.16}$$

onde ϕ_n é o ângulo de pressão normal e pode ser avaliado a partir da Tabela 14.1.

Tabela 14.1 Número de dentes mínimo recomendado em função do ângulo de pressão. Adaptado a partir de ANSI/AGMA, 1993.

Ângulo de pressão ϕ_n (graus)	Mínimo número de dentes da coroa
14,5	40
17,5	27
20	21
22,5	17
25	14
27,5	12
30	10

Além do exposto, deve-se destacar que o atrito é fator preponderante na avaliação do desempenho de um par coroa e parafuso sem-fim, devido ao fato que o movimento relativo entre a rosca do parafuso e os dentes da coroa é de deslizamento puro. Aplicando as condições de equilíbrio no par em engranzamento é possível obter relação direta entre as componentes dos esforços tangenciais do parafuso e da coroa, nesse caso em função do coeficiente de atrito do par "f":

$$\frac{F_{t2}}{F_{t1}} = \frac{\cos\phi_n \cos\lambda - f\text{sen}\lambda}{\cos\phi_n \text{sen}\lambda + f\cos\lambda} \tag{14.17}$$

14.4. POTÊNCIA DISPONIBILIZADA PELO PARAFUSO SEM-FIM

A AGMA (American Gear Manufacturers Association) fornece equação específica que permite descrever a potência disponibilizada pelo parafuso sem-fim à coroa na forma:

$$H_{in} = \frac{n_W F_{t2} d_G}{126000 \cdot i} + \frac{V_S F_{atrito}}{33.000} \Rightarrow \text{unid.inglesas} \tag{14.18}$$

O primeiro termo desta equação fornece a potência transmitida do sem-fim para a coroa, enquanto que o segundo termo fornece a perda de potência no engranzamento ocorrida entre os dentes da coroa e a rosca do parafuso sem-fim. A chamada velocidade de deslizamento é definida pela relação:

$$V_s = \frac{\pi n_W d_W}{12\cos\lambda} \Rightarrow \text{ft/min} \tag{14.19}$$

O projeto do par coroa e parafuso sem-fim deve ser dimensionado para atender às condições do parafuso, motivo pelo qual a dureza do material dele deve ser suficientemente maior do que a dureza do material da engrenagem da coroa. Isso permite afirmar que o componente crítico no dimensionamento do par é a coroa. A AGMA fornece expressão empírica para determinar a força tangencial admissível atuante nos dentes da coroa, ou seja:

$$F_{t2} = C_s d_G^{0,8} b_f C_m C_v \Rightarrow \text{unid.inglesas} \tag{14.20}$$

Nessa equação, "C_s" corresponde ao chamado fator do material, C_m é o fator de correção da razão de velocidades e C_V é o fator de velocidade.

O fator do material pode ser obtido mediante informações disponibilizadas na Tabela 14.2, assim como na Figura 14.5, quando se tratar de distâncias entre eixos inferiores a 3 in. O fator de correção da razão de velocidade e o fator de velocidade são fornecidos pelas Tabelas 14.3 e 14.4, respectivamente.

Tabela 14.2 – Fator do material - C_s - para coroas de bronze – unidades no sistema inglês. Adaptado a partir de Budynas e Nisbett, 2011.

Material	C_s	d_G	C
Coroas fundidas em areia	1000	≤ 2,5 in	> 3
	1190-477log(d_G)	> 2,5 in	> 3
Coroas fundidas e resfriadas no molde ou forjadas	1000	≤ 8,0 in	> 3
	1412-456log(d_G)	> 8,0 in	> 3
Para engrenagens fundidas pelo processo de centrifugação	1000	≤ 25,0 in	> 3
	1251-180log(d_G)	> 25,0 in	> 3

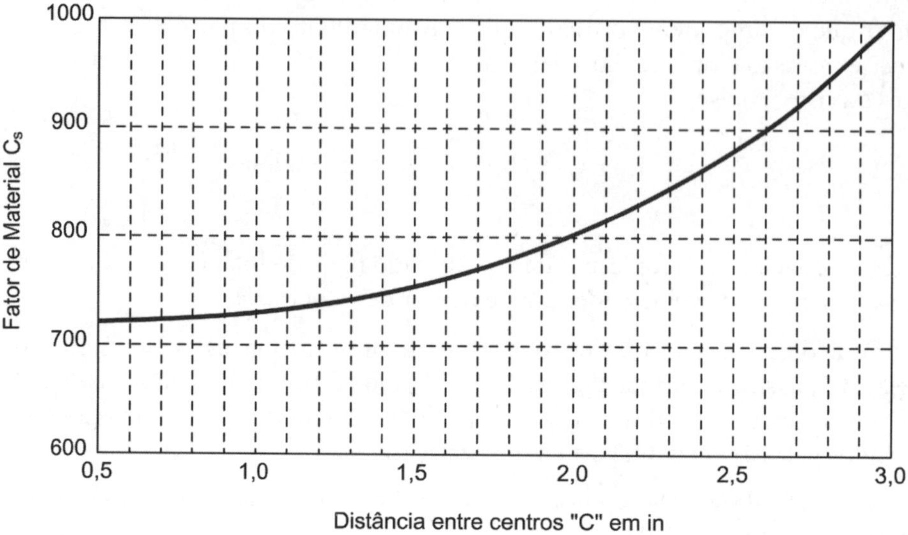

Figura 14.5 – Fator de material "C_s" para coroas de bronzes com distância entre centros iguais ou inferiores a 3 in. Adaptado a partir de Hamrock, 2005.

Tabela 14.3 – Fator de correção da razão de velocidades - C_m. Adaptado a partir de Budynas e Norton.

Razão de velocidades (i)	C_m
$3 < i \leq 20$	$0,02\sqrt{-(i)^2+40(i)-76}+0,46$
$20 < i \leq 76$	$0,0107\sqrt{-(i)^2+56(i)-5146}$
$i > 76$	1,1483-0,00658(i)

Tabela 14.4 – Fator de velocidades - C_V. Adaptado a partir de Norton, 2004.

Velocidade de deslizamento (V_s)	C_v
$V_s < 700\ \text{ft/min}$	$0,659 \cdot e^{-0,0011 \cdot V_S}$
$700 \leq V_s < 3000\ \text{ft/min}$	$13,31 \cdot V_s^{-0,571}$
$V_s \geq 3000\ \text{ft/min}$	$65,52 \cdot V_s^{-0,774}$

14.5. FORÇA DE ATRITO EM PARES COROA E PARAFUSO SEM--FIM

Conforme citado, o atrito envolvido num sistema coroa parafuso sem-fim é bastante significativo no projeto desses dispositivos. A força de atrito pode ser definida pela relação:

$$F_{atrito} = \frac{f(F_{t2})}{\cos\lambda \cos\varphi_n} \tag{14.21}$$

enquanto o coeficiente de atrito envolvido depende de diversas variáveis tais como: o tipo de material do par engranzado, a temperatura de operação, o acabamento superficial, a precisão de montagem, o alinhamento, o tipo de lubrificação considerada, o tipo de lubrificante utilizado e a velocidade de deslizamento. A Tabela 14.5 apresenta alguns desses valores recomendados pela AGMA em função da velocidade de deslizamento.

Tabela 14.5 – Coeficiente de atrito entre parafusos sem-fim de aço e coroas de bronze – AGMA. Adaptado a partir de Norton, 2004.

Velocidade de deslizamento (V_s)	f
$V_s = 0$ ft/min	0,124
$0 < V_s \leq 10$ ft/min	$0{,}124 \cdot e^{\left(-0{,}074 \cdot V_S^{0{,}645}\right)}$
$V_s > 10$ ft/min	$0{,}110 \cdot e^{\left(-0{,}110 V_S^{0{,}450}\right)} + 0{,}012$

14.6. EFICIÊNCIA DO PAR

A eficiência (η) de um par coroa e parafuso sem-fim corresponde à razão entre o trabalho de saída e o trabalho de entrada do par. Para o caso usual do parafuso operando como elemento motriz, tem-se:

$$\eta = \frac{T_G}{T_W} = \frac{F_{t2} V_G}{F_{t1} V_W} \tag{14.22}$$

onde "V_G" e "V_W" correspondem às velocidades tangenciais do sem-fim e da coroa, respectivamente. A partir da Figura 14.6 é possível ainda descrever as seguintes relações entre essas velocidades.

$$\tan\lambda = \frac{V_G}{V_W} \tag{14.23}$$

e

$$V_S = \frac{V_W}{\cos\lambda} = \frac{V_G}{\text{sen}\lambda} \tag{14.24}$$

A substituição das Equações (14.17) e (14.24) na Equação (14.22) permite também escrever:

$$\eta = \frac{\cos\phi_n - f\tan\lambda}{\cos\phi_n + f\cot\lambda} \tag{14.25}$$

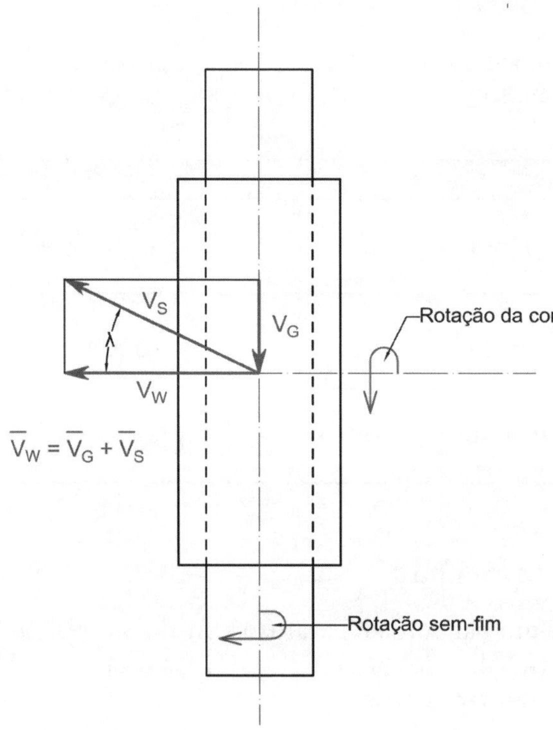

Figura 14.6 – Componentes de velocidade no engranzamento de um par coroa e sem-fim. Adaptado a partir de Budynas, 2011.

14.7. PROBLEMAS RESOLVIDOS

7.1 - Um parafuso sem-fim de duas entradas possui ângulo de avanço de 12° e diâmetro primitivo de 60 mm, acionando uma coroa de 50 dentes. Calcule a distância entre centros entre o eixo da coroa e do sem-fim.

Solução

a) Dados fornecidos pelo problema:

$\lambda = 12°$ $N_W = 2$entradas $d_W = 60$ mm $N_G = 50$ dentes

b) Resolução

$$\lambda = \tan^{-1}\frac{L}{\pi(d_W)} \Rightarrow 12° = \tan^{-1}\frac{L}{\pi(60)} \Rightarrow L = 40\,\text{mm} \quad \text{Equação 14.5}$$

$$L = N_W p \Rightarrow 40 = 2p \Rightarrow p = 20\,\text{mm} \quad \text{Equação 14.4}$$

$$d_G = \frac{N_G p}{\pi} = \frac{50(20)}{\pi} = 318{,}26\,\text{mm} \quad \text{Equação 14.1}$$

$$d_G = 2C - d_W \Rightarrow C = \frac{d_G + d_W}{2} = \frac{318{,}26 + 60}{2} \Rightarrow C = 189{,}15\,\text{mm} \quad \text{Equação 14.7}$$

7.2 – Um parafuso sem-fim possui duas entradas com as seguintes características: ângulo de avanço de 10°, ângulo de pressão de 25° e diâmetro primitivo de 80 mm. O sem-fim é movido por um motor de 1750 rpm com 2,5 hp. Encontre o passo axial do sem-fim e as forças atuantes sobre o par coroa parafuso sem-fim. Supor 1 hp = 746 W.

Solução

a) Dados fornecidos pelo problema:

$\lambda = 10°$ $N_W = 2$entradas $d_W = 80$ mm $= 3{,}15$ in

$\phi_n = 20°$ $n_W = 1750$ rpm $H_{in} = 2{,}5$ hp

b)Resolução

Determinação do passo axial

$$\lambda = \tan^{-1}\frac{L}{\pi(d_W)} \Rightarrow \tan 10° \Rightarrow \frac{L}{\pi(80)} \Rightarrow L = 44{,}32\,\text{mm} \quad \text{Equação 14.5}$$

$$L = N_W p \Rightarrow 44{,}32 = 2p \Rightarrow p = 22{,}16\,\text{mm} \quad \text{Equação 14.4}$$

Forças atuantes sobre o par

$$V_s = \frac{\pi n_W d_W}{12\cos\lambda} = \frac{\pi 1750(3{,}15)}{12\cos 10^\circ} = 1465{,}44\,\text{ft/min} > 10\,\text{ft/min} \quad \text{Equação 14.19}$$

$$V_S > 10\text{ft/min} \Rightarrow f = 0{,}110 \cdot e^{\left(-0{,}110\, V_S^{0{,}450}\right)} + 0{,}012 = 0{,}0179 \quad \text{Tabela 14.5}$$

O torque de entrada no sem-fim pode ser fornecido por:

$$T_W = H_{in}/\omega = 2(746)/\left(2\pi(1750)/60\right) = 8{,}1414\,\text{Nm}$$

$$F_{a2} = F_{t1} = \frac{2T_W}{d_W} = \frac{2(8{,}1414)}{0{,}080} = 203{,}53\,\text{N} \quad \text{Equação 14.15}$$

$$\frac{F_{t2}}{F_{t1}} = \frac{\cos\phi_n \cos\lambda - f\text{sen}\lambda}{\cos\phi_n \text{sen}\lambda + f\cos\lambda} = \frac{\cos 25^\circ \cos 10^\circ - 0{,}0179\text{sen}\,10^\circ}{\cos 25^\circ \text{sen}\,10^\circ + 0{,}0179\cos 10^\circ} = 5{,}082 \quad \text{Equação 14.17}$$

ou

$$F_{t2} = 5{,}082 F_{t1} = 1034{,}36\,\text{N}$$

$$F_r = \frac{F_{t2}\tan\phi_n}{\cos\lambda} = \frac{1034{,}36\tan 25^\circ}{\cos 10^\circ} = 489{,}77\,\text{N} \quad \text{Equação 14.16}$$

$$F_{atrito} = \frac{f(F_{t2})}{\cos\lambda\cos\phi_n} = \frac{0{,}0179(1034{,}36)}{\cos 10^\circ \cos 25^\circ} = 20{,}74\,\text{N} \quad \text{Equação 14.21}$$

7.3 - Um par coroa e parafuso sem-fim de redução 25:1 possui um sem-fim de 2 entradas com diâmetro primitivo de 58 mm e passo de 12 mm. Encontre o diâmetro primitivo da coroa, o ângulo de avanço e a distância entre centros. Além disso, determine as forças atuantes sobre o sistema sabendo o sem-fim transmite um torque de 11,3 Nm a 1200 rpm. Utilize um ângulo de pressão de 25°.

Solução

a) Dados fornecidos pelo problema:

$i = 25{:}1$ $\quad p_G = 12$ mm $\quad N_W = 2$entradas $\quad d_W = 58$ mm

$\phi_n = 25^\circ$ $\quad n_W = 1200$ rpm $\quad T_W = 11{,}3$ Nm

b) Resolução

$$i = \frac{N_G}{N_W} \Rightarrow \frac{25}{1} = \frac{N_G}{2} \Rightarrow N_G = 50 \text{ Dentes} \qquad \text{Equação 14.3}$$

$$L = N_W p_G = 2(12) = 24\,\text{mm} \qquad \text{Equação 14.4}$$

$$\lambda = \tan^{-1}\frac{L}{\pi(d_W)} = \frac{24}{\pi(58)} = 7{,}5^{\circ} \qquad \text{Equação 14.5}$$

Diâmetro primitivo da coroa

$$d_G = \frac{N_G p_G}{\pi} = \frac{50(12)}{\pi} = 190{,}98\,\text{mm} \qquad \text{Equação 14.1}$$

Distância entre centros

$$d_G = 2C - d_W \Rightarrow C = \frac{d_G + d_W}{2} = \frac{190{,}98 + 58}{2} = 124{,}49\,\text{mm} \qquad \text{Equação 14.7}$$

Forças atuantes sobre o par

$$F_{a2} = F_{t1} = \frac{2T_W}{d_W} = \frac{2(11{,}3)}{0{,}058} = 389{,}65\,\text{N} \qquad \text{Equação 14.15}$$

$$V_s = \frac{\pi n_W d_W}{12\cos\lambda} = \frac{\pi 1200(58/25{,}4)}{12\cos 7{,}5^{\circ}} = 723{,}56\text{ft/min} > 10\text{ft/min} \qquad \text{Equação 14.19}$$

$$V_S > 10\text{ft/min} \Rightarrow f = 0{,}110 \cdot e^{\left(-0{,}110\, V_S^{0{,}450}\right)} + 0{,}012 = 0{,}0251 \qquad \text{Tabela 14.5}$$

$$\frac{F_{t2}}{F_{t1}} = \frac{\cos\phi_n \cos\lambda - f\text{sen}\lambda}{\cos\phi_n \text{sen}\lambda + f\cos\lambda} = \frac{\cos 25 \cos 7{,}5^{\circ} - 0{,}0251\text{sen}7{,}5^{\circ}}{\cos 25\text{sen}7{,}5^{\circ} + 0{,}0251\cos 7{,}5^{\circ}} = 6{,}248 \qquad \text{Equação 14.17}$$

ou

$$F_{t2} = 6{,}248F_{t1} = 2434{,}56\,\text{N}$$

$$F_r = \frac{F_{t2}\tan\phi_n}{\cos\lambda} = \frac{2434{,}56\tan 25^{\circ}}{\cos 7{,}5^{\circ}} = 1145{,}05\,\text{N} \qquad \text{Equação 14.16}$$

$$F_{atrito} = \frac{f(F_{t2})}{\cos\lambda \cos\phi_n} = \frac{0,0251(2434,56)}{\cos 7,5^\circ \cos 25^\circ} = 68,01\,N \quad \text{Equação 14.21}$$

7.4 - Um parafuso sem-fim aciona uma coroa de 42 dentes forjada em bronze. A razão de redução do para é de 14:1. O diâmetro primitivo do sem-fim é de 3,5 in e o mesmo gira a 900 rpm. A coroa foi fabricada com passo diametral igual a 2 dentes/in. Sabendo que o ângulo de pressão é de 25° e que largura da face do dente da coroa é de 2 in, determine a máxima potência que o par pode fornecer.

Solução

a) Dados fornecidos pelo problema:

$i = 14{:}1$ $\quad N_G = 42$ dtes $\quad d_W = 3,5$ in $\quad \phi_n = 25^\circ$

$n_W = 900$ rpm $\quad P = 2$ dtes/in $\quad b_f = 2$ in

b) Resolução

$$d_G = \frac{N_G}{P} = \frac{42}{2} = 21\,in \quad \text{Equação 14.2}$$

$$d_G = \frac{N_G p}{\pi} \Rightarrow 21 = \frac{42(p_G)}{\pi} \Rightarrow p_G = 1,5707\,in$$

$$i = \frac{N_G}{N_W} \Rightarrow \frac{14}{1} = \frac{42}{N_W} \Rightarrow N_W = 3\,\text{entradas} \quad \text{Equação 14.3}$$

$$L = N_W p_G = 3(1,5707) = 4,712\,in \quad \text{Equação 14.4}$$

$$\lambda = \tan^{-1}\frac{L}{\pi(d_W)} = \frac{4,712}{\pi(3,5)} = 23,19^\circ \quad \text{Equação 14.5}$$

Distância entre centros

$$d_G = 2C - d_W \Rightarrow C = \frac{d_G + d_W}{2} = \frac{21+3,5}{2} = 12,25\,in \quad \text{Equação 14.7}$$

Potência máxima transmitida

$$V_s = \frac{\pi n_W d_W}{12\cos\lambda} = \frac{\pi 900(3,5)}{12\cos 23,19^\circ} = 897,15\,ft/min > 10\,ft/min \quad \text{Equação 14.19}$$

$$V_S > 10\text{ft/min} \Rightarrow f = 0{,}110 \cdot e^{\left(-0{,}110\, V_S^{0{,}450}\right)} + 0{,}012 = 0{,}0225 \quad \text{Tabela 14.5}$$

$$C_S = 1412 - 456\log(d_G) \Rightarrow d_G > 8\text{in} \quad \text{Tabela 14.2}$$

$$C_s = 1412 - 456\log(21) = 809{,}07$$

$$C_m = 0{,}02\sqrt{-(i)^2 + 40(i) - 76} + 0{,}46 \Rightarrow 3 < i \le 20 \quad \text{Tabela 14.3}$$

$$C_m = 0{,}02\sqrt{-(14)^2 + 40(14) - 76} + 0{,}46 = 0{,}8$$

$$C_v = 13{,}31 \cdot V_s^{-0{,}571} \Rightarrow 700 \le V_s < 3000 \text{ ft/min} \quad \text{Tabela 14.4}$$

$$C_v = 13{,}31 \cdot 879{,}15^{-0{,}571} = 0{,}277$$

$$F_{t2} = C_s d_G^{0{,}8} b_f C_m C_v = 809{,}07 \cdot 21^{0{,}8} \cdot 2 \cdot 0{,}8 \cdot 0{,}277 = 4096 \text{ lbf} \quad \text{Equação 14.20}$$

$$F_{atrito} = \frac{f \cdot F_{t2}}{\cos\lambda \cos\varphi_n} = \frac{0{,}0225 \cdot 4096}{\cos 23{,}19^\circ \cos 25^\circ} = 110{,}62 \text{ lbf} \quad \text{Equação 14.21}$$

Potência máxima transmitida

$$H_{in} = \frac{n_W F_{t2} d_G}{126000 \cdot i} + \frac{V_S F_{atrito}}{33.000} = \frac{900(4096)21}{126000(14)} + \frac{897{,}15(110{,}62)}{33.000} = 46{,}9\text{hp}$$

Equação 14.18

7.5 - Um parafuso sem-fim de 2 entradas, com hélice à direita, transmite 1 hp a 1200 rpm para uma coroa de 30 dentes. A coroa tem passo diametral de 4 dentes/in e uma largura de 1 in. O sem-fim tem um diâmetro primitivo de 2,5 in e largura do denteado de 1,5 in. O ângulo de pressão normal é de 20,0°. Para esse par determine: a distância entre eixos, o ângulo de avanço, o passo axial, as forças exercidas sobre os mancais A e B que suportam a coroa e o torque de saída. Supor 1 hp = 746 W e o mancal B como responsável pelas cargas axiais.

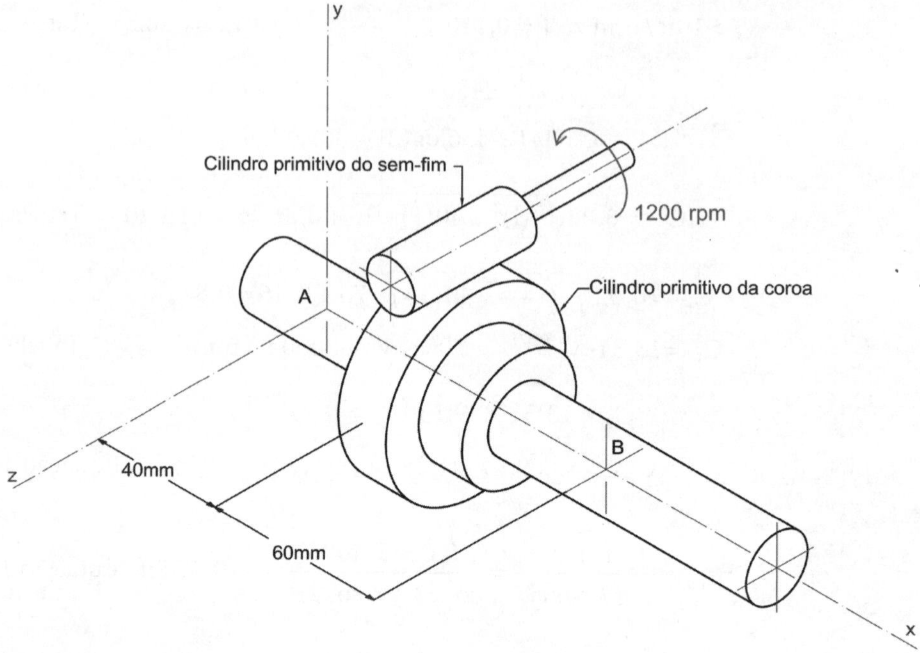

Figura 14.7 – Problema Resolvido 6.5. Adaptado a partir de Shigley – 1989.

Solução

a) Dados fornecidos pelo problema:

$H_{in} = 1$ hp	$N_G = 30$dtes	$d_W = 2{,}5$ in	$\phi_n = 20°$
$n_W = 1200$ rpm	$N_W = 2$ entradas	$b_f = 1$ in	$P = 4$dtes/in

b) Resolução

$$d_G = \frac{N_G}{P} = \frac{30}{4} = 7{,}5\,\text{in} \qquad \text{Equação 14.2}$$

$$d_G = \frac{N_G p_G}{\pi} \Rightarrow 7{,}5 = \frac{30(p_G)}{\pi} \Rightarrow p_G = 0{,}785\,\text{in} \qquad \text{Equação 14.1}$$

$$i = \frac{N_G}{N_W} \Rightarrow \frac{30}{2} = 15 \qquad \text{Equação 14.3}$$

$$L = N_W p_G = 2 \cdot 0{,}785 = 1{,}5707\,\text{in} \qquad \text{Equação 14.4}$$

$$\lambda = \tan^{-1} \frac{L}{\pi(d_W)} = \frac{1{,}5707}{\pi(2{,}5)} = 11{,}31^{\circ} \qquad \text{Equação 14.5}$$

Distância entre centros

$$d_G = 2C - d_W \Rightarrow C = \frac{7,5+2,5}{2} = \frac{10}{2} = 5\,\text{in} \qquad \text{Equação 14.7}$$

O torque de entrada no sem-fim pode ser fornecido por:

$$T_W = H_{in} / \omega = 1(746) / \left(2\pi(1200)/60\right) = 5,94\,\text{Nm}$$

Forças atuantes no par:

$$F_{a2} = F_{t1} = \frac{2T_W}{d_W} = \frac{2(5,94)}{2,5(0,0254)} = 187\,\text{N} \qquad \text{Equação 14.15}$$

$$V_s = \frac{\pi n_W d_W}{12\cos\lambda} = \frac{\pi 1200(2,5)}{12\cos 11,31^o} = 801\,\text{ft/min} > 10\,\text{ft/min} \quad \text{Equação 14.19}$$

$$V_S > 10\,\text{ft/min} \Rightarrow f = 0,110 \cdot e^{\left(-0,110\, V_S^{0,450}\right)} + 0,012 = 0,0238 \quad \text{Tabela 14.5}$$

$$\frac{F_{t2}}{F_{t1}} = \frac{\cos\phi_n \cos\lambda - f\,\text{sen}\lambda}{\cos\phi_n \text{sen}\lambda + f\cos\lambda} = \frac{\cos 20 \cos 11,31^o - 0,0238\,\text{sen}\,11,31^o}{\cos 20\,\text{sen}\,11,31^o + 0,0238\cos 11,31^o} = 4,415 \quad \text{Equação 14.17}$$

ou

$$F_{t2} = 4,415 F_{t1} = 825,7\,\text{N}$$

$$F_r = \frac{F_{t2}\tan\phi_n}{\cos\lambda} = \frac{825,7\tan 20^o}{\cos 11,31^o} = 306,22\,\text{N} \qquad \text{Equação 14.16}$$

Uma vez conhecida as forças atuantes sobre a coroa, calcula-se as reações nos mancais aplicando as condições de equilíbrio de acordo com o diagrama do corpo livre a seguir:

$$\sum F_y = 0 \Rightarrow A_y + B_y - F_r = 0 \Rightarrow A_y + B_y = 306,22\,\text{N} \quad (1)$$

$$\sum F_z = 0 \Rightarrow A_z + B_z - F_{t2} = 0 \Rightarrow A_z + B_z = 825,7\text{N} \quad (2)$$

$$\sum M_x = 0 \Rightarrow T_x - F_{t2} 0,03175 = 0 \Rightarrow T_x = 26,21\,\text{Nm}$$

$$\sum M_y = 0 \Rightarrow F_{t2} 0,040 - B_z 0,1 = 0 \Rightarrow B_z = 330,2\,\text{N} \quad (3)$$

$$\sum M_z = 0 \Rightarrow -F_r 0,040 - B_y 0,1 = 0 \Rightarrow B_y = 122,50\,\text{N} \quad (4)$$

(3) em (2) $A_z = 495,5\,\text{N}$

(4) em (1) $A_y = 183,72\,\text{N}$

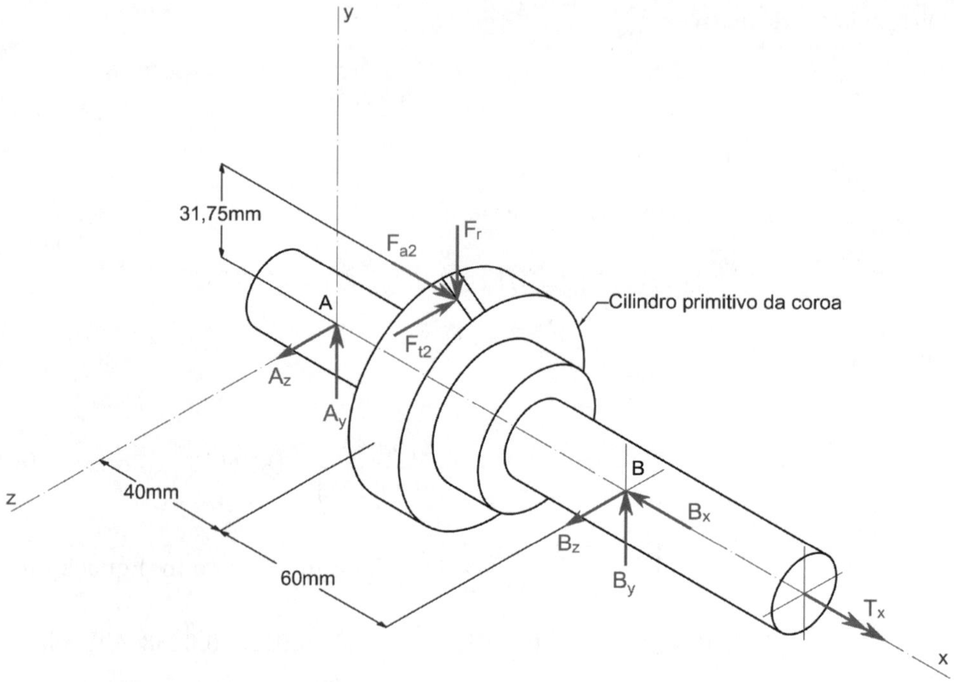

Figura 14.8 – Representação dos esforços.

14.8. PROBLEMAS PROPOSTOS

8.1 – Uma coroa de 42 dentes com passo diametral de 8 dentes/in está engrazada com um parafuso sem-fim de duas entradas. Para o conjunto, determine: a) a relação de transmissão; b) o diâmetro primitivo da coroa; c) o avanço do sem-fim; d) o diâmetro primitivo do sem-fim para que ele seja o menor possível; e) a distância entre centros e f) o ângulo de avanço do sem-fim.

Resp. a) i = 21:1, b) d_G = 5,25 in, c) L = 0,786 in, d) d_W = 0,89 in, e) C = 3,07 in e f) λ = 15,70°.

8.2 – Um parafuso sem-fim de duas entradas deve ser montado a uma distância entre centros de 152,4 mm de uma coroa com 50 dentes. Para este conjunto determine: a) o passo diametral da coroa, b) o diâmetro primitivo da coroa e c) o diâmetro primitivo do sem-fim.

Resp. a) P = 5,15 dentes/in, b) d_G = 246,38 mm e c) d_W = 58,42 mm.

8.3 – O passo axial de uma coroa é igual a 5/8". A coroa possui 45 dentes e o parafuso sem-fim 3 entradas. Para o conjunto, determine: a) o passo diametral; b) o diâmetro primitivo da coroa; c) a distância entre centros de forma que ela seja a menor possível, d) o diâmetro primitivo do sem-fim; e) a relação de transmissão; f) a altura do dente da coroa; g) a maior largura da face possível para a coroa.

Resp. a) P = 5,03 dentes/in, b) d_G = 227,4 mm, c) C = 131,6 mm, d) d_W = 51,3 mm, e) i = 15:1; f) altura = 10,90 mm; g) $b_f \leq 118{,}8$ mm

8.4 – Um redutor tipo coroa e parafuso sem-fim transmite uma potência de 2 kW. A coroa possui 60 dentes e foi fabricada com passo diametral de 6 dentes por polegada e está engrazada a um sem-fim de 2 entradas que gira a 1250 rpm. Para esse redutor, determine: a) a relação de transmissão; b) o diâmetro primitivo da coroa; c) a distância entre centros de forma que ela seja a menor possível, d) o diâmetro primitivo do sem-fim e e) a largura de face necessária para a coroa, bem como, a verificação desse valor dentro do máximo valor possível para o mesmo.

Resp. a) i = 30:1, b) d_G = 10 in, c) C = 5,77 in, d) d_W = 2,22 in, e) b_f= 1,00 in (b_{fmax} = 5,17 in)

8.5 – Um conjunto coroa e parafuso sem-fim de 2 entradas possui relação de transmissão igual a 22:1. O sem-fim é movido por um motor elétrico que gira 1800 rpm e fornece 2 hp ao conjunto. O sem-fim possui as seguintes características: ângulo de avanço igual a 11° e diâmetro primitivo de 40 mm. Sabendo que o ângulo de pressão da coroa é igual a 20°, determine o diâmetro primitivo da coroa e as forças atuantes no conjunto.

Resp. d_G = 171 mm; $F_{a2} = F_{t1}$ = 395,8 N; $F_{t2} = F_{a1}$ = 1786,3 N;
F_r = 662,3 N e F_{atrito} = 47,4 N.

8.6 – Um parafuso sem-fim foi dimensionado para transmitir um torque de 12 Nm a 1750 rpm para uma coroa de 60 dentes, fabricada com passo diametral de 8 dentes/in e com um ângulo de pressão de 25°. Sabendo que i = 30:1, determine: a) o número de entradas do sem-fim; b) a potência transmitida pelo parafuso; c) d_G; d) d_W e e) a força de atrito gerada pelo engrazamento.

Resp. a) N_W = 2 entradas, b) H_{in} = 2,2 kW, c) d_G = 7,5 in,
d) d_W = 1,97 in e e) F_{atrito} = 94,1 N.

8.7 – Determine o rendimento máximo que pode ser fornecido por um par coroa e parafuso sem-fim com as seguintes características: i = 32:1, N_G = 32 dentes; P = 4 dentes/in, d_w = 1,75 in, ϕ_n = 20° e n_W = 1800 rpm.

Resp. η = 85,1%.

8.8 – Um pequeno redutor tipo coroa e parafuso sem-fim é alimentado por um motor de 1800 rpm. A relação de transmissão do conjunto é de 20:1. A coroa possui 40 dentes e deverá ser fabricada com passo diametral de 10 dentes/in e o sem-fim dimensionado para ser o menor possível. Determine o rendimento e a potência necessária para acionar esse redutor sabendo que a largura da face do dente da coroa é igual a 25 mm. Supor um ângulo de pressão de 25° e um fator de material C_s = 920.

Resp. H_{in} = 2,46 hp e η = 82,8%.

8.9 – Determine a potência necessária para acionar um conjunto coroa e parafuso sem-fim com as seguintes características: i = 45:1, N_W = 1 entrada, λ = 5°, ϕ_n = 20°, d_W = 100 mm, d_G = 400 mm, b_f = 40 mm e n_W = 2000 rpm. Além disso, sabe-se coroa é forjada em bronze e o sem-fim é fabricado de aço carbono.

Resp. H_{in} = 11,1 hp.

8.10 – Um redutor coroa e parafuso sem-fim possui as seguintes características: i = 25:1, N_W = 2 entradas, λ = 7,3°, ϕ_n = 25°, p = 10 mm e n_W = 1200 rpm. Determine as forças atuantes sobre o conjunto sabendo que o sem-fim transmite um torque de 50 Nm.

Resp. $F_{a1} = F_{t2}$ = 628,54 N, $F_{a2} = F_{t1}$ = 99,61 N e F_r = 295,5 N.

8.11 – O conjunto coroa e sem-fim da figura possui o ângulo de avanço igual 10° e o ângulo de pressão igual 20°. Se a força tangencial atuante sobre a coroa for de 1800 N, determine: a) as forças axiais e radiais atuantes sobre a coroa e o sem-fim e b) as cargas atuantes nos rolamentos. Assuma o coeficiente de atrito devido o engrazamento da coroa com o sem-fim em 0,05. Mancal A suporta as cargas axiais.

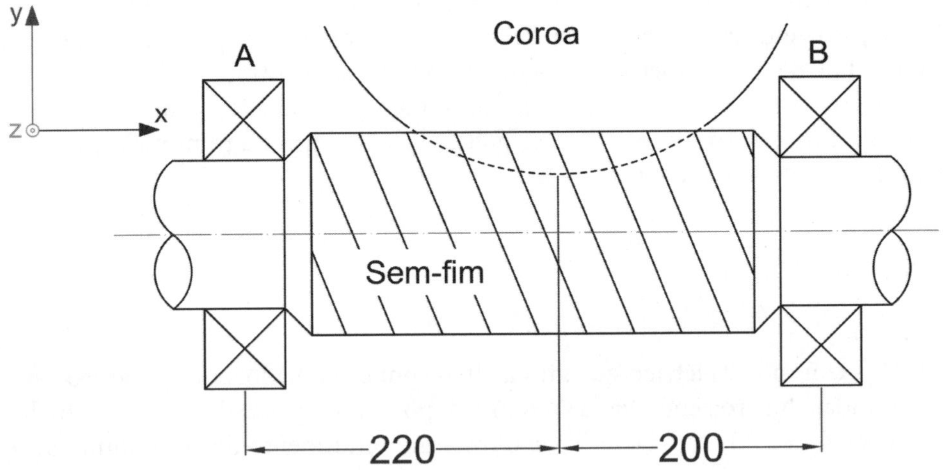

Resp.

a) $F_{a1} = F_{t2} = 1800N$, $F_{a2} = F_{t1} = 417{,}6$ N e $F_r = 665$ N.

b) $F_{ax} = 1800$ N, $F_{ay} = 316{,}7$ N, $F_{az} = 199$ N, $F_{Bx} = 0$, $F_{By} = 348{,}3$ N e $F_{Bz} = 218{,}7$ N.

8.12 – Uma coroa de 50 dentes com passo diametral de 8 dentes/in possui o ângulo de pressão igual a 14,5°. O sem-fim acoplado à coroa possui 1 entrada e gira a 1500 rpm. Sabendo que a coroa é fabricada de bronze fundido em areia e que o ângulo de avanço do sem-fim é de 9°, determine: a) as forças atuantes no conjunto; b) a potência que deverá ser fornecido ao sem-fim e c) o rendimento dessa transmissão.

Resp.

a) $F_{a1} = F_{t2} = 665{,}6N$, $F_{a2} = F_{t1} = 131{,}01$ N e $F_r = 174{,}3$ N.

b) $H_{in} = 1{,}24$ hp

c) $\eta = 80\%$

8.13 – Uma coroa de 40 dentes está acoplada a um sem-fim de uma entrada e que gira a 1000 rpm. As características do par são as seguintes: i = 40:1, $\lambda = 9°$ e $\phi_n = 25°$. Nessas condições, determine: d_G, d_W e o passo diametral que pode ser indicado para a fabricação desse conjunto. Além disso, como premissa de projeto é solicitado que o par coroa e sem-fim tenha o menor tamanho possível e espera-se que o seu rendimento seja de no mínimo 78%.

Resp. P = 6 dentes/in, η = 78%, d_G = 6,66 in e d_W = 1,051 in.

8.14 - Um par coroa e parafuso sem-fim fornece uma relação de transmissão de 40:1. A coroa é forjada e fabricada de bronze com ângulo de pressão de 20° e passo diametral de 8 dentes/polegada. O sem-fim possui uma entrada e gira a 1750 rpm. O motor elétrico acoplado ao sem-fim fornece uma potência de 1,5 hp. Sabendo que a distância entre centros deverá ser de 3 polegadas, determine a mínima largura da face da coroa para essas condições.

Resp. b_f = 0,61 in.

8.15 - Um motor elétrico que gira a 2000 rpm é acoplado a um parafuso sem-fim de 2 entradas. A coroa engrazada ao sem-fim possui um passo diametral de 10 dentes/polegada e gira a 80 rpm. Determine o máximo rendimento desse conjunto sabendo que: C = 3 in e ϕ_n = 20°.

Resp. d_W = 1,0 in e η = 86%.

8.16 - Um par coroa e parafuso sem-fim é acionado por um motor elétrico que gira a 1800 rpm e fornece 2,5 hp. Esse conjunto foi projetado com as seguintes características: N_W = 3 entradas, N_G = 48 dentes, P = 12 dentes/in, C = 3,45 in e ϕ_n = 20°. Determine o torque transmitido pelo parafuso, o diâmetro primitivo do sem-fim e a força tangencial atuante nos dentes da coroa. Supor f = 0,036.

Resp. T_W = 9,89 Nm, d_W = 2,90 in e F_{t2} = 482,75 lbf.

NOMENCLATURA

Ψ	ângulo de hélice
λ	ângulo de avanço
ϕ_n	ângulo de pressão
η	rendimento do par coroa e parafuso sem-fim
a	adendum
b	dedendum
b_f	largura da face da coroa
c	folga na raiz do dente

C	distância entre centros
C_m	fator de correção da razão de velocidades
C_s	fator de material
C_v	fator de velocidade
d_G	diâmetro primitivo da coroa
d_o	diâmetro externo
d_r	diâmetro da raiz
d_W	diâmetro primitivo da coroa
f	coeficiente de atrito
F_{a1}	força de empuxo axial no parafuso sem-fim
F_{a2}	força de empuxo axial na coroa
F_{atrito}	força de atrito desenvolvida sobre o dente da coroa
F_{t1}	força tangencial no parafuso sem-fim
F_{t2}	força tangencial na coroa
F_r	força radial de separação do par coroa e sem-fim
H_{in}	potência de entrada (disponibilizada pelo parafuso)
i	relação de velocidades
L	avanço do parafuso sem-fim
m	módulo da coroa
n_G	rotação da coroa (rpm)
n_W	rotação do parafuso sem-fim (rpm)
N_G	número de dentes da coroa
N_W	número de entradas do parafuso sem-fim
p	passo axial
p_G	passo circular da coroa
P	diametral Pitch (passo diametral)
T_G	torque transmitido para a coroa
T_W	torque de entrada fornecido pelo sem-fim
V_S	velocidade de deslizamento no diâmetro primitivo do sem-fim
V_G	velocidade tangencial da coroa
V_w	velocidade tangencial do parafuso sem-fim

REFERÊNCIAS BIBLIOGRÁFICAS

Budynas, R.G., Nisbett, J.K. Elementos de Máquinas de Shigley – Projeto de Engenharia Mecânica, Bookman Companhia Editora, 8ª ed., São Paulo, 2011.

Chironis, N. P., Gear Design and Application, Ed. Mc Graw Hill, New York, 1967.

Deutschman, A. D., Michels, W. J., Wilson, C. E., Machine Design Theory and Pratice, Ed Macmillan, 1st ed., New York, 1975.

Hamrock, B. J., Schmid, S. R., Jacobson, B. O. Fundamental of Machine Elements, Ed. Mc Graw Hill, 2nd ed., New York, 2005.

Juvinall, R. C., Marshek, K. M., Fundamentos do Projeto de Componentes de Máquinas, LTC, 5ª ed., Rio de Janeiro,2016.

Kohara G. I., Gear Technical Reference – The role gears and playing.

Norton, R. N., Projeto de Máquinas – Uma abordagem integrada, Artmed Editora S.A., 2th ed., São Paulo, 2004.

Shigley, J. E., Mischke, C. R., McGrall-Hill, 5th ed., New York, 1989.

Shigley, J. E, Mischke, C. R., Budynas, R. G., Projeto de Engenharia Mecânica, Ed. Bookman, 7ª ed., Porto Alegre, 2005.

Sites:

http://www.qtcgears.com

http://www.tandwiel.info

CAPÍTULO 15

Eixos de Transmissão

15.1. INTRODUÇÃO

Em termos de definição pode-se dizer que um eixo de transmissão, ou simplesmente eixo, corresponde a um componente mecânico, normalmente de secção transversal circular maciça, utilizado na transmissão de movimento e de torque. Sobre ele são acoplados polias, engrenagens, cames e outros componentes mecânicos, responsáveis pela efetiva transmissão de torque no sistema. Tais componentes são ainda usualmente fixados sobre o eixo por meio de chavetas, pinos ou ajustes com interferência, além da presença dos costumeiros e necessários mancais de rolamentos ou de deslizamento, sempre presentes no caso dos eixos rotativos.

O primeiro aspecto do projeto que será estudado neste capítulo é a resistência do eixo. No estudo deste tópico é realizada uma breve revisão de alguns critérios de falha por fadiga e da falha por escoamento no primeiro ciclo de carga. Os fatores de concentração de tensões, para algumas geometrias encontradas com maior frequência na prática são detalhados conjuntamente.

Na posição onde existem engrenagens, os eixos devem trabalhar com restrição de deslocamento para assegurar a perfeita transmissão dos esforços e garantir uma ação conjugada adequada durante o engrenamento. Na posição onde estão os rolamentos, deve-se tomar cuidado também com as inclinações envolvidas, pois cada tipo de rolamento é projetado para trabalhar com um limite máximo de inclinação e sua vida é reduzida caso esse valor seja ultrapassado. Assim, um dos critérios de projeto adotados para eixos diz respeito à sua rigidez (deslocamentos e rotações) nos pontos onde existem componentes com exigências de requisitos de precisão para o funcionamento adequado.

Outro aspecto do projeto de eixo também estudado neste capítulo é a sua velocidade crítica. Os eixos normalmente são auto excitados por forças que têm origens em desbalanceamentos, as quais possuem a mesma frequência da rotação nominal do sistema. Quando o eixo gira com velocidade angular próxima da sua velocidade crítica as amplitudes de deslocamento são muito maiores do que os valores da sua linha elástica estática e isto poderá vir a acarretar na falha do eixo ou dos componentes que estão acoplados sobre ele.

15.2. AVALIANDO O DIÂMETRO DO EIXO COM RELAÇÃO À FALHA POR FADIGA

Na Figura 15.1 estão ilustradas algumas curvas características de falha por fadiga (Soderberg, Goodman Modificado, Gerber e ASME-Elíptico), como também a curva de Langer que prevê a falha do componente por escoamento no primeiro ciclo de carga. A região destacada na figura (onde $\sigma'_a + \sigma'_m > \sigma_{esc}$) mostra que desses critérios, somente o critério de Soderberg atende ao critério de escoamento no primeiro ciclo de carga. Portanto, neste capítulo o diâmetro do eixo (dos pontos críticos para projeto) será calculado utilizando algum dos critérios de falha por fadiga em conjunto com o critério de falha por escoamento no primeiro ciclo de carga (com exceção do critério de falha de Soderberg, para o qual esse problema não existe).

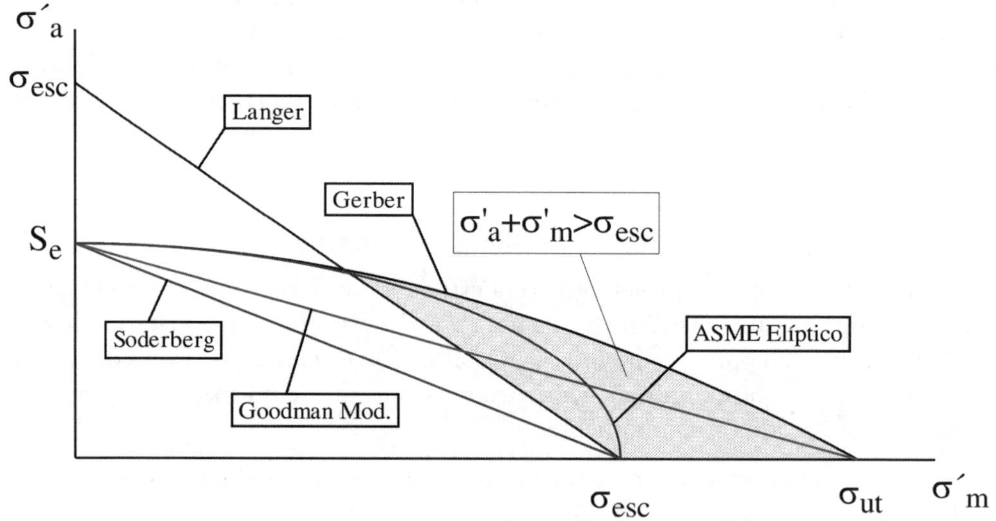

Figura 15.1 – Curvas de falha.

15.2.1 - ANÁLISES DE TENSÕES

A tensão equivalente de Von Mises média pode ser calculada empregando a seguinte equação:

$$\sigma_m' = \sqrt{(K_{fa}\frac{\sigma_{Nm}}{K_{ca}} + K_{ff}\sigma_{fm})^2 + 3(K_{fs}\tau_m)^2} \tag{15.1}$$

sendo que (K_{fa}, K_{ff}, K_{fs}) indicam os fatores de concentração de tensão para fadiga para carregamentos axiais, de flexão e de torção, respectivamente; enquanto que (σ_{Nm}, σ_{fm}, τ_m) indicam as tensões médias para cargas axiais, de flexão e de torção, respectivamente. K_{ca} é o fator de correção de fadiga para carga axial, cujo valor é de aproximadamente 0,85 para a maioria dos aços carbonos.

Para eixos sólidos com diâmetro "d" as componentes de tensão são calculadas a partir da força normal média (N_m), momento fletor médio (M_m) e momento torcedor médio (T_m) com as seguintes relações:

$$\sigma_{Nm} = \frac{4N_m}{\pi d^2} \tag{15.2}$$

$$\sigma_{fm} = \frac{32M_m}{\pi d^3} \tag{15.3}$$

$$\tau_m = \frac{16T_m}{\pi d^3} \tag{15.4}$$

De maneira análoga define-se a tensão equivalente de Von Mises alternada utilizando as componentes alternadas da força normal, do momento fletor e do momento torcedor. Essa tensão é avaliada com a seguinte expressão:

$$\sigma_a' = \sqrt{(K_{fa}\frac{\sigma_{Na}}{K_{ca}} + K_{ff}\sigma_{fa})^2 + 3(K_{fs}\tau_a)^2} \tag{15.5}$$

Note que cada parcela da tensão média e da tensão alternada foram corrigidas com os seus respectivos fatores de concentração de tensão para fadiga. Esta aproximação é válida para materiais dúcteis e quando não ocorre o escoamento no primeiro ciclo de carga. Mais esclarecimentos sobre o uso dos fatores de correção da tensão média foram detalhados por Dowling (2013) considerando o comportamento elástico perfeitamente plástico para prever o escoamento dos materiais (o que também é uma aproximação).

15.2.2 - O LIMITE DE FADIGA

O limite de fadiga para o ponto do eixo em análise pode ser estimado empregando a seguinte equação:

$$S_e \cong S_e{}'\underbrace{k_a k_b k_c k_d k_e}_{\text{fatores de correção}} \tag{15.6}$$

sendo que (S_e') denota o limite de fadiga do corpo de prova e (k_a,k_b,...,k_e) são os fatores de correção para acabamento superficial, tamanho, tipo de carregamento, temperatura e confiabilidade, respectivamente, conforme anteriormente apresentado no Capítulo 2. O limite de fadiga do corpo de prova avaliado normalmente utilizando o ensaio de flexão rotativa e a partir de dados experimentais estima-se que $S_e' = 0{,}504\ \sigma_{ut}$ para aços carbonos (esse valor pode, entretanto, variar de acordo com a microestrutura, com o tratamento térmico, entre outros).

Destes parâmetros de correção apenas o fator de tamanho depende do valor do diâmetro do eixo, sendo que para os eixos rotativos com carregamentos de flexão e de torção o mesmo pode ser avaliado com a seguinte expressão:

$$k_b = \begin{cases} 1{,}24d^{-0{,}107} \Rightarrow 2{,}79 \le d < 51\,\text{mm} \\ 1{,}51d^{-0{,}157} \Rightarrow 51 < d \le 254\,\text{mm} \end{cases} \tag{15.7}$$

Então, fazendo $C = S_e'(k_a)(k_c)(k_d)(k_e)$, a Equação (15.6) também pode ser escrita na forma:

$$S_e \cong CK_b \tag{15.8}$$

15.2.3 - A REGIÃO DE PROJETO

Alguns dos critérios de falha por fadiga e sua respectiva região de projeto estão ilustrados na Tabela 15.1, e na Figura 15.2 é mostrada a interpretação gráfica da linha de falha e da região de projeto para o critério de Gerber, o que também pode ser realizado para outros critérios. Tanto na Tabela 15.1 como na Figura 15.2, o coeficiente de segurança (ou margem de segurança do projeto) é indicado com a letra "n".

15.2.4 - CÁLCULO BASEADO NA FALHA NO PRIMEIRO CICLO DE CARGA

A falha por escoamento no primeiro ciclo de carga é avaliada com o valor da tensão equivalente de Von Mises máxima. Esta tensão é calculada empregando os esforços do estado médio e do estado alternado de tensões e sua expressão corresponde a:

$$\sigma_{max}' = \sqrt{\left[\frac{K_{fa}}{K_{ca}}(\sigma_{Na} + \sigma_{Nm}) + K_{ff}(\sigma_{fm} + \sigma_{fa})\right]^2 + 3\left[K_{fs}(\tau_m + \tau_a)\right]^2} \tag{15.9}$$

ou, ainda:

$$\sigma_{max}' = \sqrt{\left[\frac{4N_{max}K_{fa}}{\pi d^2 K_{ca}} + \frac{32M_{max}K_{ff}}{\pi d^3}\right]^2 + 3\left[\frac{16T_{max}K_{fs}}{\pi d^3}\right]^2} \tag{15.10}$$

Para esse critério, a margem de segurança do projeto é obtida com:

$$n = \frac{\sigma_{esc}}{\sigma_{max}'} \tag{15.11}$$

Tabela 15.1 – Curva de falha e regiões de projeto.

Critério	Curva de falha	Região de projeto
Soderberg	$\frac{\sigma'_a}{S_e} + \frac{\sigma'_m}{\sigma_{esc}} = 1$	$\frac{\sigma'_a}{S_e / n} + \frac{\sigma'_m}{\sigma_{esc} / n} \leq 1$
Goodman Modificado	$\frac{\sigma'_a}{S_e} + \frac{\sigma'_m}{\sigma_{ut}} = 1$	$\frac{\sigma'_a}{S_e / n} + \frac{\sigma'_m}{\sigma_{ut} / n} \leq 1$
Gerber	$\frac{\sigma'_a}{S_e} + \left(\frac{\sigma'_m}{\sigma_{ut}}\right)^2 = 1$	$\frac{\sigma'_a}{S_e / n} + \left(\frac{\sigma'_m}{\sigma_{ut} / n}\right)^2 \leq 1$
Elíptico	$\left(\frac{\sigma'_a}{S_e}\right)^2 + \left(\frac{\sigma'_m}{\sigma_{ut}}\right)^2 = 1$	$\left(\frac{\sigma'_a}{S_e / n}\right)^2 + \left(\frac{\sigma'_m}{\sigma_{ut} / n}\right)^2 \leq 1$

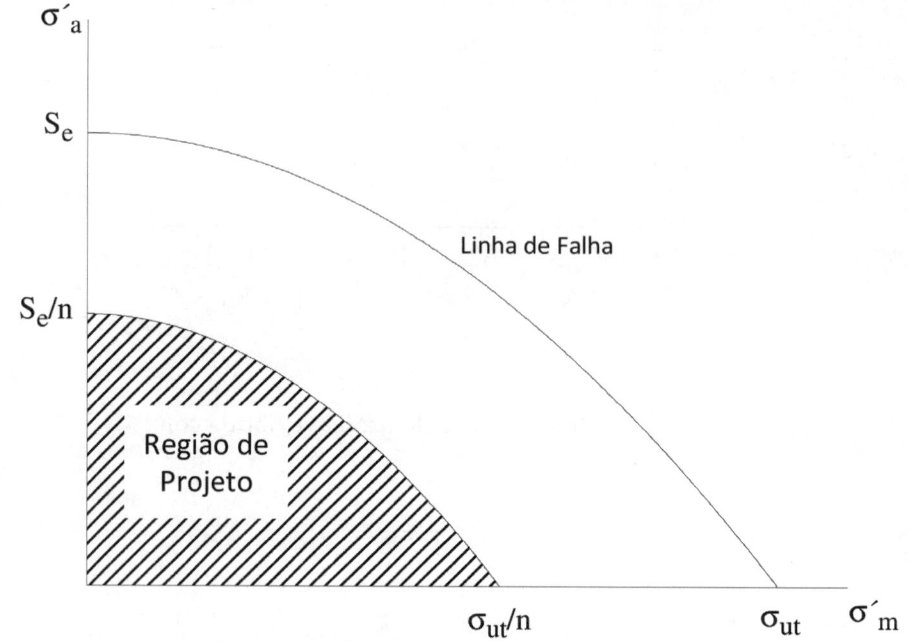

Figura 15.2 – Linha de falha e região de projeto para o critério de Gerber.

15.2.5 - CÁLCULO QUANDO N = 0

Para as situações nas quais a força normal é nula torna-se possível obter a expressão explícita para o cálculo do valor do diâmetro do eixo de acordo com o critério de projeto selecionado. Essas expressões resultam em:

- Critério de Goodman

$$d=\left(\frac{16n}{\pi}\left\{\frac{1}{S_e}\left[4(K_{ff}M_a)^2+3(K_{fs}T_a)^2\right]^{\frac{1}{2}}+\frac{1}{\sigma_{ut}}\left[4(K_{ff}M_m)^2+3(K_{fs}T_m)^2\right]^{\frac{1}{2}}\right\}\right)^{\frac{1}{3}} \quad (15.12)$$

- Critério de Gerber

$$d=\left(\frac{8nA}{\pi S_e}\left\{1+\left[1+\left(\frac{2BS_e}{A\sigma_{ut}}\right)^2\right]^{\frac{1}{2}}\right\}\right)^{\frac{1}{3}} \quad (15.13)$$

com

$$A = \sqrt{4(K_{ff}M_a)^2 + 3(K_{fs}T_a)^2} \tag{15.14}$$

e

$$B = \sqrt{4(K_{ff}M_m)^2 + 3(K_{fs}T_m)^2} \tag{15.15}$$

- Critério Elíptico (ASME)

$$d = \left\{ \frac{16n}{\pi} \left[4\left(\frac{K_{ff}M_a}{S_e}\right)^2 + 3\left(\frac{K_{fs}T_a}{S_e}\right)^2 + 4\left(\frac{K_{ff}M_m}{\sigma_{esc}}\right)^2 + 3\left(\frac{K_{fs}T_m}{\sigma_{esc}}\right)^2 \right]^{\frac{1}{2}} \right\}^{\frac{1}{3}} \tag{15.16}$$

- Critério de Soderberg

$$d = \left(\frac{16n}{\pi} \left\{ \frac{1}{S_e} \left[4(K_{ff}M_a)^2 + 3(K_{fs}T_a)^2 \right]^{\frac{1}{2}} + \frac{1}{\sigma_{esc}} \left[4(K_{ff}M_m)^2 + 3(K_{fs}T_m)^2 \right]^{\frac{1}{2}} \right\} \right)^{\frac{1}{3}} \tag{15.17}$$

15.2.6 - ALGUNS FATORES DE CONCENTRAÇÃO DE TENSÕES COMUNS EM EIXOS

O fator de concentração de tensões para fadiga, "K_f", pode ser avaliado empregando a seguinte expressão:

$$K_f = 1 + q(K_t - 1) \tag{15.18}$$

sendo que "q" denota o fator de sensibilidade ao entalhe e "K_t" é o fator de concentração de tensões estático (dependente apenas da geometria e do tipo de carregamento). Como normalmente os eixos estão carregados com momento fletor, momento torcedor e força axial, o fator "K_f" deve ser calculado para cada tipo de carregamento em separado.

As Figuras 15.3 e 15.4 ilustram os fatores de sensibilidade ao entalhe em função do raio de concordância e do tipo de carregamento, para alguns materiais. Note que quando $r \rightarrow 0$, o valor de "q" também tende a 0 e para $r \geq 4$ mm o valor deste fator é praticamente igual ao obtido quando $r = 4$ mm, pois as curvas apresentam comportamento assintótico.

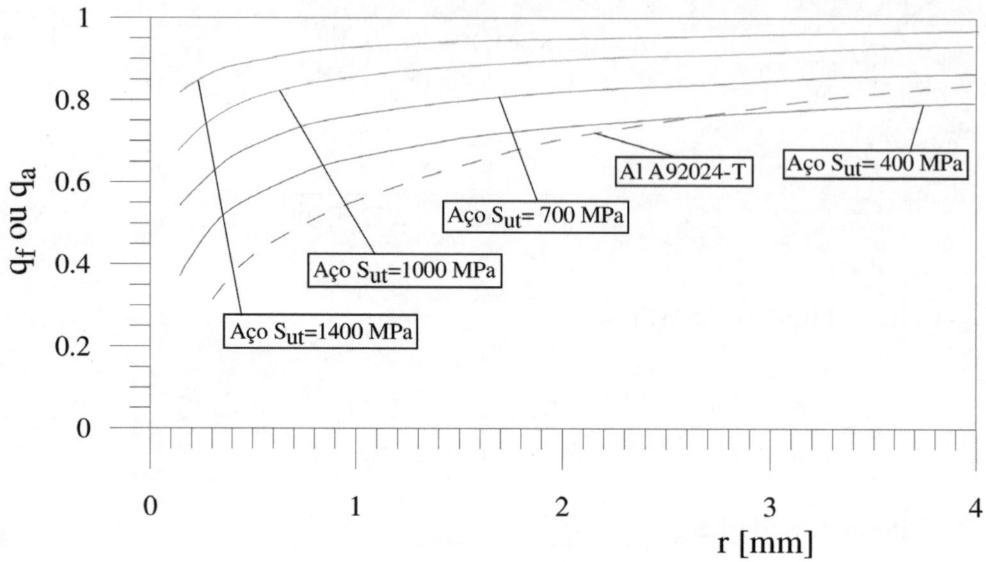

Figura 15.3 – Fator de sensibilidade ao entalhe para flexão e tração reversa - para r > 4,0 mm utilize o valor obtido para r = 4,0 mm. Adaptado a partir de Sines, 1969.

É conhecido da literatura que os ferros fundidos apresentam baixa sensibilidade ao entalhe, sendo comum o valor q = 0,20 como recomendação para projeto.

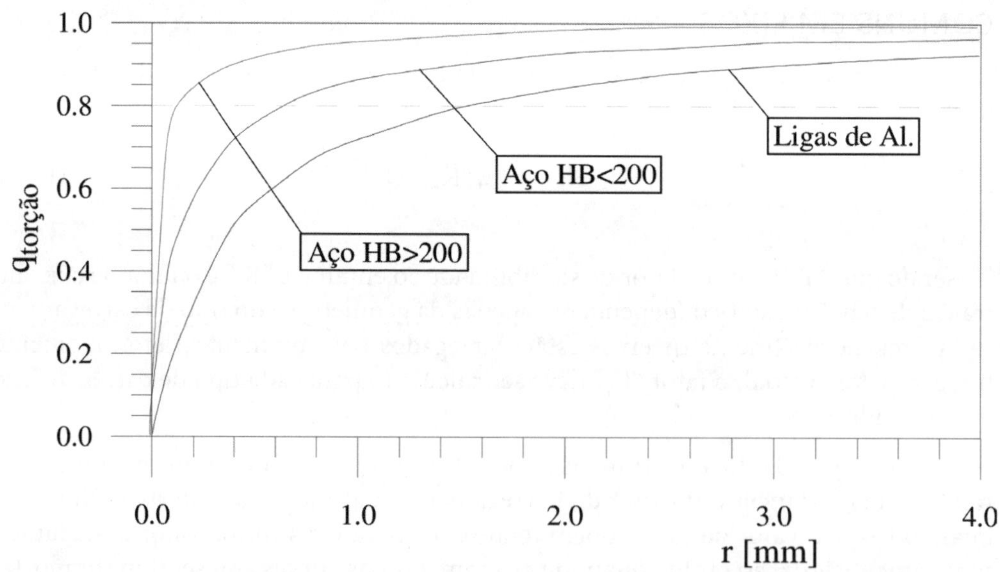

Figura 15.4 – Fator de sensibilidade ao entalhe para torção - para r > 4,0mm utilize o valor obtido para r = 4,0 mm. Adaptado a partir de Sines, 1969.

15.2.6.1 - Os fatores de concentração de tensão para adoçamentos

A Figura 15.5 mostra uma situação típica de montagem de um rolamento em um eixo. Para estes casos é comum encontrar em catálogos de rolamentos a razão "D/d" na faixa (1,2 ≤ D/d ≤ 1,5), sendo que em uma primeira aproximação de projeto recomenda-se o uso da pior situação para obtenção dos fatores de concentração de tensão, isto é, (D/d = 1,5). O raio de concordância é a outra dimensão necessária para determinar o valor dos fatores de concentração de tensão, sendo que nos rolamentos a razão "r/d" normalmente é encontrada na faixa (0,02 ≤ r/d ≤ 0,06).

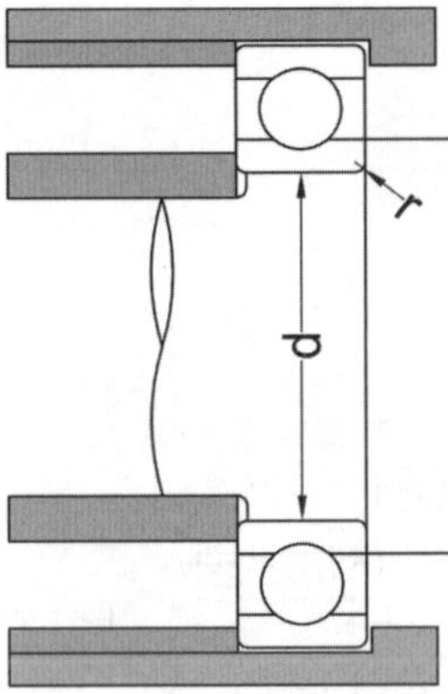

Figura 15.5 – Geometria do eixo com rolamento.

As Figuras 15.6, 15.7 e 15.8 ilustram os fatores de concentração de tensão para carregamentos axiais, de flexão e de torção, respectivamente.

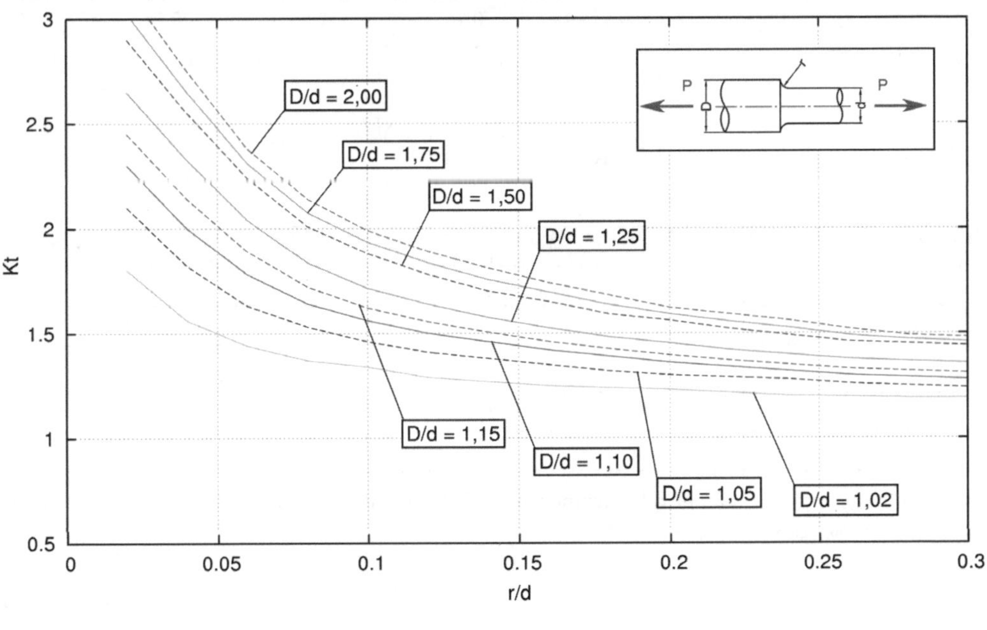

$$K_{ta} = a\left(\frac{r}{d}\right) + b\left(\frac{r}{d}\right)^{c}$$

D/d	a	b	c
1,50	0,9619	0,7169	-0,3969
1,10	0,6874	0,7619	-0,2920
1,05	09143	0,6927	-0,2953
1,02	0,8089	0,7011	-0,2491

Figura 15.6 – Redução de diâmetro (adoçamento) em tração. Adaptado a partir de Walter D. Pilkey e Deborah F. Pilkey, 2008.

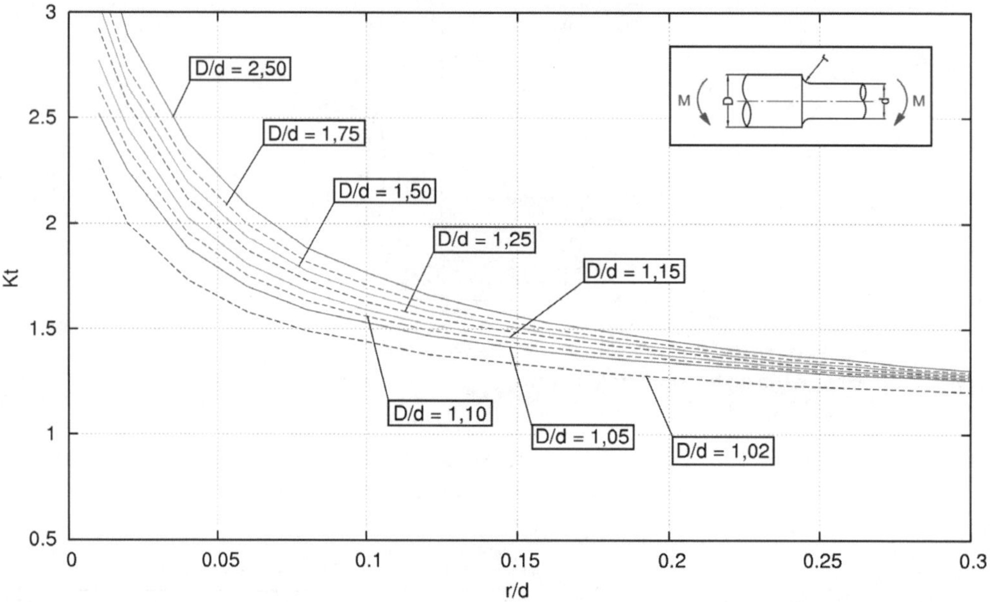

$$K_{tf} = a\left(\frac{r}{d}\right) + b\left(\frac{r}{d}\right)^{c}$$

D/d	a	b	c
3,00	0,1509	0,8244	-0,3390
1,50	0,5195	0,7646	-0,3277
1,10	0,2052	0,8777	-0,2535
1,05	0,2615	0,8525	-0,2482
1,02	0,3308	0,8367	-0,2255

Figura 15.7 – Redução de diâmetro (adoçamento) em flexão. Adaptado a partir de Walter D. Pilkey e Deborah F. Pilkey, 2008.

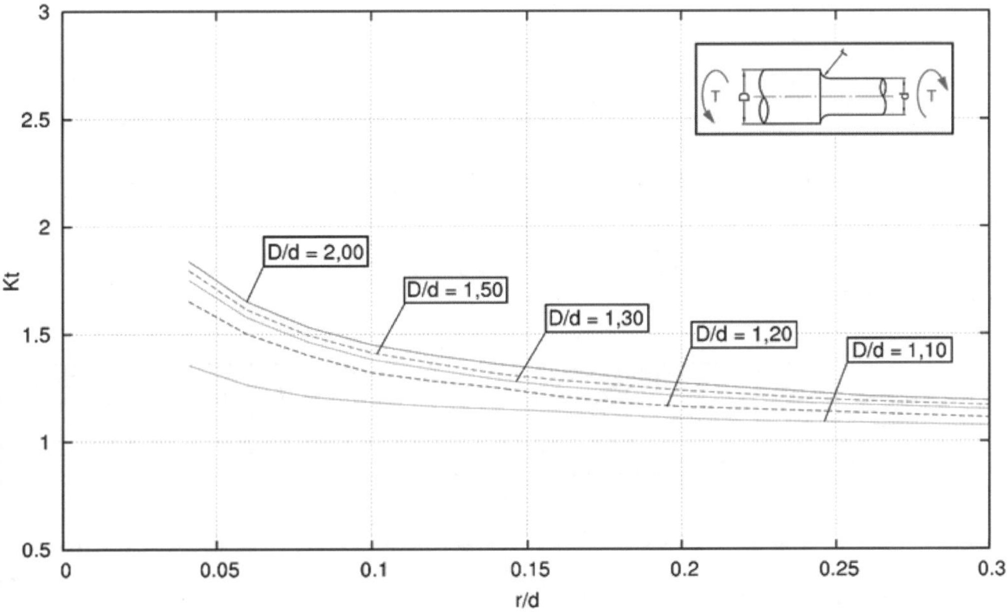

$$K_{ts} = a\left(\frac{r}{d}\right) + b\left(\frac{r}{d}\right)^{c}$$

D/d	a	b	c
2,00	0,5312	0,6968	-0,3034
1,33	0,5273	0,6967	-0,2890
1,20	0,4595	0,6766	-0,2790
1,09	1,0612	0,5709	-0,2586

Figura 15.8 – Redução de diâmetro (adoçamento) em torção. Adaptado a partir de Walter D. Pilkey e Deborah F. Pilkey, 2008.

Shigley e Mischke (2001) também apresentam expressões matemáticas baseadas nos trabalhos de Tipton et al.(1996) e Rolovic et al. (2000) para o cálculo dos fatores de concentração de tensões em adoçamentos. Essas expressões são, evidentemente, mais convenientes para o caso de programação e são dadas por:

$$K_{ta} = 0,493 + 0,48\left(\frac{D}{d}\right)^{-2.43} + \left(\frac{r}{d}\right)^{-0.48}\sqrt{\frac{3,43 - 3,41(D/d)^2 - 0,0232(D/d)^4}{1 - 8,85(D/d)^2 - 0,078(D/d)^4}} \quad (15.19)$$

$$K_{ts} = 0,78 + 0,2\left(\frac{D}{d}\right)^{-10} + \left(\frac{r}{d}\right)^{-0.46}\sqrt{\frac{0,002 - 0,125(D/d)^2 + 0,123(D/d)^4}{1 - 2,75(D/d)^2 + 2,55(D/d)^4}} \quad (15.20)$$

$$K_{tf} = 0,632 + 0,377\left(\frac{D}{d}\right)^{-4.4} + \left(\frac{r}{d}\right)^{-0.5}\sqrt{\frac{-0,14 - 0,363(D/d)^2 + 0,503(D/d)^4}{1 - 2,39(D/d)^2 + 3,368(D/d)^4}} \quad (15.21)$$

Quando necessário, Budynas e Nisbett (2006) sugerem ainda o uso dos fatores de concentração de tensão, "K_t", da Tabela 15.2.

Tabela 15.2 – Estimativa inicial para os fatores de concentração de tensão. Adaptado a partir de Budynas e Nisbett, 2006.

Tipo de geometria	flexão	torção	axial
Raio de adoçamento pequeno, r/d = 0,02	2.7	2.2	3.0
Raio de adoçamento grande, r/d = 0,1	1.7	1.5	1.9
Rasgo de chaveta (fresa de topo e r/d = 0,02)	2.2	3.0	-
Rasgo de chaveta (fresa disco)	1.7	-	-
Rasgo para anel de retenção	5.0	3.0	5.0

15.2.6.2 - A concentração de tensões em chavetas

Alguns tipos comuns de chavetas estão ilustrados na Figura 15.9. As chavetas normalmente são fabricadas com aço baixo carbono, porém podem ser tratadas termicamente quando necessário.

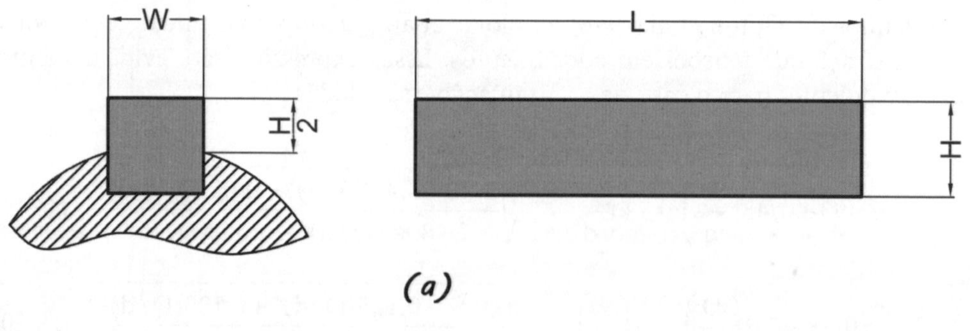

(a)

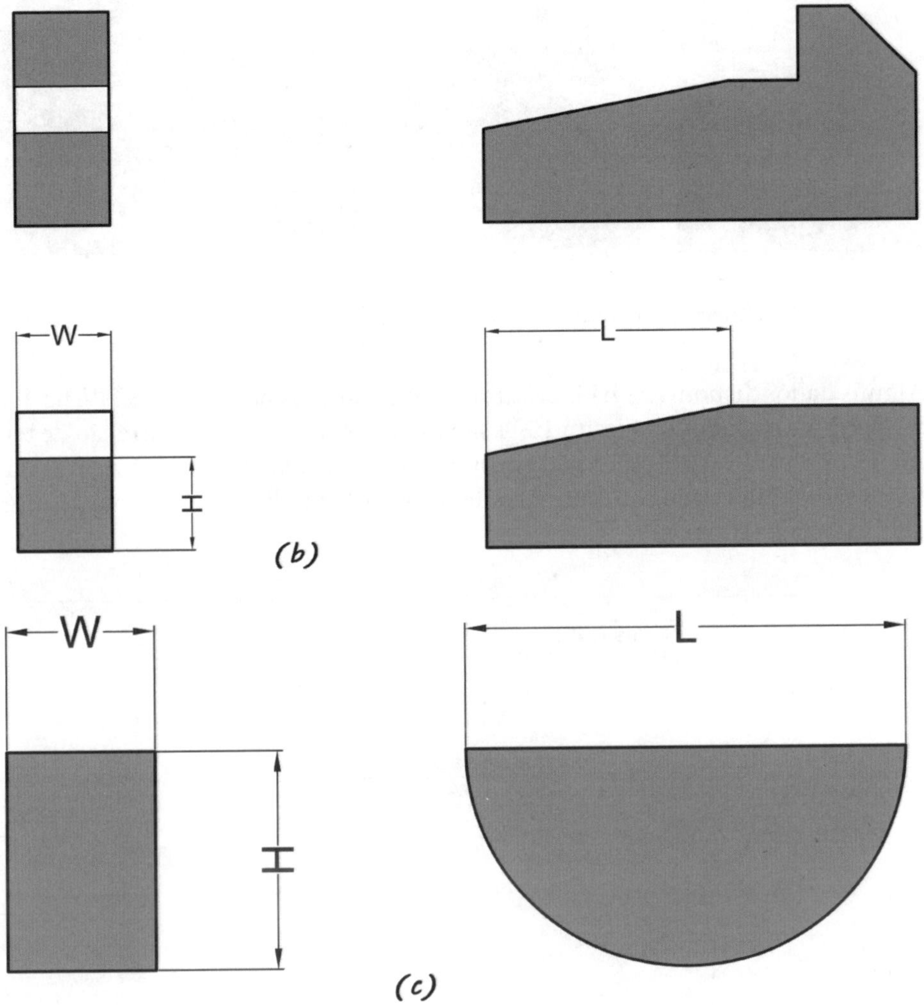

Figura 15.9 – Alguns tipos de chavetas. (a) Chaveta paralela, (b) chavetas cônicas (quilha e plana), (c) chaveta Woodruff.

É comum encontrar eixos e cubos com falhas iniciando nos rasgos de chaveta, conforme Figura 15.10, sendo a principal razão para tal ocorrência são os pequenos raios de arredondamento da extremidade da chaveta ou cantos vivos.

Embora as chavetas sejam muito comuns para transmitir torque de eixos para cubos (engrenagens, polias, etc.), as tensões atuantes no eixo, na posição dos rasgos da chaveta, são complexas e dependem das folgas, dos ajustes de montagem e da elasticidade dos materiais do conjunto (eixo, chaveta e cubo). Assim, a avaliação do fator de concentração de tensões para os rasgos de chaveta também não é uma tarefa muito simples.

Figura 15.10 – Falhas (trincas) por fadiga com início na extremidade da chaveta Woodruff e no cubo.

Alguns dados disponíveis na literatura estão ilustrados na Figura 15.11 e na Tabela 15.3. Note que os dados da Figura 15.11 são para os fatores de concentração de tensão geométricos e para rasgos de chavetas usinados com fresa de topo. Os valores da Tabela 15.3 são os fatores de concentração de tensão para fadiga e foram citados por Juvinall e Marshek (2008).

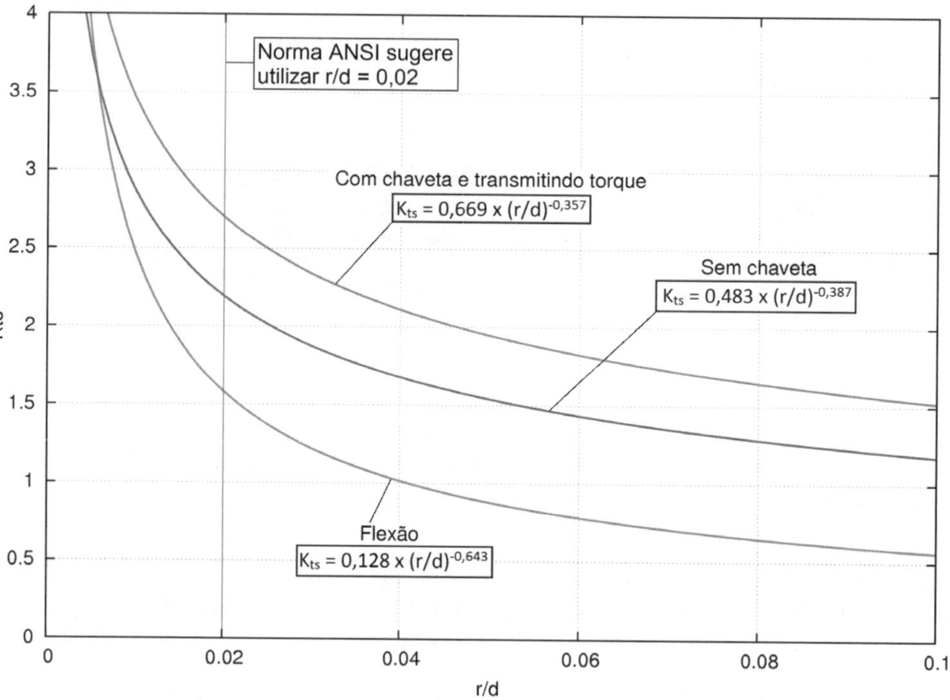

Figura 15.11 – Fatores de concentração de tensão para eixos com rasgos de chaveta (fresa de topo). Adaptado a partir de Peterson, 1974.

Tabela 15.3 – Fatores de concentração de tensões para fadiga de eixos com rasgos de chaveta. Adaptado a partir de Madayag, 1969.

Usinagem		Fresa de disco	Fresa de topo	
Carregamento	**flexão**	**torção**	**flexão**	**torção**
aço HB < 200	1,3	1,3	1,6	1,3
aço HB > 200	1,6	1,6	2,0	1,6

Neste livro são adotados os valores $K_{fs} = K_{ff} = 3$ para chavetas. Embora estes valores sejam conservadores com relação aos valores da Tabela 15.3, o leitor deve lembrar que o cálculo das tensões nas extremidades das chavetas é um problema complicado e depende de muitas variáveis. Além disso, as tensões de flexão e torção são inversamente proporcionais a "d^3" e a diferença entre avaliar as tensões com $K_f = 2$ e $K_f = 3$ é em torno de 15% apenas ($2^{1/3} = 1,26$ e $3^{1/3} = 1,44$).

15.2.6.3 - A concentração de tensões em furos passantes (pinos)

Nas Figuras 15.12 e 15.13 estão ilustrados os fatores de concentração de tensões para furos passantes. Esses furos são utilizados normalmente para a inserção de pinos que podem ser utilizados para a transmissão do torque, da força axial e também para o posicionamento axial de algum componente no eixo.

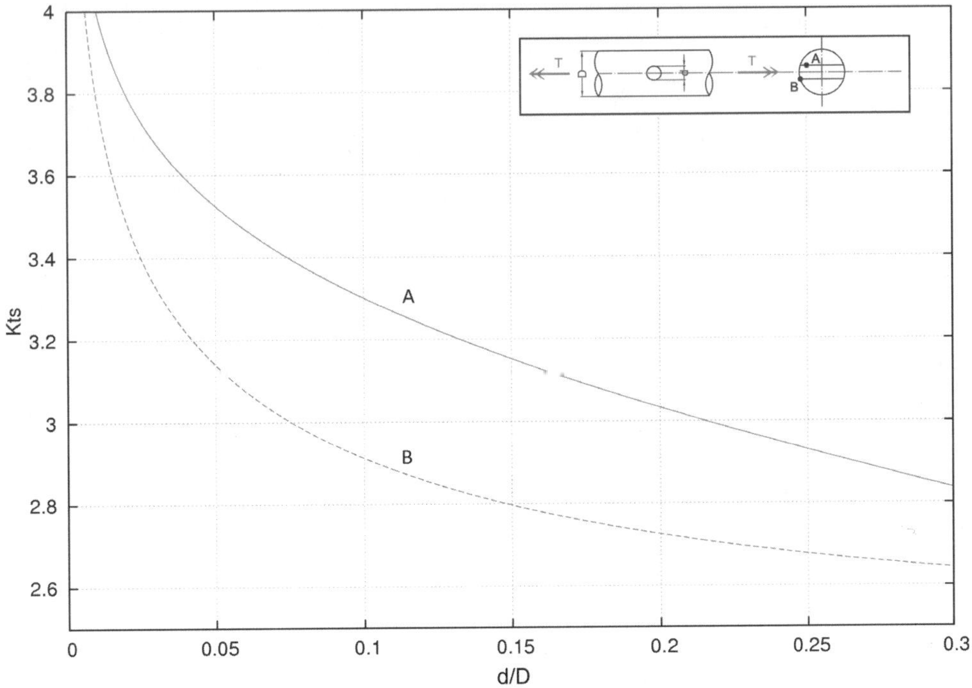

$$K_{ts} = a\left(\frac{d}{D}\right) + b\left(\frac{d}{D}\right)^{c}$$

Ponto	a	b	c
A	-1,0423	2,8898	-0,07131
B	0,4350	2,1734	-0,12051

Figura 15.12 – Eixo com furo passante com carregamento de torção. Adaptado a partir de Walter D. Pilkey e Deborah F. Pilkey, 2008.

15.2.6.4 - A concentração de tensões em entalhes semicirculares

Os fatores de concentração de tensões para entalhes semicirculares para os esforços axiais, de flexão e de torção estão ilustrados nas Figuras 15.14, 15.15 e 15.16, respectivamente.

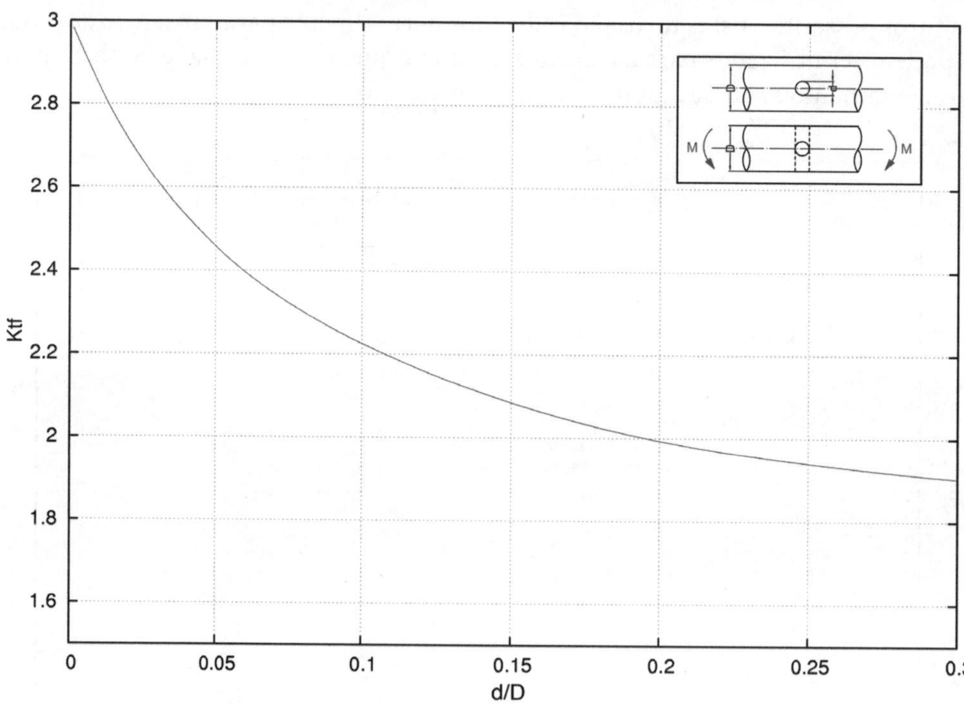

$$K_{tf} = 3 - 17{,}228\left(\frac{d}{D}\right) + 178{,}794\left(\frac{d}{D}\right)^{2} - 1256{,}512\left(\frac{d}{D}\right)^{3} + 5188{,}40\left(\frac{d}{D}\right)^{4} - 11202{,}57\left(\frac{d}{D}\right)^{5} + 9743{,}38\left(\frac{d}{D}\right.$$

Figura 15.13 – Eixo com furo passante com carregamento de flexão. Adaptado a partir de Walter D. Pilkey e Deborah F. Pilkey, 2008.

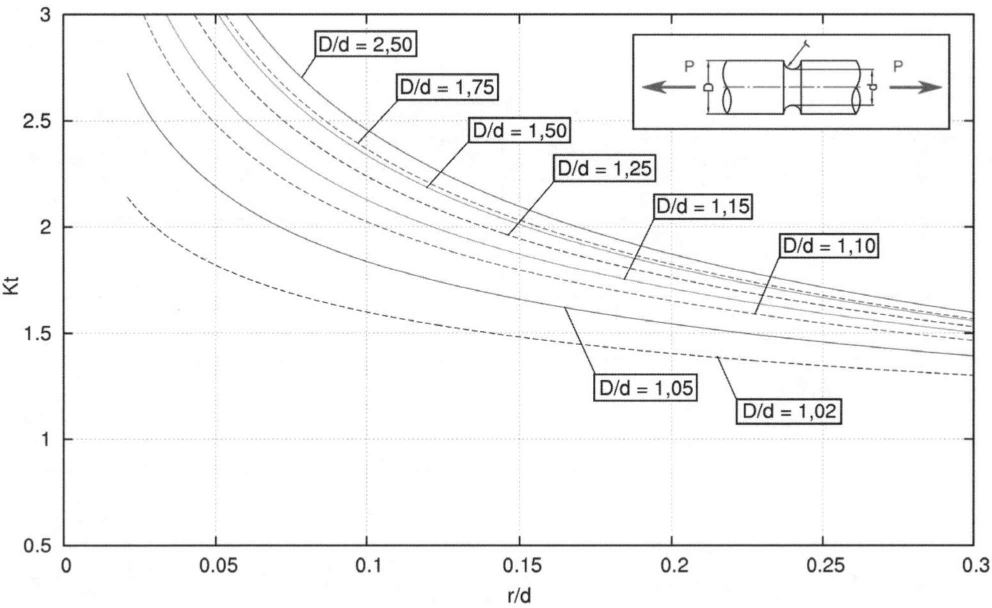

$$K_{ta} = a\left(\frac{r}{d}\right) + b\left(\frac{r}{d}\right)^{c}$$

D/d	a	b	c
1,50	0,5244	0,8778	-0,4127
1,15	0,4245	0,9426	-0,3421
1,05	0,5930	0,8918	-0,2952
1,02	0,8138	0,8231	-0,2618

Figura 15.14 – Eixo com entalhe semicircular em tração. Adaptado a partir de Walter D. Pilkey e Deborah F. Pilkey, 2008.

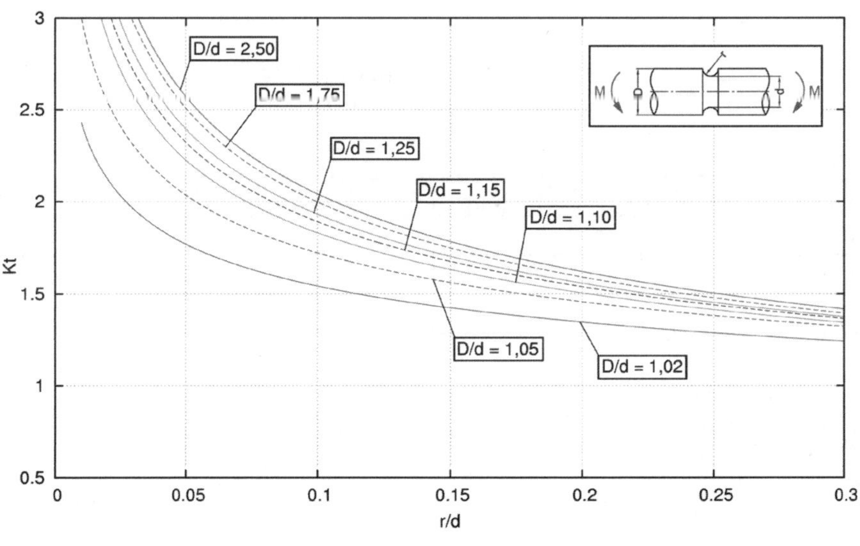

$$K_{tf} = a\left(\frac{r}{d}\right) + b\left(\frac{r}{d}\right)^{c}$$

D/d	a	b	c
1,50	0,6757	0,7985	-0,3758
1,05	0,8179	0,7658	-0,3283
1,02	0,6567	0,8125	-0,2569

Figura 15.15 – Eixo com entalhe semicircular em flexão. Adaptado a partir de Walter D. Pilkey e Deborah F. Pilkey, 2008.

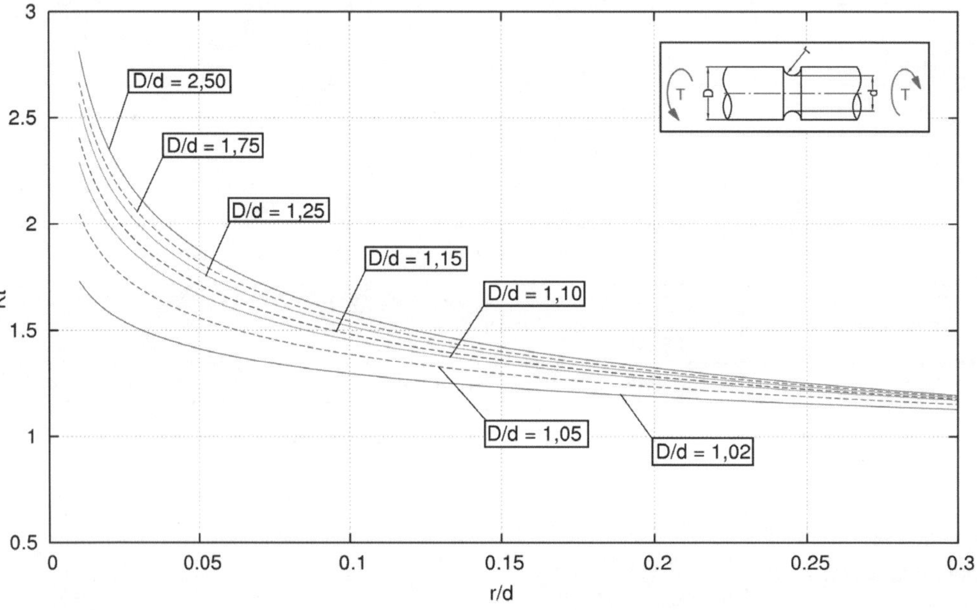

$$K_{ts} = a\left(\frac{r}{d}\right) + b\left(\frac{r}{d}\right)^{c}$$

D/d	a	b	c
1,30	0,8097	0,6822	-0,3138
1,05	0,8309	0,7204	-0,2418
1,02	0,7285	0,7625	-0,1923

Figura 15.16 – Eixo com entalhe semicircular em torção. Adaptado a partir de Walter D. Pilkey e Deborah F. Pilkey (2008).

15.2.7 - O processo iterativo de cálculo

Na Figura 15.17 é descrito um processo iterativo utilizado para cálculo do diâmetro do eixo no ponto em análise. Normalmente, a convergência deste processo é bastante rápida e o resultado final é alcançado com três ou quatro iterações.

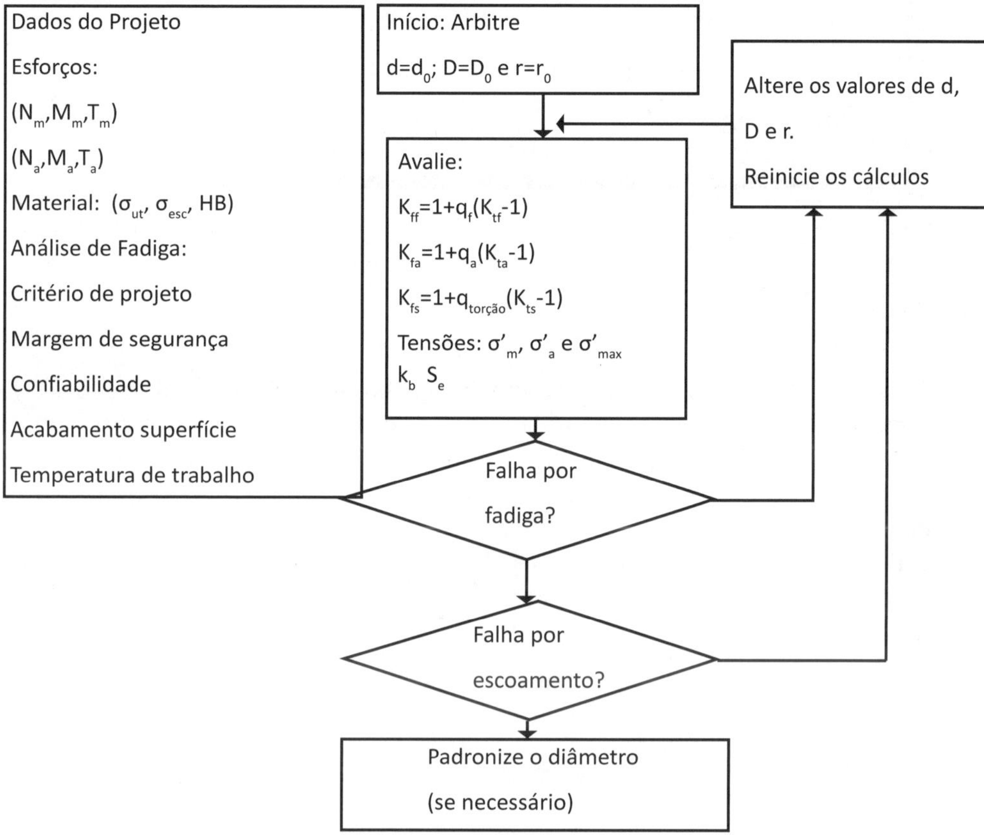

Figura 15.17 – Fluxograma do processo iterativo de cálculo do diâmetro.

15.3. CÁLCULO DOS DESLOCAMENTOS E ROTAÇÕES

Mesmo utilizando o Teorema de Castigliano, determinar os deslocamentos dos pontos de fixação das engrenagens e dos apoios para eixos com muitos escalonamentos pode tornar-se trabalhoso e inclusive tedioso. Um enfoque interessante para contornar essas situações é empregar o Método dos Elementos Finitos para estes cálculos. Nesse método o problema é resolvido localmente para um pequeno elemento do eixo e depois todos os elementos são acoplados utilizando as condições de compatibilidade nas extremidades dos elementos (equilíbrio de forças e momentos).

Considere um "elemento" de eixo de comprimento L com EI constante e com forças e momentos fletores nas suas extremidades (nós), como ilustrado na Figura 15.18. Note que o sentido das forças e momentos corresponde ao sentido positivo do deslocamento na direção "y" e rotação positiva na direção "z".

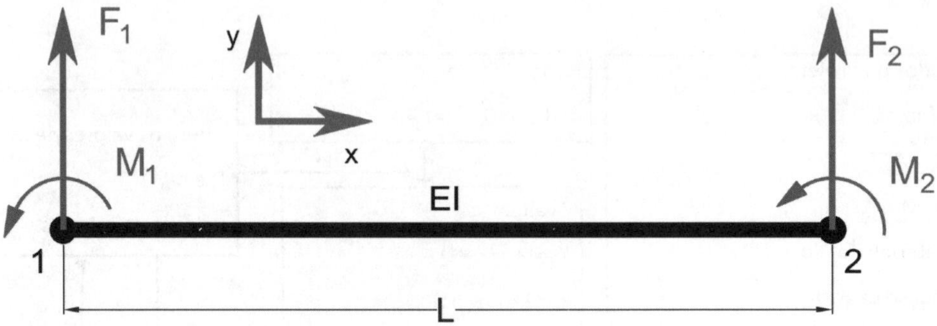

Figura 15.18 – Elementos de eixo com carregamento.

O deslocamento (y_1) e a rotação (θ_1) do ponto 1 (também chamado de nó local 1) - (y_1, θ_1), podem ser calculados utilizando o Teorema de Castigliano (TC) considerando apenas a contribuição da flexão na energia de deformação do elemento. A Figura 15.19 mostra a origem do **sistema local** de coordenadas (x = 0 no nó local 1) e a partir do equilíbrio estático do elemento é obtida a expressão para M(x) e de suas derivadas $\partial M(x)/aF_1$ e $\partial M(x)/\partial M_1$. Essas expressões são necessárias para obter o valor do deslocamento e da rotação do nó local 1 com o uso do TC, sendo "y_1" e "θ_1" calculados da seguinte maneira:

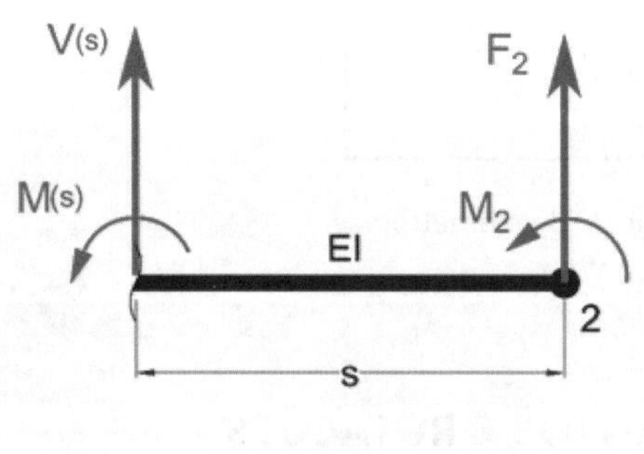

$$M(x) = F_1 x - M_1$$

$$\frac{\partial M(x)}{\partial F_1} = x$$

$$\frac{\partial M(x)}{\partial M_1} = -1$$

Figura 15.19 – Equilíbrio a partir do nó 1.

$$y_1 = \int_0^L \frac{M(x)}{EI}\frac{\partial M(x)}{\partial F_1}dx = \int_0^L \frac{F_1 x - M_1}{EI} x dx = \frac{F_1 L^3}{3EI} - \frac{M_1 L^2}{2EI} \tag{15.22}$$

$$\theta_1 = \int_0^L \frac{M(x)}{EI}\frac{\partial M(x)}{\partial M_1}dx = \int_0^L \frac{F_1 x - M_1}{EI}(-1)dx = -\frac{F_1 L^2}{2EI} + \frac{M_1 L}{EI} \tag{15.23}$$

Essas equações podem ser convenientemente reescritas na forma matricial, ou seja:

$$\begin{Bmatrix} y_1 \\ \theta_1 \end{Bmatrix} = \frac{L}{EI}\begin{bmatrix} L^2/3 & -L/2 \\ -L/2 & 1 \end{bmatrix}\begin{Bmatrix} F_1 \\ M_1 \end{Bmatrix} \tag{15.24}$$

Invertendo-se ainda essa relação é possível expressar os valores de "F_1" e "M_1" em função de "y_1" e "θ_1", ou seja:

$$\begin{Bmatrix} F_1 \\ M_1 \end{Bmatrix} = \frac{EI}{L^3}\begin{bmatrix} 12 & 6L \\ 6L & 4L^2 \end{bmatrix}\begin{Bmatrix} y_1 \\ \theta_1 \end{Bmatrix} \tag{15.25}$$

De maneira análoga, o deslocamento (y_2) e a rotação (θ_2) do ponto 2 **(nó local 2)** também são calculados utilizando o mesmo teorema e o sistema de coordenadas definido a partir do nó 2. Para a situação mostrada na Figura 15.20 e utilizando as expressões para M(s) e suas derivadas $\partial M(s)/\partial F_2$ e $\partial M(s)/\partial M2$, obtém-se:

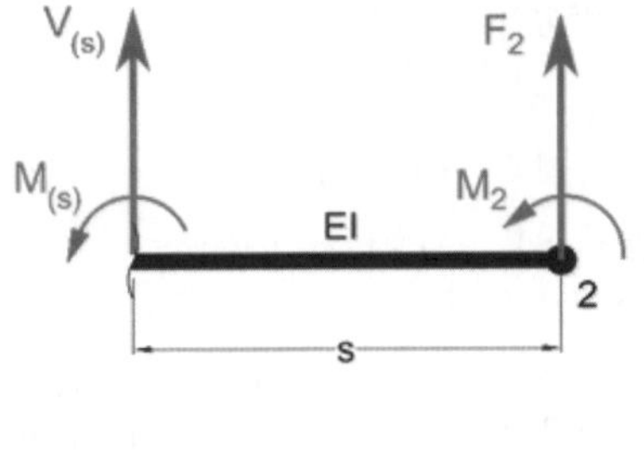

$$M(s) = -F_2 s - M_2$$

$$\frac{\partial M(s)}{\partial F_s} = -s$$

$$\frac{\partial M(s)}{\partial M_s} = -1$$

Figura 15.20 – Equilíbrio a partir do nó 2.

$$y_2 = \int_0^L \frac{M(s)}{EI}\frac{\partial M(s)}{\partial F_2} ds = \int_0^L \frac{-F_2 s - M_2}{EI}(-s) ds = \frac{F_2 L^3}{3EI} + \frac{M_2 L^2}{2EI} \tag{15.26}$$

e

$$\theta_2 = \int_0^L \frac{M(s)}{EI}\frac{\partial M(s)}{\partial M_2} ds = \int_0^L \frac{-F_2 s - M_2}{EI}(-1) ds = +\frac{F_2 L^2}{2EI} + \frac{M_2 L}{EI} \tag{15.27}$$

Novamente, "y_2" e "θ_2" podem ser relacionados com "F_2" e "M_2" da seguinte forma:

$$\begin{Bmatrix} y_2 \\ \theta_2 \end{Bmatrix} = \frac{L}{EI}\begin{bmatrix} L^2/3 & L/2 \\ L/2 & 1 \end{bmatrix}\begin{Bmatrix} F_2 \\ M_2 \end{Bmatrix} \tag{15.28}$$

Invertendo novamente essa relação, obtém-se:

$$\begin{Bmatrix} F_2 \\ M_2 \end{Bmatrix} = \frac{EI}{L^3}\begin{bmatrix} 12 & -6L \\ -6L & 4L^2 \end{bmatrix}\begin{Bmatrix} y_2 \\ \theta_2 \end{Bmatrix} \tag{15.29}$$

As relações entre os esforços "F_1" e "M_1" com os esforços "F_2" e "M_2" são obtidas utilizando as equações do equilíbrio estático do elemento. Considerando o nó 1 como ponto de referência para cálculo dos momentos resulta:

$$\sum M = 0 \rightarrow M_1 = -M_2 - F_2 L \tag{15.30}$$

e do equilíbrio de forças tem-se:

$$\sum F = 0 \rightarrow F_1 = -F_2 \tag{15.31}$$

Na forma matricial essas equações podem ser escritas como sendo:

$$\begin{Bmatrix} F_1 \\ M_1 \end{Bmatrix} = \begin{bmatrix} -1 & 0 \\ -L & -1 \end{bmatrix}\begin{Bmatrix} F_2 \\ M_2 \end{Bmatrix} = \frac{EI}{L^3}\begin{bmatrix} -12 & 6L \\ -6L & 2L^2 \end{bmatrix}\begin{Bmatrix} y_2 \\ \theta_2 \end{Bmatrix} \tag{15.32}$$

A partir das equações de equilíbrio, Equações (15.30) e (15.31), podem-se também obter as relações entre a força e o momento do nó 2 com os deslocamentos do nó 1. Essa relação vale:

$$\begin{Bmatrix} F_2 \\ M_2 \end{Bmatrix} = \begin{bmatrix} -1 & 0 \\ L & -1 \end{bmatrix}\begin{Bmatrix} F_1 \\ M_1 \end{Bmatrix} = \frac{EI}{L^3}\begin{bmatrix} -12 & -6L \\ 6L & 2L^2 \end{bmatrix}\begin{Bmatrix} y_1 \\ \theta_1 \end{Bmatrix} \tag{15.33}$$

Agrupando as Equações (15.24), (15.28), (15.32) e (15.33) em uma única equação obtém-se a matriz de rigidez do elemento que relaciona os deslocamentos com as forças em cada nó do elemento, isto é:

$$[K]\{q\} = \frac{EI}{L^3}\begin{bmatrix} 12 & 6L & -12 & 6L \\ & 4L^2 & -6L & 2L^2 \\ & & 12 & -6L \\ \text{sim.} & & & 4L^2 \end{bmatrix}\begin{Bmatrix} y_1 \\ \theta_1 \\ y_2 \\ \theta_2 \end{Bmatrix} = \begin{Bmatrix} F_1 \\ M_1 \\ F_2 \\ M_2 \end{Bmatrix} \tag{15.34}$$

A compatibilidade entre os elementos (equilíbrio nos nós) é detalhada no Exemplo Resolvido 15.2.

15.3.1 - CRITÉRIOS DE RIGIDEZ

Alguns limites máximos para deslocamento e inclinação do eixo onde são posicionados rolamentos e engrenagens estão mostrados na Tabela 15.4. Os valores mostrados nessa tabela foram citados por Budynas e Nisbett (2006) e extraídos do católogo geral de rolamentos da NSK. Após a seleção dos rolamentos do eixo é recomendável verificar nos catálogos correspondentes se a rotação do eixo é inferior ao valor recomendado pelo fabricante.

Tabela 15.4 – Limites recomedados para projeto. Adaptado a partir de Budynas e Nisbett, 2006.

θ	Rolamento de rolo cônico	0,0005-0,0012 rad
	Rolamento de rolo cilíndrico	0,0008-0,0012 rad
	Rolamento fixo de esferas	0,0001-0,0030 rad
	Rolamento autocompensador de esferas	0,07-0,12 rad
	Rolamento autocompensador de rolos	0,0175-0,0436 rad
	Engrenagem dentes retos sem coroamento	< 0,0005 rad
Δ	Engrenagem dentes retos com P ≤ 10	0,010 in
	Engrenagem dentes retos com 11 ≤ P ≤ 19	0,005 in
	Engrenagem dentes retos com 20 ≤ P ≤ 50	0,003 in

15.4. O CONCEITO DE VELOCIDADE CRÍTICA E SUA AVALIAÇÃO

O equilíbrio de forças para o sistema massa-mola ilustrado na Figura 15.21 pode ser escrito como sendo:

$$\underbrace{m\ddot{x}(t)}_{\text{forca de inercia}} + \underbrace{kx(t)}_{\text{forca elastica}} = \underbrace{f_0 \cos(\omega t)}_{\text{forca externa}} \tag{15.35}$$

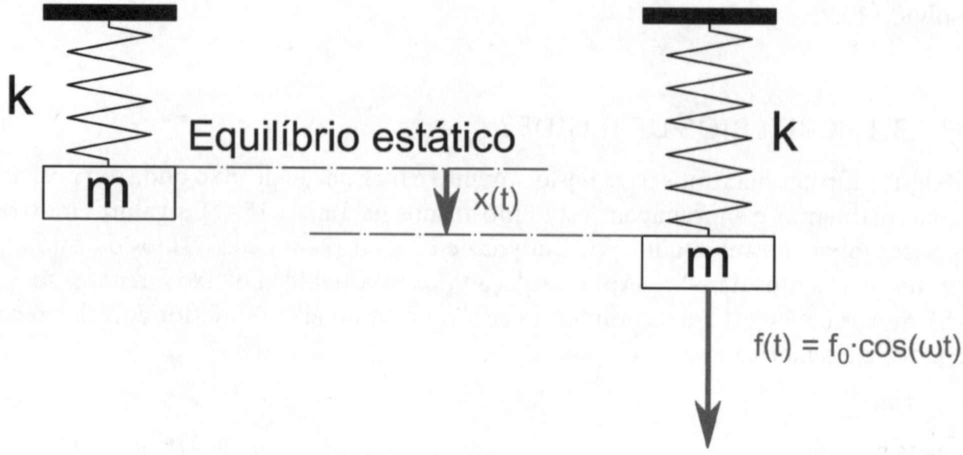

Figura 15.21 – Sistema massa-mola com força harmônica.

Admitindo que a solução x(t) para a equação de equilíbrio é do tipo $x(t)=x_0 \cos(\omega t)$ e substituindo esse valor na equação anterior resulta:

$$-m\omega^2 x_0 \cos(\omega t) + k x_0 \cos(\omega t) = f_0 \cos(\omega t) \tag{15.36}$$

Como esta equação deve ser válida para qualquer instante de tempo, a amplitude do movimento x_0 é igual a:

$$x_0 = \frac{f_0}{k - m\omega^2} = \frac{f_0 / k}{\left(1 - \omega^2 m / k\right)} = \frac{f_0 / k}{1 - (\omega / \omega_n)^2} \tag{15.37}$$

Note que existe um valor de ω para o qual $x_0 \rightarrow \infty$. Esse valor é conhecido como frequência natural e para esse sistema vale $\omega_n=(k/m)^{0,5}$. A **frequência natural** também é conhecida como frequência crítica e o seu valor não depende da força externa. Quando $\omega < \omega_n$, o valor de x_0 possui o mesmo sinal que f_0 e afirma-se que a força e o deslocamento estão **em fase**. Para $\omega > \omega_n$, este comportamento é o oposto e a força e o deslocamento estão **fora de fase**.

15.4.1 - A ESTIMATIVA DAS FREQUÊNCIAS CRÍTICAS PARA EIXOS

Quando a geometria é simples, isto é, o eixo possui diâmetro constante, é simplesmente apoiado nos dois extremos e também não possui nenhuma outra massa acoplada, sua velocidade crítica é dada por:

$$\omega_1 = \left(\frac{\pi}{L}\right)^2 \sqrt{\frac{gEI}{A\gamma}} \quad \text{[rad/s]} \tag{15.38}$$

sendo que "I" é o momento de inércia e "γ" é o peso específico do material.

Para as situações aonde existem diversas massas acopladas ao eixo (engrenagens, polias, etc.) o método de Rayleigh pode ser utilizado para avaliar a sua frequência crítica mediante a seguinte expressão:

$$\omega_1 \cong \sqrt{\frac{g\sum W_i y_i}{\sum W_i y_i^2}} \quad \text{[rad/s]} \tag{15.39}$$

sendo que "y_i" indica o deslocamento do ponto "i" e "W_i" é a massa do componente acoplado neste ponto.

Os eixos escalonados podem ser divididos em segmentos com diâmetro constante e o peso de cada segmento pode posicionado no seu centroide, para avaliar a sua linha elástica. Após esta etapa, a Equação (15.39) pode ser utilizada para estimar a sua velocidade crítica. No Exemplo Resolvido 15.3 é ilustrado esse procedimento de cálculo.

15.5. PROBLEMAS RESOLVIDOS

5.1 - O eixo ilustrado na Figura 15.22 possui uma polia com D = 12" e um pinhão de dentes retos com diâmetro primitivo de 5". Determine o diâmetro do eixo para vida infinita, considerando que a polia e o pinhão são fixados ao eixo mediante a utilização de chavetas. Utilize nos cálculos o critério de Gerber e coeficiente de segurança em torno de 2,5 para vida infinita. Dados: material do eixo = aço 1045 estirado a frio (σ_{ut} = 91 kpsi e σ_{esc} = 77 kpsi). Estimar uma confiabilidade de 50% e acabamento superficial usinado

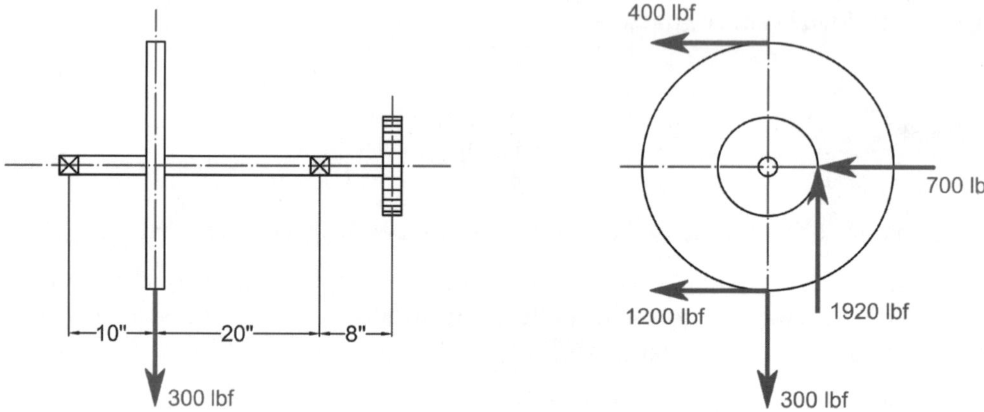

Figura 15.22 – Problema Resolvido 5.1.

Solução:

Uma das maneiras mais simples para avaliar os pontos críticos de projeto do eixo é transferir as cargas que atuam nas engrenagens para o eixo e construir o seu diagrama de corpo livre. O torque, T, mostrado no DCL da Figura 15.23 foi calculado utilizando o produto da força tangencial (1920 lbf) pelo raio primitivo da engrenagem, T = 1920 x 2,5 = 4800 lbf.in. Note que o torque transmitido na polia tem a mesma magnitude, (1200-400)x6 = 4800 lbf.in, porém com sentido contrário ao torque transmitido pela engrenagem.

Do equilíbrio estático dos momentos em relação ao ponto 0 tem-se:

$$\sum M = \begin{vmatrix} i & j & k \\ 10 & 0 & 0 \\ 0 & -300 & 1600 \end{vmatrix} + \begin{vmatrix} i & j & k \\ 30 & 0 & 0 \\ 0 & R_{Ay} & R_{Az} \end{vmatrix} + \begin{vmatrix} i & j & k \\ 38 & 0 & 0 \\ 0 & 1920 & 700 \end{vmatrix} = (0,0,0)$$

resultando em:

j: $-10\times1600-30\times R_{Az}-38\times700=0 \rightarrow R_{Az} = -1420$ lbf

k: $-10\times300+30\times R_{Ay}+38\times1920=0 \rightarrow R_{Ay} = -2332$ lbf

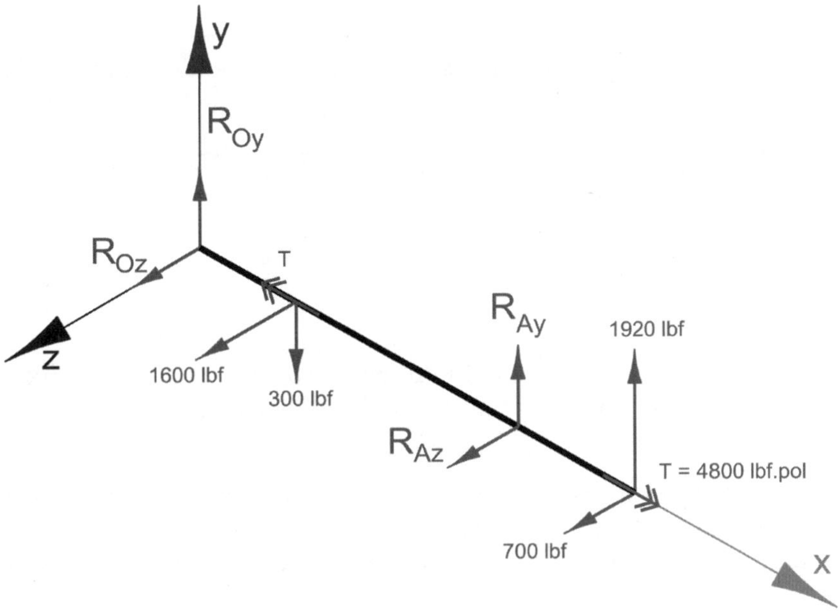

Figura 15.23- Diagrama de corpo livre do eixo, DCL.

Do equilíbrio estático de forças, Σ F = 0, determina-se as reações na origem, isto é:

R_{Oy}-300-2332+1920=0 → R_{Oy} = 712 lbf

R_{Oz}+1600-1420+700=0 → R_{Oz} = -880 lbf

Como o diagrama de flexão é linear (todas as forças que atuam no eixo são concentradas), os prováveis pontos críticos de projeto desse eixo são os pontos onde estão fixadas a polia, a engrenagem e no mancal intermediário. Para eixos com secções circulares (mesmo momento de inércia em qualquer direção) se podem avaliar as tensões de flexão mediante a definição do momento fletor resultante, M_R. No ponto de fixação da polia esse momento é calculado utilizando a reação resultante no mancal pela distância do ponto até a origem, $M_R =(8802+7122)^{1/2} \times 10 = 11319{,}64$ lbf.in. Raciocínio equivalente é aplicado para o mancal intermediário, com $M_R =(19202+7002)^{1/2} \times 8 = 16348{,}99$ lbf.in.

Como polia e engrenagem estão fixadas ao eixo por meio de chavetas e supondo que no mancal: (D/d = 1,5) e (r/d = 0,1), então os resultados tabelados a seguir indicam que o ponto mais solicitado (ponto crítico) corresponde à posição de fixação da polia (Tabela 15.5).

Tabela 15.5 - Análise dos pontos críticos de projeto.

Ponto	M_R [lbf.in]	T [lbf.in]	K_{fs}	K_{ff}	Ponto crítico
Polia	11319,64	4800,00	3(a)	3(a)	x
Mancal	16348,99	4800,00	1,5(b)	1,7(b)	-
Engrenagem	0	4800,00	3(a)	3(a)	-

(a) união mediante o uso de chaveta

(b) admitindo-se: $K_{fs} = K_{ts}$ e $K_{ff} = K_{tf}$

A análise seguinte mostra a avaliação do diâmetro para a posição de fixação da polia (os cálculos para os outros dois pontos são deixados como exercício complementar para o leitor).

Utilizando a equação correspondente ao valor do limite de fadiga para vida infinita, com acabamento superficial semelhante ao usinado, rasgo de chaveta fresado e confiabilidade de 50% resulta (para identificação dos valores adotados para os fatores de correção, consultar Capítulo 2 no tópico correspondente à fadiga):

$$S_e \cong \underbrace{0.504\sigma_{ut}}_{\substack{\text{limite}\\ \text{fadiga CP}}} \times \underbrace{2,67\sigma_{ut}^{-0.265}}_{\text{usinado}} \times \underbrace{k_b}_{\text{tamanho}} \times \underbrace{1}_{\substack{\text{flexao+}\\ \text{torcao}}} \times \underbrace{1}_{\text{temperatura}} \times \underbrace{1}_{R=50\%} = 36760 \times k_b \text{ psi}$$

Finalmente, utilizando o critério de Gerber é possível determinar o valor do diâmetro no ponto de análise:

$$d \geq \left(\frac{16nK_{ff}M_a}{\pi S_e} \left[1 + \sqrt{1 + 3\left(\frac{K_{fs}T_m S_e}{K_{ff}M_a\sigma_{ut}} \right)} \right] \right)^{\frac{1}{3}}$$

$$d \geq \left(\frac{16 \times 2,5 \times 3 \times 11319,64}{\pi \times 36760 \times k_b} \left[1 + \sqrt{1 + 3\left(\frac{3 \times 4800 \times 36760 \times k_b}{3 \times 11319,64 \times 91000} \right)} \right] \right)^{\frac{1}{3}}$$

O leitor deve notar que o valor do fator de tamanho "k_b" também depende do diâmetro e, portanto, é mais conveniente resolver esta equação utilizando um cálculo iterativo. Antes de iniciar este processo é conveniente reescrever a expressão para o cálculo do diâmetro na seguinte forma:

$$d \geq \left(\frac{11,762}{k_b} \left[1 + \sqrt{1 + 3(0,17129 \times k_b)} \right] \right)^{\frac{1}{3}}$$

Como pode ser visto na Tabela 15.6, a convergência para o valor de "d" é atingida com apenas três iterações partindo-se do valor inicial $k_b = 1$ (lembrar que $k_b \leq 1$, o que torna fácil a tarefa de arbitrar um valor inicial).

Tabela 15.6 - Processo iterativo de cálculo do diâmetro.

Iteração	k_b (arbitrado)	d ≥ [in]	d ≥ [mm]	$k_b = 1{,}51d^{-0.157}$ (calculado)
1	1,000	2,97	75,44	0,795
2	0,795	3,13	79,50	0,759
3	0,759	3,23	82.04	0,756

A última etapa é padronizar o valor do diâmetro (quando necessário). Neste caso, propõem-se um diâmetro de 3 1/4" para o eixo no ponto analisado.

5.2 - Deseja-se obter o deslocamento (linha elástica) e as rotações nos mancais para o eixo ilustrado na Figura 15.24 (todas as dimensões e carregamentos estão em unidades compatíveis).

Solução:

A primeira etapa é dividir o eixo em elementos. O exemplo ilustrado na Figura 15.24(b) mostra o eixo dividido em 3 elementos e 4 nós, sendo que cada um desses nós possui 2 graus de liberdade (o deslocamento "y" e a rotação "θ"). Portanto, o produto do número de nós pelo número de graus de liberdade por nó resulta no número de incógnitas do problema, ou ainda o número total de graus de liberdade do modelo de elementos finitos do eixo (4x2 = 8).

Após a construção deste modelo já é conhecida a coordenada "x" de cada nó. Neste exemplo existem elementos com EI diferentes; EI(1)=EI(2)=2 e EI(3)=1, enquanto que a carga externa é aplicada no nó 4 e direção "y" negativa.

Elemento	Nó 1	Nó 2	L	EI
1	1	2	1	2
2	2	3	1	2
3	3	4	1	1

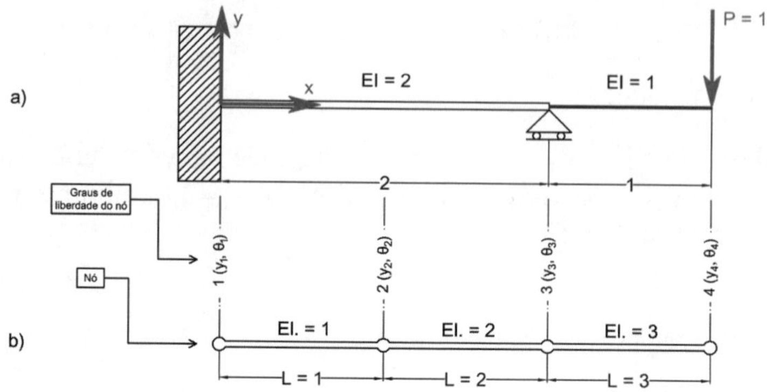

Figura 15.24 – Eixo discretizado com 5 elementos finitos.

Com essas informações é possível calcular a matriz de rigidez para cada um dos elementos. Os elementos 1 e 2 possuem o mesmo comprimento e o mesmo EI, então, a matriz de rigidez destes elementos é igual e vale:

$$\left[K^{e=1}\right]=\left[K^{e=2}\right]=\begin{bmatrix} 24 & 12 & -24 & 12 \\ & 8 & -12 & 4 \\ & & 24 & -12 \\ \text{sim.} & & & 8 \end{bmatrix}$$

Para o elemento 3 tem-se:

$$\left[K^{e=3}\right]=\begin{bmatrix} 12 & 6 & -12 & 6 \\ & 4 & -6 & 2 \\ & & 12 & -6 \\ \text{sim.} & & & 4 \end{bmatrix}$$

O próximo passo é escrever as equações de equilíbrio para cada nó interno da malha (nós 2 e 3, neste exemplo) que são necessárias para acoplar as informações de elementos adjacentes. Para este exemplo não existem forças e momentos externos atuando no nó global 2 e as duas equações de equilíbrio do nó são:

$$F_2^{e=1}+F_1^{e=2}=0$$

e

$$M_2^{e=1}+M_1^{e=2}=0$$

sendo que o sobrescrito (e = j) indica o elemento que as forças e momentos são calculadas utilizando as equações do elemento j. A força $F_2^{e=1}$ é calculada com a 3ª equação do elemento 1 e $F_1^{e=2}$ é calculada com a 1a equação do elemento 2. Portanto, essas duas equações devem ser somadas para obter a condição de equilíbrio do nó. De maneira análoga são realizadas as condições de compatibilidade para o momento fletor no nó 2; isto é, somando a 4ª equação do elemento 1 com a 2ª equação do elemento 2. Esse processo pode ser visualizado através da Figura 15.25, na qual se ilustra o acoplamento dos elementos 1 e 2.

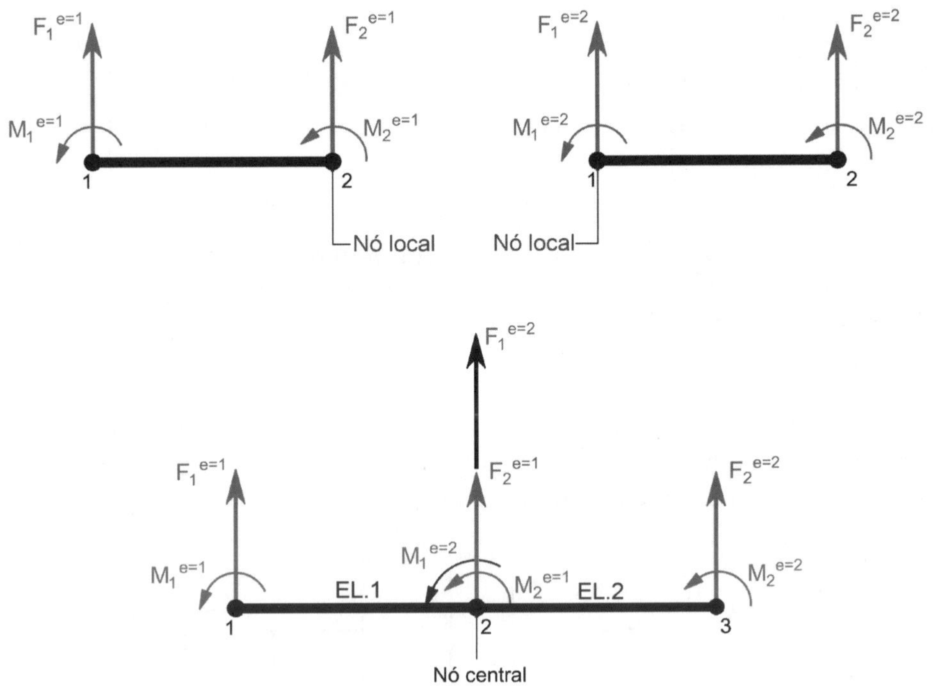

Figura 15.25 – Acoplamento dos elementos 1 e 2 (soma das forças internas e momentos no nó 2).

Aplicando a condição de equilíbrio para cada nó interno da malha resulta o seguinte sistema de equações:

$$\begin{bmatrix} K_{11}^1 & K_{12}^1 & K_{13}^1 & K_{14}^1 & 0 & 0 & 0 & 0 \\ K_{21}^1 & K_{22}^1 & K_{23}^1 & K_{24}^1 & 0 & 0 & 0 & 0 \\ K_{31}^1 & K_{32}^1 & (K_{33}^1 + K_{11}^2) & (K_{34}^1 + K_{12}^2) & K_{13}^2 & K_{14}^2 & 0 & 0 \\ K_{41}^1 & K_{42}^1 & (K_{43}^1 + K_{21}^2) & (K_{44}^1 + K_{22}^2) & K_{23}^2 & K_{24}^2 & 0 & 0 \\ 0 & 0 & K_{31}^2 & K_{32}^2 & (K_{33}^2 + K_{11}^3) & (K_{34}^2 + K_{12}^3) & K_{13}^3 & K_{14}^3 \\ 0 & 0 & K_{41}^2 & K_{42}^2 & (K_{43}^2 + K_{21}^3) & (K_{44}^2 + K_{22}^3) & K_{23}^3 & K_{24}^3 \\ 0 & 0 & 0 & 0 & K_{31}^3 & K_{32}^3 & K_{33}^3 & K_{34}^3 \\ 0 & 0 & 0 & 0 & K_{41}^3 & K_{42}^3 & K_{43}^3 & K_{44}^3 \end{bmatrix} \begin{Bmatrix} y_1 \\ \theta_1 \\ y_2 \\ \theta_2 \\ y_3 \\ \theta_3 \\ y_4 \\ \theta_4 \end{Bmatrix} = \begin{Bmatrix} F^1 \\ M_1^1 \\ F_2^1 + F_1^2 \\ M_2^1 + M_1^2 \\ F_2^2 + F_1^3 \\ M_2^2 + M_1^3 \\ F_2^3 \\ M_2^3 \end{Bmatrix}$$

sendo que k^e_{ij} indica o valor de k_{ij} do elemento "e". Esta matriz de ordem 8x8 é conhecida como **matriz de rigidez global e é simétrica**. Utilizando os valores numéricos para o exemplo em estudo resulta em:

$$\begin{bmatrix} 24 & 12 & -24 & 12 & 0 & 0 & 0 & 0 \\ 12 & 8 & -12 & 4 & 0 & 0 & 0 & 0 \\ -24 & -12 & 48 & 0 & -12 & 12 & 0 & 0 \\ 12 & 4 & 0 & 16 & -12 & 4 & 0 & 0 \\ 0 & 0 & -12 & -12 & 36 & -6 & -12 & 6 \\ 0 & 0 & 12 & 4 & -6 & 12 & -6 & 2 \\ 0 & 0 & 0 & 0 & -12 & -6 & 12 & -6 \\ 0 & 0 & 0 & 0 & 6 & 2 & -6 & 4 \end{bmatrix} \begin{Bmatrix} y_1 \\ \theta_1 \\ y_2 \\ \theta_2 \\ y_3 \\ \theta_3 \\ y_4 \\ \theta_4 \end{Bmatrix} = \begin{Bmatrix} F^1 \\ M_1^1 \\ 0 \\ 0 \\ F_2^2 + F_1^3 \\ 0 \\ F_2^3 \\ 0 \end{Bmatrix}$$

O equacionamento descrito para obter o equilíbrio de forças e de momentos dos nós que conectam os elementos (nós internos da malha) é resumido na Figura 15.26. Se {i,j,m,n} correspondem aos graus de liberdade no vetor global {q} associados aos graus de liberdade $\{y_1,\theta_1,y_2,\theta_2\}$ do elemento em análise, então, a matriz de rigidez do elemento será somada na matriz de rigidez global de acordo com o esquema ilustrado na figura. Por exemplo, a parcela "k_{11}" da matriz de rigidez do elemento será adicionado na posição (i, i) da matriz de rigidez global e assim sucessivamente. O mesmo raciocínio é válido para a montagem do vetor força.

	Matriz LOCAL (elemento)			
	1	2	3	4
1	k_{11}	k_{12}	k_{13}	k_{14}
2	k_{21}	k_{22}	k_{23}	k_{24}
3	k_{31}	k_{32}	k_{33}	k_{34}
4	k_{41}	k_{42}	k_{43}	k_{44}

	Posição na Matriz GLOBAL			
	i	j	m	n
i	$.+k_{11}$	$.+k_{12}$	$.+k_{13}$	$.+k_{14}$
j	$.+k_{21}$	$.+k_{22}$	$.+k_{23}$	$.+k_{24}$
m	$.+k_{31}$	$.+k_{32}$	$.+k_{33}$	$.+k_{34}$
n	$.+k_{41}$	$.+k_{42}$	$.+k_{43}$	$.+k_{44}$

Figura 15.26 – Montagem dos elementos na Matriz Global.

Por fim, antes de resolver o sistema final de equações ainda falta prescrever as **condições de contorno** do problema (prescrever o valor do deslocamento e/ou das derivadas nos apoios). Uma das maneiras mais simples de impor este tipo de condição de contorno é utilizando 'molas equivalentes'. O apoio simples é substituído por uma mola equivalente com constante "K" muito grande (por exemplo, em torno de

108 vezes maiores do que o maior valor da diagonal da matriz de rigidez global). O engaste é substituído por 'duas molas equivalentes', uma mola torcional e outra de tração/compressão, Figura 15.27. É claro que o ponto onde são acopladas essas molas terá um deslocamento inversamente proporcional ao valor de "K" (aí está o erro que é cometido na análise de deslocamentos), porém o valor da reação será dado pelo produto de "K" e o deslocamento obtido na solução do sistema de equações.

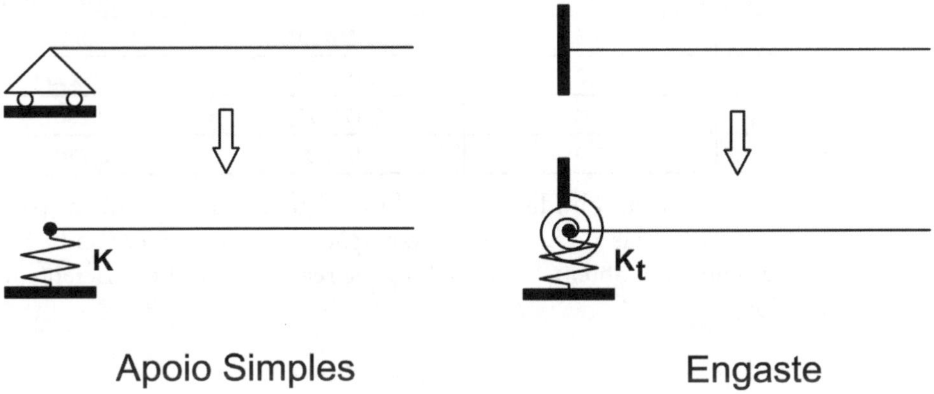

Figura 15.27 – Interpretação física das molas equivalentes utilizadas para prescrever as condições de contorno.

Para o problema em estudo existe um engaste no nó 1 e um apoio simples no nó 3. Neste caso, $y_1 = y_3 = \theta_1 = 0$, sendo suficiente modificar a diagonal da matriz e o vetor força da seguinte maneira:

$$\begin{bmatrix} 24+10^8 & 12 & -24 & 12 & 0 & 0 & 0 & 0 \\ 12 & 8+10^8 & -12 & 4 & 0 & 0 & 0 & 0 \\ -24 & -12 & 48 & 0 & -12 & 12 & 0 & 0 \\ 12 & 4 & 0 & 16 & -12 & 4 & 0 & 0 \\ 0 & 0 & -12 & -12 & 36+10^8 & -6 & -12 & 6 \\ 0 & 0 & 12 & 4 & -6 & 12 & -6 & 2 \\ 0 & 0 & 0 & 0 & -12 & -6 & 12 & -6 \\ 0 & 0 & 0 & 0 & 6 & 2 & -6 & 4 \end{bmatrix} \begin{Bmatrix} y_1 \\ \theta_1 \\ y_2 \\ \theta_2 \\ y_3 \\ \theta_3 \\ y_4 \\ \theta_4 \end{Bmatrix} = \begin{Bmatrix} 0 \\ 0 \\ 0 \\ 0 \\ 0 \\ 0 \\ -1 \\ 0 \end{Bmatrix}$$

Note que os valores de $F_1^{e=1}$, $F_2^{e=2} + F_1^{e=3}$ e $M_1^{e=1}$ desapareceram do vetor força nesta última equação. Como "K" é um valor muito grande (10^8), assume-se que cada uma destas parcelas ($F_1^{el=1}/K$ e as outras) torna-se muito pequena e pode ser descartada nessa etapa do cálculo. Quando o deslocamento prescrito é diferente de zero ($y_n = y^*$) deve-se somar na posição correspondente do vetor força o valor '$K \times y^*$'. O mesmo ocorre quando são prescritas as rotações não nulas, $\theta_n = \theta^*$, e nestes casos se deve somar na diagonal correspondente o valor "K_t" e no vetor força o valor '$K_t x\theta^*$'.

A última etapa para obter os valores discretos para a linha elástica e da sua derivada é resolver esse sistema de equações. Os resultados dessa operação podem ser vistos na Tabela 15.7:

Tabela 15.7 - Deslocamento e rotações em cada nó.

Nó	x	y	θ
1	0,0	$0,750\text{x}10^{-8}$	$0,500\text{x}10^{-8}$
2	1,0	$0,625\text{x}10^{-1}$	$0,625\text{x}10^{-1}$
3	2,0	$-0,175\text{x}10^{-7}$	-0,250
4	3,0	-0,583	-0,750

As reações nos apoios são obtidas utilizando as equações de equilíbrio para as molas que foram adicionadas no sistema de equações para impor as condições de contorno. Por exemplo, para obter o valor da força de reação no nó 1 é suficiente fazer o seguinte cálculo:

$$R_1 = K\left(y^* - y_1\right) = 10^8 \times \left(0,0 - 0,750 \times 10^{-8}\right) = -0,750$$

Os valores obtidos para todas as reações estão mostrados na sequência e ilustrados na Figura 15.28. Depois destes cálculos fica mais fácil elaborar os diagramas de esforços (momento fletor e força cortante).

Reações nos apoios

Nó	x	F	M
1	0,0	-0,750	-0,500
3	2,0	1,750	-

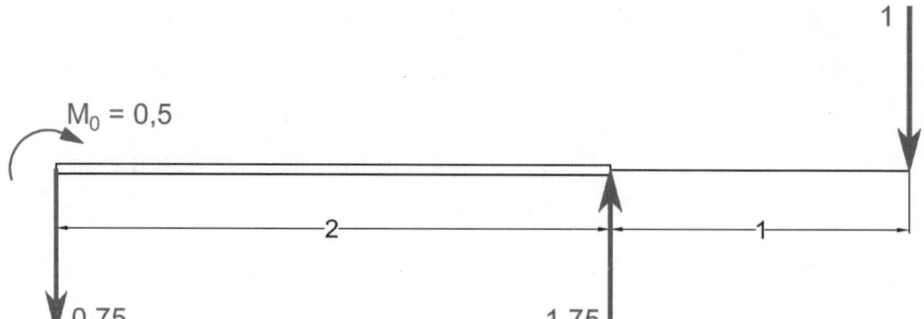

Figura 15.28 – Esforços no eixo (DCL).

5.3 - Estimar o valor da frequência crítica para o eixo de aço carbono com diâmetro uniforme ilustrado na Figura 15.29(a) utilizando a Equação (15.39) em conjunto com o MEF e avaliar a diferença da aproximação com relação à solução analítica.

Dados: E = 210 GPa, $\gamma = 76500$ N/m^3 , d = 30 mm e g = 9,81 m/s^2.

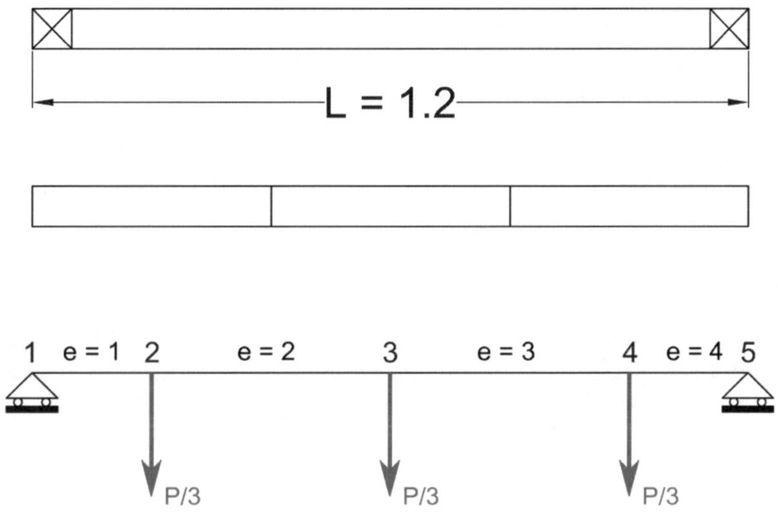

Figura 15.29 – a) geometria, b) divisão em 3 segmentos e c) modelo de elementos finitos.

Solução:

A Figura 15.29(b) mostra o eixo dividido em 3 partes iguais. Para elaborar um modelo de elementos finitos prescreve-se o peso de cada um destes segmentos (P/3, onde P é o peso do eixo) no seu centroide. O modelo de elementos finitos é ilustrado na Figura 15.29(c) e os resultados da análise estão mostrados na Tabela 15.8 (resultados obtidos com o aplicativo em Fortran descrito nos exercícios propostos).

Tabela 15.8 - Resultados do MEF.

Nó	x [m]	y [m]	θ [rad]
1	0,0	0,324448x10^{-11}	0,492190x10^{-3}
2	0,2	0,932571x10^{-4}	0,414476x10^{-3}
3	0,6	0,183060x10^{-3}	0,233781x10^{-18}
4	1,0	0,932571x10^{-4}	-0,414476x10^{-3}
5	1,2	0,324448x10^{-11}	-0,492190x10^{-3}

O valor analítico da frequência crítica para eixos uniformes biapoiados é dado pela Equação (15.39). Assim:

$$\omega_1 = \left(\frac{\pi}{L}\right)^2 \sqrt{\frac{gEI}{A\gamma}} = 266{,}75 \qquad (\text{rad/s})$$

e o valor obtido com a Equação (15.40) e os dados tabelados será:

$$\omega_1 \cong \sqrt{\frac{g(y_2 + y_3 + y_4)P/3}{(y_2^2 + y_3^2 + y_4^2)P/3}} = 266{,}87 \qquad (\text{rad/s})$$

5.4 - Avaliar a frequência crítica para o eixo ilustrado em figura considerando a massa do eixo e o peso da polia igual a 222,5 N, 100 N e 50 N, respectivamente.

Dados do material do eixo: E = 210 GPa, γ = 76500N/m³ e g = 9,81 m/s².

Solução:

Na Figura 15.30(b) é mostrado o modelo de elementos finitos utilizado para a solução deste problema. O eixo foi dividido em 3 segmentos (comprimentos de 300, 100 e 250 mm) e o peso correspondente de cada segmento foi prescrito no seu centroide (nós 2, 4 e 6). No nó 3 é prescrito o valor do peso da polia. A velocidade crítica foi avaliada utilizando os resultados de elementos finitos e a Equação (15.40). Os resultados estão ilustrados novamente de forma tabelada onde ser verifica a influência o peso do eixo com relação ao peso da polia (Tabela 15.9).

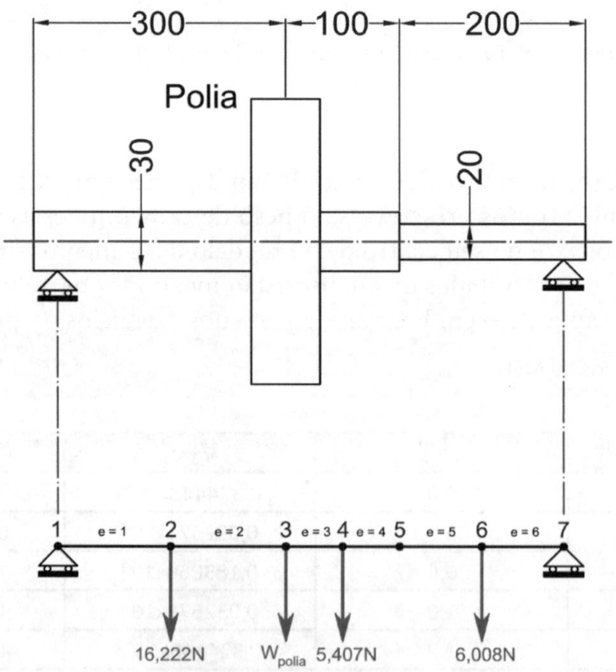

Figura 15.30 – a) eixo e b) modelo de elementos finitos com cargas discretas.

Tabela 15.9 - Velocidade crítica em função do peso da polia.

	W_{polia} = 222,5 N	W_{polia} = 100 N	W_{polia} = 50 N
W_{polia}/W_{eixo}	8,05	3,62	1,81
$W_{polia}+W_{eixo}$	185,87 rad/s	269,57 rad/s	358,15 rad/s
W_{polia}	190,34 rad/s	283,92 rad/s	401,53 rad/s
diferença	2,41 %	5,33 %	12,11 %

15.6. PROBLEMAS PROPOSTOS

6.1 - No eixo ilustrado em figura são acopladas duas engrenagens com pesos de 200 N (engrenagem 1) e 400 N (engrenagem 2). A deflexão estática do eixo nos pontos de fixação destas engrenagens vale Δ_1 = 0,03 mm e Δ_2 = 0,0075 mm. Estime a velocidade crítica do eixo (em rpm) ignorando a massa do eixo.

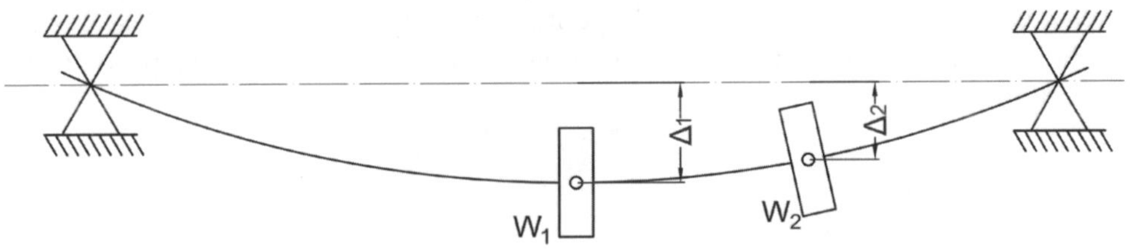

Resp ω_1 = 660,30 rad/s = 6305,43 rpm

6.2 - O eixo ilustrado em figura foi fabricado com aço 1045 estirado a frio. No eixo estão montadas duas engrenagens iguais e na mesma distância dos mancais. O peso de cada engrenagem é 150 N. Estime a velocidade crítica do eixo em função da distância "a" que separa as duas engrenagens (E = 210 GPa).

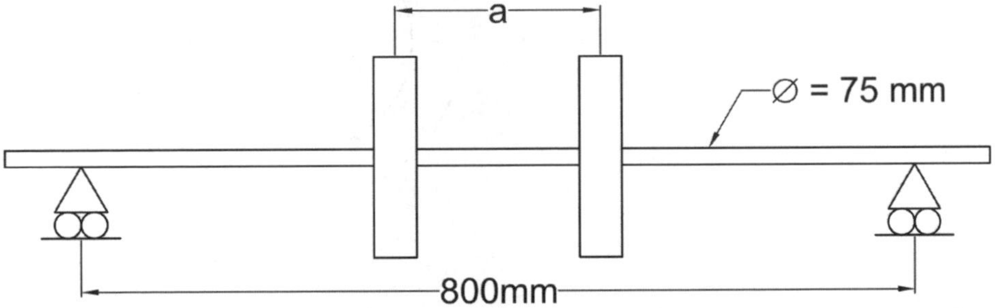

Resp. A variação de ω_1 em função da distância é ilustrada na forma:

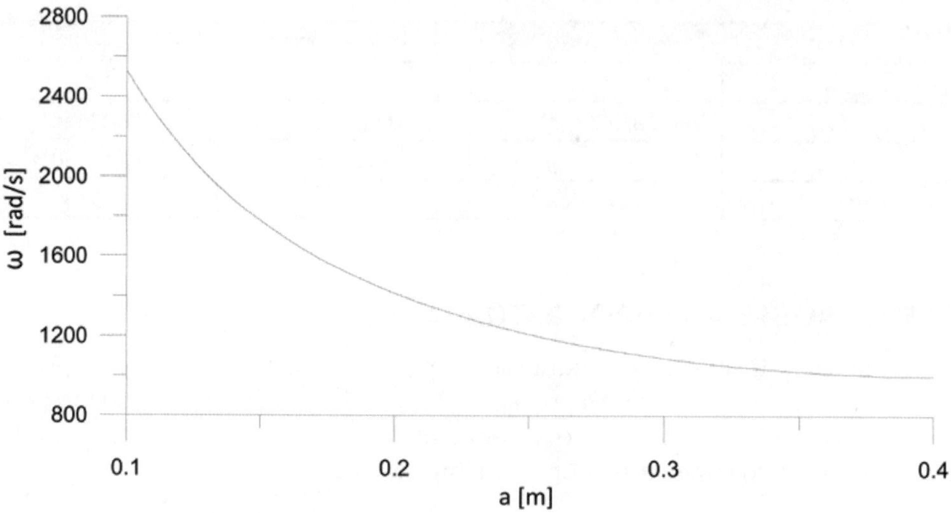

6.3 - Uma engrenagem com peso "W" é acoplada no centro de um eixo que possui diâmetro constante e é apoiado em rolamentos de esferas nas extremidades. Avalie a velocidade crítica do eixo em função do comprimento "L", desprezando o peso do eixo nos cálculos.

Resp. $\omega_1 \cong \sqrt{\dfrac{48EIg}{WL^3}}$ [rad/s]

6.4 - Obtenha a razão entre as velocidades críticas para eixos simplesmente apoiados, com o mesmo diâmetro externo e com as seções transversais da figura.

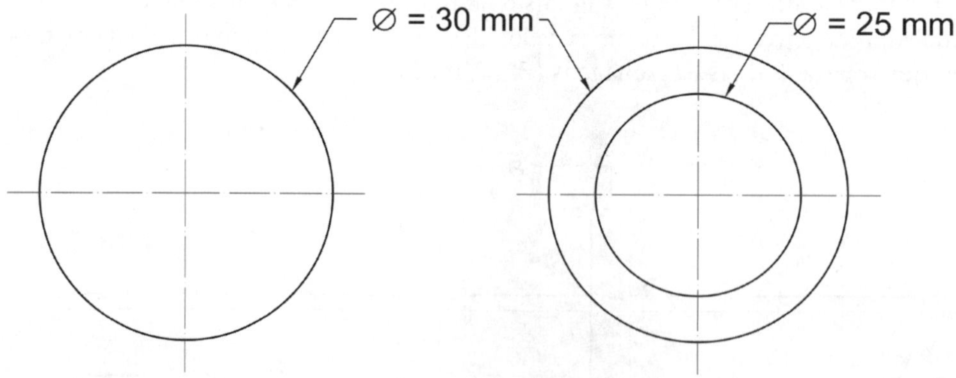

Resp. $\dfrac{\omega_{1tubo}}{\omega_{1macico}} \cong 1{,}302$

6.5 - O ponto crítico de projeto de um eixo rotativo possui os carregamentos e geometria indicados em figura. Este eixo deve ser fabricado com o aço 1050 estirado a frio e as restrições de projeto exigem: D/d = 1,25 e r/d = 0,08. Nestas condições, estime o valor do diâmetro "d" utilizando o critério de Gerber com coeficiente de segurança em torno de 2, vida infinita e confiabilidade de 99%.

Dados: $M_m = 15$ Nm, $M_a = 75$ Nm, $T_m = 120$ Nm, $T_a = N_m = N_a = 0$

Dados do material: $\sigma_{ut} = 690$ N/mm² $\sigma_{esc} = 580$ N/mm² e HB = 197

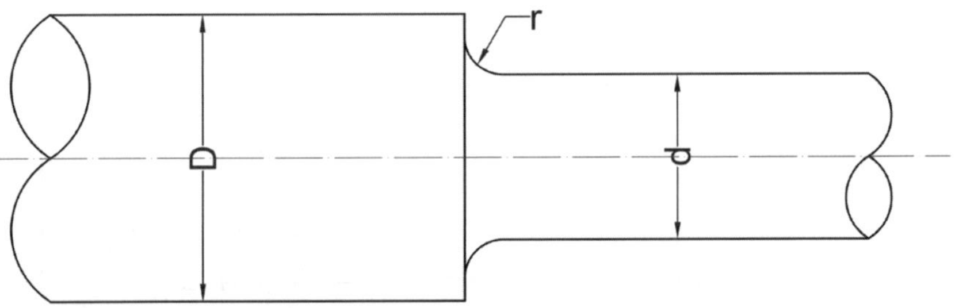

Resp. d = 25 mm.

6.6 - Sabe-se que a engrenagem de dentes retos ilustrada em figura possui ângulo de pressão igual a 20º e seu diâmetro primitivo é de 80 mm. A engrenagem é montada no centro do eixo e o comprimento entre mancais é de 200 mm. Deve-se transmitir com esta engrenagem uma potência de 20 hp a 1200 rpm. Nestas condições, determine o diâmetro do eixo considerando como ponto crítico de projeto a posição onde a engrenagem é acoplada. Deseja-se vida infinita com confiabilidade de 99% e fator de segurança de 1,50. Utilize em todos os cálculos o critério ASME e para o eixo o aço 1045 laminado a frio. Dados do material: $\sigma_{ut} = 91$ kpsi (= 627,42 MPa), $\sigma_{esc} = 530$ MPa e HB = 179.

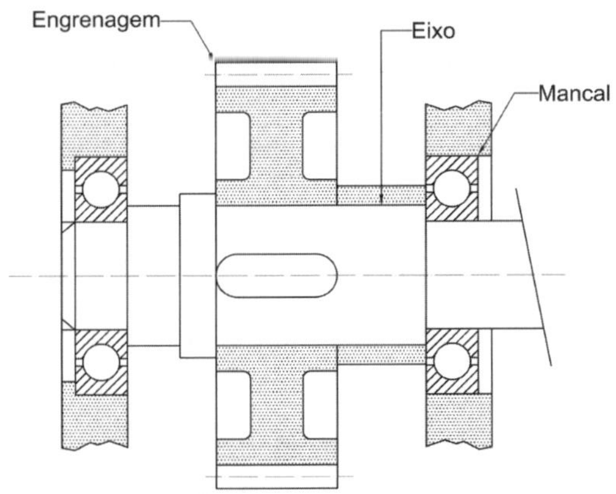

Resp. d = 35 mm.

6.7 - A figura ilustra um eixo onde estão montadas duas engrenagens com chavetas. A engrenagem da esquerda possui diâmetro primitivo de 80 mm com módulo 4 mm. A engrenagem da direita possui diâmetro primitivo de 200 mm e módulo 4 mm. Sabe-se que a força resultante do engrenamento esquerdo vale 8 kN e que o momento torcedor transmitido é igual a 120 Nm. A força resultante do engrenamento da direita é indicada na figura e atua no mesmo plano e direção da outra força. Esse eixo foi fabricado com o aço 1050 estirado a frio com previsão de vida infinita segundo o critério ASME e considerando acabamento superficial semelhante ao usinado, com 99% de confiabilidade nos cálculos. Verifique a margem de segurança deste projeto para vida infinita. Todos os raios são de 2 mm. Dados do material: σ_{ut} = 690 N/mm^2, σ_{esc} = 580 N/mm^2, HB = 197.

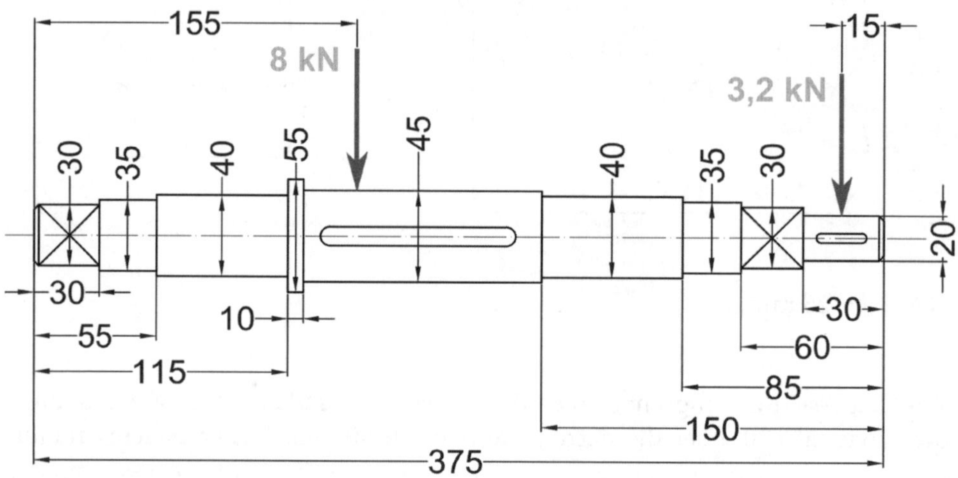

Resp. O ponto de aplicação da força de 8 KN é o crítico. Considerando $K_{ff} = K_{fs}$ = 3 é prevista a falha do eixo.

6.8 - O aplicativo de elementos finitos listado na sequência é escrito em Fortran e foi adaptado de: Tirupathi R. Chandrupatla e Ashok D. Belegundu (2002). Introduction to Finite Elements in Engineering. 3a Ed., Prentice-Hall,Inc. Esses autores também disponibilizam este aplicativo nas linguagens C, QBasic, ExcelVB, VisualBasic e Matlab.

```
C   *****        EIXO-FLEXAO-1PLANO
C   *****   Análise de Flexão de Eixos com o MEF
c   *****   Elemento: viga de Euler-Bernoulli
c   *****   Limites: 50 elementos (dimension das matrizes)
c   *****   Principais Variáveis:
c   *****   x(i) = coordenadas dos nós
c   *****   noc(i,2) = conectividade do elemento i
c   *****   nu(i) = grau de liberdade com y ou dy/dx
```

```
c   *****   u(i) = valor prescrito de nu(i)
c   *****  smi(i)= momento de inércia do elemento i
c   *****   di(i)= diametro do elemento i
c   *****  s(102,15) = matriz de rigidez global armazenada na
c   *****            forma de banda (simétrica)
c   *****  f(102)= vetor força
c   *****  se(4,4) = matriz de rigidez do elemento
c   *****  NE = numero de elementos
c   *****  NN = numero de nós
c   *****  NQ = numero de equaçoes
c   *****  ND = numero de condicoes de contorno conhecidas
c   *****  NL = número de forças (inclui momentos e forcas)
c
c  ATENÇÃO: todas as unidades devem estar em unidades compatíveis
   implicit double precision (a-h,o-z)
   DIMENSION X(51),NOC(50,2),NU(20),U(20),SMI(50),di(50)
   DIMENSION S(102,15),F(102),SE(4, 4)

   CHARACTER*16 FILE1, FILE2
   CHARACTER*81 DUMMY, TITLE
   IMAX = 102

   PRINT *, 'Nome do Arquivo de Entrada'
   READ '(A)', FILE1
   LIN = 10
   OPEN (UNIT = 10, FILE = FILE1)

   PRINT *, 'Nome do Arquivo de Saída'
   READ '(A)', FILE2
   LOUT = 11
OPEN (UNIT = 11, FILE = FILE2)
   pi=4.0d0*datan(1.0d0)
c  valores iniciais (não mudam para este tipo de análise)

```

```
      nen=2
      ndn=2
C ============ Lendo dados do Arquivo de Dados ===========
      read(10,*) title
      read(10,*) dummy
c  lendo 'Num. El., Num.nós, Num. Cond.Contorno,Num.Forças '
      read (10,*) ne,nn,nd,nl
c  lendo o valor do módulo de Elasticidade, e
      read(10,*) dummy
      read(10,*) e
c  calculando o num. total de graus de liberade: 2*nós
      NQ=2*NN
C   ----- Coordenadas dos nós -----
      print *,'Coordenadas dos Nós'
      read(10,*) dummy
      DO I = 1, NN
        READ (10,*) X(i)
        print *,i,x(i)
      end do
C   ----- Connectividade no1,no2,d-----
      pi=4.0d0*datan(1.0d0)
      read(10,*) dummy
      DO I=1,NE
        read(10,*) noc(i,1),noc(i,2),di(i)
        smi(i)=pi*(di(i))**4
        smi(i)=smi(i)/64.0d0
      end do
c    print *,'Condiçoes de Contorno'
c    print *,'nu(i)=Grau de Liberdade , u(i)=Valor'
      read(10,*) dummy
      DO I = 1, ND
        READ (10, *) NU(I), U(I)
      end do
C    ----- Componentes do Vetor Força -----
```

```
C    ----- zerando o Vetor Força no início dos cálculos -----
      DO I=1,NQ
          F(I)=0.0d0
      end do
c    ------ Lendo o valor das forças e Momentos concentrados ----
c    ------ Montando o Vetor Força----------------'
      read(10,*) dummy
      DO I=1,NL
          READ (10,*) N, F(N)
          print *,n,f(n)
      end do
c--------------FINAL DO ARQUIVO DE DADOS----------------
C    ----- Avaliando a Largura da Banda, NBW -----
      NBW = 0
      DO N=1,NE
          NABS=NDN*(ABS(NOC(N, 1)-NOC(N, 2))+1)
          IF (NBW .LT. NABS) NBW = NABS
      end do
      PRINT *, 'Bandwidth = ', NBW
      if(nbw.gt.15) then
        print *,'Reenumere a malha de maneira sequencial e reinicie'
        stop
      end if
C   ----- First initialize stiffness matrix
      DO I = 1, NQ
          DO J = 1, NBW
              S(I,J) = 0.0d0
          end do
      end do
C ----- Global Stiffness Matrix
      DO N = 1, NE
          PRINT *, 'Forming Stiffness Matrix of Element ', N
          N1 = NOC(N, 1)
          N2 = NOC(N, 2)
```

```
            EL = dABS(X(N1)-X(N2))
            ei = e*smi(n)
           call elviga(ei,el,se)
c          '.. Montando a Compatibilidade de Cada nó Interno'
           DO II = 1, NEN
                NRT=NDN*(NOC(N, II)-1)
  DO IT = 1, NDN
                     NR = NRT + IT
                     I = NDN * (II - 1) + IT
                    DO JJ = 1, NEN
                         NCT = NDN * (NOC(N, JJ) - 1)
                        DO JT = 1, NDN
                            J = NDN * (JJ - 1) + JT
                            NC = NCT + JT - NR + 1
                            IF (NC .GT. 0) THEN
                              S(NR, NC)=S(NR, NC) + SE(I, J)
                           END IF
                        end do
                    end do
                end do
           end do
     end do
C
     write(11,*)'Matriz Rigidez-Global ANTES das CC'
     do i=1,nq
        write(lout,44)(s(i,j),j=1,nbw)
     end do
C    ----- Calculando o Valor da 'Mola Equivalente' -----
     CNST=0.0d0
     DO I=1, NQ
          IF (CNST.LT.S(I,1)) CNST=S(I,1)
     end do
     CNST=CNST*1.0d12
C   ----- Somando K na Diagonal e Alterando o Vetor força-----
```

```
    DO I=1,ND
       N=NU(I)
       S(N,1) = S(N,1)+CNST
       F(N) = F(N) + CNST*U(I)
    end do
    write(11,*)'Matriz Rigidez-Global APOS as CC'
    do i=1,nq
       write(lout,44)(s(i,j),j=1,nbw)
    end do
44  format(2x,4e12.4)
C   ----- Equation Solving using Band Solver -----
    CALL BAND(S, F, IMAX, NBW, NQ)
    PRINT *, 'No     Desloc.        Rotacao [rad]'
    WRITE(LOUT,'(1X,A)') 'No     Desloc.        Rotacao [rad]'
    DO I = 1, NN
         WRITE (*, '(I4,2E18.6)') I,x(i),F(2*I-1),F(2*I)
         WRITE(LOUT, '(I4,2x,e12.4,2x,2E18.6)') I,x(i),F(2*I-1), F(2*I)
    END DO

C    ----- Avaliando o Valor das Reaçoes, K*x -----
    PRINT *, 'NGL        Reacao'
    WRITE(LOUT,'(1X,A)')  'NGL      Reacao'
    DO I = 1, ND
         N = NU(I)
         R = CNST*(U(I)-F(N))
         WRITE(*,'(1X,I4,F18.6)') N, R
         WRITE(LOUT,'(1X,I4,3E18.8)') N, R,U(I),F(N)
    END DO
    CLOSE(LOUT)
    PRINT *, 'Results are now available in the text file ', FILE2
    END
c---FIM DO PROGRAMA PRINCIPAL-----------------------------------------------------------------
    SUBROUTINE BAND(A, B, IMAX, NBW, N)
    implicit double precision (a-h,o-z)
```

```
      DIMENSION A(IMAX,NBW), B(IMAX)
      N1=N-1
      PRINT *, '*** Triangularização da Matriz Rigidez ***'
      DO K = 1, N1
          NK = N - K + 1
          IF(NK .GT. NBW) NK = NBW
         DO I=2,NK
            C1=A(K, I)/A(K, 1)
            I1=K+I-1
            DO J=I,NK
               J1=J-I+1
              A(I1,J1)=A(I1, J1)-C1*A(K, J)
            end do
            B(I1)=B(I1)-C1*B(K)
         end do
      end do
      PRINT *, '*** Substituicao Retrograda ***'
      B(N)=B(N)/A(N, 1)
      DO KK=1,N1
          K=N-KK
          C1=1.0d0/A(K, 1)
          B(K)=C1*B(K)
          NK=N-K+1
          IF (NK.GT.NBW) NK=NBW
         DO J=2,NK
             B(K)=B(K)-C1*A(K, J)*B(K+J-1)
         end do
      end do
      RETURN
      END
c------------------------------------------------------------------
      subroutine elviga(ei,el,se)
c     matriz do elemento, Eq.(31)
      implicit double precision (a-h,o-z)
```

```
      dimension se(4,4)
      EIL=ei/EL**3
      SE(1, 1) = 12.0d0*EIL
      SE(1, 2) =  6.0d0*EIL*EL
      SE(1, 3) =-SE(1,1)
      SE(1, 4) = SE(1,2)
      SE(2, 1) = SE(1,2)
      SE(2, 2) = 4.0d0*EIL*EL*EL
      SE(2, 3) =-SE(1,2)
      SE(2, 4) = SE(2,2)/2.0d0
      SE(3, 1) = SE(1,3)
      SE(3, 2) = SE(2,3)
      SE(3, 3) = SE(1,1)
      SE(3, 4) = SE(2,3)
      SE(4, 1) = SE(1,4)
      SE(4, 2) = SE(2,4)
      SE(4, 3) = SE(3,4)
      SE(4, 4) = SE(2,2)
      do i=1,4
         write(11,114)(se(i,j),j=1,4)
      end do
114   format(2x,4e14.6)
      End
c---FIM DAS SUBROTINAS --------------
```

Utilize o aplicativo e a malha de elementos finitos indicada em figura para verificar se os critérios de rigidez descritos no livro texto são satisfeitos para o eixo do Problema Resolvido 6.7. Considere rolamentos fixos de uma carreira de esfera nos dois mancais e engrenagens com dentes retos não coroados.

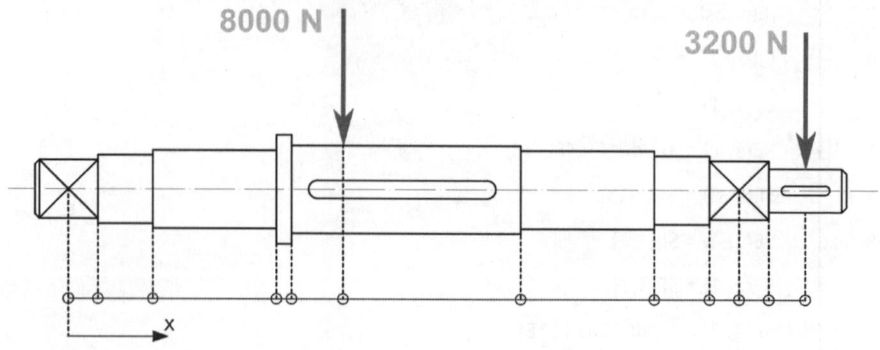

Resp. Deslocamentos e rotações:

6.9 - A figura ilustra um eixo com diâmetro constante que deve ser fabricado com o aço 1045 estirado a frio. A polia A transmite potência a uma máquina, causando uma tração de 800 lbf no lado tenso da correia e 100 lbf no lado frouxo da mesma. A polia B recebe potência de um motor e as trações nesta polia obedecem à relação $T_1 = 0{,}125^*T_2$. Estime o valor do diâmetro para o eixo no seu ponto crítico utilizando o critério de Gerber com 99,9% de confiabilidade nos cálculos e com um fator de segurança ≥ 2. Dados do material: $\sigma_{ut} = 91$ kpsi, $\sigma_{esc} = 77$ kpsi, HB = 179.

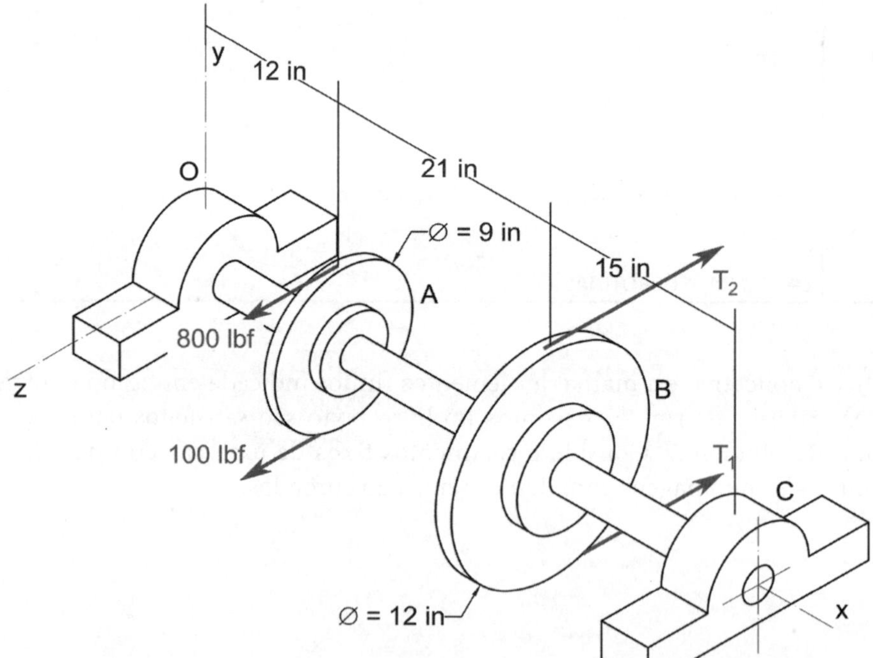

Resp. d = 2,5”.

6.10 - Para o Problema 6.9 considere o peso da polia "A" igual a 9 kgf e o da polia B igual a 12 kgf. Nessas condições determine a velocidade crítica do eixo desconsiderando a sua massa e assumindo diâmetro constante (considerar o valor calculado no Problema 6.9) e g = 10 m/s^2.

Resp. ω_1 =590,55 rad/s

6.11 - Resolva novamente o Problema 6.10, incluindo também o peso do eixo (considerar o peso específico do aço em 76,5 kN/m^3).

Resp. ω_1 = 406,03 rad/s.

6.12 - Utilize os dados do Problema 6.9 para estimar o valor do diâmetro do eixo (constante) para obter deslocamentos nas duas polias menores do que 0,1x10^{-3} m.

Resp. d_{novo} = 70,54 mm.

6.13 - O acoplamento ilustrado em figura é utilizado para a união de duas extremidades de eixo com 60 mm de diâmetro. Esses eixos giram a 200 rpm e transmitem potência máxima de 40 hp. O acoplamento e as chavetas são fabricados com aço 1020 laminado a frio. Nessas condições, estime o tamanho da chaveta para esta união com margem de segurança mínima de 2.

Resp. L ≥ 44,28 mm

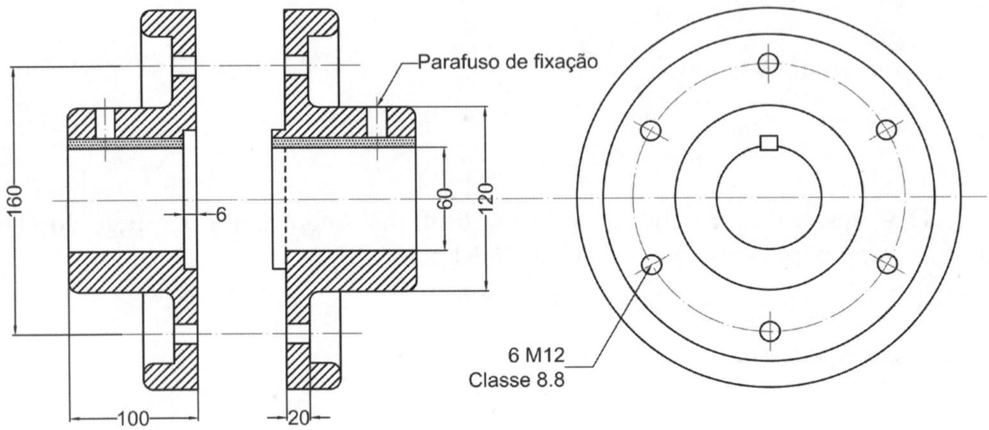

6.14 - Avalie o diâmetro dos parafusos para o acoplamento do Problema 6.13 com margem de segurança mínima de 2. Estime também o valor da tensão de compressão do flange.

Resp. Análise da falha do parafuso: $d \geq 4{,}8$ mm ($d = 6$ mm).

Análise da falha por compressão do flange: σ_c=24,73 (N/mm^2), valor esse muito pequeno quando comparado com a tensão de escoamento do material (390 N/mm^2).

6.15 - Pesquise na internet sobre o tema 'chavetas' e indique os tipos mais comuns e dimensões.

Resp. alguns endereços indicados para consulta:

http://www.chavetas.com.br

http://www.chavetasecia.com.br

http://www.masalex.com.br

http://www.reformix.com.br/manutencao-chavetas.html

6.16 - Pesquise na internet sobre o tema 'eixos flexíveis' e indique suas aplicações e os tipos mais comuns e dimensões.

Resp. alguns endereços indicados para consulta:

http://www.jowa.net.br/eixos.html

http://www.marazil.com.br

http://www.caboflex.com.br

http://www.sdp-si.com

NOMENCLATURA

γ	peso específico do material
θ	rotação no apoio (rad)
σ_{esc}	limite de escoamento do material
σ_{fa}	tensão alternada de flexão
σ_{fm}	tensão média de flexão
σ'_a	tensão equivalente alternada de Mises
σ'_m	tensão equivalente média de Mises
σ_{max}	tensão equivalente máxima
σ_{Na}	tensão alternada para cargas axiais
σ_{Nm}	tensão média para cargas axiais
σ_{ut}	limite de ruptura do material
τ_a	tensão alternada de torção
τ_m	tensão média de torção
ω	velocidade angular
ω_n	frequência natural
ω_1	frequência crítica
Δ	abaixamento (deslocamento vertical)
A,B	constantes da equação de Gerber
d	diâmetro do eixo
D	diâmetro do eixo na maior secção transversal
E	módulo de elasticidade longitudinal
f_o	força harmônica
F	força genérica
g	aceleração da gravidade (9,81 m/s^2)

H altura de chaveta

HB dureza Brinell

I momento de inércia de área

k_a fator de acabamento superficial

k_b fator de tamanho

k_c fator de carregamento

k_d fator de temperatura

k_e fator de confiabilidade

K matriz de rigidez ou constante de mola

K_{ca} fator de correção de fadiga para carga axial

K_f fator de concentração de tensão para fadiga

K_{fa} fator de concentração de tensão para carregamento axial em fadiga

K_{ff} fator de concentração de tensão para carregamento de flexão em fadiga

K_{fs} fator de concentração de tensão para carregamento de torção em fadiga

K_t fator de concentração de tensões estático

K_{ts} fator de concentração de tensões estático em cisalhamento

L comprimento do eixo ou comprimento da chaveta

m massa

M momento genérico

M_m momento fletor médio

M_{max} momento fletor máximo

n coeficiente de segurança de projeto

N esforço normal

N_m carga axial média

N_{max} carga axial máxima

P diametral Pitch

q fator de sensibilidade ao entalhe ou deslocamento associado à matriz de rigidez

q_a fator de sensibilidade ao entalhe para tração reversa

q_f fator de sensibilidade ao entalhe em flexão

$q_{torção}$	fator de sensibilidade ao entalhe em torção
r	raio de adoçamento
s	distância genérica
S_e	limite de fadiga
S_e'	limite de fadiga do corpo de prova
t	tempo
T_m	momento torcedor (torque) médio
T_{max}	momento torcedor (torque) máximo
x	deslocamento horizontal
$\ddot{x}$	aceleração
x_o	deslocamento inicial
y	deslocamento vertical
y_i	deslocamento vertical do ponto "i"
W	largura de chaveta
W_i	massa do componente "i"

REFERÊNCIAS BIBLIOGRÁFICAS

Budynas, R.G., and Nisbett, J. K., 2006. Shigley´s Mechanical Engineering Design. 8ª Ed., McGraw-Hill Companies, Inc.

Dowling, N. E., 2013. Mechanical Behavior of Materials: Engineering Methods for Deformation, Fracture, and Fatigue. 4ª Ed., Pearson.

Juvinall, R. C., e Marshek, K. M., 2008. Fundamentos do Projeto de Componentes de Máquinas, 4ª Edição. LTC.

Madayag, A.F., 1969. Metal Fatigue: Theory and Design, Wiley, New York.

NSK – Catálogo de Rolamentos. NSK Ltd.

Peterson, R.C., 1974. Stress Concentration Factors, John Wiley & Sons, Inc.

Pilkey, W.D., and Pilkey , D.F., 2008. Peterson's Stress Concentration Factors, 3ª Ed., John Wiley e Sons.

Sines, G., and Waisman, J.L., 1969. Metal Fatigue, McGraw-Hill, NY.

CAPÍTULO 16

Mancais de Rolamentos

16.1. INTRODUÇÃO

Mancais são dispositivos mecânicos destinados a suportar cargas e promover a sustentação de eixos e demais componentes envolvidos nas transmissões mecânicas em geral. Normalmente, são de dois tipos principais: os mancais de rolamentos e os mancais de deslizamento, cuja principal diferença, para o caso dos mancais de rolamentos, decorre do fato de os chamados corpos rolantes (esferas ou rolos) promoverem a separação entre o eixo e o cubo do elemento externo considerado. Um segundo aspecto fundamental, que difere esses dois tipos de mancais, decorre da condição da carga ser transmitida por meio de elementos em contato ao invés de deslizamento puro.

Os mancais de rolamento são fabricados com formas específicas para suportarem cargas radiais, cargas axiais ou, ainda, a combinação dessas. Suas componentes principais são os corpos rolantes, os separadores (ou gaiolas), os anéis internos e externos e, em determinadas situações, os elementos de vedação. A Figura 16.1 ilustra essa configuração básica.

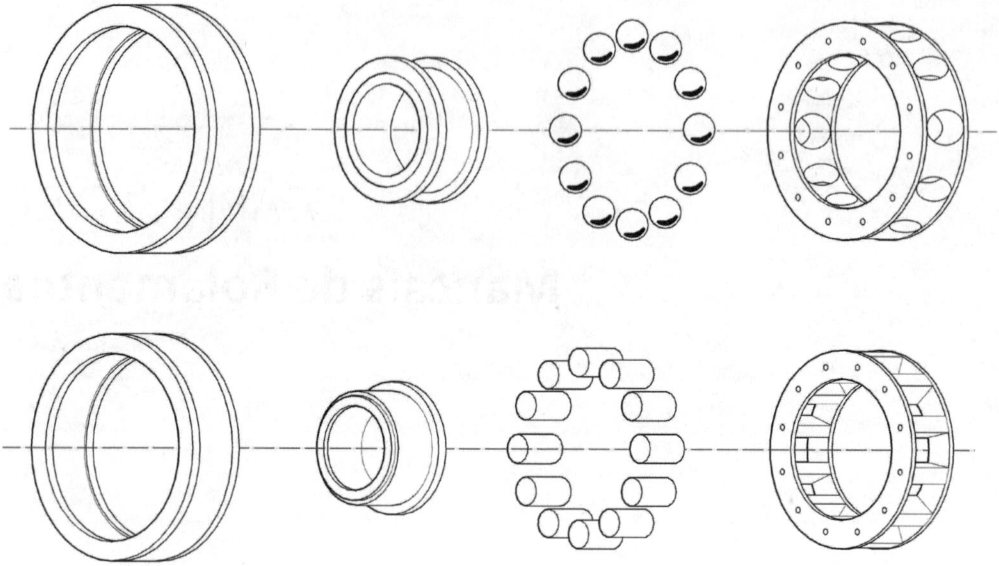

Figura 16.1 – Principais partes componentes dos rolamentos.

Para o caso específico dos mancais de rolamentos, pode-se considerar o conjunto mancal/rolamento ou apenas o rolamento isolado, dependendo da concepção de projeto considerada. Nessas circunstâncias, entretanto, o termo "mancal de rolamento" acaba sendo utilizado em ambos os casos, em decorrência da própria definição do termo "mancal" (Figura 16.2)

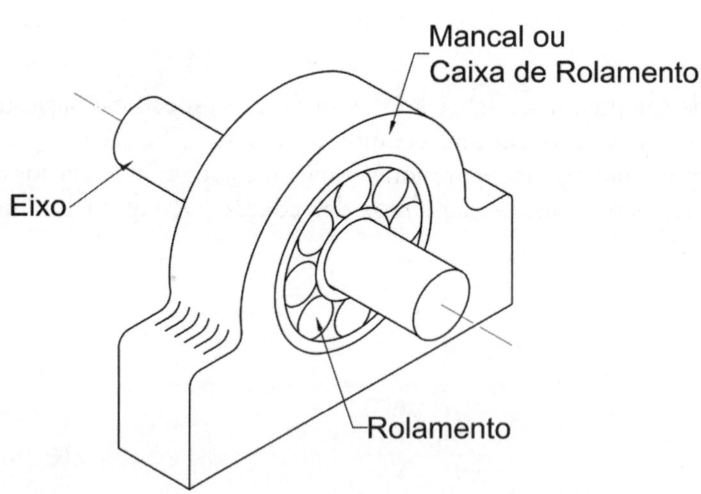

Figura 16.2 – Mancal de rolamento típico.

Retomando a Figura 16.1, pode-se destacar o componente designado como separador ou gaiola, qual a função principal é propiciar a separação dos corpos rolantes entre si, visando, com isso, eliminar o atrito entre os mesmos. Tais dispositivos são confeccionados nas mais variadas configurações geométricas e com os mais variados tipos de materiais, dependendo do tipo de rolamento, como também da concepção individual de cada fabricante.

Da mesma forma, nota-se que os corpos rolantes podem ser de dois tipos distintos: esferas ou rolos (cilíndricos, cônicos ou abaulados). Nessa situação, a intensidade do carregamento externo é que fará a diferenciação pela escolha entre um rolamento de esferas e um rolamento de rolos, cabendo a esse segundo grupo os rolamentos de maior capacidade de carga. Evidente que tal condição se deve à possibilidade da maior distribuição da carga associada a uma grande região de contato (que para o caso das esferas é apenas pontual).

Neste capítulo é apresentado o dimensionamento de alguns dos principais tipos de rolamentos disponíveis no mercado, proporcionando ao leitor, entretanto, o embasamento necessário para o entendimento de qualquer outro tipo de rolamento a ser considerado.

A Figura 16.3 ilustra ainda os principais parâmetros dimensionais de um rolamento, ou seja, o diâmetro do eixo ou do furo "d", o diâmetro externo "D" e a largura do rolamento "B".

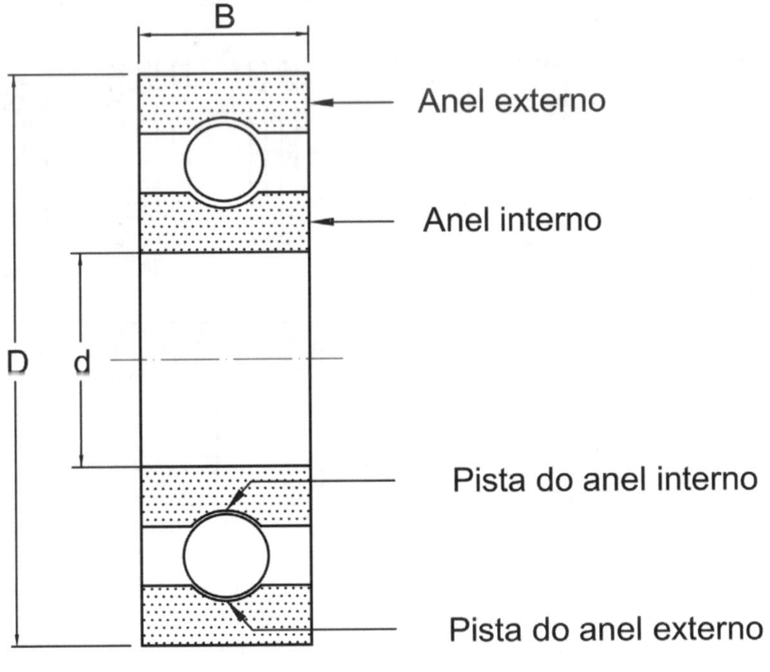

Figura 16.3 – Principais parâmetros dimensionais dos rolamentos. Adaptado a partir de Hamrock, Schmid e Jacobson, 2005.

16.2. TIPOS DE ROLAMENTOS E APLICAÇÕES

Os principais tipos de rolamentos podem ser vistos na Figura 16.4. Como características e aplicações podem-se considerar:

a) rolamentos radiais - rolamentos destinados a suportarem cargas predominantemente radiais, tendo um ângulo de contato nominal inferior a 45º ($\alpha \leq 45^o$);

b) rolamentos axiais de contato angular – apresentam ângulo de contato nominal superior a 45º ($\alpha > 45^o$) e suportam cargas predominantemente axiais;

c) rolamentos axiais de esferas e axiais de contato angular de esferas – permitem carregamentos axiais tanto em uma como em suas duas direções;

d) rolamentos axiais de rolos cilíndricos ou axiais autocompensadores de rolos - mais indicados para cargas axiais elevadas;

e) rolamentos axiais autocompensadores de rolos e axiais de contato angular de esferas de escora simples - admitem cargas axiais e radiais combinadas;

f) demais tipos de rolamentos axiais - suportam apenas cargas puramente axiais, ou seja, $\alpha = 0^o$.

A Figura 16.5 ilustra ainda o ângulo de contato, o tipo e a intensidade dos carregamentos suportados pelos rolamentos citados anteriormente. Além disso, as setas orientativas das figuras representam a direção dos carregamentos suportados.

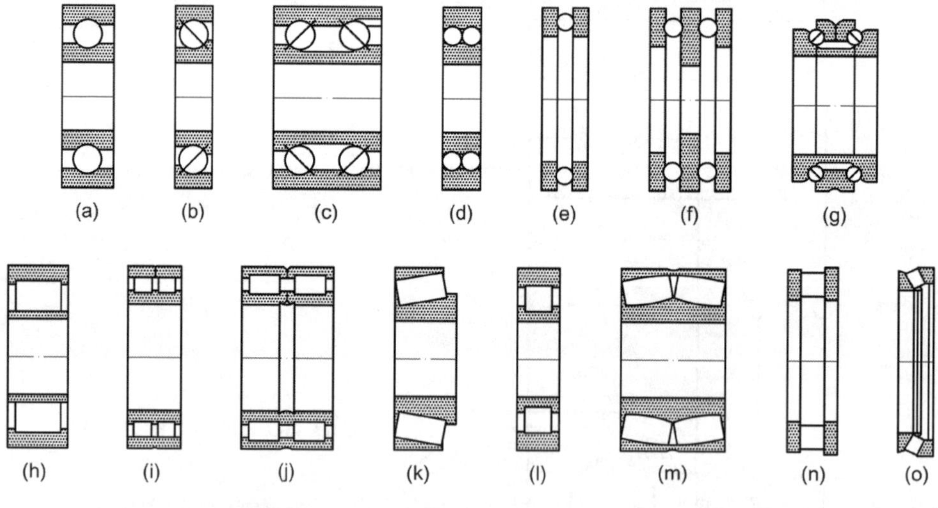

Figura 16.4 – Principais tipos de rolamentos. (a) Fixo de uma carreira de esferas, (b) contato angular de uma carreira de esferas, (c) contato angular de duas carreiras de esferas, (d) autocompensador de esferas, (e) axial de esferas de escora simples, (f) axial de esferas de escora dupla, (g) axial de contato angular de escora dupla, (h) uma carreira de rolos cilíndricos, (i) duas carreiras de rolos cilíndricos, (j) duas carreiras de rolos cilíndricos, (k) rolos cônicos, (l) rolos esféricos, (m) autocompensador de rolos esféricos, (n) axial de rolos cilíndricos, (o) axial autocompensadores de rolos. Adaptado a partir de FAG.

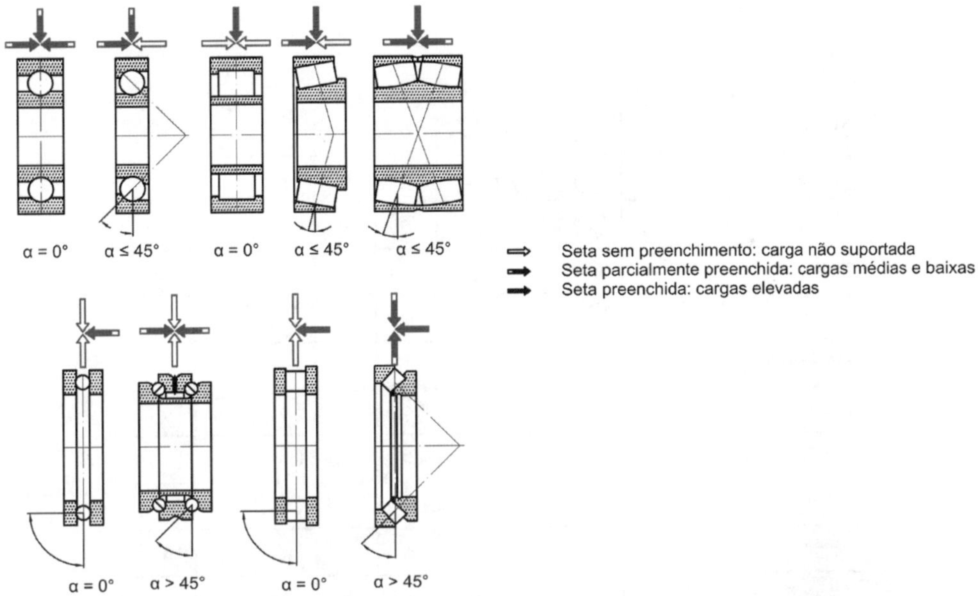

Figura 16.5 - Tipos construtivos e carregamentos suportados. Adaptado a partir de FAG.

Um outro aspecto dos rolamentos corresponde ao fato dos mesmos poderem ser vedados ou com a presença de blindagens, as quais possibilitam a sua aplicação em ambientes agressivos, com sujeira, poeira e umidade. Os fabricantes fornecem esses rolamentos com graxa em seu interior, deixando-os livres de manutenção. Por último, existem os rolamentos de agulhas, utilizados normalmente quando o espaço radial é limitado, os quais podem ser encontrados na condição com ou sem pistas externas. As Figuras 16.6 e 16.7 ilustram os campos de aplicações dos principais tipos de rolamentos disponíveis no mercado.

Características \ Tipos de Rolamentos	Fixos de Uma Carreira de Esferas	Magneto	Uma Carreira de Esferas de Contato Angular	Duas Carreiras de Esferas de Contato Angular	Combinados	Esferas de Quatro Pontos de Contato	Autocompensadoras de Esferas	Rolos Cilíndricos	Duas Carreiras de Rolos Cilíndricos	Rolos Cilíndricos com Rebordo em um Lado
Capacidade de Carga – Carga Radial	○	∘	⊙	⊙	⊙	∘	○	⊙	◎	⊙
Capacidade de Carga – Carga Axial	↔ ○	← ∘	← ⊙	↔ ⊙	↔ ⊙	↔ ⊙	↔ ∘	×	×	← ○
Capacidade de Carga – Carga Combinada	○	∘	⊙	⊙	⊙	◎	∘	×	×	○
Alta Velocidade	◎	⊙	◎	○	⊙	⊙	⊙	◎	⊙	⊙
Alta Precisão	◎		◎		◎	⊙		◎	◎	
Baixo Torque e Ruído	◎							⊙		
Rigidez					⊙	◎		⊙	◎	⊙
Desalinhamento Permissível	⊙	∘	∘	∘	∘	∘	◎	○	∘	○
Ação de Compensação							☆			
Separação dos Anéis		☆				☆		☆	☆	☆
Rolamento Lado Fixo	☆			☆	☆	☆	☆			
Rolamento Lado Livre	★			★	★	★	★	☆	☆	
Furo Cônico							☆		☆	

◎ Muito Bom ⊙ Bom ○ Regular ∘ Precário × Inviável ← Somente em um sentido ↔ Dois sentidos

☆ Aplicável ★ Aplicável, porém deve permitir a dilatação ou contração do eixo na superfície de ajuste do rolamento

Figura 16.6 - Tipos construtivos e aplicações. Reproduzido com autorização da FAG.

16.3. ESPECIFICAÇÃO DE ROLAMENTOS

O engenheiro projetista ao envolver-se com a utilização de um mancal de rolamento deve se preocupar não apenas com o diâmetro do furo necessário, mas também com o tipo de carregamento a ser suportado, as exigências de vida útil, aspectos de segurança e também econômicos.

Os rolamentos podem ser dimensionados para suportarem cargas estáticas ou cargas dinâmicas. A condição de cargas estáticas está associada a eixos carregados por cargas estáticas e eventualmente sem movimento de rotação, ou ainda, a eixos em que os rolamentos sejam solicitados por cargas, também estáticas, mas em rotações inferiores a 10 rpm. Nesse caso, deve ser verificada a segurança contra a compressão (esmagamento) nas pistas e nos corpos rolantes.

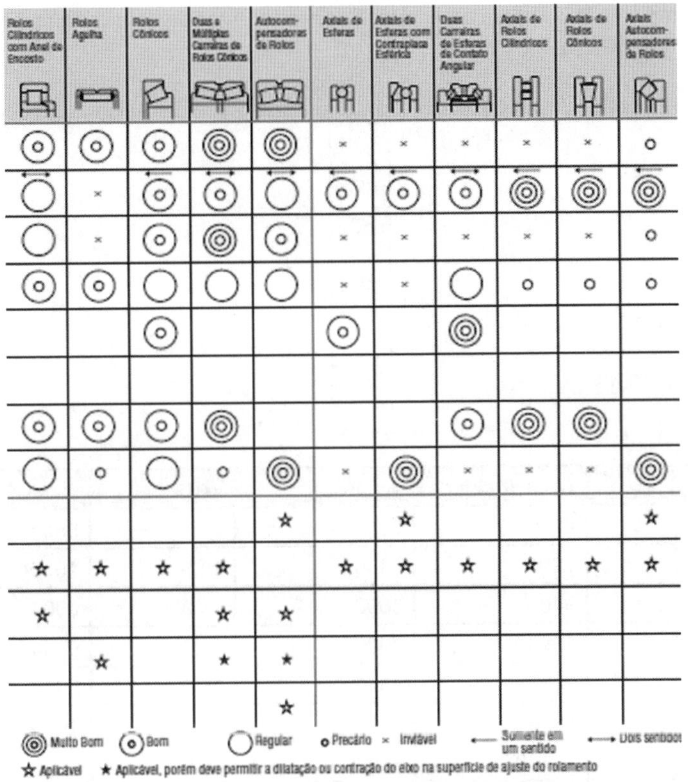

Figura 16.7 - Tipos construtivos e aplicações. Reproduzido com autorização da FAG.

Na prática, porém, a grande maioria dos rolamentos está submetida a carregamentos dinâmicos. Nesse caso, o dimensionamento dos mancais de rolamentos é realizado para que seja assegurada a vida útil do rolamento contra a fadiga prematura, do material das pistas e dos corpos rolantes. A Tabela 16.1 mostra um conjunto parcial de rolamentos de uma carreira de esferas extraída do catálogo de rolamentos da FAG. Todas as tabelas de rolamentos deste capítulo apresentam somente as dimensões principais, suas capacidades de carga (estática e dinâmica) e suas respectivas especificações, no caso da própria FAG. Sugere-se, evidentemente, que em situações mais abrangentes seja realizada a consulta diretamente nos catálogos dos fabricantes, os quais trazem a série completa de diâmetros e dimensões para cada tipo de rolamento.

16.3.1 – ROLAMENTOS SOLICITADOS POR CARGAS ESTÁTICAS

Apesar de disponível nos catálogos dos principais fabricantes de rolamentos, o dimensionamento para a condição de cargas estáticas não será discutido nesta obra, dada a pequena probabilidade desse tipo de solicitação estar presente em aplicações práticas de engenharia. Entretanto, ocorrendo essa condição, sugere-se ao leitor uma consulta específica sobre o assunto juntamente aos fabricantes.

Tabela 16.1 – Exemplo de tabela para especificação de rolamentos de uma carreira de esferas. Adaptado a partir de FAG.

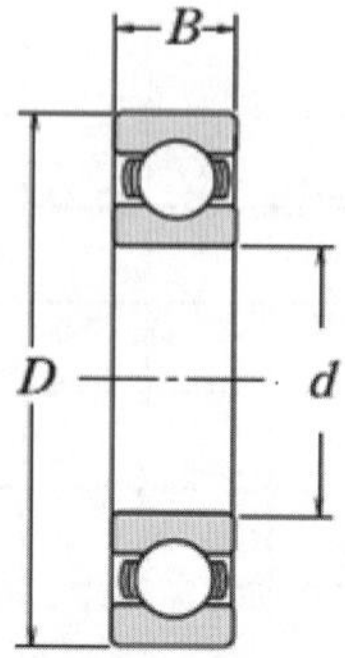

Dimensões [mm]			Capacidade de carga [N]		Fator	Especificação
d	D	B	C	C_0	f_0	Rolamento
20	42	8	7900	4450	14,5	16004
20	42	12	9400	5000	13,8	6004
20	52	15	15900	7900	12,4	6304
25	42	9	7050	4550	15,4	6905
25	47	8	8850	5600	15,1	16005
25	47	12	10100	5850	14,5	6005
25	62	17	20600	11200	13,2	6305
30	55	9	11200	7350	15,2	16006
30	55	13	13200	8300	14,8	6006
30	62	16	19500	11300	13,8	6206
30	72	19	26700	15000	13,3	6306
40	52	7	6350	5550	17,0	6808
40	62	12	13700	10000	15,7	6908
40	68	15	16800	11500	15,3	6008
40	90	23	40500	24000	13,2	6308

16.3.2 – ROLAMENTOS SOLICITADOS POR CARGAS DINÂMICAS

Os rolamentos solicitados por cargas dinâmicas são dimensionados com base na norma DIN ISO 281 - Rolling bearings - Dynamic load ratings and rating life. Essa norma leva em consideração que a causa da falha no rolamento é decorrente da fadiga do material. A fadiga do material apresenta-se nos elementos rolantes e nas pistas pelo desprendimento de pequenas "lascas" (spalling) ou pelo surgimento de uma área de corrosão aveolar (pitting). A fórmula para o cálculo devida nominal "L_{10}" (dada em milhões de revoluções) para uma confiabilidade de 90% corresponde a:

$$L_{10} = L = \left[\frac{C}{P}\right]^b \tag{16.1}$$

o expoente "b" assume valores de 3 para rolamentos de esferas e 10/3 para rolamentos de rolos. Nessa mesma equação, "C" é a capacidade de carga dinâmica do rolamento e "P" é a carga dinâmica equivalente.

A vida nominal do rolamento, para condição de rotação "n" supostamente constante, pode ser calculada em horas de funcionamento através das seguintes equações:

$$L_h = \frac{L \cdot 10^6}{60n} \tag{16.2}$$

ou

$$L_h = \frac{10^6}{60n}\left[\frac{C}{P}\right]^b \tag{16.3}$$

Com base na Equação (16.3) pode-se definir o fator de vida "f_L" e o fator de rotação "f_n" na forma:

$$f_L = (L_h / 500)^{1/b} \tag{16.4}$$

$$f_n = \left[\frac{10^6}{500 \times 60n}\right]^{1/b} \tag{16.5}$$

Tais fatores podem, ainda, ser relacionados entre si mediante a seguinte equação:

$$f_L = \left(\frac{C}{P}\right) f_n \tag{16.6}$$

O conjunto de Tabelas 16.2 apresenta os valores do fator "f_L" para inúmeras aplicações, de acordo com o fabricante de rolamentos FAG. O fator "f_L" a ser alcançado resulta de experiências com aplicações de rolamentos iguais ou semelhantes, que tenham demonstrado comprovada eficiência na prática. Tais valores levam em consideração não somente um período suficientemente longo de funcionamento até a fadiga, mas também demais exigências, como o peso reduzido, adaptação às peças adjacentes e picos de carga extrema. Outra alteração que deve ser feita é corrigir o valor da carga "P" multiplicando-se pelo fator adicional "f_z" nas aplicações onde tal fator estiver indicado.

16.3.3 – ROLAMENTOS SOLICITADOS POR CARGAS DINÂMICAS VARIÁVEIS

Se um mancal de rolamento, durante o seu período de operação, estiver sujeito a um conjunto de rotações e carregamentos distintos, deverá ser realizada uma avaliação diferenciada no cálculo da sua carga equivalente "P" (Figura 16.8). Nesse caso, deve-se aproximar a curva de utilização por uma série de carregamentos isolados "P_i" com suas respectivas frações percentuais dos tempos de funcionamento "q_i" de acordo com:

$$P = \sqrt[3]{\sum P_i^3 \frac{n_i q_i}{n_m}} \quad \rightarrow i = 1,2,3\ldots \text{ ciclos de carga} \tag{16.7}$$

$$n_m = \sum n_i q_i \tag{16.8}$$

onde "n_m" é a rotação média e "n_i" é a rotação constante e respectivo ao enésimo ciclo de carga "q_i".

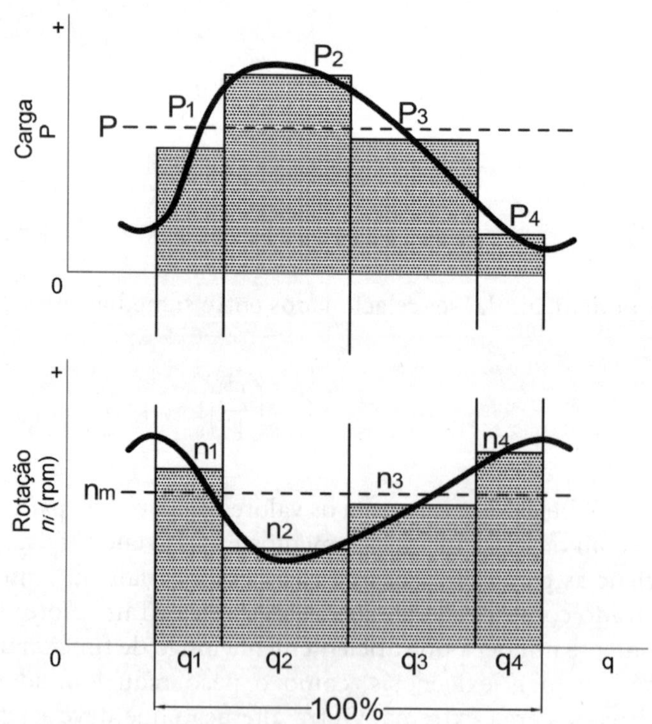

Figura 16.8 – Comportamento de uma carga dinâmica variável. Adaptado a partir da FAG.

Tabela 16.2 – Fator "f_L" em função da aplicação do rolamento. Adaptado a partir da FAG.

Aplicação	Valor f_L a ser alcançado
Veículos automotores	
Motocicletas	0,9 a 1,6
Carros de passageiros	1,0 a 1,3
Carros de passageiros: câmbio	0,7 a 1,0
Carros de passageiros: rolamentos das rodas	1,4 a 2,2
Caminhões leves	1,6 a 2,0
Caminhões médios	1,8 a 2,2
Caminhões pesados	2,0 a 2,6
Ônibus	1,8 a 2,8
Motores de combustão interna	1,2 a 2,0
Veículos ferroviários	
Mancais de rolamentos para vagões	2,5 a 3,5
Bondes	3,5 a 4,0
Vagões de passageiros	3,0 a 3,5
Vagões de carga	3,0 a 3,5
Vagões de minério	3,0 a 3,5
Carros de tração	3,5 a 4,0
Locomotivas	3,5 a 4,0
Caixa de engrenagens de veículos ferroviários	3,0 a 4,5
Construção naval	
Rolamento de empuxo da hélice	3,0 a 4,0
Rolamento do eixo da hélice do navio	4,0 a 6,0
Grandes redutores marítimos	2,5 a 3,7
Pequenos redutores marítimos	2,0 a 3,0
Reversores para barcos	1,5 a 2,5
Máquinas agrícolas	
Tratores	1,5 a 2,0
Máquinas operatrizes	1,5 a 2,0
Máquinas de uso sazonal	1,0 a 1,5
Maquinaria de terraplanagem	
Tratores de esteira, carregadeiras	2,0 a 2,5
Escavadeiras/propulsão	1,0 a 1,5
Escavadeiras/mecanismos giratório	1,5 a 2,0
Rolos compressores vibratórios	1,5 a 2,5
Excitadores	1,0 a 1,5
Motores elétricos	
Motores para aparelhos eletrodomésticos	1,5 a 2,0
Motores de série	3,5 a 4,5
Motores de grande porte	4,0 a 5,0
Motores de tração	3,0 a 3,5

Laminadores, equipamentos siderúrgicos	
Laminadores	1,0 a 3,0
Acionamento de laminadores	3,0 a 4,0
Mesas de rolos	2,5 a 3,5
Máquinas de fundição por centrifugação	3,5 a 4,5
Máquinas ferramentas	
Fusos de tornos, fresadoras	3,0 a 4,5
Fusos de furadeiras	3,0 a 4,0
Fusos de retificadoras	2,5 a 3,5
Fusos de porta-peças de retificadoras	3,5 a 5,0
Caixas de engrenagem – máquinas ferramenta	3,0 a 4,0
Prensas/Volante	3,5 a 4,0
Prensas/eixo excêntrico	3,0 a 3,5
Ferramentas elétricas e de ar comprimido	2,0 a 3,0
Máquinas de beneficiamento de madeira	
Fusos de tupias e eixos de plainas	3,0 a 4,0
Rolamentos principais de serras fita	3,5 a 4,0
Rolamentos de biela de serras fita	2,5 a 3,0
Serra circular	2,0 a 3,0
Acionamento de máquinas em geral	
Redutores universais	2,0 a 3,0
Motores de acionamento	2,0 a 3,0
Engrenagens de grande porte e estacionárias	3,0 a 4,5
Equipamentos de transporte e de extração	
Correias/mineração de superfície	4,5 a 5,5
Transportadoras/mineração de superfície	4,5 a 5,0
Rolos de apoio de correias transportadoras	2,5 a 3,5
Transportadores de correias	4,0 a 4,5
Escavadeira de roda de pás/propulsão	2,5 a 3,5
Escavadeira de roda de pás/roda de pás	4,5 a 6,0
Polias de cabos transportadores	4,0 a 4,5
Rolos de cabos	2,5 a 3,5
Bombas, sopradores, compressores	
Ventiladores, sopradores	3,5 a 4,5
Sopradores de grande porte	4,0 a 5,0
Bombas de pistão	3,5 a 4,5
Bombas centrífugas	3,0 a 4,5
Bombas hidráulicas axiais e radiais de pistão	1,0 a 2,5
Bombas de engrenagens	1,0 a 2,5
Compressores	2,0 a 3,5
Centrífugas, misturadores	
Centrífugas	2,5 a 3,0
Misturadores de maior porte	3,5 a 4,0

Britadores, moinhos, peneiras e outros	
Britadores de mandíbulas	3,0 a 3,5
Britador de cone, britador de rolos	3,0 a 3,5
Moinhos de percussão, moinhos de martelos	4,0 a 5,0
Moinhos tubulares	4,0 a 5,0
Moinhos vibratórios	2,0 a 3,0
Moinhos verticais de rolos e pistas	4,0 a 5,0
Peneiras vibratórias	2,5 a 3,0
Prensas de briquetagem	3,5 a 4,0
Roletes para fornos giratórios	4,0 a 5,0
Máquinas de papel e impressoras	
Máquinas de papel/parte úmida	5,0 a 5,5
Máquinas de papel/parte secadora	5,5 a 6,5
Máquinas de papel/parte refinadora	5,0 a 5,5
Máquinas de papel/calandra	4,5 a 5,0
Impressoras	4,0 a 4,5
Máquinas têxteis	
Fiadeiras, fusos de teares	3,5 a 4,5
Máquinas de malharia	3,0 a 4,0
Máquinas para processamento de plásticos	
Extrusoras	3,0 a 3,5
Calandras de borracha e de material plástico	3,5 a 4,5

Caso o carregamento dinâmico, ao qual o rolamento esteja submetido, variar linearmente sob rotação constante, conforme exemplificado na Figura 16.9, a carga equivalente “P” pode ser avaliada por:

$$P = \frac{2P_{max} + P_{min}}{3} \tag{16.9}$$

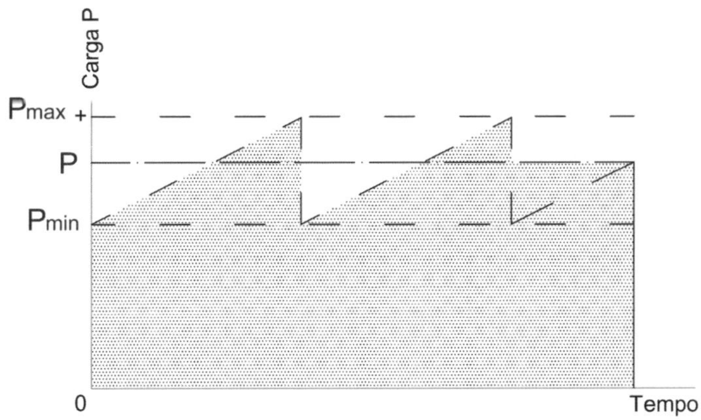

Figura 16.9 – Carga dinâmica variando de forma linear. Adaptado a partir de FAG.

16.4. ROLAMENTOS DE UMA CARREIRA DE ESFERAS

A carga dinâmica equivalente para este tipo de rolamento pode ser calculada em função da razão entre o carregamento axial e radial suportado por ele na forma:

$$P = XF_R + YF_A \tag{16.10}$$

sendo que os valores das constantes "X" e "Y" dependem da relação (f_oF_A/C_0) obtida a partir da Tabela 16.3, enquanto que o fator "f_0" pode ser obtido a partir da Tabela 16.4.

Tabela 16.3 – Fator radial e axial dos rolamentos de esferas. Adaptado a partir de

		Folga normal			
$\frac{f_o.F_a}{C_o}$	e	$F_A / F_R \leq e$		$F_A / F_R > e$	
		X	Y	X	Y
0,172	0,19	1	0	0,56	2,30
0,345	0,22	1	0	0,56	1,99
0,689	0,26	1	0	0,56	1,71
1,030	0,28	1	0	0,56	1,55
1,380	0,30	1	0	0,56	1,45
2,070	0,34	1	0	0,56	1,31
3,450	0,38	1	0	0,56	1,15
5,170	0,42	1	0	0,56	1,04
6,890	0,44	1	0	0,56	1,00

16.5. ROLAMENTOS DE CONTATO ANGULAR DE ESFERAS (α = 40°)

Os rolamentos de contato angular de esferas de uma carreira suportam cargas radiais e axiais. As forças axiais são admitidas em um sentido; o rolamento deverá ser montado contraposto a um segundo rolamento, que, por sua vez, suporta as cargas em direção oposta. Esses rolamentos não são separáveis e podem operar em altas velocidades. Os rolamentos de contato angular de uma carreira de esferas podem apresentar montagem em pares nas disposições em "X", em "O" ou em "Tandem" ou ainda, em grupos, Figura 16.10.

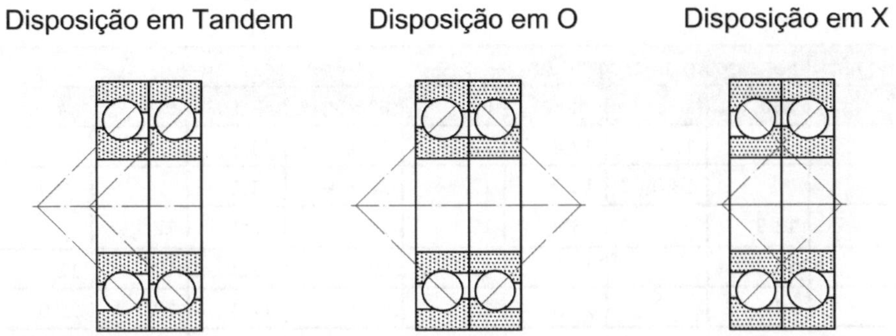

Figura 16.10 – Montagem de rolamentos de contato angular de esferas. Adaptado a partir de FAG.

Tabela 16.4 – Fator "f_0" para rolamentos de esferas. Adaptado a partir de FAG.

Índice do furo	Série do Rolamento							
	160	161	60	62	622	63	623	64
00		12,4	12,4	12,1	12,1	11,3		
01		13,0	13,0	12,3	12,2	11,1		
02	13,9		13,9	13,1	13,1	12,1	12,1	
03	14,3		14,3	13,1	13,1	12,3	12,2	12,4
04	14,5		13,8	13,1	13,1	12,4	12,1	11,0
05	15,1		14,5	13,8	13,8	13,2	12,4	12,1
06	15,2		14,8	13,8	13,8	13,3	13,0	12,2
07	15,6		14,8	13,8	13,8	13,1	13,1	12,1
08	16,0		15,3	14,0	14,0	13,2	13,0	12,2
09	15,9		15,4	14,3	14,1	13,0	13,0	12,1
10	16,1		15,6	14,3	14,3	13,0	13,0	13,1
11	16,1		15,4	14,3		12,9		13,2
12	16,3		15,5	14,3		13,1		13,2
13	16,4		15,7	14,3		13,2		12,3
14	16,2		15,5	14,4		13,2		12,1
15	16,4		15,7	14,7		13,2		12,2
16	16,4		15,6	14,6		13,2		12,3
17	16,4		15,7	14,7		13,1		12,3
18	16,3		15,6	14,5		13,9		12,2
19	16,5		15,7	14,4		13,9		
20	16,5		15,9	14,4		13,8		
21	16,3		15,8	14,3		13,8		
22	16,3		15,6	14,3		13,8		
24	16,5		15,9	14,8		13,5		
26	16,4		15,8	14,5		13,6		
28	16,5		16,0	14,8		13,6		
30	16,4		16,0	15,2		13,7		
32	16,5		16,0	15,2		13,9		

A capacidade de carga para vários rolamentos de contato angular de esferas, do mesmo tamanho e especificação, montados justapostos, é fornecida por:

$$C = i^{0,7} C_{ri} \tag{16.11}$$

onde "C" é a capacidade dinâmica do grupo de rolamentos, "C_{ri}" é a capacidade de carga dinâmica de um rolamento da montagem e "i" a quantidade de rolamentos agrupados.

A carga dinâmica equivalente, para as diversas composições de montagens desses rolamentos, pode ser calculada pelas equações da Tabela 16.5.

Tabela 16.5 – Carga dinâmica equivalente para rolamento de contato angular de esferas. Adaptado a partir de FAG.

Tipo de montagem	Carga dinâmica equivalente		Equação
Individual	$P = F_R$	$F_A / F_R \leq 1{,}14$	16.12
	$P = 0{,}35F_R + 0{,}57F_A$	$F_A / F_R \leq 1{,}14$	
"X" ou "O"	$P = F_R + 0{,}55F_A$	$F_A / F_R \leq 1{,}14$	16.13
	$P = 0{,}57F_R + 0{,}93F_A$	$F_A / F_R > 1{,}14$	

Para esse tipo de rolamento devem também ser consideradas as reações axiais decorrentes das cargas radiais atuantes nos rolamentos, em consequência da inclinação das pistas.

A força axial de reação é calculada com as equações da Tabela 16.6. Observar que o rolamento que admitir a força de reação axial "K_A" é designado pela letra "A".

Tabela 16.6 – Força axial para um rolamento individual. Adaptado a partir de FAG.

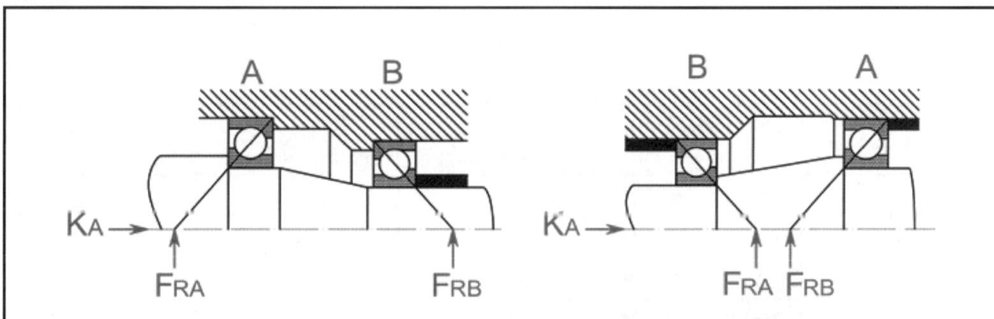

Condições de carga	Rolamento A	Rolamento B	Equação
$F_{RA} / Y_A \leq F_{RB} / Y_B$	$F_A = K_A + 0{,}5F_{RB} / Y_B$		16.14

$F_{RA}/Y_A > F_{RB}/Y_B$ $K_A > 0{,}5\left(F_{RA}/Y_A - F_{RB}/Y_B\right)$	$F_A = K_A + 0{,}5F_{RB}/Y_B$		16.15
$F_{RA}/Y_A > F_{RB}/Y_B$ $K_A \le 0{,}5\left(F_{RA}/Y_A - F_{RB}/Y_B\right)$		$F_A = 0{,}5F_{RA}/Y_A - K_A$	16.16

Nas equações da Tabela 16.6, para os rolamentos das séries 72B e 73B, considerar o fator de carga "Y = 0,57". A Tabela 16.7 mostra um conjunto parcial de rolamentos de contato angular uma carreira de esferas extraída do catálogo de rolamentos da FAG.

Tabela 16.7 – Exemplo de tabela para especificação de rolamentos de contato angular de uma carreira de esferas - α = 40º. Adaptado a partir de FAG.

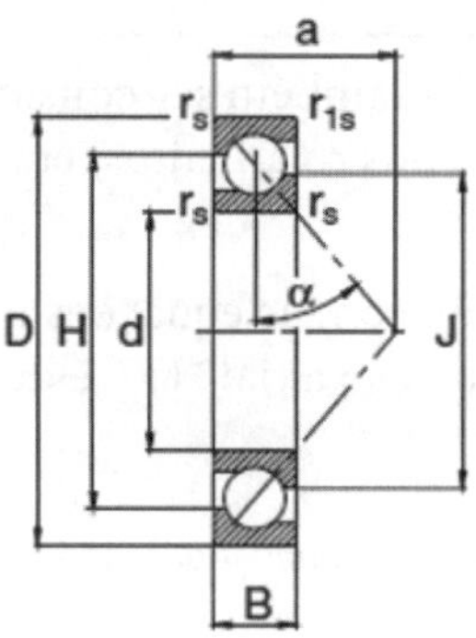

B
Ângulo de contato α = 40°

Eixo	Dimensões (mm)	Capacidade de carga (kN)	Rotação de referência (rpm)	Designação
	d D B a	C C_o		Rolamento FAG
20	20 47 14 21	13,4 7,65	18000	7204B.TVP
	20 52 15 23	19,0 10,4	13000	7304B.TVP
25	25 52 15 24	14,6 9,3	16000	7205B.TVP
	25 62 17 27	26,0 15,0	11000	7305B.TVP
30	30 62 16 27	20,4 13,4	13000	7206B.TVP
	30 72 19 31	32,5 20,0	10000	7306B.TVP
35	35 72 17 31	27,0 18,3	12000	7207B.TVP
	35 80 21 35	39,0 25,0	9000	7307B.TVP

40	40 80 18 34	32,0 23,2	10000	7208B.TVP
	40 90 23 39	50,0 32,5	8500	7308B.TVP

16.6. ROLAMENTOS DE CONTATO ANGULAR COM DUAS CARREIRAS DE ESFERAS

Os valores padronizados de "α" para os rolamentos de contato angular de duas carreiras de esferas são: 15°, 25° e 35°. Nesta seção somente serão apresentadas as equações para condição de "α = 25°". Para os demais casos sugere-se ao leitor uma consulta aos catálogos dos fabricantes de rolamentos. A carga dinâmica equivalente é dada por:

$$\left.\begin{aligned} P &= F_R + 0{,}92F_A \Rightarrow F_A / F_R \leq 0{,}68 \\ P &= 0{,}67F_R + 1{,}41F_A \Rightarrow F_A / F_R > 0{,}68 \end{aligned}\right\} \quad (16.17)$$

A Tabela 16.8 mostra um conjunto parcial de rolamentos de contato angular de duas carreiras de esferas extraída do catálogo de rolamentos da FAG.

Tabela 16.8 – Exemplo de tabela para especificação de rolamentos de contato angular de duas carreiras de esferas. Adaptado a partir de FAG.

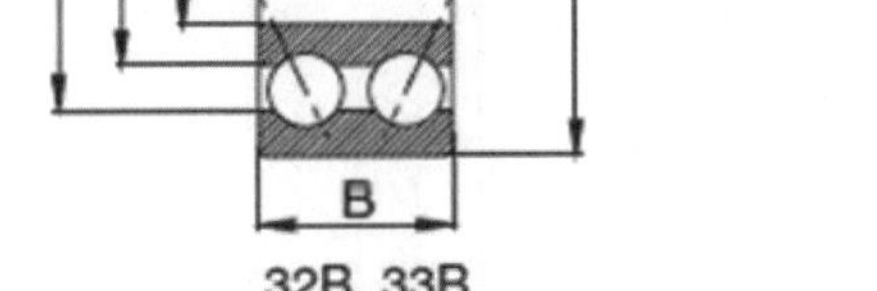

Eixo	Dimensões (mm)	Capacidade de carga (kN)	Rotação de referência (rpm)	Designação
	d D B a	C C_o		Rolamento FAG
20	20 47 20,6 24	19,6 12,5	16000	3204B.TVH
	20 52 22,2 26	23,2 15,0	11000	3304B.TVH

25	25 52 20,6 26	21,2 14,6	14000	3205B.TVP
	25 62 25,4 31	30,0 20,0	10000	3305B.TVP
30	30 62 23,8 31	30,0 21,2	12000	3206B.TVP
	30 72 30,2 36	41,5 28,5	9000	3306B.TVP
35	35 72 27,0 36	39,0 28,5	11000	3207B.TVP
	35 80 34,9 41	51,0 34,5	8500	3307B.TVP
60	60 110 36,5 55	72,0 61,0	7500	3212B.TVP
	60 110 54,0 67	125,0 98,0	5600	3312B.TVP

16.7. ROLAMENTOS AUTOCOMPENSADORES DE ESFERAS

Os rolamentos autocompensadores de esferas são rolamentos com duas carreiras e com uma pista esférico-côncava no anel externo. Dessa forma, eles se adaptam angularmente e podem compensar erros de alinhamento, deflexões do eixo e até mesmo deformações da caixa. Existem rolamentos autocompensadores de esferas com furo cilíndrico e com furo cônico. A carga dinâmica equivalente é dada por:

$$\left.\begin{array}{r} P = F_R + YF_A \Rightarrow F_A / F_R \leq e \\ P = 0{,}65F_R + YF_A \Rightarrow F_A / F_R > e \end{array}\right\} \tag{16.18}$$

Os parâmetros "e" e "Y" da Equação 16.18 são especificados para um conjunto parcial de rolamentos autocompensadores de esferas a partir da Tabela 16.9.

Tabela 16.9 – Exemplo de tabela para especificação de rolamentos autocompensadores de esferas. Adaptado a partir de FAG.

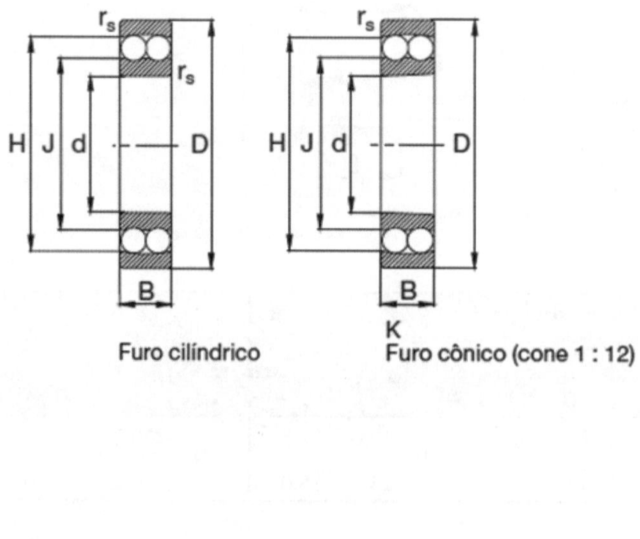

Eixo	Dimensões (mm)			Capacidade de carga (kN) e Fatores de carga					Rotação de referência	Designação
	d	D	B			Fa/Fr≤e	Fa/Fr>e		(rpm)	Rolamento
				C	e	Y	Y	C_o		FAG
20	20	47	14,0	10,0	0,28	2,24	3,46	2,65	24000	1204TV
	20	47	18,0	14,3	0,44	1,45	2,24	3,55	20000	2204TV
	20	52	15,0	12,5	0,29	2,17	3,35	3,35	19000	1304TV
	20	52	21,0	17,0	0,51	1,23	1,90	4,25	18000	2304TV
25	25	52	15,0	12,2	0,27	2,37	3,66	3,35	20000	1205TV
	25	52	18,0	17,0	0,35	1,78	2,75	4,40	17000	2205TV
	25	62	17,0	18,0	0,28	2,29	3,54	5,00	16000	1305TV
	25	62	24,0	24,5	0,48	1,32	2,04	6,55	15000	2305TV
30	30	62	16,0	15,6	0,25	2,53	3,91	4,65	17000	1206TV
	30	62	20,0	25,5	0,30	2,13	3,29	6,95	14000	2206TV
	30	72	19,0	21,2	0,26	2,39	3,71	6,30	14000	1306TV
	30	72	27,0	31,5	0,45	1,40	2,17	8,65	14000	2306TV

16.8. ROLAMENTOS DE ROLOS CILÍNDRICOS

Os rolamentos de rolos cilíndricos de uma carreira de rolos são separáveis. Essa característica simplifica a montagem e a desmontagem deles porque ambos os anéis podem ser ajustados com interferência. Devido ao contato modificado entre os rolos e as pistas são evitadas as tensões localizadas, o que permite uma certa adaptabilidade angular do rolamento. A carga dinâmica equivalente para esse tipo de rolamento pode ser determinada por:

$$P = F_R \tag{16.19}$$

Caso o rolamento em análise também vier a suportar uma parcela de carga axial "F_A", esta deverá ser considerada no cálculo de "P" desde que a condição ($F_A \leq F_{AP}$) seja verificada. A Tabela 16.10 fornece os valores de "P" para essa condição. A Tabela 16.11 mostra a especificação de um conjunto parcial de rolamentos de rolos cilíndricos.

Tabela 16.10 – Carga dinâmica equivalente para rolamentos de rolos cilíndricos. Adaptado a partir de FAG.

Rolamentos FAG Série	Relação de cargas (a)	Carga dinâmica equivalente	Equação nº
19, 10, 2, 2E, 3, 3E	$F_A / F_R \leq 0{,}11$	$P = F_R$	16.20
	$F_A / F_R > 0{,}11$	$P = 0{,}93F_R + 0{,}69F_A$	
29V, 22, 22E, 23, 23E, 23VH	$F_A / F_R \leq 0{,}17$	$P = F_R$	16.21
	$F_A / F_R > 0{,}17$	$P = 0{,}93F_R + 0{,}45F_A$	
30V	$F_A / F_R \leq 0{,}23$	$P = F_R$	16.22
	$F_A / F_R > 0{,}23$	$P = 0{,}93F_R + 0{,}33F_A$	
50B, 50C	$F_A / F_R \leq 0{,}08$	$P = F_R$	16.23
	$F_A / F_R > 0{,}08$	$P = 0{,}96F_R + 0{,}5F_A$	

(a) a relação F_A/F_R deverá ser ≤ 0,4.

A força axial máxima permitida (em N) para o caso de rolamentos de rolos cilíndricos é dada por:

$$F_{AP} = \left[F_b \cdot d_m \cdot n \cdot v \frac{\left(D^2 - d^2\right)}{7} \right]^{1/2} \tag{16.24}$$

onde: F_b = 0,0048 para rolamentos com gaiolas e F_b = 0,0061 para rolamentos sem gaiolas, d_m =(D+d)/2 é o diâmetro médio do rolamento em mm, e ν é a viscosidade do óleo em serviço em mm^2/s.

Caso o valor de "F_{AP}" seja ultrapassado, surge um atrito misto entre os rolos e os rebordos do rolamento, ocasionando perdas por atrito que se elevam e acabam provocando elevado desgaste do mesmo.

Tabela 16.11 – Exemplo de tabela para especificação de rolamentos de rolos cilíndricos. Adaptado a partir de FAG.

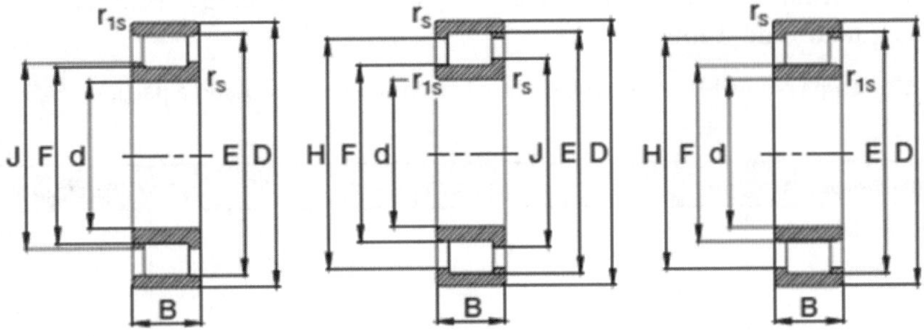

N NJ NU

Eixo	Dimensões (mm)	Capacidade de carga (kN)	Rotação de referência (rpm)	Designação
	d D B	C C_o		Rolamento FAG
20	20 47 14,0	27,5 24,5	15000	N204E.TVP2
	20 47 18,0	32,5 31,0	13000	NJ2204E.TVP2
	20 52 15,0	31,5 27,0	14000	NJ304E.TVP2
	20 52 21,0	41,5 39,0	12000	NJ2304E.TVP2
25	25 52 15,0	29,0 27,5	14000	N205E.TVP2
	25 52 18,0	34,5 34,5	12000	NJ2205E.TVP2
	25 62 17,0	41,5 37,5	12000	NJ305E.TVP2
	25 62 24,0	57,0 56,0	10000	NJ2305E.TVP2
30	30 55 13,0	16,6 16,0	13000	HU1006
	30 62 20,0	49,0 50,0	9500	NJ2206E.TVP2
	30 72 19,0	51,0 48,0	11000	N306E.TVP2

16.9. ROLAMENTOS DE ROLOS CÔNICOS

Os rolamentos de rolos cônicos são separáveis, de tal forma que o anel interno com a coroa de rolos e o anel externo podem ser montados separadamente. O contato linear modificado entre os rolos e as pistas evita tensões de canto. Os rolamentos de rolos cônicos admitem elevadas forças radiais e axiais. Além disso, tais rolamentos somente permitem forças axiais agindo em um único sentido, sendo necessário um segundo rolamento ajustado simetricamente para a guia contrária. Podem ainda operar a rotações elevadas.

Se dois rolamentos cônicos de mesmo tamanho e especificação forem montados em pares dispostos em "O" ou em "X", a capacidade de carga do par de rolamentos será de:

$$C = 1,715 \cdot C_{ri} \tag{16.25}$$

As cargas dinâmicas equivalentes para as diversas montagens podem ser calculadas pelas equações da Tabela 16.12.

Tabela 16.12 – Carga equivalente para rolamento de rolo cônico. Adaptado a partir de FAG.

Tipo de Montagem	Carga equivalente		Equação nº
Individual	$P = F_R$	$F_A / F_R \le e$	16.26
	$P = 0,4F_R + YF_A$	$F_A / F_R > e$	
"X" ou "O"	$P = F_R + 1,12YF_A$	$F_A / F_R \le e$	16.27
	$P = 0,67F_R + 1,68YF_A$	$F_A / F_R > e$	

Neste tipo de rolamento devem ser consideradas as reações axiais devido à parcela de carga radial provocada pela inclinação das pistas, da mesma maneira que os rolamentos de contato angular. A força axial de reação é calculada com as equações da Tabela 16.13. O rolamento que admitir a força de reação axial "K_A" é designado novamente pela letra "A". Os parâmetros "e" e "Y" das equações das Tabelas 16.12 e 16.13 são especificados para um conjunto parcial de rolamentos de rolos cônicos mostrados na Tabela 16.14.

Tabela 16.13 – Força axial para rolamento de rolos cônicos. Adaptado a partir de FAG.

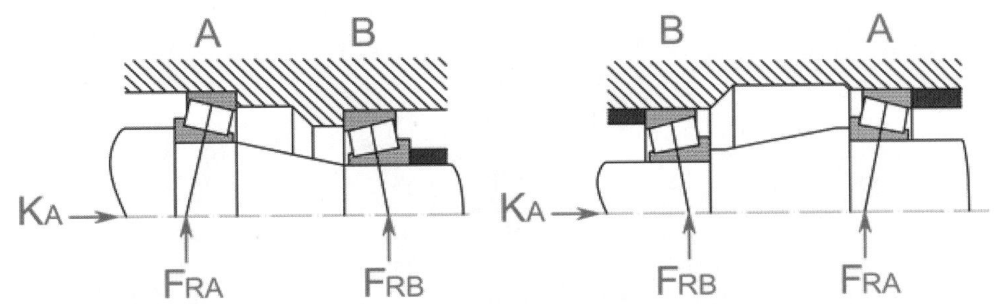

Condições de carga	Rolamento A	Rolamento B	Equação
$F_{RA}/Y_A \le F_{RB}/Y_B$	$F_A = K_A + 0,5F_{RB}/Y_B$		16.28
$F_{RA}/Y_A > F_{RB}/Y_B$ $K_A > 0,5(F_{RA}/Y_A - F_{RB}/Y_B)$	$F_A = K_A + 0,5F_{RB}/Y_B$		16.29
$F_{RA}/Y_A > F_{RB}/Y_B$ $K_A \le 0,5(F_{RA}/Y_A - F_{RB}/Y_B)$		$F_A = 0,5F_{RA}/Y_A - K_A$	16.30

16.10. ROLAMENTOS AXIAIS DE ESFERAS

Os rolamentos axiais de esferas são produzidos permitindo a condição de escora simples ou dupla. Ambos os tipos suportam altas cargas axiais, porém não devem ser solicitados radialmente. Esse tipo de rolamento necessita de uma força axial mínima "F_{Amin}" para operarem satisfatoriamente, ou seja:

$$F_{Amin} = M\left[\frac{n_{max}}{1000}\right]^2 \quad (16.31)$$

onde "M" é a constante mínima fornecida para um conjunto parcial de rolamentos axiais de esferas mostrados na Tabela 16.15.

A carga dinâmica equivalente para rolamentos axiais de esferas que admitem apenas cargas axiais vale:

$$P = F_A \quad (16.32)$$

Tabela 16.14 – Exemplo de tabela para especificação de rolamentos de rolos cônicos. Adaptado a partir de FAG.

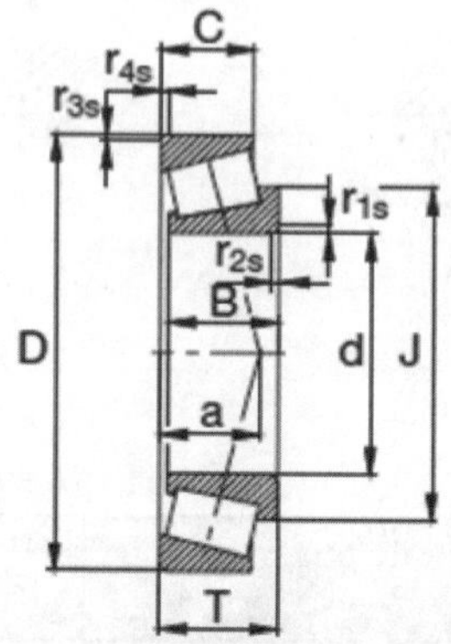

Eixo	Dimensões (mm)	Capacidade de carga (kN) e Fatores de carga	Rotação de referência	Designação
	d D B	C e Y C_o	(rpm)	Rolamento FAG
20	20 42 15,0	24,0 0,37 1,60 29,0	9500	32004X
	20 47 14,0	27,5 0,35 1,74 27,5	11000	30204A
	20 52 15,0	34,5 0,30 2,00 33,5	10000	30304A
	20 52 21,0	46,5 0,30 2,00 48,0	9500	32304A
25	25 47 15,0	26,5 0,43 1,39 34,0	8000	32005X
	25 52 15,0	32,5 0,37 1,60 35,5	9500	30205A
	25 62 17,0	38,0 0,83 0,73 39,0	8500	31305A
	25 62 24,0	63,0 0,30 2,00 65,5	8000	32305A
30	30 55 17,0	39,0 0,43 1,39 47,5	7000	32006X
	30 62 16,0	44,0 0,37 1,60 49,0	7500	30206A
	30 72 19,0	60,0 0,31 1,90 61,0	7500	30306A
	30 72 27,0	81,5 0,31 1,90 90,0	7000	32306A

Tabela 16.15 – Exemplo de tabela para especificação de rolamentos axiais de esferas. Adaptado a partir de FAG.

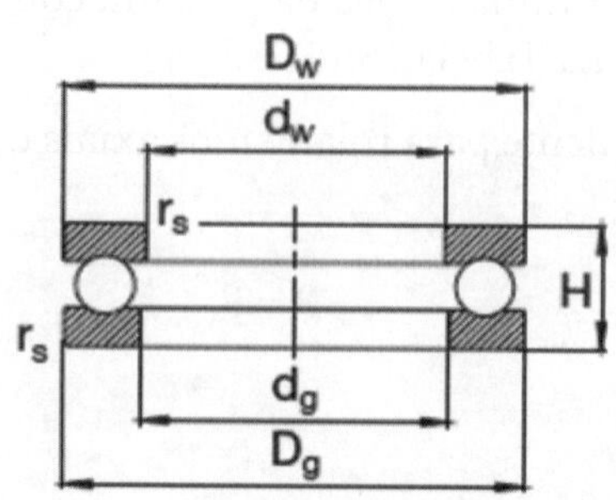

Eixo	Dimensões (mm)			Capacidade de carga (kN) e constante de carga			Rotação de referência	Designação
	d_w	D_w	H	C	C_o	M	(rpm)	Rolamento FAG
20	20	35	10,0	12,7	20,80	0,003	7000	51104
	20	40	14,0	22,4	37,50	0,008	5600	51204
	20	40	14,7	22,4	37,50	0,008	5600	53204
25	25	42	11,0	15,6	29,00	0,010	6300	51105
	25	47	15,0	28,0	50,00	0,010	5000	51205
	25	47	16,7	28,0	50,00	0,013	5000	53205
	25	60	24,0	51,0	80,00	0,004	3200	51405
30	30	47	11,0	16,6	33,50	0,010	5600	51106
	30	52	16,0	25,0	46,50	0,010	4800	51206
	30	52	17,5	25,0	46,50	0,010	4800	53206
	30	70	28,0	72,0	125,00	0,080	3200	51406

16.11. LUBRIFICAÇÃO

A lubrificação em mancais de rolamentos tem a finalidade de evitar o desgaste e a fadiga prematura dos rolamentos, visando assegurar a vida útil para o qual estes foram dimensionados. Além disso, a lubrificação deve garantir propriedades de giro favoráveis, com uma geração reduzida de ruído e baixo atrito. A película lubrificante, gerada entre as peças que transmitem a carga, deve ainda evitar o contato metálico.

A lubrificação mediante óleos lubrificantes é utilizada para altas cargas, elevadas rotações e operações em altas temperaturas, quando a lubrificação deve dissipar o calor gerado pelo atrito entre o movimento relativo das peças rolantes. As graxas como lubrificantes são utilizadas quando: a velocidade de giro é baixa, deseja-se uma operação por longos períodos sem manutençao e existe a necessidade de proteção contra ambientes agressivos. Além disso, somente é recomendado a lubrificação por graxas quando as temperaturas de operação forem inferiores a, aproximadamente, 90°C.

16.12. PROBLEMAS RESOLVIDOS

12.1- Um rolamento de uma carreira de esferas FAG 6004 deverá ser acoplado a um eixo de 20 mm que gira a 900 rpm. Este rolamento deverá suportar uma carga radial de 2500 N. Determine a vida útil esperada em horas de funcionamento.

Solução:

a) Dados fornecido pelo problema:

d = 20 mm n = 900 rpm F_R = 2500 N F_A = 0 N

b) Resolução:

1) Escolha do rolamento em função do diâmetro do furo:

Rolamento FAG 6004 (Tabela 16.1) → C = 9,4 kN e C_0 = 5,0 kN

2) Cálculo da carga dinâmica equivalente

$$P = XF_R + YF_A \qquad \text{Equação 16.10}$$

$$f_0 = 13,8 \qquad \text{Tabela 16.4}$$

$$\frac{f_0 F_A}{C_o} = 0 \Rightarrow \frac{13,8 \cdot 0}{5,0} = 0 \Rightarrow \frac{F_A}{F_R} \leq e \Rightarrow X = 1 \quad Y = 0 \qquad \text{Tabela 16.3}$$

$$P = 1F_R + 0F_A = 2500 \text{ N}$$

3) Cálculo da vida útil horas

$$L_h = \frac{10^6}{60n}\left[\frac{C}{P}\right]^b = \frac{10^6}{60 \cdot 900}\left[\frac{9,4}{2,5}\right]^3 = 984,4 \text{ horas} \qquad \text{Equação 16.3}$$

4) Corrigindo a vida útil pelo fator de velocidade, tem-se:

$$f_n = \left[\frac{10^6}{500 \times 60n}\right]^{1/b} = \left[\frac{10^6}{500 \times 60 \cdot 900}\right]^{1/3} = 0,333 \qquad \text{Equação 16.5}$$

$$f_L = \frac{C}{P} f_n = \frac{9,4}{2,5} 0,333 = 1,25 \qquad \text{Equação 16.6}$$

$$f_L = (L_h / 500)^{1/b} \Rightarrow 1,25 = (L_h / 500)^{1/3} \Rightarrow L_h = 976,56\text{h} \qquad \text{Equação 16.4}$$

12.2 – Um rolamento de uma carreira de esferas FAG 6006, em um dia de operação, está submetido a três condições de operação conforme a tabela a seguir. Esta condição de operação diária se repete até o fim da vida do rolamento. Nestas condições, determine a vida útil deste rolamento.

i	n (rpm)	Tempo de operação/dia	Solicitação radial	Solicitação axial
1	1500	2,5 h	2,0 kN	400 N
2	1000	2,0 h	3,0 kN	400 N
3	1750	1,5 h	3,5 kN	400 N

Solução:

a) Dados fornecido pelo problema:

Rolamento FAG 6006

Dados extraídos da Tabela 16.1

d = 30 mm C = 13,2 kN C_o = 8,3 kN

b) Resolução:

1) Cálculo do percentual de operação diária → $q = q_i/q_t$

2) Cálculo da relação F_R/F_A

i	n (rpm)	Tempo de operação/dia	Solicitação radial	Solicitação axial	q (%)	F_R/F_A
1	1500	2,5 h	2,0 kN	400 N	0,417	0,2
2	1000	2,0 h	3,0 kN	400 N	0,333	0,13
3	1750	1,5 h	3,5 kN	400 N	0,250	0,11

3) Cálculo da carga dinâmica equivalente para carregamento variável.

$$P = XF_R + YF_A \qquad \text{Equação 16.10}$$

Interpolando a Tabela 16.4 → f_0 = 14,8

$$\frac{f_0 F_A}{C_o} = \frac{14,8 \cdot F_A}{8,3} \qquad \text{Tabela 16.3}$$

Para i = 1,2 e 3 → $\frac{14,8 \cdot 0,4}{8,3} = 0,713 \Rightarrow e = 0,28$ - interpolando a Tabela 16.3

Para i = 1,2 e 3 → $\frac{F_A}{F_R} \leq e \rightarrow X = 1 \text{ e } Y = 0$ Tabela 16.3

i	n (rpm)	Solicitação radial	Solicitação axial	q (%)	P_i kN
1	1500	2,0 kN	400 N	0,417	2,0
2	1000	3,0 kN	400 N	0,333	3,0
3	1750	3,5 kN	400 N	0,250	3,5

$$n_m = \sum n_i q_i = 1500 \cdot 0,417 + 1000 \cdot 0,333 + 750 \cdot 0,250 = 1146 \,\text{rpm}$$

Equação 16.8

$$P = \sqrt[3]{\sum P_i^3 \frac{n_i q_i}{n_m}} = \sqrt[3]{\frac{2^3 1500 \cdot 0,417 + 3^3 1000 \cdot 0,333 + 3,5^3 750 \cdot 0,250}{1146}} = 2,68 \,\text{kN}$$

4) Cálculo da vida útil horas

$$L_h = \frac{10^6}{60n}\left[\frac{C}{P}\right]^b = \frac{10^6}{60 \cdot 1146}\left[\frac{13,2}{2,68}\right]^3 = 1737,73 \,\text{horas}$$

5) Corrigindo a vida útil pelo fator de velocidade, tem-se:

$$f_n = \left[\frac{10^6}{500 \times 60n}\right]^{1/b} = \left[\frac{10^6}{500 \times 60 \cdot 1146}\right]^{1/3} = 0,307 \qquad \text{Equação 16.5}$$

$$f_L = \frac{C}{P} f_n = \frac{13,2}{2,68} 0,307 = 1,512 \qquad \text{Equação 16.6}$$

$$f_L = (L_h / 500)^{1/b} \Rightarrow 1,512 = (L_h / 500)^{1/3} \Rightarrow L_h = 1728,32 \,\text{h} \qquad \text{Equação 16.4}$$

12.3 - Especifique um rolamento de contato angular de duas carreiras de esferas para um redutor que suporte a seguinte condição de uso: F_R = 14 kN, F_A = 2,8 kN, rotação = 500 rpm e vida estimada superior a 13000 h com um diâmetro de eixo = 60 mm.

Solução:

a) Dados fornecido pelo problema:

d = 60 mm n = 500 rpm F_R = 14 kN F_A = 2,8 kN

Lh > 13000 h

b) Resolução:

1) Determinação da razão F_R/F_A e da carga dinâmica equivalente "P".

$$\frac{F_R}{F_A} = \frac{14kN}{2,8kN} = 5,00 > 0,68 \qquad \text{Equação 16.17}$$

$$P = 0,67F_R + 1,41F_A = 0,67 \cdot 14 + 1,41 \cdot 2,8 = 13,33$$

2) Especificação do rolamento em função do diâmetro do furo (dados extraídos da Tabela 16.8).

1ª tentativa → para d = 60 mm → rolamento FAG 3212B com C = 72 kN

2ª tentativa → para d = 60 mm → rolamento FAG 3312B com C = 125 kN

3) Cálculo da vida útil em horas.

1ª tentativa → não atende a expectativa de vida prevista

$$L_{h1} = \frac{10^6}{60n}\left[\frac{C}{P}\right]^b = \frac{10^6}{60 \cdot 500}\left[\frac{72}{13,33}\right]^3 = 5252,7\,\text{horas} \qquad \text{Equação 16.3}$$

2ª tentativa → atende a expectativa de vida prevista

$$L_{h2} = \frac{10^6}{60n}\left[\frac{C}{P}\right]^b = \frac{10^6}{60 \cdot 500}\left[\frac{125}{13,33}\right]^3 = 27486\,\text{horas}$$

4) Verificação com relação ao fator dinâmico f_l

Para um redutor → $2 \leq f_L \leq 3$ Tabela 16.2(c)

Estimativa de vida com relação à f_L Equação 16.4

$$f_L = (L_h / 500)^{1/b} \Rightarrow 2 = (L_h / 500)^{1/3} \Rightarrow L_h = 4000\,h$$

$$f_L = (L_h / 500)^{1/b} \Rightarrow 3 = (L_h / 500)^{1/3} \Rightarrow L_h = 13500\,h$$

Conclui-se que o rolamento FAG 3312B atende a solicitação do problema desde que não seja excedida a vida útil de 13500 h.

12.4 – Calcular a vida nominal de cada rolamento cônico da disposição da figura, sabendo que os rolamentos estão sujeitos a cargas: radial de 5500N e axial de 2000 N. A velocidade de rotação do eixo é de 650 rpm.

Solução:

a) Dados fornecido pelo problema:

n = 650 rpm F = 5500 N $K_A = 2000$ N

Rolamento A → 31305A

Rolamento B → 30206A

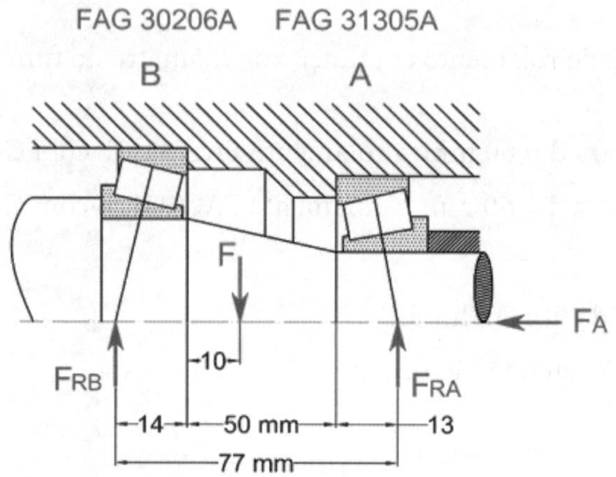

Figura 16.11 – Problema Proposto 12.4. Adaptado a partir de FAG.

b) Resolução:

1) Determinação das forças radiais nos rolamentos

$$\sum M_B = 0 \Rightarrow -24F + 77F_{RA} = 0 \Rightarrow F_{RA} = 1714\,N$$
$$\sum F = 0 \Rightarrow F_{RA} + F_{RB} - F = 0 \Rightarrow F_{RB} = 3786\,N$$

2)Dados dos rolamentos extraídos da Tabela 16.14.

Rolamento A → 31305A	Rolamento B → 30206A
C = 38 kN	C = 44 kN
e = 0,83	e = 0,37
Y = 0,73	Y = 1,6
d = 25 mm	d = 30 mm

3) Cálculo da força axial para condição de montagem individual.

$$F_{RA}/Y_A = 1714/0{,}73 = 2348 \quad F_{RB}/Y_B = 3786/1{,}6 = 2366$$
$$0{,}5(F_{RB}/Y_B - F_{RA}/Y_A) = 0{,}5(2366 - 2348) = 9$$
$$F_{RA}/Y_A \le F_{RB}/Y_B \Rightarrow \text{Equacao}16.28 \Rightarrow F_A = K_A + 0{,}5F_{RB}/Y_B$$

$$F_A = K_A + 0,5F_{RB} / Y_B = 2000 + 0,5 \cdot 2348 = 3174\,N$$

4) Cálculo da carga dinâmica equivalente

Rolamento A → 31305A (Equação 16.26)

$$F_A / F_{RA} = 3174 / 1714 = 1,85 > e_B \Rightarrow P = 0,4F_{RA} + Y_A F_A$$
$$P = 0,4F_{RA} + Y_A F_A = 0,4 \cdot 1714 + 0,73 \cdot 3174 = 3003\,N$$

Rolamento B → 30206A (Equação 16.26)

$$F_A / F_{RB} = 0 / 3786 = 0 \le e_B \Rightarrow P = F_{RB}$$
$$P = 3786\,N$$

3) Cálculo da vida útil horas para os dois rolamentos

Rolamento A → 30206A

$$L_{hA} = \frac{10^6}{60n}\left[\frac{C}{P}\right]^b = \frac{10^6}{60 \cdot 650}\left[\frac{38}{3,003}\right]^{10/3} = 121068\,\text{horas} \qquad \text{Equação 16.3}$$

Rolamento B → 31305A

$$L_{hB} = \frac{10^6}{60n}\left[\frac{C}{P}\right]^b = \frac{10^6}{60 \cdot 650}\left[\frac{44}{3,786}\right]^{10/3} = 91168\,\text{horas}$$

4) Corrigindo a vida útil pelo fator de velocidade, tem-se:

$$f_n = \left[\frac{10^6}{500 \times 60n}\right]^{1/b} = \left[\frac{10^6}{500 \times 60 \cdot 650}\right]^{3/10} = 0,41 \qquad \text{Equação 16.5}$$

Rolamento A → 30206A

$$f_{LA} = \frac{C}{P} f_n = \frac{38}{3,003} 0,41 = 5,188 \qquad \text{Equação 16.6}$$

$$f_{LA} = (L_{hA} / 500)^{1/b} \Rightarrow 5,188 = (L_{hA} / 500)^{3/10} \Rightarrow L_{hA} = 120865\,h$$

Equação 16.4

Rolamento B → 31305A

$$f_{LB} = \frac{C}{P} f_n = \frac{44}{3,786} 0,41 = 4,765$$

$$f_{LB} = (L_{hB} / 500)^{1/b} \Rightarrow 4,765 = (L_{hA} / 500)^{3/10} \Rightarrow L_{hA} = 91028\,h$$

12.5 – Calcule a vida útil de um rolamento de rolos FAG N306E sem gaiola para ser acoplado a um eixo de 30 mm operando a uma rotação 1750 rpm. Esse rolamento está submetido a uma carga radial e a uma carga axial de 8 kN e 900 N, respectivamente e está sendo lubrificado constantemente, com um óleo de viscosidade de 20 mm²/s.

Solução:

a) Dados fornecido pelo problema:

$d = 30$ mm $n = 1750$ rpm $F_R = 8000$ N $F_A = 900$ N

Sem gaiola → $F_b = 0{,}0061$

Rolamento FAG N306E

Dados extraído da Tabela 16.11:

$D = 72$ mm $d = 30$ mm $C = 51$ kN

b) Resolução:

1) Cálculo da carga dinâmica equivalente (Equação 16.20).

$$\frac{F_A}{F_R} = \frac{0,9}{8} = 0,1125 > 0,11 \Rightarrow P = 0,93F_R + 0,69F_A = 0,93 \cdot 8 + 0,69 \cdot 0,9 = 8,1\,kN$$

2) Verificando a força axial máxima permitida F_{AP}

$$F_{AP} = \left[F_b \cdot d_m \cdot n \cdot \nu \frac{(D^2 - d^2)}{7} \right]^{1/2} \qquad \text{Equação 16.24}$$

$$F_{AP} = \left[0,0061 \left(\frac{72 + 30}{2} \right) 1750 \cdot (20) \frac{(72^2 - 30^2)}{7} \right]^{1/2} = 2581\,N \Rightarrow F_A < F_{AP} \Rightarrow OK!$$

3) Cálculo da vida útil horas para os dois rolamentos

$$L_h = \frac{10^6}{60n} \left[\frac{C}{P} \right]^b = \frac{10^6}{60 \cdot 1750} \left[\frac{51}{8,1} \right]^{10/3} = 4389\,\text{horas} \qquad \text{Equação 16.3}$$

4) Corrigindo a vida útil pelo fator de velocidade, tem-se:

$$f_n = \left[\frac{10^6}{500 \times 60n}\right]^{1/b} = \left[\frac{10^6}{500 \times 60 \cdot 1750}\right]^{3/10} = 0,305 \quad \text{Equação 16.5}$$

$$f_L = \frac{C}{P} f_n = \frac{51}{8,1} 0,305 = 1,919 \quad \text{Equação 16.6}$$

$$f_L = (L_h / 500)^{1/b} \Rightarrow 1,919 = (L_{hA} / 500)^{3/10} \Rightarrow L_{hA} = 4389\,h$$

Equação 16.4

16.13. PROBLEMAS PROPOSTOS

13.1 - Um rolamento de uma carreira de esferas FAG 6908 deverá ser acoplado a um eixo de 35 mm que gira a 1500 rpm. Esse rolamento deverá suportar uma carga radial de 5 kN e uma carga axial de 850 N. Determine a vida útil esperada em horas de funcionamento.

Resp. L_h = 229 h

13.2 - Um rolamento de uma carreira de esferas FAG 6206 em um dia está submetido a quatro condições de operação conforme a tabela a seguir. Nessas condições determine a rotação média de operação a vida útil deste rolamento.

i	n (rpm)	Tempo de operação ao dia	Solicitação radial	Solicitação axial
1	1500	2,0 h	2,5 kN	500 N
2	1250	2,0 h	3,0 kN	500 N
3	1750	1,5 h	1,75 kN	500 N
4	2000	1,5 h	1,5 kN	500 N

Resp. n_m = 1585 rpm; L_h = 5932 horas

13.3 – Especifique um rolamento de uma carreira de esferas para girar a 1000 rpm e que suporte uma carga radial de 3,2 kN e uma axial de 1,0 kN. Esse rolamento deverá ser acoplado a um eixo de 25 mm e deverá trabalhar 3,75 h por dia durante um ano, sem ser substituído.

Resp. FAG 6205

13.4 – Um eixo é suportado por dois mancais de rolamentos. No meio desse eixo existe uma roda dentada que gira a 1250 rpm. Uma corrente de rolos aplica a roda dentada e por sua vez ao eixo, uma força radial de 4,0 kN. O rolamento presente nos mancais é o FAG 6304. Especifique a vida útil destes rolamentos.

Resp. $f_z = 1{,}5$; $P = 3$ kN; $L_h = 1985$ h

13.5 – Um eixo que gira a 2000 rpm está sendo suportado por dois rolamentos de contato angular de esferas FAG 7304B como mostra a figura a seguir. Cada rolamento suporta uma carga radial de 2 kN e o eixo imprime ao conjunto de rolamentos uma carga axial de 500 N. Determine a vida útil do rolamento que suporta a carga axial.

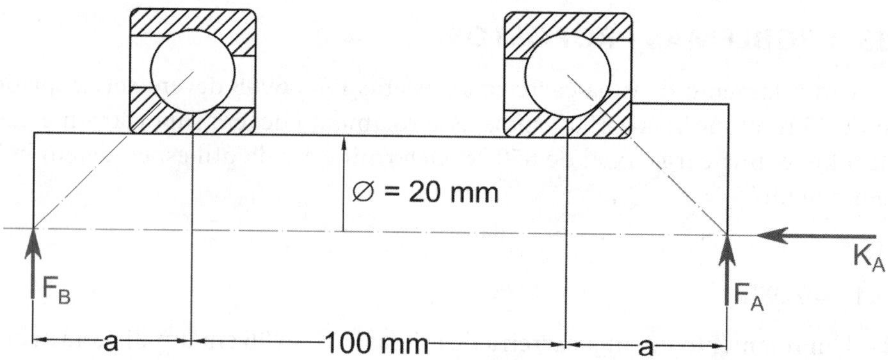

Resp. 1048 horas

13.6 – Um eixo que gira a 1750 rpm está sendo suportado por dois rolamentos de contato angular de esferas FAG 7206B como mostra a figura a seguir. Determine a vida útil do rolamento que suporta a carga axial.

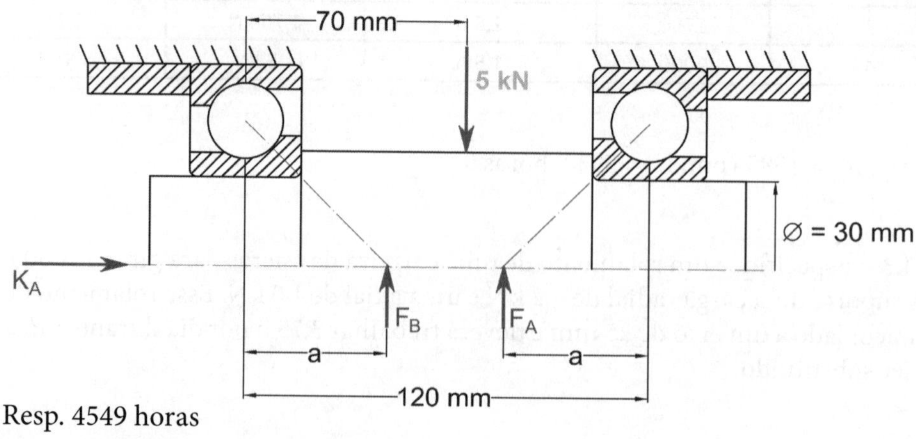

Resp. 4549 horas

13.7 – Um rolamento de contato angular de duas carreiras de esferas FAG 3206B com ângulo de contato de 25° suporta uma carga radial de 3,3 kN e outra axial de 2,2 kN. Determine a vida útil desse rolamento sabendo que ele gira a 1750 rpm.

Resp 1708 horas

13.8 – Um rolamento autocompensador de esferas com furo cônico FAG 2205K está acoplado a um eixo de 25 mm de diâmetro que gira a 1000 rpm. Esse rolamento suporta uma carga radial e outra axial de 3200 e 1000 N, respectivamente. Nessas condições, determine a vida útil desse rolamento, em dias, sabendo que ele irá operar 4,0 horas por dia.

Resp. Aproximadamente 165 dias.

13.9 – Um rolamento de rolos cilíndricos sem gaiola de diâmetro 25 mm FAG 205E gira a 2000 rpm. Esse rolamento suporta uma carga radial de 3200 N e outra axial de 1000 N. Sabendo que esse rolamento durante sua operação está sendo lubrificado com óleo de viscosidade de 20 mm^2/s, determine: a força axial máxima admissível para o mesmo e sua correspondente vida útil.

Resp. 1877 N e 8219 horas

13.10 – Um rolamento de rolos cilíndricos de diâmetro 20 mm FAG 204E gira a 1250 rpm. Esse rolamento está submetido a uma carga radial de 3 kN. Determine a sua vida útil, em dias, sabendo que o mesmo está em operando 6,0 horas por dia.

Resp. Aproximadamente 3582 dias

13.11 – Especifique um rolamento de rolos cilíndricos com diâmetro de 30 mm que deve girar a 1750 rpm e suportar uma carga radial de 2,5 kN e outra axial de 750 N. Esse rolamento, por requisito do projeto, deverá operar 10000 horas sem substituição.

Resp. FAG 2206

13.12 – Determine a nova vida útil se substituirmos o rolamento FAG 7304B do Problema Proposto 13.6 por um rolamento de rolos cônicos FAG 30204.

Resp. 6405 horas

13.13 – Na montagem a seguir, o rolamento 30205A deve suportar uma carga axial de 1,2 kN imposta pelo eixo que gira a 1750 rpm. Determine a vida útil dos rolamentos da montagem sabendo que o eixo imprime ao conjunto uma carga radial de 5 kN aplicada a 80 mm do rolamento 30204A.

Resp. A – 714 h; B – 36245 h

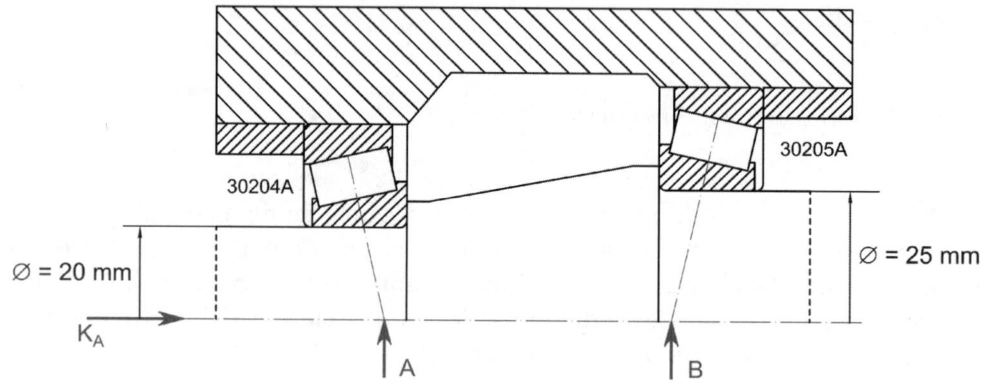

13.14 – Um rolamento axial de esferas FAG 51106 que gira a 800 rpm deve suportar uma carga de 2,75 kN. Determine sua vida útil.

Resp. 4582 h

13.15 – Especifique um rolamento axial de esferas de 30 mm de diâmetro que deverá trabalhar durante dois anos, 5 horas por dia e sete dias por semana sem substituição, suportando uma carga de 3000 N.

Resp. Rolamento 51206

13.16 – Dois mancais de rolamentos devem suportar o eixo de um ventilador axial que gira a 900 rpm conforme figura a seguir. As polias imprimem ao eixo do ventilador uma força radial resultante de 1,8 kN. O empuxo causado pela ação das hélices no eixo é equivalente a 680 N e deverá ser suportado pelo rolamento A. As hélices pesam ao total 50 kgf e o ventilador deve operar sem substituição dos rolamentos durante, aproximadamente, 3900 horas. Especifique dois rolamentos autocompensadores de esferas idênticos para a montagem referida e se o fator de vida está de acordo com o recomendado pelo fabricante (ver Tabela 16.2).

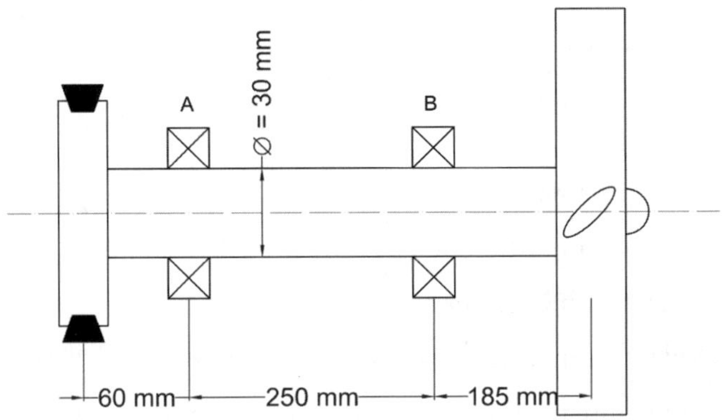

Resp. FAG 2206

NOMENCLATURA

α	ângulo de contato do rolamento
ν	viscosidade do óleo lubrificante
b	expoente de duração de vida
C	capacidade de carga de carga dinâmica
C_0	capacidade de carga de carga estática
C_{ri}	capacidade de carga dinâmica de um rolamento da montagem
d	diâmetro interno do rolamento
d_m	diâmetro médio do rolamento
D	diâmetro externo do rolamento
e	constante
f_0	fator para rolamento de esferas
f_L	fator de vida do rolamento
f_n	fator de velocidade do rolamento
f_z	fator adicional

F_A força axial atuante no rolamento

F_{AP} força axial máxima permitida no rolamento

F_R força radial atuante no rolamento

F_S fator de esforços estáticos

K_A força axial atuante no rolamento de contato angular ou de rolo cônico

L vida nominal em rotações

L_{10} vida nominal em rotações com confiabilidade de 90%

L_h vida nominal em horas

L_{h10} vida nominal em horas com confiabilidade de 90%

M constante mínima para rolamento axial de esferas

n rotação de operação do rolamento

n_m rotação média de operação do rolamento

n_{max} rotação máxima de operação do rolamento

P carga dinâmica equivalente

P_0 carga estática equivalente

P_{max} carga máxima atuante no rolamento

P_{min} carga mínima atuante no rolamento

q_i fração percentual do tempo de funcionamento

X constante multiplicadora da força radial para carregamentos dinâmicos

X_0 constante multiplicadora da força radial para carregamentos estáticos

Y constante multiplicadora da força axial para carregamentos dinâmicos

Y_0 constante multiplicadora da força axial para carregamentos estáticos

REFERÊNCIAS BIBLIOGRÁFICAS

Budynas, R.G., Nisbett, J.K. Elementos de Máquinas de Shigley – Projeto de Engenharia Mecânica, Bookman Companhia Editora, 8ª ed., São Paulo, 2011.

Deutschman, A. D., Michels, W. J., Wilson, C. E., Machine Design Theory and Pratice, Ed Macmillan, 1st ed., New York, 1975.

DIN ISO 281:2010 Rolling bearings - Dynamic load ratings and rating life (ISO 281:2007)

FAG - Catálogo WL 41 520/3 PB – Rolamentos.

Hamrock, B. J., Schmid, S. R., Jacobson, B. O. Fundamental of Machine Elements, Ed. Mc Graw Hill, 2nd ed., New York, 2005.

Juvinall, R. C., Marshek, K. M., Fundamentos do Projeto de Componentes de Máquinas, LTC, 5ª ed., Rio de Janeiro,2016.

Norton, R. L., Projeto de Máquinas – Uma abordagem Integrada, 4ª ed., Ed. Bookman, Porto Alegre, 2013.

NSK - Catálogo de Rolamentos.

Shigley, J. E. Elemento de Máquinas Vol. 1, 3ª ed., Editora LTC, Rio de Janeiro, 1984.

Shigley, J. E., Mischke, C. R., McGrall-Hill, 5th ed., New York, 1989.

Shigley, J. E, Mischke, C. R., Budynas, R. G., Projeto de Engenharia Mecânica, Ed. Bookman, 7ª ed., Porto Alegre, 2005.

Sites:

www.schaeffler.com.br

www.skf.com

www.nsk.com.br

www.ntn.com.br

www.snr-bearings.com

CAPÍTULO 17
Mancais de Deslizamento

17.1. INTRODUÇÃO

Os mancais de deslizamento, também denominados como mancais radiais ou ainda mancais de "munhão", tem por objetivo principal servir como apoio para um elemento chamado de árvore ou munhão (ou simplesmente eixo), que possui um movimento de giro ou de oscilação. Este tipo de mancal difere do mancal de rolamentos devido ao fato que, geralmente, existe uma película de óleo lubrificante que separa o eixo de uma bucha ou do próprio mancal. Nessas circunstâncias, a função do óleo lubrificante é reduzir o atrito, desgaste e aquecimento entre as peças com o movimento relativo. Um grande exemplo do uso deste tipo de mancal é sua aplicação em motores de combustão interna, servindo de apoio ao eixo virabrequim ou ainda, permitindo o movimento de rotação de uma biela acoplada ao eixo virabrequim. Existem, entretanto, outras aplicações nas quais não existe quase necessidade do uso de lubrificante, como em buchas de nylon utilizadas em impressoras domésticas. O leitor encontrará neste capítulo a apresentação dos tipos de lubrificação, dos principais tipos de lubrificantes e das equações para o dimensionamento de mancais de deslizamento.

17.2. TIPOS DE LUBRIFICAÇÃO

Existem cinco tipos de lubrificação a saber: a hidrodinâmica (ou de filme espesso), a hidrostática, a elastoidrodinâmica, a limite (ou de contorno) e a de filme sólido.

A lubrificação hidrodinâmica é aquela em que as superfícies do mancal e do eixo suportado por ele estão totalmente separadas por uma película de óleo relativamente espessa, de modo que não ocorra qualquer contato entre o eixo e o mancal. Nesse tipo de lubrificação não há necessidade de o suprimento de óleo ser realizado sob pressão, mas requer um suprimento suficiente de lubrificante ao longo do tempo de operação. A pressão da película é criada pelo movimento relativo entre as superfícies do eixo e do mancal. Esse movimento conduz forçadamente o lubrificante para a chamada zona de cunha, a uma velocidade suficientemente alta para criar uma pressão que separe as superfícies em contato. Esse tipo de lubrificação também é chamado de lubrificação de filme "completo" ou "fluida".

A lubrificação hidrostática pode ser realizada com o ar ou a água, sob alta pressão na área de contato entre o mancal e o eixo. Neste tipo de lubrificação, não é necessário que ocorra um movimento relativo entre as superfícies.

A lubrificação elastoidrodinâmica é um fenômeno que ocorre quando duas superfícies estão em contato de rolamento, como o caso de dois dentes de engrenagem se engrazando. A explicação matemática para este fenômeno requer o entendimento das tensões de contato de Hertz e da clássica mecânica dos fluidos.

A lubrificação do tipo limite ou de contorno pode ocorrer quando há uma ineficiente lubrificação hidrodinâmica, a qual pode ser causada por: queda da velocidade do eixo, aumento da carga no mancal, diminuição do suprimento de óleo, insuficiente área de contato entre o mancal e o eixo ou elevação da temperatura do óleo lubrificante que diminui a viscosidade do óleo. Uma dessas cinco causas, ou a combinação delas, pode evitar a formação da película espessa necessária à lubrificação de filme completo e, consequentemente, com o surgimento dessas condições, as superfícies ficarão separas somente por espessuras moleculares de óleo.

Os lubrificantes líquidos são basicamente derivados de petróleo ou óleos sintéticos. Muitos óleos lubrificantes são misturados a aditivos cuja finalidade é reagir com o metal base formando uma camada superficial, que protege e reduz o atrito quando o filme de óleo é comprimido pelas elevadas cargas de contato. A lubrificação de filme sólido é recomendada quando os mancais devem operar sob altas temperaturas. Nestas condições, os óleos minerais e sintéticos não são adequados, sendo utilizados a grafita, o bissulfeto de molibdênio e o teflon.

17.3. VISCOSIDADE

A viscosidade é a propriedade dos fluidos associada à resistência que o fluido oferece à deformação por cisalhamento. Assim, pode-se dizer que a viscosidade corresponde ao atrito interno nos fluidos devido basicamente a interações intermoleculares entre as suas camadas, sendo, em geral, uma função da temperatura. De forma mais simples, a viscosidade descreve a resistência interna do fluido para fluir. Essa tensão de cisalhamento "τ" pode ser definida como:

$$\tau = \mu \frac{U}{h} \tag{17.1}$$

sendo que "μ" é a viscosidade absoluta ou também chamada de viscosidade dinâmica do fluido, "h" é a espessura da película do fluido e "U" é a velocidade de um corpo em movimento na superfície do fluido.

Quanto maior a viscosidade menor será a rotação do eixo para mantê-lo flutuando dentro mancal. Um aumento da viscosidade, acima do necessário para se obter uma boa lubrificação hidrodinâmica ou de filme completo, produzirá forças de atrito maiores. Por consequência disto, serão necessárias forças maiores para cisalhar o filme de óleo no mancal.

No sistema internacional de unidades (SI), a viscosidade absoluta é avaliada em "Pa.s" e no sistema CGS em "reyn". O fator de multiplicação para transformação de "reyn" para "Pa.s" é 6890. A ASME (American Society of Mechanical Engineers) desde 1972, desencoraja o uso de unidades no sistema CGS, entretanto ainda se encontram muitas publicações com esta unidade. A viscosidade cinemática "ν" no SI tem como unidade o (m^2/s) e pode ser escrita em função da viscosidade absoluta e da massa específica "ρ" do fluido na forma:

$$\nu = \frac{\mu}{\rho} \tag{17.2}$$

A viscosidade varia não linearmente com a temperatura. A Figura 17.1 mostra uma carta de viscosidade (em escala logarítmica) para óleos classificados pela SAE em função da temperatura.

17.4. ABORDAGEM DE PETROFF

Petroff, engenheiro russo, em 1883, foi o primeiro a descrever o comportamento do atrito em um mancal de deslizamento considerando que o eixo e o assento do mancal fossem concêntricos (Figura 17.2).

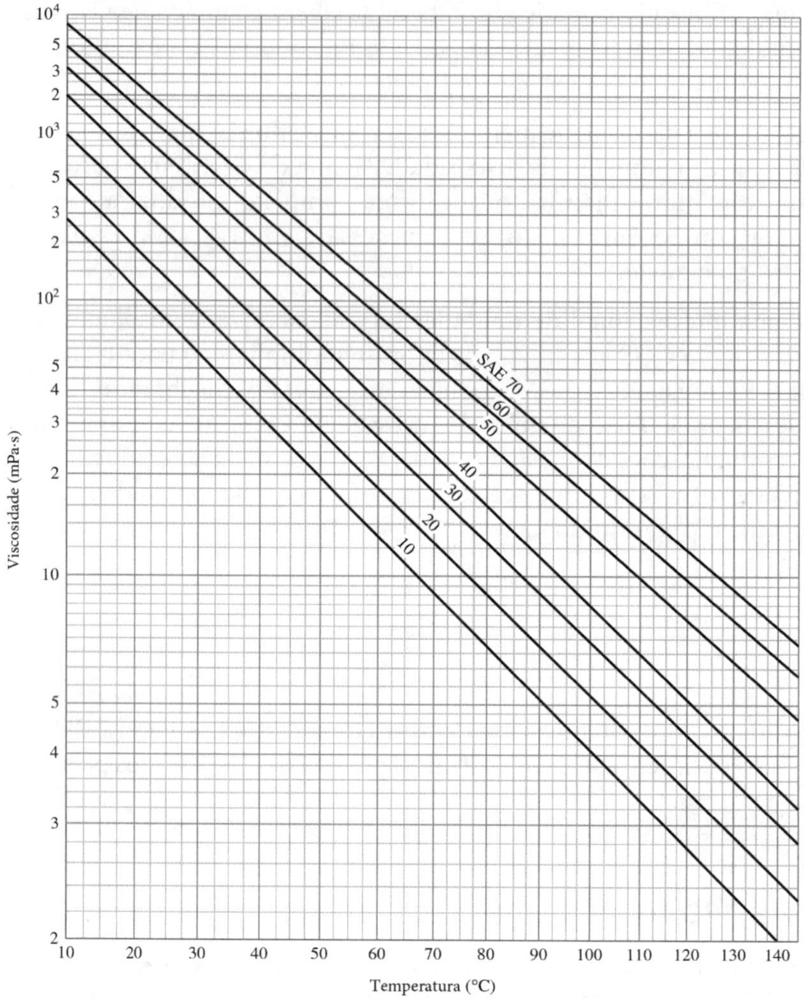

Figura 17.1 – Viscosidade de óleos SAE. Adaptado a partir de Juvinall, 2016.

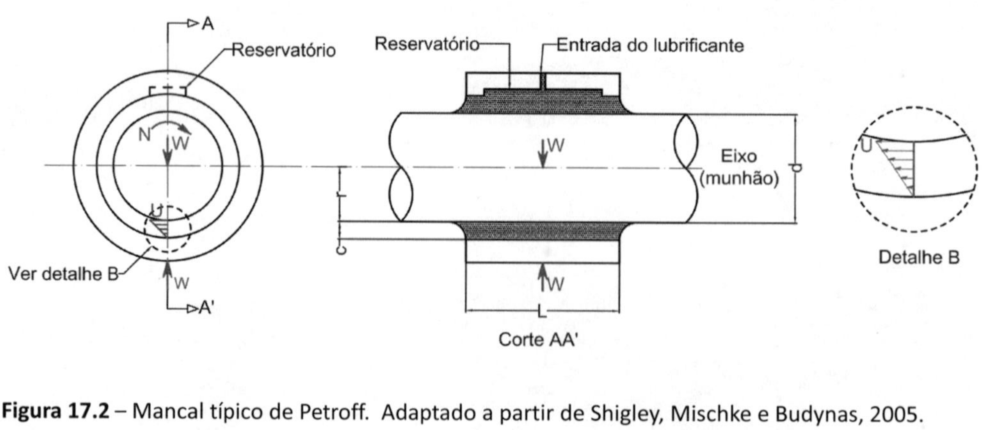

Figura 17.2 – Mancal típico de Petroff. Adaptado a partir de Shigley, Mischke e Budynas, 2005.

De acordo com os estudos de Petroff, o torque de atrito e o coeficiente de atrito na superfície do eixo de rotação "N" sob uma pequena carga "W" são dados por:

$$T = f(W)r \tag{17.3}$$

$$f = 2\pi^2 \frac{\mu N}{P}\left(\frac{r}{c}\right) \tag{17.4}$$

onde "P" é a pressão exercida sobre a área projetada determinada por P = W/(2rL) e conhecida como "carga unitária" do mancal, enquanto que os parâmetros "μN/P" e "r/c" são parâmetros adimensionais muito importantes em lubrificação. A relação "r/c" é definida como "razão de folga radial" do mancal, assumindo valores que normalmente se encaixam na faixa de 500 à 1000. A Tabela 17.1 apresenta alguns valores recomendados para essa relação.

Tabela 17.1 – Razão de folga. Adaptado a partir de Juvinall, 2016.

Aplicação	Razão de folga "r/c"
Mancais de precisão	0,001
Máquinas de uso geral	0,002
Máquinas de serviço pesado	0,004

O número de Sommerfeld ou número característico do mancal "S" é definido pelas duas relações de Petroff, ou seja:

$$S = \left(\frac{r}{c}\right)^2 \frac{\mu N}{P} \tag{17.5}$$

Se multiplicarmos os dois lados da Equação (17.4) pelo número de Sommerfeld obtém-se:

$$f\frac{r}{c} = 2\pi^2 S \tag{17.6}$$

17.5. LUBRIFICAÇÃO ESTÁVEL

No modelo de Petroff, o coeficiente de atrito "f" é proporcional ao termo "μN/P" (Figura 17.3), representado pela linha tracejada que inicia na origem dos eixos e se prolonga até o ponto "E", dentro da região chamada de estável. Os irmãos Mckee, em 1932, mostraram a real variação do coeficiente de atrito com relação ao termo referido, representado na mesma figura pelas regiões instável e estável.

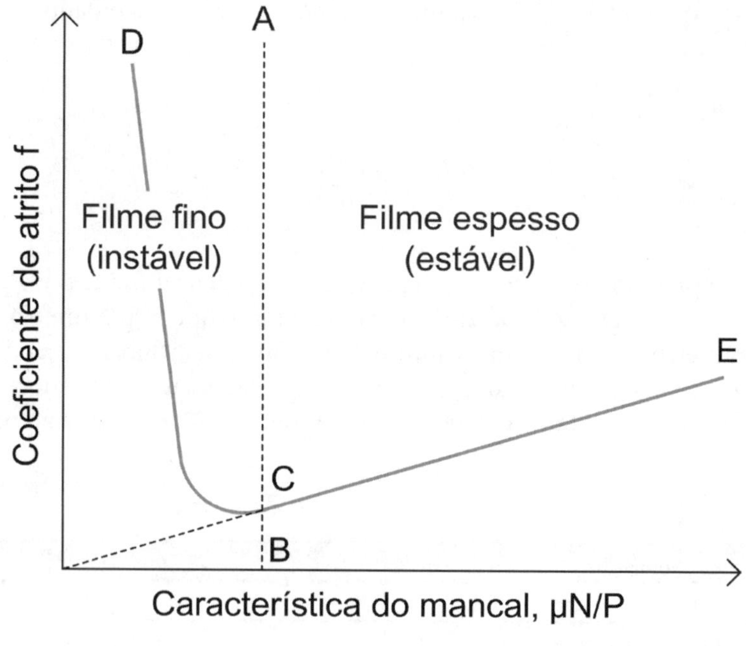

Figura 17.3 – Variação do coeficiente de atrito. Adaptado a partir de Budynas e Nisbett, 2011.

Admitindo que o mancal esteja operando a direita da linha "AB" e que ocorra um aumento da temperatura do lubrificante. Essa condição leva à redução do termo "μN/P" com a diminuição da viscosidade e por consequência, com a correspondente redução do coeficiente de atrito "f". Em concomitância com a redução do coeficiente de atrito, ocorre a redução da geração de calor ao cisalhar o lubrificante e, assim, uma redução da temperatura. Novamente, há um aumento da viscosidade e o termo "μN/P" retorna ao seu valor original de operação.

Conclui-se, dessa forma, que na região estável, a lubrificação se auto adapta às condições de temperatura. Mckee (1932) recomenda que:

$$\frac{\mu N}{P} \geq 1{,}7 \cdot 10^6 \tag{17.7}$$

À esquerda da linha "AB", uma diminuição da viscosidade devido ao aumento da temperatura provocará o aumento do atrito e, como consequência, a viscosidade do lubrificante diminuiria ainda mais. Há uma elevação do coeficiente de atrito nesta região, contrariando o modelo de Petroff, porque o filme lubrificante é muito fino provocando o indesejável contato metal-metal. Nesta região, a lubrificação é assim chamada de instável. Provavelmente, o ponto "C" represente o início do contato metal com o metal.

17.6. LUBRIFICAÇÃO EM REGIME ESTÁVEL

A formação do filme de óleo em um mancal radial de deslizamento tem início quando o eixo, inicialmente em repouso, começa a girar. Neste caso (Figura 17.4), o sentido de rotação do eixo é horário. No arranque do eixo, o mancal se encontra seco ou parcialmente seco e, em consequência disto, o eixo sobe para o lado direito do mancal conforme mostra a Figura 17.4(a). Supondo que na sequência ocorra a introdução do lubrificante pelo orifício de lubrificação (Figura 17.4(b)), ocasionando, pelo giro do eixo no interior do mancal, o bombeamento do lubrificante ao redor do mancal também no sentido horário.

Forma-se, dessa forma, uma espessura mínima de lubrificante (filme de óleo) "h_o" deslocada em relação ao centro de rotação e na direção do giro do mancal.

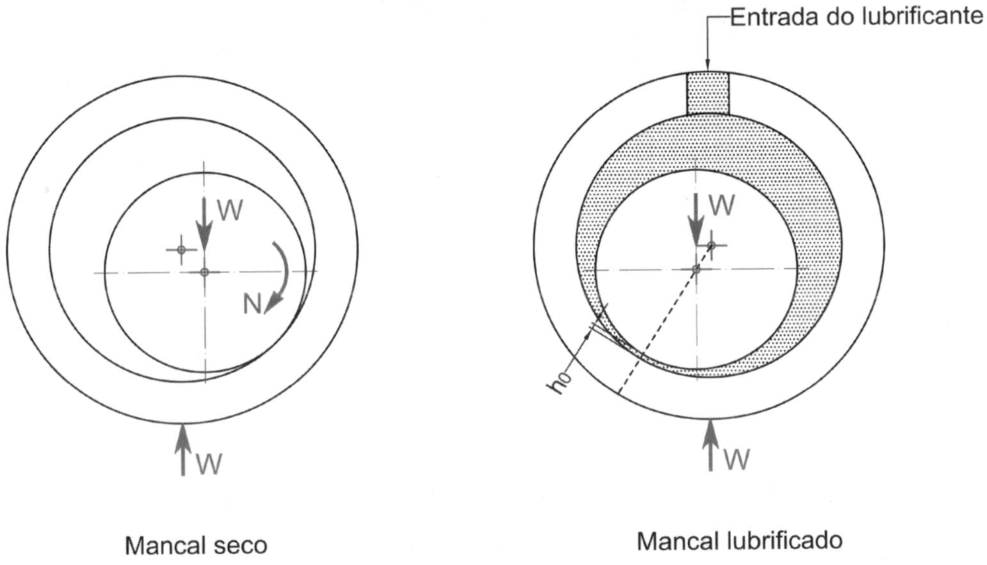

Figura 17.4 – Formação de um filme de óleo. Adaptado a partir de Shigley, Mischke e Budynas, 2005.

A Figura 17.5 mostra os principais elementos em um mancal de deslizamento. Na figura, o centro do mancal está em "O" e o centro do eixo em O'. Ao longo da linha que une os pontos OO' encontra-se a espessura de película "h_o", enquanto a distância entre centros OO' determina a excentricidade do mancal, definida pela letra "e". Em qualquer ponto do mancal, a espessura do filme é, ainda, designada por "h".

A razão de excentricidade "ε" do mancal é definida como:

$$\varepsilon = \frac{e}{c} \tag{17.8}$$

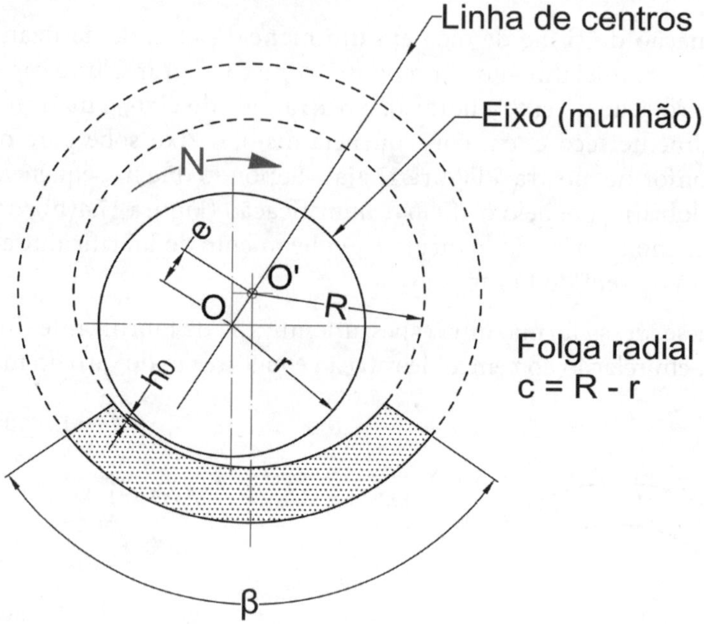

Figura 17.5 – Nomenclatura de um mancal de deslizamento. Adaptado a partir de Budynas e Nisbett, 2011.

17.7. TEORIA DA LUBRIFICAÇÃO HIDRODINÂMICA

Bouchamp Tower, em aproximadamente 1880, descobriu que o somatório das pressões hidrodinâmicas locais, multiplicado pela área diferencial projetada do mancal, era igual à carga projetada pelo mancal. A partir dos estudos experimentais de Tower, Osborne Reynolds, em 1896 deduziu a equação fundamental da lubrificação hidrodinâmica, considerando o escoamento unidimensional em placas planas. Sua equação foi utilizada para explicar os resultados obtidos por Tower. Reynolds considerou em seus estudos que o fluido era newtoniano, incompressível, com viscosidade constante, não estava sujeito a forças inerciais ou gravitacionais e que a pressão sobre o filme de óleo não variava na direção axial. A clássica equação de Reynolds para escoamento unidimensional é fornecida por:

$$\frac{d}{dx}\left(\frac{h^3}{\mu}\frac{dp}{dx}\right)=6U\frac{dh}{dx} \tag{17.9}$$

onde "dp/dx" é a variação da pressão do filme de óleo na direção "x". Quando se introduz ao modelo unidimensional o escoamento do fluido na direção "z", provocado pelo escoamento axial e pelo vazamento nas laterais do mancal, tem-se a equação de Reynolds para escoamento bidimensional, ou seja:

$$\frac{\partial}{\partial x}\left(\frac{h^3}{\mu}\frac{\partial p}{\partial x}\right)+\frac{\partial}{\partial z}\left(\frac{h^3}{\mu}\frac{\partial p}{\partial z}\right)=6U\frac{dh}{dx} \qquad (17.10)$$

As Equações (17.9) e (17.10) são válidas para mancais considerados longos, ou, mais especificamente, onde a razão "L/D > 1,5". Se obedecida esta relação, pode-se considerar o escoamento lateral como desprezível.

Atualmente, porém, os mancais de deslizamento são mais curtos. No projeto moderno de mancais a razão "L/D" varia na faixa entre 0,25 e 0,75. Em mancais mais curtos, o escoamento preponderante é na direção axial, isto é, na direção "z". Em virtude destas considerações, Ockvirk propôs que fosse desprezado o termo em "x" na equação de Reynolds, resultando em:

$$\frac{\partial}{\partial z}\left(\frac{h^3}{\mu}\frac{\partial p}{\partial z}\right)=6U\frac{dh}{dx} \qquad (17.11)$$

O desenvolvimento completo das Equações (17.9), (17.10) e (17.11) é normalmente encontrada nos livros clássicos sobre o tema.

17.8. PROJETO DE MANCAIS HIDRODINÂMICOS

Raimond e Boyd, em 1958, criaram cartas com as soluções numéricas da equação completa de Reynolds. Essas cartas fornecem soluções precisas para as relações "L/D" de 1/4, 1/2 e 1 de mancais de deslizamento em função do número característico do mancal (número de Sommerfeld). A Figura 17.6 mostra a distribuição de pressão no filme de óleo, além de apresentar a notação utilizada nas cartas de Raimondi e Boyd.

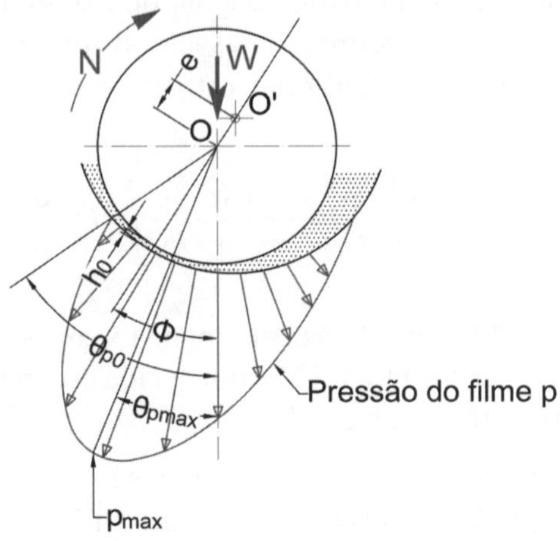

Figura 17.6 – Figura com o a distribuição de pressão do filme mostrando a notação utilizada. ϕ - posição angular da espessura mínima do filme de óleo; p_{max} – pressão máxima desenvolvida no filme; θ_{pmax} – posição angular da pressão máxima; θ_{p0} – posição angular da pressão nula sobre o filme de óleo. Adaptado a partir de Hamrock, Schmid e Jacobson, 2005.

Os trabalhos de Raimondi e Boyd possuem, ao total, quarenta e cinco cartas, das quais seis apresentam informações numéricas sobre o projeto de mancais de deslizamento. Nesta obra, por meio das Figuras 17.7 a 17.13, são reproduzidas algumas dessas cartas, para as quais se consideram que o lubrificante é fornecido sob viscosidade constante, a pressão de fornecimento é igual a pressão atmosférica e que não há influência das formas das ranhuras de lubrificação na vazão de fornecimento do lubrificante.

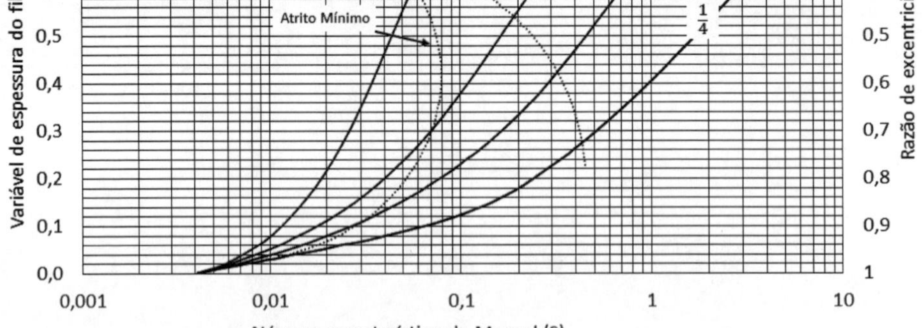

Figura 17.7 – Carta para a variável espessura de filme mínima. Adaptado a partir de Raimondi e Boyd, 1958.

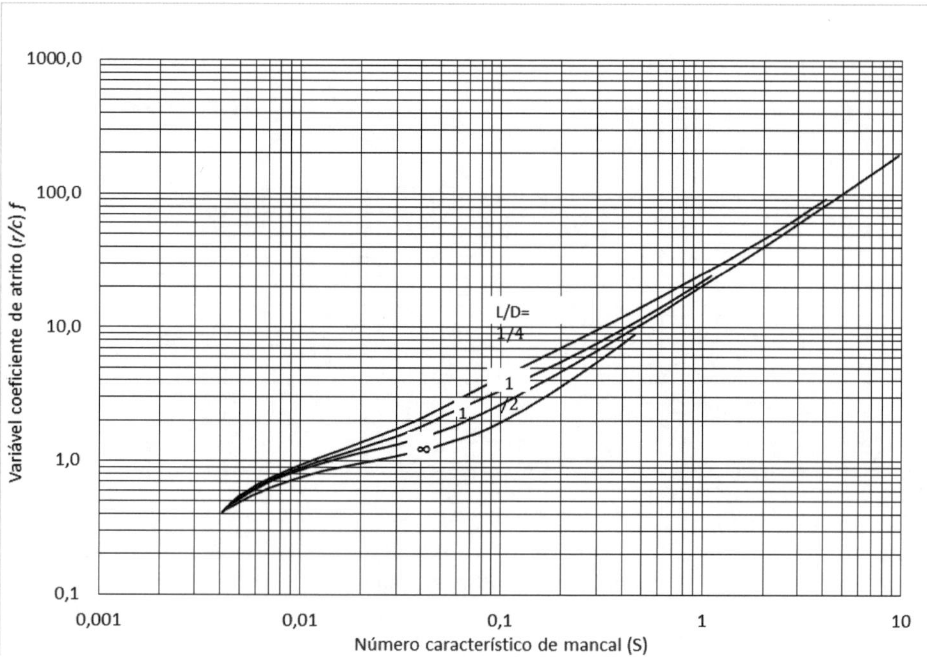

Figura 17.8 – Carta para a variável coeficiente de atrito. Adaptado a partir de Raimondi e Boyd, 1958.

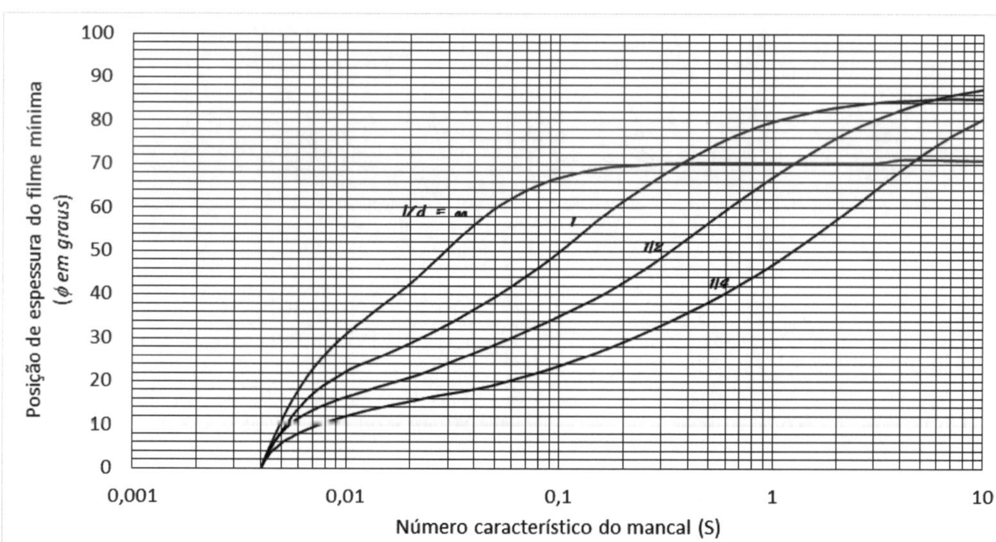

Figura 17.9 – Carta para determinação da posição da espessura de filme mínima. Adaptado a partir de Raimondi e Boyd, 1958.

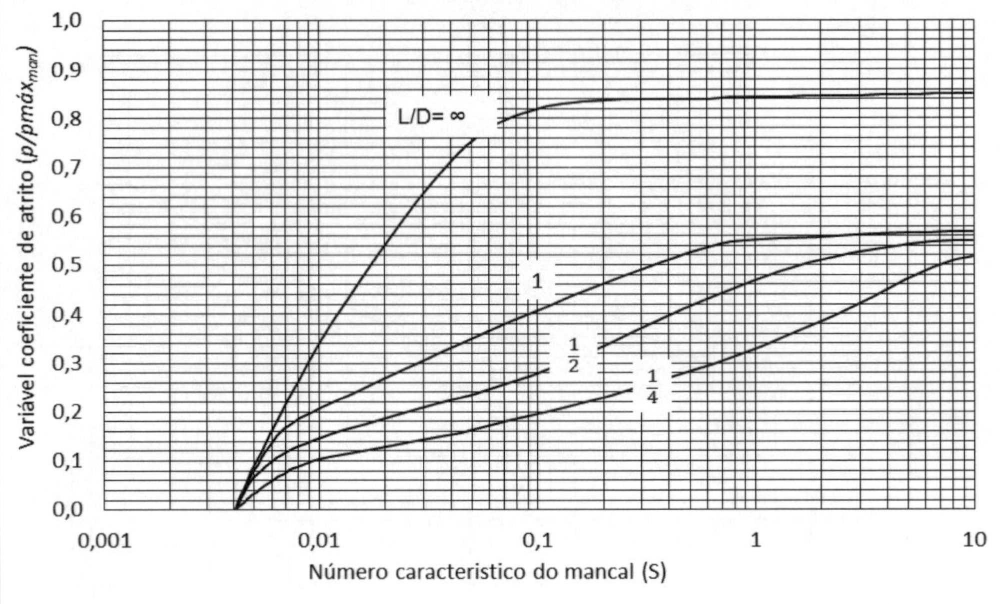

Figura 17.10 – Carta para determinação da pressão de filme máxima. Adaptado a partir de Raimondi e Boyd, 1958.

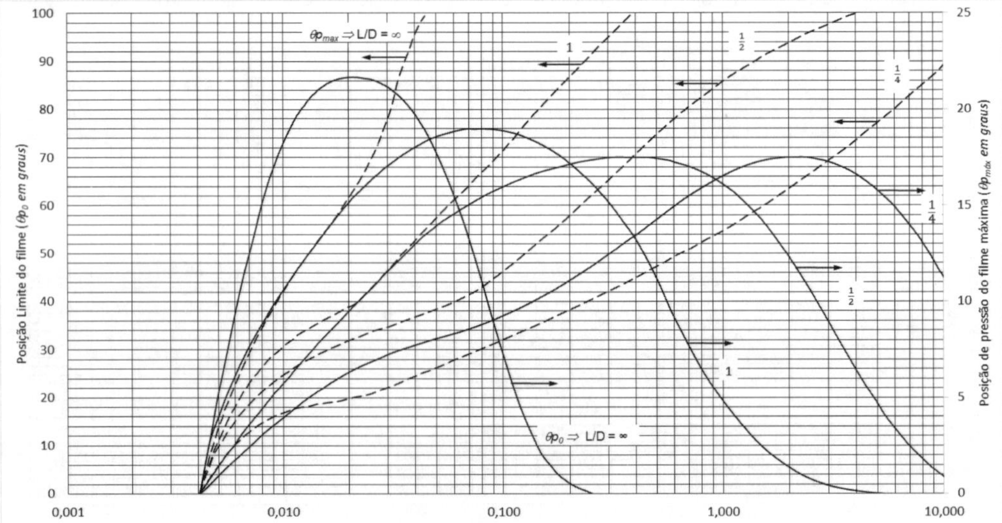

Figura 17.11 – Carta para as posições de pressão de filme máxima e de término de filme. Adaptado a partir de Raimondi e Boyd, 1958.

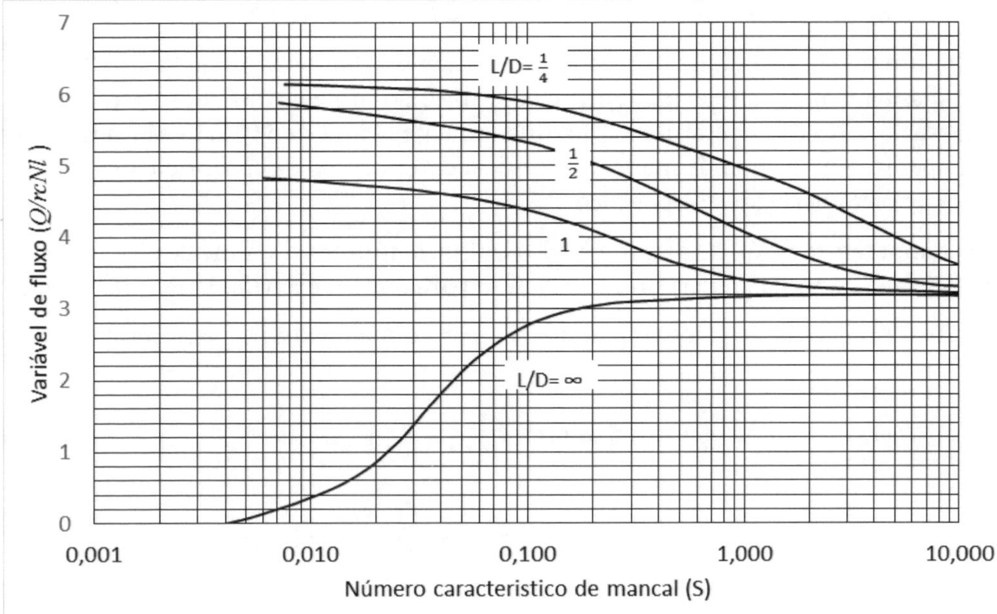

Figura 17.12 – Carta para a variável de fluxo. Adaptado a partir de Raimondi e Boyd, 1958.

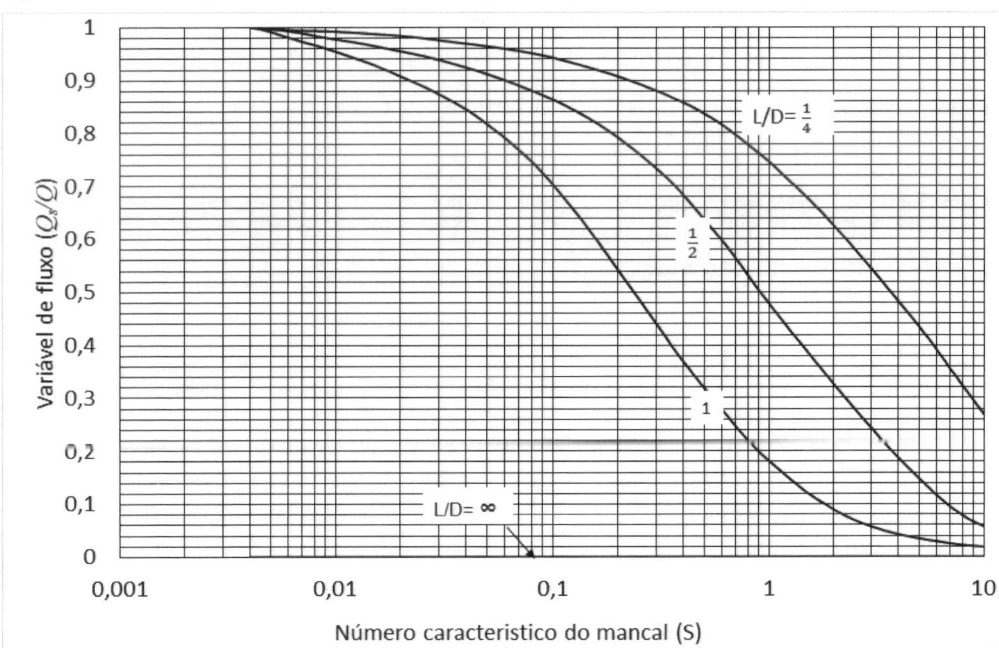

Figura 17.13 – Carta para variável da razão entre o fluxo lateral e total. Adaptado a partir de Raimondi e Boyd, 1958.

17.9. EFEITO DA TEMPERATURA SOBRE O FILME DE ÓLEO

Em um mancal de deslizamento, o ideal é que o calor gerado seja igual à taxa de calor dissipado para que se mantenha o equilíbrio do filme de óleo. Segundo Juvinall e Marshek (2016), temperaturas aproximadamente acima de 90° não são desejáveis para operação desse tipo de mancais, devido à deterioração das propriedades lubrificantes de óleos derivados de petróleo.

A temperatura do óleo na condição do equilíbrio térmico do filme de óleo depende da eficiência da transferência do calor gerado para o meio externo. Para uma estimativa grosseira a taxa de calor transferida $\dot{Q}$ para o meio externo pode ser calculada por:

$$\dot{Q} = CA\left(T_{mancal} - T_{viz}\right) \tag{17.12}$$

$$T_{mancal} = T_{viz} + \frac{\dot{Q}}{CA} \tag{17.13}$$

onde "C" é a coeficiente global de transferência de calor em $W/(m^2{}^oC)$, "A" é a área da superfície exposta, "T_{mancal}" é a temperatura do interior do mancal e "T_{viz}" é a temperatura do ar na vizinhança da carcaça do mancal. A Tabela 17.2 fornece os valores de "C" para mancais nos quais o fluido lubrificante permanece dentro do mancal, denominados por mancais autocontidos ou vedados.

Tabela 17.2 – Estimativa para o coeficiente global de transferência de calor para mancais autocontidos. Adaptado a partir de Juvinall e Marshek, 2016.

Tipo de mancal	Ar sem circulação	Média circulação de ar	Ar movendo-se a 2,54 m/s
Anel de óleo ou colar de óleo	7,4	8,5	11,3
Banho de óleo	9,6	11,3	17,0

Embora a Equação (17.12) forneça uma estimativa do calor dissipado pelo mancal, é muito provável que a temperatura média do filme de óleo "T_m" possa aumentar acima desse valor. Faires, em 1965, sugeriu as aproximações da Tabela 17.3 para o cálculo da temperatura média "T_m".

Tabela 17.3 – Estimativa da temperatura média do filme de óleo. Adaptado a partir de Deutschman, Michels e Wilson, 1975.

Tipo de mancal	Ar sem circulação
Anel de óleo ou colar de óleo	$T_m - T_{viz} = 2{,}0\left(T_{mancal} - T_{viz}\right)$
Banho de óleo	$T_m - T_{viz} = 1{,}3\left(T_{mancal} - T_{viz}\right)$
Óleo contaminado	$T_m - T_{viz} = 2{,}5\left(T_{mancal} - T_{viz}\right)$

A capacidade de suportar cargas nos mancais de deslizamento é muito restrita, em decorrência da grande limitação em se dissipar calor do mancal. Existem, entretanto, duas maneiras para se melhorar essa condição. A primeira corresponde ao resfriamento do óleo externamente e mediante um sistema auxiliar de resfriamento. A segunda consiste em aumentar a taxa de fornecimento de lubrificante com auxílio de uma bomba externa provendo lubrificante sob pressão. Tais mancais são denominados mancais de alimentação sobre pressão.

Para a primeira alternativa, porém, o maior problema do calor se encontra no interior do mancal e no filme de óleo, não se evitando, assim, as altas temperaturas verificadas no lubrificante. Para a segunda alternativa, o uso de uma bomba reduz, consideravelmente, a temperatura do filme de óleo devido à alta taxa de troca de calor provocada com o fluido lubrificante.

Com isso, para se aumentar a eficiência global da lubrificação deve-se unir, sempre que possível, as duas técnicas de fornecimento.

17.10. TIPOS DE MANCAL

A Figura 17.14 mostra alguns tipos de mancais de deslizamento disponíveis, os quais são muitas vezes chamados de buchas. Nesses dispositivos, as ranhuras servem para melhor distribuir o fluxo de óleo na bucha. Preferivelmente, se introduz o óleo no centro da bucha, de modo que ele flua para suas extremidades, com o objetivo de lubrificar todo o eixo e retirar o calor gerado pelo atrito.

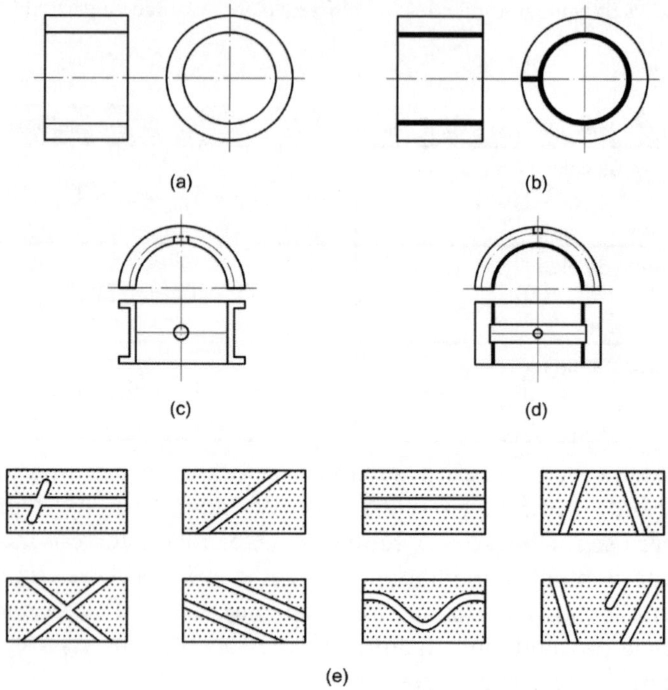

Figura 17.14 – Buchas e modelos típicos de ranhuras, sendo: (a) bucha inteira, (b) bucha revestida, (c) bucha bi-partida com flange, (d) bucha bi-partida sem flange (e) ranhuras típicas de buchas (vista planificada). Adaptado a partir de Shigley, Mischke e Budinas, 2005.

17.10.1 – MANCAIS DE ESCORA OU AXIAIS

O mancal de escora ou axial consiste de um elemento rotativo deslizante sobre uma pastilha fixa (Figura 17.15). O lubrificante é introduzido pelos sulcos radiais e bombeado dentro do espaço em forma de cunha pelo movimento rotativo do rotor. Os mancais de deslizamento, de maneira geral, são frequentemente fabricados com um flange.

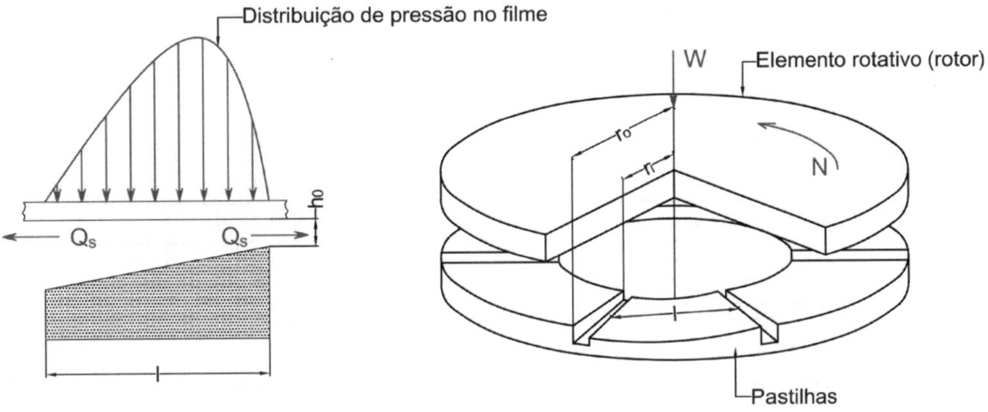

Figura 17.15 – Mancal de escora e sua distribuição de pressão. Adaptado a partir de Hamrock, Schmid e Jacobson, 2005.

17.11. MATERIAIS PARA MANCAIS

Um dos principais problemas dos mancais de deslizamento ocorre quando o eixo inicia o seu movimento numa condição de arranque. No início, a lubrificação é de filme fino e o material do mancal deve ser especificado de tal maneira que não ocorra o engripamento devido ao alto coeficiente de atrito. Quando a lubrificação é de filme espesso, qualquer material com elevada resistência compressiva e com superfície lisa poderá ser considerado como um material adequado.

A Tabela 17.4 fornece as capacidades de cargas unitárias para materiais utilizados usualmente e recomendados para mancais dessa natureza.

Tabela 17.4 – Intervalo de cargas unitárias para uso corrente em mancais de deslizamento. Adaptado a partir de Budynas e Nisbett, 2011.

Aplicação	Carga unitária (MPa)
Motores a diesel:	
Mancais principais	6-12
Pino de manivela	8-15
Pino de biela	14-15
Motores elétricos	0,8-1,5
Turbinas a vapor	0,8-1,5
Redutores de engrenagens	0,8-1,5
Motores automotivos:	
Mancais principais	4-5
Pino de manivela	10-15
Compressores de ar:	
Mancais principais	1-2
Pino de manivela	2-4
Bombas centrífugas	0,6-1,2

17.12. ESPESSURA MÍNIMA DE FILME DE ÓLEO E RAZÃO DE FOLGA

Conforme descrito, mancais curtos, cujas razões "L/D" são da ordem entre 0,25 e 0,75, são mais utilizados. Razões maiores correspondem a uma menor quantidade de vazamentos pelas laterais dos mancais, implicando um menor suprimento de óleo e, consequentemente, na possibilidade de aumento indesejável na temperatura do filme de lubrificante. Mancais curtos são, ainda, menos suscetíveis a desalinhamentos dos eixos.

O diâmetro do eixo é definido pelos projetistas para suportarem os carregamentos a que estão submetidos e o comprimento do mancal é determinado de modo a suportar uma capacidade de carga adequada.

A espessura mínima de filme de óleo "h_0" adequado, depende do acabamento superficial do conjunto mancal e eixo. Tumpler sugeriu, em 1996, uma relação empírica para "h_0" na condição de eixos polidos com rugosidade de pico inferior a 0,005, a qual pode ser observada a partir da Equação (17.14). Nessa equação se considera, ainda, um coeficiente de segurança de dois na condição de cargas constantes aplicadas sobre o mancal.

$$h_0 \geq 0{,}00508 + 0{,}00004(d) \quad (mm) \tag{17.14}$$

17.13. PROBLEMAS RESOLVIDOS

13.1 – Um eixo de 80 mm é suportado por um mancal com 60 mm de comprimento e com uma folga de 0,05 mm, conforme Figura 17.16. Ele é lubrificado por um óleo cuja viscosidade é de 50 mPa.s. O eixo gira a 650 rpm e suporta uma carga radial de 4,8 kN. Estime o coeficiente de atrito do mancal e a potência perdida de acordo com a equação de Petroff.

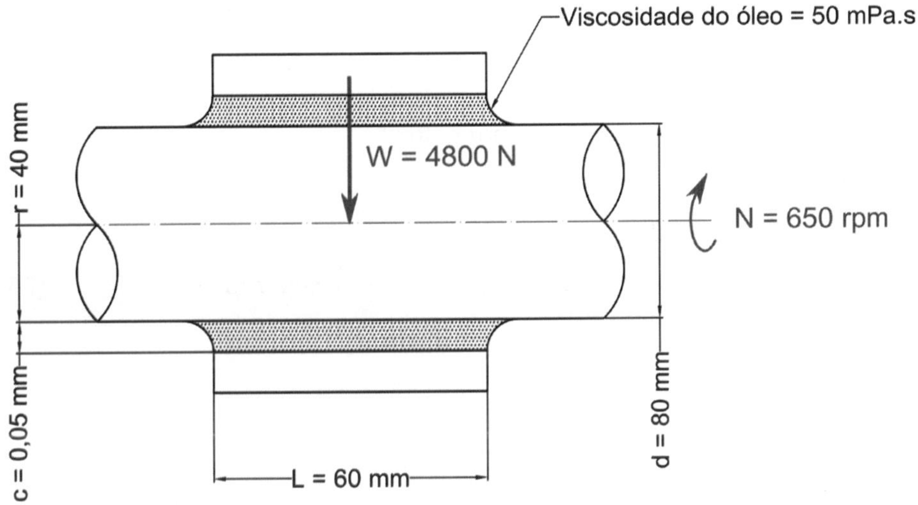

Figura 17.16 – Problema Resolvido 13.1.

Solução:

a) Dados fornecido pelo problema:

N = 650 rpm D = 80 mm c = 0,05 mm L = 60 mm

μ = 50 mPa.s W = 4,8 kN

b) Resolução:

1) Equação de Petroff

$$P = \frac{W}{LD} = \frac{4800}{60(80)} = 1\,\text{MPa}$$

$$f = 2\pi^2 \frac{\mu N}{P}\frac{r}{c} = 2\pi^2 \frac{0,05(650/60)}{10^6}\left(\frac{40}{0,05}\right) = 0,00855 \qquad \text{Equação 17.4}$$

2) Potência perdida devido ao atrito

$$T = f(W)r = 0,00855(4800)0,040 = 1,632\,\text{Nm} \qquad \text{Equação 17.3}$$

$$H = T\omega = 1,632(2\pi)(650/60) = 111\ \text{W}$$

13.2 - Para um mancal radial são fornecidos: μ = 30mPa.s; N = 1500 rpm, W = 2,2 kN, D = 35 mm, c = 0,04 mm e L = 38 mm. Determine o coeficiente de atrito do mancal de acordo com as cartas de Raimondi e Boyd.

Solução:

a) Dados fornecido pelo problema:

N = 1500 rpm D = 35 mm c = 0,04 mm L = 38 mm

μ = 30 mPa.s W = 2,2 kN

b) Resolução:

1) Número de Sommerfeld.

$$P = \frac{W}{LD} = \frac{2200}{35(38)} = 1,65\,\text{MPa}$$

$$S = \left(\frac{r}{c}\right)^2 \frac{\mu N}{P} = \left(\frac{17,5}{0,040}\right)^2 \frac{0,030\cdot(1500/60)}{1,65\cdot 10^6} = 0,11 \qquad \text{Equação 17.5}$$

2) Coeficiente de atrito no mancal

$$\left.\begin{array}{r} S = 0,11 \\ L/D = 38/35 = 1,09 \end{array}\right\} \text{fig. } 17.8 \Rightarrow \frac{r}{c} f = 2,6$$

$$\frac{r}{c} f = 2,6 \Rightarrow \frac{17,5}{0,040} f = 2,6 \Rightarrow f = 0,006$$

13.3- Um mancal de deslizamento de 25 mm de largura é lubricado com óleo SAE 20 e está submetido a uma carga constante de 4000 N. O eixo suportado pelo mancal gira a 3000 rpm e possui diâmetro de 50 mm. A temperatura média do filme de óleo é de 50°C e é fornecido à pressão atmosférica. Sabendo que a folga no mancal é de

0,038 mm determine, com base nas cartas de Reimondi e Boyd, a espessura do filme de óleo e o coeficiente de atrito envolvido.

Solução:

a) Dados fornecido pelo problema:

N = 3000 rpm	D = 50 mm	c = 0,038 mm	L = 25 mm
W = 4,0 kN	Óleo SAE 20 à 50°C		

b) Resolução:

1) Número de Sommerfeld.

$$P = \frac{W}{LD} = \frac{4000}{25(50)} = 3{,}2\,\text{MPa}$$

$$\text{Figura } 17.1 \Rightarrow \mu = 28 \text{ mPa.s}$$

$$S = \left(\frac{r}{c}\right)^2 \frac{\mu N}{P} = \left(\frac{25}{0{,}038}\right)^2 \frac{0{,}028 \cdot (3000/60)}{3{,}2 \cdot 10^6} = 0{,}19 \qquad \text{Equação 17.5}$$

2) Espessura do filme de óleo

$$\left.\begin{matrix} S = 0{,}19 \\ L/D = 25/0 = 1{,}09 \end{matrix}\right\} \text{fig. } 17.7 \Rightarrow \frac{h_0}{c} = 0{,}31$$

$$h_o = 0{,}0118$$

Nota-se que o mancal está dentro da faixa considerada como ideal.

3) Coeficiente de atrito no mancal

$$\left.\begin{matrix} S = 0{,}19 \\ L/D = 25/50 = 0{,}50 \end{matrix}\right\} \text{fig. } 17.8 \Rightarrow \frac{r}{c} f = 5{,}5$$

$$\frac{r}{c} f = 5{,}5 \Rightarrow \frac{25}{0{,}038} f = 5{,}5 \Rightarrow f = 0{,}0084$$

13.4 - Um mancal de deslizamento de 50 mm de largura está submetido a uma carga constante de 5500 N. O eixo suportado pelo mancal gira a 1000 rpm e possui diâmetro de 50 mm. A espessura mínima do filme de óleo no mancal é igual 0,025 mm. Sabendo que o mancal deve operar na condição de atrito mínimo dentro de sua faixa ótima, determine a folga radial e a viscosidade necessária do óleo lubrificante.

Solução:

a) Dados fornecido pelo problema:

N = 1000 rpm D = 50 mm h_o = 0,025 mm L = 50 mm

W = 5,5 kN

b) Resolução:

1) Número de Sommerfeld para condição de atrito mínimo.

$$L/D = 50/50 = 1 \Rightarrow \text{fig. } 17.7 \Rightarrow \begin{cases} S = 0,08 \\ \dfrac{h_0}{c} = 0,30 \end{cases}$$

$$\frac{h_0}{c} = 0,30 \Rightarrow \frac{0,025}{c} = 0,30 \Rightarrow c = 0,0833\,\text{mm}$$

$$P = \frac{W}{LD} = \frac{5500}{50 \cdot 50} = 2,2\,\text{MPa}$$

$$S = \left(\frac{r}{c}\right)^2 \frac{\mu N}{P} \Rightarrow 0,08 = \left(\frac{25}{0,0833}\right)^2 \frac{\mu \cdot (1000/60)}{2,2 \cdot 10^6} \Rightarrow \mu = 117 \text{ mPa.s} \quad \text{Equação 17.5}$$

2) Para a viscosidade definida torna-se possível encontrar a designação do óleo SAE com a correspondente temperatura de operação a partir da Figura 17.1. Assim:

Óleo	Temperatura média do filme de óleo
SAE 10	21°C
SAE 20	28°C
SAE 30	35°C
SAE 40	41°C
SAE 50	49°C
SAE 60	55°C
SAE 70	62°C

13.5 – Um mancal de deslizamento suporta um eixo de um redutor que gira 800 rpm conforme Figura 17.17. O mancal é lubrificado com óleo SAE 20 e a temperatura média do filme de óleo deverá ser de 60°C. O mancal suporta uma carga de 8 kN devido a engrenagem acoplada no eixo de diâmetro igual a 60 mm. Nessas condições, determine: a) a folga radial, b) a largura do mancal, c) a perda de potência devido ao atrito e d) a vazão de óleo que deverá ser fornecida ao mancal.

Solução:

a) Dados fornecido pelo problema:

N = 800 rpm D = 60 mm W = 8,0 kN

Óleo SAE 20 à 60°C

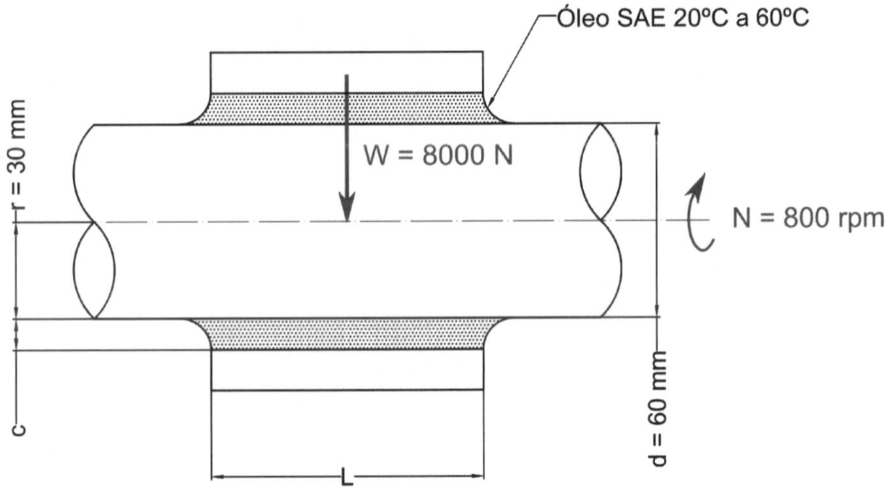

Figura 17.17 – Problema Resolvido 13.5.

b) Resolução:

1) Da Tabela 17.3 estima-se a carga unitária em função da aplicação, ou seja, para o caso de um redutor de engrenagens → P = 0,8 a 1,5 MPa. Opta-se pelo valor médio. Assim:

$$P = \frac{W}{LD} \Rightarrow 1{,}15 = \frac{5500}{L \cdot 76} \Rightarrow L = 57{,}2 \Rightarrow \frac{L}{D} = \frac{62{,}9}{76} = 0{,}83$$

adotando L/D=0,75, obtém-se:

$$\frac{L}{D} = 0,75 = \frac{L}{76} \Rightarrow L = 57\,\text{mm}$$

e assim:

$$P = \frac{W}{LD} = \frac{5500}{57 \cdot 76} \Rightarrow P = 1,27\,\text{MPa}$$

2) Viscosidade do óleo SAE 20 para $T_m = 60°C$

Da Figura 17.1 → μ = 180 mPa.s

3) Cálculo da folga radial

Considerando L/D = 0,75 para a faixa ótima na Figura 17.7, tem-se que "S" pode assumir os valores de 0,06 (menor atrito) e 0,28 (máxima carga).

Para a condição de menor atrito:

$$S = \left(\frac{r}{c}\right)^2 \frac{\mu N}{P} \Rightarrow 0,06 = \left(\frac{38}{c}\right)^2 \frac{0,180 \cdot (800/60)}{1,27 \cdot 10^6} \Rightarrow c = 0,168\ \text{mm} \Rightarrow \frac{c}{r} = 0,0044$$

Equação 17.5

Para a condição de máxima carga:

$$S = \left(\frac{r}{c}\right)^2 \frac{\mu N}{P} \Rightarrow 0,28 = \left(\frac{38}{c}\right)^2 \frac{0,180 \cdot (800/60)}{1,27 \cdot 10^6} \Rightarrow c = 0,099\ \text{mm} \Rightarrow \frac{c}{r} = 0,0026$$

Equação 17.5

Adotando-se (c/r) = 0,003, obtém-se o número de Sommerfeld corrigido, ou seja:

$$S = \left(\frac{r}{c}\right)^2 \frac{\mu N}{P} \Rightarrow S = \left(\frac{1}{0,003}\right)^2 \frac{0,180 \cdot (800/60)}{1,27 \cdot 10^6} \Rightarrow S = 0,21$$

com uma folga radial de:

$$\frac{c}{r} = 0,003 \Rightarrow c = 0,003 \cdot 38 = 0,114\ \text{mm}$$

4) Cálculo na espessura mínima do filme de óleo.

$$\left.\begin{array}{r} S = 0,21 \\ L/D = 0,75 \end{array}\right\} \text{fig. } 17.7 \Rightarrow \frac{h_0}{c} = 0,40$$

$$\frac{h_0}{0,114} = 0,40 \Rightarrow h_0 = 0,046\,\text{mm}$$

Tumpler recomenda que:

$$h_0 \geq 0,00508 + 0,00004 \cdot D \qquad \text{Equação 17.14}$$

$$h_0 \geq 0,00508 + 0,00004 \cdot 76 \Rightarrow h_0 \geq 0,035\text{ mm}$$

Conclui-se, assim, que o valor atende a recomendação de Tumpler.

5) Cálculo da potência perdida.

$$\left.\begin{array}{r} S = 0,21 \\ L/D = 75 \end{array}\right\} \text{fig. } 17.8 \Rightarrow \frac{r}{c} f = 6,5$$

$$\frac{r}{c} f = 6,5 \Rightarrow \frac{38}{0,114} f = 6,5 \Rightarrow f = 0,0195$$

$$T = f \cdot Wr = 0,0195 \cdot 5500 \cdot 0,038 = 4,07\text{Nm} \qquad \text{Equação 17.3}$$

$$H = T\omega = 4,07 \cdot 2\pi(800/60) = 341,4\text{ W}$$

5) Vazão de óleo que deverá ser fornecida ao mancal.

$$\left.\begin{array}{r} S = 0,21 \\ L/D = 0,75 \end{array}\right\} \text{fig. } 17.12 \Rightarrow \frac{Q}{RcNL} = 4,6$$

$$\frac{Q}{38 \cdot 0,114 \cdot (800/60) 57} = 4,6 \Rightarrow Q = 15145\text{ mm}^3/\text{s}$$

17.14. PROBLEMAS PROPOSTOS

14.1 – Determine a espessura mínima do filme de óleo de um mancal de deslizamento que foi projetado para suportar um eixo de 38 mm de diâmetro que gira a 1800 rpm. Esse eixo aplica ao mancal uma carga radial de 2000 N. Os parâmetros do mancal são os seguintes: a) viscosidade absoluta do lubrificante = 30m Pa.s, b) folga radial entre o eixo e o mancal = 0,038 e c) comprimento do mancal = 38 mm.

Resp. h_0 = 0,019 mm

14.2 – Determine a espessura mínima do filme de óleo para um mancal de munhão que suporta um eixo de 50 mm de diâmetro que gira a 1800 rpm. O eixo exerce uma carga radial de 1,8 kN ao mancal. O mancal é lubrificado como óleo SAE 20 que atinge uma temperatura média do filme de óleo durante sua operação é de 42°C e a razão L/D do mancal é de 0,5. Além disso, sabe-se que a folga radial no mancal é de 0,04 mm.

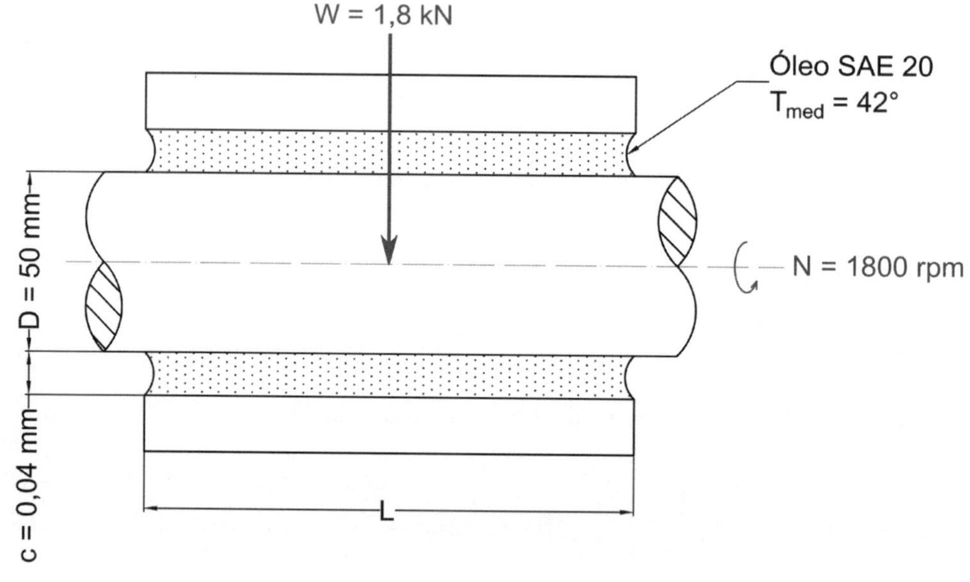

Resp. h_0 = 0,017 mm.

14.3 – Determine o diâmetro do eixo, a folga radial e a espessura mínima do filme de óleo para um mancal de deslizamento com lubrificação estável que possui as seguintes características: W = 1500 N, N = 1200 rpm, L/D = 1,0, $\mu_{ÓLEO}$ = 60 mPa.s e o número característico do mancal = 0,1.

Resp. d = 46,12 mm, c = 0,115 mm e h_0 = 0,044 mm.

14.4 - A razão de folga de um mancal radial que suporta um eixo de 42 mm de diâmetro é 370. O eixo gira a 1800 rpm e imprime ao mancal uma carga radial de 750 N. A razão L/D do mancal é de 0,5 e a viscosidade absoluta do óleo lubrificante do mancal é de 51 mPa.s. Nessas condições: determine a folga radial e a sua espessura mínima do filme de óleo.

Resp. c = 0,057 mm e h_0 = 0,0205 mm.

14.5 - Um mancal de deslizamento suporta um eixo de 130 mm de diâmetro que gira a 3150 rpm. O comprimento e a folga radial do mancal são de 65 mm e 0,22 mm, respectivamente. O mancal é lubrificado com óleo SAE 20 e a temperatura média do filme de óleo esperada durante a operação do mancal é de 60°C. Para essas condições, sabendo que o mancal suporta uma carga radial de 2 kN, estime a perda de potência e o torque de atrito do mancal, segundo a formulação de Petroff.

Resp. H_p = 1,0 kW e T = 3,03 N.m

14.6 - Um mancal de Petroff de 120 mm de diâmetro e 180 mm de comprimento possui uma folga radial de 0,06 mm. O eixo no mancal gira a 1500 rpm e é lubrificado com óleo SAE 20. A temperatura média do filme de óleo esperada durante a operação do mancal é de 70°C. Para um número de Sommerfeld de 0,28, estime a potência perdida devido ao atrito e o torque de atrito para o mancal.

Resp. H_p = 1205 W e T = 7,67 N.m

14.7 - Um mancal radial que suporta uma carga de 26 kN de um eixo que gira a 750 rpm possui as seguintes características: L = 80 mm, D = 160 mm e c = 0,1. Determine a potência perdida considerando que a temperatura média do filme de óleo esperada durante a operação é igual a 60° para os seguintes lubrificantes: SAE 10, SAE 20, SAE 30 e SAE 40. Além disso estime a espessura mínima de filme de óleo para esses quatro lubrificantes.

Resp.

SAE 10 → H_p = 2064 W e h_o = 0,015 mm

SAE 20 → H_p = 2858 W e h_o = 0,019 mm

SAE 30 → H_p = 4128 W e h_o = 0,023 mm

SAE 40 → H_p = 5715 W e h_o = 0,026 mm

14.8 - Um mancal de deslizamento deve suportar uma carga de 5,2 kN de um eixo de 60 mm de diâmetro que gira a 1500 rpm. A razão do mancal L/D = 1 e a espessura mínima do filme de óleo não deverá ser inferior a 0,025 mm. Para a condição de operação de mínimo atrito, determine a folga radial e a viscosidade necessária para o lubrificante.

Resp. c = 0,0833 e μ = 30,8 mPa.s.

14.9 - Um mancal de deslizamento suporta uma carga radial de 1800 N aplicada por um eixo que gira a 1500 rpm. O óleo lubrificante escolhido é o SAE 40 e a temperatura média do filme de óleo esperada é de 60°C. Deseja-se um mancal nas condições de máxima carga, com (r/c) = 1000 e sabendo-se que a razão L/D unitária é desejável. Pede-se o diâmetro desse mancal.

Resp. D = 19,72 mm.

14.10 - Um eixo está acoplado a uma engrenagem de dentes retos que gira a 1180 rpm. O eixo deve ser suportado por um par de mancais de deslizamento e a carga radial imposta pela engrenagem, que está fixada no meio deste, é igual a 8 kN. Os mancais são lubrificados com óleo SAE 30 e devem ter a razão L/D = 0,5. Encontre o diâmetro do mancal e seu comprimento sabendo que a temperatura média do filme de óleo esperada é de 65°C. Considerar condição de carga máxima e r/c = 1000.

Resp. D = 82,0 mm, L = 41,0 mm

14.11 - Deseja-se dimensionar um mancal de deslizamento que deverá suportar um munhão de 120 mm de diâmetro de uma turbina à vapor que gira a 1800 rpm. O mancal deve suportar o rotor da turbina (ver Tabela 17.4) que imprime uma carga radial equivalente a 10 kN. O sistema de lubrificação fornece óleo SAE 20 e mantem a temperatura média do filme de óleo constante a 75°C. A razão L/D do mancal deve ser mantida entre 0,25 e 0,75. Para essa aplicação, utilizando o critério da carga máxima aplicável, determine: a) o número característico do mancal; b) a folga radial, c) a espessura mínima do filme de óleo; d) o comprimento do mancal e e) a potência perdida devido ao atrito no mancal.

Resp.

a) S = 0,28

b) c = 0,060 mm

c) h_0 = 0,0276 mm

d) $L = 72{,}5$ mm

e) $H_p = 801{,}1$ W

14.12 – Dimensionar um mancal que irá suportar o eixo de uma bomba centrífuga de 40 mm de diâmetro e que gira a 1750 rpm. O eixo aplica uma carga radial de 1 kN ao mancal. O mancal será suprido de óleo SAE 10 e estima-se que a temperatura média do filme de óleo atinja a 50°C. A razão L/D desejável para esse mancal é de 0,75. Para essa aplicação, determine: a) o número característico do mancal; b) a folga radial, c) a espessura mínima do filme de óleo; d) o comprimento do mancal e e) razão de folga.

Resp.

a) $S = 0{,}103$

b) $c = 0{,}052$ mm

c) $h_0 = 0{,}028$ mm

d) $L = 30{,}0$ mm

e) $(r/c)_{médio} = 383{,}5$

14.13 – Um mancal de deslizamento com diâmetro e comprimento de 35 mm suporta um munhão que gira à 1750 rpm. O munhão aplica uma carga radial ao mancal de 1,25 kN. A folga radial é de 50 μm. Admitindo que o mancal será lubrificado com óleo SAE 20 e que a temperatura média do filme de óleo seja de 40°C durante sua operação, encontre: a) o número característico do mancal; b) a folga radial; c) a espessura mínima do filme de óleo e d) a alimentação de óleo necessária por hora de operação.

Resp.

a) $S = 0{,}164$

b) $c = 0{,}05$ mm

c) $h_0 = 0{,}023$ mm

d) $Q = 13{,}51$ l/h

14.14 – Um mancal de deslizamento está sendo lubrificado com óleo SAE 30 e submetido a uma carga de 1125 N. Esse mancal possui as seguintes características: S = 0,2, L/D = 0,5, N = 600 rpm, diâmetro do munhão é igual a 100 mm e a temperatura média do filme de óleo deseja é igual a 70°C. Para esse mancal determine: a) a folga radial; b) a espessura mínima do filme de óleo; c) a alimentação de óleo necessária por hora de operação e d) e o fluxo lateral de óleo do mancal.

Resp.

a) $c = 0{,}082$ mm

b) $h_0 = 0{,}026$ mm

c) $Q = 37{,}64$ l/h

d) $Q_S = 30{,}11$ l/h

14.15 - Um mancal de deslizamento está sendo lubrificado SAE 20 com óleo cuja viscosidade absoluta de operação é de 20 mPa.s. Esse mancal suporta uma carga de 780 N imposta por um eixo de 36 mm de diâmetro. Sabendo que o a razão do mancal é de 0,75 e a folga radial é igual a 32 μm, encontre a espessura mínima do filme de óleo e a vazão lateral de fuga do óleo lubrificante no mancal.

Resp.

a) $h_0 = 0{,}013$ mm

b) $Q_S = 5{,}14$ l/h

14-16 – Um mancal de deslizamento suporta uma carga de 2 kN de um eixo de 50 mm de diâmetro que gira a 1500 rpm. A viscosidade absoluta de operação do óleo é igual a 19 mPa.s. Sabendo que o coeficiente de atrito desejável no mancal é de 0,008 e que a razão L/D é unitária, determine: a) o número característico do mancal; b) a rotação do eixo; c) a folga radial; d) a espessura mínima do filme de óleo e) a alimentação de óleo necessária por hora de operação e f) potência perdida devido ao atrito.

Resp.

a) $S = 0{,}14$

b) $c = 0{,}052$ mm

c) $h_0 = 0{,}022$ mm

d) $Q = 24{,}9$ l/h

e) $H_P = 44{,}8$ W

NOMENCLATURA

β ângulo do mancal;

τ tensão de cisalhamento no lubrificante;

μ viscosidade absoluta;

ν viscosidade cinemática;

ε razão de excentricidade;

ρ massa específica do lubrificante;

θ_{pmax} posição angular da pressão máxima;

θ_{p0} posição angular da pressão nula sobre o filme de óleo;

$\dot{Q}$ taxa de calor transferido para o meio externo;

e excentricidade do mancal;

f coeficiente de atrito;

c folga radial;

p pressão no filme de óleo;

p_{max} pressão máxima desenvolvida no filme;

h_0 espessura mínima do filme de óleo;

h espessura da película de óleo;

r raio do eixo;

A área da superfície exposta ao calor;

C coeficiente global de transferência de calor;

H_p potência perdida devido ao atrito;

N rotação do eixo;

P carga unitária atuante sobre o mancal;

R raio do mancal;

T torque de atrito;

T_{mancal} temperatura do interior do mancal;

T_{viz} temperatura do ar na vizinhança da carcaça do mancal;

T_m temperatura média do filme de óleo;

U velocidade de um corpo em movimento;

W carga radial suportada pelo mancal.

REFERÊNCIAS BIBLIOGRÁFICAS

Budynas, R.G., Nisbett, J.K. Elementos de Máquinas de Shigley – Projeto de Engenharia Mecânica, Bookman Companhia Editora, 8ª ed., São Paulo, 2011.

Deutschman, A. D., Michels, W. J., Wilson, C. E., Machine Design Theory and Pratice, Ed Macmillan, 1st ed., New York, 1975.

Hamrock, B. J., Schmid, S. R., Jacobson, B. O. Fundamental of Machine Elements, Ed. Mc Graw Hill, 2nd ed., New York, 2005.

Juvinall, R. C., Marshek, K. M., Fundamentos do Projeto de Componentes de Máquinas, LTC, 5ª ed., Rio de Janeiro, 2016.

Norton, R. L. Projeto de Máquinas – Uma abordagem Integrada, 4ª ed.,Ed. Bookman, Porto Alegre, 2013.

Ocvirk, F. W. Short-Bearing Approximation for Full Journal Bearings, Technical Note 2808, National Advisory Committee for Aeronautics, Washington DC, 1952.

Raimondi, A. A., Boyd, J., A solution for the Finite Journal Bearing and Its Applications to Analysis and Design - Part I, II and III, Transactions ASME, vol. 1(1), Lubrication Science and Technology, New York, 1958.

Reynolds, O. Theory of Lubrication – Part I, Philosophical Transactions of the Royal Soc. of London, 1886.

Shigley, J. E. Elementos de Máquinas Vol. 1, 3ª ed., Editora LTC, Rio de Janeiro, 1984.

Shigley, J. E., Mischke, C. R., McGrall-Hill, 5th ed., New York, 1989.

Shigley, J. E, Mischke, C. R., Budynas, R. G., Projeto de Engenharia Mecânica, Ed. Bookman, 7ª ed., Porto Alegre, 2005.

Trumples, P. R., Design of Film Bearings, Ed. Macmillan, Nova York, 1966.

Sites:

www.schaeffler.com.br/

www.zollern.com.br/

www.hacker.ind.br/

www.rolsul.com.br/

CAPÍTULO 18

APÊNDICE

I. MOMENTOS DE INÉRCIA DE FIGURAS PLANAS

FIGURA	MOMENTOS DE INÉRCIA
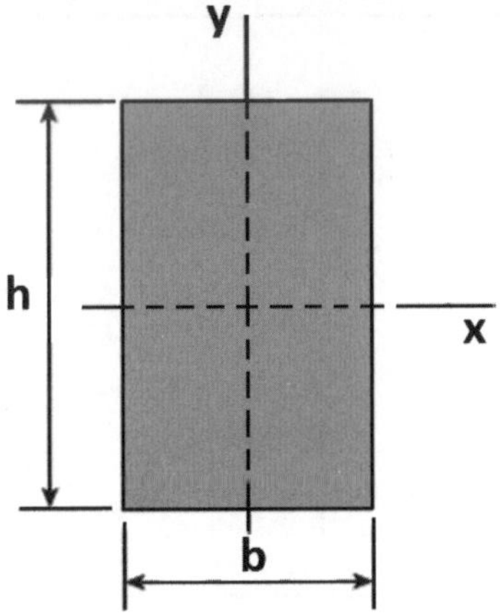	$I_x = \frac{bh^3}{12}$ $I_y = \frac{(hb^3)}{12}$

<table>
<tr>
<td>
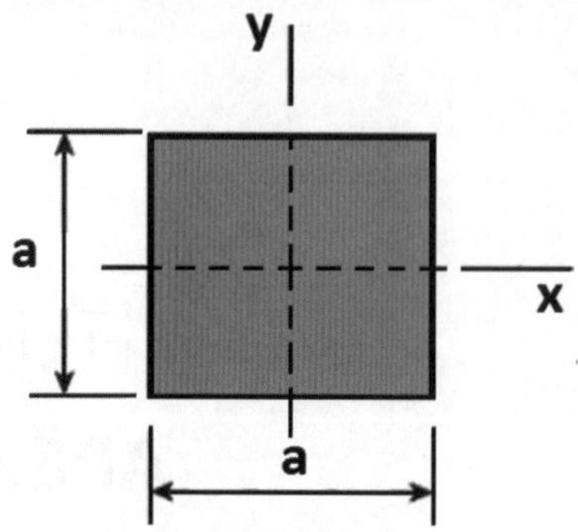

</td>
<td>

$$I_x = \frac{a^4}{12}$$

$$I_y = \frac{a^4}{12}$$

</td>
</tr>
<tr>
<td>
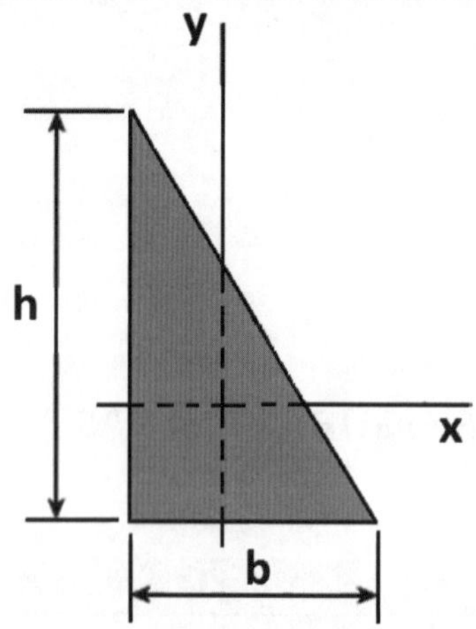

</td>
<td>

$$I_x = \frac{(bh^3)}{36}$$

$$I_y = \frac{(hb^3)}{36}$$

</td>
</tr>
<tr>
<td>
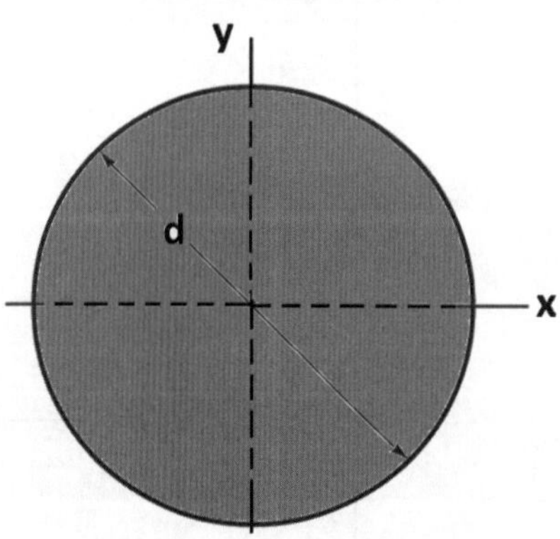

</td>
<td>

$$I_x = \frac{(\pi d^4)}{64}$$

$$I_y = \frac{(\pi d^4)}{64}$$

$$J_p = \frac{(\pi d^4)}{32}$$

</td>
</tr>
</table>

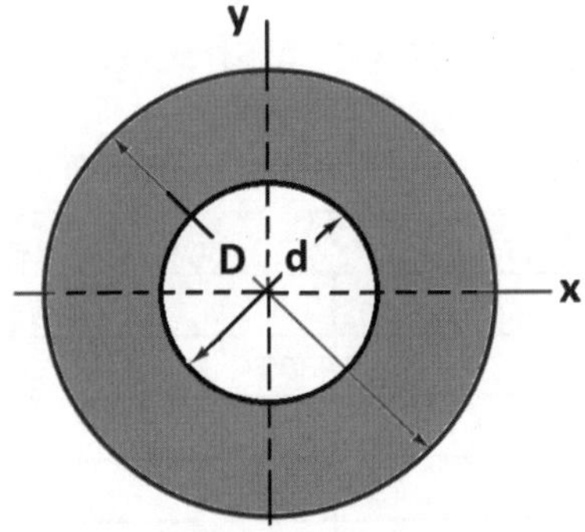	$I_x = \frac{\pi}{64}(D^4 - d^4)$ $I_y = \frac{\pi}{64}(D^4 - d^4)$ $J_p = \frac{\pi}{32}(D^4 - d^4)$
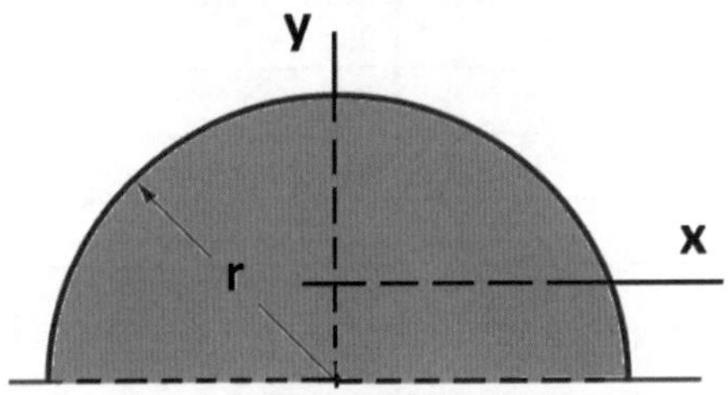	$I_x = \frac{\pi r^4}{8} - \frac{8r^4}{9\pi}$ $I_y = \frac{\pi r^4}{8}$ $y_g = \frac{4r}{3\pi}$
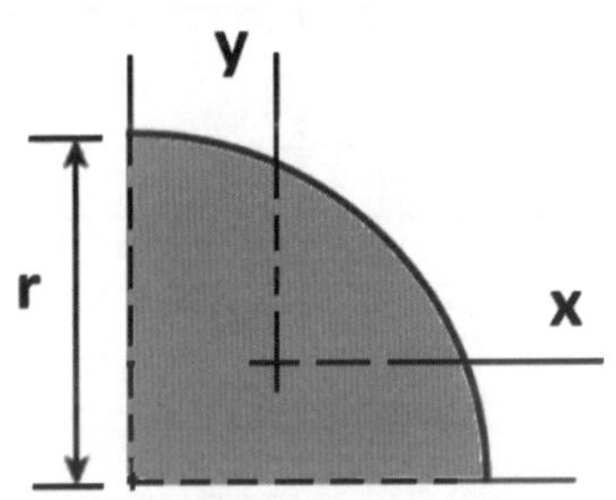	$I_x = \frac{\pi r^4}{16} - \frac{4r^4}{9\pi}$ $I_y = \frac{\pi r^4}{16} - \frac{4r^4}{9\pi}$ $X_g = Y_g = \frac{4r}{3\pi}$
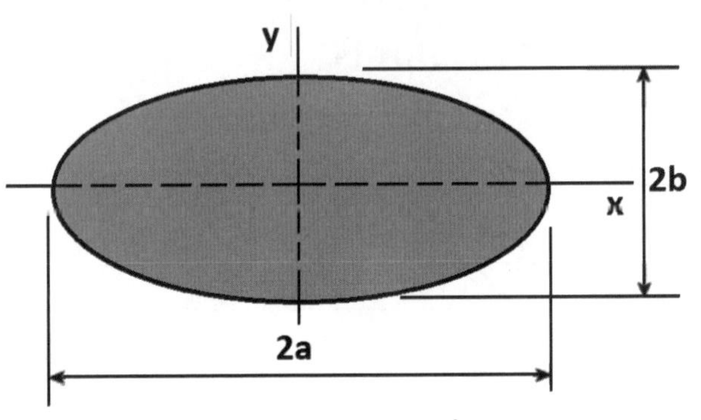	$I_x = \frac{\pi ab^3}{4}$ $I_y = \frac{\pi ba^3}{4}$

II. RESISTÊNCIAS MÍNIMAS PARA ALGUNS AÇOS CARBONO - LAMINADOS A QUENTE (LQ) E LAMINADOS A FRIO (LF)

Especificação	Resistência à ruptura (MPa)	Limite de escoamento (MPa)
SAE 1010 LQ	320	180
SAE 1010 LF	370	300
SAE 1015 LQ	340	190
SAE 1015 LF	390	320
SAE 1020 LQ	380	210
SAE 1020 LF	470	390
SAE 1030 LQ	470	260
SAE 1030 LF	520	440
SAE 1035 LQ	500	270
SAE 1035 LF	550	460
SAE 1040 LQ	520	290
SAE 1040 LF	590	490
SAE 1045 LQ	570	310
SAE 1045 LF	630	530
SAE 1050 LQ	620	340
SAE 1050 LF	690	580
SAE 1060 LQ	680	370
SAE 1080 LQ	770	420
SAE 1095 LQ	830	460

III. PROPRIEDADES DE ALGUNS MATERIAIS

Material	Coeficiente de Poisson	Módulo de elasticidade – E (GPa)
Alumínio	0,25	70
Bronze	0,34	105
Concreto	0,15	28
Cobre	0,35	105
Ferro fundido	0,29	105
Plástico	0,40	2,8
Borracha	0,50	2,1
Aço carbono	0,30	210
Madeira	0,30	12,6

GRÁFICA PAYM
Tel. [11] 4392-3344
paym@graficapaym.com.br